U0221317

黄河水文地貌耦合系统及其演变

许炯心 著

科学出版社

北京

内 容 简 介

本书以作者近 20 年来对黄河水文地貌耦合系统的研究成果为基础，阐述各个子系统的耦合、响应及演化过程，涉及植被–侵蚀–河道耦合、干支流耦合、水沙耦合、气候–水文–泥沙产输耦合、流水–风力作用耦合、流域–河道耦合，以及人类社会经济与水文地貌系统的耦合等方面。对于每方面，都基于大量实测资料进行统计分析，力求揭示其耦合机理，并建立定量关系。同时，还指出这些成果的应用意义，可以为黄河流域和河道的规划、治理与管理提供参考。

本书可供地貌、自然地理、地质、生态、水利和水土保持、环境保护等专业的科学研究人员、工程技术人员及大专院校师生参考。

审图号：GS 京（2023）1919 号

图书在版编目（CIP）数据

黄河水文地貌耦合系统及其演变/许炯心著 . —北京：科学出版社，2024.1
　ISBN 978-7-03-076406-5

Ⅰ.①黄⋯　Ⅱ.①许⋯　Ⅲ.①黄河–水文学–研究　Ⅳ.①TV882.1

中国国家版本馆 CIP 数据核字（2023）第 178235 号

责任编辑：张　菊／责任校对：樊雅琼
责任印制：徐晓晨／封面设计：无极书装

科 学 出 版 社 出版
北京东黄城根北街 16 号
邮政编码：100717
http://www.sciencep.com
北京建宏印刷有限公司 印刷
科学出版社发行　各地新华书店经销
*
2024 年 1 月第 一 版　开本：787×1092　1/16
2024 年 1 月第一次印刷　印张：31
字数：740 000
定价：358.00 元
（如有印装质量问题，我社负责调换）

前　言

《黄河水文地貌耦合系统及其演变》是我关于黄河河流地貌的第五本专著，是以我2009年退休之后先后承担的五个研究课题的成果为主体并综合此前的一些成果撰写而成的。在国家自然科学基金面上项目"黄河流域水文地貌耦合对人类活动的响应"于2014年初结题时，我拟以该项目的成果为基础撰写一本专著。在写作的过程中，又陆续加入了后来承担的四个研究课题的成果，以至于内容像雪球般越滚越大，写作的时间也越拉越长。我从2015年初开始动笔，到2021年初完成撰写，历时6年之久。握笔之初，头发灰白；停笔之际，竟已满头白发。今天，我面对着这十二章文稿，如释重负之余，又依依难舍。四十几年来，情牵梦绕、念兹在兹者，唯有黄河！

1978年，在姗姗来迟的科学春天终于降临之后，我有幸被录取为恩师沈玉昌先生的研究生，学习和研究河流地貌。10月初的一个夜晚，我肩扛行李，在四川绵阳挤上了开往北京的火车，前往中国科学院研究生院报到。次日破晓时分，火车隆隆驰过郑州。滚滚奔流的黄河，向早已迎候在车窗前的我迎面扑来。我双眼满含热泪，仿佛一下子扑进了母亲怀里。我突然感到，此生将与黄河结缘，直至生命的尽头！四十余年来，我已将心血灌注而成的300余篇论文和5本专著，奉献给了黄河；我的血脉，也已深深地融入黄河之中。

对于一个以河流地貌研究为毕生事业的人来说，能终生与黄河结缘，是很幸运的。黄河是一条世界上独一无二的河流，无论从社会历史属性还是从自然属性来说，都是如此。黄河是人类文明的摇篮之一，孕育出的黄河文明以及以黄河文明为主体发展而成的中华文明，数千年来从未中断，这在世界上是独一无二的。黄河流域的主体黄土高原，黄土覆盖面积之广、厚度之大、形成历史之悠久，黄土地层所记录的古环境演变信息之精细和丰富，是世界上独一无二的。黄河中游风沙黄土过渡带特有的、基于风力侵蚀-水力侵蚀-重力侵蚀耦合作用而形成的高强度侵蚀产沙过程，这一地区的高含沙水流及其特殊的能耗行为和侵蚀搬运沉积过程，在高含沙水流作用下形成的高含沙曲流河床，也是世界上独一无二的。对这些现象的深入研究，丰富和拓展了国际地貌学的内涵和外延。正是由于这些特殊的作用过程，黄河河流地貌的复杂性在世界大河中也是独一无二的。只有着眼于不同地貌营力和过程的耦合关系、气候-水文-植被-地貌的耦合关系、流域地貌系统不同子系统的耦合关系以及流域社会经济系统与水文地貌系统的耦合关系，才能揭开黄河河流地貌复杂性的奥秘。这些正是本书主要阐述的问题。

黄河又是一条神奇的河流。说黄河神奇，除了前面所说的，还由于它永远处于变化之中，变动之快，新涌现出来的、值得研究的问题之多，超过了世界上大多数河流。原来瞄准的科学问题尚未解决，新的科学问题又已出现。20年前，当包括我自己在内的众多研究者对于以前所取得的成果多少有一点沾沾自喜的时候，黄河水沙过程又发生了未曾预见的剧变，出现了许多按以前的认识无法解释的新现象、新问题。作为一个研究目标，黄河永远在你的前方迅速奔跑、变化方向，不断向你展示出诱人的新问题。只有那些具有超强洞察力、敏锐判断力的"猎手",才能抓住和解决这些问题。这正是作为科学研究对象的黄河的魅力所在。然而,研究黄河河流地貌的学者也需要耐得住寂寞。因为这是一个小众的群体,国际同行很少有人研究类似的问题,因为他们那里没有与黄河相似的河流。这样,即使你有了独一无二的发现,引用你的论文的国内外同行也是不多的。但是只要你无愧于心,只要你从自己的发现中得到过惊喜,就不必过于在意。黄河既是中华文明的摇篮,又是"中国之忧患"。在过去两千年的历史上,黄河因其发生过超越世界上其他河流的严重的洪水和泥沙灾害,成为中华民族、历代王朝和政府的关注点。因此,吸引了一代又一代有志于黄河研究的学者,殚精竭虑,为解决这一心腹之患提供科学依据和技术方案。他们的成果既留在文献中,又写在黄土高原和黄河两岸的大地上。有幸成为这支队伍中的一员,我感到十分荣幸。经过数十年的治理,黄河造成的洪水和泥沙灾害已有所缓解,但地上悬河的形势仍未改变。包括植被恢复在内的各项流域治理措施的实施,自 2000 年以来已经使进入黄河干流的泥沙减少了 80% 以上,但是一旦发生大暴雨,前期储存在流域中的泥沙会大量释放,黄河下游仍可能发生超过堤防防御能力的大洪水。而随着黄河流域气候逐渐从暖干化向暖湿化转型,黄河的泥沙灾害风险在经历了降低之后,还有可能再度增加。黄河研究与治理的事业仍然任重道远。我已七十四岁,余年不多,仍希望继续为这一宏伟的事业贡献绵薄之力。愿以此与致力于黄河研究的同行和青年学子共勉!

我撰写本书时,主要依据已经发表的论文和尚未发表的成果,以近年来主持的两个国家自然科学基金项目即国家自然科学基金面上项目"黄河流域水文地貌耦合对人类活动的响应"(项目编号,41071016;执行时间,2011～2013 年)和"季风驱动的河流水文地貌过程及其变异:以黄河流域为例"(项目编号,41371037;执行时间,2014～2017 年)取得的研究成果为基础,同时也包括了我参加的以下三个项目研究中取得的成果,即国家重点基础研究发展计划(973 计划)项目"气候变化对我国东部季风区陆地水循环与水资源安全的影响及适应对策"第 4 课题"气候变化对北方典型农业及生态脆弱区水资源的影响"(课题编号,2010CB428404;执行时间,2010～2012 年)中的专题"气候变化对黄土丘陵沟壑区水利水保措施产流和水资源的影响及其优化配置研究"(专题负责人:方海燕研究员)、国家重点基础研究发展计划(973 计划)项目"黄河上游沙漠宽谷段风沙水沙过程与调控机理"之下的课题"河道洪峰过程洪－床－岸相互作用机理"(课题编号,2011CB403305;课题主持人,师长兴研究员;执行时间,2011～2015 年)和国家自然科学基金重点项目"河流三角洲地区河道形态自动调整机理及流路稳定性研究"(项目编号,41330751;主持人,黄河清研究员;执行时间,2014～2018 年)。所有这些成果都是在国家自然科学基金委员会和科学技术部的资助下完成的。

在这里,谨向四十余年来对我们的研究给予持续资助的国家自然科学基金委员会和科学技术部表示衷心的感谢,同时也向一起完成上述研究的各位同事和同行表示感谢。特别要提到的是,本书的研究是依据黄河流域的大量实际观测数据进行的,没有那些日夜辛勤工作在水文站、气象站、河道测量队以及水土保持部门的专业人员的劳动成果,本书的研究和撰写是不可能的。谨向他们致以最崇高的敬意。

许炳心

2023 年 1 月 6 日

目　录

第一章 | 绪 论

第一节　流域系统与水文地貌学过程

流域系统理论自 20 世纪 70 年代由著名的美国地貌学家 Schumm（1973，1977）创立以后，成为一种重要的理论工具，在世界上得到了广泛的应用，对国际河流地貌研究产生了很大的推动作用（Hurget et al.，2007），也使我国河流地貌研究发展到一个新阶段（叶青超等，1990；陆中臣等，1991；尹国康，1991；许炯心，1996）。自 2000 年以来，随着国际对全球变化和环境问题的关注，流水作用过程与流域系统的研究取得了长足的进展。

流域系统既是一个水循环系统，又是一个地貌系统，前者侧重于水的循环，后者侧重于以流水为纽带的泥沙侵蚀、搬运、堆积与地表形态塑造过程，二者具有紧密的联系，这种联系越来越受到重视。水文地貌学（hydrogeomorphology）的概念和术语在 20 世纪 50 年代提出，苏联的河流地貌研究者用这一概念研究了河型问题（沈玉昌和龚国元，1986）。1973 年著名理论地貌学家 Scheidegger（1973）对国际上的水文地貌研究进行了综述；其后有不少研究成果问世（Chatterji et al.，1978；Douglas，1985）。1992 年在著名地貌学家邓恩（T. Dunne）的倡导和组织下，在日本横滨召开了水文地貌学国际讨论会，将这方面的研究推向一个新的阶段。1997 年国际地圈-生物圈计划（IGBP）下属的过去的全球变化研究计划（PAGES）的核心项目"农业开发时期以来流域系统物质通量对气候变化和人类活动的响应"正式启动，其项目设计体现了水文、地貌、气候和人类活动诸要素相耦合的思想。与此同时，水文地貌学联系在河流生态恢复的研究中得到重视（Petts et al.，1992）。2006 年，国际水文科学协会（IAHS）下属的国际大陆侵蚀委员会在英国邓迪（Dundee）召开了以"泥沙动力学与流水系统中的水文地貌学"为主题的国际研讨会，其中两个关键性概念即流水泥沙系统（fluvial sediment system）和水文地貌学十分引人注目，标志着水文地貌学的研究已成为国际河流系统和流水泥沙系统研究中的重要生长点（Rowan et al.，2006）。Sidle 和 Onda（2004）以"水文地貌学：正在涌现的学科"为题，对水文地貌学的若干科学问题进行了综述，强调了对水流、泥沙运移动态及动力机制时空格局的研究，并阐述了时空尺度、土地利用变化相互作用以及累积效应等概念。有物理基础的水文响应模拟计算方法得到进一步发展，为水文地貌学研究打下了更坚实的基础（Loague et al.，2006）。在水文地貌学的理论框架中，山区河流水沙耦合研究取得了新的成果（Hattanji and Onda，2004；Morche et al.，2008）。

第二节　水文地貌耦合系统

流域系统中水文要素和地貌要素的耦合，形成了水文地貌耦合系统。作者团队在2011~2013年完成的国家自然科学基金项目申请书中，明确地提出水文地貌耦合系统的概念。在一个水文地貌耦合系统中，存在着水文要素和地貌要素之间的响应、适应、反馈和调整，以实现二者之间的平衡为目标。水文地貌耦合系统可以分为不同的层面：①流域层面：地貌要素影响产流，径流侵蚀地表，导致地貌演化，又反过来影响产流过程；人类活动改变地表微地貌，如梯田、淤地坝的修建，也会改变产流过程。②河道层面。③河口三角洲陆海相互作用层面。以上3个层面，可以分别称为流域水文地貌耦合、河道水文地貌耦合与河口水文地貌耦合。人类活动与气候变化是影响水文地貌耦合关系及相关过程的主要因素。两个因素的变化均会导致水文地貌耦合系统的变化。这两个因素变化的速率是不同的，20世纪50年代以来，前者变化的速率及其影响已大大超过后者，成为决定水文地貌耦合系统变化的主导因素。研究人类活动对水文地貌耦合系统的影响，是地貌学、水文学迫切需要解决的重要科学问题。在地球科学中，自20世纪80年代以来，各部分（各个子系统）耦合关系的研究得到了人们的广泛关注，成为研究的重点，大至如何发展多圈层相互作用模式、开发多种尺度的气候–水文–土壤–植被耦合系统模式、研究地貌–水文–生态过程相互耦合（傅伯杰等，2006），小至全球变化背景下干旱区山地–绿洲–荒漠系统的耦合关系（王让会等，2006），都受到人们的重视。从系统的层面上说，河流系统各带之间的耦合关系的研究是河流学科的一个核心问题，亟待突破。在自然条件影响下，各带、各个子系统、各种过程之间形成了特定的耦合关系（Harvey，2001）。人类活动介入并日益占优势之后，原有的耦合关系将会被改变，即经历一个"解耦合"（decoupling）的过程，并重新建立新的耦合关系。Fryirs等（1999）通过实例研究，讨论了澳大利亚新南威尔士一个流域在欧洲移民进入后，由人类活动引发的坡沟关系解耦合过程，以及由此导致的泥沙来源的变化（Fryirs and Brierley，1999）。Fryirs和Brierley（2007）对流水地貌系统中的解耦合和非连通性进行了系统研究，在流域尺度上讨论了从泥沙来源到泥沙沉积汇之间的非连通性的形成机制，包括缓冲带、障碍和席状堆积（buffers、barriers and blankets）等的影响。

第三节　人类活动对水文地貌过程的影响

河流养育了人类社会，人类又对河流施加了日益增大的影响，二者之间形成了特定的耦合关系。这种耦合关系是动态的、随着时间而变化的。随着人类文明特别是科学技术的迅速发展，人类施加于河流的作用力迅速增强，人类已经在很大程度上改变了河流的自然面貌。可以说，在今天的世界上，大至长河巨川，小至涓涓小溪，莫不打上了人类活动的深刻烙印。人–水关系是人–地关系中最重要的方面之一，一部人类文明史便是人类与河流之间的关系不断调整的历史。人类与河流的关系，已经成为陆地表层系统科学研究的核心内容，也是地貌学最重要的前沿领域之一。

地表流水作用过程受力学规律的支配，可以运用牛顿力学原理，通过分析地表物质在力的作用下发生运动和这一过程中能量的转化、耗散来进行描述。通常是列出一组偏微分方程，并求其解析解或数值解。人类活动对河流地貌过程的影响主要是通过改变作用力与抵抗力的对比关系以及系统中能量的分配和耗散方式来实现的。在大多数情况下，这种影响并没有改变微分方程组本身，而只是改变了其中的某些参数。从这一意义上说，人类活动对河流的影响可以在一定程度上用力学方法来描述。同时，河流系统又是一个复杂系统。自从人类出现在自然界并与河流发生日益密切的联系之后，人类在开发利用河流资源（水资源、河流沙砾资源、河流泛滥平原土地资源、航道资源、风景资源等）和治理河流灾害（洪水灾害、泥沙灾害、断流灾害等）的过程中，以各种方式影响河流，同时又受到河流的制约，形成了特定的耦合关系，这种耦合关系使河流系统变得更为复杂。运用系统耦合理论来认识人类–河流相互作用，可以从宏观上把握人类与河流之间的相互关系与相互作用，认识河流系统的复杂行为，揭示其中的规律，从而为流域管理的规划与科学决策提供可靠的依据。

流域系统中的人类活动可以概括为以下四方面：①人类对土地利用、土地覆被状况的改变。包括破坏植被与植被恢复、开垦与退耕、水土保持坡面措施（修筑梯田、种树种草）。②水利工程的修建与水资源和水能的开发利用。径流泥沙调节。③河道整治。河道形态变化。④跨流域调水等。水库工程和其他工程的修建，使河流成为一个受控的系统，可称为受控河流系统，或河流控制系统。对这一系统的调控，可以运用自然控制论的方法和原理来解决。自然控制论的思想已提出多年（曾庆存，1996），基于这一思想可以建立河流控制系统的概念。

第四节　水文地貌过程研究进展综述

我国科学家对河流系统中的水文过程和地貌过程分别进行了大量研究，发表了一系列专著和论文，涉及流域产流汇流过程与分布式水文模型、土壤侵蚀过程及土壤侵蚀模型、人类活动影响下的黄河水沙变化、黄河下游的河道萎缩与河床调整等。夏军等（2004）建立了基于非线性水文系统的分布式时变增益水文模型，该模型获得了较广泛的应用。郭生练等（2003）、李兰等（2002）也在分布式水文模型方面取得了很好的进展。我国在侵蚀机理研究方面取得了大量成果（牟金泽和孟庆枚，1982；陈永宗等，1988；唐克丽，1990；唐克丽，1993；蔡强国等，1998；郑粉莉和高学田，2000），对侵蚀模型也进行了系统的研究（姚文艺和汤立群，2001；刘宝元等，2001）。刘宝元等（2001）借鉴美国通用土壤流失方程（USLE）的成功经验，根据实测资料建立了坡面土壤流失预报方程，江忠善等（1996）利用黄土高原丘陵沟壑区径流小区的观测资料，建立了次降雨小流域地块侵蚀预报模型，蔡强国等（1996）将小流域侵蚀产沙分为坡面、沟坡和沟道三个基本单元，分别建立了各单元的次暴雨土壤侵蚀产沙预报模型。汤立群等（1990）和谢树楠等（1990）根据流域径流形成和侵蚀产沙机理，利用水文学和泥沙运动力学的基本理论，构建了小流域产沙动力学模型。贾媛媛等（2005）建立了黄土高原小流域分布式水蚀预报模型。王光谦等（2005）基于已建立的黄河数字流域平台，将流域泥沙问题与河道输沙问题结合起来，取得了新的进展。王兆印等（2003）提出了植被侵蚀动力学的计算方法，定量估算了植被变化对侵蚀的影响。倪晋仁和钱征寒（2002）研究了人类活动对黄河水沙过程的影响，提出了功能性断流的概念。胡春宏（2005）研究了黄河水沙变异过程及下游河道的复杂响应。李义天（2004）运用泥沙数学模型，系统地研究了长江河道的输沙过程与河床演变过程。张红武和张清（1992）着眼于悬沙的存在对水流特性的反作用，建立了适用于黄河高含沙特性的水流挟沙能力公式。姚文艺和汤立群（2001）等通过模型试验，研究了微型小流域的地貌演化过程。以上工作丰富了流域水文过程、侵蚀产沙和河道输沙过程研究的理论内涵，明显提高了我国在这一领域的研究水平。然而，对于河流系统层面上的水文过程、地貌过程的相互作用以及这种相互作用在人类活动影响下的变化，系统的研究成果还较少。

纵观国内外的研究，尚存在以下不足：①对河流系统各个子系统内部的结构、功能和响应机理研究较多，对各个子系统之间的耦合关系研究较少，对这种耦合关系进行模型表达的工作更少；②对河流系统的水文学和地貌学特性分别进行的研究较多，但通过水文–地貌耦合的理论框架研究河流系统的工作较少；③对河流系统的自然演变过程研究较多，对人类活动强烈影响下的河流系统演变规律研究较少；④对坡沟耦合、流域河道耦合进行了一些研究，还有待于深化。

本书以作者团队和国内外研究者所取得的成果为基础，致力于这些问题的阐述，以期使读者对黄河流域地貌系统各部分的耦合关系、形成机理与演变特性有更加全面、系统、清晰和深入的认识。本书涉及整个黄河流域，包括位于青藏高原东北部的上游流域、位于黄土高原的中游流域（图1-1）以及位于华北平原的下游河道和河口三角洲（图1-2）。

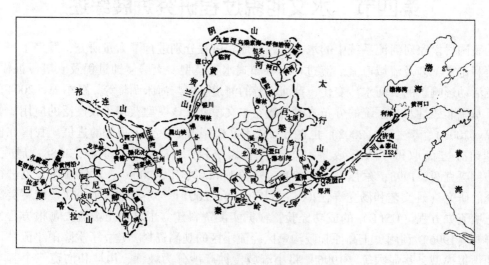

图1-1　黄河流域示意图（引自熊怡等，1989）

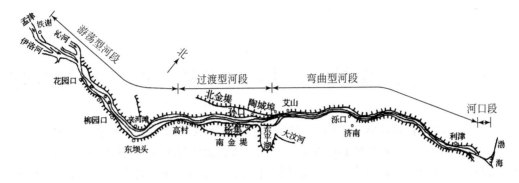

图1-2 黄河下游河道示意图

第五节 黄河流域地貌系统中的耦合类型和本书的体系结构

自2010年以来，作者团队对Schumm流域地貌系统概念进一步细化和完善，在此基础上对黄河流域水文地貌耦合系统进行了系统的研究，其涉及整个黄河流域，包括位于青藏高原和内蒙古高原的上游流域、位于黄土高原的中游流域、位于华北平原的下游河道和河口三角洲。作者团队把与黄河流域地貌系统有密切关系的水文–地貌耦合分为以下9种：①植被–侵蚀–河道耦合关系；②干支流耦合关系；③水沙耦合关系；④气候–水文–泥沙产输耦合关系；⑤流水–风力作用耦合关系；⑥流域–河道耦合关系；⑦流域–河道–海洋耦合关系；⑧人类社会经济与水文地貌系统的耦合关系；⑨大气环流系统与流域水文地貌系统的耦合关系。本书涉及其中的7种耦合关系，分别按以上顺序设立了专章进行讨论。流域–河道–海洋耦合关系在作者以前的专著《黄河河流地貌过程》（许炯心，2012）中有很多讨论，为了避免重复，没有设立专章；有关大气环流系统与流域水文地貌系统耦合关系的很多研究工作尚在进行，也未设立专章。此外，水土保持对河流水文地貌耦合的影响、流域能耗特性及其意义和黄河上中下游平滩流量3个问题，与水文地貌耦合有十分密切的关系，也分别设立了专章对其进行讨论。

第二章 植被–侵蚀–河道耦合关系及其变化

基于人类活动轻微时期（1950～1970年）黄河流域不同自然带中小流域的输沙模数和通过遥感影像分析得到的各县侵蚀模数资料，作者团队曾对气候–植被–侵蚀耦合关系进行了比较深入的分析，揭示了降水–植被耦合关系及其对黄土高原侵蚀的影响（许炯心，2006b）。发现了森林覆盖率随年降水量变化过程中的临界点，即当年降水量小于450mm时，森林覆盖率很小且基本上不随年降水量而变化；当年降水量大于450mm以后，森林覆盖率随年降水量的增大而急剧增大。同时还发现，降雨侵蚀力随年降水量的变化过程也存在着两个临界点。当年降水量小于300mm时，降雨侵蚀力很小且基本上不随年降水量而变化；当年降水量大于300mm时，降雨侵蚀力随年降水量的增大而迅速增大；当年降水量大于530mm时，降雨侵蚀力随年降水量增大的速率进一步加大。从分析与上述各临界点相联系的植被抗蚀力和降雨侵蚀力的对比关系入手，解释了黄土高原地区侵蚀强度随年降水量变化的非线性图形，即随年降水量的增大，侵蚀强度先是增大并达到峰值，然后再减小。在此后的工作中，作者团队进一步研究了黄河中游降水–植被–产沙耦合关系的时间变化，发现了植被–侵蚀关系的转型，揭示了这一转型对流域侵蚀产沙变化的影响；以洞穴石笋^{18}O同位素为代用资料，重建了过去1800年黄河中游的侵蚀产沙量的变化；将气候–植被–侵蚀耦合关系拓展为气候–植被–侵蚀–河道耦合关系，研究了历史上黄河下游决溢频率对流域植被变化的响应过程。基于这些新的研究成果，本章揭示黄河流域的气候–植被–侵蚀–河道耦合关系及其变化。

第一节 植被–侵蚀关系的转型

降水、植被与侵蚀产沙过程之间具有复杂的耦合关系，这种关系取决于时间尺度。在较短的时间尺度和固定的地点上，降水是侵蚀的动力，而植被则有保护土壤、减轻侵蚀的作用。降水和植被对侵蚀的影响是相反的。在较长的时间尺度和宏观空间尺度上，降水是植被类型及其覆盖度的控制因素，对植被抗蚀力的时间变化和空间分布有重要影响。随着气候变得更加湿润（或干燥），植被抗蚀力增强（或减弱），侵蚀强度则会减弱（或增强）。美国学者Langbein和Schumm（1958）通过对若干流域资料的分析，发现随着有效降水量的增大，产沙模数先是增大，并达到峰值；当降水量进一步增大时，产沙模数减小。其后，这一变化图形得到了世界上不同地区研究成果的验证（Douglas，1967；Walling and Webb，1983；Wilson，1961），被称为Langbein-Schumm关系。许炯心（1994）运用中国近700个流域的资料对Langbein-Schumm关系进行了验证，揭示了中国侵蚀产沙的地带性规律，并以黄河若干支流的资料为基础，建立了产沙模数与年降水量的关系，其变化图形与Langbein-Schumm关系类似。目前的大多数研究只限于空间中降水–植被–产沙耦合关系的分析，对同一个流域中气候变化或人类活动方式的改变如何影响降水-植被-产沙耦合关系的调整，并进而影响流域侵蚀产沙过程，尚缺少研究。

黄河流域位于黄土高原，以强烈的侵蚀著称于世。然而，20世纪60年代以来，大规模的水土流失治理和水库、淤地坝拦沙，使得土壤侵蚀和流域侵蚀产沙强度持续减轻。20世纪90年代末以来，黄河流域人类活动方式和强度发生了剧烈的变化，在前期水土保持的基础上，以退耕还林（草）为中心的生态建设大规模展开，使得产沙量进一步减少。河口镇—龙门区间（河龙区间）是黄河流域的主要产沙区，习惯称为"多沙粗沙区"，20世纪50年代和60年代平均年产沙量分别为10.36亿t和9.53亿t；20世纪70~90年代分别减少到7.53亿t、3.76亿t、4.68亿t，进入21世纪后的13年平均减少到1.425亿t，2007~2011年均不足1亿t，其中2009年、2010年、2011年分别仅为0.111亿t、0.185亿t、0.093亿t。减沙如此迅速引起各方面的广泛关注，亟待对其原因进行解释。作者团队认为，近期人类活动的影响导致黄河中游降水-植被-产沙耦合关系的转型，是泥沙减少的一个重要原因。作者团队以20世纪80年代以来基于遥感资料的植被指标——归一化植被指数（NDVI）来反映植被的变化，研究了这一时段降水-植被-产沙耦合关系的调整过程，揭示了黄河中游降水-植被-产沙耦合关系的转型及其在侵蚀产沙中的意义，以期为深入理解2000年以来河龙区间产沙量急剧减少的机理和流域水土流失治理与环境管理提供新的知识。

河龙区间（图2-1）由无定河、皇甫川、窟野河，以及北洛河与泾河支流马莲河等流域构成，流域面积为111 686km²。该区间侵蚀强烈，是黄河泥沙特别是粗泥沙的主要来源区。黄土层深厚，渗透性强，故径流深度较小，对黄河径流量的贡献相对较小。该区间流域面积仅占全流域的14.8%，1950~1989年的实测平均年产沙量为9.08亿t，占全河的55.7%（叶青超，1994）。黄河下游河道的强烈淤积，主要是由粒径大于0.05mm的粗泥沙造成的，而绝大部分粒径大于0.05mm的粗泥沙均来自黄河中游多沙粗沙区，占全河粗泥沙来量的73%（叶青超，1994）。

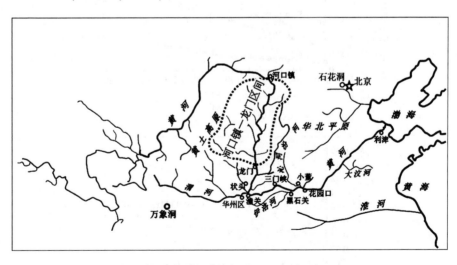

图2-1 黄河流域和河口镇—龙门区间示意图

一、植被变化及其原因

基于遥感资料的 NDVI 是广泛应用的表征植被状况的指标，它是遥感影像的近红外波段（Infrared）和红外波段（Red）的比值参数（Tucker, 1979），计算公式是 NDVI =（Infrared−Red）/（Infrared+Red），该指标可以很好地反映地表植被的繁茂程度，与生物量、叶面积指数有比较好的相关关系（Asrar et al., 1985；Nemani and Running, 1989）。由于遥感数据共享的实现，覆盖全球陆地大部分地区的 NDVI 数据可以方便地获得。基于 1981～2013 年的资料，图 2-2（a）点绘了河龙区间 NDVI 随时间的变化，表现出显著增大趋势（$R^2 = 0.637$，$p = 1.08 \times 10^{-7}$）。NDVI 增大与下列因素有关：①1970 年以后大面积水土保持措施的实施，尤其是其中的林草措施；②1999 年以来大规模开展以退耕还林（草）和植被自然恢复为中心的生态环境建设；③20 世纪 80 年代以来农村劳动力的大规模转移，减少了人口对环境的压力，有利于退耕还林，打工农民寄钱回家间接改变了农村能源结构，减少了薪柴不足导致的植被破坏。图 2-2（a）点绘了水土保持造林种草累计面积、黄土高原退耕造林面积、山西陕西农村劳动力转移数量随时间的变化，均呈现出显著的增加趋势，R^2 分别为 0.904（$p = 2.79 \times 10^{-14}$）、0.947（$p = 9.46 \times 10^{-21}$）和 0.983（$p = 2.02 \times 10^{-10}$）。图 2-2（b）、图 2-2（c）和图 2-2（d）分别给出水土保持造林种草累计面积、黄

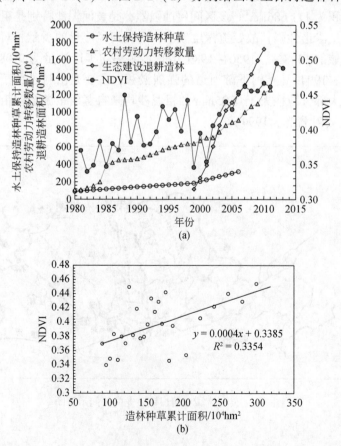

(a)

(b)

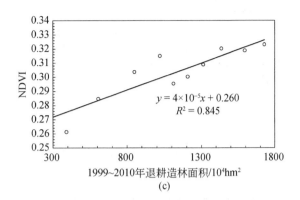

(c)

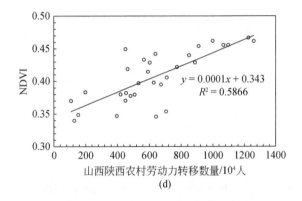

(d)

图 2-2 河龙区间 NDVI 及其影响因素

（a）河龙区间 NDVI 及其影响因素的变化；（b）NDVI 与水土保持造林种草累计面积的相关关系；
（c）NDVI 与黄土高原退耕造林面积的相关关系；（d）NDVI 与山西陕西农村劳动力转移数量的相关关系

土高原退耕造林面积、山西陕西农村劳动力转移数量与 NDVI 的相关关系，均呈较显著的正相关，R^2 分别为 0.3354（$p = 0.002\,864$）、0.845（$p = 1.35 \times 10^{-5}$）和 0.5866（$p = 5.14 \times 10^{-7}$）。可见，上述指标的增大导致了河龙区间 NDVI 的增大。

NDVI 的变化与人类活动有密切关系，与降水的变化也有一定的关系。图 2-3（a）对河龙区间 NDVI 和年降水量 P_m 的变化进行了比较。1980～2013 年，河龙区间年降水量呈现先微弱减小（1980～1999 年，$R^2 = 0.0302$，$p = 0.147$），然后增大（2000～2013 年，$R^2 = 0.238$，$p = 0.076$）的变化趋势。增大时段与大规模生态建设 [退耕还林（草）] 一致，因而降水的增大对这一时段中 NDVI 的增加是有利的。1980～2013 年，NDVI 与 P_m 呈正相关 [图 2-3（b）]，$R^2 = 0.2793$（$p = 0.003\,35$）。分时段计算表明，1981～1999 年和 2000～2013 年，NDVI 与 P_m 都呈正相关，R^2 分别为 0.2267（$p = 0.085$）和 0.2055（$p = 0.051$）[图 2-3（c）]。这说明，后一时段 NDVI 的变化除与降水的年际变化有关外，大规模生态建设如退耕还林（草）等也发挥了重要的作用。

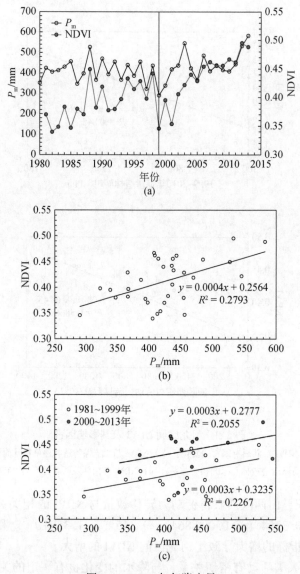

图 2-3　NDVI 与年降水量

（a）NDVI 和年降水量的变化；（b）NDVI 与年降水量的关系（不分时段）；
（c）NDVI 与年降水量的关系（分为两个时段）

二、降水–植被–产沙耦合关系的转型

为了揭示降水–植被–产沙耦合关系的转型，将 1981～2013 年分为 1981～1999 年和 2000～2013 年两个时段。图 2-4 对河龙区间的年产沙量 $Q_{s,H-L}$ 和 NDVI 的时间变化 ［图 2-4（a）］ 及两个时段中二者的相关关系 ［图 2-4（b）］ 进行了比较。图 2-5 中对 $Q_{s,H-L}$ 和 P_m 的时间变化 ［图 2-5（a）］ 及两个时段中二者的相关关系 ［图 2-5（b）］ 进行了比较。在前一时段中，NDVI 处于低水平，不足以显著减少地表侵蚀，而降雨侵蚀力大大超过了植被抗蚀

力，是产沙的主要控制因素，因而出现了 $Q_{s,H-L}$ 和 P_m 的显著正相关［图 2-5（b）］。在后一时段中，以植被自然恢复为中心的生态建设取得明显成效，使 NDVI 处于较高水平，植被抗蚀力超过了降雨侵蚀力的影响，取代后者成为产沙过程的主导因素，因而出现了 $Q_{s,H-L}$ 和 NDVI 的较显著负相关［图 2-4（b）］，同时使得 $Q_{s,H-L}$ 和 P_m 的正相关关系不再存在［图 2-5（b）］。这导致了 2000 年以后降水–植被–产沙耦合关系的转型。

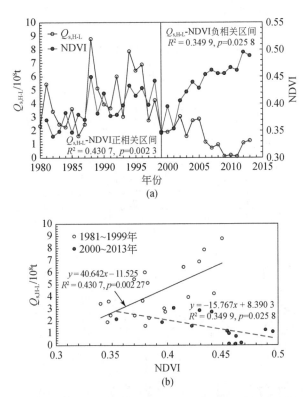

图 2-4　$Q_{s,H-L}$ 和 NDVI 的时间变化（a）及两个时段中二者的相关关系（b）

应该指出，1981～1999 年 $Q_{s,H-L}$-NDVI 出现的正相关，实际上只是 $Q_{s,H-L}$-P_m 正相关的反映，因为 P_m 的增大（或减小）一方面使 NDVI 增大（或减小）［图 2-3（b）］，另一方面使 $Q_{s,H-L}$ 增大（或减小）［图 2-5（b）中 1981～1999 年曲线］，所以 $Q_{s,H-L}$ 与 NDVI 之间呈现正相关，但显然这并不是一种因果关系，因为在其他因素不变时植被作用的增强不可能使侵蚀增强。2000～2013 年 $Q_{s,H-L}$-NDVI 负相关则是一种因果关系，因为植被的改善一方面降低了径流系数，使径流减少；另一方面增强了地表抵抗侵蚀能力，两者都会导致侵蚀产沙量的减少。

由于 $Q_{s,H-L}$ 的变化中既有 NDVI 变化的影响，又有降水变化的影响。为了更好地体现 NDVI 的影响，将河龙区间单位降水产沙量 $q_{s,H-L}$（单位为 kg/m^3）作为指标：$q_{s,H-L} = Q_{s,H-L}/Q_{p,H-L}$，式中 $Q_{p,H-L}$ 为河龙区间降水的总量（以体积计）。图 2-6 对 $q_{s,H-L}$ 和 NDVI 的时间变化［图 2-6（a）］及两个时段中二者的相关关系［图 2-6（b）］进行了比较。图 2-6 与图 2-4 大致相似，但后一时段中 $q_{s,H-L}$ 和 NDVI 的决定系数 R^2 由 0.3499 增大为 0.4023。

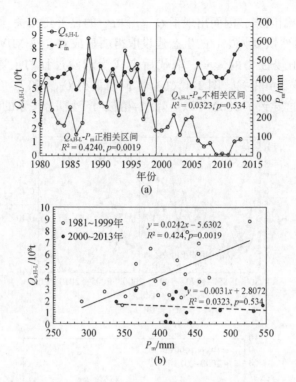

图 2-5 $Q_{s,H-L}$ 和 P_m 的时间变化（a）及两个时段中二者的相关关系（b）

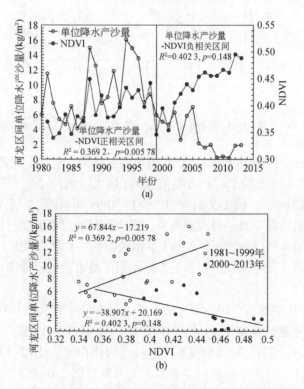

图 2-6 $q_{s,H-L}$ 和 NDVI 的时间变化（a）及两个时段中二者的相关关系（b）

Mann-Kendall U 指标常被用来研究某一变量的变化趋势和突变（Kendall，1975）。对 NDVI、$Q_{s,H-L}$ 和 P_m 的分析表明，3 个变量没有明显的突变趋势。正序列 U 值显示，1999 年实施大规模生态建设后，U_{NDVI} 从 2001 年起迅速持续增大，U_{P_m} 也有增大趋势，$U_{Q_{s,H-L}}$ 则持续减小（图 2-7）。植被和降水对侵蚀与产沙的影响是相反的，植被作用的增强会使产沙量减少，降水作用的增强会使产沙量增加，产沙量的实际变化趋势取决于两者作用的对比关系。由于这一时段中产沙量是减少的，$U_{Q_{s,H-L}}$ 与 U_{NDVI} 呈显著负相关（$R^2 = 0.9583$，$p < 0.0001$），这意味着 2000 年以后植被增强的减沙作用超过了降水增大的增沙作用，成为产沙过程的主导因素。

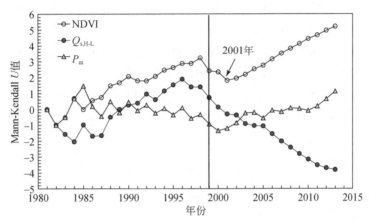

图 2-7　NDVI、$Q_{s,H-L}$ 和 P_m 三个变量的 Mann-Kendall U 值的时间变化

三、机理解释

由于植被作用的存在，降水和侵蚀产沙之间的关系不是线性的，而是非线性的、复杂的。某一地点的侵蚀强度取决于降雨侵蚀力、暴雨径流侵蚀力与地表抗蚀力之间的对比关系。一般而言，年降水量越大，暴雨强度越大，降雨侵蚀力与暴雨径流侵蚀力也越大，二者之间表现为正相关关系。地表抗蚀力可以分解为地表植被抗蚀力和地表物质抗蚀力。植被是一种地带性的自然地理要素，其宏观空间分布格局与年降水量之间有着十分密切的关系。年降水量越大，则植被的生物量越大、对地表的保护作用越强，因而形成年降水量与地表植被抗蚀力之间的负相关关系。由上述分析可知，植被作用使得年降水量与侵蚀强度之间的关系具有不确定性。当年降水量较大时，降雨所产生的侵蚀力也较大，这可能导致较高的侵蚀强度。然而，当多年平均年降水量较大时，与之相联系的天然植被的抗蚀力也较强，这又可能导致较低的侵蚀强度。1958 年美国学者 Langbein 和 Schumm（1958）基于美国中部与东部若干流域的资料证明，随着有效降水量的增大，产沙模数先是增大，并达到峰值；当降水量进一步增大时，产沙模数减小。这一变化图形得到了世界上不同地区研究成果的证实，被称为 Langbein-Schumm 关系。许炯心（1994）运用中国近 700 个流域的资料对 Langbein-Schumm 关系进行了验证，并以黄河若干支流的水文资料和气象资料为基础，建立了产沙模数与年降水量的关系，其变化图形与 Langbein-Schumm 关系类似。

　　如果考虑同一流域，则可以将土壤抗蚀性能近似地视为常量，侵蚀产沙量的时间变化只取决于降水特征和植被特征的变化。在人类活动强烈的地区，植被遭到破坏会使地表抗蚀力降低，植被的恢复则会使地表抗蚀力提高。在植被遭到不同程度的破坏时，侵蚀强度主要受降雨指标控制，二者呈显著的正相关，与植被指标呈较弱的负相关。在人类活动使植被恢复的过程中，侵蚀强度受降水指标和植被指标的共同控制，与前者呈正相关，与后者呈负相关。如果植被的恢复达到较高的程度，对地表的保护作用很强，则侵蚀强度主要受植被指标的控制，与植被指标呈较强的负相关，与降水指标呈微弱的正相关。图 2-8 显示 $Q_{s,H-L}$ 与 P_m 的关系，对植被已被破坏的 1950～1969 年、水土保持生效（植被部分恢复）的 1970～1999 年、退耕还林（草）大规模实施（植被全面恢复）的 2000～2013 年 3 个时段进行了区分。第一个时段中，$Q_{s,H-L}$ 与 P_m 呈显著正相关（$R^2=0.6386$），第二个时段中，$Q_{s,H-L}$ 与 P_m 呈较弱的正相关，第三个时段中，$Q_{s,H-L}$ 与 P_m 不相关（$R^2=0.0312$）。由于缺少 1950～1969 年的植被资料，只能对第二、第三个时段的 $Q_{s,H-L}$ 与植被指标 NDVI 进行比较 [图 2-4（b）]，结果显示，第二个时段中 $Q_{s,H-L}$ 与 NDVI 不存在负相关关系，第三个时段中 $Q_{s,H-L}$ 与 NDVI 呈较显著的负相关（$p=0.0258$）。

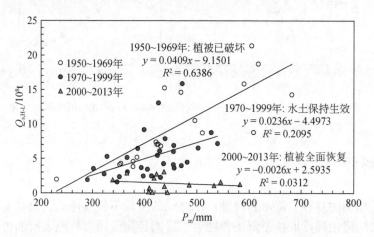

图 2-8　3 个不同时段 $Q_{s,H-L}$ 与 P_m 的关系

　　本研究基于 20 世纪 80 年代黄土高原 62 个县的资料，建立了侵蚀强度（单位面积侵蚀量）与年降水量的关系和单位降水侵蚀量与 NDVI 的关系 [图 2-9（a）和（b）]。图 2-9（b）显示，单位降水侵蚀量先随 NDVI 的增大而增大，在 NDVI=0.30 时达到最大值，然后再减小。这一最大值可以视为在 20 世纪 80 年代的植被条件下，在空间范围中单位降水侵蚀量随 NDVI 变化的临界值。从本质上说，这是 Langbein-Schumm 关系的反映。图 2-9（a）实际上可视为基于黄土高原资料建立的 Langbein-Schumm 关系，与单位面积侵蚀量相对应的 P_m 临界值为 450mm。作者团队发现，基于河龙区间 1980～2013 年的 $Q_{s,H-L}$ 和 NDVI 数据，可以建立时间系列变化所反映出的 Langbein-Schumm 关系 [图 2-9（c）]。图 2-9（c）显示，NDVI=0.43 是一个临界值。小于此值时，单位降水产沙量随 NDVI 的增大而增大；大于此值时，单位降水产沙量随 NDVI 的增大而减小。图 2-9（d）对 1981～1999 年和 2000～2013 年的数据点进行了区分，以便同图 2-6 所揭示的转型进行比较。图 2-9（d）显示，

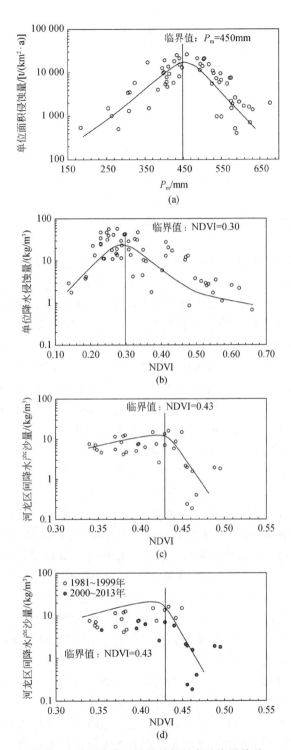

图 2-9　基于降水和植被的侵蚀产沙临界关系

（a）单位面积侵蚀量与 P_m 的关系（基于空间变化资料）；（b）单位降水侵蚀量与 NDVI 的关系（基于空间变化资料）；

（c）单位降水产沙量与 NDVI 的关系（基于河龙区间 1980～2013 年数据）；（d）单位降水产沙量与 NDVI 的关系

（基于河龙区间 1980～2013 年数据，区分两个时段）

在转型发生后的 2000~2013 年，大部分数据点都分布于临界值的右侧，即曲线的下降翼。这说明，黄河中游降水-植被-产沙耦合关系的转型是降水-植被-产沙耦合系统超越了侵蚀-植被临界值的结果。

四、成果的意义及讨论

植被遭到破坏的 20 世纪 50 年代和 60 年代平均年产沙量分别为 10.36 亿 t 和 9.53 亿 t，平均为 9.95 亿 t；水土保持措施生效后的 20 世纪 70~90 年代分别减少到 7.53 亿 t、3.76 亿 t、4.68 亿 t；1999 年大规模退耕还林（草）实施后的 13 年平均减少到 1.425 亿 t，只相当于 20 世纪 50 年代和 60 年代的 14.3%。如此巨大的减沙量引起各方关注，对其成因进行解释是一个重要的科学问题。上述成果为 2000 年以来多沙粗沙区产沙量剧烈减少的原因提供了一种合理的解释。20 世纪 70 年代以来的水土保持使得 20 世纪 50~60 年代被破坏的植被得到改善，1999 年后大规模的生态建设使植被进一步恢复。关于 1999 年以后大规模的以退耕还林（草）为中心的生态建设对黄河中游特别是河龙区间土地利用和植被变化的影响，已有大量成果发表。刘晓燕等（2014a）依据不同时期卫星影像的分析对河龙区间的林草植被覆盖率的变化进行了研究，发现到 2013 年，河龙区间的黄土区和风沙区、北洛河上游和汾河流域的林草植被覆盖度分别由 70 年代以前的 25.4%、14.5%、24.3% 和 41.6% 增加到 46%、39%、53% 和 57%；周旭等（2014）根据 1998 年和 2010 年遥感影像解译，对河龙区间及渭河、北洛河等 26 条支流流域（流域面积共 18.7 万 km²）的土地利用变化进行了研究，结果显示，退耕还林还草面积比例（定义为 1998~2010 年退耕还林还草面积占相应流域面积的比例），延河、北洛河和清涧河的数值均超过 15%，分别为 27.92%、19.83% 和 16.13%；整个区域的平均值为 5.55%；1998~2010 年，三川河、无定河和佳芦河植被覆盖度平均增大量分别为 32.85%、32.13% 和 31.33%，朱家川、窟野河和仕望川植被覆盖度平均增大量分别为 6.30%、10.15% 和 14.64%，所有流域的植被覆盖度平均增大量为 20.63%，表明黄河中游多沙粗沙区流域坡面尺度的林草植被覆盖度已发生显著变化。对于有效梯田累计保存面积比例（有效梯田累计保存面积占流域面积的比例），泾河、渭河干流、湫水河、偏关河和县川河的数值较大，均超过 10%，分别为 15.76%、15.73%、12.82%、12.22% 和 10.26%，所有流域的平均值为 6.25%。植被改善一方面大大提升了植被对地表物质的保护作用，另一方面还通过截留作用使到达地表的雨水减少，通过改善土壤物理性质使其渗透性增强，因而地表径流减少，侵蚀动力减弱，导致土壤侵蚀强度和流域产沙量减少。

除植被-侵蚀关系的转型外，其他因素对产沙量的剧减也有很大的作用。农村劳动力转移的影响、梯田的影响、淤地坝及拦沙库的影响对 $Q_{s,H-L}$ 的剧减均有重要作用。农村剩余劳动力的转移和输出，增加了农民的收入，极大地减小了乡村人口对土地的压力，改变了乡村能源结构，有利于植被的自然恢复。有务工人员外出的家庭，无劳动力耕种，在陡坡地种植的比较效益很低的情况下，会导致强烈的陡坡地退耕的意愿。显然，这将减轻侵蚀，减少流域产沙量（许炯心，2006b）。图 2-10（a）显示，$Q_{s,H-L}$ 与农村劳动力转移数量之间存在较显著的负相关关系（$R^2=0.4877$，$p=8.81\times10^{-6}$）。坡地改造为梯田后，坡度减小,降雨入渗增加,地表径流减少,侵蚀强度大大减弱。图 2-10（b）显示,$Q_{s,H-L}$ 与历年梯田面积之间存在较显著的负相关关系（$R^2 = 0.3895$,$p = 2.14 \times 10^{-7}$）。修筑淤地坝拦沙是减少进入黄河泥沙的有效途径,其减沙效应可以用淤地坝以上拦截泥沙所形成的坝地面积来表示。根据张胜利等（1999）的研究,河龙区间的支流三川河、无定河、皇甫川和窟野河流域中淤地坝所形成的坝地,平均每公顷的拦沙量分别为 55 935t、78 795t、51 000t 和 66 450t,河龙区间平均为 63 045t,可见淤地坝的减沙效应是十分显著的。图 2-10（c）显示,$Q_{s,H-L}$ 与历年坝地面积之间存在较显著的负相关关系（$R^2 = 0.2995$,$p = 1.05 \times 10^{-5}$）。

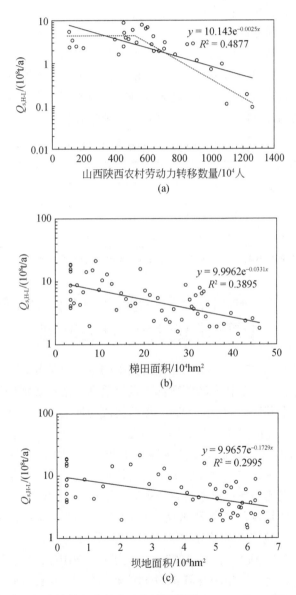

图 2-10　河龙区间产沙量与农村劳动力转移数量（1980～2011 年）（a）、梯田面积（1950～2006 年）（b）和坝地面积（1950～2006 年）（c）的关系

为了查明小浪底水库上游的水沙变化，黄河水利科学研究院和黄河水利委员会水文局组织近 200 位研究人员对黄河流域水沙变化情势进行了研究与评价，查明了 1997～2006 年梯田、造林、种草、坝地拦沙、封禁（即通过封山育林减少侵蚀）、灌溉引沙和水库拦沙等措施的年减沙效益。关于河龙区间的研究结果已经列入表 2-1 中。表 2-1 显示，植被措施中的 3 个类型即造林、种草、封禁（植被措施）的减沙量占合计减沙量的比例分别为 26.9%、7.0%、2.2%，三者合计 36.1%；坝地拦沙和水库拦沙的减沙量比例分别为 27.1% 和 16.4%，二者合计 43.5%；梯田减沙量比例为 16.4%。可见，坝地拦沙和水库拦沙对减沙的贡献最大，植被措施对减沙也有很重要的贡献。这一时段各项措施的合计减沙量约为 3.41 亿 t/a，河龙区间实测输沙量为 1.61 亿 t/a，二者之和（5.02 亿 t/a）可视为还原输沙量即天然产沙量。因此，人类活动总减沙量已占到天然产沙量的 67.9%，其中坝地拦沙和水库拦沙、植被措施减沙和梯田减沙分别占天然产沙量的 29.6%、24.5% 和 11.1%。他们研究的时段与大规模生态建设实施的时段基本重合，可见大规模生态建设导致的植被恢复对控制河龙区间产沙量确实起到了重要的作用。

表 2-1　河龙区间 1997～2006 年分项措施年减沙量

项目	分项措施减沙量							合计减沙量
	梯田	造林	种草	坝地拦沙	封禁	灌溉引沙	水库拦沙	
年减沙量/万 t	5 577	9 160	2 377	9 250	748	1 370	5 598	34 080
占合计减沙量的比例/%	16.4	26.9	7.0	27.1	2.2	4.0	16.4	100

资料来源：黄河水利科学研究院，黄河水利委员会水文局. 2010. 黄河流域水沙变化情势评价研究。

第二节　基于降水-植被-侵蚀耦合关系重建历史上的侵蚀产沙

河流系统对气候变化的响应是全球变化研究中的重大科学问题。黄河是闻名于世的多泥沙河流，其输沙量、含沙量和产沙模数都居世界前列。来自黄河中游黄土高原的巨量泥沙造成了历史上黄河下游河道的持续抬高，使黄河成为地上河，给防洪安全带来很大的压力。因此，研究黄河泥沙的变化及其成因一直是中国河流研究中的重要课题。自 20 世纪 70 年代中期以来，黄河悬移质输沙量持续减少引起广泛的关注。造成这一变化的气候影响和人类活动影响各占多大的比例，历史上黄河是否一直是多沙河流，都是尚未解决的问题。黄河流域的降水观测和河流输沙的系统观测都开始于 20 世纪 50 年代，基于这些资料无法揭示百年以上时间尺度的气候和水文、泥沙变化，需要采用各种代用资料来进行研究。国内外运用树木年轮来重建降水和河流流量的研究已进行多年（Meko and Graybill，1995；Meko et al.，2001；康兴成等，2002；勾晓华等，2010），作者团队也开展了以洞穴石笋重建径流的工作，运用万象洞石笋 $\delta^{18}O$ 同位素记录（Zhang et al.，2008）重建了与黄河相邻的长江支流嘉陵江的降水和径流（Xu，2015a，2015b）。然而，由于流域产沙和河道输沙过程的影响因素更为复杂，迄今为止人们对河流的输沙量进行高分辨率重建尚未取得成功。作者团队运用这一代用资料重建黄河流域过去 1800 年的年降水量，并运用在人类活动影响轻微时段降水与输沙模数的相关关系反映在准天然状态下河龙区间的单位面积产沙量（SSY）即产沙模数，然后基于这一关系估算过去1800年的产沙模数，以期为研究千年以上时间尺度的黄河侵蚀产沙的变化及其对降水变化的响应提供资料。

一、研究方法和资料

本节研究方法分为以下步骤。

（1）基于万象洞石笋$\delta^{18}O$同位素记录重建黄河流域（花园口以上）年降水量（P_m）。以万象洞石笋$\delta^{18}O$同位素记录与P_m的重合时段（1950~2003年）为率定期，建立转换函数方程（或称为率定方程），然后运用留一法交叉检验（leave-one-out cross validation，LOOCV）对转换函数方程的预报结果进行验证（Birks，1995）。同时，还采用相关系数的平方R^2、F检验的特征值F、显著性概率p、估算值的均方根误差SE、绝对误差（计算值与实测值之差）和相对误差（绝对误差占实测值的比例）以及误差折减率RE等统计量来衡量转换函数方程的质量（Fritts，1976）。然后，将公元194~1949年的$\delta^{18}O$代入转换函数方程，计算出重建的P_m。

（2）在假定植被受降水变化影响的情况下，重建河龙区间的产沙模数。由于缺乏历史植被变化的资料，作者团队基于Langbein-Schumm关系（Langbein and Schumm，1958），运用时空代换的原理进行重建。降水、植被与侵蚀产沙过程之间具有复杂的耦合关系。降水是侵蚀的动力，而植被则有保护土壤、减轻侵蚀的作用，因而降水和植被对侵蚀的影响是相反的。随着降水增多（或减少），植被生物量增大（或减小），植被抗蚀力增强（或减弱），会导致单位面积侵蚀量（侵蚀模数）和产沙量（产沙模数）减弱（或增强）。本节拟运用黄河流域若干支流在水土保持尚未大面积实施的1950~1970年的资料，建立产沙模数与年降水量的非线性统计关系，即黄河流域的Langbein-Schumm关系，然后假定这一关系也适用于时间系列中降水量和产沙模数的变化，将公元194~1949年的P_m代入此关系式，重建历史产沙模数的变化。显然，这样得到的历史产沙模数的变化反映了降水–植被–侵蚀的耦合作用。

（3）在假定只有降水变化、没有植被变化的情况下重建河龙区间年产沙量。在只考虑降水变化、不考虑千年尺度的降水变化可能导致的植被变化的情形下，可以认为同一流域的产沙量是降水量的单值函数。基于尚未实施水土保持时期（1951~1969年）的资料，建立河龙区间的年产沙量$Q_{s,H-L}$与年降水量的回归方程，然后将重建的公元194~1949年的P_m代入这一方程，重建公元194~1949年的$Q_{s,H-L}$。

（4）对于上述两种$Q_{s,H-L}$的重建结果进行比较。作者团队利用了Zhang等（2008）发表的公元192~2003年万象洞石笋$\delta^{18}O$记录，下载自https://www.ncdc.noaa.gov/paleo/study/8629。万象洞是一个喀斯特洞穴，位于甘肃省陇南市武都区，地理坐标为33°19′N、105°00′E（图2-1），海拔为1200m，坐落于秦岭南坡嘉陵江上游支流白龙江南岸。虽然万象洞不在黄河流域内，但白龙江与渭河相邻，武都区距渭河干流的最近距离为150km。万象洞处于中国青藏高原和黄土高原过渡带（即青藏高原东部和黄土高原西缘之间）的较低海拔地区，接近现代夏季风降水区的北界，是典型季风系统交互作用的地带，对亚洲季风系统的进退消长十分敏感（刘敬华等，2008）。

二、黄河流域年降水量的重建

基于黄河流域 P_m 和万象洞石笋 $\delta^{18}O$ 重合时段（1950～2003 年）的资料，图 2-11（a）对 P_m 和 $\delta^{18}O$ 随时间的变化进行了比较。可以看到，尽管数据点较为分散，两条 5 年滑动平均拟合曲线具有较好的反位相关。降水和降水形成的径流转化为地下水后，经过复杂的路径汇集到喀斯特洞穴，转化为洞穴滴水，其中包含的碳酸钙发生沉淀而形成石笋的钙华沉积。完成这一过程可能需要超过一年的时间，这使得当年的降水量和径流量与当年形成的石笋 $\delta^{18}O$ 的关系并不密切（Xu，2015a）。作者团队（Xu，2015a，2015b）在嘉陵江、汉江的研究发现，径流量的响应与石笋 $\delta^{18}O$ 的变化之间存在着 3～5 年的滞后，因此建议在进行古径流重建时，对石笋 $\delta^{18}O$ 和径流进行 5 年滑动平均处理之后再进行回归计算。为了表示区别，在上述变量的下标中加入"5m"以表示 5 年滑动平均值。图 2-11（b）显示，黄河流域 $P_{m,5m}$ 与万象洞石笋 $\delta^{18}O_{5m}$ 之间存在较密切的负相关关系。经计算，得到转换函数方程：

$$P_{m,5m} = 9.383\ 67\exp(-0.470\ 67\delta^{18}O_{5m}) \tag{2-1}$$

式中，$R^2 = 0.4918$；调整后的 $R^2 = 0.4813$；样本数 $n = 52$；F 检验结果 $F(1,50) = 46.465$；显著性概率 $p = 1.41 \times 10^{-8}$；估算值的均方根误差 $SE = 17.95$。绝对误差变化范围为 $-40.65 \sim 30.45$mm，误差超过 $\pm 2SE$ 的有两年（1965 年和 1966 年）；相对误差变化范围为 $-8.22\% \sim 6.81\%$。留一法验证分析结果表明，P_m 的计算值、验证值与实测值吻合较好，误差折减率 RE 为 0.433，大于 0.40，表明以上述转换函数方程进行重建是合理的。将公元 194～2001 年的 $\delta^{18}O_{5m}$ 代入式（2-1），计算出重建的 $P_{m,5m}$，其时间变化见图 2-11（c）。图中曲线为 5 点滑动平均线。

基于重建的降水资料，作者团队用两种方法对河龙区间的产沙模数进行了重建，第一种方法考虑了降水–植被–侵蚀系统的复杂响应，第二种方法则基于基准期产沙量与降水量的统计关系来推算，未考虑上述复杂响应。

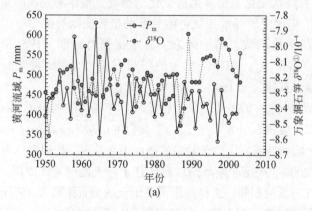

(a)

---

① 采用 VPDB 标准，它是一个确定同位素含量的标准。

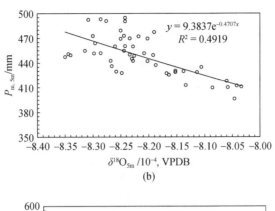

(b)

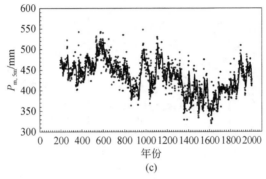

(c)

图 2-11　降水重建结果

（a） P_m 和 $\delta^{18}O$ 随时间的变化；（b） $P_{m,5m}$ 和 $\delta^{18}O_{5m}$ 的关系；（c） 重建的 $P_{m,5m}$ 随时间的变化

三、产沙模数的重建：考虑降水-植被-侵蚀系统的复杂响应

本书已指出，Langbein-Schumm 关系考虑了不同流域之间降水差异导致的植被类型的变化对产沙模数-降水关系的影响，因而基于这一关系并运用空间-时间替换原理，可以进行无资料时段产沙模数的重建。为此，作者团队基于黄河流域不同自然带 56 个支流流域的资料，点绘了 1950～1970 年的产沙模数平均值 SSY 与年平均降水量 P_m 的关系 ［图 2-12（a）］。两者关系是非线性的，$\ln(SSY)$ 与 P_m 的关系可以用下列抛物线方程来拟合：

$$\ln(SSY) = 1.471\,2 \times 10^{-7} P_m^3 - 0.000\,262\,7\,P_m^2 + 0.145\,5\,P_m - 16.431 \qquad (2-2)$$

式中，$R^2 = 0.702$；$p < 0.000\,01$；$SE = 0.619$。

为了进一步证明图 2-12（a） 中的关系，基于 Zhu（1993） 发表的黄土高原 200 个县的自然植被净初级生产力（NPP）的数据，计算了 56 个流域的 NPP，然后点绘出 $\ln(SSY)$ 与 NPP 的关系 ［图 2-12（b）］，曲线的变化趋势大致与 $\ln(SSY)$-P_m 曲线相似。56 个流域的资料表明，NPP 与流域年平均降水量高度相关 ［图 2-12（c）］。随着 P_m 的增大，降雨侵蚀力增大，这会导致侵蚀加强，但与此同时，植被类型也发生变化，依次由荒漠、草原、森林草原变为森林，植被抗蚀力也随之增大，这会导致侵蚀减弱。当植被抗蚀力的增大对侵蚀的抑制作用超过降雨侵蚀力的增加对侵蚀的强化作用时，SSY 的增大趋势便会被减弱趋势取代。

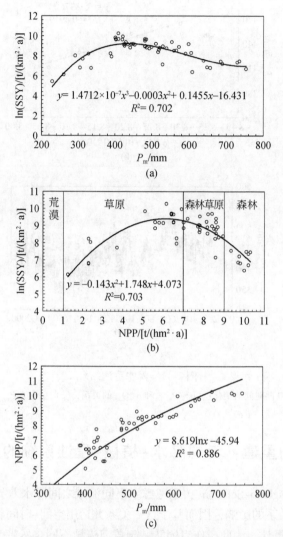

图 2-12　基于黄河支流的产沙模数与对降水、植被变化的复杂响应

（a）产沙模数 SSY 与降水 P_m 的关系；（b）产沙模数 SSY 与 NPP 的关系；（c）NPP 与 P_m 的关系

图 2-12 中的相关关系是基于空间分布资料建立起来的。在足够长的时间内和不受人类影响的条件下，降水量的变化会导致植被类型的变化。在原来处于半干旱条件下、产沙模数接近图中峰值的流域，随着降水量的增加，植被类型会由草原变为森林草原、草原森林和森林，产沙模数也会逐渐降低。在地貌学和生态学的研究中，由于不可能获取历史上某种过程的时间变化观测资料，在满足过程的"遍历性"条件时，可以运用时空替代（space-for-time substitution）假定（Ullman, 1974; Pickett, 1989; Blois et al., 2013），利用基于空间上处于不同地貌发育阶段的流域地貌系统或不同演替阶段的生态系统的观测资料所建立的模型，来推估该系统随时间的变化过程。基于上述假定，作者认为式（2-2）可以用来表达在时间变化过程中，河龙区间的产沙模数随降水量的变化规律。由此出发，将公

元194～2001年的$P_{m,5m}$代入式（2-2），计算出重建的SSY_{5m}，其随时间的变化见图2-13（a）。可以看到，图2-13（a）中有一条与横坐标平行的SSY_{5m}极大值线，这与图2-13（a）、（b）中的极大值点是相对应的。将历年重建的产沙模数乘以河龙区间的流域面积（111 586km^2），得到历年的年产沙量，其变化见图2-13（b）。

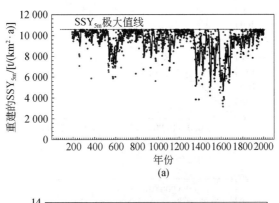

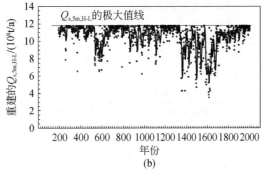

图2-13　基于第一种方法重建的产沙模数随时间的变化（a）和年产沙量随时间的变化（b）

图中曲线为5点滑动平均线

四、河龙区间输沙量的重建：基于"基准期"的产沙量–降水量关系推算

历史上人类活动影响远远比现代轻微，可以假定在一般情形下植被条件处于"准天然"状态。黄河流域具有实测降水量和输沙量资料的时段开始于1950年，大规模水土保持措施生效开始于20世纪60年代末到70年代初。大规模水土保持措施生效前，可以认为人类活动影响轻微，属于"基准期"；而水土保持措施生效后，黄河流域的水沙过程发生明显变化，可以认为处于"措施期"。这两个时期的分界点可以运用产沙量–降水量双累积曲线来判定。$Q_{s,H-L}$与P_m的双累积曲线显示，1950～1969年，曲线呈直线分布［图2-14（a）］；1970年以后，曲线向右偏转。基于1950～1969年的资料，点绘了$Q_{s,H-L}$-P_m的相关关系［图2-14（b）］，并建立了回归方程：

$$Q_{s,H-L} = 0.000\ 010\ 157 P_m^{2.225\ 4} \tag{2-3}$$

式中，$R^2 = 0.7818$；$n = 20$；$p = 0.000\,000\,232$。$R^2 = 0.7818$ 意味着 $Q_{s,H\text{-}L}$ 变化的 78.2% 可以用 P_m 的变化来解释。将公元 194 ~ 2001 年的 $\delta^{18}O_{5m}$ 代入式 (2-3)，计算出重建的 $Q_{s,5m,H\text{-}L}$，其时间变化见图 2-14（c）。

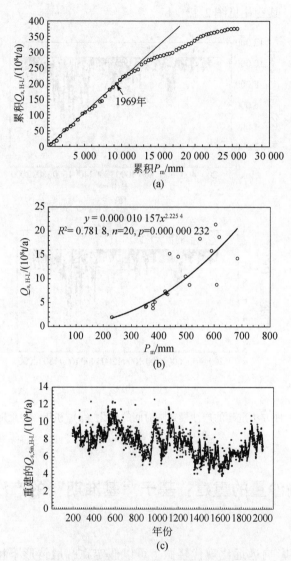

图 2-14　基于第二种方法重建产沙模数

（a）年产沙量和年降水量的双累积关系；（b）基准期年产沙量和年降水量的关系；
（c）重建的年产沙量的时间变化；图中曲线为 5 点滑动平均线

五、两种情形下重建产沙量结果的比较

作者团队对两种方法重建的结果进行了比较，见图 2-15，图中以第一、第二种方法重建的 SSY_{5m} 分别表示为 $SSY_{5m,\,I}$ 和 $SSY_{5m,\,II}$。为了与降水变化进行比较，图 2-15 还绘出了重

建的 $P_{m,5m}$。为了更好地显示变化趋势，绘出了 11 年滑动平均线。从图 2-15 可以得到如下认识：①在考虑降水变化引起植被变化的情形下，产沙模数 $SSY_{5m,I}$ 与降水和植被的变化都有关系，变化图形是很复杂的。$SSY_{5m,I}$ 表现出极限值，大致为 11 500t/（km^2·a），图 2-15 绘出了极限值的连线。从图 2-12（a）可见，ln（SSY）随 P_m 的变化曲线存在极大值，与之对应的 P_m=440mm。图 2-15 绘出了代表 $P_{m,5m}$=440mm 的直线。$SSY_{5m,I}$ 的所有极大值都与 $P_{m,5m}$=440mm 相对应。与 $SSY_{5m,I}$ 的极小值对应的降水有两种情形，一种情形是当降水出现极大值时（如公元 600 年前后），另一种情形是当降水出现极小值时（如公元 1400～1700 年的若干降水极小值）。这体现了降水–植被–侵蚀系统对气候变化做出的复杂响应。降水如果在 440mm 临界值左右发生剧烈波动，就会引起产沙模数更为强烈的波动，因为降水的高值和低值都会导致产沙模数的低值，而超过 440mm 临界值时会出现产沙模数的极大值，这就是为什么在降水剧烈波动的公元 1400～1600 年，产沙量出现了振幅很大的波动。②在不考虑降水变化引起植被变化的情形下，$SSY_{5m,II}$ 只与降水的变化有关，因为在千年尺度上，地形因子可以视为不变，土壤性质的变化也不大，因此 $SSY_{5m,II}$ 曲线与 P_m 曲线的变化是同步的。③$SSY_{5m,I}$ 拟合线的位置高于 $SSY_{5m,II}$ 拟合线。这是因为 $SSY_{5m,I}$ 是基于式（2-1）计算得到的，式（2-1）适用于中小流域；而 $SSY_{5m,II}$ 是基于式（2-3）计算得到的，式（2-3）适用于黄河中游干流，显然上述差异与流域尺度的差异有关。

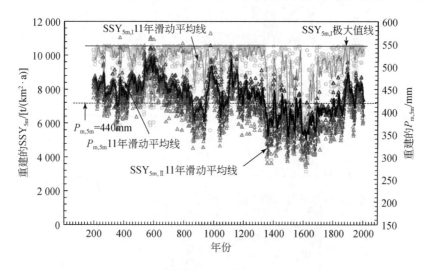

图 2-15　两种情形下重建的 SSY_{5m} 的比较

六、1800 年尺度上产沙模数变化对气候变化的响应

形成黄河流域降水的水汽是在亚洲季风输送下进入流域上空的，1800 年尺度上降水的变化是水循环系统对亚洲季风变化做出响应的结果。位于黄河流域的黄土高原覆盖着厚度很大的黄土层，极易遭受水力侵蚀，因而黄河流域的侵蚀产沙过程与降水关系密切，1800 年尺度上产沙模数变化对夏季风强度的变化十分敏感。Zhao 等（2007）基于夏季亚洲大陆东部与太平洋之间的温度差异，提出了反映东亚夏季风强度的亚洲–太平洋涛动指标

（I_{APO}）。周秀骥等（2009）运用基于北京石花洞石笋宽度重建的夏季气温纪录（Tan et al.，2003）和基于树木年轮重建的太平洋年代际振荡（Pacific decadal oscillation，PDO）记录（MacDonald and Case，2005），重建了近1000年以来I_{APO}的变化。本研究将1000年来黄河流域产沙模数$SSY_{5m,I}$、$SSY_{5m,II}$和I_{APO}的变化进行了比较［图2-16（a）］，结果显示出某种同步变化，这说明在千年尺度上，东亚夏季风的增强（或减弱）导致了产沙模数的增大（或减小）。Wang等（2005）和Zhang等（2008）的研究表明，在千年到万年时间尺度上，亚洲季风的变化与地球轨道变化有关。图2-16（b）对于$SSY_{5m,I}$、$SSY_{5m,II}$和基于宇生核素重建的公元800年以来的太阳辐照度SI（Bard et al.，2000）进行了比较，也显示出同步变化关系，这说明在千年尺度上，地球轨道因素的变化导致太阳辐照度的增大（或减小），会引起东亚夏季风的增强（或减弱），后者的增强（或减弱）又进而导致黄河流域降水量的增大（或减小）。这可能是太阳辐照度增强（或减弱）使大洋蒸发加强（或减弱），同时又使夏季风加强（或减弱），因而水汽输送加强（或减弱）和降水、径流增大（或减小）。最终，径流的增多（或减少）导致黄河流域侵蚀产沙强度的增大（或减小）。

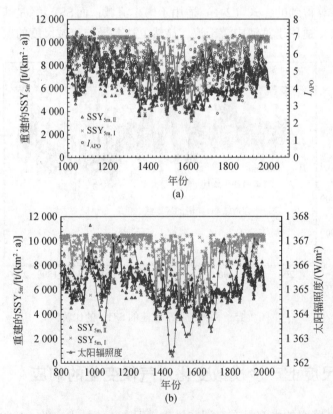

图2-16　两种方法重建的产沙模数与东亚夏季风强度和太阳辐照度随时间变化的比较

（a）重建的$SSY_{5m,I}$、$SSY_{5m,II}$与重建的I_{APO}的比较，I_{APO}数据来自Zhou等（2009）；（b）重建的$SSY_{5m,I}$、$SSY_{5m,II}$与重建的太阳辐照度的比较，太阳辐照度数据来自Bard等（2000）。$SSY_{5m,I}$、$SSY_{5m,II}$和I_{APO}的拟合线为11年滑动平均

第三节　黄河流域植被变化的重建及其对下游河道决溢频率的影响

河流与气候有密切的关系，河流水文地貌特征和河道稳定性的变化对气候变化的响应十分灵敏。然而，河流水文、河道特征和流域气候变量的观测资料都不足百年，这给百年到千年或更长时间尺度上河流对气候变化响应过程的研究带来很大的困难，必须寻求各种代用资料才能进行研究。洞穴石笋稳定同位素变化是一种很好的气候变化指标，据此已建立了一系列时间长度超过千年的高分辨率气温和季风变化记录（Tan et al.，2003；Zhang et al.，2008），为研究中国的气候变化积累了宝贵的资料。黄河是一条历史悠久的河流，与中国文明的演化密切相关，因而有关黄河的历史文献十分丰富，其记载了 2000 余年来河道的变化（水利部黄河水利委员会黄河水利史述要编写组，1982），据此可以重建 2000 余年来河道稳定性的变化。在历史时期，人类活动的强度比现代要弱，除了某些特定时段外，植被的变化主要受气候变化的控制。因此，可以用依据重建的降水和气温推算出来的植被 NPP 来反映历史上植被的变化。这使人们有可能以年尺度分辨率研究 2000 余年来河道稳定性对气候变化所决定的植被变化的响应。本研究从黄河历史文献中提取高分辨率信息，建立过去 2000 余年来黄河下游决口改道频率随时间的变化；通过洞穴石笋 $\delta^{18}O$ 同位素的记录重建黄河流域过去 1800 年以来的年降水量变化；基于这一结果和前人基于洞穴石笋记录已建立的华北气温变化资料，推算黄河流域 NPP 的变化，进而研究过去 1800 余年来黄河下游决溢频率对植被变化的响应过程（Xu，2019）。

过去 2000 年来关于黄河决口的记载十分详细，具有年尺度分辨率，相关历史文献是研究黄河下游河道稳定性和河道变迁的宝贵资料。黄河大堤决口泛滥是一种严重的灾害，包括冲决（大堤受洪水顶冲而溃决）和漫决（大水漫过堤顶导致溃决），合称为决溢。《黄河水利史述要》（水利部黄河水利委员会黄河水利史述要编写组，1982）一书中，列出了汉代以来的黄河下游河道决溢年表，记载十分详尽。本研究据此来计算黄河下游决溢频率，计算了每 10 年发生决溢的年数，用以表示决溢频率 F_b，单位为 a/10a。显然，F_b 可以作为表征河道稳定性的指标，F_b 越大，河道稳定性越低。

一、黄河流域年均降水量、年均气温和 NPP 的估算及其时间变化

气候条件是决定生态系统生产力的重要因素。本研究将潜在生物量即 NPP 作为气候生产力的指标，表示由当地自然条件所决定的最大可能的（即潜在的）植被生物量的生产量，以 $kg/(hm^2 \cdot a)$ 为单位。NPP 的相关研究成果很多，本书采用了 Lieth 和 Whittaker（1975）提出的 Thornthwaite 纪念模型（桑斯威特纪念模型），该模型简洁、实用，能清楚说明气候变化的影响。其计算公式为

$$P_v = 30\,000 \left[1 - e^{-0.000\,956(v-20)} \right] \tag{2-4}$$

$$v = 1.05R / \left[1 + (1.05R/L)^2 \right]^{0.5} \tag{2-5}$$

$$L = 300 + 25t + 0.05t^3 \tag{2-6}$$

式中，P_v 为气候生产力，$kg/(hm^2 \cdot a)$；v 为年平均蒸散量，mm；R 为年降水量，mm；L 为平均蒸发量，mm；t 为年均气温，℃。该模型充分考虑了光、温、水条件对作物干物质累积的综合影响，表征了作物产量与其光合作用之间的关系，即蒸发作用越强，光合作用越强，作物干物质的累积量也越大。显然，可以基于年系列资料，利用该模型通过气温和降水资料来推算 NPP 的年际变化。

上述 NPP 公式中两个变量为年降水量和年均气温。本研究可以通过古气候重建的方法，基于洞穴石笋稳定同位素变化的记录，分别重建黄河流域的年降水量和年均气温，然后利用上述公式推算黄河流域的 NPP。Tan 等（2003）在北京附近石花洞（115°56′E、39°47′N，洞口海拔为 251m）采集了石笋样品，发现石笋年层宽度与北京气象站观测到的暖季（5~8 月）平均温度之间有很好的相关关系。他们对土壤 CO_2 和洞穴滴水的观测结果表明，温度变化信号受到土壤–有机物–CO_2 系统的放大，并且被石笋年层记录下来。据此，他们重建了过去 2650 年（公元前 665 年~公元 1985 年）石花洞所在的北京地区的气温变化。本研究发现北京年均气温 T_m 与 5~8 月气温 $T_{5\sim8}$ 有显著的正相关关系：$T_m = -6.204 + 0.765 T_{5\sim8}$ $[R^2 = 0.540，n = 50（1951~2000 年）]$。按这一方程，将 Tan 等（2003）发表的北京 5~8 月气温数据转换为北京年均气温数据。同时，本研究基于 1951~2008 年的资料，发现黄河流域年均气温与北京气象站年均气温有显著的正相关关系：$y = 0.484x + 1.398$ $(R^2 = 0.635，n = 58，p = 8.53 \times 10^{-8})$。据此，将北京的年均气温数据转换为黄河流域年均气温数据，然后计算出 5 年滑动平均值。由于在历史上黄河曾经在天津附近汇入渤海，当时的下游河道距北京不是很远，可以用北京年均气温的重建数据来代表历史上黄河流域的年均气温。

在本章第二节中，作者团队基于 Zhang 等（2008）建立的过去 1800 年甘肃省陇南市武都区万象洞石笋 $\delta^{18}O$ 变化的记录，重建了过去 1800 年的黄河流域降水 5 年滑动平均值的变化。将重建的黄河流域降水 5 年滑动平均值（记为 $P_{r,5m}$）和北京气象站气温 5 年滑动平均值（记为 $T_{r,5m}$）代入式（2-1）~式（2-3），计算出重建的黄河流域 NPP 的 5 年滑动平均值（记为 $NPP_{r,5m}$）。图 2-17（a）、（b）、（c）中分别为过去 1800 年黄河下游决溢频率的变化、黄河流域 5 年滑动平均年降水量和北京气象站 5 年滑动平均气温的变化，以及黄河流域 5 年滑动平均 NPP 的变化，将其进行比较。

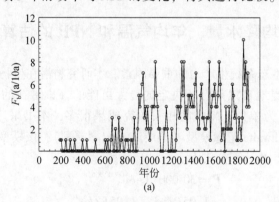

(a)

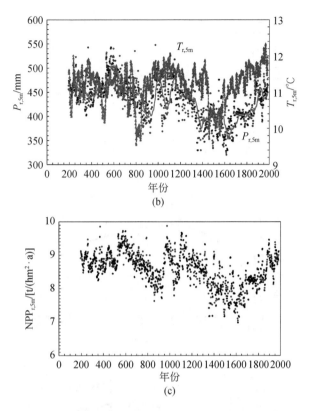

图 2-17　过去 1800 年黄河下游决溢频率的变化（a），重建的过去 1800 年黄河流域 5 年
滑动平均年降水量 $P_{r,5m}$ 和北京气象站 5 年滑动平均气温 $T_{r,5m}$ 的变化（b），及重建的
过去 1800 年黄河流域 5 年滑动平均 NPP 的变化（c）

二、降水、植被、侵蚀产沙和黄河下游河道决溢之间复杂关系的假说

　　Langbein 和 Schumm（1958）研究发现，降水、植被、侵蚀产沙之间存在着复杂的关系，即随着有效降水的增大，单位面积产沙量（产沙模数）也增大，并到达峰值。当有效降水进一步增加时，产沙模数反而减小。这一规律得到很多河流资料的证实，本研究对黄河流域资料的分析也证明了这一规律。图 2-18（a）显示，随着年降水量的增加，以 NPP 来表示的流域植被作用加强，二者呈显著的正相关。图 2-18（b）显示，产沙模数先随年降水量的增大而增大，大致在年降水量为 440mm 处达到峰值，然后减小。图 2-18（c）显示，产沙模数先随 NPP 的增大而增大，在 NPP 为 6～7t/（hm²·a）达到峰值，然后减小。黄河流域的绝大部分位于半干旱、半湿润气候区，在空间上侵蚀产沙模数随年降水量的变化和侵蚀产沙模数随 NPP 的变化分别服从图 2-18（b）和（c）右侧的关系，即侵蚀产沙随年降水量和 NPP 的增大而减小。年降水量的增大使 NPP 增大，植被对地表的保护作用增强，产生明显的减蚀减沙作用。虽然年降水量的增加会使降雨侵蚀力和径流的侵蚀搬运能力有所增强，进而产沙模数增大，但这与植被的效应相比是次要的，因而出现了

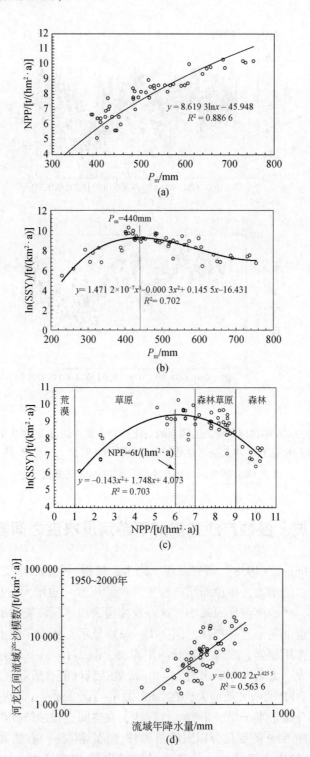

图 2-18　基于黄河支流的产沙模数与对降水、植被变化的复杂响应
（a）NPP 与 P_m 的关系；（b）产沙模数与 P_m 的关系；（c）产沙模数与 NPP 的关系；
（d）河龙区间产沙模数与年降水量的关系

图 2-18（b）和（c）右侧的负相关关系，这可以视为降水和植被变化影响黄土高原侵蚀产沙的第一种类型（类型 I）。然而，当天然植被遭到人类活动的破坏而且不具备自然恢复条件时（如坡地开垦），侵蚀产沙模数和年降水量会出现正相关关系 [图 2-18（d）]，这可以视为降水和植被变化影响黄土高原侵蚀产沙的第二种类型（类型 II）。

上述各图是基于不同流域的多年平均值得出的。由于现有观测资料的序列较短，仅 50 ~ 60 年，尚不能基于同一流域各变量的时间变化来建立百年至千年尺度上黄河流域的上述关系。假定时空替代的原理（Ullman，1974；Pickett，1989；Blois et al.，2013）适用于黄河流域的侵蚀产沙过程，那么在降水、植被、侵蚀产沙的时间变化中也会出现上述两个响应类型。黄河上中游侵蚀产沙系统与下游河道沉积系统之间存在着很强的耦合关系。如果将上述黄河流域降水、植被、侵蚀产沙之间存在的复杂关系延伸到黄河下游，那么降水、植被、侵蚀产沙和黄河下游河道决溢频率之间也存在着某种复杂关系。当黄河上中游侵蚀产沙系统对降水和植被变化的响应出现类型 I 时，气候变得湿润，降水增多，植被覆盖状况改善；黄土高原侵蚀减弱，进入黄河下游的泥沙减少，会导致河道淤积减缓，河道抬升减缓，因而决溢频率降低。反之亦然。此时决溢频率与流域降水量和 NPP 呈反位相变化（负相关），可以称为类型 I。类型 I 发生于植被不受人类破坏、人类破坏轻微或人类停止破坏后植被的自然恢复时期。如果植被受到人类的严重破坏，则会出现类型 II，即降水增多时黄土高原侵蚀产沙增强，进入黄河下游的泥沙增多，河道淤积加强，河道抬升加快，因而决溢频率增高。反之亦然。此时决溢频率与流域降水量和 NPP 呈同位相变化（正相关）。

本研究基于所重建的过去 1800 年黄河流域年降水量和 NPP 以及黄河下游决溢频率的时间变化序列资料，对上述假说进行了检验。

三、降水和植被变化对黄河下游决溢频率的影响

图 2-19（a）点绘了黄河下游决溢频率 F_b 与重建的黄河流域年降水量随时间的变化。为了更好地显示变化趋势，图中给出 F_b 的 5 点滑动平均值（相当于 50 年平均）曲线和 $P_{r,5m}$ 的 10 点滑动平均值（也相当于 50 年平均）曲线。可以看到，两条曲线之间的关系表现出两种类型，即反位相变化（变化趋势相反）或同位相变化（变化趋势相同），分别属于类型 I 和类型 II。从图 2-19（a）可以看到，两种类型交替出现，可以分为 4 个时期：①公元 200 ~ 900 年，为类型 I 主导；②公元 900 ~ 1100 年，为类型 II 主导；③公元 1100 ~ 1850 年，为类型 I 主导；④公元 1850 ~ 1935 年，为类型 II 主导。图 2-19（b）点绘了黄河下游决溢频率 F_b 与重建的黄河流域 NPP 随时间的变化，也给出了 F_b 的 5 点滑动平均值和 $NPP_{r,5m}$ 的 10 点滑动平均值。两条曲线之间的关系也可以划分为类型 I 和类型 II，两种类型交替出现，可以分为 4 个时期：①公元 200 ~ 900 年，为类型 I 主导；②公元 900 ~ 1100 年，为类型 II 主导；③公元 1100 ~ 1850 年，为类型 I 主导；④公元 1850 ~ 1935 年，为类型 II 主导。为了同时比较降水和植被对决溢频率的影响，本研究将这 3 个变量的变化点绘在同一坐标系中，见图 2-19（c），图中略去了数据点，可以看到降水和植被的变化趋势是很相似的。由于 NPP 是年降水量和年均气温的函数 [式（2-4）~ 式（2-6）]，可

以认为降水对植被变化的影响大于气温。

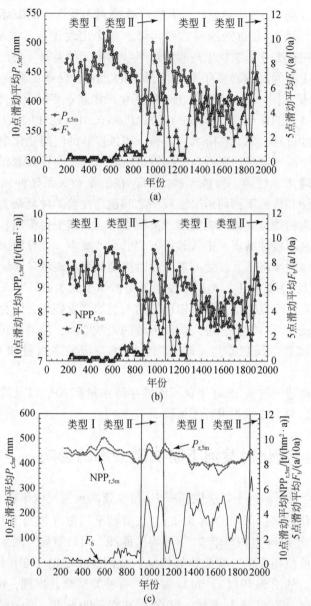

图 2-19　黄河下游决溢频率与重建的黄河流域年降水量和植被指标 NPP 随时间的变化的比较

（a）10 点滑动平均 $P_{r,5m}$ 和 5 点滑动平均 F_b；（b）10 点滑动平均 $NPP_{r,5m}$ 和 5 点滑动平均 F_b；

（c）10 点滑动平均 $P_{r,5m}$、10 点滑动平均 $NPP_{r,5m}$ 和 5 点滑动平均 F_b

　　本书已指出，类型 I 和类型 II 的划分与人类活动是否破坏了植被有关。为了对此进行论证，本研究基于前人对历史上黄土高原人口的研究（陈宝松，1990）和人类活动对植被影响的研究成果，对其进行了分析。在现代技术产生并广泛应用以前的历史时期，在以农业为主导的黄土高原，人类活动影响自然过程的强度与人口数量有关，可以将人口数量作为表征人类活动强度的指标。黄土高原人口的变化曲线见图 2-20（a）。为了显示人口数量变化与上述类型划分的关系，图 2-20（a）标明了类型Ⅰ和类型Ⅱ的出现时间。黄土高原人口数量在总体增加的趋势上，表现出次一级的波动。西汉出现人口数量高值，然后下降；西晋达到低值，然后上升；在隋代、唐代达到第二个高值，然后再下降；在元代出现第二个低值，然后再上升；在清代出现第三个高值，然后下降，随后又上升，并在民国达到第四个高值。在类型Ⅰ的两个时期开始时，均处于人口数量低值。类型Ⅰ的第一个时期（公元 200～900 年）开始时，处于三国战乱时期之后，在西晋出现了人口数量低值时期。这一低值比西汉人口高值减少了 84%，可以认为人类活动强度已很弱，植被逐渐回归自然状态，满足类型Ⅰ的前提条件。类型Ⅰ的第二个时期（公元 1100～1850 年）开始时，处于宋末战乱时期之后，在元代出现了人口数量低值时期，这一低值比西汉高值减少了 85.8%。类型Ⅱ的第一个时期（公元 900～1100 年），开始于唐代末，延伸到五代和宋代。五代时期频繁的战乱使人口数量减少，但此前在唐代盛世中大量砍伐森林和开垦土地，植被的恢复需要一定的时间，因而其前期仍可满足"植被已被人类破坏"这一前提条件。类型Ⅱ的第二个时期（公元 1850～1935 年），处于人口数量高值，而且黄土高原的开垦已扩展到丘陵沟壑区，植被遭到严重破坏，显然满足类型Ⅱ的前提条件。

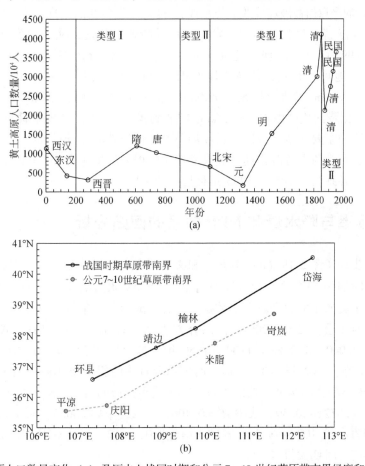

图 2-20　黄土高原人口数量变化（a）及历史上战国时期和公元 7～10 世纪草原带南界经度和纬度的变化（b）

应该看到，从类型Ⅰ向类型Ⅱ过渡，或从类型Ⅱ向类型Ⅰ过渡，不会突然发生，要经历一个过程。人口数量在类型Ⅰ开始时为低值，逐渐增大到高值，对植被的破坏加剧，最终导致由类型Ⅰ向类型Ⅱ转化。

类型Ⅱ的出现与前人研究确定的黄土高原历史上两次严重的植被破坏有较好的对应关系。第一次植被破坏发生于唐代中期，第二次发生于清代中期。图2-20（a）显示，在这两个时期之后，都出现了类型Ⅱ，即决溢频率与降水量和NPP之间表现出同位相变化。有学者对黄土高原历史植被的变迁进行了深入研究，恢复了历史上有关时期的植被类型分布界线（吴祥定等，1994）。唐宋时期是黄土高原植被发生重大变化的转折时期。公元7~10世纪，陕北北部旱灾、水灾频发，气候恶化，不利于植被生长。同时，唐代进入黄土高原政治、经济、文化的鼎盛时期，为获取建筑所需的木材和生活所需的薪柴，都要砍伐森林。根据恢复的历史植被分布图，战国时期草原带南界位于岱海、榆林、靖边、环县一线，此后一直没有大的变化。但公元7~10世纪发生快速南移，到唐宋已达岢岚、米脂、庆阳、平凉一线。本研究将上述植被分界线涉及的地点的经度和纬度点绘在图2-20（b）中。战国时期和唐宋之际，草原带南界的平均纬度分别为38.2°N和36.9°N，向南移动了1.3°。可以认为，唐宋之际的严重植被破坏导致了公元900~1100年类型Ⅱ的出现。

明清以来，随着人口数量增多，黄土高原不断毁林开荒，从平地发展到山地和丘陵地区。杜瑜（1993）研究发现，乾隆年间黄土高原大部分川谷平原地区已被开垦，此后开始向"山头地角"开发，使坡耕地面积迅速扩大。从明代到1820年，黄河中游人口密度由35.8人/km²增加到75.6人/km²，其中河谷平原区由84.1人/km²增加到159.7人/km²，丘陵沟壑区由17.3人/km²增加到47.5人/km²（杨平林，1993）。丘陵沟壑区是黄土高原的主要泥沙来源区，丘陵沟壑区植被的破坏和开垦使得进入黄河下游的泥沙量迅速增加，对黄河下游沉积速率和决溢速率的增大产生了重要影响。因此，清代后期的植被严重破坏导致公元1850~1935年类型Ⅱ的出现。

四、决溢频率与降水量和 NPP 关系的回归分析

为了进一步证实图2-19（a）中$P_{r,5m}$和决溢频率变化的组合关系，本研究点绘了属于类型Ⅰ的两个时期的50年滑动决溢频率与50年滑动降水量的关系 [图2-21（a）]。值得注意的是，属于类型Ⅰ的两个时期的数据点，各自成为一个条带，可以分别用斜率不同的直线来拟合。对于公元200~900年，拟合方程为$y=-0.007x+3.631$，式中$R^2=0.223$，$n=69$，$p=0.000040$；对于公元1100~1850年，拟合方程为$y=-0.031x+16.13$，式中$R^2=0.459$，$n=75$，$p=2.36\times10^{-11}$。后一时期拟合直线的斜率要比前一时期大得多。图2-21（b）为属于类型Ⅱ的两个时期的关系，其表现出类似的特征。对于公元900~1100年，拟合方程为$y=0.032x-10.59$，式中$R^2=0.406$，$n=20$，$p=0.0025$；对于公元1850~1935年，拟合方程为$y=0.109x-43.50$，式中$R^2=0.880$，$n=7$，$p=0.0018$。后一时期拟合直线的斜率也要比前一时期大得多。

为了证明$NPP_{r,5m}$和决溢频率变化的这种组合关系，本研究点绘了属于类型Ⅰ的两个时期的50年滑动决溢频率与50年滑动$NPP_{r,5m}$的关系 [图2-21（c）]。属于类型Ⅰ的两个时

期的数据点，各自成为一个条带，可以分别用斜率不同的直线来拟合。对于公元200～900年，拟合方程为 $y=-0.567x+5.381$，式中 $R^2=0.226$，$n=75$，$p=7.5\times10^{-10}$；对于公元1100～1850年，拟合方程为 $y=-2.656x+25.12$，式中 $R^2=0.406$，$n=69$，$p=0.000\,036$。后一时期拟合直线的斜率要比前一时期大得多。图2-21（d）为属于类型Ⅱ的两个时期的关系，其表现出类似的特征。对于公元900～1100年，拟合方程为 $y=2.894x-21.43$，式中 $R^2=0.508$，$n=20$，$p=0.000\,414$；对于公元1850～1935年，拟合方程为 $y=8.942x-72.72$，式中 $R^2=0.910$，$n=7$，$p=0.000\,834$。后一时期拟合直线的斜率也要比前一时期大得多。

必须指出，图2-21（d）显示决溢频率与NPP呈正相关，并不意味着黄河流域植被状况的好转（或恶化）会导致黄河下游河道决溢频率的增高（或降低）。在类型Ⅱ出现的时期，由于植被已受到人类的破坏，植被覆盖度要大大低于由气候变量推算出的NPP，不足以对地表产生较强的保护作用而减少侵蚀产沙量，因而决定侵蚀产沙量的主导因素不是植被，而是降水。重建的NPP与重建的 P_{m} 之间存在非常显著的线性正相关关系，其拟合方程为 $y=0.0123x+3.213$（$R^2=0.968$，$n=1788$，$p<0.000\,001$），NPP的增大反映降水量的增大。因此，图2-21（d）显示的决溢频率与NPP的正相关实际上只是决溢频率与降水量呈正相关的一种反映。对于图2-21（a）显示的决溢频率与降水量的负相关也应该作同样的理解，其并不意味着黄河流域降水量的减少（或增多）会导致黄河下游河道决溢频率的增高（或降低）。在类型Ⅰ出现的时期，植被没有受到人类破坏，植被抗蚀力超过降雨侵蚀力，是决定侵蚀产沙量的主导因素。流域降水量的减少（或增多）意味着与之相伴随的NPP的降低（或增大），这才是决溢频率降低（或增高）的原因。

值得注意的是，在图2-21中，后一时期拟合方程的斜率都要远远高于前一时期，对此需要进行解释，这主要是由于两个类型的前一时期和后一时期处于不同的朝代，人口数量相差很大。本研究按照各朝代的人口数量，估算了不同时期的人口数量。类型Ⅰ的前一时期（公元200～900年）人口数量为840万人，后一时期（公元1100～1850年）为1923万人，后一时期比前一时期增加了1083万人，增加了129%。类型Ⅱ的前一时期（公元900～1100年）人口数量为1102万人，后一时期（公元1850～1935年）为2661万人，后一时期比前一时期增加了1559万人，增加了141%。类型Ⅰ和类型Ⅱ的后一时期，人类活动强度显然要远远大于前一时期，为了养活更多的人口，后一时期的耕垦面积显然要大于前一时期，因而在同样的降水条件下会产生更强烈的侵蚀，黄河下游的决溢频率也会更

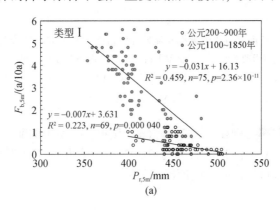

（a）

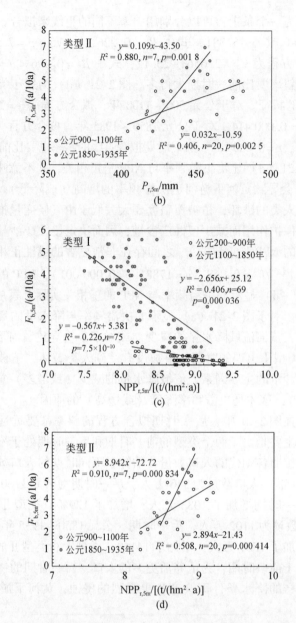

图 2-21 黄河下游决溢频率与流域降水量变化和植被 NPP 变化的关系

（a）5 点滑动平均 $F_{b,5m}$ 和 10 点滑动平均 $P_{r,5m}$（类型 Ⅰ）；（b）5 点滑动平均 $F_{b,5m}$ 和 10 点滑动平均 $P_{r,5m}$（类型 Ⅱ）；

（c）5 点滑动平均 $F_{b,5m}$ 和 10 点滑动平均 $NPP_{r,5m}$（类型 Ⅰ）；（d）5 点滑动平均 $F_{b,5m}$ 和 10 点滑动

平均 $NPP_{r,5m}$（类型 Ⅱ）

高，因而出现更大的斜率。例如，图 2-21（a）显示，类型 Ⅰ 的前一时期 $F_{b,5m}$ 与 $P_{r,5m}$ 拟合直线的斜率为 -0.007，后一时期的斜率为 -0.031，后者相当于前者的 4.43 倍。对于其他各图中斜率的差异，也可以用同样的原因来解释。

第三章 | 水土保持对河流水文地貌耦合的影响

在过去半个世纪中，水土保持措施在黄河流域的大规模实施，是黄河水沙变化的主要影响因子。水土保持措施使得下垫面特征发生变化，进而引起径流可再生性的变化。绿水的研究是近年来水文水资源研究的新问题，作者发现水土保持是引起绿水系数变化的重要因子，而绿水系数的变化与流域侵蚀产沙的变化有密切的关系。前人对水土保持措施的减水和减沙效应分别做了大量研究（穆兴民，1999；冉大川等，2000；徐建华和牛玉国，2000；汪岗和范昭，2002a，2002b；张晓萍等，2009；赵建民等，2010），但对于二者耦合关系的研究尚少涉及，对于流域水土保持措施与黄河下游河道淤积变化的关系也缺乏研究。对这些问题的探讨有助于深化理解黄河流域水文地貌耦合关系的变化。本章以作者的研究成果为基础（Xu，2011；Xu，2012b；许炯心，2015a，2015b），对上述问题进行讨论。

第一节 径流可再生性的变化

径流可再生过程既是水循环的前提，又是水资源可再生性的基础，可以理解为从降水到径流形成、径流入海、水分蒸发、水汽输送到大陆并再度形成降水的整个循环过程，其中心环节是从降水到径流的转化。为了深入研究径流可再生性，需要引入定量指标。作者曾提出，将降水到天然径流的转化率作为径流可再生性指标（I_{rr}）（Xu，2005）。虽然这一指标相当于天然径流系数，但却具有表征径流可再生性的新内涵，因为在降水量一定时，I_{rr}越大，说明水循环系统的径流可再生性越强。流域水循环对人类活动和气候变化的响应是国际上水科学研究的重要主题，已有大量的成果发表（Askew，1987；Burn，1994；Arnell，1999a，1999b；Mimikou et al.，1999；Limbrick et al.，2000；Drogue et al.，2004；Sullivan et al.，2004）。河川径流的变化，不仅取决于气候变化，还取决于人类活动和气候变化所导致的流域下垫面的变化，这一变化直接影响径流可再生性（Xu，2005）。径流可再生性的减小在很多河流上已经表现出来了，对其成因的探讨是水循环研究的重要问题，对干旱、半干旱气候区水资源的可持续利用有重要意义。在这方面虽有一些成果发表，但以下问题尚待深入研究：降水、气温的变化如何影响径流可再生性？是否存在滞后效应？水土保持措施的实施是否会降低径流可再生性？如何区分气候变化和土地利用变化（梯田、林草等水土保持措施）对径流可再生性变化的贡献率？本研究以黄河中游河龙区间为研究区，对这些问题进行研究。

随着国民经济的快速发展，黄河流域水资源供需关系日益紧张，实测径流和天然径流均呈大幅度减少的趋势，说明在气候变化和人类活动的影响下，黄河流域的水循环特性和径流可再生性发生了变化。作者运用I_{rr}指标对1950～1997年黄河中游径流可再生性变化进行了研究（Xu，2005）。不少学者对黄河流域的水循环特征进行过研究，涉及水循环特征的变化与模拟（王浩等，2002，2004）、径流的变化及成因（刘昌明和成立，2000；董雪娜和熊贵枢，2002；许炯心和孙季，2003；刘昌明和张学成，2004；牛玉国和张学成，2005；张建兴等，2008；姚文艺等，2009；王怀柏等，2011）、水土保持对径流泥沙的影响（穆兴民，1999；冉大川等，2000；徐建华和牛玉国，2000；汪岗和范昭，2002a，2002b；张晓萍等，2009；赵建民等，2010）、植被变化对径流泥沙的影响（信忠保等，2007）等方面。自 2000 年以来，在气候变化的背景下，人类活动的影响出现了新的特点，大规模的生态建设和退耕还林还草工程的实施、水土保持工作的加强和植被自然封育的开展导致了黄河流域径流可再生性的进一步变化。对径流可再生性的变化及其原因进行定量研究，可以为这一地区的水资源管理和可持续利用提供依据。

河龙区间在气候上位于由干旱、半干旱向半湿润的过渡区，年降水量为 300～550mm，全区面平均降水量为 439mm（1950～1997 年平均值），而年均天然径流深为 44.9mm，仅有 10.2% 的降水量转化为河川径流，绝大部分消耗于流域蒸发过程。从 20 世纪 60 年代开始，国家在全区开始实施水土流失治理，治理措施包括修筑梯田、种树、种草、修建淤地坝拦泥造地，截至 1996 年底，全区已修筑梯田面积为 $4.858\ 91\times10^5\,\mathrm{hm}^2$，种树保存面积为 $2.537\ 34\times10^6\,\mathrm{hm}^2$，种草保存面积为 $2.408\ 15\times10^5\,\mathrm{hm}^2$，淤地坝拦泥造地面积为 $6.8173\times10^4\,\mathrm{hm}^2$，共计 $3.332\ 219\times10^6\,\mathrm{hm}^2$，治理度达到 29.5%（徐建华和牛玉国，2000）。1998 年以来，人类活动的影响表现出一些新的特点。国家从 1998 年开始，实施了以大规模的退耕还林（草）和天然林禁伐为重点的生态环境建设。在黄土高原实施了新的治理思路，充分利用生态系统的自然修复能力，进行大规模的自然封禁治理。上述两方面使得植被进一步恢复（信忠保等，2007；许炯心，2010）。

一、径流可再生性的变化过程

河龙区间径流可再生性指标按式（3-1）计算（Xu，2005）：

$$I_{\mathrm{rr}}=(Q_{\mathrm{w,n,L}}-Q_{\mathrm{w,n,H}})/(P_{\mathrm{H\text{-}L}}\times A\times1000) \tag{3-1}$$

式中，$Q_{\mathrm{w,n,L}}=Q_{\mathrm{w,m,L}}+Q_{\mathrm{w,div,L}}$，$Q_{\mathrm{w,n,H}}=Q_{\mathrm{w,m,H}}+Q_{\mathrm{w,div,H}}$，这里，$Q_{\mathrm{w,n,L}}$ 和 $Q_{\mathrm{w,n,H}}$ 分别为龙门和河口镇站的天然年径流量，$Q_{\mathrm{w,m,L}}$ 和 $Q_{\mathrm{w,m,H}}$ 分别为龙门和河口镇站的实测年径流量，$Q_{\mathrm{w,div,L}}$ 和 $Q_{\mathrm{w,div,H}}$ 分别为龙门和河口镇站以上流域中的历年净引水量，$\mathrm{m^3/a}$。$P_{\mathrm{H\text{-}L}}$ 为河龙区间的历年平均降水量，mm；A 为河龙区间的流域面积，km^2。以上径流资料来自有关水文站，平均降水量是根据河龙区间各雨量站的资料按面积加权平均计算而得到的，净引水量的资料则来自水利部黄河水利委员会的有关统计资料。文中涉及的河龙区间历年水土保持面积的资料来自水利部黄河水利委员会有关部门的统计数据。以上数据的年限为 1950～2008 年。

图 3-1 显示，在总体上 I_{rr} 有显著减小的趋势（决定系数 $R^2=0.5461$，显著性概率 $p<0.001$），但存在次一级的波动 [图 3-1（a）]；I_{rr} 累积值时间变化曲线上出现两个转折点 [图 3-1（b）]，分别位于 1972 年和 1999 年，前者与 1972 年后流域内水土保持措施生效有关（冉大川等，2000），后者与 1999 年以后大规模退耕还林（草）和大面积封禁治理的开展有关。依据 I_{rr} 的变化和 I_{rr} 累积值变化的转折点，可以分为 4 个阶段 [图 3-1（a）]。

第一阶段为 1950 ~ 1968 年，I_{rr} 呈增大趋势，与这一时段中降水量较多有关（详见后文）；第二阶段为 1969 ~ 1982 年，I_{rr} 呈减小趋势，与水土保持措施生效有关；第三阶段为 1983 ~ 1997 年，I_{rr} 略有增大趋势，可能与这一时段内流域内淤地坝建设的变化有关。据研究，20 世纪 80 年代以后淤地坝修建量大为减少，70 年代修建的淤地坝进入 80 年代后已大部分失效（许炯心，2004a），失去了拦截径流的功能，因而其减水作用大大减弱。这一因素导致 I_{rr} 有所增大。第四阶段为 1998 年以后，退耕还林（草）和大面积封禁治理开展，植被有明显恢复（详见后文），植被耗水量增加，因而 I_{rr} 进一步减小（许炯心，2004b）。

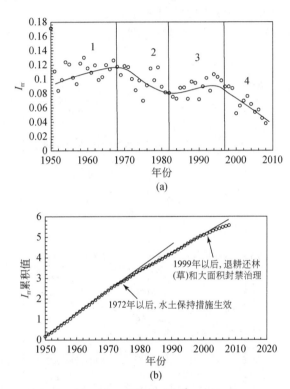

图 3-1　河龙区间径流可再生性指标 I_{rr} 的变化

二、气候变化对径流可再生性的影响

（一）气候变化趋势

通常以降水量、气温作为气候变化的指标。考虑到黄河流域受大陆性季风气候的控制，夏季风为流域提供水汽来源，本研究将东亚夏季风强度作为宏观空间尺度上气候变化的指标。郭其蕴（1983）以亚洲大陆与太平洋之间气压梯度来定义夏季风指标（SMI），其物理意义明确，计算方法简单，本研究采用了这一指标。

三个气候指标的变化见图 3-2。年降水量 P_m 略有减小趋势（$p<0.05$）[图 3-2（a）]，年平均气温 T_m 有显著增大趋势（$p<0.001$），SMI 也具有显著减小趋势（$p<0.001$）。采用

Mann-Kendall 方法对 3 个变量进行了趋势与突变分析。正序列 P_m 的 UF_k 值曲线显示,从 20 世纪 50 年代中期开始,P_m 呈增大趋势;从 60 年代初开始,呈减小趋势。正序列 P_m 的 UF_k 值曲线与逆序列 P_m 的 UB_k 值曲线相交于 1979 年,交点位于两条临界线 $\alpha = 0.05$ 和 $\alpha = -0.05$ 之间,说明这一年是一个突变点 [图 3-3(a)]。正序列 T_m 的 UF_k 值曲线与逆序列 T_m 的 UB_k 值曲线相交于 1991 年 [图 3-3(b)],交点位于两条临界线 $\alpha = 0.05$ 和 $\alpha = -0.05$ 之间,说明这一年是一个突变点,此后气温显著增高。SMI 的 5 年滑动平均拟合线显示 [图 3-2(c)],从 20 世纪 50 年代到 60 年代初,SMI 呈增大趋势,此后迅速减小,从 70 年代初开始则缓慢减小,90 年代后期略有增大。然而,Mann-Kendall 分析结果显示,正序列与逆序列曲线的交点不在两条临界线之间,表明不具有突变性质。

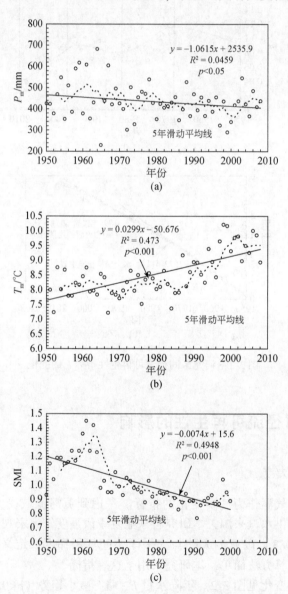

图 3-2 P_m(a)、T_m(b) 和 SMI(c) 的变化(虚线为 5 年滑动平均线)

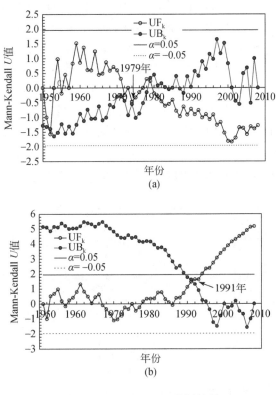

图 3-3 Mann-Kendall 分析结果

(a) P_m；(b) T_m

(二) 气候因子对径流可再生性指标影响的尺度效应

本研究计算了 I_{rr} 与 3 个气候变量 P_m、T_m 和 SMI 之间的相关系数 R，分别为 0.18、−0.32 和 0.45，决定系数 R^2 分别为 0.0324、0.102 和 0.203，不是很高，意味着 P_m、T_m 和 SMI 对当年 I_{rr} 的影响是不大的。但是气候因子可以在不同的时间尺度上影响流域水循环过程，短时间尺度与长时间尺度上的影响具有明显的差异。降水特性如降水量、历时、强度等对产流过程的影响是在短时间尺度上起作用的。在更长的时间尺度上，气候变化会改变流域下垫面的特性，进而对水循环产生影响。多年尺度上的降水变化会导致植被覆盖度、植被类型以及植被枯落物覆盖层特性的变化，并通过这一变化来影响产流特性。长期气候变化还会影响长时间尺度上的土壤水分状况，连续降水偏少年份会使土壤含水量呈减小趋势，因而径流系数减小，即径流可再生性减弱，反之也一样。气温的变化对蒸发过程的影响在不同的时间尺度上会表现出不同的效应。因此，径流的产生不仅与当年的降水和气温有关，而且与此前数年的降雨和气温特性有关。换言之，降水和气温对径流的影响会有滞后效应，确定这一滞后效应的时间尺度，对深入理解径流可再生性的内在机理有重要意义。

为了就多年尺度上的气候变化对径流可能产生的影响进行研究，本研究求取了 2 年，3

年,…,N 年尺度上的 P_{m}、T_{m} 和 SMI 的滑动平均值,然后分别计算了 I_{rr} 与 2 年,3 年,…,N 年 P_{m}、T_{m} 和 SMI 滑动平均值的相关系数,考察这些相关系数随滑动平均年数 N 的变化。图 3-4 显示,I_{rr} 与 P_{m} 和 SMI 的相关系数均随 N 的增加而明显增加,达到某一最大值之后再减小。对于 P_{m},这一最大值大致对应 $N=11$,相关系数为 0.74;对于 SMI,这一最大值对应 $N=9$,相关系数为 0.61。对于 T_{m},从 $N=1$ 增加到 $N=4$ 时,相关系数由 -0.51 迅速变化为 -0.70,随着 N 的进一步增大,相关系数绝对值缓慢增大。据此可以认为,P_{m} 影响 I_{rr} 的特征时间尺度为 11 年;SMI 的特征时间尺度为 9 年;T_{m} 的特征时间尺度可以定为 4 年。从图 3-4(a)还可以看到,I_{rr} 与 N 年滑动平均 P_{m} 的相关系数与 N 之间表现出高度正相关（$R^2=0.7788$）,P_{m} 对 I_{rr} 的影响随时间尺度的增大而增大。

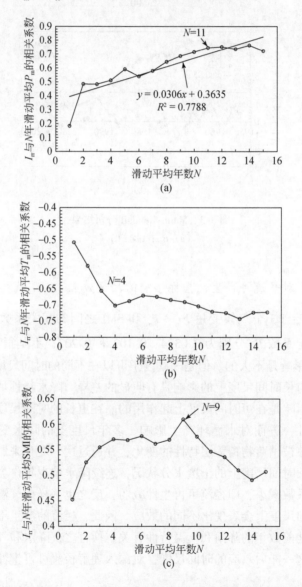

图 3-4 I_{rr} 与 N 年滑动平均 P_{m}（a）、T_{m}（b）和 SMI（c）的相关系数与滑动平均年数 N 的关系

上述发现对更好地模拟水循环过程有一定的意义。目前绝大多数水文模型只考虑了降水因子的直接影响，未考虑在多年尺度上降水变化所导致的间接影响，特别是通过改变植被特性导致径流可再生性变化而产生的影响。如何在水文模型中考虑降水、气温的滞后效应，从而改善在长时间尺度上的径流预报精度，是需要解决的问题。

根据上述确定的不同气候变量影响径流可再生性的特征时间尺度，图 3-5 分别点绘了 I_{rr} 与 11 年滑动平均 P_m、4 年滑动平均 T_m 和 9 年滑动平均 SMI 的关系，其均表现出较显著的相关性，R^2 分别为 0.5537、0.4922 和 0.4112，显著性概率 p 均小于 0.001。与当年相关关系的 R^2 值（分别为 0.0324、0.102 和 0.203）相比，有大幅度提高。

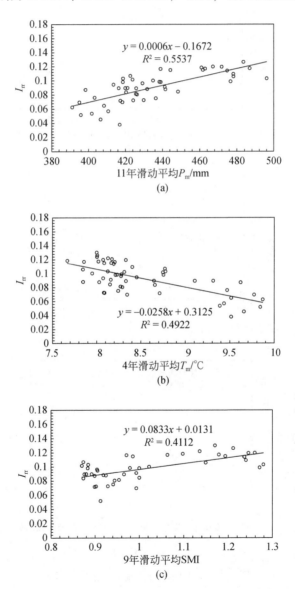

图 3-5　径流可再生性指标 I_{rr} 与 11 年滑动平均 P_m（a）、4 年滑动平均 T_m（b）和 9 年滑动平均 SMI（c）的关系

三、水土保持对径流可再生性的影响

河龙区间水土保持措施的实施使流域土地利用和土地覆被发生变化，改变径流产生与汇集的下垫面条件，进而导致产流、汇流过程和径流可再生性的变化。图 3-6（a）显示，I_{rr} 与各项水土保持措施总面积之间具有显著的负相关关系（$R^2 = 0.5169$，$p < 0.001$）。计算

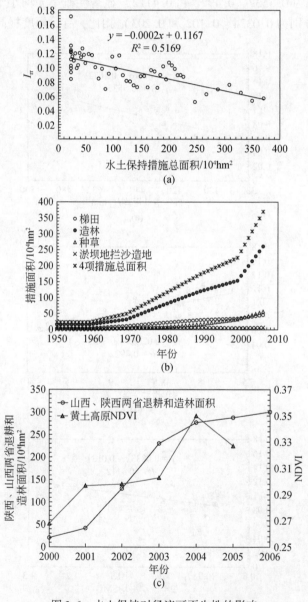

图 3-6　水土保持对径流可再生性的影响

（a）I_{rr} 与 4 项水土保持措施总面积的关系；（b）水土保持措施面积的变化；

（c）退耕、造林面积和遥感植被指标 NDVI 的变化

表明，I_{rr} 与梯田面积、造林面积、种草面积、淤地坝拦沙造地面积之间均有显著的负相关关系，R^2 分别为 0.5967、0.3866、0.5318、0.4300，p 均小于 0.001。1950~2008 年，水土保持措施面积是逐渐增大的 [图 3-6（b）]，因而 I_{rr} 减小。还应指出，1998 年以后开展的以大规模退耕还林（草）和自然封禁为中心的生态环境建设，加快了黄土高原的植被恢复。图 3-6（c）点绘了陕西、山西两省实施生态环境建设过程中退耕和造林面积随时间的变化，同时还叠加了基于遥感资料计算出来的 NDVI 的变化。可以看到，二者有同步增加的趋势。因此，1998 年以后开展的以退耕还林（草）和自然封禁为中心的生态环境建设，在进一步减少侵蚀产沙的同时，也使得 I_{rr} 进一步降低。

四、气候暖干化对径流可再生性的影响

从 20 世纪 60 年代初，P_m 出现减小趋势，并在 1979 年发生突变 [图 3-3（a）]，此后减小趋势更为明显。从 20 世纪 70 年代末，T_m 出现增加趋势，在 1991 年发生突变 [图 3-3（b）]，此后呈现更为显著的增加趋势。可以认为，从 20 世纪 70 年代末，河龙区间发生了明显的暖干化趋势。降水的减少和气温的升高会使气候湿润程度减小而干燥程度增大，强化流域蒸发，使径流可再生性减弱。

法国自然地理学家德马东（de Martunne）在研究气候类型时，提出了干燥指数：$I_{dm} = P/(T+10)$，这里 P 为某一时段的累积降水量；T 为该时段的平均气温（孟猛等，2004）。本研究将 I_{dm} 的倒数作为气候暖干化指标：$I_{wd} = (T_m + 10)/P_m$，这里 T_m 为年均气温，P_m 为年降水量。为了在总体上显示暖干化趋势，排除 3~5 年尺度波动的影响，以年降水量的 5 年滑动平均值和年均气温的 5 年滑动平均值之比来计算 I_{wd} 指标，用 $I_{wd,5m}$ 来表示。$I_{wd,5m}$ 呈现出明显增大趋势（$p<0.01$），说明气候暖干化趋势十分明显 [图 3-7（a）]。I_{rr} 与气候暖干化指标 $I_{wd,5m}$ 之间呈显著的负相关（$p<0.01$）[图 3-7（b）]，证明了气候暖干化是河龙区间 I_{rr} 减小的重要原因。

本书已指出，水土保持措施的大规模实施是径流可再生性降低的重要因素。为了综合表现气候变化与人类活动对径流可再生性的影响，显示二者的不同贡献，本研究以 1951~2008 年的资料为基础，建立了 I_{rr} 与 $I_{wd,5m}$（℃/mm）和水土保持措施的总面积 A_{sw}（$10^4 hm^2$）之间的回归方程式：

$$I_{rr} = 0.143\ 3 - 0.722 I_{wd,5m} - 0.000\ 140 A_{sw} \tag{3-2}$$

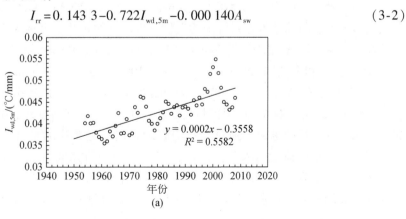

（a）

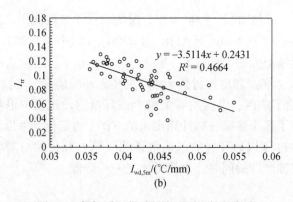

图 3-7 气候暖干化对径流可再生性的影响

式（3-2）的复相关系数 $R = 0.77$，$F = 37.06$，$p = 1.15 \times 10^{-10}$，$SE = 0.0130$。该方程式表明，河龙区间的径流可再生性指标随气候暖干化程度的增加而减小，随水土保持措施面积的增大而减小。

第二节　绿水系数的变化

为了更好地进行半干旱、半湿润区农业水资源的评价，Falkenmark（1995a）提出蓝水和绿水的概念，蓝水是指储存在河流、湖泊以及含水层中的水，而绿水是指直接来源于降水并用于蒸散的水。此后，绿水的研究在世界上受到重视。绿水可以被定义为蒸散流，是流向大气圈的水汽流，包括灌溉农田、湿地、水面和自然植被等不同地表的蒸散发产生的水汽流（Falkenmark，1995b；Falkenmark and Lannerstad，2005；Falkenmark and Rockstrom，2006），也可以被定义为具体的资源，即绿水是源于降水、存储于土壤并被植被蒸散发消耗的水资源，某一地区在某一时段能够获得的总的绿水资源量等于该时段内蒸散发累计量（Savenije，2000；Ringersma et al.，2003）。上述理论的提出，丰富了水资源的内涵，为更加科学地进行水资源管理提供了理论依据。基于这一理论，水资源的管理应分为蓝水管理和绿水管理。研究表明，从水循环的角度分析，全球尺度上总降水的65%通过森林、草地、湿地和雨养农田的蒸散返回大气中，成为绿水，仅有35%的降水储存于河流、湖泊以及含水层中，成为蓝水（Ringersma et al.，2003）。绿水可分为两部分：一部分为植物蒸腾量，与陆地生态系统中的生物量生产密切相关，可称为生产性绿水；另一部分为陆面蒸发量，可称为非生产性绿水（Falkenmark and Rockstrom，2006）。国际上对绿水的研究，已取得很多成果（Postel et al.，1996；Ringersma et al.，2003；Rockstrom and Gordon，2001；Gerden et al.，2005；Jewitt，2006）。一些学者在我国倡导展开绿水的研究（刘昌明和李云成，2006；程国栋和赵文智，2006）。从某种意义上说，传统的水资源管理属于蓝水管理，目前亟待加强对绿水的管理，这对提高我国水资源管理水平具有重要意义。绿水、蓝水的概念引入我国之后，产生了一些研究成果（吴洪涛等，2008；王玉娟等，2009；吴洪涛等，2009），但尚待展开深入的研究。为了进行绿水管理，必须深入研究绿水形成的机理，特别是降水如何转化为绿水的机理，以及这种转化如何受到自然因素与人为因素的影响。作者以黄河中游河龙区间为例进行了研究（Xu，2012b）。

一、绿水系数的计算

如前所述，绿水包括生产性绿水（植物蒸腾量）和非生产性绿水（陆面蒸发量）。其中，生产性绿水对水资源管理有更为重要的意义。然而，目前在广大流域面积上关于植被蒸腾量的观测资料很少，不足以进行深入研究。因此，本节研究包括蒸腾量和蒸发量在内的广义绿水。按水量平衡方程：降水量=蒸腾蒸发量+径流量+蓄水变量。若忽略流域中的蓄水变量，则降水量转化为径流量和蒸腾蒸发量，前者对应蓝水，后者对应绿水。由此可写出：

$$降水量=蒸腾蒸发量+径流量=绿水量+蓝水量 \qquad (3\text{-}3)$$

绿水系数表示从降水到绿水的转化率，即绿水量与降水量之比：

$$绿水系数=绿水量/降水量=（降水量-蓝水量）/降水量=（降水量-径流量）/降水量$$
$$(3\text{-}4)$$

必须指出，在用式（3-4）研究绿水转化率时，应该采用天然径流量而不是实测径流量，因为人类所引用的水属于蓝水，引水导致实测径流量及蓝水减小，对这一部分必须进行还原计算。因此：

$$绿水系数=绿水量/降水量=（降水量-天然径流量）/降水量 \qquad (3\text{-}5)$$

绿水系数受到很多因素的影响，这些影响因素可以分为人为因素（如水土保持措施的实施）和自然因素（如降水、气温和季风的变化）。本章研究绿水系数随时间的变化及其与自然因素和人类活动变化的关系，以期揭示河龙区间绿水转化的规律，为绿水的管理提供依据。

二、绿水系数和影响因素的时间变化趋势

图 3-8 点绘了河龙区间绿水系数和绿水量随时间的变化。图 3-8 显示，绿水量略有减

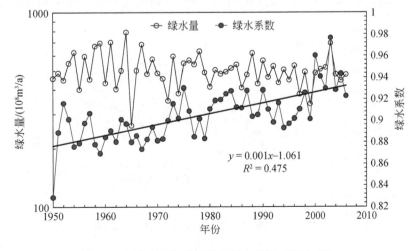

图 3-8　河龙区间绿水系数和绿水量随时间的变化

少的趋势，而绿水系数呈现逐渐增加的趋势。图 3-9 点绘了绿水量与面平均降水量之间的关系，并以不同符号区分各时期的数据。1950～1969 年，是水土保持措施大规模实施之前的"准自然"时期。此后是水土保持措施生效之后的时期，这一时期又分为 4 个阶段。图中以常数项为 0 的线性方程来拟合各时期的数据，其系数（即斜率）即为各时期的绿水系数。可以看到，水土保持措施实施前，绿水系数为 0.885，低于水土保持措施实施后的各时期。可见，水土保持措施的实施增大了绿水系数。水土保持措施实施后的各时期，绿水系数有增加的趋势，到 1998～2007 年已增加到 0.942。

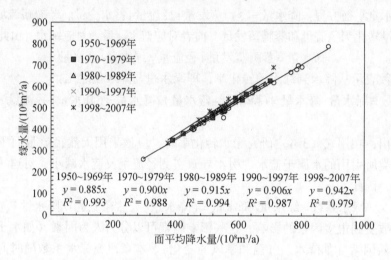

图 3-9　不同时期绿水量与面平均降水量之间的关系

本研究还对绿水系数和气候指标的变化进行了比较。图 3-10（a）点绘了绿水系数和年降水量随时间的变化，图 3-10（b）点绘了绿水系数和夏季风强度指标随时间的变化，图 3-10（c）则点绘了绿水系数和年均气温随时间的变化。年降水量随时间有微弱的减小趋势，但未通过 $p=0.05$ 的显著性检验。绿水系数的增大趋势、夏季风强度的减弱趋势和年均气温的升高趋势都是显著的（$p<0.01$）。绿水系数变化趋势与年降水量和夏季风强度

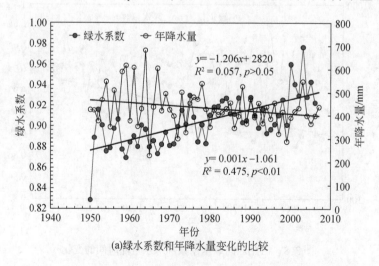

(a)绿水系数和年降水量变化的比较

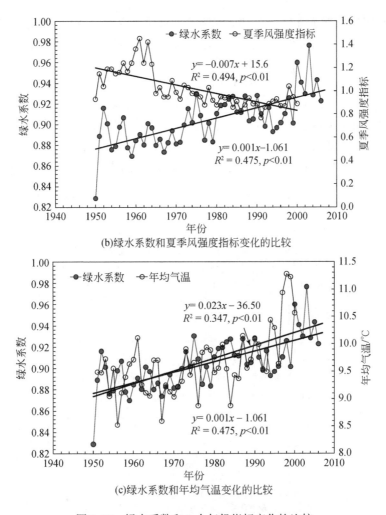

(b)绿水系数和夏季风强度指标变化的比较

(c)绿水系数和年均气温变化的比较

图 3-10　绿水系数和 3 个气候指标变化的比较

指标的变化趋势相反，而与年均气温的变化趋势相同。这说明，夏季风强度的减弱及其所导致的年降水量减少，使得绿水系数增大，年均气温的升高也使得绿水系数增大。

三、绿水系数与气候因素的关系

图 3-11 分别点绘了河龙区间历年的绿水系数与 5 年滑动平均夏季风强度指标、5 年滑动平均年降水量和 5 年滑动平均年均气温的关系。从图 3-10 可以看到，年降水量、夏季风强度指标和年均气温都显示出 3~5 年的准周期波动。为了在一定程度上消去这种波动，从而更好地反映趋势性气候变化的影响，本研究对这 3 个指标的数据进行了 5 年滑动平均处理。图 3-11（a）~（c）分别显示，绿水系数与 5 年滑动平均夏季风强度指标呈负相关，与 5 年滑动平均年降水量呈负相关，与 5 年滑动平均年均气温呈正相关，显著性概率 p 都小于 0.01。

流域绿水转换过程取决于蒸散发过程，流域蒸散发能力越强，则绿水量越多，绿水系数也越高。流域蒸散发能力受气温、日照、风速、空气湿度等气候因素的影响。高桥浩一郎（1980）利用热量平衡方程，在对空气湿度、日照等因素进行均化的基础上，提出高桥浩一郎公式，该方法是目前估算蒸散发能力较为简洁且适用范围较广的方法，估算公式为

$$E_w = \frac{a \cdot e^{17.2/(235+T)}}{1 + b \cdot P \cdot e^{-17.2/(235+T)}} \times (1 + c \cdot u) \qquad (3\text{-}6)$$

式中，T 为月平均气温；P 为月降水；E_w 为蒸散发能力；u 为风速；a、b 分别为辐射、日照的函数参数，可根据这些因素的多年均值确定，也可由实测的蒸散发能力、气温、风速和降水资料率定。由式（3-6）可知，蒸散发能力与降水量成反比，与月平均气温成正比。这与图 3-11（b）、图 3-11（c）中的趋势是一致的。夏季风强度是决定黄河流域降水的重

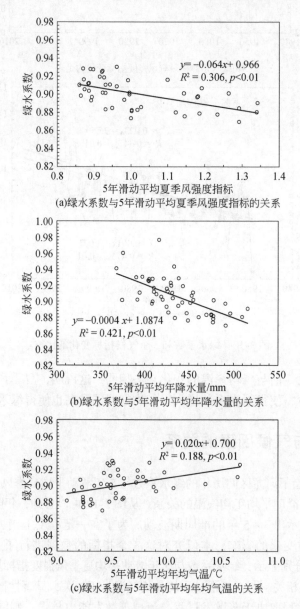

(a)绿水系数与5年滑动平均夏季风强度指标的关系

(b)绿水系数与5年滑动平均年降水量的关系

(c)绿水系数与5年滑动平均年均气温的关系

图 3-11　绿水系数与气候指标的关系

要因素，夏季风强度越大，则降水量也越多。因此，夏季风强度越大，流域蒸散发能力越小。这就解释了图 3-11 中显示的绿水系数与夏季风强度和降水量成反比、与年均气温成正比的形成机理。

四、绿水系数与水土保持措施的关系

水土保持措施的实施，使流域土地利用、土地覆被发生一定的变化，从而改变径流产生与汇集的下垫面条件，使产流、汇流过程发生变化（许炯心，2004b）。坡耕地改造为梯田之后，改变了局部地形，使地面变得平整。据研究，比较均匀的小于 50mm 的降水量可以全部入渗，大大减少甚至避免了地表径流的产生。根据绥德（1954～1966年）、离石（1957～1966年）和延安（1959～1966年）等实验站的资料，与对照区相比，梯田减少地表径流的比例分别为93.6%、70.7%和93.1%（王玉明等，2002）。淤地坝在拦截大量泥沙的同时，也拦截了大量的沟道径流。淤地坝蓄水导致水面蒸发。淤地坝拦蓄的水体，还会发生很强的渗漏，渗漏的水量除一小部分通过地下水补给河流基流外，大部分在非汛期消耗于土壤的蒸发。淤地坝形成的坝地也会拦截径流，被拦截的径流绝大部分入渗，然后消耗于农作物的蒸腾与土壤的蒸发。由此可知，淤地坝可以增加蒸散发量。在荒坡地植树造林或种草并达到一定的覆盖度以后，产流过程会发生显著变化。植物对降水有截留作用，使截留的水量直接蒸发返回大气中，因而使产生径流的雨量减少。郁闭度较高的林地往往有较厚的植被落叶层，其可以增加入渗并含蓄水分，使地表径流减少。随着时间的推移，由于枯枝落叶层及其分解产物的作用，土壤理化性状会发生变化，使孔隙度增加、容重减小，因而使入渗率显著增加。上述作用使降雨过程中的地表径流减少，产流类型也由裸露坡面的超渗产流变为郁闭度较高林地的蓄满产流。如果大量的入渗水流到达地下水面以下，则可以经由地下水流入河道，成为枯水径流的一部分，使河流的枯水径流增加。然而，在黄土高原的很多地区，由于沟道下切很深，地下水位很低，入渗水流要经过厚达数十米的黄土层到达地下水面以下是困难的。因而大部分入渗水流在干旱季节又由于毛管上升作用返回地表并消耗于蒸发。另外，植物（包括梯田中的农作物、林地中的树木和草地中的草本植物）自身的生长也要消耗大量的水分，特别是高产的梯田和郁闭度很高的林地。这样，使得流域蒸散发量显著增大。

由上述可见，各项水土保持措施都会强化流域的蒸散发过程，因而绿水量增大，并进而使绿水系数增大。图 3-12 分别点绘了河龙区间历年的绿水系数与梯田面积、林草面积和坝地面积的关系。可以看到，绿水系数与上述 3 项指标均呈正相关，对相关系数的检验表明，正相关的显著性概率均小于0.01。这证明，修筑梯田、造林种草和修建淤地坝，均导致河龙区间绿水系数增大。对于梯田面积、林草面积和坝地面积，决定系数分别为0.246、0.223和0.317，可见修建淤地坝对绿水系数增大的影响最大，修筑梯田次之，造林种草居第三。

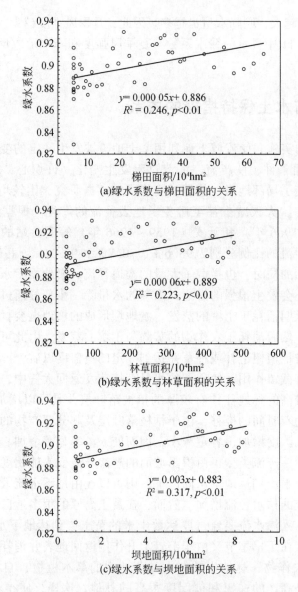

图 3-12　绿水系数与水土保持措施的关系

五、回归分析

　　为了综合表达气候和水土保持措施对河龙区间绿水系数的影响，本研究运用多元回归的方法。由于坝地面积与林草面积之间存在着很强的相关性，这两个变量同时进入多元回归方程导致了回归系数的符号发生颠倒（即多元回归方程中某变量的系数与简单相关系数的符号相反），这显然是不合理的。为避免这一情况，分别建立了绿水系数与5年滑动平均年降水量和梯田林草面积的二元回归方程及绿水系数与5年滑动平均年降水量和坝地面积的二元回归方程。

绿水系数（C_{gw}）与 5 年滑动平均年降水量（P_{5m}, mm）和梯田林草面积（A_{tfg}，km^2）的二元回归方程：

$$C_{gw} = 1.026 - 0.002\,90\,P_{5m} + 0.000\,001\,64\,A_{tfg} \qquad (3\text{-}7)$$

式（3-7）的复相关系数 $R = 0.691$；F 检验的结果 $F = 18.728$；估算值的均方根误差 SE = 0.012\,27。该方程显示，绿水系数随 5 年滑动平均年降水量的增大而减小，随梯田林草面积的增大而增大。

式（3-7）中各变量的数量级相差很大，不能直接根据回归系数的大小来判定各变量贡献率的大小。为此，本研究对数据进行了标准化，使之变化在 0 ~ 1，然后重新进行回归计算，并令常数项为 0，得到：

$$C_{gw} = -0.574\,P_{5m} + 0.171\,A_{tfg} \qquad (3\text{-}8)$$

式（3-8）中两个变量系数绝对值的大小反映其变化对 C_{gw} 贡献率的大小。假定总贡献率为 100%，各变量贡献率正比于回归系数绝对值，由式（3-8）中各变量系数可以求得，5 年滑动平均年降水量和梯田林草面积的变化对绿水系数变化的贡献率分别为 77.0% 和 23.0%。

绿水系数（C_{gw}）与 5 年滑动平均年降水量（P_{5m}）和坝地面积（A_c，km^2）的二元回归方程：

$$C_{gw} = 0.035\,4 - 0.000\,242\,P_{5m} + 0.001\,877\,A_c \qquad (3\text{-}9)$$

式（3-9）的复相关系数 $R = 0.715$；$F = 21.5058$；SE = 0.011\,86。该方程显示，绿水系数随 5 年滑动平均年降水量的增大而减小，随坝地面积的增大而增大。

数据标准化之后建立的回归方程为

$$C_{gw} = 0.0918\,P_{5m} + 0.320\,A_c \qquad (3\text{-}10)$$

由式（3-10）中各变量系数可以求得，5 年滑动平均年降水量和坝地面积的变化对绿水系数变化的贡献率分别为 22.3% 和 77.7%。

为了确定两个气候指标即年降水量（P_{5m}）和年均气温（T,℃）对绿水系数（C_{gw}）的贡献率，建立了回归方程：

$$C_{gw} = 1.040 - 0.000\,360\,P_{5m} + 0.001\,87\,T \qquad (3\text{-}11)$$

式（3-11）的复相关系数 $R = 0.693$；$F = 20.279$；SE = 0.013\,57。该方程显示，绿水系数随 5 年滑动平均年降水量的增大而减小，随年均气温的升高而增大。

数据标准化之后的回归方程为

$$C_{gw} = -0.665\,P_{5m} + 0.0598\,T \qquad (3\text{-}12)$$

由式（3-12）中各变量系数可以求得，在假定这两个气候指标对 C_{gw} 的贡献率之和为 100% 的情况下，5 年滑动平均年降水量变化和年均气温变化对绿水系数变化的贡献率分别为 91.7% 和 8.3%。可见，气温变化对绿水系数变化的影响远远小于降水变化。

六、绿水系数的环境意义

（一）对生态环境的指示意义

在蒸散发量中，蒸发量为非生产性绿水量，散发量（植物蒸腾量）为生产性绿水量。

其中，农作物散发量是生产粮食所消耗的绿水量，非农作物植被的散发量则是维持生态系统所消耗的绿水量，这两部分绿水量都对生态环境有利。土壤蒸发消耗的绿水量可以增加空气的湿度，对生态环境也是有利的。因此，绿水量对生态环境是有利的。从这一意义出发，可以将从降水到绿水的转化率（即绿水系数）作为衡量生态环境变化的指标。在年降水可比的情况下，此指标减小，说明生态系统中以径流的方式流失的水量即蓝水的比例增大、绿水的比例减小，可以认为生态环境恶化。反之，此指标增大，则说明生态系统中以径流的方式流失的水量即蓝水的比例减小、绿水的比例增大，可以认为生态环境好转。从这一思路出发，可以评价黄河中游河龙区间的绿水系数的变化及其生态环境意义。

Mann-Kendall 方法是一种用来研究某一变量时间变化趋势的统计方法。Mann-Kendall 正序列 U 值随时间的变化可以反映变量的变化趋势，可以探测由增到减（或由减到增）的转折点与突变点。图 3-13 点绘了河龙区间绿水系数的 Mann-Kendall 正序列 U 值随时间的变化，可以看到，正序列 U 值变化曲线有 3 个明显的转折点，可以将 1950～2007 年河龙区间绿水系数的变化分为 4 个阶段：①1950～1969 年，绿水系数呈减小趋势，意味着生态环境趋于恶化。这一阶段水土保持措施尚未生效，人类对环境的破坏大于治理，流域水分流失相对严重，因而绿水系数减小。②1970～1989 年，绿水系数在波动中呈增大趋势。水土保持措施显著生效，使得生态环境好转。③1990～1998 年，绿水系数有所减小。这一阶段淤地坝的拦沙效应明显衰减。河龙区间的淤地坝绝大部分是 20 世纪 70 年代修建的，80 年代以后淤地坝修建量大为减少，而淤地坝的拦沙寿命为 10～20 年，70 年代修建的淤地坝与拦沙库到这一时期已大部分失效，因此流域水分流失增加，绿水系数减小。④1999～2007 年，绿水系数迅速增大。这一阶段除原有的梯田、林草和淤地坝措施得到加强外，大面积退耕还林（草）和以自然封禁为主的生态建设也在这一地区广泛开展，使得生态环境进一步好转。

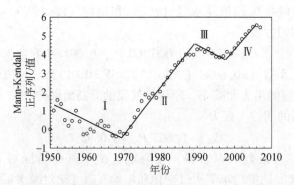

图 3-13　河龙区间绿水系数的 Mann-Kendall 正序列 U 值随时间的变化

I～IV 分别表示 4 个阶段

（二）　与水土流失的关系

从本质上说，水土保持措施减少了从降水到蓝水的转化率，增大了从降水到绿水的转化率。绿水系数的减小意味着坡面径流减弱，河流径流也减弱，前者可以减少坡面侵蚀，后者则可以减少河道侵蚀。同时，绿水系数的增大意味着植被蒸腾作用的增强，说明植被对地表的保护作用也增强，这也会导致坡面侵蚀减弱。因此，河流的产沙量与绿水系数之间应该存在密切的负相关关系。图 3-14 点绘的河龙区间历年产沙量与绿水系数之间的关系证明了这一点，图 3-14 显示，产沙量与绿水系数之间呈显著的负相关关系（$p<0.01$）。回归方程的决定系数 $R^2 = 0.474$（$p<0.01$），说明河龙区间产沙量变化的 47.4% 可以用绿水系数的变化来解释。

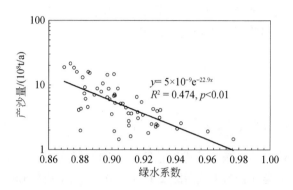

图 3-14 河龙区间历年产沙量与绿水系数之间的关系

第三节 减水效应与减沙效应的耦合关系

从物理机理上说，水土保持的坡面措施是通过改变地表覆被和土地利用方式（如种树、种草以增加荒坡地的植被覆盖度），以及改变地表微地形（如修筑梯田等），来影响降水之后的产流、侵蚀和汇流、输沙过程，从而起到保持水土的作用。修筑淤地坝等沟道措施，则可以直接拦截径流泥沙，减少进入河道的泥沙量和径流量。实施水土保持措施以后，河流的径流量和输沙量都会减少，这已被大量研究证实（叶青超，1994；唐克丽，1990；汪岗和范昭，2002a，2002b；徐建华和牛玉国，2000；冉大川等，2000）。黄河流域的主体位于半干旱、半湿润的黄土地区，侵蚀强度大，降水量较少，水资源紧缺。在减少坡面侵蚀和流域产沙的同时，如果径流量也过度减少，则会对径流资源产生影响。因此，在这一地区开展节水型水土流失治理，是水土保持的发展方向。为此，必须深入研究这一地区水土保持减沙减水效应的耦合关系，即实施水土保持措施之后减水效应和减沙效应的对比关系。前人已经对水土保持的减蚀减沙效应和减水效应进行了深入的研究，有大量的文献发表（叶青超，1994；唐克丽，1990；汪岗和范昭，2002a，2002b；徐建华和牛玉国，2000；冉大川等，2000；许炯心，2003；许炯心和孙季，2003；许炯心，2004a，2004b，2004e），但对水土保持减沙减水效应的耦合关系还很少涉及。作者以无定河和黄河中游多沙粗沙区的其他支流为例，对此进行了研究（Xu，2011）。

无定河是黄河中游的重要支流，流域面积为 30 261km²，位于毛乌素沙漠南缘及黄土高原北部地区。暴雨集中，土质疏松，天然植被稀少，侵蚀强烈。在不合理的人类活动如陡坡开垦、过度放牧、破坏天然植被的长期影响下，人类加速侵蚀也十分强烈，导致了严重的水土流失。据水土流失治理以前 1956～1969 年白家川水文站的统计，全流域产沙模数为 7075t/($km^2 \cdot a$)，为三门峡以上流域产沙模数 2112t/($km^2 \cdot a$) 的 3.35 倍。强烈的侵蚀导致了高含沙水流的频繁发生。从 20 世纪 60 年代开始，国家在黄河中游多沙粗沙区特别是在无定河展开了水土流失治理工作。1982 年以后，无定河被列为国家重点治理区。截至 1996 年，全流域累计修建梯田面积 9.66 万 hm^2，造林面积 48.5 万 hm^2，种草面积 18.84 万 hm^2，淤成坝地面积 2.25 万 hm^2。修建淤地坝 11 710 座，累计可淤积库容 21.80 亿 m^3，建成 100 万 m^3 以上库容的水库 74 座，总库容 14.90 亿 m^3。累计治理面积 8364km^2，占全流域水土流失面积的 36.4%（张经济等，2002）。

一、研究方法

（一）基准期与措施期的划分

为了对水土保持减水量和减沙量进行估算，不同的研究者提出了不同的方法，可以概括为水文法和水保法两类（汪岗和范昭，2002a，2002b；徐建华和牛玉国，2000；冉大川等，2000）。这两种方法都着眼于基准期（无措施期）和措施期的比较来计算水土保持措施实施后的减水量与减沙量。实施水土保持措施，既可以减少径流，又可以减少泥沙。本研究以减水比 α 与减沙比 β 来分别表示减水效应和减沙效应：

$$\alpha = (Q_{w1} - Q_{w2})/Q_{w1} \tag{3-13}$$

$$\beta = (Q_{s1} - Q_{s2})/Q_{s1} \tag{3-14}$$

式中，Q_{w1}、Q_{w2} 分别为实施水土保持措施前、后的径流量；Q_{s1}、Q_{s2} 分别为实施水土保持措施前、后的泥沙量，可以是以年计的，也可以是以场次暴雨洪水计的。实施水土保持措施前、后两个时期，也就是基准期与措施期。

为了进行基准期与措施期的对比研究，必须确定这两个时期之间的分界年限。可以认为，这一分界时间与产流、产沙时间序列变化中的突变点有一定的联系。为此，本研究运用 Mann-Kendall 方法来确定变化趋势和突变点。针对所要研究的时间序列变量，依据改变量的正序列和逆序列数据分别计算出 Mann-Kendall 统计量 UF_k 和 UB_k。通过分析 UF_k 和 UB_k 的时间序列变化可以确定该变量的趋势变化与是否有突变以及突变的时间。若 UF_k 值大于 0，则表明序列呈上升趋势，小于 0 则表明呈下降趋势，当它们超过临界直线时，表明上升或下降趋势显著。如果 UF_k 和 UB_k 两条曲线出现交点，且交点在临界直线之间，那么交点对应的时刻就是突变开始的时刻（Demaree and Nicolis，1990；Moraes et al.，1998；符淙斌和王强，1992）。

运用 Mann-Kendall 方法对无定河 1956～1996 年的年产沙量和年径流量数据进行分析，结果见图 3-15，该图给出了对应于显著性水平为 0.05 的 UF_k 值和 UB_k 值的临界直线。图 3-15 显示，对于年产沙量，两条曲线的交点出现于 1968 年；对于年径流量，两条曲线的交点出现于 1972 年。显然，这与 20 世纪 60 年代末开展的大规模水土保持措施的生效有关。综合考虑产沙和产流过程的突变点，本研究选取 1969 年为分界点，即 1956～1969 年为基准期，1970～1996 年为措施期。

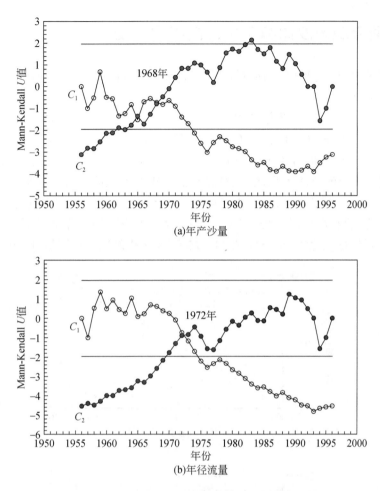

图 3-15 运用 Mann-Kendall 方法对无定河 1956～1996 年的年产沙量 (a) 和
年径流量 (b) 数据进行分析的结果

C_1、C_2 分别为按正向序列和逆向序列计算出的 UF_k 值和 UB_k 值。两条平行于横轴的直线分别为对应于显著性
水平为 0.05 的 UF_k 值和 UB_k 值的临界直线

(二) 减水量、减沙量的计算方法

以若干降水特征指标为影响变量,以全流域产流量和产沙量为因变量,建立适用于基准期的多元统计模型,以描述准天然状况下的流域产流、产沙过程。将措施期的降水特征值代入上述模型,计算出历年产沙量、产流量,即在假定无措施的条件下措施期的历年产流量和产沙量,亦即在只受到降水变化影响条件下的年产流量和产沙量。以这一产流量或产沙量减去措施期实测产流量或产沙量,得到水土保持措施的实施所导致的减水量或减沙量。将这一减水量或减沙量除以在假定无措施的条件下措施期的产流量或产沙量,得到该年的水土保持减水比或减沙比。将计算得到的减水量或减沙量代入式 (3-13) 式 (3-14),可以求出减水比或减沙比。

二、无定河流域减沙比和减水比随时间的变化

基于基准期 1956～1969 年的资料，建立了无定河年产沙量和年径流量与降水指标之间的多元回归方程：

$$Q_s = 1.482\ 8 P_1^{0.572\ 7} P_{30}^{1.345\ 4} P_h^{0.078\ 49} \qquad (R = 0.923\ 3, n = 14) \qquad (3\text{-}15)$$

$$Q_w = 13\ 701 P_1^{0.075\ 08} P_{30}^{0.404\ 8} P_m^{0.015\ 14} \qquad (R = 0.966\ 3, n = 14) \qquad (3\text{-}16)$$

式中，Q_s 为无定河白家川站的年产沙量，10^4t；Q_w 为该站的年径流量，10^4m^3；P_1、P_{30}、P_h 和 P_m 分别为无定河流域面平均最大日降水量、最大 30 天降水量、汛期（6～9 月）降水量和年降水量，mm。按式（3-15）、式（3-16）所得到的计算值与实测值的比较见图 3-16。上述两式的决定系数 R^2 分别为 85.25%、93.37%，即方程的计算结果可以分别解释基准期中产沙量和径流量变化的 85.25% 和 93.37%，用于措施期的计算是可行的。

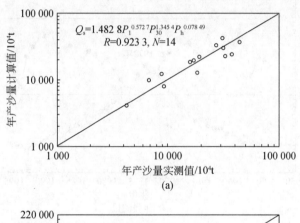

(a)

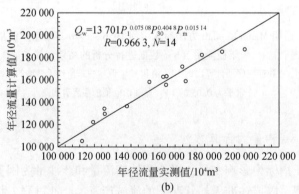

(b)

图 3-16　计算值与实测值的比较

（a）年产沙量；（b）年径流量

运用式（3-13）、式（3-14）计算了措施期即 1970～1996 年的年减沙量和年减沙比，其时间变化见图 3-17。同时，还计算了措施期的年减水量和年减水比，其时间变化见图 3-18。需要指出的是，由于在 1956～1969 年，无定河流域也实施了一定数量的水土保持措施，同时为了在更长的时间序列中考察减沙量随时间的变化，图 3-17 和图 3-18 也包括

1956~1969 年的数据。这一时期的减沙量、减水量和减沙比、减水比的计算值，除反映这一时期中存在水土保持措施的影响外，也包含随机性误差。

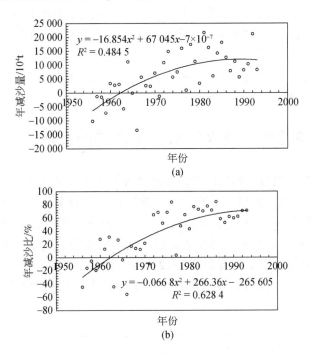

图 3-17　年减沙量（a）和年减沙比（b）随时间的变化

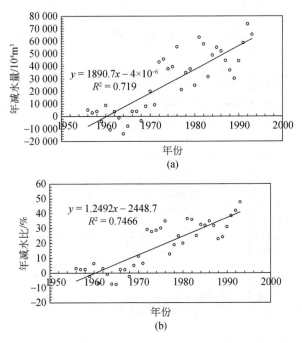

图 3-18　年减水量（a）和年减水比（b）随时间的变化

图 3-17 显示，年减沙量和年减沙比具有明显增大趋势，可以用二次抛物线来拟合。从图 3-17（a）可以看出，拟合曲线的斜率有减小的趋势，意味着年减沙量随时间的变化率有所减小。对于年减沙比也是如此，但年减沙比关系图中的数据点更为集中，决定系数为 0.6284 [图 3-17（b）]，比年减沙量关系的决定系数 0.4845 [图 3-17（a）] 要高得多。

图 3-18 显示，年减水量和年减水比也具有明显增大趋势，其变化可以用线性关系来拟合。年减水比关系图中的数据点更为集中，决定系数为 0.7466，比年减水量关系的决定系数 0.719 要略高一些。

三、无定河流域减沙、减水与水土保持措施面积的关系

本书已指出，基准期与措施期产沙量和产水量的差异主要是由水土保持措施引起的。因此，按式（3-13）、式（3-14）计算所得到的减沙量、减水量、减沙比和减水比，应该与水土保持措施密切相关。图 3-19 分别点绘了年减沙量、年减沙比和水土保持措施面积（以梯田、造林、种草和坝地面积之和来表示）之间的关系，图中的关系可以用对数函数来拟合，决定系数对年减沙量而言为 0.4812，对年减沙比而言为 0.6739，显著性概率均小于 0.01。这说明，水土保持措施面积的变化可以解释减沙量变化的 48.12%，可以解释减沙比变化的 67.39%。

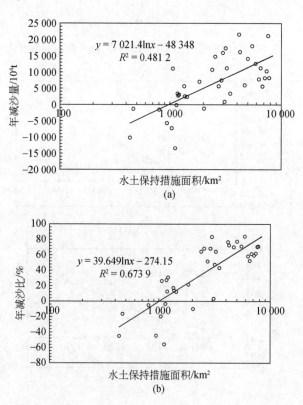

图 3-19　年减沙量（a）、年减沙比（b）和水土保持措施面积之间的关系

图 3-20 分别点绘了年减水量、年减水比和水土保持措施面积之间的关系，图中的关系也可以用对数函数来拟合，决定系数对减水量而言为 0.7201，对减水比而言为 0.7494，显著性概率均小于 0.01。这说明，水土保持面积的变化可以解释减水量变化的 72.01%，可以解释减水比变化的 74.94%。

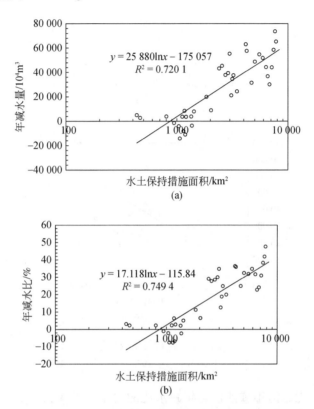

图 3-20 年减水量（a）、年减水比（b）和水土保持措施面积之间的关系

四、无定河流域减水和减沙的耦合关系

减水和减沙的耦合关系可以用减水量与减沙量之间的关系来表达，也可以用减水比与减沙比之间的关系来表达。图 3-21 点绘了无定河年减沙量和年减水量的关系。图 3-21（a）包括了 1956～1996 年的数据，图 3-21（b）只包含了实施水土保持措施之后（1970～1996 年）的数据，二者均表现出较好的正相关关系，显著性概率均小于 0.01。对于措施期，拟合方程为

$$Q_{w,减} = 2.038\ 5Q_{s,减} + 21\ 233 \quad (n = 24, R^2 = 0.602\ 4) \tag{3-17}$$

式中，$Q_{w,减}$ 为年减水量，$10^4 \mathrm{m}^3$；$Q_{s,减}$ 为年减沙量，$10^4 \mathrm{t}$。式（3-17）两端取微分得 $\mathrm{d}Q_{w,减}/\mathrm{d}Q_{s,减} = 2.0385$，即对于无定河措施期，水土保持措施每减少 1t 泥沙，会减少径流 2.0385m^3。

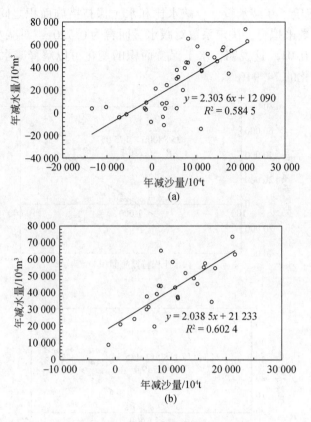

图 3-21　年减水量与年减沙量的关系

（a）1956～1996 年；（b）1970～1996 年（措施期）

图 3-22 点绘了无定河年减沙比和年减水比的关系。图 3-22（a）包括了 1956～1996 年的数据，图 3-22（b）只包含了 1970～1996 年的数据，二者均表现出较好的正相关关系，显著性概率均小于 0.01。对于 1956～1996 年的数据，拟合方程为

$$\beta = 2.0565\alpha + 1.2223 \quad (n = 38, \ R^2 = 0.7089) \quad (3\text{-}18)$$

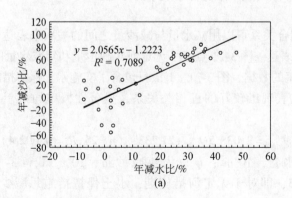

（a）

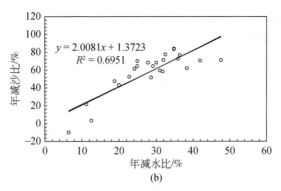

图 3-22　年减沙比与年减水比的关系

（a）1956~1996 年；（b）1970~1996 年（措施期）

对于 1970~1996 年的数据，拟合方程为

$$\beta = 2.0081\alpha + 1.3723 \quad (n = 24, R^2 = 0.6951) \tag{3-19}$$

式中，β 为减沙比；α 为减水比。式（3-18）、式（3-19）的系数和常数项均很接近。本研究还分别拟合了常数项为 0 的线性方程：

对于 1956~1996 年数据：$\beta = 2.0182\alpha$ （3-20）

对于 1970~1996 年数据：$\beta = 2.0518\alpha$ （3-21）

由此可见，年减沙比要比年减水比大得多，大致为年减水比的两倍。

五、黄河中游多沙粗沙区减沙比与减水比的关系

（一）基于实测资料分析结果

上述对无定河的研究表明，水土保持措施导致的减沙比要大于减水比。为了判断这一结论是否具有普遍性，本研究基于黄河中游多沙粗沙区的实测资料进行了分析。

大量坡面小区试验的实际观测资料表明，水土保持措施的减水比 α 一般均小于其减沙比 β，即 $\alpha < \beta$。从物理机理上说，水土保持是通过改变地表覆被和土地利用方式（如种树种草以增加荒坡地的植被覆盖度），以及改变地表微地形（如修筑梯田等），来影响降水之后的产流、侵蚀和汇流、输沙过程，从而起到保持水土的作用。林草措施改变地表覆盖状况，大大减弱雨滴的溅蚀作用。梯田使坡度接近水平，使沿上坡和沿下坡搬运的溅蚀土壤量近似相等，从而减少雨滴侵蚀。水土保持措施可以增加降雨过程中的入渗，减少地表径流，减少沟道中的洪水，从而减轻坡面径流对坡面的侵蚀作用和河流洪水对河道的侵蚀作用。梯田使地面坡度减小到接近水平，降雨入渗大大增加。林草措施增加了地表凋落物的容蓄量和土壤的渗透率，增大地表糙率，使入渗水量显著增加。淤地坝抬高沟道的局部基准面，可以大量拦截洪水，促使泥沙淤积，同时使拦蓄的洪水缓慢下渗，减少下游的洪水量。洪水的减少会减弱输沙的动力，从而减少泥沙输移比，使产沙量减少。因此，水土保持措施既有减沙效应，又有减水效应。水利部黄河水利委员会等单位对不同水土保持措施的减沙（减蚀）效应和减水效应进行了大量的野外实验，获得了大量的观测资料，基于

这些资料计算了不同措施的减水比与减沙比（唐克丽，1990；袁建平等，2001）。依据这些结果，本研究在图3-23点绘了减沙比与减水比的关系。图3-23中的对角线表示减沙比等于减水比。可以看到，所有的数据点都位于该直线以上，这意味着减沙比均大于减水比。

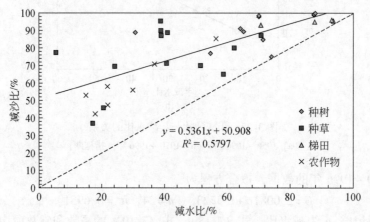

图3-23　基于坡面小区试验的水土保持措施的减沙比与减水比的关系

种树、种草与农地对照，农作物与裸地对照，梯田与坡耕地对照。回归线与回归方程是按全部数据拟合的

实际资料的分析表明，实施水土保持措施之后，在绝大多数情况下，黄河中游支流的减沙比也大于减水比。一般将1950～1969年作为没有水土保持措施的时期，即基准期，此后则视为实施水土保持之后的措施期。本研究分别计算了黄河中游21条支流在基准期的年均径流量和产沙量，同时还计算了在措施期20世纪70～90年代的年均径流量和产沙量。以基准期的年均径流量、产沙量减去20世纪70～90年代的年均径流量和产沙量，再除以基准期的年均径流量和产沙量，即得到20世纪70～90年代的减水比与减沙比。图3-24点绘了减沙比与减水比的关系，对角线表示减沙比等于减水比。可以看到，绝大多数数据点位于该直线以上，这意味着在流域尺度上，减沙比也大于减水比。图3-24中还分别就20世纪70～90年代的数据点拟合了通过原点的回归方程，3个方程表明，对于20世纪70～90年代，在平均的意义上，减沙比分别等于减水比的1.10倍、1.35倍、1.31倍。

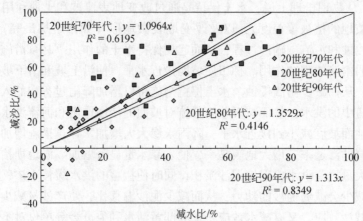

图3-24　黄河中游若干支流的减沙比与减水比的关系

（二）形成机理解释

世界上河流的大量资料表明，河流的年产沙量与年径流量之间存在着密切的关系，可以用幂函数关系来表达（钱宁等，1987）：

$$Q_s = aQ_w^b \tag{3-22}$$

式中，指数 b 大于1。黄河一些支流也有在2.0以上的。本研究以年系列资料为基础，计算了黄河干支流若干水文站的 b 值，见表3-1。

表3-1　黄河干支流若干水文站的 b 值

河名	b 值	河名	b 值	河名	b 值
黄河兰州	1.28	朱家川	1.24	清涧河	2.00
黄河头道拐	2.03	岚漪河	1.46	昕水河	1.64
黄河龙门	1.19	蔚汾河	1.55	延河	2.00
黄河利津	1.15	秃尾河	3.78	窟野河	2.10
偏关河	1.65	佳芦河	2.46	无定河	3.10
皇甫川	1.27	湫水河	1.48	北洛河	2.21
孤山川	1.54	三川河	2.31	泾河	1.84

根据式（3-13）、式（3-14），如果只考虑减水减沙的情形，则减水比 α 与减沙比 β 均为小于1的正数。本研究基于式（3-13）、式（3-14）和式（3-22），推导出 $\beta > \alpha$。

为了推导的方便，设措施期的水量 $Q_{w2} = r_1 Q_{w1}$，r_1 为减水系数，显然 r_1 是一个小于1的正数，$r_1 = Q_{w2}/Q_{w1}$。同时，设措施期的沙量 $Q_{s2} = r_2 Q_{s1}$，r_2 为减沙系数，r_2 也是一个小于1的正数，$r_2 = Q_{s2}/Q_{s1}$。因此，式（3-13）可以写为 $\alpha = (Q_{w1} - r_1 Q_{w1})/Q_{w1}$，由此可以导出 $\alpha = 1 - r_1$。同理，由式（3-14）可以推出 $\beta = 1 - r_2$。由式（3-22）可知，基准期的沙量 $Q_{s1} = aQ_{w1}^b$，措施期的沙量 $Q_{s2} = aQ_{w2}^b = a(r_1 Q_{w1})^b$。容易知道，$r_2 = Q_{s2}/Q_{s1} = (aQ_{w2}^b)/(aQ_{w1}^b) = [a(r_1 Q_{w1})^b]/(aQ_{w1}^b) = (ar_1^b Q_{w1}^b)/(aQ_{w1}^b) = r_1^b$。

由 $\alpha = 1 - r_1$ 和 $\beta = 1 - r_2$ 以及 $r_2 = r_1^b$ 可知，$\beta - \alpha = (1 - r_1^b) - (1 - r_1) = r_1 - r_1^b$。由于 $0 < r_1 < 1$，输沙率幂函数关系 $Q_s = aQ_w^b$ 的指数 $b > 1$，因而 $r_1^b < r_1$，则 $r_1 - r_1^b > 0$，于是 $\beta > \alpha$，即减沙比大于减水比，命题得到了证明。由 $\beta - \alpha = r_1 - r_1^b$ 可知，当 $b = 1$ 时减沙比等于减水比，b 越大，减沙比超过减水比的程度越大。这说明，$Q_s = aQ_w^b$ 中指数 b 越大的河流，在给定减水比时，其减沙比也越大。

第四节　流域水土保持措施对下游河道淤积的影响

水土保持通过改变土地利用、土地覆被方式（如植树造林种草、退耕还林还草）、改变微地貌形态（如坡耕地改造为梯田）、改变耕作方式等措施来减少土壤流失、保持土壤水分，达到提高土地生产力、实现农业可持续发展的目的。在我国黄土高原和其他侵蚀强烈的地区，在冲沟沟道上筑坝拦沙，并通过拦截的泥沙来造地，也被视为重要的水土保持措施。水土保持具有多方面的效应,可以分为当地(in site)效应和异地(off site)效应,国内外已进行大量研究。当地效应包括减少土壤流失、保持土壤水分、提高土地生产力等,异地效应则包括减少河流泥沙、减少进入河流的面源污染物(化肥、农药等)、减缓水库泥沙淤积速率以延长水库使用寿命、降低洪水流量等。同时,通过减少进入河道的泥沙,多泥沙冲积河流的河道淤积抬高问题会得到缓解,从而维持必要的行洪能力,降低洪水冲决堤防、导致大规模泥沙灾害的风险。然而,对于水土保持措施减少河道淤积的效应,迄今尚未进行较为深入的研究。

黄河是世界上侵蚀产沙量最大的河流,强烈的淤积导致河床抬高,使黄河下游的洪水泥沙灾害成为中华民族的心腹之患(叶青超,1994)。在黄土高原实施水土保持措施,历来被认为是解决黄河下游泥沙淤积问题的根本战略措施。从20世纪60年代初开始,在黄河上中游流域中广泛地开展了大规模的水土保持工作,主要措施为在农耕区修建梯田、在非农耕坡面植树种草、在丘陵沟壑区和高原沟壑区的沟道中筑坝拦沙淤地。经过1960年以来60年左右的治理,水土保持措施已显著生效。由于水土保持措施的实施,加以降水量有所减少,从20世纪70~80年代以来,进入黄河下游的泥沙已经显著减少。黄河龙门站、汾河河津站、北洛河状头站和渭河华县站的输沙量之和代表入黄泥沙量,经计算可得,20世纪50年代、60年代、70年代、80年代、90年代的年入黄泥沙量分别为17.46亿t、16.61亿t、13.29亿t、7.90亿t、8.67亿t。若以50年代为基准,则60年代、70年代、80年代和90年代减少的比例分别为4.87%、23.88%、54.75%、50.34%。但是,对资料的分析表明,在小浪底水库蓄水(1999年)以前的50年,黄河下游泥沙沉积速率并没有减小的趋势(许炯心,2004c)。水土保持是作为减少黄河下游泥沙淤积的一项重要战略措施而提出的。关于黄河流域水土保持措施减少坡面侵蚀的作用、减少流域产沙的作用以及对于水沙减少的影响,已经进行了大量的研究,取得了丰富的成果(叶青超,1994;赵业安等,1997;许炯心,1997e;冉大川等,2000;徐建华和牛玉国,2000;汪岗和范昭,2002a,2002b)。在水土保持已经显著生效、入黄泥沙已经显著减少的情况下,为什么除了三门峡水库下泄清水(1960~1964年)和小浪底水库蓄水拦沙(1999年至今)期间,黄河下游河道发生显著冲刷,在50年时间尺度上和总体趋势上,黄河下游淤积速率仍未减少,主要是这一期间同时发生的大规模引水降低了河流输沙能力,由此可能产生的增淤作用抵消了水土保持措施的减淤作用,体现了人类活动对河流影响的"矛盾效应"(许炯心,2004c)。为了深刻认识水土保持在黄河治理中的作用,必须深入研究和回答水土保持对黄河下游泥沙淤积的影响这一重要的科学问题,寻求对水土保持措施的减淤效应进行直接评价的方法。

一、研究方法

黄河下游河道的冲淤量是按输沙平衡概念来计算的:

$$S_{dep} = Q_{s,s} + Q_{s,h} + Q_{s,x} - Q_{s,div} - Q_{s,l} \tag{3-23}$$

式中,S_{dep} 为泥沙冲淤量;$Q_{s,s}$、$Q_{s,l}$、$Q_{s,h}$、$Q_{s,x}$ 分别为三门峡站、利津站、黑石关站、小董站(图2-1)的年输沙量;$Q_{s,div}$ 为全下游历年的灌溉引沙量。输沙量资料来自有关水文站，灌溉引沙量资料来自水利部黄河水利委员会。

为了定量表示人类的引水行为，本研究将净引水量（$Q_{w,div}$）作为指标。水利部黄河水利委员会有关部门对流域历年引水量做过详细的调查和统计，同时还估算了灌溉之后的回归水量、工业和生活用水之后排放的污水量、废水量，引水量与上述回归水量之差即为净引水量。黄河流域自 20 世纪 50 年代以来开始进行水土保持工作，从 60 年代末开始实施了大规模的水土流失治理，包括梯田、植树、种草、修建淤地坝等措施，水利部黄河水利委员会等有关部门对不同时期的各项措施的面积进行过统计，本节利用了上述资料。

为了将引水和水土保持两种因素对下游河道淤积量的影响进行"隔离"，遵循以下计算方法：①基于实测资料，建立黄河下游年淤积量 S_{dep} 与年平均含沙量 C_{mean} 之间的回归方程，用于估算给定含沙量下的淤积量；②进行径流量的"还原"计算，求出假定无引水时的径流量 $Q_{w,NWD}$，$Q_{w,NWD} = Q_{wm} + Q_{w,div}$，这一径流量也就是天然径流量；③计算假定无引水时的含沙量 $C_{mean,NWD}$，$C_{mean,NWD} = Q_s / Q_{w,NWD}$；④将假定无引水时的含沙量代入淤积量–含沙量回归方程［式（3-24）］，求出假定无引水时的淤积量 $S_{dep,NWD}$。

获取 $S_{dep,NWD}$ 年系列数据后，运用统计方法研究 $S_{dep,NWD}$ 的时间变化、$S_{dep,NWD}$ 与水土保持措施的关系，并估算和评价引水增加对河道淤积量的影响。

二、基于实测资料建立黄河淤积量计算公式

黄河下游的泥沙淤积取决于水流的输沙动力与泥沙"负载"之间的对比关系。作为初步的近似，输沙动力可以用流量或径流量来表示，而泥沙"负载"则可以用进入河道的泥沙量来表示，二者的对比关系则用输沙量（Q_s）与径流量（Q）之比即含沙量来表示：$c = Q_s / Q$。运用黄河下游 1950～1997 年的年系列资料和 174 次洪水的资料，本研究点绘了黄河下游的淤积量与年平均含沙量和场次洪水平均含沙量的关系，见图 3-25。未采用 1998 年以后的资料是由于 1999 年小浪底水库建成蓄水，而且该水库按人为强烈调控下的"调水调沙"模式运行，以重新"塑造"下游河道。显然，这一时段的资料不宜用于本研究。

图 3-25 中数据点的分布十分集中。由此建立的回归方程为

对于年系列资料：

$$S_{dep} = 5.5383 \ln c - 16.082 \qquad (3\text{-}24)$$

对于洪水系列资料：

$$S_{dep} = 0.018 c - 0.6738 \qquad (3\text{-}25)$$

上列两式的决定系数 R^2 分别为 0.79 和 0.78，说明年淤积量变化的 79% 和场次洪水淤积量的 78% 可以用含沙量的变化来解释，随着含沙量的减少，淤积量也减少。由于式（3-24）、式（3-25）对 S_{dep} 变化的解释能力很强，可以认为淤积量减少的条件是含沙量减少。换言之，如果水土保持措施的实施使得进入黄河下游的含沙量减少，则将导致泥沙淤积量的减少。如果年含沙量保持不变，则年淤积量也将保持不变。

S_{dep}-c 关系虽然是经验关系，但仍有一定的物理意义。由于在洪水事件中，冲淤的物理图形比概化为年平均值之后更清晰，这里讨论式（3-25）的物理图形。图 3-25（b）中回归直线与直线 $S_{dep} = 0$ 有一交点，与之对应的 c 值（$c = 37.43\text{kg/m}^3$）即为使淤积量为 0

的含沙量，即临界含沙量。由此，式（3-25）可以变形为

$$S_{\text{dep}} = 0.018(c-37.43) \tag{3-26}$$

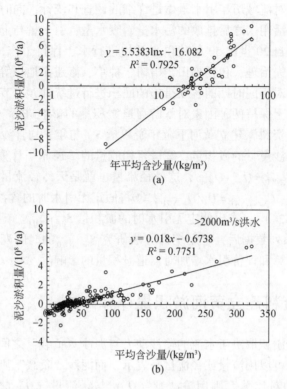

图 3-25　黄河下游的淤积量与年平均含沙量（a）和场次洪水平均含沙量（b）的关系

根据泥沙运动力学原理，可以假定冲淤量是含沙量饱和差（即河流含沙量与其挟沙能力之差）的函数：

$$S_{\text{dep}} = f(c-\rho) \tag{3-27}$$

式中，ρ 为河流的挟沙能力。按照定义，挟沙能力为处于临界不冲不淤状态时的床沙质含沙量。由于不能获得场次洪水中床沙质输沙率的资料，暂以悬移质含沙量代替床沙质含沙量。因此，临界值 $c=37.43\text{kg/m}^3$ 可以近似反映挟沙能力。由此可以认为，式（3-25）是式（3-27）的某一种形式，反映了场次洪水冲淤量和河流含沙量与其挟沙能力之差呈线性正相关关系。

为了对水土保持措施影响下的年冲淤量进行研究，本节采用式（3-23）计算年冲淤量。按 $C_{\text{mean,NWD}} = Q_{\text{s}}/Q_{\text{w,NWD}}$ 计算出假定无引水时的年含沙量，这里 Q_{s} 为进入下游河道的年输沙量，即干流三门峡站、支流沁河小董站和伊洛河黑石关站年输沙量之和，$Q_{\text{w,NWD}}$ 为进入黄河的天然径流量，以利津站天然径流量即利津站年实测径流量与黄河年净引水量之和来表示。将计算得到的 $C_{\text{mean,NWD}}$ 年系列数据代入式（3-24），计算出假定无引水时淤积量 $S_{\text{dep,NWD}}$ 年系列数据。

三、实测淤积量与假定无引水时淤积量的变化

图 3-26（a）显示黄河下游实测平均含沙量与假定无引水时含沙量随时间的变化，图 3-26（b）则给出了实测淤积量与假定无引水时淤积量随时间的变化。实测含沙量有微弱减小趋势，但显著性概率 $p = 0.1081$，甚至不能通过 $p < 0.10$ 的检验，因此不能认为实测含沙量有减小趋势。假定无引水时含沙量则有十分显著的减小趋势，$p = 0.000\,025$，可以通过 $p < 0.001$ 的检验。

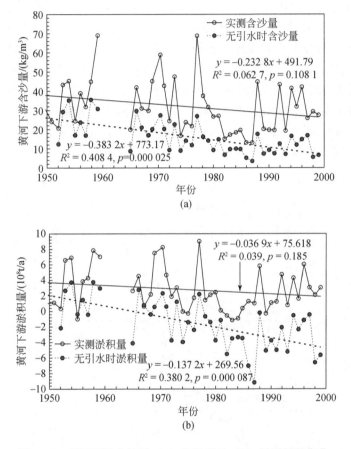

图 3-26　黄河下游含沙量（a）和淤积量（b）随时间的变化

图 3-26（b）显示，实测淤积量与假定无引水时淤积量随时间减小的显著性概率分别为 $p = 0.185$ 和 $p = 0.000\,087$，前者不能通过 $p < 0.10$ 的检验，而后者通过了 $p < 0.001$ 的检验。因此，实测淤积量不随时间减小，假定无引水时淤积量则随时间显著减小。由于在很大程度上，淤积量的变化依赖于含沙量的变化［式（3-24）、式（3-25）］，故假定无引水时含沙量减小导致淤积量减小。在输沙量减小的同时，大量引水导致了径流量减小，这使得输沙量与径流量的比值即含沙量基本上不变，使得实测淤积量也基本上不变，从而进一步支持了作者在以前的研究中提出的推断（许炯心，2004c），同时，人类活动的两个方面

即水土保持减沙和大量引水,对黄河下游淤积的影响具有矛盾效应,前者会因降低河流负载而减少淤积,后者会因减弱河流输沙能力而增加淤积,二者互相抵消,可能会使得淤积量基本上保持不变,这进一步说明在不考虑水库拦沙的情形下,只通过水土保持来控制侵蚀产沙,不节制引水,无法解决黄河下游河道强烈淤积的问题。

四、水土保持对黄河下游淤积量的影响

为了进一步揭示水土保持措施对假定无引水时淤积量的影响,图 3-27(a)点绘了黄河流域水土保持措施面积随时间的变化,图 3-27(b)则给出了黄河下游输沙量累积值和假定无引水时的淤积量累积值与流域年降水量累积值之间的关系。图 3-27(a)显示从1970 年开始,梯田林草面积和坝地面积的增速显著加快,说明从 20 世纪 70 年代开始,大规模水土保持措施在全流域实施。图 3-27(b)则显示,1972 年输沙量累积曲线向右偏转,说明在假定降水不变时输沙量减小,显然与水土保持措施的大规模实施有关。与此相应,假定无引水时淤积量累积曲线在 1972 年也向右偏转,说明假定无引水时淤积量显著减小。图 3-27(a)和图 3-27(b)中的转折点证明,大规模的水土保持措施是输沙量减小和假定无引水时淤积量减小的原因。

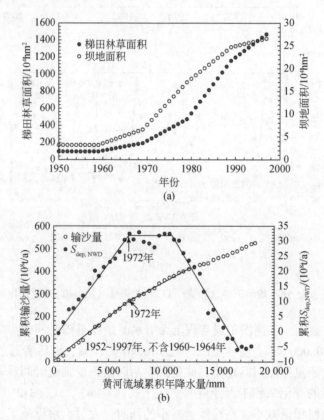

图 3-27 水土保持措施面积随时间的变化(a)及黄河下游输沙量累积值和假定无引水时的淤积量累积值与流域年降水量累积值之间的关系(b)

图 3-28 和图 3-29 分别点绘了黄河下游输沙量、假定无引水时的淤积量与梯田林草面积及坝地面积的关系，给出了拟合方程和决定系数。输沙量与梯田林草面积、坝地面积的关系都呈负相关，显著性概率都小于 0.01，这说明修筑梯田、造林种草和修筑淤地坝拦沙等措施的实施，使得进入黄河下游的输沙量减小。假定无引水时的淤积量与梯田林草面积、坝地面积的关系也呈负相关，显著性概率都小于 0.01，这说明如果不存在大量引水，修筑梯田、造林种草和修筑淤地坝拦沙等措施会导致黄河下游淤积量减小。假定无引水时的淤积量与梯田林草面积、坝地面积关系的决定系数分别为 0.4391 和 0.4187，这说明在其他因素不变时，水土保持措施面积的变化可以解释假定无引水时淤积量变化的 40% 左右。

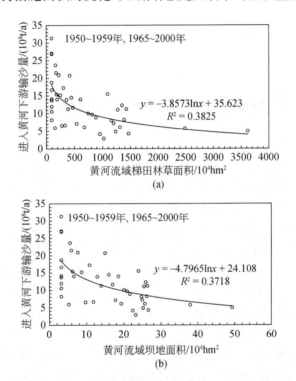

图 3-28 黄河下游输沙量与梯田林草面积（a）和坝地面积（b）的关系

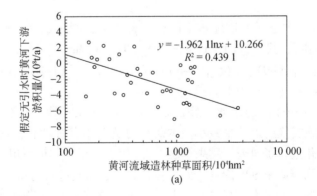

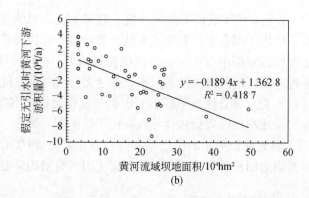

图3-29　假定无引水时黄河下游年淤积量与梯田林草面积（a）和坝地面积（b）的关系

五、水土保持措施导致河道淤积量减小机理的解释

水土保持措施大大减少了侵蚀产沙量，从而减轻了水流的负载，因而可以减轻淤积。与此同时，水土保持措施又会减少径流，从而减弱输沙动力，这又可能导致泥沙淤积量增大。因此，水土保持措施对黄河下游泥沙淤积的影响具有两重性，最终的结果取决于减淤效应和增淤效应的对比关系。设想有一条处于准平衡状态的冲积河道，如果水土保持措施对径流的减少大于对泥沙的减少，则含沙量将会增大。由式（3-24）可知，泥沙淤积量将会增大。反之，如果水土保持措施对径流的减少小于对泥沙的减少，则含沙量将会减小。由式（3-24）可知，泥沙淤积量将会减少。由此可知，只有当水土保持措施导致含沙量减少时，才有可能使泥沙淤积减轻。本章已经通过推导和实际资料证明，实施水土保持措施后，减沙比大于减水比。在这一前提下，可以进一步推导出实施水土保持措施后含沙量会减少。

令 α 和 β 分别为水土保持措施的减水比和减沙比，Q_{w1} 和 Q_{w2} 分别为水土保持措施实施前后的年径流量，Q_{s1} 和 Q_{s2} 分别为水土保持措施实施前后的年输沙量，则可以写出：

$$Q_{w2} = Q_{w1}(1-\alpha) \tag{3-28}$$

$$Q_{s2} = Q_{s1}(1-\beta) \tag{3-29}$$

令 c_1 和 c_2 分别为水土保持措施实施前后的含沙量，则按定义可知 $c_1 = Q_{s1}/Q_{w1}$，$c_2 = Q_{s2}/Q_{w2}$。将式（3-28）、式（3-29）代入 $c_2 = Q_{s2}/Q_{w2}$，可知

$$c_2 = [Q_{s1}(1-\beta)]/[(Q_{w1}(1-\alpha)] = (Q_{s1}/Q_{w1}) \cdot [(1-\beta)/(1-\alpha)]$$
$$= c_1 \cdot [(1-\beta)/(1-\alpha)] \tag{3-30}$$

由于 α 与 β 均为小于1的正数，且 $\beta > \alpha$，故 $1-\beta < 1-\alpha$，即 $(1-\beta)/(1-\alpha) < 1$，故 $c_2 < c_1$，即水土保持措施实施后含沙量减小。本研究对黄河中游多沙粗沙区的18条支流年均含沙量随时间的变化进行了研究，结果见表3-2。表3-2显示，皇甫川、窟野河、孤山川、偏关河4条河流受到煤矿采掘的影响，大量剥离的地表物质进入河道，使得含沙量无减小的趋势。其余河流的含沙量大多呈减小的趋势，其中7条河流显著减小，p 值小于0.03。这说明，水土保持措施实施以后，除受煤矿采掘影响的河流外，多沙粗沙区河流的含沙量

大多呈现减小趋势。表3-2列出的时间倾向率负值表示年均含沙量的平均递减率。对于无定河、三川河、清涧河、佳芦河而言，含沙量的平均递减率分别为2.769kg/（m³·a）、2.161kg/（m³·a）、4.229kg/（m³·a）和6.013kg/（m³·a）。可以推论，由于河道淤积量与含沙量呈很强的正相关，水土保持措施导致含沙量减少将会引起河道沉积量减少。

表3-2　黄河多沙粗沙区各支流的年均含沙量与时间的相关系数和现行回归方程的斜率（时间倾向率）

序号	河名（站名）	含沙量与时间的相关系数	显著性概率 p	时间倾向率/[kg/（m³·a）]	备注
1	皇甫川（皇甫川）	−0.056	0.727		煤矿采掘
2	无定河（白家川）	−0.528	0.000 789	−2.769	
3	窟野河（温家川）	−0.032	0.842		煤矿采掘
4	三川河（后大成）	−0.493	0.001 947	−2.161	
5	孤山川（高石崖）	0.0592	0.722		煤矿采掘
6	秃尾河（高家川）	−0.395	0.014	−1.437	
7	清涧河（延川）	−0.441	0.005	−4.229	
8	延河（甘谷驿）	−0.224	0.159	−1.591	
9	偏关（偏关）	0.011	0.95		煤矿采掘
10	朱家川（后会村）	−0.572	0.000 51	−6.747	
11	岚漪河（裴家川）	0.033	0.861		
12	蔚汾河（碧村）	−0.46	0.003 64	−3.376	
13	湫水河（林家坪）	−0.23	0.152	−1.661	
14	佳芦（申家湾）	−0.533	0.001 2	−6.013	
15	昕水河（大宁）	−0.347	0.031	−1.629	
16	屈产河（裴沟）	−0.28	0.127	−3.012	
17	泾河（雨落坪）	−0.242	0.181	−2.241	
18	北洛河（刘家河）	−0.394	0.031	−4.967	

六、引水对河道淤积影响的评估

利用本节得到的假定无引水时的黄河下游淤积量数据，可以就引水对河道淤积的影响进行定量评估。将历年黄河下游实测含沙量代入式（3-24），计算出相应的淤积量，称为计算实测淤积量。以计算实测淤积量减去假定无引水时的淤积量，所得结果可以表示引水导致的淤积量增加量（引水增淤量）。图3-30（a）点绘了历年净引水量 $Q_{w,div}$ 和引水导致的淤积量增加量 $S_{dep,div}$ 的变化，二者都呈显著的正相关，显著性概率小于0.001。图3-30（b）点绘了二者之间的关系，其可以用式（3-31）来拟合：

$$S_{dep,div}=0.0137Q_{w,div}+0.8237 \tag{3-31}$$

决定系数 $R^2 = 0.6033$。将该方程两端取导数，得到 $\mathrm{d}(S_{\mathrm{dep,div}})/\mathrm{d}(Q_{\mathrm{w,div}}) = 0.0137$，这意味着 $S_{\mathrm{dep,div}}$ 随 $Q_{\mathrm{w,div}}$ 的变化率为 0.0137，即全流域净引水量每增加 100 亿 m^3，黄河下游河道淤积量可能增加 1.37 亿 t。这一结果可以为流域水资源管理和泥沙管理提供参考。

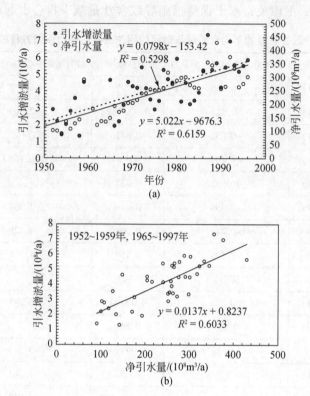

图 3-30　历年净引水量和引水导致的淤积量增加量的变化（a）及二者之间的关系（b）

第四章 黄河流域的 4 个泥沙沉积汇

河流系统的理论将流域划分为侵蚀带、输移带和沉积带 3 个子系统（Schumm，1977），其中侵蚀带又可以再划分为次一级的产沙产水子系统，即不同的水沙来源区（许炯心，1997e）。不同水沙来源区的水沙可以称为异源水沙。异源水沙对河道冲淤的影响是多泥沙河流研究中的一个重要科学问题。黄河流域具有十分鲜明的水沙异源特征（钱宁等，1980；许炯心，1997e），这一特征对黄河下游泥沙输移与沉积有着十分深远的影响。钱宁等（1980）基于水沙异源特征，将黄河流域分为不同的水沙来源区，即河口镇以上的清水区、河口镇至龙门的多沙粗沙区、龙门至三门峡的多沙细沙区以及伊洛河沁河清水区。前人已就这 4 个不同水沙来源区水沙对黄河下游沉积的影响进行了大量研究，取得了很大进展（钱宁等，1980；许炯心，1997e；赵业安等，1997；许炯心，2011）。钱宁等（1980）将黄河流域的 103 次洪水按不同的水沙来源区分为 6 种组合，分别研究了这 6 种组合的洪水在下游河道产生的淤积量，发现在这 103 次洪水中，来自多沙粗沙区的只有 13 次，在下游造成的淤积却占到 103 次洪水总淤积量的 60%。许炯心（1997e）运用多元回归分析方法就不同水沙来源区水沙对下游河道淤积的影响进行了定量估算，表明来自多沙粗沙区的每 1t 泥沙，淤积在黄河下游河道 0.455t；而来自多沙细沙区的每 1t 泥沙，淤积在黄河下游河道 0.154t，即来自多沙粗沙区的每 1t 泥沙所导致的黄河下游河道淤积量接近于来自多沙细沙区每 1t 泥沙所导致的黄河下游河道淤积量的 3 倍。不同水沙来源区水沙对黄河下游河道沉积影响的机理实质上在于清水区的低含沙洪水对多沙粗沙区和多沙细沙区的高含沙洪水有强烈的稀释作用，因而减少了下游河道的淤积。作者对这种稀释效应进行了定量研究，建立了若干定量关系（Xu，2013b）。

当流域系统泥沙侵蚀带中产生的泥沙经由泥沙输移带进入沉积带之后，由于河道展宽，比降减小，水流能量减弱，泥沙沉积成为占优势的过程。黄河流域中存在着 3 个宏观尺度上的沉积带，即宁夏–内蒙古平原、汾渭地堑和黄河下游平原，可称为宁夏–内蒙古平原沉积汇、汾渭地堑沉积汇、黄河下游平原沉积汇。此外，泥沙输送入海后，绝大部分沉积在渤海湾和胶州湾形成了黄河口渤海泥沙沉积带，可称为黄河口泥沙沉积汇。前 3 个沉积带均为地壳凹陷带，即宁夏—内蒙古平原凹陷、汾渭地堑凹陷、华北平原凹陷，渤海则属于渤海断陷盆地，又称为渤海凹陷（图 4-1），历史上形成了厚度很大的第四系沉积物。在现代自然环境下，由于黄土高原侵蚀强烈，河道沉积作用仍然很强。因此，这 4 个沉积带既是地质意义上的泥沙沉积汇，又是黄河流域地貌系统的泥沙沉积带。黄河小北干流沉积汇（汾渭地堑沉积汇）年尺度沉积量和黄河下游河道沉积汇（黄河下游平原沉积汇）已经在《黄河河流地貌过程》一书（许炯心，2012）中做过介绍，这里不再重复。本章主要介绍作者已完成的黄河上游沉积汇（许炯心，2014）、黄河中游沉积汇场次洪水沉积量（Xu，2013c）、基于横断面测量资料的下游河道沉积汇（Xu，2012a）以及黄河口沉积汇方面的成果，同时对 4 个沉积汇的沉积量变化进行比较。

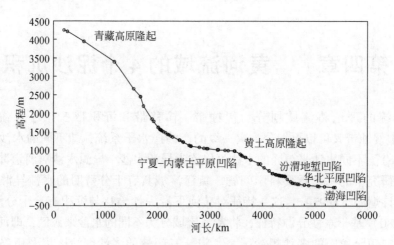

图 4-1　黄河纵剖面显示的 3 个凹陷带

3 个凹陷带表现为 3 个泥沙沉积汇（许炯心，2005）

第一节　上游泥沙沉积汇

作为黄河流域的重要沉积汇之一，黄河上游宁夏-内蒙古河段的沉积受到人们的关注，已发表了不少研究成果，涉及河道水沙与冲淤变化趋势（赵文林等，1999；张晓华等，2008a；刘晓燕等，2009）、风沙活动对河道泥沙淤积的影响（杨根生等，1991；杨根生，2002；杨根生等，2003）、干流水库调节水沙对河道冲淤的影响（王彦成等，1996；赵文林等，1999；申冠卿等，2007；侯素珍等，2007a；尚红霞等，2008；王海兵和贾晓鹏，2009；张晓华等，2008a，2008b）以及河道的萎缩及其原因（刘晓燕等，2009）。与整个黄河流域相似，黄河上游也具有水沙异源特征，这对黄河上游河道沉积过程有深远的影响。着眼于水沙异源特征研究黄河上游河道沉积，不但对宁夏-内蒙古河段的减淤治理有重要的意义，而且对深化河流地貌系统理论中侵蚀带与沉积带的复杂耦合关系及其形成机理也有重要意义。

一、黄河上游流域的水沙异源特征

黄河上游河段的下界为河口镇，上游流域出口的水文控制站为头道拐站（图 4-2），控制流域面积为 367 898km²。1950～2008 年资料统计，头道拐站多年平均径流量为 214.6 亿 m³，输沙量为 1.06 亿 t。从自然地理上说，黄河上游流域由两个不同的自然地理单元构成，即兰州以上流域和河口镇至兰州区间流域。兰州以上流域大部分位于高寒半湿润区，局部为高寒湿润区，植被类型为高山草甸、高山草原，局部为高山森林草甸。虽然降水量不多，但因气候寒冷，蒸发量小，故河川径流比较丰沛，是黄河清水基流的主要来源。黄土仅局部分布，地表物质抗蚀性较强，故产沙量少。兰州至河口镇区间属中温带半干旱区与干旱区，为温带荒漠草原，地表组成物质为洪积冲积物、风成沙、基岩，黄土分布不广，年降水量为200~400mm，水蚀作用不强，部分地区为风力-水力两相侵蚀，产流量较少，产沙量也不高，但在风力作用下进入黄河的粗泥沙不容忽视。虽然黄河上游流域总体上侵蚀较弱，但某些支流的侵蚀产沙强度仍很高，如祖厉河、清水河以及发源于鄂尔多斯高原北缘、穿越库布齐沙漠进入黄河干流的10条支流（统称为十大孔兑）。自20世纪60年代末以来，我国在这些流域中实施了水土保持措施，使土壤侵蚀在一定程度上得到控制。

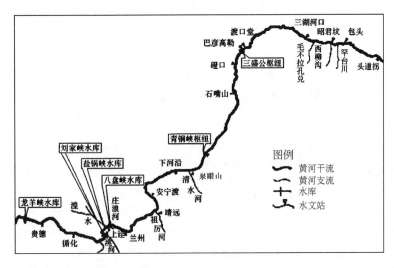

图 4-2 研究区示意图

资料来源：侯素珍等，2006

由于自然地理条件的差异，黄河上游也具有十分显著的水沙异源特征。1950~2005年统计，兰州站年均来沙量为0.707亿t，来水量为308亿m³。兰州以下，主要支流为祖厉河和清水河，两条河流年均来沙量为0.718亿t，来水量为2.31亿m³；据估算（赵业安等，2008），十大孔兑年均来沙量为0.2097亿t，来水量为1.40亿m³。祖厉河、清水河和十大孔兑增加水量仅为3.71亿m³，增加沙量却高达0.9277亿t。由此计算出，河段年平均总来沙量和总来水量（即干流兰州站和支流祖厉河、清水河及十大孔兑之和）分别为1.6347亿t和311.71亿m³；干流来沙量和来水量分别占总来沙量和总来水量的43.2%和98.8%，而支流来沙量和来水量分别占总来沙量和总来水量的56.8%和1.2%。可见，黄河上游兰州以下流域对径流的补给量很小，对泥沙的补给却很大。干流来水的平均含沙量为2.30kg/m³，祖厉河、清水河平均含沙量为311kg/m³，十大孔兑平均含沙量为150kg/m³。兰州站含沙量仅为祖厉河、清水河两条河流的1/135，为十大孔兑的1/65。这种水沙异源特征十分显著，对河流地貌过程会产生十分深远的影响。

基于来水和来沙的差异，将黄河上游分为3个水沙来源区：①兰州以上清水来源区（以下简称区域1），流域面积为222 551km²，以兰州站的径流量和输沙量表示这一来源区的水沙量；②祖厉河、清水河流域多沙细沙区（以下简称区域2），两条河流的流域面积分别为10 647km²、14 480km²，以祖厉河靖远站和清水河泉眼山站的径流量和输沙量表示这一来源区的水沙量；③十大孔兑流域多沙粗沙区（以下简称区域3），这10条河的特征值见表4-1。兰州以上流域来水很多，来沙相对较少，含沙量较低。祖厉河、清水河流域来沙较多但较细，来水较少，含沙量很高。十大孔兑流域，来沙较多但较粗，来水很少，含沙量也很高。三个水沙来源区的主要特征见表4-1。多沙粗沙区与多沙细沙区地表物质的粒度累积频率分布曲线见图4-3。多沙粗沙区的地表物质主要为砒砂岩、风成沙，多沙细沙区为沙黄土和典型黄土，前者的粒度比后者要粗得多。

表4-1　三个水沙来源区的主要特征

名称	自然地理条件	水沙特征
兰州以上清水来源区（区域1）	位于青藏高原高寒半湿润区，局部为高寒湿润区，植被类型为高山草甸、高山草原，局部为高山森林草甸。降水量为435mm，年均气温为3.5℃，蒸发量小；黄土仅局部分布，地表物质抗蚀性较强	1950～2005年统计，多年平均径流量、输沙量、含沙量、产沙模数分别为308亿m³、0.707亿t、2.30kg/m³、317t/(km²·a)
祖厉河、清水河流域多沙细沙区（区域2）	位于黄土高原西北边缘，地貌类型以黄土丘陵沟壑为主（祖厉河为72%，清水河为82%），地表物质为典型黄土和沙黄土，抗蚀性很弱，植被状况差，侵蚀强烈	1955～2005年统计，多年平均径流量、输沙量、含沙量、产沙模数分别为2.31亿m³、0.718亿t、311kg/m³、2851t/(km²·a)
十大孔兑流域多沙粗沙区（区域3）	为温带干旱半干旱气候，植被状况差。上游位于鄂尔多斯高原北缘，占总面积的48.0%，地表由薄层残积土、沙质黄土和风沙覆盖，下伏泥页岩、粉砂岩、砾岩结构松散，极易风化，当地俗称"砒砂岩"，抗蚀性很弱。中部为库布齐沙漠，占总面积的25.7%。下游属于黄河冲积-洪积平原区，占总面积的26.3%	1960～2005年统计，对于多年平均径流量、输沙量、含沙量、产沙模数，十大孔兑分别为1.40亿m³、0.2097亿t、150kg/m³、2839t/(km²·a)；毛不拉孔兑分别为1406万m³、439万t、312kg/m³、3481t/(km²·a)；西柳沟分别为3057万m³、482万t、157kg/m³、4037t/(km²·a)。西柳沟和毛不拉孔兑最大含沙量分别为1550kg/m³和1600kg/m³

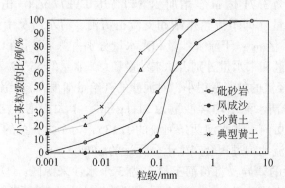

图4-3　多沙粗沙区的地表物质（砒砂岩、风成沙）与多沙细沙区的
地表物质（沙黄土、典型黄土）粒度频率分布曲线

自 1960 年以来，黄河上游已建水库 13 座，对水沙变化影响较大的水库有龙羊峡、李家峡、刘家峡、盐锅峡、青铜峡、三盛公等。其中龙羊峡水库库容为 247 亿 m^3，为多年调节水库；刘家峡水库库容为 57.1 亿 m^3，为年调节水库。龙羊峡、刘家峡水库主要用于蓄水发电，对水量有很大调节作用；其余水库库容较小，主要用于引水灌溉，对水量的调节作用很小。

二、方法

（一）河道冲淤量的确定

某一河道沉积汇的沉积量在某一时段中的变化可以用该时段中河道泥沙的冲刷量或淤积量来表达，冲刷量和淤积量分别表示河道沉积汇沉积量的减少量和增加量。由于黄河上游缺乏系统的、长河段的、长时间的河道断面观测资料，本节运用河段尺度上的泥沙收支平衡原理，基于水文站的输沙资料，运用输沙平衡的方法来计算兰州至头道拐河段的冲淤量（S_{L-T}）。

按输沙平衡（即输沙率法）计算河段冲淤量，可以写出：

[河段冲淤量]=[河段进口站输入沙量]+[河段区间支流来沙量]−[河段库区拦淤沙量]
−[河段灌溉渠系引出沙量]−[河段出口站输出沙量]　　　　　　（4-1）

这里，河段进口站为兰州水文站，出口站为头道拐水文站。冲淤量为正值意味着淤积，为负值意味着冲刷。汇入支流中参与河道泥沙冲淤计算的有祖厉河、清水河、苦水河以及发源于鄂尔多斯高原、向南汇入内蒙古河段的十大孔兑（即 10 条流域面积不大、来沙量却不可忽略的支流）。位于本河段中的水库为青铜峡水库和三盛公水库，灌溉渠系为宁夏、内蒙古河套平原灌区的渠系。黄河水利科学研究院按上述方法，基于有关水文站水沙资料、灌区引水引沙资料计算了兰州至头道拐河段 1952～2005 年历年的河道冲淤量（赵业安等，2008），本研究利用了这些数据。

对于河段冲淤量的确定，可以有两种方式，其中一种方式是只考虑河道冲淤量，不包含河段内干流水库的淤积量。式（4-1）的结果就是这一冲淤量。由于水库淤积量也发生在河段中，故广义的河段淤积量应包括水库淤积量。显然，将式（4-1）的结果加上河段内干流水库的淤积量，即得到广义的河段淤积量。如无特别说明，本书的河段冲淤量是广义的，等于兰州至头道拐河道淤积量与水库淤积量（主要是青铜峡、三盛公两座水库的淤积量）之和。应该指出，黄河上游各水文站缺少推移质测验资料，进行输沙平衡计算所涉及的资料仅为悬移质，故本书所指的泥沙冲淤量为悬移质泥沙冲淤量。

（二）不同来源区水沙的耦合指标

兰州站含沙量低，基本上没有高含沙水流发生。祖厉河、清水河、十大孔兑高含沙水流发生频率很高，绝大部分汛期泥沙都以高含沙水流的形式输入黄河干流。来自祖厉河、清水河多沙细沙区和来自十大孔兑多沙粗沙区的高含沙水流，会受到兰州以上清水径流的稀释，从而缓解支流来沙在干流河道中的淤积。这种稀释效应与 3 个来源区的水沙耦合关系直接有关。

由于在三个水沙来源区中，90% 以上的径流均来自区域 1，该区的径流是兰州至头道拐河段最主要的输沙动力，而来自区域 2、区域 3 的洪水均为高含沙洪水，而且这两个区域的来沙占该河段来沙的 56.8%，是主要的来源。因此，以区域 1 的汛期来水量与区域 2、区域 3 的来沙量以及区域 2 和区域 3 来沙量之和的比，作为不同来源区水沙耦合指标：

$$\alpha_1 = Q_{wh,L}/Q_{s,ZQ} \tag{4-2}$$

$$\alpha_2 = Q_{wh,L}/Q_{s,KD} \tag{4-3}$$

$$\alpha_3 = Q_{wh,L}/(Q_{s,ZQ}+Q_{s,KD}) \tag{4-4}$$

式中，$Q_{wh,L}$ 为兰州站汛期（7~10 月）平均流量，m^3/s；$Q_{s,ZQ}$ 为祖厉河、清水河汛期输沙量之和，t；$Q_{s,KD}$ 为十大孔兑年输沙量，t。十大孔兑输沙均发生于汛期，非汛期输沙量极少，由于缺少汛期输沙量的完整资料，以年输沙量代替汛期输沙量。

容易看到，上述水沙耦合指标反映了输沙动力与两个水沙来源区加给兰州至头道拐河段的"负载"之间的比值。前人已经发现，与输沙率–流量关系相比，黄河干支流的输沙率与流量的平方的关系更好，因此常常将流量的平方作为反映输沙动力的指标，并将输沙率与流量的平方之比定义为来沙系数（钱宁和周文浩，1965）。考虑到这一点，以流量的平方代替上述指标中的流量，得到如下指标：

$$\beta_1 = (Q_{wh,L})^2/Q_{s,ZQ} \tag{4-5}$$

$$\beta_2 = (Q_{wh,L})^2/Q_{s,KD} \tag{4-6}$$

$$\beta_3 = (Q_{wh,L})^2/(Q_{s,ZQ}+Q_{s,KD}) \tag{4-7}$$

很显然，上述各项指标值越大，则兰州以上清水来源区来水对两个多沙区来沙的稀释效应越强。可以看到，上述指标相当于来沙系数的倒数。

上述指标的资料来自各个相关的水文站。以上述资料和定量指标为基础，采用时间系列分析和统计分析方法进行了研究。

三、异源水沙对黄河上游河道沉积汇的影响

本书已经指出，兰州至头道拐河段的流域具有水沙异源特征，可以分为 3 个水沙来源区：兰州以上清水来源区，来自该区的水沙可以用兰州站代表；祖厉河、清水河流域多沙细沙区，来自该区的水沙可以用祖厉河靖远站和清水河泉眼山站之和代表；十大孔兑流域多沙粗沙区，来自该区的水沙可以用十大孔兑之和代表。显然，这 3 个不同水沙来源区的来水和来沙对兰州至头道拐河段冲淤的影响是不同的，可以建立多元回归方程来进行评价。兰州站的来沙量和来水量均很多，分别占总来沙量和总来水量的 45.08% 和 94.81%，故来沙和来水不能忽略；祖厉河、清水河以及十大孔兑来沙量较大，而来水量很少，分别占总来沙量和总来水量的 54.92% 和 5.19%，故来沙不能忽略，来水可以在一定意义上忽略。可以认为，兰州站的来水是所研究河段主要的"输沙动力"，而兰州站的来沙和支流的来沙是输沙动力所搬运的"负载"。同时，输沙主要是在汛期进行的，汛期径流直接决定输沙动力。在年径流量一定时，水库的调节如果减少了汛期径流，也会减弱输沙动力。进行回归分析时，以兰州至头道拐河段的年冲淤量 S_{L-T} 为因变量，以兰州站的汛期径流量 $Q_{wh,L}$，年输沙量 $Q_{s,L}$，祖厉河、清水河的年输沙量 $Q_{s,ZQ}$ 和十大孔兑的年输沙量 $Q_{s,KD}$ 为影响变量，其中冲淤量、来沙量的单位均为亿 t/a，径流量的单位为亿 m^3/a。相关系数的计算表

明，$Q_{s,L}$ 和 $Q_{s,ZQ}$ 与 S_{L-T} 的相关系数在 0.01 的水平上是显著的，$Q_{wh,L}$ 和 $Q_{s,KD}$ 与 S_{L-T} 的相关系数在 0.05 的水平上是显著的。以 1955～2005 年的资料为基础，经计算建立了回归方程：

$$S_{L-T} = 0.761 - 0.0114 Q_{wh,L} + 0.930 Q_{s,L} + 0.729 Q_{s,ZQ} + 0.995 Q_{s,KD} \tag{4-8}$$

式（4-8）的复相关系数 $R = 0.938$，$R^2 = 0.880$，样本数 $N = 51$，估算值的均方根误差 SE = 0.2885。对回归方程的常数项和 4 个回归系数的统计检验表明，显著性概率 p 均小于 0.0001。$R^2 = 0.880$ 意味着 4 个影响变量的变化可以解释 S_{L-T} 方差的 88.0%。上述回归方程表明，河段冲淤量随兰州站以上清水来源区汛期径流的减小而增大，随兰州站以上清水来源区年输沙量的增大而减小，随祖厉河、清水河多沙细沙区来沙量的增大而增大，随十大孔兑多沙粗沙区来沙量的增大而增大。在多元回归分析中，可以计算出各个影响变量的偏相关系数。偏相关系数表示在"分离"（partialling out）其余变量对响应变量影响的情况下，某一个变量的变化对响应变量变化的贡献。4 个影响变量 $Q_{wh,L}$、$Q_{s,L}$、$Q_{s,ZQ}$、$Q_{s,KD}$ 的半偏相关系数分别为 -0.6837、0.4114、0.2416、0.3914。假定某一变量的贡献率与该变量的偏相关系数的绝对值成正比，4 个变量的总贡献率为 100%，由此计算出 $Q_{wh,L}$、$Q_{s,L}$、$Q_{s,ZQ}$ 和 $Q_{s,KD}$ 对 S_{L-T} 变化的贡献率分别为 39.6%、23.8%、14.0% 和 22.6%。$Q_{wh,L}$ 居第一，可见兰州站汛期径流量对兰州至头道拐河段冲淤量的影响很大。多沙粗沙区来沙的贡献率超过多沙细沙区，接近于干流来沙的贡献率。两个多沙区来沙贡献率之和为 36.6%，为干流来沙贡献率（23.8%）的 1.54 倍。S_{L-T} 计算值与实测值的比较见图 4-4，其吻合程度是较高的。

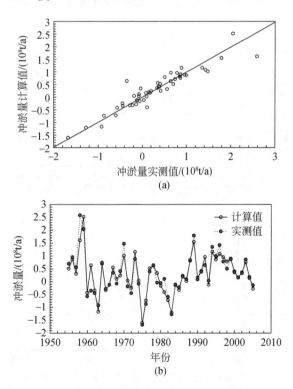

图 4-4 S_{L-T} 计算值与实测值的比较（a）及历年变化（b）

四、不同水沙来源区水沙耦合指标对兰州至头道拐河段河道冲淤量的影响

本书已提出不同水沙来源区水沙耦合指标。本节将河道冲淤量与这些指标相联系，以揭示不同水沙来源区水沙之间的耦合对河道冲淤量的影响。图 4-5 点绘了兰州至头道拐河段河道冲淤量与 α_1、α_2、α_3 的关系，相关系数的检验表明，显著性概率 p 均小于 0.01。决定系数 R^2 分别为 0.5911、0.2519 和 0.5810，说明河道冲淤量方差的 59.11%、25.19% 和 58.10% 可以用 α_1、α_2、α_3 随时间的变化来解释。图 4-6 则点绘了兰州至头道拐河段河

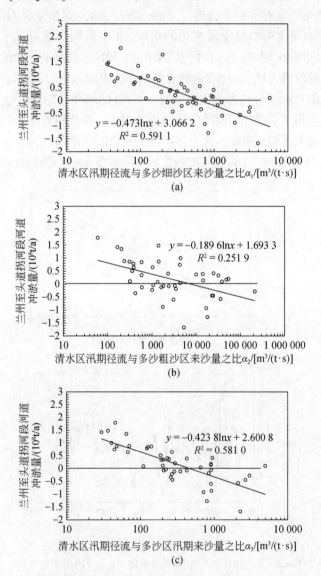

图 4-5 兰州至头道拐河段河道冲淤量与不同水沙来源区水沙耦合指标的关系

(a) α_1；(b) α_2；(c) α_3

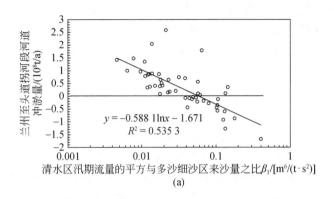

(a)

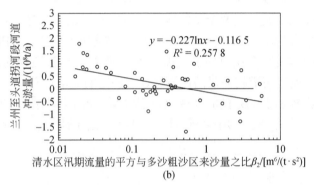

(b)

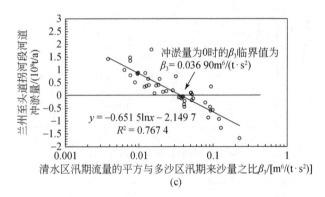

(c)

图 4-6　兰州至头道拐河段河道冲淤量与不同来源区水沙耦合指标的关系

（a）β_1；（b）β_2；（c）β_3

道冲淤量与 β_1、β_2、β_3 的关系，相关系数的检验表明，显著性概率 p 均小于 0.01。决定系数分别为 0.5353、0.2578 和 0.7674，说明河道冲淤量方差的 53.53%、25.78% 和 76.74% 可以用 β_1、β_2、β_3 随时间的变化来解释。按照上述比例排序，可以确定各项耦合指标对兰州至头道拐河段河道冲淤量的影响大小（由大到小）：①β_3，76.74%；②α_1，59.11%；③α_3，58.10%；④β_1，53.53%；⑤β_2，25.78%；⑥α_2，25.19%。

　　β_3 对冲淤量的影响要比 α_3 大得多，说明以汛期流量的平方反映水流输沙动力要优于以汛期流量的一次方反映水流输沙动力。α_2 和 β_2 与冲淤量的关系远不如 α_1 和 β_1 与冲淤量的关系密切，可能是十大孔兑来沙主要为高含沙水流搬运进入黄河的风成沙，粒度很粗，干流水流搬运这部分泥沙的能力很弱，所以冲淤量与 α_2 和 β_2 的相关系数相对较低。

S_{L-T} 与 β_3 的决定系数高达 0.7674，即 β_3 的变化可以解释 S_{L-T} 变化的 76.74%，它们之间的关系式为

$$S_{L-T} = -0.6515\ln(\beta_3) - 2.1497 \tag{4-9}$$

由式（4-9）可知，要使 S_{L-T} 减小，可以通过增大 β_3 来实现。按照定义，β_3 由兰州站汛期流量 $Q_{wh,L}$ 和多沙区汛期来沙量 $Q_{s,ZQK}$ 共同决定。要使 β_3 增大，有两个途径可以实现：①增大兰州站汛期流量；②减少多沙区汛期来沙量。为了达到前一目的，可以改变龙羊峡水库汛期调度的方式，适当减小汛期对洪峰的削减程度，使兰州站汛期流量增大；为了达到后一目的，应该进一步加强多沙细沙区（祖厉河、清水河流域）和多沙粗沙区（十大孔兑流域）水土保持措施的实施，使两个多沙区来沙量减小。同时，还可以通过式（4-9）估算使冲淤量为 0 的 β_3 临界值。令式（4-9）左端为 0，解之可得到 $\beta_3 = 0.036\,90\,\mathrm{m^6/(t \cdot s^2)}$。如果通过上述两方面的措施使得 β_3 大于这一临界值，则兰州至头道拐河段可以实现冲淤平衡。这一临界值对兰州至头道拐河段的冲淤调控有一定的应用意义。

本研究还通过比较 S_{L-T} 与 β_3 的时间变化过程以及兰州站汛期流量和多沙区汛期来沙量的时间变化过程讨论了 S_{L-T} 发生变化的原因。图 4-7 点绘了冲淤量与影响因素的时间变化

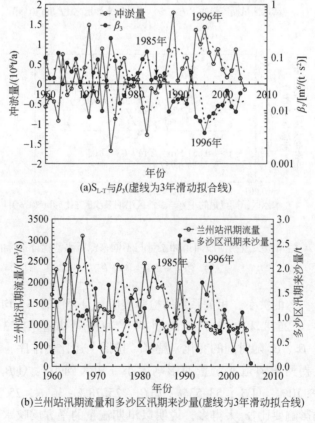

(a) S_{L-T} 与 β_3（虚线为3年滑动拟合线）

(b) 兰州站汛期流量和多沙区汛期来沙量（虚线为3年滑动拟合线）

图 4-7　冲淤量 S_{L-T} 与影响因素的时间变化过程

过程。为了更好地揭示变化趋势,图 4-7 绘出了 3 年滑动平均线。图 4-7(a)显示,S_{L-T} 与 β_3 的滑动平均线有很好的镜像关系,S_{L-T} 的上升段与 β_3 的下降段同步,S_{L-T} 的下降段与 β_3 的上升段同步。还可以看到,1985 年(即龙羊峡水库蓄水)以前,S_{L-T} 与 β_3 的滑动平均线表现为上下波动,但没有长期变化趋势;1985~1996 年,S_{L-T} 表现出明显增大趋势,而 β_3 则有明显减小趋势。1996 年以后,S_{L-T} 趋于减小而 β_3 趋于增大。为了进一步解释 β_3 的变化原因,图 4-7(b)显示了兰州站汛期流量和多沙区汛期来沙量的时间变化,可以看到 1985 年以后,兰州站汛期流量滑动平均呈明显减小趋势。多沙区汛期来沙量滑动平均的变化趋势有所不同,1985~1996 年呈增大趋势,1996 年以后则呈减小趋势。因此,1985~1996 年兰州站汛期流量的减小和多沙区汛期来沙量的增大导致 β_3 显著减小,使得 S_{L-T} 增大。1996 年以后,兰州站汛期流量减小趋缓,但多沙区汛期来沙量的减小速率很大,后者超过了前者,使得 β_3 呈现出增大趋势,因而 S_{L-T} 减小。

不同水沙来源区的水沙进入干流河道后,会发生相互作用。这种相互作用主要表现为来自清水区的低含沙水流对来自多沙区的高含沙水流的稀释作用。高含沙水流能耗率较低,可以强化水流的挟沙能力,在一定条件下不但不会淤积,反而会导致冲刷(钱宁,1989;许炯心,1999c)。然而,这种作用只有在窄深河道中才能在长距离上保持(张仁等,1982)。如果进入宽浅河床,高含沙水流的稳定输送条件会受到破坏,由此导致强烈的淤积。所研究河段位于宁夏-内蒙古平原,河道宽浅,以游荡型河段为主。由于水流受河道的约束作用较弱,来自祖厉河、清水河、十大孔兑的高含沙洪水汇入干流以后,水流分散,比降减缓,一般会发生强烈淤积,但是干流的流量如果较大,则会对支流的高含沙洪水产生稀释作用,使淤积作用减弱。异源水沙耦合关系影响河道冲淤的机理,可以用上述稀释效应来解释。

五、应用意义

基于本节的成果,对黄河上游河道的减淤治理应致力于两方面:一是增大来自兰州以上清水来源区的汛期径流量以增强对支流高含沙水流的稀释效应;二是减少来自两个多沙区的泥沙以减轻干流的输沙"负载"。为了实现这一目标,建议采取如下措施:第一,通过改变龙羊峡水库目前的运用方式,增加汛期进入兰州以下河道的清水流量,增强汛期的输沙动力。第二,通过加强对黄河上游多沙细沙区(祖厉河、清水河流域)的水土流失治理,减少进入黄河干流的细泥沙。第三,通过加强对黄河上游多沙粗沙区(十大孔兑流域)的水土流失和风沙治理,减少进入黄河干流的粗泥沙,从而减轻河道淤积,减少淤堵事件的发生。

第二节　黄河中游沉积汇

相对于黄河上游和下游两个泥沙沉积汇,对黄河中游汾渭地堑沉积汇的研究还较少。一些学者对黄河龙门至潼关间的黄河干流(即小北干流)的沉积特征(叶青超,1994;叶青超和师长兴,1991;钱意颖等,1991)、三门峡水库的沉积(钱意颖等,1991;叶青超，1994；赵业安等，1997；程龙渊和张松林，2004）、潼关高程的变化（焦恩泽和张翠萍，1994；赵文林，1996；焦恩泽等，2001；吴保生和张仁，2004；周建军和林秉南，2003；姜乃迁等，2004；胡春宏等，2008a）进行过大量研究。汾渭地堑沉积汇接受了来自黄河中游的部分泥沙，对减少黄河下游淤积有重要作用。在黄河治理中，如何充分发挥汾渭地堑沉积汇的储沙作用，是建立黄河水沙调控体系需要解决的重要问题。为此，必须深入研究这一沉积汇的沉积过程及其对环境变化的响应机理。作者以 1920 ~ 2006 年的年系列资料，对位于黄河干流的汾渭地堑沉积汇沉积速率的变化及其与人类活动影响的关系进行过研究（许炯心，2009）。泥沙冲淤主要发生于洪水事件中，对于作为汾渭地堑区一部分的龙门至潼关沉积汇，洪水事件泥沙沉积的自然过程是什么？洪水泥沙沉积与洪水特性有什么关系？洪水泥沙沉积与流域内不同来源的水沙有什么关系？洪水泥沙的输移比受什么因素的控制？这些问题均需要进行深入研究，以期深化对这一沉积汇的认识。本节介绍作者在这方面的研究成果（Xu，2013b）。

汾渭地堑盆地由一系列新生代地堑型断陷盆地组成，沉积厚度因各盆地断陷规模差异而有不同，小的一般为 200 ~ 700m，大的一般为 3000 ~ 6000m（张世民，2000）。考古资料揭示，汾渭盆地的现代地壳活动仍然十分强烈，地壳上升速率和沉降速率一般处于 0.1 ~ 1.0mm 的量级（苏宗正等，1995；易学发和师亚芹，1994；张世民，2000）。汾渭地堑沉积汇可以划分为 3 部分：①位于汾渭地堑东北段的汾河下游河谷平原沉积汇；②位于汾渭地堑西南段的渭河下游河谷平原沉积汇；③位于汾渭地堑中段的黄河干流龙门至潼关宽谷河段沉积汇。由于资料的限制，本节研究黄河干流龙门至潼关河段的宽谷河段沉积汇，简称为龙门至潼关泥沙沉积汇。潼关至三门峡河谷深切、狭窄，河道为冲淤平衡，泥沙堆积甚少。由于三门峡（三门峡水文站和原陕县水文站）具有长系列水文观测资料，而潼关站缺少长系列泥沙观测资料，本研究将研究区延长到三门峡，称为龙门至三门峡泥沙沉积汇，简称龙三沉积汇。可以认为，龙三沉积汇的沉积量与龙门至潼关泥沙沉积汇是大致相同的，因此后者可以代表前者。

一、龙三沉积汇泥沙来源

龙三沉积汇的径流和泥沙输入来自龙门以上的黄河中游流域，水文上具有水沙异源的特点。其流域面积广大，跨越不同的自然地带和地貌单元，地貌组成物质也有很大的差异，使得流域的不同位置具有不同的产水、产沙特征，因而形成了不同的水沙来源区。钱宁等（1980）在研究不同来源水沙对黄河下游泥沙淤积和影响时，曾将黄河流域划分为 4 个不同的水沙来源区。作者着眼于自然地理要素的组合，对不同水沙来源区的形成进行了解释，并对其基本特征进行了概括（许炯心，1997e），共划分了 4 个主要的水沙来源区，即河口镇以上的清水区、河口镇至龙门的多沙粗沙区、龙门至三门峡（包括渭河及汾河）的多沙细沙区，以及三门峡以下由伊洛河和沁河流域构成的清水区。龙三沉积汇只涉及前 3 个水沙来源区。所涉及的 3 个水沙来源区来水量、来沙量及来沙粒度组成的比较见表 4-2、表 4-3。

表 4-2　黄河 3 个水沙来源区的水沙特征值（1950~1989 年）（叶青超，1994）

水沙来源区	控制面积/km²	占全河/%	天然年水量/10⁸ m³	占全河/%	年沙量/10⁸ t	占全河/%
河口镇以上的清水区	385 966	51.3	31.26	55.9	1.42	8.7
河口镇至龙门的多沙粗沙区	111 586	14.8	7.25	13	9.08	55.7
龙门至三门峡的多沙细沙区	190 869	25.4	11.33	20.3	5.54	34.0

表 4-3　黄河 3 个水沙来源区的来沙粒度组成（1950~1989 年）（叶青超，1994）

水沙来源区	来沙量/(10⁸ t/a)				占三区合计量的比例/%			
	全沙	<0.025mm 泥沙	0.025~0.05mm 泥沙	>0.05mm 泥沙	全沙	<0.025mm 泥沙	0.025~0.05mm 泥沙	>0.05mm 泥沙
河口镇以上的清水区	54.5	32.8	11.6	10.1	100	60.18	21.29	18.53
河口镇至龙门的多沙粗沙区	311.6	116.4	90.1	105.1	100	37.35	28.92	33.73
龙门至三门峡的多沙细沙区	198.0	117.6	51.6	28.8	100	59.39	26.06	14.55
合计	564.1	266.8	153.3	144	100	47.30	27.17	25.53

二、龙三沉积汇冲淤量的确定

龙门水文站所观测到的泥沙量是龙三沉积汇的主要泥沙来源。龙门至三门峡区间有 3 条主要支流，即渭河、汾河与北洛河，其出口控制站分别为华县站、河津站和状头站。龙门站流域面积为 497 552km²，三门峡站流域面积为 688 421km²。华县站流域面积为 106 498km²，河津站流域面积为 38 728km²，状头站流域面积为 25 154km²。龙门至三门峡区间不受上述 3 个水文站控制区域（即未控区）的流域面积为 20 002km²，占华县、河津、状头 3 个水文站控制面积之和 170 380km² 的 11.74%。

为了确定龙三沉积汇的冲淤量，本研究运用了泥沙收支平衡的方法。以进入某一河道的泥沙量（输入沙量）和输出该河道的沙量（输出沙量）之差来表示河道泥沙沉积汇的变化量。由于缺乏系统的推移质观测资料，本书只对悬移质泥沙的存储量进行研究。对于龙门至三门峡区间干流河道，可以写出：

龙门至三门峡区间干流河道泥沙存储量的冲淤量 $\Delta S_{L-S} = \Sigma$ 输入沙量 - 输出沙量

$$= (Q_{s,龙门} + Q_{s,华县} + Q_{s,河津} + Q_{s,状头} + Q_{s,未控区}) - Q_{s,三门峡} \tag{4-10}$$

式中，$Q_{s,三门峡}$ 为三门峡站输沙量；$Q_{s,龙门}$ 为黄河龙门站输沙量；$Q_{s,华县}$ 为渭河华县站输沙量；$Q_{s,河津}$ 为汾河河津站输沙量；$Q_{s,状头}$ 为北洛河状头站输沙量；$Q_{s,未控区}$ 为龙门至三门峡区间未控区输沙量。

未控区输沙量按已控区平均输沙量乘以未控区面积而得到：

$$Q_{s,未控区} = \left[\left(Q_{s,华县} + Q_{s,河津} + Q_{s,状头} \right) / \left(A_{华县} + A_{河津} + A_{状头} \right) \right] \times A_{未控区} \qquad (4-11)$$

按式（4-11）的计算结果，当出现负值时，便意味着前期存储的泥沙发生了释放。河段泥沙输移比定义为某一时段输出该河段泥沙量与输入该河段泥沙量的比值，对于龙三沉积汇即龙门至三门峡区间河道，泥沙输移比 SDR 按式（4-12）计算：

$$SDR = Q_{s,三门峡} / \left(Q_{s,龙门} + Q_{s,华县} + Q_{s,河津} + Q_{s,状头} + Q_{s,未控区} \right) \qquad (4-12)$$

按照上述关系式，本研究以 1950～1985 年历次洪水资料为基础，计算了场次洪水中龙三沉积汇的冲淤量。由于准确确定未控区在历次洪水中产生的泥沙量和径流量较困难，计算时忽略了未控区的来沙量。未控区所占面积不大，由此产生的误差是可以接受的。

龙三沉积汇在 1960 年三门峡水库建成以后，受到水库拦沙的影响。依水库建成和改建后运用方式的不同，三门峡水库对入库径流泥沙的调节方式和程度也不同。1960～1964 年为蓄水期，水库拦截了来自水库上游的全部泥沙，进入下游的泥沙与各来源区的来沙量不存在依存关系。为了解决三门峡水库严重的泥沙淤积问题，不得不对大坝进行改建。此后，1965～1973 年水库按滞洪排沙方式运用；1973 年以后则按蓄清排浑方式运用。在滞洪排沙运用前期，即 1965～1968 年，汛期水库控制水位很高，大部分泥沙淤积在库内；1969～1973 年，汛期水库按低水头方式运行，淤在水库中的泥沙显著减少。在 1973 年以后的蓄清排浑运用阶段，汛期开闸畅泄，汛后则抬高水位，拦蓄清水，故洪水过程中来自上游的泥沙基本上可以全部进入下游河道。由于本节的目的是研究龙三沉积汇在自然状态下的沉积过程，以期更好地理解历史上的沉积机理，因此没有采用受三门峡水库蓄水运用及滞洪运用影响的 1961～1968 年的历次洪水资料，只采用了 1950～1960 年及 1969～1985 年的资料，共有洪水 154 次。以这些资料为基础，运用时间序列分析方法和多元统计分析方法，研究了龙三沉积汇的洪水泥沙冲淤量和泥沙输移比的变化，用以反映场次洪水沉积汇泥沙存储的变化过程和泥沙的输移特性。

三、龙三沉积汇泥沙收支平衡各个分量和泥沙输移比的时间变化

本研究运用上述泥沙收支平衡计算方法，得到了 154 次洪水的输入沙量、输出沙量、龙三沉积汇冲淤量和泥沙输移比。按时间顺序对 154 次洪水进行编号，输入沙量、输出沙量、龙三沉积汇冲淤量和泥沙输移比随洪水序号的变化已经点绘在图 4-8 中。本研究分别拟合了输入沙量、输出沙量、龙三沉积汇冲淤量和泥沙输移比与洪水序号之间的线性回归方程。输入沙量、输出沙量、冲淤量与时间序号呈负相关，显著性概率 p 分别为 0.005 73、0.148、0.000 001；泥沙输移比与时间序号呈正相关，$p = 0.000 001$，说明冲淤量减小和泥沙输移比增大的趋势都是极为显著的，输入沙量减小的趋势也较为显著，但输出沙量减小的趋势不显著。

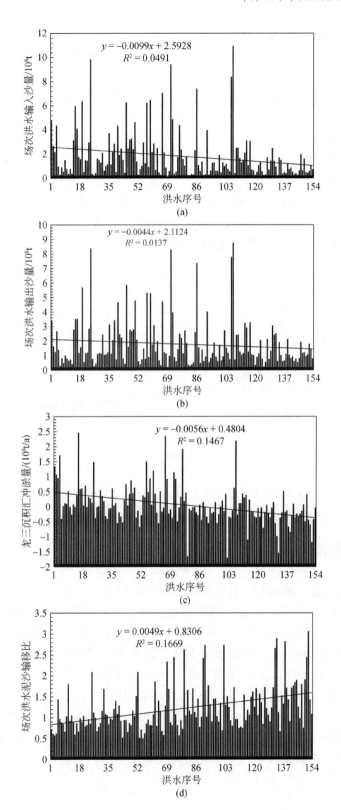

图 4-8　龙三沉积汇输入沙量（a）、输出沙量（b）、冲淤量（c）和泥沙输移比（d）随洪水序号的变化

计算表明，154 次洪水输入龙三沉积汇的泥沙总量为 280.98 亿 t，龙三沉积汇输出泥沙为 273.35 亿 t，净淤积泥沙 7.63 亿 t，由此计算出泥沙输移比为 0.973。154 次洪水中，按输入沙量排在前 15 位的最大洪水，占洪水次数的 9.7%，输入泥沙量 102.79 亿 t，只占总输入沙量的 36.58%，淤积量达 21.92 亿 t，占总淤积量 38.0 亿 t 的 57.68%。可见，龙三沉积汇 57.68% 的沉积量是由占总次数 10% 左右的最大洪水造成的。

对于历次洪水的来沙量 $Q_{s,in}$、冲淤量 Dep、输出量 $Q_{s,out}$、泥沙输移比 SDR 进行了频率分析，所得到的累积频率曲线见图 4-9。154 次洪水中，69 次洪水发生淤积，占洪水总次数的 44.8%；这些洪水输入沙量为 226.14 亿 t，龙三沉积汇输出沙量为 207.53 亿 t，淤积量为 38.0 亿 t，泥沙输移比为 0.918。154 次洪水中，85 次洪水发生冲刷，占洪水总次数的 55.2%，这些洪水输入沙量为 54.84 亿 t，龙三沉积汇输出沙量为 65.82 亿 t，冲刷量为 30.37 亿 t，泥沙输移比为 1.20。

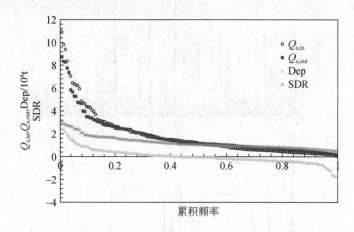

图 4-9　历次洪水的来沙量、冲淤量、输出量、泥沙输移比的累积频率曲线

四、龙三沉积汇不同水沙来源区的来水来沙特征

本书已指出，龙三沉积汇以上的黄河流域，可以分为 3 个不同的水沙来源区，即河口镇以上的清水区、河口镇至龙门的多沙粗沙区、龙门至三门峡之间（包括渭河及汾河）的多沙细沙区。图 4-10 点绘了黄河河口镇站、黄河龙门站和渭河华县站的悬移质泥沙中值粒径随时间的变化，分别表示上述三区所产生泥沙的粗细。可以看到，多沙粗沙区来沙较粗，多沙细沙区来沙较细，河口镇以上的清水区来沙也较细。154 次洪水的总来水量、总来沙量和三区来水量、来沙量及其比例已列入表 4-4 中，可以看到，来自河口镇以上的清水区的水量占 55.54%，沙量只占 6.11%；多沙粗沙区的水量只占 18.57%，沙量却占 68.30%；来自多沙细沙区的水量占 25.89%，沙量占 25.59%。由于场次洪水中三区来水量不同，来沙量及其粗细也不同，它们对龙三沉积汇泥沙冲淤的影响也不同。

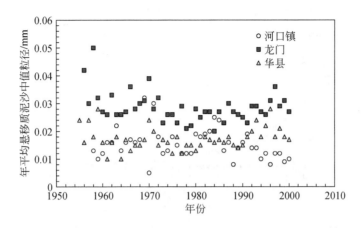

图 4-10　黄河河口镇站、黄河龙门站和渭河华县站的悬移质泥沙中值粒径随时间的变化

表 4-4　154 次洪水的总来水量、总来沙量和 3 个水沙来源区来水量、来沙量及其比例

项目	来水量/$10^8 m^3$				来沙量/$10^8 t$			
	河口镇以上的清水区	多沙粗沙区	多沙细沙区	三区总和	河口镇以上的清水区	多沙粗沙区	多沙细沙区	三区总和
数量	2180.7	728.90	1016.42	3926.02	17.18	191.91	71.89	280.98
占总量的比例/%	55.54	18.57	25.89	100	6.11	68.30	25.59	100

　　本研究还计算出每次洪水中来自各水沙来源区的水量和沙量的频率,并将每个水沙来源区的来水量、来沙量与累积频率的关系点绘在图 4-11 中,从图 4-11 也可看到,3 个水沙来源区对场次洪水的水量、沙量的贡献不同,洪水的水量主要来自河口镇以上的清水区,沙量主要来自河口镇至龙门的多沙粗沙区。

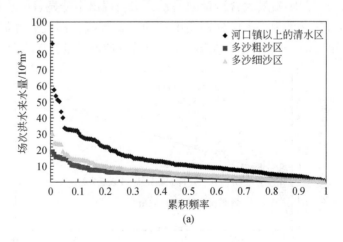

(a)

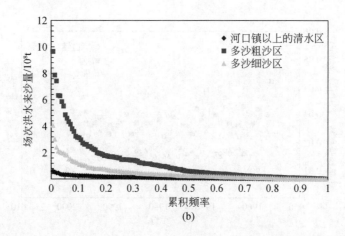

(b)

图 4-11 各水沙来源区区场次洪水来水量、来沙量的累积频率曲线

五、水沙组合对龙三沉积汇洪水泥沙冲淤量和输移比的影响

（一）水沙组合对洪水泥沙冲淤量的影响

水沙组合是指来水与来沙的搭配关系，一般用场次洪水来沙量与来水量之比来表示。这一比值实际上就是场次洪水的平均含沙量（C_{mean}）。在黄河流域，还常常用含沙量与流量之比来表示水沙搭配关系。钱宁和周文浩（1965）指出，黄河下游的输沙量 Q_s 与流量 Q 的平方成正比：$Q_s = \xi Q^2$。由此得 $\xi = Q_s/Q^2 = (QC)/Q^2 = C/Q$。$\xi = C/Q$ 反映了相对水量而言的流域产沙情况，故称为来沙系数。黄河干支流河道中高含沙水流发生频繁，对泥沙冲淤有很大影响（钱宁，1989）。本研究用三门峡站场次洪水最大含沙量 C_{max} 来反映高含沙水流的影响。图 4-12 分别点绘了龙门至三门峡河段场次洪水冲淤量与场次洪水的平均含沙量、来沙系数与三门峡站最大含沙量的关系，均表现出十分显著的正相关，显著性概率 $p<0.01$。图 4-12 （a）和 （b）分别绘出了冲淤临界线，即代表冲淤量为 0 的直线。令图 4-12 （a）和 （b）的拟合方程左端为 0，可得到使冲淤量为 0 的含沙量或来沙系数，

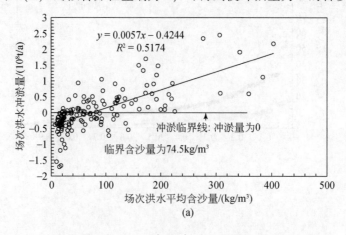

(a)

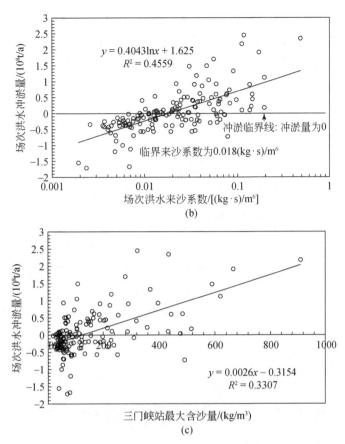

图 4-12　龙门至三门峡河段场次洪水冲淤量与场次洪水的平均含沙量（a）、
来沙系数（b）和三门峡站最大含沙量（c）的关系

这就是冲淤临界值。计算结果表明，含沙量临界值为 74.5kg/m³，来沙系数临界值为
0.018（kg·s）/m⁶。图 4-12（a）、（b）和（c）分别显示，龙三沉积汇泥沙冲淤量与场次
洪水的平均含沙量、来沙系数与三门峡站最大含沙量之间的决定系数分别为 0.5174，
0.4559 和 0.3307，这意味着龙三沉积汇泥沙冲淤量的变化中可以被场次洪水的平均含沙
量、来沙系数与三门峡站最大含沙量的变化所解释的比例分别为 51.74%、45.59%
和 33.07%。

（二）水沙组合对洪水泥沙输移比的影响

河道泥沙输移比 SDR 可以表示某一河道对泥沙的输运能力。SDR 大于 1，表示河道发
生淤积；SDR 小于 1，表示河道发生冲刷；SDR 等于 1，表示河道处于冲淤平衡。显然，
本书讨论的那些对龙三沉积汇泥沙冲淤有影响的水沙组合变量也对泥沙输移比有影响。

图 4-13 分别点绘了龙门至三门峡河段场次洪水泥沙输移比与场次洪水的平均含沙量、
来沙系数与三门峡站最大含沙量的关系，给出了拟合方程。泥沙输移比与场次洪水的平均
含沙量、来沙系数表现出十分显著的负相关。泥沙输移比与三门峡站最大含沙量也表现出
负相关，虽然决定系数较低，但仍然在 0.01 的水平上是显著的。图 4-13 显示，龙三沉积

汇泥沙输移比与场次洪水的平均含沙量、来沙系数和三门峡站最大含沙量之间的决定系数分别为 0.5384、0.4706 和 0.1991。这意味着场次洪水的平均含沙量、来沙系数与三门峡站最大含沙量的变化可以分别解释龙三沉积汇泥沙输移比方差的 53.84%、47.06% 和 19.91%。

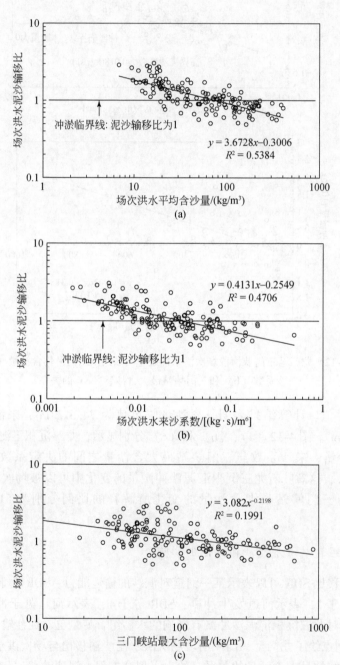

图 4-13　龙门至三门峡河段场次洪水泥沙输移比与场次洪水的平均含沙量（a）、
来沙系数（b）和三门峡站最大含沙量（c）的关系

六、不同来源水沙对龙三沉积汇的影响

本书已指出，龙三沉积汇所控制的流域具有水沙异源特征，可以划分为 3 个不同的水沙来源区。径流主要来自河口镇以上清水区。泥沙主要来自多沙粗沙区，多沙细沙区来沙也占一定比例，前者来沙较粗而后者来沙较细。因此，来自 3 个水沙来源区的水沙对龙三沉积汇泥沙冲淤的影响是不同的。来自河口镇以上清水区的径流对来自多沙粗沙区的泥沙有稀释作用，这种作用会减少泥沙的淤积，增大河道泥沙输移比。

（一）对泥沙冲淤的影响

图 4-14（a）、（b）分别点绘了龙三沉积汇场次洪水冲淤量与多沙粗沙区来沙量和多沙细沙区来沙量的关系，给出了拟合方程，可以看到冲淤量与多沙粗沙区来沙量呈显著正相关，决定系数为 0.4981，说明冲淤量变化的 49.81% 可以用多沙粗沙区来沙量的变化来解释。然而，冲淤量与多沙细沙区来沙量呈较弱的正相关，决定系数仅为 0.0644，说明多沙细沙区来沙量的变化只能解释冲淤量变化的 6.44%，这是因为粗颗粒泥沙与细颗粒泥沙的冲淤行为是不同的。对于黄河冲积性河道，粒径大于 0.05mm 的泥沙为粗泥沙，粒径小于 0.025mm 的泥沙为细泥沙。对于黄河冲积性河道，一般将 0.025mm 作为悬移质泥沙中冲泻质与床沙质的分界粒径（钱宁和周文浩，1965）。床沙质的输运取决于水流挟沙能力，在同样的水力条件下，床沙质泥沙的粒径越大，水流对床沙质泥沙的挟沙能力越弱，发生淤积的概率越大。冲泻质的搬运则不取决于水流的挟沙能力，只取决于流域的供应条件，在河道主槽中淤积的概率较小。钱宁等（1980）的研究表明，造成黄河下游强烈泥沙淤积的泥沙主要是粒径大于 0.05mm 的粗泥沙，这部分泥沙主要来自中游河口镇至龙门区间及北洛河、泾河支流马莲河等构成的多沙粗沙区。由表 4-3 中可见，来自多沙粗沙区的床沙质泥沙占全沙的 62.65%，其中最易淤积的大于 0.05mm 的粗泥沙占全沙的 33.73%；来自多沙细沙区的床沙质泥沙占全沙的 40.61%，其中最易淤积的大于 0.05mm 的粗泥沙只占全沙的 14.55%。来自多沙粗沙区的泥沙容易淤积，因而与冲淤量的相关关系密切；来自多沙细沙区的泥沙不容易淤积，因而与冲淤量的相关关系不密切。

本书已指出，黄河流域的径流主要来自河口镇以上的清水区，而泥沙（特别是对淤积影响最大的 >0.05mm 的粗泥沙）主要来自多沙粗沙区。前者决定了河道的输沙动力，而后者决定了河道的"负载"，二者的共同作用对河道的输沙功能有决定性的影响。为了表征这一影响，作者曾提出以多沙粗沙区的来沙量和河口镇以上清水区的来水量之比 R_d 来表示流域产水产沙搭配关系，称为流域产水产沙耦合指标（许炯心，2011）。这一指标可以表示河口镇以上清水区的来水对多沙粗沙区来沙的稀释效应。这种稀释效应使龙三沉积汇中高含沙水流发生的概率降低，因而可以减小泥沙淤积量。图 4-14（c）点绘了场次洪水冲淤量与 R_d 的关系，可以看到当 R_d 小于 0.60t/m³ 时，冲淤量与 R_d 呈较显著的正相关（$p<0.01$），这是因为 R_d 越大意味着上述稀释效应越弱，所以淤积量越大。然而，当 R_d 大于 0.60t/m³ 时，高含沙水流便会发挥重大的作用。龙门站发生的高含沙水流常常在龙三沉积汇的上段发生冲刷，有时发生揭底冲刷（钱宁，1989；钱宁和万兆惠，1983），

这是因为高含沙水流的低能耗导致的强烈侵蚀能力不但能挟带自身的泥沙，而且使前期淤积在河床中的泥沙受到强烈冲刷并向下搬运，所以使淤积量显著减小。在特定条件下高含沙水流具有冲刷作用（如揭底冲刷现象），实际上体现了高含沙水流的含沙量超过宽变幅水沙两相流冲淤上临界之后发生的突变现象（许炯心，2001）。

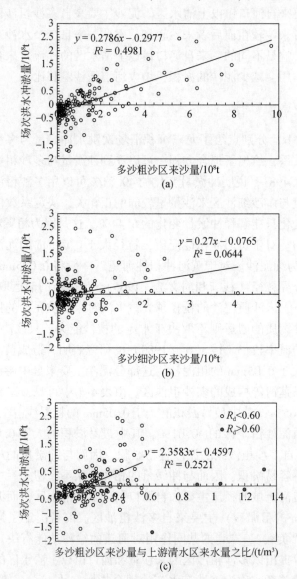

图 4-14　龙三沉积汇场次洪水冲淤量与多沙粗沙区来沙量（a）、多沙细沙区来沙量（b）和多沙粗沙区来沙量与上游清水区来水量之比（c）的关系

（二）对泥沙输移比的影响

为了揭示来自不同来源区的水沙对龙三沉积汇泥沙输移比的影响，图 4-15 分别点绘了场次洪水中龙门至三门峡河段泥沙输移比与多沙粗沙区来沙量、多沙粗沙区来沙量与多

沙细沙区来沙量之比以及多沙粗沙区来沙量与河口镇以上清水区来水量之比 R_d 的关系，给出了幂函数拟合方程。泥沙输移比与多沙粗沙区来沙量之间具有十分显著的负相关。泥沙输移比与多沙粗沙区来沙量与多沙细沙区来沙量之比以及多沙粗沙区的来沙量和河口镇

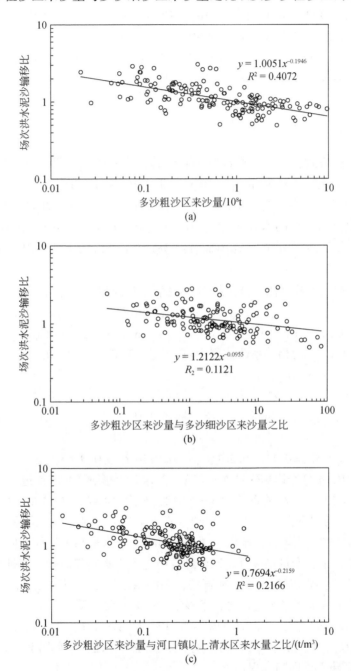

图 4-15　场次洪水中龙门至三门峡河段泥沙输移比与多沙粗沙区来沙量（a）、多沙粗沙区来沙量与多沙细沙区来沙量之比（b）以及多沙粗沙区来沙量和河口镇以上清水区来水量之比（c）的关系

以上清水区的来水量之比也表现出负相关,虽然决定系数较低,但仍然在0.01的水平上是显著的。图4-15显示,龙三沉积汇泥沙输移比与多沙粗沙区来沙量、多沙粗沙区来沙量与多沙细沙区来沙量之比以及多沙粗沙区来沙量与河口镇以上清水区来水量之比之间的决定系数分别为0.4072、0.1121、0.2166,说明龙三沉积汇泥沙输移比的变化中,有40.72%可以被场次洪水多沙粗沙区来沙量解释,有11.21%可以被多沙粗沙区来沙量与多沙细沙区来沙量之比解释,有21.66%可以被多沙粗沙区来沙量与河口镇以上清水区的来水量之比解释。多沙粗沙区来沙量对泥沙输移比影响较大,其余两个指标对泥沙输移比的影响较小。

(三) 多元回归分析

为了以综合的方式揭示洪水泥沙沉积和输移过程对不同来源水沙的响应,本研究分别以龙三沉积汇场次洪水冲淤量 $S_{L\text{-}S}$(10^8t) 和泥沙输移比 SDR 为因变量,以各水沙来源区的来沙量、来水量为影响变量,进行了多元回归分析。3个水沙来源区的水沙变量为:①河口镇以上清水区的来沙量 $Q_{s,H}$(10^8t)、来水量 $Q_{w,H}$(10^8m^3);②多沙粗沙区的来沙量 $Q_{s,CSA}$(10^8t)、来水量 $Q_{w,CSA}$(10^8m^3);③多沙细沙区的来沙量 $Q_{s,FSA}$(10^8t)、来水量 $Q_{w,FSA}$(10^8m^3)。

对于冲淤量和泥沙输移比,分别按线性关系和幂函数关系建立回归方程。计算表明,$S_{L\text{-}S}$ 与 $Q_{s,H}$、$Q_{w,H}$、$Q_{s,CSA}$、$Q_{w,CSA}$、$Q_{s,FSA}$、$Q_{w,FSA}$ 的相关系数分别为 -0.43、-0.37、0.57、0.71、-0.33、0.25;$\ln(SDR)$ 与 $\ln(Q_{s,H})$、$\ln(Q_{w,H})$、$\ln(Q_{s,CSA})$、$\ln(Q_{w,CSA})$、$\ln(Q_{s,FSA})$、$\ln(Q_{w,FSA})$ 的相关系数分别为 -0.43、-0.37、0.57、0.71、-0.33、0.25,所有相关系数的显著性概率都小于0.01。

基于154次洪水的资料,以 $S_{L\text{-}S}$ 为因变量,以 $Q_{s,H}$、$Q_{w,H}$、$Q_{s,CSA}$、$Q_{w,CSA}$、$Q_{s,FSA}$、$Q_{w,FSA}$ 为影响变量,进行了逐步回归分析。取 F 的临界值为 $F_c=3.0$,经计算建立了回归方程:

$$S_{L\text{-}S}=0.116+0.261Q_{s,CSA}-0.0114Q_{w,H}-0.0283Q_{w,FSA} \tag{4-13}$$

在计算过程中,有3个影响变量进入方程,其余3个影响变量未能进入方程。式(4-13)中,数据组数 $N=154$,复相关系数为 $R=0.818$,F 检验的结果 $F=100.82$,显著性概率 $p<0.00001$,估算值的均方根误差 SE $=0.662$。式(4-13)表明,龙三沉积汇的冲淤量随多沙粗沙区来沙量的增大而增大,随河口镇以上清水区来水量和多沙细沙区来水量的增大而减小。式(4-13)中各变量是按逐步回归计算时进入方程的先后顺序来排列的,反映了各变量的变化对 $S_{L\text{-}S}$ 变化影响的大小。换言之,多沙粗沙区来沙量对龙三沉积汇冲淤量影响最大,河口镇以上清水区来水量次之,多沙细沙区来水量居第三。

基于154次洪水的资料,以 $\ln(SDR)$ 为因变量,以 $\ln(Q_{s,H})$、$\ln(Q_{w,H})$、$\ln(Q_{s,CSA})$、$\ln(Q_{w,CSA})$、$\ln(Q_{s,FSA})$、$\ln(Q_{w,FSA})$ 为影响变量,进行了逐步回归分析。取 F 的临界值为 $F_c=3.0$,经计算建立了回归方程:

$$\ln(SDR)=-0.550-0.140\ln(Q_{s,CSA})+0.0613\ln(Q_{w,H})+0.202\ln(Q_{w,FSA})-0.0846\ln(Q_{s,FSA}) \tag{4-14}$$

在计算过程中,有4个影响变量进入方程,其余2个影响变量未能进入方程。在式（4-14）中，数据组数 $N=154$，复相关系数为 $R=0.758$，F 检验的结果 $F=49.07$，显著性概率 $p<0.000\,01$，估算值的均方根误差 $SE=0.5634$。式（4-14）表明，场次洪水中龙三沉积汇的泥沙输移比随多沙粗沙区来沙量的增大而减小，随河口镇以上清水区来水量的增大而增大，随多沙细沙区来水量的增大而增大，随多沙细沙区来沙量的增大而减小。式（4-14）各变量是按逐步回归计算时进入方程的先后顺序来排列的，反映了各变量的变化对 $\ln(SDR)$ 变化影响的大小。因此，多沙粗沙区来沙量对龙三沉积汇泥沙输移比的影响最大，河口镇以上清水区来水量居第二，多沙细沙区来水量居第三，多沙细沙区来沙量居第四。

第三节　下游泥沙沉积汇

由于黄河下游河道沉积汇（黄河下游平原沉积汇）已经在《黄河河流地貌过程》一书（许炯心，2012）中做过介绍，本书不再重复，有兴趣的读者请参阅该书。作者基于历年黄河下游横断面测量的资料，对黄河下游冲淤量变化及其影响因素进行了系统的研究，得到了新的成果和认识（Xu，2012a），可以作为对过去基于输沙率资料研究黄河下游冲淤量变化所取得成果的补充。本节对这些新成果进行介绍。

确定河道泥沙冲淤量有两种方法：一种是输沙平衡方法，即基于河道的泥沙收支平衡方法；另一种是横断面测量方法。运用这两种方法都可以确定河道泥沙淤积量。除两者都存在测量误差以外，输沙平衡方法还存在因推移质泥沙和近底粗颗粒悬移质的漏测而产生的误差。如果采用横断面测量方法来确定河道泥沙冲淤量，则可以避免泥沙的漏测而产生的误差。基于输沙平衡方法得到的河道泥沙淤积量曾广泛地用于研究黄河下游河道的泥沙输移过程。研究者进行了大量的分析，建立了一系列的经验方程，用来估算不同水沙条件下的黄河下游淤积量和来自不同水沙来源区的水沙量对下游河道泥沙淤积量的影响，并据此来确定黄河下游河道的不淤临界条件（钱宁和周文浩，1965；钱宁等，1980；叶清超，1994；赵业安等，1997；许炯心，1997a；许炯心，1997b；许炯心，1997c）。然而，泥沙淤积量是由河段进口、出口的输沙量来计算的，在建立淤积量与不同水沙条件的关系时，描述水沙条件的变量如来沙量、含沙量、来沙系数又常常是从输沙量派生出来的，故方程的从变量与自变量并不完全独立，这就有可能存在自相关（spur correlation）的问题，影响结果的可靠性。如果用基于横断面资料所得到的河道冲淤量作为从变量来建立冲淤量与不同水沙条件的关系，则可以保证从变量与自变量之间的完全独立，由此建立的经验方程也会更为可靠，这无疑在应用上更有意义。

一、基于断面观测资料确定河道冲淤量

本研究依据水利部黄河水利委员会河道测量部门在黄河下游各个固定断面的历年观测资料，计算了河道历年冲淤量。根据某一固定断面相邻两年的汛后横断面图的套绘，可以求出该断面的冲淤面积。根据相邻两断面在某一年的冲淤面积，可以求出两断面之间河段在某一年的冲淤量：

$$\mathrm{Dep_{CSM}} = 0.5(A_{上} + A_{下}) \cdot L \qquad (4\text{-}15)$$

式中，$\mathrm{Dep_{CSM}}$ 为两个相邻断面间的冲淤量（以体积计）；$A_{上}$、$A_{下}$ 分别为上断面和下断面在某一年的冲淤面积；L 为两个断面之间的距离。将全下游各个子河段（即从下游河道起点到河口断面，每两个相邻断面之间的河段）的冲淤量累加，则得到全下游某一年的冲淤量。本研究将小浪底至渔洼间的冲淤量代表下游河道冲淤量，所依据的资料来自水利部黄河水利委员会历年刊布的固定断面资料。可以看到，以往按输沙平衡方法计算冲淤量时，出口控制断面为利津站，利津站至渔洼间尚有 41km，故下游河道冲淤量未能包括利津站至渔洼间的淤积量，存在漏测的现象。这也是依据横断面测量方法确定冲淤量优于输沙平衡方法之处。

将三门峡以下河道作为黄河下游，基于输沙平衡的概念，黄河下游河道冲淤量按式（4-16）计算：

$$\mathrm{Dep_{s\text{-}l}} = (Q_{s,s} + Q_{s,h} + Q_{s,x}) - (Q_{s,l} + Q_{s,d}) \qquad (4\text{-}16)$$

式中，$\mathrm{Dep_{s\text{-}l}}$ 为三门峡至利津间的年冲淤量，$10^8 \mathrm{t}$；$Q_{s,s}$、$Q_{s,h}$、$Q_{s,x}$ 分别为黄河三门峡站、伊洛河黑石关站和沁河小董站的年输沙量，$10^8 \mathrm{t}$，上述三者之和表示进入下游河道的泥沙量；$Q_{s,l}$ 为利津站的年输沙量，$10^8 \mathrm{t}$；$Q_{s,d}$ 为黄河下游人类年引沙量（主要为灌溉引沙量），$10^8 \mathrm{t}$，上述二者之和表示流出与引出下游河道泥沙量之和。本研究也计算了基于输沙平衡方法的黄河下游河道年冲淤量，为了进行比较，图 4-16（a）对基于断面测量方法与基于输沙平衡方法计算的黄河下游河道年冲淤量进行了比较。由于断面测量方法的冲淤量以 $\mathrm{m^3}$ 计，输沙平衡方法的冲淤量以 t 计，故二者在数值上有一定差异。从图 4-16（a）可以看到，二者的变化趋势十分吻合 [图 4-16（a）]，二者之间的决定系数 $R^2 = 0.757$ [图 4-16（b）]，意味着输沙平衡方法计算的冲淤量的时间变化中有 75.7% 能被断面测量方法计算的冲淤量的时间变化来解释，但两者间仍有一定差异。

为了确定黄河下游河道的水沙输入条件，本研究利用了黄河流域 1950～1997 年的水文、泥沙资料，包括流量、悬移质泥沙输沙量、含沙量、悬沙粒度组成，其均来自有关水文站的观测数据，由水利部黄河水利委员会整编和刊印。分别以黄河三门峡站、伊洛河黑石关站、沁河小董站的年输沙量和年径流量之和表示进入下游河道的径流量和泥沙量。

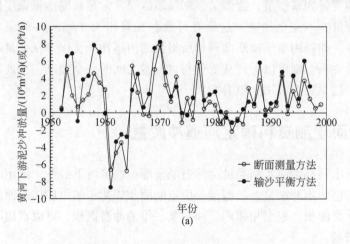

(a)

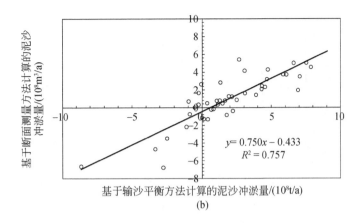

(b)

图 4-16　基于断面测量方法与基于输沙平衡方法计算的黄河下游河道年冲淤量的比较

以上述年系列资料为基础,本研究运用经验统计方法,研究了基于断面测量方法计算的黄河下游泥沙冲淤量与来水来沙条件的关系。如无特殊说明,下述河道冲淤量均指基于断面测量方法计算的黄河下游年冲淤量。

二、来水来沙条件对河道冲淤量的影响

(一) 来沙量和来水量的影响

图 4-17 (a) 点绘了黄河下游年冲淤量与进入黄河下游河道的年输沙量和年径流量之间的关系,年冲淤量和年输沙量、年径流量之间的相关系数分别为 0.439 和 0.421,显著性概率 p 都小于 0.01。由于水流的挟沙能力与流量的高次方 (通常是 2 次方) 成正比,故可以用日流量 Q 的平方之和 (ΣQ^2) 来反映历年的水流动力。图 4-17 (b) 点绘了黄河下游年冲淤量与花园口站的水流动力指标 ΣQ^2 之间的关系,相关系数为 0.424 ($p < 0.01$)。

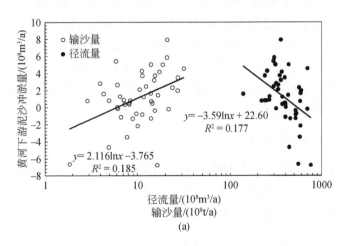

(a)

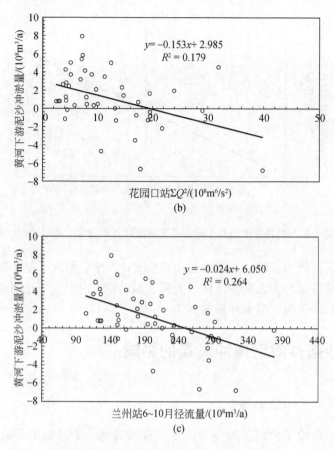

图 4-17　黄河下游年冲淤量与来水来沙的关系

（a）黄河下游年冲淤量与进入黄河下游河道的年输沙量和年径流量之间的关系；（b）黄河下游年冲

淤量与花园口站 ΣQ^2 之间的关系；（c）黄河下游年冲淤量与兰州站汛期（6~10月）径流量的关系

黄河流域在水文上具有水沙异源的特点，径流主要来自河口镇以上的上游地区，而泥沙则主要来自河口镇至龙门的多沙粗沙区和由渭河、汾河流域构成的多沙细沙区。汛期河口镇以上，特别是兰州以上的清水径流，对多沙粗沙区的高含沙洪水有稀释作用，可以缓和下游河道的淤积。当兰州以上汛期清水基流减少之后，下游河道输沙功能也会降低。因此，兰州以上汛期清水基流对黄河下游冲淤有较大影响。图 4-17（c）点绘了黄河下游年冲淤量与兰州站汛期（6~10月）径流量的关系，相关系数为 0.515（$p<0.01$），高于年冲淤量与 ΣQ^2 指标间的相关系数。

（二）来沙粒度组成的影响

前人的研究表明，河道泥沙的淤积，不仅与来沙量有关，而且与来沙的粒度组成有关（钱宁和万兆惠，1983）。在同样的水力条件下，水流输送细泥沙的能力要比输送粗泥沙的能力强。张瑞瑾（1961）将挟沙能力 ρ 与流速 v、水深 h 和泥沙沉速 ω 相联系，得到挟沙能力公式：$\rho = k\left(\dfrac{v^3}{gh\omega}\right)^m$，式中 g 为重力加速度，k 和 m 分别为回归方程的系数和指数。由于粒径越粗，ω 越大，而 ω 越大，ρ 越小，故泥沙粒径减小将导致水流挟沙能力增大，河道泥沙的沉积速率也可能减小。在黄河下游，通常将粒径大于 0.05mm 的泥沙作为粗泥沙，将粒径大于 0.05mm 的泥沙比例（$r_{>0.05}$）作为表达悬沙粒度特性的指标。图 4-18（a）点绘了黄河下游河道泥沙冲淤量与 $r_{>0.05}$ 的关系，二者之间存在着显著的正相关，决定系数 $R^2 = 0.468$，意味着粒径大于 0.05mm 的泥沙比例的变化可以解释冲淤量方差的 46.8%。为了将全沙和粒径大于 0.05mm 粗泥沙来沙量对河道淤积速率的影响进行比较，本研究在同一坐标系中点绘了河道泥沙冲淤量与全沙来沙量和粒径大于 0.05mm 粗泥沙来沙量的关系 [图 4-18（b）]，可以看到，河道泥沙冲淤量与粒径大于 0.05mm 粗泥沙来沙量和全沙来沙量之间的决定系数 R^2 分别为 0.420 和 0.185，即粗泥沙来沙量的变化可以解释冲淤量变化的 42.0%，而全沙来沙量的变化只能解释冲淤量变化的 18.5%，意味着黄河下游的沉积主要是粗泥沙堆积的结果，细泥沙的贡献率较小。

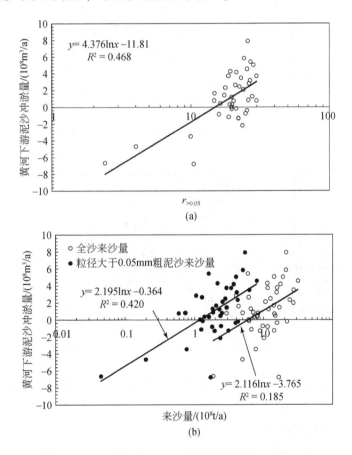

图 4-18　黄河下游河道泥沙冲淤量与泥沙粒度的关系

（a）泥沙冲淤量与 $r_{>0.05}$ 的关系；（b）泥沙冲淤量与全沙来沙量和粒径大于 0.05mm 粗泥沙来沙量的关系

（三）含沙量和来沙系数的影响

含沙量也是影响河道冲淤的重要因子。在水流挟沙能力给定时，水流含沙量越大，则水流挟沙能力与含沙量之间的差值即水流饱和差越小，此时水流越不容易发生冲刷，越容易发生淤积。图4-19点绘了黄河下游河道泥沙冲淤量与年均含沙量的关系，表现出显著的正相关，$R^2 = 0.540$（$p<0.001$），意味着年均含沙量的变化可以解释泥沙年冲淤量方差的54.0%。为了体现粗泥沙的影响，本研究引入粗泥沙来沙系数的概念，定义为粒径大于0.05mm粗泥沙的年均含沙量与年均流量之比。图4-20分别点绘了黄河下游河道泥沙冲淤量与全沙来沙系数与粗泥沙来沙系数的关系。从图4-20可以看到，二者都呈现出较显著的正相关，R^2 分别为0.624和0.682，p 都小于0.001。这说明全沙来沙系数与粗泥沙来沙系数的变化可以分别解释泥沙冲淤量方差的62.4%和68.2%。

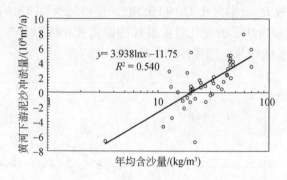

图4-19　黄河下游河道泥沙冲淤量与年均含沙量的关系

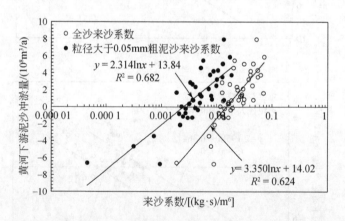

图4-20　黄河下游河道泥沙年冲淤量与全沙来沙系数与粗泥沙来沙系数的关系

（四）高含沙水流的影响

高含沙水流在流经黄河下游宽浅游荡型河段时，常常会发生强烈的淤积（赵业安等，1997）。本研究以花园口站的年最大含沙量（C_{max}）反映高含沙水流的影响，同时还将每年含沙量大于200kg/m³的天数作为黄河下游高含沙水流发生频率指标，用f_H表示。图4-21点绘了黄河下游河道泥沙冲淤量与年最大含沙量和高含沙水流发生频率的关系，相关系数分别为0.3603和0.5717，显著性概率$p<0.01$。

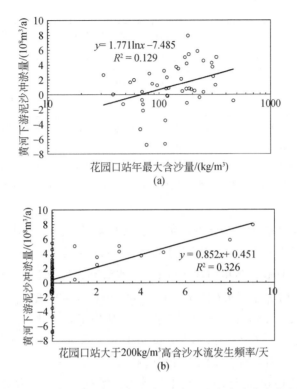

图 4-21　黄河下游河道泥沙冲淤量与年最大含沙量（a）和高含沙水流发生频率（b）的关系

三、多元回归分析

为了判明基于断面测量方法计算的黄河下游年冲淤量（Dep_{CSM}）与各影响因子之间的相关程度以及各影响因子相互间的相关程度，本研究计算了相关矩阵，见表 4-5。表 4-5 数据显示，Dep_{CSM} 与各项影响因子的相关系数均在 0.01 的水平上是显著的。

表 4-5　相关系数矩阵

因子	$Q_{s,shx}$	$Q_{w,shx}$	$Q_{w,6\sim10,Lan}$	$r_{>0.05}$	$Q_{s,>0.05}$	C	C/Q	ΣQ^2	$C/Q_{>0.05}$	f_H	Dep_{CSM}
$Q_{s,shx}$	1.00	0.41	0.24	0.21	0.93	0.78	0.41	0.45	0.36	0.38	0.42
$Q_{w,shx}$	0.41	1.00	0.90	−0.43	0.20	−0.20	−0.57	0.95	−0.57	−0.29	−0.51
$Q_{w,6\sim10,Lan}$	0.24	0.90	1.00	−0.38	0.05	−0.31	−0.63	0.85	−0.60	−0.37	−0.54
$r_{>0.05}$	0.21	−0.43	−0.38	1.00	0.49	0.44	0.51	−0.33	0.64	0.26	0.68
$Q_{s,>0.05}$	0.93	0.20	0.05	0.49	1.00	0.83	0.54	0.26	0.55	0.47	0.59
C	0.78	−0.20	−0.31	0.44	0.83	1.00	0.88	−0.11	0.82	0.70	0.72
C/Q	0.41	−0.57	−0.63	0.51	0.54	0.88	1.00	−0.46	0.96	0.74	0.73
ΣQ^2	0.45	0.95	0.85	−0.33	0.26	−0.11	−0.46	1.00	−0.44	−0.24	−0.46

因子	$Q_{s,shx}$	$Q_{w,shx}$	$Q_{w,6\sim10,Lan}$	$r_{>0.05}$	$Q_{s,>0.05}$	C	C/Q	ΣQ^2	$C/Q_{>0.05}$	f_H	Dep_{CSM}
$C/Q_{>0.05}$	0.36	−0.57	−0.60	0.64	0.55	0.82	0.96	−0.44	1.00	0.71	0.72
f_H	0.38	−0.29	−0.37	0.26	0.47	0.70	0.74	−0.24	0.71	1.00	0.58
Dep_{CSM}	0.42	−0.51	−0.54	0.68	0.59	0.72	0.73	−0.46	0.72	0.58	1.00

注：$Q_{s,shx}$为进入黄河下游的来沙量（10^8t/a）；$Q_{w,shx}$为进入黄河下游的来水量（10^8m^3/a）；$Q_{w,6\sim10,Lan}$为兰州站汛期（6~10月）径流量（10^8m^3/a）；$r_{>0.05}$为悬沙中粒径大于0.05mm泥沙的比例；$Q_{s,>0.05}$为进入黄河下游粒径大于0.05mm粗沙来沙量（10^8t/a）；C为年均含沙量（kg/m^3）；C/Q为来沙系数〔(kg·s)/m^6〕；ΣQ^2为水流动力指标（m^6/s^2）；$C/Q_{>0.05}$为粒径大于0.05mm粗泥沙来沙系数〔(kg·s)/m^6〕；f_H为年高含沙水流发生频率（天）；Dep_{CSM}为泥沙冲淤量（t/a）。

各项数据都完整的时段为1956~1996年，共有41年资料。本研究运用这一时段的资料，建立了Dep_{CSM}与若干影响因子之间的3个多元回归方程。

(1) 泥沙冲淤量Dep_{CSM}与年均含沙量C_{shx}、水流动力指标ΣQ^2、$r_{>0.05}$的关系：

$$Dep_{CSM} = -4.647 + 0.106C_{shx} - 0.104\Sigma Q^2 + 0.180r_{>0.05} \qquad (4\text{-}17)$$

式中，复相关系数$R = 0.867$；$N = 41$；F检验的结果$F = 37.319$；显著性概率$p = 2.8 \times 10^{-11}$；估算值的均方根误差$SE = 1.6136$。式（4-17）显示，来水平均含沙量越大，水流动力越弱，$r_{>0.05}$越高，则黄河下游泥沙冲淤量越大。

(2) 泥沙冲淤量Dep_{CSM}与进入黄河下游的来沙量$Q_{s,shx}$、兰州站汛期径流量$Q_{w,6\sim10,Lan}$、$r_{>0.05}$、高含沙水流发生频率f_H的关系：

$$Dep_{CSM} = = 5.958 + 1.114\ln Q_{s,shx} + Q_{w,6\sim10,Lan} + 2.715\ln r_{>0.05} + 0.4209f_H \qquad (4\text{-}18)$$

式中，复相关系数$R = 0.890$；$N = 41$；F检验的结果$F = 25.411$；显著性概率$p = 4.61 \times 10^{-10}$；估算值的均方根误差$SE = 1.6782$。式（4-18）显示，来沙量越大、兰州站汛期流量越大、$r_{>0.05}$越高、高含沙水流发生频率f_H越高，则黄河下游泥沙冲淤量越大。

(3) 泥沙冲淤量Dep_{CSM}与进入黄河下游的来沙量$Q_{s,shx}$、来水量$Q_{w,shx}$、水流动力指标ΣQ^2、$r_{>0.05}$、高含沙水流发生频率f_H的关系：

$$Dep_{CSM} = 5.958 + 0.255\ln Q_{s,shx} - 0.00401Q_{w,shx} + 0.163r_{>0.05} - 0.145\Sigma Q^2 + 0.219f_H \quad (4\text{-}19)$$

式中，复相关系数$R = 0.898$；$N = 41$；F检验的结果$F = 29.311$；显著性概率$p = 1.39 \times 10^{-11}$；估算值的均方根误差$SE = 1.4619$。式（4-19）显示，来沙量$Q_{s,shx}$越大、来水量$Q_{w,shx}$越小、水流动力指标ΣQ^2越小、$r_{>0.05}$越高、高含沙水流发生频率f_H越高，则黄河下游泥沙冲淤量越大。

式（4-17）~式（4-19）的决定系数R^2分别为0.752、0.792、0.806，意味着所涉及的各个影响因子的变化可以分别解释Dep_{CSM}方差的75.2%、79.2%、80.6%，因此可以基于这3个方程来估算各个影响因子的变化所导致的黄河下游沉积汇沉积量的变化。

第四节 河口泥沙沉积汇

黄河流域的泥沙输送到河口地区以后有三个归宿，分别为堆积在陆地上、滨海区和外海。淤积在陆地上的泥沙导致陆上三角洲面升高；沉积在滨海区的泥沙用于建造水下三角洲，使河口海岸不断外移（曾庆华等，1998）；其余部分则输往外海。本研究将用于建造陆上和水下三角洲的泥沙沉积定义为河口泥沙沉积汇，所沉积的泥沙量则为河口泥沙沉积汇的沉积量。

一、河口泥沙沉积汇沉积量的计算

前人对不同时期黄河三角洲的泥沙沉积量进行过研究。首先，基于海洋水深测量资料确定海底高程，绘制海底地形等高线。对两个不同时间点的等高线图进行叠置，可以计算出淤积厚度，进而计算出这两个时间点之间三角洲堆积体的体积变化，该体积变化与泥沙干容重相乘则得到这一时期三角洲泥沙堆积的质量。与同一时期中入海泥沙的质量相除，得到该时期堆积在三角洲区域的泥沙量占入海泥沙量的比例。黄河入海泥沙在前述 3 个归宿的分配取决于多种因素，受到来水、来沙、海域水深及海洋动力条件的影响。黄河口流路很不稳定，自 1950 年以来先后经历了 4 个流路，即神仙沟（1943～1960 年）、岔河（1960～1964 年）、钓口河（1964～1976 年）和清水沟（1976 年至今）（钱意颖等，1993）。钱意颖等（1993）对不同流路期间近代黄河三角洲淤积情况的研究结果见表 4-6。在钓口河流路和神仙沟流路行水时期，由于流路位于黄河三角洲东北部，该区海域水深大、潮流强，处于 M2 分潮"无潮点"高速区，又受东北风浪影响，泥沙容易向海扩散。钓口河流路期间，河口三角洲淤积量占来沙量的比例相对较低，为 65.3%，输往外海的泥沙占 34.7%。岔河流路期间，河口位于神仙沟与甜水沟三角洲之间的浅水湾，泥沙难以向海扩散，河口三角洲淤积量占来沙量的比例高达 94.7%。清水沟流路时期（1976～1985 年），流路位于黄河三角洲东部、注入莱州湾，该海域的水深和海洋动力都小于三角洲东北部，因而堆积在三角洲区域的泥沙量较大，为 72.7%，输往外海的泥沙为 27.3%（曾庆华等，1998）。但随着时间的推移，仍有一些变化。行河初期，河口口门在凹形海湾内，河道尚未成形，漫流入海，多股流路游荡摆动，淤积在陆上三角洲和水下三角洲的泥沙很多，达到 84%，输往外海的仅为 16%；单股河道形成、河口沙嘴凸出之后，输往外海的泥沙量增大。同时，河流径流量的大小对入海泥沙的分布也有很大影响。1981～1985 年为大水年份，输往外海的泥沙量大于 30%；1986 年以后，连续处于枯水年份，洪峰流量很小，输往外海的泥沙占 10% 左右，90% 的泥沙淤在河口和陆上、水下三角洲区域。师长兴（2020）基于河口外水下三角洲 1976 年、1981 年、2007 年和 2015 年四年（期）的测量数据，研究了清水沟亚三角洲 3 个不同时期的造陆过程，确定了渔洼以下陆上冲淤量、三角洲前缘冲淤量，分别相当于陆上和水下三角洲冲淤量。综合钱意颖等（1993）、曾庆华等（1998）和师长兴（2020）的研究结果，本研究确定了 1950 年以来不同时段的陆上、水下三角洲的泥沙堆积量占入海泥沙量的比例 P，见表 4-6 第 5 栏。由于师长兴（2020）提供的清水沟流路的数据比曾庆华等（1998）的数据的时段更长，本研究采用了师长兴的数据。

历年的入海泥沙通量以利津站的悬移质输沙量 $Q_{s,LJ}$ 来表示。历年河口沉积汇的沉积量 S_{RM} 按式（4-20）计算：

$$S_{RM} = Q_{s,LJ} \times P。 \tag{4-20}$$

表 4-6 近代黄河三角洲淤积情况

时期	利津站输沙量/10^{8}t	三角洲淤积面积/km^2	陆上和水下三角洲淤积体积/km^3	陆上和水下三角洲淤积量占来沙量的比例/%	输往外海的泥沙量占来沙量的比例/%	来源
1855~1934 年		3937.6	196.4			钱意颖等，1993
甜水沟流路（1934~1960 年）	90.13	1837.7	53.8	71.2	28.8	钱意颖等，1993
神仙沟流路（1943~1960 年）	125.5	2262.9	75.8	66.3	33.7	钱意颖等，1993
岔河（1960~1964 年）	26.73	930.9	23	94.7	5.3	钱意颖等，1993
钓口河流路（1964~1976 年）	135.77	2314.4	80.6	65.3	34.7	钱意颖等，1993
清水沟流路（1976~1985 年）	61.07	1651.1	40.4	72.7	27.3	曾庆华等，1998
清水沟流路（1986~1996 年）				90	10	曾庆华等，1998
清水沟流路（1976~1981 年）	35.2		1.84	70.9	29.1	师长兴，2020
清水沟流路（1982~2007 年）	106.2		6.54	84.2	15.8	师长兴，2020
清水沟流路（2008~2015 年）	9.4		0.51	73.0	27	师长兴，2020

注：师长兴（2020）研究中三角洲造陆以泥沙质量为单位，本研究已按泥沙容重为 1.36t/m^3 将其换算为泥沙体积。

二、黄河口沉积汇沉积量的变化

本研究将利津站 1950~2008 年的历年输沙量代入式（4-20），计算出黄河口沉积汇的泥沙沉积量 S_{RM}，P 值按历年所在时期从表 4-6 第 5 栏查出。S_{RM} 的变化见图 4-22。从总体上看，在 60 年尺度上 S_{RM} 具有明显减小趋势：$S_{RM}=-0.156t+315.3$，式中 t 为时间（年份），决定系数 $R^2=0.422$（$p<0.001$）。仔细观察可以发现，1950~1964 年，S_{RM} 在波动中快速增大；1968~1970 年，S_{RM} 快速减小。此后，S_{RM} 一直呈减小趋势。在 20 世纪 50 年代和 60 年代前期，黄土高原植被的破坏和坡地的开垦造成了严重的水土流失；60 年代后期开始的水土流失治理逐渐生效，使得 70 年代以来河口的泥沙量持续减少，因而 S_{RM} 也减小。

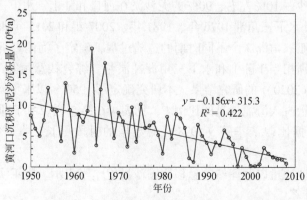

图 4-22 黄河口沉积汇泥沙沉积量的变化

三、黄河口沉积汇沉积量的变化与人类活动和气候变化的关系

为了研究人类活动和气候变化对黄河口沉积汇沉积量的影响，本研究引入了下列定量指标：①干流水库对黄河实际径流的调节指标（R_{ar}），定义为给定年份黄河干流水库的累积库容与进入黄河下游的年径流量之比；②流域内水土保持措施（梯田、造林和种草）面积之和（A_{tfg}，单位为 km^2）；③流域净引水量（$Q_{w,div}$，单位为亿 m^3）定义为流域引水量减去用水之后回归河道的水量；④流域内农村剩余劳动力向非农产业转移的数量（N_{tsrl}，单位为万人），由于数据的限制，暂以陕西和山西两省的数据为代表；⑤全流域面平均年降水量 P_m（mm），以花园口站以上流域为代表；⑥上中游流域面平均年均气温 T_m（℃）；⑦利津站以上流域的天然径流系数 C_{nr}，定义为利津站天然年径流量（亿 m^3）与流域总降水量（亿 m^3）之比。上述指标中，①～④为人类活动指标，⑤和⑥为气候指标，⑦既与人类活动（引水）有关，又与气候（降水）有关。

本研究发现，7 个影响变量随时间的变化都具有趋势性。为节省篇幅，这里未列出它们随时间的变化图，而将它们与时间（年份）的相关系数列于表 4-7。除年降水量与时间相关系数的显著性概率 p 为 0.055 外，其他变量相关系数的显著性概率 p 都小于 0.001。在 7 个变量中，年降水量和天然径流系数具有减小趋势，其余变量都具有增大趋势。

表 4-7 7 个影响变量与时间（年份）的相关系数

R_{ar}	A_{tfg}	$Q_{w,div}$	N_{tsrl}	P_m	T_m	C_{nr}
0.875	0.936	0.635	0.925	−0.255	0.510	−0.593

基于 1952～2008 年的数据，本研究计算了黄河口沉积汇沉积量与上述 7 个影响变量之间的相关系数矩阵（表 4-8），从表中可以得到两点认识：①黄河口沉积汇沉积量与上述 7 个变量都有密切的相关关系，显著性概率 p 都小于 0.001；②在 7 个影响变量中，某些变量之间存在着较显著和显著的相关性。

表 4-8 相关系数矩阵

因子	R_{ar}	A_{tfg}	$Q_{w,div}$	N_{tsrl}	P_m	T_m	C_{nr}	S_{RM}
R_{ar}	1.000	0.896	0.434	0.892	−0.352	0.692	−0.745	−0.703
A_{tfg}	0.896	1.000	0.471	0.983	−0.214	0.681	−0.619	−0.660
$Q_{w,div}$	0.434	0.471	1.000	0.482	−0.178	0.106	−0.232	−0.477
N_{tsrl}	0.892	0.983	0.482	1.000	−0.228	0.675	−0.629	−0.661
P_m	−0.352	−0.214	−0.178	−0.228	1.000	−0.244	0.277	0.726
T_m	0.692	0.681	0.106	0.675	−0.244	1.000	−0.620	−0.532
C_{nr}	−0.745	−0.619	−0.232	−0.629	0.277	−0.620	1.000	0.620
S_{RM}	−0.703	−0.660	−0.477	−0.661	0.726	−0.532	0.620	1.000

为了揭示黄河口泥沙沉积汇沉积量 S_{RM} 对 7 个影响变量的响应，本研究基于 1952～2008 年的数据建立了统计关系。在进行计算前，对 7 个影响变量的数据进行了标准化处理。由于某些影响变量之间存在着相关性，不满足独立性要求，进行普通的多元回归分析是不可取的，因此本研究通过基于偏最小二乘原理的多元回归分析方法来建立 S_{RM} 与 7 个影响变量的统计关系。首先，基于 7 个原始变量构建了 7 个彼此独立的主成分，计算出它们对 S_{RM} 方差变化的解释能力，以决定系数 R^2 表示。计算结果表明，第一主成分（PC1）和第二主成分（PC2）的 R^2 分别为 0.689 和 0.145，其余主成分的 R^2 很低。第一主成分（PC1）和第二主成分（PC2）的 R^2 合计为 0.834，意味着二者的共同作用可以解释 S_{RM} 方差的83.4%。因此，本研究将 S_{RM} 与 PC1 和 PC2 的得分 SPC1、SPC2 相联系，建立偏最小二乘回归方程。表 4-9 分别列出 PC1 和 PC2 的预报因子权重（predictor weight），表 4-10 则列出 7 个原始变量的偏最小二乘回归系数。基于 SPC1、SPC2 的回归方程如下：

$$S_{RM} = 5.818 + 1.714SPC1 + 1.651SPC2 \qquad (4-21)$$

式中，$R^2 = 0.834$，调整后的 $R^2 = 0.828$，$F_{(2,54)} = 135.63$，$p = 8.8 \times 10^{-22}$，估算值的均方根误差 $SE = 1.723$。$R^2 = 0.834$ 意味着上述方程可以解释 S_{RM} 方差变化的83.4%。图 4-23 对预报值与实测值进行了比较，在总体上预报值与实测值的吻合程度是较高的。

表 4-9　第一主成分 PC1 和第二主成分 PC2 的预报因子权重

主成分	R_{ar}	A_{tfg}	$Q_{w,div}$	N_{tsrl}	P_m	T_m	C_{nr}
PC1	−0.421 16	−0.395 16	−0.285 49	−0.395 54	0.435 024	−0.318 55	0.371 202
PC2	0.122 417	0.169 617	−0.183 98	0.178 298	0.927 67	0.172 586	0.015 759

表 4-10　7 个原始变量的偏最小二乘回归系数

R_{ar}	A_{tfg}	$Q_{w,div}$	N_{tsrl}	P_m	T_m	C_{nr}
−0.519 87	−0.397 34	−0.793 28	−0.383 66	2.277 854	−0.261 09	0.662 412

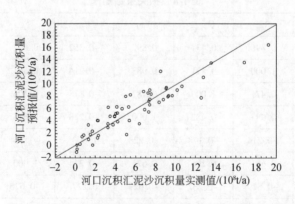

图 4-23　河口沉积汇泥沙沉积量预报值与实测值的比较

四、河口泥沙沉积汇的沉积量与 4 个大气环流指标的逐步回归方程

表 4-8 显示，在 7 个影响变量中，年降水量与 S_{RM} 的相关系数最高，为 0.726，其平方为 0.527，即 S_{RM} 方差的 52.7% 可以用年降水量的变化来解释。形成黄河流域降水的水汽主要由亚洲季风从太平洋和印度洋输送而来。同时，与热带海洋表面温度变化相联系的厄尔尼诺/拉尼娜现象和与北太平洋表面温度相联系的 PDO 也控制着以 2~8 年为周期的黄河流域降水变化。此外，一些研究表明，北太平洋表面温度的变化也与黄河流域的降水有关（赵振国，1996；常军等，2013；邢峰等，2018）。为了更好地揭示 S_{RM} 对气候变化的响应，本研究将 S_{RM} 与东亚夏季风指标 SMI（郭其蕴等，2004）和印度夏季风指标 ISM（张善强，2012）以及反映厄尔尼诺/拉尼娜现象的 Nino3.4 指标和太平洋十年际振荡指标 PDO 相联系，进行了多元回归分析。S_{RM} 与上述指标的相关系数矩阵见表 4-11。

表 4-11　黄河河口泥沙沉积汇冲淤量 S_{RM} 与 4 个大气环流指标的相关系数矩阵

因子	SMI	ISM	Nino3.4	PDO	S_{RM}
SMI	1.000	0.154	−0.176	−0.394	0.544
ISM	0.154	1.000	−0.357	0.061	0.505
Nino3.4	−0.176	−0.357	1.000	0.396	−0.403
PDO	−0.394	0.061	0.396	1.000	−0.285
S_{RM}	0.544	0.505	−0.403	−0.285	1.000

4 个影响变量之间的相关系数不是很高，因此本研究通过多元线性回归分析来建立统计关系，以 S_{RM} 为因变量，以 SMI、ISM、PDO、Nino3.4 为影响变量，基于 1950~2006 年的资料，进行了逐步回归分析。取 $F_c = 2.0$，得到结果：

$$S_{RM} = -0.094\,87 + 7.163\,466\text{SMI} + 1.491\,776\text{ISM} - 0.733\,66\text{Nino3.4} \tag{4-22}$$

式中，$R^2 = 0.509$；调整后的 $R^2 = 0.481$；$F(3,53) = 18.328$；$p = 2.76 \times 10^{-8}$；估算值的均方根误差为 SE = 2.950。SMI、ISM、Nino3.4 的半偏相关系数分别为 0.444、0.341、−0.178。$R^2 = 0.509$ 意味着方程右端的 3 个影响变量可以解释 S_{RM} 变化的 51%。假定 3 个影响变量对 S_{RM} 的贡献率与 SMI、ISM、Nino3.4 的半偏相关系数的绝对值成正比，计算得到 SMI、ISM、Nino3.4 对河口沉积汇沉积量变化的贡献率分别为 46.1%、35.4%、18.5%。

第五节　4 个沉积汇沉积量变化的比较

一、4 个沉积汇沉积量变化特征的比较

为了揭示 4 个沉积汇泥沙沉积量的空间差异，本研究对 4 个沉积汇沉积量的时间变化进行了比较。表 4-12 列出了黄河流域 4 个沉积汇的沉积量及其总和的历年变化。表 4-12

显示，1952～2005 年上游沉积汇、中游沉积汇、下游沉积汇和河口沉积汇的总沉积量分别为 18.45 亿 t、92.90 亿 t、86.97 亿 t、328.31 亿 t，合计为 526.63 亿 t；年平均沉积量分别为 0.34 亿 t、1.72 亿 t、1.61 亿 t 和 6.08 亿 t，合计为 9.75 亿 t。上述 4 个沉积汇沉积量分别占总量的 3.50%、17.65%、16.51% 和 62.34%。

表 4-12 黄河流域 4 个沉积汇沉积量的年变化

年份	上游沉积汇 /(10^8 t/a)	中游沉积汇 /(10^8 t/a)	下游沉积汇 /(10^8 t/a)	河口沉积汇 /(10^8 t/a)	合计 /(10^8 t/a)
1952	0.83	-0.61	0.35	5.03	5.60
1953	1.32	2.07	6.57	7.56	17.52
1954	0.97	2.42	6.89	12.79	23.07
1955	0.70	-1.19	-0.99	9.30	7.82
1956	0.96	1.85	3.86	9.04	15.71
1957	0.56	-0.63	4.28	4.15	8.36
1958	2.58	0.00	7.85	13.57	24.00
1959	2.05	1.86	7.02	9.24	20.17
1960	-0.57	1.71	-0.08	2.29	3.35
1961	-0.35	14.04	-8.67	8.51	13.53
1962	-0.44	5.77	-3.35	7.32	9.30
1963	-0.92	6.10	-2.51	9.09	11.76
1964	0.74	17.44	-2.78	19.22	34.62
1965	-0.28	-2.91	2.63	3.50	2.94
1966	-0.12	9.76	4.53	12.57	26.74
1967	0.35	8.61	0.64	16.85	26.45
1968	-0.07	2.18	2.18	10.64	14.93
1969	0.41	1.82	7.51	4.68	14.42
1970	1.48	2.13	8.25	8.79	20.65
1971	-0.18	-1.93	4.67	7.41	9.97
1972	-0.45	-1.85	1.89	3.29	2.88
1973	0.89	0.42	3.03	9.67	14.01
1974	-0.08	1.51	-0.03	4.06	5.46
1975	-1.68	-2.24	-0.27	10.16	5.97
1976	-0.87	10.08	1.74	7.24	18.19
1977	0.40	4.54	9.03	6.90	20.87
1978	0.64	-0.37	1.44	7.42	9.13
1979	-0.04	-0.68	2.12	5.33	6.73
1980	-0.06	-0.55	2.45	2.24	4.08
1981	0.11	-2.63	0.12	8.36	5.96
1982	-0.60	0.67	-0.55	3.94	3.46

年份	上游沉积汇 /(10^8 t/a)	中游沉积汇 /(10^8 t/a)	下游沉积汇 /(10^8 t/a)	河口沉积汇 /(10^8 t/a)	合计 /(10^8 t/a)
1983	−1.27	−1.78	−1.13	7.42	3.24
1984	−0.12	−1.58	−0.90	6.79	4.19
1985	−0.22	3.73	0.40	5.50	9.41
1986	0.20	0.41	1.29	1.52	3.42
1987	0.10	1.54	1.03	0.86	3.53
1988	0.84	1.46	5.83	7.31	15.44
1989	1.79	0.57	−0.28	5.39	7.47
1990	0.09	1.52	1.10	4.22	6.93
1991	0.39	1.63	1.24	2.24	5.50
1992	0.65	0.54	4.74	4.25	10.18
1993	0.04	−1.02	0.79	3.79	3.60
1994	1.35	0.38	4.30	6.37	12.40
1995	1.00	1.41	1.62	5.12	9.15
1996	1.42	0.90	6.04	3.94	12.30
1997	0.79	0.51	3.06	0.15	4.51
1998	0.51	1.40	−2.78	3.29	2.42
1999	0.87	0.19	−0.89	1.76	1.93
2000	0.37	0.55	−0.78	0.20	0.34
2001	0.17	1.15	−0.79	0.18	0.71
2002	0.34	2.19	−0.67	0.49	2.35
2003	0.86	−2.32	−2.92	3.32	−1.06
2004	0.14	1.13	−1.66	2.32	1.93
2005	−0.14	−1.00	−1.49	1.72	−0.91
合计/10^8 t	18.45	92.90	86.97	328.31	526.63
年平均/10^8 t	0.34	1.72	1.61	6.08	9.75
各段沉积量占总量的比例/%	3.50	17.65	16.51	62.34	100.00

　　为了体现在年代（10年）尺度上4个沉积汇沉积量变化的差异，本研究计算了各年代4个沉积汇的年平均沉积量，见表4-13。可以看到，在1952～1959年，上游沉积汇、中游沉积汇、下游沉积汇、河口沉积汇的年均沉积量分别为1.25亿t、0.72亿t、4.48亿t和8.84亿t，分别占4个沉积汇年均总沉积量15.29亿t的8.17%、4.71%、29.30%和57.82%。可以认为这代表了"准自然"条件下的沉积特征。1960～1969年，上游沉积汇、中游沉积汇、下游沉积汇、河口沉积汇的年均沉积量分别为−0.13亿t、6.45亿t、0.01亿t和9.47亿t。因为受到刘家峡水库、青铜峡水库拦沙的影响，河道发生冲刷，上游沉积汇10年平均沉积量接近0。与此同时，三门峡水库在1960～1964年蓄水拦沙，发生强烈淤积；水库下泄清水，黄河下游河道强烈冲刷；1964年后又恢复排沙，使得下游河

道回淤。因此，中游沉积汇 1960～1969 年的平均沉积量很大，下游沉积汇平均沉积量则接近 0。1960～1964 年下游河道冲刷的泥沙和水库恢复排沙以后的泥沙大量入海，使得河口沉积汇的沉积量仍处于高值。20 世纪 70 年代以后，黄河流域水土保持措施（如修筑梯田、造林种草、修筑淤地坝和拦沙库拦截泥沙）等显著生效；21 世纪实施大规模退耕还林（草）工程，4 个沉积汇的平均沉积量都呈大幅度减少的趋势。1999 年小浪底水库建成蓄水，拦截泥沙，下游河道持续冲刷，下游沉积汇平均沉积量出现负值。

表 4-13　各年代中 4 个沉积汇平均沉积量和
4 个沉积汇平均沉积量之和　　　　　（单位：亿 t）

年代	上游沉积汇	中游沉积汇	下游沉积汇	河口沉积汇	合计
1952～1959 年	1.25	0.72	4.48	8.84	15.29
1960～1969 年	-0.13	6.45	0.01	9.47	15.80
1970～1979 年	0.01	1.16	3.19	7.03	11.39
1980～1989 年	0.08	0.18	0.83	4.93	6.02
1990～1999 年	0.71	0.75	1.92	3.51	6.89
2000～2005 年	0.29	0.28	-1.39	1.37	0.55

　　4 个沉积汇沉积量和 4 个沉积汇沉积量之和的逐年变化见图 4-24。上游沉积汇沉积量的变化呈现出复杂的面貌［图 4-24 （a）］，大致表现为先减少，达到最低点后又增大，然后再减少。从总体上说，上游沉积汇沉积量与时间的决定系数很低，仅为 0.001。图 4-24 （b）显示，1950～1959 年，中游沉积汇的沉积量较少，1960 年突然升高，与三门峡水库蓄水拦沙有关。1964 年后急剧减少，则是由于 1965 年后恢复排沙，中游沉积汇的沉积量保持在较低水平。值得注意的是，1976～1977 年，中游沉积汇的沉积量大幅度升高，这是由于河龙区间的多沙粗沙区发生暴雨，使前期淤地坝大量垮塌，导致泥沙的释放，大量泥沙进入龙门至三门峡沉积汇并发生沉积。20 世纪 80 年代中期以后，沉积量持续降低。从总体上说，在 54 年尺度上，中游沉积汇沉积量有减少趋势 （$R^2 = 0.067$，$p = 0.044$）。从图 4-24 （c） 可见，在总体上下游沉积汇沉积量有较弱的减小趋势 （$R^2 = 0.070$，$p = 0.076$）。值得注意的是，与中游沉积汇沉积量出现峰值相反，1960～1965 年下游沉积汇出现负值，表现为低谷，这与三门峡水库大量拦沙、下泄清水，致使下游河道发生强烈冲刷有关。此后，由于三门峡水库运用方式由蓄水拦沙变为滞洪排沙和蓄清排浑，下游沉积汇沉积量恢复到较高水平，但在波动中有所下降。1999 年小浪底水库建成以后，下游河道持续冲刷，下游沉积汇沉积量出现负值。图 4-24 （d） 显示，从总体上说，河口沉积汇沉积量显著减少，$R^2 = 0.422$，$p = 0.000\ 000\ 4$。图 4-24 （e） 则显示，从总体上说，4 个沉积汇沉积量之和也随时间而显著减少，$R^2 = 0.338$，$p = 0.000\ 07$，这反映了在 54 年的时间尺度上，特别是 20 世纪 70 年代以后，大规模的水土保持措施生效，使得流域侵蚀减少，中游、下游沉积汇的泥沙减少，输送入海的泥沙也减少。

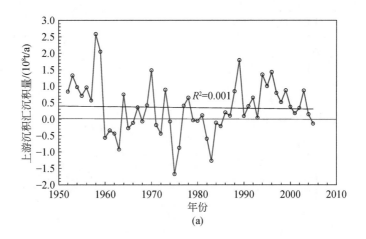

(a)

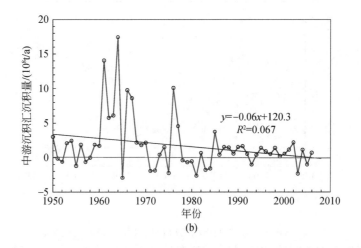

(b)

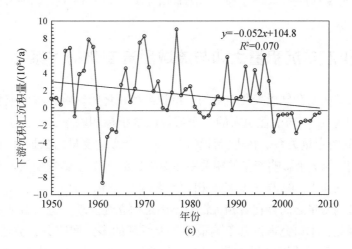

(c)

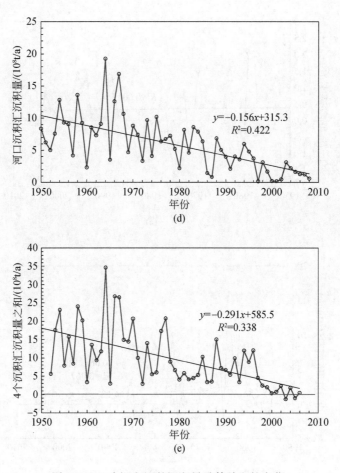

图 4-24　4 个沉积汇的沉积量及其总和的变化

（a）上游沉积汇；（b）中游沉积汇；（c）下游沉积汇；（d）河口沉积汇；（e）4 个沉积汇沉积量之和

二、4 个沉积汇年沉积量之和与流域因素变化的关系

为了研究人类活动和气候变化对黄河口沉积汇沉积量的影响，本研究将 4 个沉积汇年沉积量之和（记为 S_{4S}）与前述引入的 7 个流域因素指标相联系，进行了统计分析，以建立 S_{4S} 与它们之间的定量关系。在进行计算前，对 7 个影响变量的数据进行了标准化处理。表 4-14 列出了 S_{4S} 与 7 个影响变量的相关系数矩阵，S_{4S} 与 7 个影响变量的相关系数的显著性概率 p 都小于 0.001。S_{4S} 与各变量的相关系数排序显示，P_m、A_{tfg}、N_{tsrl} 和 R_{ar} 排在前 4位。由于某些影响变量之间存在着相关性，不满足独立性要求，进行普通的多元回归分析是不可取的。因此，本研究通过基于偏最小二乘原理的多元回归分析方法建立 S_{4S} 与 7 个影响变量的统计关系。计算结果表明，第一主成分 PC1、第二主成分 PC2、第三主成分 PC3 的 R^2 分别为 0.304、0.121、0.032，其余主成分的 R^2 很低。本研究将 S_{4S} 与 PC1、PC2 和 PC3 的得分 SPC1、SPC2、SPC3 相联系，建立偏最小二乘回归方程。表 4-15 分别列

出 PC1、PC2、PC3 的预报因子权重，表4-16 则列出 7 个原始变量的偏最小二乘回归系数。偏最小二乘回归方程如下：

$$S_{4S} = 9.585 + 2.083SPC1 + 3.718SPC2 + 2.241SPC3 \tag{4-23}$$

式中，$R^2 = 0.433$；调整后的 $R^2 = 0.400$；$F(3, 51) = 12.992$；$p = 2.01 \times 10^{-6}$；残差的均方根误差 $SE = 6.201$。$R^2 = 0.433$ 意味着上述方程可以解释 S_{4S} 方差变化的 43.3%。

表 4-14 相关系数矩阵

因子	R_{ar}	A_{tfg}	$Q_{w,div}$	N_{tsrl}	P_m	T_m	C_{nr}	S_{4S}
R_{ar}	1.000	0.905	0.420	0.900	−0.369	0.682	−0.740	−0.561
A_{tfg}	0.905	1.000	0.468	0.979	−0.253	0.670	−0.627	−0.590
$Q_{w,div}$	0.420	0.468	1.000	0.480	−0.182	0.083	−0.219	−0.421
N_{tsrl}	0.900	0.979	0.480	1.000	−0.266	0.664	−0.637	−0.559
P_m	−0.369	−0.253	−0.182	−0.266	1.000	−0.267	0.283	0.596
T_m	0.682	0.670	0.083	0.664	−0.267	1.000	−0.615	−0.470
C_{nr}	−0.740	−0.627	−0.219	−0.637	0.283	−0.615	1.000	0.378
S_{4S}	−0.561	−0.590	−0.421	−0.559	0.596	−0.470	0.378	1.000
S_{4S} 与各变量的相关系数排序	4	2	6	3	1	5	7	

表 4-15 第一主成分 PC1、第二主成分 PC2 和第三主成分 PC3 的预报因子权重

主成分	R_{ar}	A_{tfg}	$Q_{w,div}$	N_{tsrl}	P_m	T_m	C_{nr}
PC1	−0.458 08	−0.553 53	−0.280 87	−0.535 09	0.079 936	−0.260 11	0.210 982
PC2	−0.064 3	−0.439 96	−0.146 46	−0.358 85	−0.308 16	0.481 707	−0.570 15
PC3	−0.190 31	−0.384 12	0.572 6	−0.203 46	0.392 927	0.472 279	−0.263 69

表 4-16 7 个影响变量的 PLS 回归系数

R_{ar}	A_{tfg}	$Q_{w,div}$	N_{tsrl}	P_m	T_m	C_{nr}
−1.678 29	−3.708 76	0.145 848	−2.952 5	−0.070 22	2.287 889	−2.200 95

三、4 个沉积汇年沉积量之和与亚洲季风变化的关系

本研究还分析了 4 个沉积汇年沉积量之和（S_{4S}）与大气环流指标之间的关系，计算了 S_{4S} 与东亚夏季风指标 SMI、印度夏季风指标 ISM、反映厄尔尼诺/拉尼娜现象的 Nino3.4 指标和 PDO 的相关系数，分别为 0.474、0.530、−0.250 和 −0.184。后二者未通过 $p = 0.05$ 的检验，因此建立回归方程时没有包括这两个变量。SMI 与 ISM 的相关系数为

0.158，相关程度很低，可以认为二者是独立的。因此，本研究建立了 S_{4S} 与 SMI 和 ISM 之间的回归方程：

$$S_{4S} = -1.429\,75 + 3.677\text{SMI} + 12.488\text{ISM} \qquad (4\text{-}24)$$

式中，$R^2 = 0.436$，调整后的 $R^2 = 0.415$，$F(2,52) = 20.135$，$p = 3.35 \times 10^{-7}$，估算值的均方根误差为 $\text{SE} = 6.182$。SMI 和 ISM 的半偏相关系数分别为 0.460 和 0.394。$R^2 = 0.436$ 意味着方程右端的两个变量可以解释 S_{4S} 变化的 43.6%。假定两个变量对 S_{4S} 的贡献率与 SMI 和 ISM 的半偏相关系数的绝对值成正比，通过计算得到 SMI 和 ISM 对 S_{4S} 变化的贡献率分别为 53.9% 和 46.1%。

第五章 | 干支流耦合关系

河流系统中的干流和支流的关系与相互作用是流域系统水文地貌耦合的重要组成部分（Brierley and Fryirs K，1999；Harvey，2001；Harvey，2002；Fryirs and Brierley，2007；Rice，2008）。支流河道所输送的径流和泥沙注入干流，会改变汇口以下干流的水沙输入条件，从而引起干流河道地貌形态的调整。干流河道作为支流河道的局部侵蚀基准面，当其发生变化时，也会引起支流河道地貌形态的调整。渭河是黄河最大的支流，渭河与黄河的汇口位于三门峡水库的库区。支流汇口处的干流河道是支流发育演变的局部基准面，对支流的河道调整起着重要的控制作用。三门峡水库修建以后，渭河下游河道基准面大幅度抬升，导致了河床的剧烈调整。在河床调整的过程中，表现出复杂响应现象。对此，作者在《中国江河地貌系统对人类活动的响应》一书中进行过讨论（许炯心，2007）。自 20 世纪 70 年代以来，渭河流域发生了显著的水沙变化。随着三门峡水库的建成和运用方式的改变，渭河的基准面发生了多次升降变化，一般将潼关高程作为指标。在水沙变化与基准面变化的共同影响下，渭河下游的河道形态和平滩流量发生了显著的变化。本书第十章将对此进行讨论。当支流挟带大量的泥沙以高含沙水流的形式汇入干流时，会使后者的泥沙输移特征发生巨大的变化，甚至引起灾难性的后果（Xu，2015f）。当干流修建水库拦蓄大量径流，而水库下游的支流挟带大量泥沙汇入干流时，会使得干流的挟沙能力不足以搬运这些泥沙而发生淤积，这是一种不同于大多数河流修建水库后下游河道一般会发生冲刷的现象（Xu，2013a）。作者在对黄河上游的研究中发现了上述两种比较特殊的情形，本章对这些成果进行介绍。

第一节　十大孔兑来沙对黄河上游河道淤积的影响

由于自然因素变化和人类活动的影响，自 1950 年以来宁夏至内蒙古河段泥沙的输移、沉积动态发生了很大的变化。1986 年龙羊峡水库建成蓄水以来，内蒙古河段发生了显著的河道萎缩和河床淤积抬高。三湖河口及巴彦高勒 1000m³/s 流量水位的变化显示，1986 年以后水位逐年抬升，累计值都在 1m 以上，最大可达 2m 以上。河床抬高使得这一河段有向地上悬河发展的趋势，加之河道萎缩使得平滩流量减小，行洪能力下降，凌汛期间面临很大的防洪压力。为了摆脱被动局面，必须对内蒙古河段持续淤积的原因进行深入研究，以期为河道治理的决策提供科学依据。三湖河口至头道拐河段（三头河段）是内蒙古河段的下段（图 4-2），这一河段的冲淤不仅受到干流上游来水来沙的影响，而且受到三湖河口以下集中汇入干流、来自沙漠地区的 10 条小支流（当地称为"十大孔兑"）以高含沙水流形式输入干流的巨量粗颗粒泥沙的影响。这一河段也为研究异源水沙和支流高含沙水流影响下的河道冲淤过程提供了理想的条件，有利于相关科学问题的深化。作者对此进行了研究，取得了进展（许炯心，2013）。

一、三头河段与区间支流概况

三湖河口和头道拐控制流域面积分别为 347 908km² 和 367 898km²，区间流域面积为 19 990km²。1950～2008 年资料统计，头道拐站多年平均径流量为 214.6 亿 m³，输沙量为 1.06 亿 t。区间流域位于中温带半干旱区与干旱区，为温带荒漠草原，地表组成物质为洪积冲积物、风成沙、基岩，黄土分布不广。年降水量为 200～400mm，黄河里两岸有大面积沙漠分布，风力作用强烈，风力–水力两相侵蚀作用较为典型。三头河段的主要支流是发源于鄂尔多斯高原北缘、穿越库布齐沙漠进入黄河干流的 10 条小支流（称为十大孔兑）。十大孔兑位于黄河内蒙古河段右岸，从西向东依次为毛不拉孔兑、卜尔色太沟、黑赖沟、西柳沟、罕台川、壕庆河、哈什拉川、木哈尔河、东柳沟、呼斯太河，是内蒙古河段的主要产沙支流（图 5-1）。其流域面积变化于 213～1261km²，河长变化于 28.6～110.9km。河道短，但比降陡，变化于 2.67‰～6.41‰。10 条河流的流域面积合计为 10 767km²，在气候上属于温带大陆性季风气候，在自然区划上属于鄂尔多斯东部高平原沙漠自然区（杨勤业和袁宝印，1991），生物气候带属于干草原地带，西部过渡为半荒漠地带。研究区内达拉特旗气象站的年均降水量为 310mm，日最大降水量为 79.3mm，年均气温为 6.1℃。在地貌营力上，研究区具有典型的风水两相作用。冬、春两季多大风和沙尘暴，如达拉特站多年平均大风和沙尘暴日数分别为 25.2 天和 19.7 天，相邻地区的东胜站多年平均大风和沙尘暴日数分别为 34.5 天和 19.2 天，相邻地区的包头站多年平均大风和沙尘暴日数分别为 46.8 天和 21.6 天。本区虽然年降水量不大，但降雨集中，常形成强度极大的暴雨，加以流域上游为黄土、中下游为风成沙这一有利的地表物质分布的配合，使得研究区成为黄河流域风水两相作用最为典型的地区之一，在侵蚀产沙中起到主导作用。十大孔兑的 10 条小河的地貌类型和地表物质分布格局十分相似。上游位于鄂尔多斯高原北缘，为丘陵沟壑区，面积为 5172km²，占总面积的 48.0%，地表有薄层残积土、沙质黄土和风沙覆盖。下伏基岩为白垩系、侏罗系黄绿或紫红色泥质长石砂岩、粉砂岩、砾岩，厚度大，结构松散，极易风化，当地俗称"砒砂岩"。中部为库布齐沙漠横贯东西，西宽东窄，宽度变化于 8～28km，区内沙漠面积为 2762km²，占十大孔兑总面积的

图 5-1　十大孔兑位置图

资料来源：侯素珍等，2006

25.7%。罕台川以西的沙漠属于流动沙丘，面积为1963km，占沙漠面积的71.1%；罕台川以东，沙漠面积仅为799km²（支俊峰和时明立，2002）。下游属于黄河冲积–洪积平原区，面积为2833km²，占总面积的26.3%。十大孔兑中只有3条孔兑有水文站，即毛不拉孔兑图格日格站（官长井）、西柳沟龙头拐站、罕台川红塔沟站（瓦窑、响沙湾），其中西柳沟龙头拐站的水文资料系列较长，也较完整。十大孔兑流域干旱少雨，降雨主要以暴雨形式出现，暴雨产生峰高量少、陡涨陡落的高含沙量洪水（赵业安等，2008）。

二、河段淤积量的确定

三湖河口至头道拐河段的河道冲淤量通过泥沙收支平衡的方法计算：

$$[河段冲淤量]=[河段进口站输入沙量]+[河段区间支流来沙量]-$$
$$[河段灌溉渠系引出沙量]-[河段出口站输出沙量] \quad (5-1)$$

这里，河段进口站为黄河三湖河口水文站，出口站为头道拐水文站。汇入支流为十大孔兑，灌溉渠系为内蒙古河套平原灌区的相关渠系，由此得

$$S_{\text{dep,S-T}}=Q_{s,S}+Q_{s,SD}-Q_{s,T} \quad (5-2)$$

式中，$S_{\text{dep,S-T}}$ 为三湖河口至头道拐河段河道冲淤量；$Q_{s,S}$ 为三湖河口输沙量；$Q_{s,SD}$ 为十大孔兑来沙量；$Q_{s,T}$ 为头道拐输沙量。本河段灌溉引水量很少，故未计入。本河段由于未进行推移质输沙测验，本节中的输沙量均为悬移质输沙量。黄河水利科学研究院按上述方法计算了三湖河口至头道拐河段1960~2005年历年的河道冲淤量，本研究利用了这些数据。

三、十大孔兑来沙对黄河上游三湖河口至头道拐河段冲淤过程的影响

三湖河口至头道拐河段的输入泥沙有两个来源，即干流来沙和支流来沙。干流来沙是河段入口三湖河口站来沙，支流来沙则主要为十大孔兑来沙。图5-2（a）点绘了三湖河口站和十大孔兑来沙的时间变化，图5-2（b）给出了两个来源来沙累计比例与累计年数的关系，图5-2（c）则给出了三湖河口至头道拐河段冲淤累计比例与累计年数的关系。图中显示，十大孔兑来沙量高度集中于低频率暴雨–产沙事件，最大1年、3年、5年、10年的累计来沙量分别占46年（1960~2005年）总来沙量的21.26%、37.18%、47.93%、

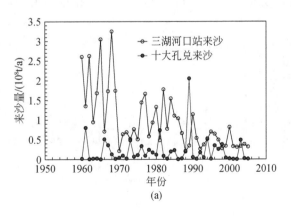

(a)

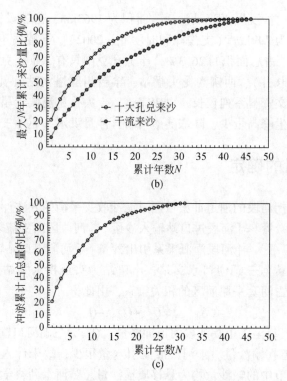

图 5-2 三湖河口站和十大孔兑来沙随时间的变化 (a)、两个来源来沙累计比例与累计年数的
关系 (b) 及三湖河口至头道拐河段冲淤累计比例与累计年数的关系 (c)

69.30%。干流来沙量集中程度要低得多,最大 1 年、3 年、5 年、10 年的累计来沙量分别
占 46 年总来沙量的 7.61%、20.88%、29.12%、48.02%。淤积量高度集中于低频率暴
雨-产沙事件,最大 1 年、3 年、5 年、10 年的累计来沙量分别占到 31 个淤积年份总淤积
量的 20.97%、39.47%、51.86%、74.24%。可以认为,河道冲淤取决于十大孔兑低频率
暴雨-产沙事件,对该河段的治理也应该着眼于十大孔兑低频率暴雨-产沙事件的治理。

为了研究两个不同来源的泥沙量对三湖河口至头道拐河段冲淤量的影响,本研究分别
对它们与三湖河口至头道拐河段冲淤量的时间变化进行了比较,并点绘了它们与三湖河口
至头道拐河段冲淤量的关系。图 5-3 (a) 显示,十大孔兑年来沙量与三湖河口至头道拐

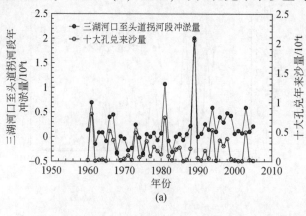

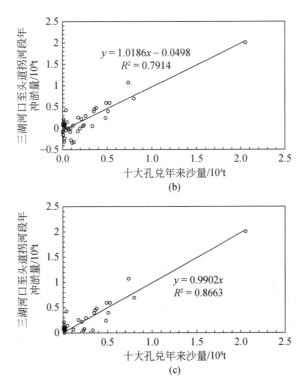

(b)

(c)

图5-3　十大孔兑年来沙量与三湖河口至头道拐河段年冲淤量的时间变化（a）、
十大孔兑年来沙量与三湖河口至头道拐河段年冲淤量的关系（拟合关系的截距不为0)(b)
及十大孔兑年来沙量与三湖河口至头道拐河段年冲淤量的关系（拟合关系的截距为0)(c)

河段年冲淤量的时间变化有很好的同步变化关系，图5-3（b）则显示，二者之间有很强的正相关，决定系数 $R^2 = 0.7914$，说明三湖河口至头道拐河段年冲淤量变化的79.14%可以用十大孔兑年来沙量的变化来解释。

与图5-3（a）的情形相反，图5-4（a）显示，三湖河口年来沙量与三湖河口至头道拐河段年冲淤量的时间变化不同步，二者之间不相关［图5-4（b）］，决定系数 $R^2 = 0.0211$，说明三湖河口至头道拐河段年冲淤量变化不依赖于三湖河口年来沙量的变化而变化。图5-4（c）显示，三湖河口至头道拐河段年冲淤量与三湖河口年来水量也不相关，决定

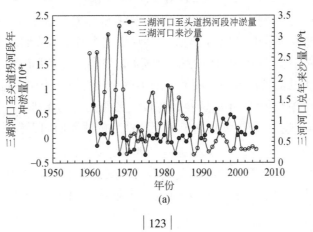

(a)

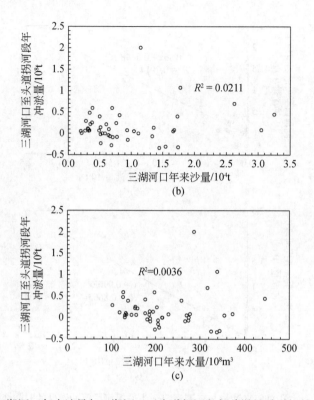

图 5-4 三湖河口年来沙量与三湖河口至头道拐河段年冲淤量随时间的变化（a）、
三湖河口年来沙量与三湖河口至头道拐河段年冲淤量的关系（b）及三湖河口
至头道拐河段年冲淤量与三湖河口年来水量的关系（c）

系数 $R^2 = 0.0036$。因此，十大孔兑来沙是三湖河口至头道拐河段冲淤量的决定性因素。

  在有可能影响三湖河口至头道拐河段冲淤量的三个因素（三湖河口来沙量、来水量和十大孔兑来沙量）中，由于 $S_{dep,S-T}$ 与三湖河口来沙量、来水量均不相关，故 $S_{dep,S-T}$ 主要由十大孔兑来沙量 $Q_{s,SD}$ 决定。由于 $Q_{s,SD}$ 的变化可以解释 $S_{dep,S-T}$ 变化的 79.1%，可以通过 $S_{dep,S-T}$ 与 $Q_{s,SD}$ 的关系式来评价 $Q_{s,SD}$ 对 $S_{dep,S-T}$ 的影响。图 5-3（b）显示，三湖河口至头道拐河段年冲淤量 $S_{dep,S-T}$ 和十大孔兑年来沙量 $Q_{s,SD}$ 的关系为

$$S_{dep,S-T} = 1.0186Q_{s,SD} - 0.0498 \tag{5-3}$$

令式（5-3）左端为 0，可得 $Q_{s,SD} = 0.0489$，即十大孔兑年来沙量超过 489 万 t，三湖河口至头道拐河段就有可能发生淤积。由此可见，三湖河口至头道拐河段的淤积对十大孔兑的来沙十分敏感，通过流域治理来减少十大孔兑的来沙是减轻三湖河口至头道拐河段淤积的重要途径。

  为了对来自十大孔兑的泥沙在三湖河口至头道拐河段的淤积比和输移比进行研究，本研究利用该河段发生淤积的 31 年的资料，在设定截距为 0 的条件下，建立了三湖河口至头道拐河段年冲淤量 $S_{dep,S-T}$ 和十大孔兑年来沙量 $Q_{s,SD}$ 的线性回归方程 [图 5-3（c）]：

$$S_{dep,S-T} = 0.9902Q_{s,SD} \tag{5-4}$$

决定系数 $R^2 = 0.8663$，意味着三湖河口至头道拐河段在发生淤积的 31 年中，年淤积量变化的 86.63% 可以用十大孔兑年来沙量的变化来解释。由上述方程 [式（5-4）] 得到

$S_{\text{dep,S-T}}/Q_{\text{s,SD}}=0.9902$，即十大孔兑来沙在三湖河口至头道拐河段的淤积比为 0.9902，这意味着仅有 0.88% 输移到头道拐站，十大孔兑来沙在三湖河口至头道拐河段的输移比仅为 0.88%。当然，由于三湖河口来沙对 $S_{\text{dep,S-T}}$ 不能完全忽略，这一结果存在一定误差。但是可以肯定的是，十大孔兑来沙在三湖河口至头道拐河段的输移比是非常低的。

四、高含沙水流的影响

十大孔兑来沙量绝大部分淤在三湖河口至头道拐河段中的原因，是十大孔兑的高含沙水流进入干流后，会迅速发生变化。十大孔兑来沙绝大部分是以高含沙水流的形式输移的。如前所述，十大孔兑的每一个流域，上游位于砒砂岩和黄土丘陵区，中游穿越沙漠，下游流经冲积-洪积平原区并注入黄河。这样的地貌格局和地表物质分布特征对高含沙水流的形成和风水两相侵蚀-搬运作用十分有利。高含沙水流是一种由固相和液相构成的两相流（钱宁和万兆惠，1983），液相是一种"运载工具"，固相则是其搬运的"货物"（许炯心，2005）。十大孔兑上游丘陵沟壑区发生暴雨后，由砒砂岩风化物、沙黄土构成的地表物质受到侵蚀后会形成富含大量细颗粒的径流，成为高含沙水流的液相组分。中游河道流经的沙漠地区，每年冬季和春季会频繁地发生大风和沙尘暴，将河道两侧的风成沙吹入河道并暂时堆积在那里。进入夏季，上游砒砂岩区发生暴雨洪水，形成细颗粒（粒径小于 0.01mm）与水均匀混合而成的浆液，其容重远远大于清水，对粗颗粒泥沙的浮力较大。上述浆液进入中游河道后，使前期堆积在那里的大量粗颗粒风成沙悬浮而向下运动，大大增加了高含沙水流的固相组分，使含沙量迅速增高。作者对西柳沟龙头拐站 1960 ~ 1990 年的年最大含沙量进行了统计，在这 31 年中，有 26 年的年最大含沙量超过 300kg/m^3，如果将大于 300kg/m^3 作为高含沙水流发生的标准，则可以认为，西柳沟高含沙水流的发生频率为 83.9%。在 31 年中有 12 年的年最大含沙量超过 1000kg/m^3，最大含沙量为 1550kg/m^3（1973 年）。可见，十大孔兑的高含沙水流是十分典型的。为了进一步论证高含沙水流在输沙中的作用，图 5-5（a）、（b）分别点绘了 1966 年西柳沟和 1989 年毛不拉孔兑的实测输沙率和流量的关系，可以分别用幂函数和截距为 0 的线性函数来表示。截距为 0 的线性关系：对于西柳沟，$Q_{\text{s}}=1052.6Q_{\text{w}}$；对于毛不拉孔兑，$Q_{\text{s}}=1403.8Q_{\text{w}}$。由上列

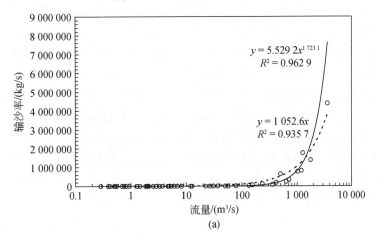

$$y = 5.5292x^{1.7231}$$
$$R^2 = 0.9629$$

$$y = 1052.6x$$
$$R^2 = 0.9357$$

(a)

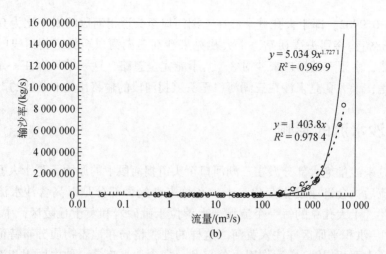

图5-5　西柳沟（a）和毛不拉孔兑（b）的实测输沙率和流量的关系

两式得到：对于西柳沟，$Q_s/Q_w = 1052.6 \text{kg/m}^3$；对于毛不拉孔兑，$Q_s/Q_w = 1403.8 \text{kg/m}^3$。由于 Q_s/Q_w 相当于平均含沙量，即平均含沙量分别为 1052.6kg/m^3 和 1403.8kg/m^3，再一次说明高含沙水流在输沙中的主导作用。

三湖河口至头道拐河段为冲积型河段，位于地势平坦的内蒙古平原，河道比降仅为 1.03×10^{-4}，输沙能力较弱，输送来自十大孔兑的以沙漠沙为主体的粗泥沙的能力更弱。黄河上游干流径流含沙量很低，头道拐汛期（7～10月）多年平均含沙量仅为 1.96kg/m^3。十大孔兑高含沙水流进入干流以后，其液相组分会受到强烈稀释，容重急剧下降，对粗颗粒固相的悬浮能力也急剧降低，导致了粗泥沙的迅速沉降，因而发生强烈淤积。这就是十大孔兑输入黄河干流泥沙迅速沉积下来的原因。

五、干流来水对宁蒙河段冲淤的影响

在三湖河口至头道拐河段的两个水沙来源中，三湖河口以上干流的来水量很大而来沙量相对较小，十大孔兑的来水量较小而来沙量相对较大，体现出水沙异源的特性。图5-6（a）点绘了三湖河口站和西柳沟龙头拐站年含沙量随时间的变化，以资比较。三湖河口多年平均含沙量为 3.84kg/m^3，西柳沟多年平均含沙量为 103.0kg/m^3，后者为前者的 26.82 倍。由此可知，黄河干流的低含沙径流对十大孔兑的高含沙径流有强烈的稀释作用，这种稀释作用的效应分为两方面：一方面，如前所述，这种稀释作用可以降低进入黄河干流的十大孔兑高含沙水流的液相浓度，导致粗颗粒固相的淤积；另一方面，这种稀释作用则会增强对来自十大孔兑泥沙中的较细颗粒的输运，因而减弱这部分泥沙的淤积。本研究将十大孔兑来沙量（$Q_{s,SD}$）与三湖河口来水量（$Q_{w,SH}$）之比作为指标来分析十大孔兑来沙与干流来水的组合关系，在给定 $Q_{s,SD}$ 时，$Q_{s,SD}/Q_{w,SH}$ 越小，稀释效应越强。图5-6（b）点绘了三湖河口至头道拐河段年冲淤量与 $Q_{s,SD}/Q_{w,SH}$ 的关系，二者呈显著的正相关，说明 $Q_{s,SD}/Q_{w,SH}$ 是控制三湖河口至头道拐河段冲淤的重要因素。

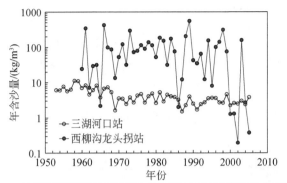

(a)干流三湖河口站和西柳沟龙头拐站年含沙量随时间的变化

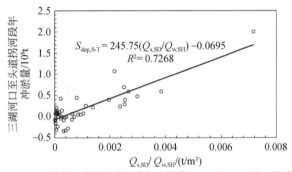

(b)三湖河口至头道拐河段年冲淤量($S_{dep,S-T}$)与$Q_{s,SD}/Q_{w,SH}$的关系

图5-6　干流来水和十大孔兑来沙对宁蒙河段冲淤的影响

六、龙羊峡水库的修建对十大孔兑来沙在干流中淤积的影响

本章第三节将会指出，龙羊峡水库修建后，汛期中拦截了大量径流用于发电，这使得三湖河口的汛期径流减少。假设十大孔兑汛期来沙不变，那么十大孔兑汛期来沙量与三湖河口站汛期径流量之比增大。按图5-6（b）中的正相关关系，三湖河口至头道拐河段的淤积量会随之增大。为了就龙羊峡水库蓄水对三湖河口至头道拐河段冲淤的影响进行研究，本研究在图5-7（a）点绘了三湖河口至头道拐河段年冲淤量与十大孔兑年来沙量的关系，区分了龙羊峡水库建库前（1960～1985年）和建库后（1986～2005年）两个时段，以评价龙羊峡水库蓄水对河道淤积和泥沙输移的影响。分别对两个时段的数据点进行了线性拟合，给出了回归方程。可以看到，代表1986～2005年的直线位于1960～1985年直线的上方，说明在十大孔兑来沙相同时，建库后的淤积量要大于建库前的淤积量。图5-7显示：

1960～1985年：$y = 1.1897x - 0.1704$　　　　　　　　　　　　　　　　（5-5）

1986～2005年：$y = 0.9403x + 0.0832$　　　　　　　　　　　　　　　　（5-6）

图5-7（b）点绘了三湖河口至头道拐河段累积冲淤量与十大孔兑累积来沙量的关系，可以看到，拟合直线在1986年向上方显著偏转，说明龙羊峡水库的建成蓄水是三湖河口

至头道拐河段淤积量增大的转折点。

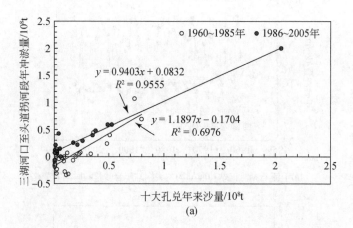

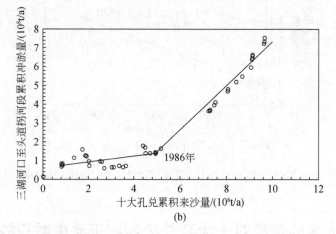

图 5-7　三湖河口至头道拐河段年冲淤量与十大孔兑年来沙量的关系（a）及三湖河口至
头道拐河段累积冲淤量与十大孔兑累积来沙量的关系（b）

第二节　支流高含沙水流对干流河道演变的影响

　　十大孔兑输送到黄河的粗颗粒泥沙绝大部分淤积在河道中，导致了河床淤积抬高。上游一系列水库修建之后，特别是库容达 247 亿 m³、以发电为主的多年调节水库——龙羊峡水库于 1986 年建成蓄水后，极大地改变了水库下游的径流过程，汛期径流大幅度减小，输沙能力减弱，三湖河口至头道拐河段的淤积更为严重，成为制约黄河上游河道管理的主要瓶颈。来自十大孔兑的高含沙水流在黄河干流产生强淤积，常常导致淤堵事件的发生，产生严重的泥沙灾害和巨大的经济损失。西柳沟是十大孔兑中输沙量最大的河流，来自西柳沟的洪水泥沙极易造成干流淤堵。在特定条件下河流的"堵塞"（river jamming）是河床演变的一种特殊形式，常常会导致地貌灾害。前人对河流堵塞进行过大量研究，确定了不同的堵塞类型，如冰川和融冰产生的大量冰块导致的河道堰塞、支流入汇的泥石流导致的河道堵塞、河谷边坡滑坡导致的河道堰塞以及小河流上大量树木残体导致的河道堵塞等（Abbe and Montgomery 1996；Joanna，2010；Wang et al.，2012）。可以认为，十大孔兑汇入黄河干流的突发性高含沙水流引起的干流淤堵是一种河流堵塞的新类型。

西柳沟汇入黄河的汇口位于黄河干流昭君坟水文站以下 1.5km 处，该水文站可以代表发生淤堵时的干流水沙条件。前人对十大孔兑淤堵干流事件已进行过一些研究（支俊峰和时明立，2002；张原锋等，2013；王平等，2013；吴保生，2014），作者在前人工作基础上，着眼于干支流水文地貌相互作用，通过逐日水文资料（中华人民共和国水利部水文局，1990）的分析，以西柳沟为例研究了十大孔兑淤堵干流的过程与机理（Xu，2015f）。

一、支流淤堵干流事件的确定

支流淤堵干流事件（以下简称淤堵事件）是指当干流的泥沙输移能力大大小于支流洪水输入干流的泥沙量时，干支流汇流区发生强烈淤积，形成部分或全部堵塞干流的水下泥沙堆积体，使干流水位急剧抬升的泥沙灾害事件。随着干流水位不断壅高，该泥沙堆积体会被冲决而逐渐趋于消失。淤堵事件可以通过位于汇流带干流水文站的水位-流量关系曲线的分析来确定。一般而言，某一水文站的水位与流量的对数具有很好的线性正相关。如果泥沙堆积体部分堵塞河道，使水流受阻，则在水位升高的同时，流量会减小，出现反常的水位-流量变化，使数据点向左上方升高（图5-8）。随着泥沙堆积体被冲开，流量会增大，水位会下降，使数据点向右下方下降，因而出现顺时针绳套。当恢复正常过流时，数据点又会回到趋势线上。按照这种方法可以确定发生了淤堵事件。据统计，1961～1998年来自十大孔兑的西柳沟、毛不拉孔兑、罕台川的洪水泥沙曾发生过 7 次泥沙淤堵黄河的现象，分别发生于 1961 年 8 月 21 日、1966 年 8 月 13 日、1976 年 8 月 2 日、1984 年 8 月 9 日、1989 年 7 月 21 日、1994 年 7 月 25 日、1998 年 7 月 12 日。此外，2002 年也发生过淤堵黄河的现象。在 1961～1998 年，十大孔兑来沙量之和与三湖河口至头道拐河段淤积量之和分别为 4.287 亿 t 和 4.8037 亿 t，分别占 1960～2005 年总来沙量和总淤积量的 56.9% 和 49.8%。也就是说，8 次十大孔兑淤堵造成的淤积量占 45 年总淤积量约一半。可见，淤堵事件对三湖河口至头道拐河段淤积过程的影响是很大的。依据黄河干流昭君坟和西柳沟龙头拐两站的水文泥沙资料，本节研究了西柳沟洪水泥沙事件的时间过程与干流淤堵事件时间过程之间的联系。

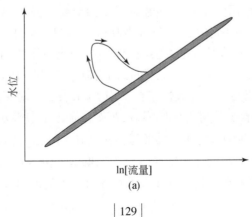

(a)

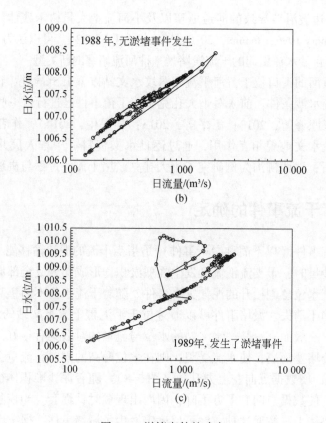

图 5-8　淤堵事件的确定

（a）淤堵事件水位–流量关系示意图；（b）1988 年水位–流量关系；（c）1989 年水位–流量关系

二、淤堵洪水和非淤堵洪水的判别关系

为了揭示支流来沙造成干流淤堵的机理，需要查明的一个重要问题是在什么条件下会出现淤堵。河流地貌系统是一个复杂的系统，它的各个组成部分之间存在复杂的相互作用，如流域–河道相互作用和干支流相互作用（Brierley and Fryirs，1999；Harvey，2001；Harvey，2002；Fryirs and Brierley，2007；Rice et al.，2008）。发生于干支流交汇带中的淤堵现象就是干支流相互作用的结果。支流对干流的地貌有效性（tributary's geomorphic effectiveness）是干支流关系研究中的一个重要概念（Field，2001；Miller，1990；Dean and Schmidt，2013）。支流汇入的泥沙是否会在干流中发生淤积而影响干流的地貌塑造过程，取决于干流水流对支流泥沙的搬运能力，可以用支流来沙量与干流搬运能力之比来表示这一关系，称为支流对干流的地貌有效性指标，用 I_{TE} 来表示。对于西柳沟–干流耦合系统，可以用西柳沟场次洪水来沙量与干流昭君坟站来水量之比来表示 I_{TE}，$I_{TE} = Q_{s,LTG} / Q_{w,ZJF}$，这里 $Q_{s,LTG}$ 是场次洪水中西柳沟龙头拐站的输沙量（10^4t），$Q_{w,ZJF}$ 是干流昭君坟站在支流洪水发生前 1 天（24h）的来水量（10^4m³），因为西柳沟的洪水历时比 24h 短得多。1961～1989 年，共发生了 19 次洪水，其中有 6 次洪水导致了干流河道淤堵。19 次洪水的特征值

见表5-1，6次淤堵事件的历时和干流水位变化见表5-2。本节研究了淤堵洪水与非淤堵洪水的差异。将I_{TE}对$Q_{w,ZJF}$作图［图5-9（a）］，发现在双对数坐标中所有的数据点可以被一条直线分为两部分，淤堵洪水位于直线上方，非淤堵洪水位于直线下方。从图5-9（a）看到，在6次淤堵事件中，只有1982年淤堵事件的数据点位于临界线以下，这是由于1982年西柳沟洪水的输沙量较小，仅257万t，但含沙量大，最大含沙量C_{max}为1320kg/m³，因而对干流造成较小规模的淤堵。图5-9（a）的直线和拟合方程代表了发生淤堵的水沙临界条件。临界方程为

$$I_{TE} = 5.0 \times 10^{10} Q_{w,ZJF}^{-2.1787} \tag{5-7}$$

这意味着，当$I_{TE} > 5.0 \times 10^{10} Q_{w,ZJF}^{-2.1787}$时，淤堵事件会发生；当$I_{TE} < 5.0 \times 10^{10} Q_{ZJF}^{-2.1787}$时，淤堵事件不会发生。

本研究还发现，三湖河口汛期（7～10月）平均流量$Q_{J-O,SH}$也可以用于淤堵洪水与非淤堵洪水的判别。将I_{TE}对$Q_{J-O,SH}$作图［图5-9（b）］，发现在双对数坐标中所有的数据点也可以被一条直线分为两部分，淤堵洪水位于直线上方，非淤堵洪水位于直线下方。临界方程为

$$I_{TE} = 1.9693 e^{-0.0008 Q_{J-O,SH}} \tag{5-8}$$

这意味着，当$I_{TE} > 1.9693 e^{-0.0008 Q_{J-O,SH}}$时，淤堵事件会发生；当$I_{TE} < 1.9693 e^{-0.0008 Q_{J-O,SH}}$时，淤堵事件不会发生。这里，$I_{TE}$定义为西柳沟龙头拐站年输沙量除以三湖河口站汛期径流量。

表5-1　西柳沟龙头拐站19次洪水的特征值与干流昭君坟站的相应特征值

洪水编号	$Q_{max,LTG}$ /(m³/s)	$Q_{w,LTG}$ /10⁴m³	$Q_{s,LTG}$ /10⁴t	$C_{max,LTG}$ /(kg/m³)	$C_{mean,LTG}$ /(kg/m³)	$Q_{w,ZJF}$ /10⁴m³	$Q_{s,ZJF}$ /10⁴t	$C_{mean,ZJF}$ /(kg/m³)	$\dfrac{C_{mean,ZJF}}{C_{mean,LTG}}$	类型
610821	3 180	5 300	2 968	1 200	560	10 886	111.5	10.2	0.018 2	淤堵
660813	3 660	2 320	1 656	1 380	714	17 280	168.5	9.8	0.013 7	淤堵
760802	3 377	2 164	476.1	731	220	18 490	45.9	2.5	0.011 4	淤堵
820916	449	586	257	1 320	439	11 664	63.2	5.4	0.012 3	淤堵
840809	660	956	347	651	363	33 178	281.7	8.5	0.023 4	淤堵
890721	6 940	7 350	4 740	1 240	645	6 126	7.6	1.2	0.001 9	淤堵
710831	602	356	217	1 420	610	4 026	8.1	2.0	0.003 3	非淤堵
730710	640	554	139	563	251	8 208	34.6	4.2	0.016 7	非淤堵
730717	3 620	1 370	1 090	1 550	796	8 813	49.5	5.6	0.007 0	非淤堵
750811	476	668	96.8	667	145	22 205	143.4	6.5	0.044 8	非淤堵
780812	722	1 100	246	404	224	7 361	34.0	4.6	0.020 5	非淤堵
780807	296	1 100	150	557	136	6 048	34.6	5.7	0.041 9	非淤堵
780830	618	1 350	292	342	216	8 096	28.5	3.5	0.016 2	非淤堵
790726	342	657	135	775	205	6 592	24.2	3.7	0.018 0	非淤堵
790813	701	592	406	1 150	686	20 218	216.0	10.7	0.015 6	非淤堵
810701	884	393	223	1 337	567	9 504	45.4	4.8	0.008 5	非淤堵
810726	312	364	174	955	478	12 787	66.6	5.2	0.010 9	非淤堵

洪水编号	$Q_{\max,\mathrm{LTG}}$ /(m³/s)	$Q_{w,\mathrm{LTG}}$ /10⁴m³	$Q_{s,\mathrm{LTG}}$ /10⁴t	$C_{\max,\mathrm{LTG}}$ /(kg/m³)	$C_{\mathrm{mean},\mathrm{LTG}}$ /(kg/m³)	$Q_{w,\mathrm{ZJF}}$ /10⁴m³	$Q_{s,\mathrm{ZJF}}$ /10⁴t	$C_{\mathrm{mean},\mathrm{ZJF}}$ /(kg/m³)	$C_{\mathrm{mean},\mathrm{ZJF}}$ /$C_{\mathrm{mean},\mathrm{LTG}}$	类型
840730	264	215	62.3	792	290	31 190	286.0	9.2	0.031 7	非淤堵
850824	547	710	108	376	152	10 195	62.6	6.1	0.040 1	非淤堵

注：$Q_{\max,\mathrm{LTG}}$ 为龙头拐站最大流量；$Q_{w,\mathrm{LTG}}$ 为龙头拐站洪量；$Q_{s,\mathrm{LTG}}$ 为龙头拐站洪水输沙量；$C_{\max,\mathrm{LTG}}$ 为龙头拐站最大含沙量；$C_{\mathrm{mean},\mathrm{LTG}}$ 为龙头拐站平均含沙量；$Q_{w,\mathrm{ZJF}}$ 为昭君坟站前一日径流量；$Q_{s,\mathrm{ZJF}}$ 为昭君坟站前一日输沙量；$C_{\mathrm{mean},\mathrm{ZJF}}$ 为昭君坟站前一日含沙量。

表 5-2　1961~1989 年 6 次淤堵事件的历时和干流水位变化

洪水编号	正常水位恢复历时/天	淤堵事件中水位变幅/m	正常水位-流量关系恢复历时/天
610821	13	2.42	5
660813	20	2.38	8
760802	7	1.49	4
820916	8	1.62	3
840809	4	1.96	2.5
890721	34	2.26	14

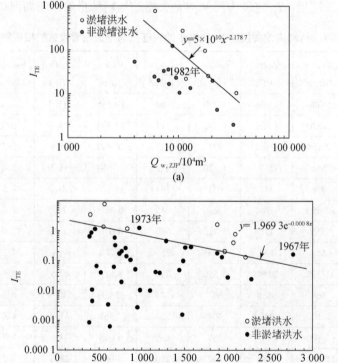

图 5-9　淤堵洪水和非淤堵洪水的判别关系

（a）I_{TE} 与昭君坟站径流量（$Q_{w,\mathrm{ZJF}}$）关系；（b）I_{TE} 与三湖河口汛期流量 $Q_{\mathrm{J-O,SH}}$ 的关系

三、淤堵指标与影响因素的关系

支流输入的泥沙导致干流淤堵事件具有不同的量级，量级的大小取决于 3 个特征值：正常水位恢复历时 D_{SJE1}、正常水位–流量关系恢复历时 D_{SJE2} 和淤堵事件中水位的变幅 R_{wl}。D_{SJE1}、D_{SJE2} 和 R_{wl} 越大，淤堵事件的规模及其致灾效应也越大。为了用一个单一的指标来表示淤堵事件的量级，本研究还引入了综合性的场次洪水淤堵指标 $I_{淤堵}$：$I_{淤堵} = (D_{SJE1} \times D_{SJE2})^{0.5} \times R_{wl}$。

上述研究引入了针对西柳沟的支流对干流的地貌有效性指标 I_{TE}，$I_{TE} = Q_{s,LTG}/Q_{w,ZJF}$。事实上，支流洪水的地貌有效性，不仅与洪水的输沙量有关，而且与含沙量和泥沙的粒径有关。由于西柳沟龙头拐站尚未进行泥沙粒径的系统观测，暂不能包括泥沙粒径变量，但可以用场次洪水最大含沙量 C_{max} 来反映高含沙水流的影响。为此，将 I_{TE} 指标扩充为：$I_{TE2} = (Q_{s,LTG} \times C_{max,LTG})/Q_{w,ZJF}$。为了进行区分，将原来的 I_{TE} 记为 I_{TE1}，$I_{TE1} = Q_{s,LTG}/Q_{w,ZJF}$。

为了进一步将淤堵指标与场次洪水水沙因子相联系，本研究基于 6 次淤堵事件进行了相关分析，引入如下的场次洪水水沙因子：龙头拐站场次洪水的洪水量 $Q_{w,LTG}$、输沙量 $Q_{s,LTG}$、最大流量 $Q_{max,LTG}$、最大含沙量 $C_{max,LTG}$ 和昭君坟站在西柳沟洪水前一天的日径流量 $Q_{w,ZJF}$ 和日输沙量 $Q_{s,ZJF}$。将淤堵指标 D_{SJE1}、D_{SJE2}、R_{wl} 与这些变量相联系，计算了相关系数矩阵（表5-3）。表5-3 标出显著性概率小于 0.05 和 0.01 的变量。图5-10 给出存在显著相关性的若干变量间的关系图，I_{TE1} 和 I_{TE2} 以及西柳沟龙头拐站的洪水量、输沙量和最大流量对淤堵指标 $(D_{SJE1} \times D_{SJE2})^{0.5} \times R_{wl}$ 都有显著的影响。

表5-3 淤堵指标与影响因子的相关系数矩阵

因子	$\ln Q_{w,LTG}$	$\ln Q_{s,LTG}$	$\ln Q_{max,LTG}$	$\ln C_{max,LTG}$	$\ln Q_{w,ZJF}$	$\ln Q_{s,ZJF}$	$\ln I_{TE1}$	$\ln I_{TE2}$
$\ln D_{SJE1}$	0.81 *	0.88 *	0.85 *	0.57	−0.72	−0.66	0.89 *	0.89 *
$\ln D_{SJE2}$	0.75	0.87 *	0.77	0.75	−0.81 *	−0.63	0.92 **	0.94 **
$\ln R_{wl}$	0.63	0.81 *	0.47	0.48	−0.29	0.07	0.69	0.70
$(D_{SJE1} \times D_{SJE2})^{0.5} \times R_{wl}$	0.81 *	0.90 *	0.82 *	0.65	−0.74	−0.61	0.92 **	0.93

注：* 表示显著性概率 $p<0.05$；** 表示显著性概率 $p<0.01$。p 为 0.01 的临界相关系数 $r_{c,p=0.01}=0.92$；p 为 0.05 的临界相关系数 $r_{c,p=0.05}=0.81$。

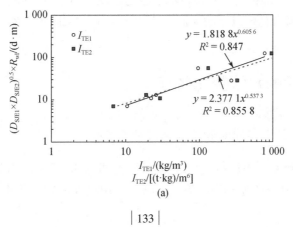

(a)

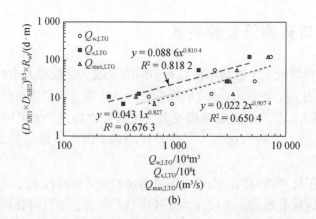

图 5-10　淤堵指标 $(D_{SJE1} \times D_{SJE2})^{0.5} \times R_{wl}$ 与 I_{TE1}、I_{TE2}（a）和龙头拐站洪水量 $Q_{w,LTG}$、

输沙量 $Q_{s,LTG}$、最大流量 $Q_{max,LTG}$（b）的关系

第三节　水库下游支流来沙对水库
下游河道冲淤的影响

自 1960 年以来，黄河上游已建水库 13 座。对水沙变化影响大的有龙羊峡、李家峡、刘家峡、盐锅峡、青铜峡、三盛公等，其中龙羊峡水库库容为 247 亿 m^3，为多年调节水库，刘家峡水库库容为 57.1 亿 m^3，为年调节水库。龙羊峡水库、刘家峡水库主要用于蓄水发电，对水量有很大的调节作用；其余水库库容较小，主要用于引水灌溉，对水量的调节作用很小。由于自然地理条件的差异，黄河上游具有十分显著的水沙异源特征。按刘家峡水库修建前即 1955~1967 年的资料统计，兰州站年均来沙量为 1.10 亿 t，来水量为 322 亿 m^3。兰州以下主要支流为祖厉河和清水河。祖厉河年均来沙量为 0.773 亿 t，来水量为 1.63 亿 m^3；清水河年均来沙量为 0.296 亿 t，来水量为 1.47 亿 m^3。两条支流增加水量仅为 3.1 亿 m^3，占兰州站的 0.96%，增加沙量却为 1.07 亿 t，占兰州站的 97.3%。此外，赵业安等（2008）估算，十大孔兑年均来沙量为 0.22 亿 t。若加上十大孔兑来沙量，则兰州以下支流年均来沙为 1.29 亿 t。可见，黄河上游兰州以下的区间流域，对径流的补给量很小，对泥沙的补给量却很大。对于黄河上游的径流，95% 以上来自兰州以上流域，而泥沙则有 54.0% 以上来自兰州以下的支流，这种水沙异源特征对河流地貌过程会产生十分深远的影响。

一、水库修建后的水沙变化特征

（一）年输沙量、年径流量和汛期径流量的变化

图 5-11 给出兰州站年输沙量 Q_s、年径流量 Q_w 和汛期（7~10 月）径流量 $Q_{w,h}$ 随时间 t（年份）的变化，都具有明显减小趋势，可以分别用线性回归方程来拟合。在回归系数为

0 的假设下进行了 t 检验，结果表明，对于式（5-9），这一假设被接受的概率 $p=$ 0.000 008；对于式（5-10），这一假设被接受的概率 $p=0.0021$；对于式（5-11），这一假设被接受的概率 $p=0.000 002$。这说明年径流量和年输沙量随时间减小的趋势都是显著的。

$$Q_s = -0.0191t + 38.558 \quad (R^2 = 0.3056) \tag{5-9}$$

$$Q_w = -1.6503t + 3572.8 \quad (R^2 = 0.1595) \tag{5-10}$$

$$Q_{w,h} = -2.1195t + 4353.5 \quad (R^2 = 0.3418) \tag{5-11}$$

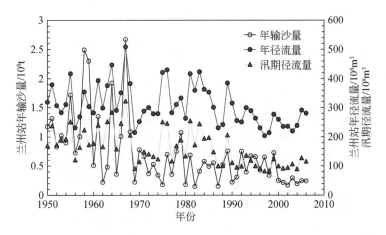

图 5-11　兰州站年输沙量、年径流量和汛期（7～10 月）径流量随时间的变化

（二）径流年内分配特征的变化

为了表达水库的修建对兰州站径流年内分配的影响，本研究计算了汛期径流量占年径流量的比例、月径流量变差系数、月径流量平方和与年径流量之比，并将这 3 个指标随时间的变化点绘在图 5-12 中，给出了线性拟合曲线和回归方程。对回归系数进行了 t 检验，结果表明这 3 个指标随时间减小的趋势都是显著的。从图 5-12 还可以看到，刘家峡水库修建后，这 3 个指标值有一定程度的减小；龙羊峡水库修建后，3 个指标值发生了阶梯式下降。

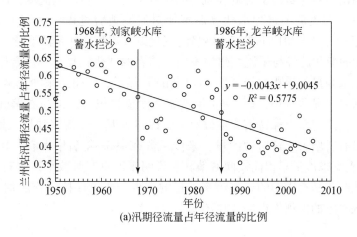

(a)汛期径流量占年径流量的比例

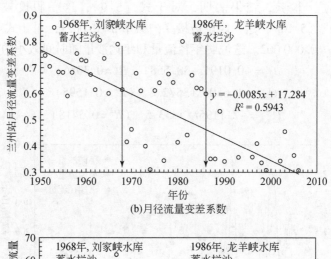

(b)月径流量变差系数

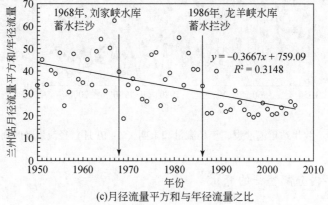

(c)月径流量平方和与年径流量之比

图 5-12　径流年内分配特征的变化

二、兰州以下支流来沙变化及其对水库下游来沙的贡献率

本书已经指出，对于黄河上游的径流，95%以上来自兰州以上流域，而泥沙则有54%以上来自兰州以下的支流，这种水沙异源特征对河流地貌过程会产生十分深远的影响。图5-13点绘了兰州站和兰州以下支流来沙量的变化以及累积来沙量的变化。从图5-13（a）可见，支流来沙的变化趋势与干流兰州站不同，前者的变化较复杂，后者则呈明显减小趋势。干流、支流来沙量的累积曲线［图5-13（b）］显示，兰州站来沙量从1968年刘家峡水库建成蓄水后发生显著减小，而1968年支流来沙量累积曲线也向右偏转，意味着支流来沙量有所减少，这与水土保持措施生效有关。1988年后，支流来沙量双累积曲线向左偏转，说明来沙量有所增大，这对含沙量、来沙系数在1988年后增大有一定的影响。大致在1995年后，支流来沙量累积曲线向右偏转，说明来沙量有所减小，这对1995年以后含沙量、来沙系数减小是有影响的。支流来沙量的减少与水土保持措施的加强和2000年后国家在黄河流域实施的大规模退耕还林还草工程有关。

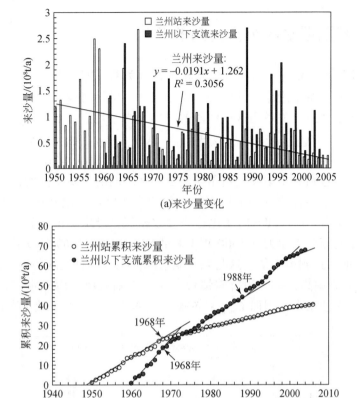

(a)来沙量变化

(b)累积来沙量变化

图5-13　兰州站和兰州以下支流来沙量变化以及累积来沙量的变化

　　本研究以水库下游支流来沙量占总来沙量（即干流来沙量与支流来沙量之和）的比例表示支流来沙量对总来沙量的贡献率，其变化已点绘在图5-14中。图5-14显示，这一比例呈增大的趋势，显著性概率为0.000 355，这说明水库修建以后，支流来沙量的比例增大，会在水库下游河道的冲淤调整方面起到更大的作用。

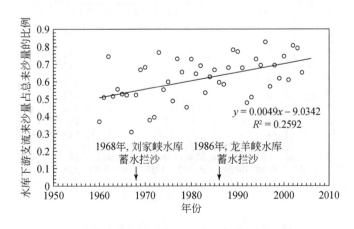

图5-14　水库下游支流来沙量占总来沙量比例的变化

三、水库下游汛期水沙组合关系的变化

本研究以支流来沙量与干流汛期来水量的组合关系，即二者之比作为定量指标来反映支流来沙对水库下游干流冲淤的影响。以兰州至头道拐河段表示龙羊峡水库、刘家峡水库下游。上述水沙组合关系用这一河段的汛期来水平均含沙量 C_{mean} 和平均来沙系数 ξ 来表示：$C_{mean,H} = Q_{s,H}/Q_{w,H}$，$\xi = C_{mean,H}/Q_{mean,H}$，式中，$Q_{s,H}$、$Q_{w,H}$ 分别为汛期来沙量和汛期来水量，$Q_{mean,H}$ 为汛期平均流量。汛期来沙量和汛期来水量采用水库下游的汛期来沙量和汛期来水量，包括兰州站及兰州站与头道拐站之间的主要支流的汛期来沙量和汛期来水量。汛期来水平均含沙量和平均来沙系数的变化已经点绘在图 5-15 中，并用四次抛物线方程进行拟合。C_{mean} 和 ξ 的变化趋势大致相似，经历了由大到小，再增大，又减小的过程。由于刘家峡水库大坝 1960 年 1 月截流，导致了 1960 年以后 C_{mean} 和 ξ 显著减小，到 1980 年前后达到最小值。这与刘家峡水库的拦沙有直接的关系。值得注意的是，1970 年的 C_{mean} 和 ξ 偏高，是一种特殊情形。这一年刘家峡水库充水使径流减小，而该年水库下游支流来沙很多，因而 C_{mean} 和 ξ 偏大。1985 年后，龙羊峡水库建成蓄水，该水

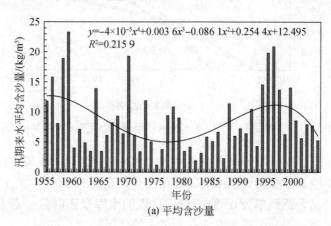

(a) 平均含沙量

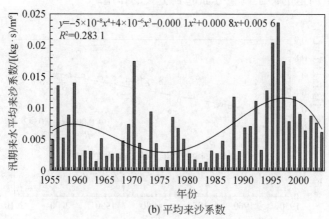

(b) 平均来沙系数

图 5-15　水库下游汛期水沙组合关系的变化

库上游流域来沙较少，因而该水库拦截的泥沙量不多，但汛期大量蓄水发电，使得水库下游汛期径流量显著减少，导致 1985 年以后汛期含沙量和来沙系数均大幅度增大。1995 年以后，受兰州以上流域汛期年降水量增加的影响（图 5-16），兰州站径流量增加，加之退耕还林等措施的实施使祖厉河和清水河以及十大孔兑等多沙支流来沙减少，使得 C_{mean} 和 ξ 有减小的趋势（图 5-15）。

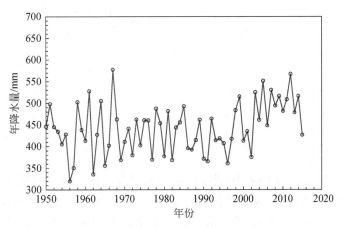

图 5-16　兰州以上流域年降水量的变化

四、水库下游支流来沙与干流来水的组合关系变化对水库下游河道冲淤的影响

　　兰州至头道拐河段年冲淤量的变化见图 5-17（a），并以四次抛物线方程进行拟合。可以看到，刘家峡水库截流（1960 年）是研究河段由淤积变为冲刷的转折点；龙羊峡水库建成蓄水（1986 年）是由冲刷变为淤积的转折点。

　　为了进一步揭示冲淤量的变化趋势，本研究还采用了 Mann-Kendall 方法。冲淤量正序列 Mann-Kendall U 值曲线 [图 5-17（b）] 显示，从 1960 年开始该曲线下降，即淤积量减

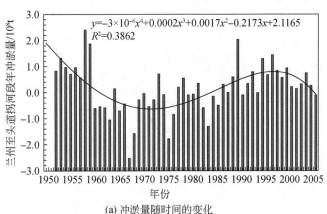

$$y = -3 \times 10^{-6} x^4 + 0.0002 x^3 + 0.0017 x^2 - 0.2173 x + 2.1165$$
$$R^2 = 0.3862$$

(a) 冲淤量随时间的变化

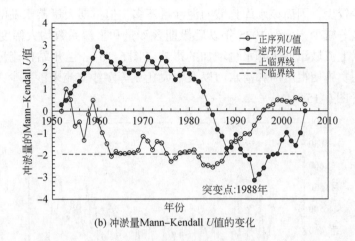

(b) 冲淤量Mann–Kendall U值的变化

图 5-17　冲淤量的变化趋势与突变

少、冲刷量增多，这显然与1960年刘家峡水库大坝截流拦沙导致河道冲刷有关。从1986年开始曲线以很大斜率上升，即淤积量显著增大，这显然与1986年龙羊峡水库建成蓄水导致河道淤积有关；同时，正序列 U 值曲线与逆序列 U 值曲线相交于1988年，且交点位于两条临界线之间，说明1988年是淤积量增大的突变点。

为了揭示 $C_{mean,H}$ 和 ξ 对水库下游河道冲淤过程的控制作用，本研究在图5-18中点绘了兰州至头道拐河段历年河道冲淤量 S_{dep} 与 $C_{mean,H}$ 和 ξ 的关系。可以看到，S_{dep} 与 $C_{mean,H}$ 的决定系数为 $R^2=0.7579$ ［图5-18（a）］，S_{dep} 与 ξ 的决定系数为 $R^2=0.7124$ ［图5-18（b）］，意味着 $C_{mean,H}$ 可以解释 S_{dep} 变化的75.79%，ξ 可以解释 S_{dep} 变化的71.24%，这说明汛期水沙量及其组合关系的变化是河道冲淤变化的主要控制因素。

为了进一步揭示水库修建后汛期水沙组合变化与兰州至头道拐河段冲淤量变化之间的内在联系，本研究在同一坐标中分别点绘了冲淤量与汛期来水平均含沙量随时间的变化［图5-19（a）］和冲淤量与汛期来水平均来沙系数随时间的变化［图5-19（b）］，并分别以四次抛物线来拟合其变化趋势。为了便于观察，图5-19省略具体的数据点，只保留了拟合曲线。河段冲淤量 S_{dep} 随时间 t 变化的方程为

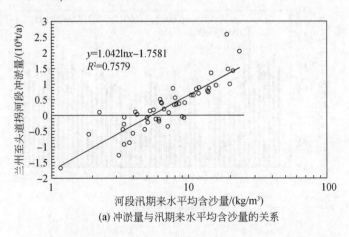

(a) 冲淤量与汛期来水平均含沙量的关系

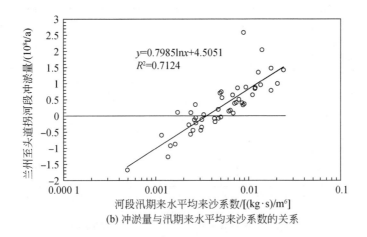

(b) 冲淤量与汛期来水平均来沙系数的关系

图5-18　汛期水沙组合对兰州至头道拐河段冲淤量的影响

$$S_{\text{dep}} = -3 \times 10^{-6} t^4 + 0.000\,2t^3 + 0.001\,7t^2 - 0.217\,3t + 2.116\,5 \quad (R^2 = 0.386\,2) \quad (5\text{-}12)$$

汛期水库下游来沙系数 ξ 随时间 t 变化的方程为

$$\xi = -5 \times 10^{-8} t^4 + 0.000\,4t^3 - 1.102\,3t^2 + 1\,452.8t - 718\,058 \quad (R^2 = 0.283\,1) \quad (5\text{-}13)$$

汛期水库下游含沙量随时间变化的方程为

$$C_{\text{mean,H}} = -4 \times 10^{-5} t^4 + 0.315\,6t^3 - 935.55t^2 + 10^6 t - 6 \times 10^8 \quad (R^2 = 0.215\,9) \quad (5\text{-}14)$$

河段冲淤量与含沙量有很强的同步变化关系 [图5-19（a）]，与来沙系数也有很强的同步变化关系 [图5-19（b）]，这说明水库的调节改变了汛期水沙组合方式，而改变后的汛期水沙组合方式对河段冲淤量产生了影响，因而出现了图5-17（a）所示的冲淤量变化图形。

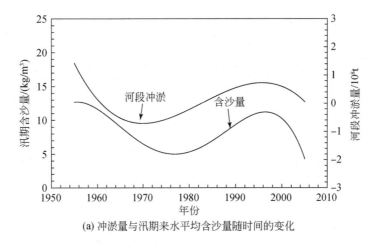

(a) 冲淤量与汛期来水平均含沙量随时间的变化

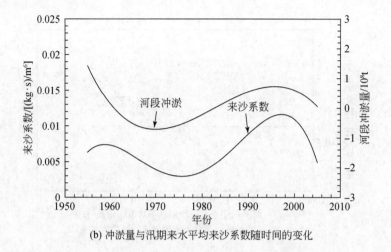

(b) 冲淤量与汛期来水平均来沙系数随时间的变化

图 5-19　河段冲淤量与水沙组合特征时间变化的比较

第六章 | 水沙耦合关系

河流的水沙耦合关系是指河流径流的产生与流动过程与泥沙的产生和输移过程之间的复杂耦合关系，具有十分丰富的科学内涵，日益成为河流学科的重要研究领域。然而，目前大多数研究只涉及最基本的水沙耦合关系，即水与泥沙的关系，可以简化河流的输沙量和流量之间的关系。目前广泛运用的水沙关系指标有以下 3 种：①含沙量（输沙量与径流量之比，或输沙率与流量之比）；②来沙系数（含沙量与流量之比）；③输沙量（Q_s）–流量（Q）幂函数关系（$Q_s=aQ^b$）的指数 b。可以认为，在某一特定的河段，输沙量反映河道的"负载"，而流量则反映河流搬运泥沙的"动力"，含沙量反映河道"负载"与"动力"之比。这只是一种最简单的情形。影响河流"动力"的因素不仅有流量，还有河床或水面的比降；影响河流负载的不仅有泥沙的数量，而且还有泥沙的粒度。如果考虑到高含沙水流，影响"负载"和"动力"的因素更为复杂，因而水沙关系的物理图形也显著不同于非高含沙水流。水沙关系具有丰富的物理意义，因而也具有重要的水文地貌意义。在黄河，来沙系数是一种应用最广泛的水沙关系指标。吴保生和申冠卿（2008）依据前人的研究成果，对来沙系数的物理含义进行了全面的探讨，认为来沙系数包含多种物理意义：①反映单位流量的含沙量大小；②反映实测含沙量与临界含沙量的比值；③可作为水沙搭配参数或冲淤判数；④反映单位水流功率含沙量的大小；⑤可作为非平衡输沙公式中的关键参数。因此，来沙系数虽然只是一个经验参数，但它具有丰富的实际物理意义。

本章以作者的研究成果为基础，就水沙耦合关系与水流能耗的关系，水沙关系对冲淤临界的影响，多泥沙河流的侵蚀、输移、沉积过程对水沙关系的复杂响应，基于水沙关系的河型判别和基于 Lane 平衡对传统水沙关系的推广等问题进行了讨论。

第一节　水沙耦合关系与水流能耗

黄河是一条细沙冲积性河流，其输沙的绝大部分为悬移质泥沙。因此，水流能耗中，悬浮功占有重要地位。黄河干支流的高含沙水流的运动及其侵蚀、搬运、堆积特性与包括悬浮功在内的水流能耗有密切的关系。水沙耦合与水流能耗的相互关系的研究，是认识黄河地貌过程的一把钥匙。

一、悬浮功与含沙量的关系

水流挟运泥沙要将部分能量消耗于泥沙的悬浮，即做悬浮功，因而随着含沙量的增加，挟沙水流所需的能耗水平也增加。但当含沙量超过某一临界值后，浑水黏度的增大和泥沙有效质量的减小使得沉速急剧减小，其减小的速率超过了含沙量增大的速率，使得用

沉速 ω 和含沙量 S 的乘积 $S\omega$ 来表示的悬浮功反而开始减小，因而水流能耗率也开始减小。这时可以认为已经进入高含沙水流的范畴（钱宁和万兆惠，1983）。

钱宁和万兆惠（1983）曾得到计算悬浮功的公式：

$$\omega_d = (\gamma_s - \gamma) S_v (1 - S_v)^{m+1} \omega_0 \tag{6-1}$$

式中，ω_d 为悬浮功；S_v 为体积比含沙量；γ 和 γ_s 分别为水和沙的比重；ω_0 为单颗泥沙在面积无限大的清水水体中的沉速；m 为常数。式（6-1）具有极大值。对式（6-1）取 S_v 的微分，并令 $d\omega_d/dS_v$ 为 0，可得悬浮功达到最大值时的体积比含沙量为

$$S_{vc} = 1/(m+2) \tag{6-2}$$

他们求出了不同粒径、不同 m 值时悬浮功达到最大值时的体积比含沙量。上述结果表明，当含沙量较小时，悬浮功随含沙量的增大而增大；但达到某一临界值之后，悬浮功即随着含沙量的进一步增大而减小。这一临界含沙量的大小对不同性质的挟沙水流是不同的。例如，当泥沙粒径较大时，与悬浮功最大值相对应的体积比含沙量也较大。

二、水流有效势能消耗与含沙量的关系

一般认为，悬浮功取自水流的紊动能，因而对水流的有效势能消耗的影响不大。从这种意义上说，进入高含沙范畴之后，水流能耗的急剧减小更多地取决于从推移质向悬移质的转化。黄土高原的高含沙水流是一种两相流，其中水与细颗粒泥沙的混合物形成液相，而其中的粗颗粒构成固相。高含沙水流的容重很大，使粗颗粒的水下质量急剧减小，因而可以从推移质转化为悬移质。推移质运动要大量消耗水流的有效势能，故从推移质向悬移质的转化将显著减小水流的有效势能，这是高含沙河流在自我调整中需要减小比降的重要原因。

三、实验资料反映的水流能耗与含沙量的关系

一些实验资料在一定程度上揭示了水流能耗性质与含沙量的关系。管流试验［图6-1（a）］或水槽试验［图6-1（b）］都表明，在比降一定时，不淤流速随含沙量的增大而增大，但达到某一临界含沙量之后，当体积比含沙量进一步增大时，挟运泥沙所需要的不淤流速反而减小（图6-1）。单位水体在单位时间内的势能消耗率可以用比降 J 与流速 V 的乘积 VJ 来表示，故图6-1实际上也反映了挟沙水流的能耗性质随含沙量的增加而变化的规律。可以看到，这一规律与上述悬浮功和水流有效势能随含沙量的增加而变化的规律是一致的。

四、天然河流的能耗性质与含沙量的关系

为了揭示天然河流的能耗性质与含沙量的关系，本研究收集了我国数十条天然冲积河流的资料，将水流通过单位河长的势能消耗率 $\gamma_m JQ$ 对年平均悬移质含沙量作图（图6-2），这里 γ_m 为浑水容重，Q 为平滩流量（无平滩流量资料时代时采用多年平均最大流

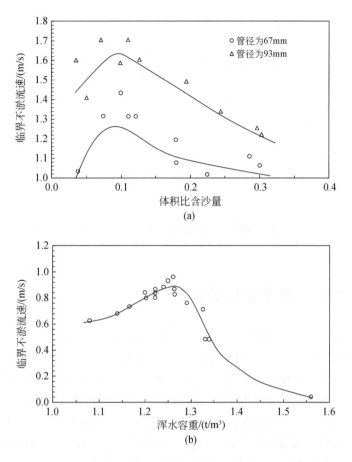

图 6-1 临界不淤流速与体积比含沙量的关系（a）及临界不淤流速与浑水容重的关系（b）
资料来源：钱宁和万兆惠，1983

量），J 为比降。采用 $\gamma_m QJ$ 而不是采用 VJ 来表示能耗率，是由于流速和比降的年内变化甚大，不易得到 VJ 的多年平均值，而 $\gamma_m QJ$ 则有一定的相对稳定性。

由于流域自然条件差异甚大，图 6-2 的数据点十分分散，但仍反映了一定的规律性，即河流能耗率先随年平均悬移质含沙量的增大而增大，达到最大值后，随着年平均悬移质含沙量的进一步增大，河流能耗率反而减小。为了在河流能耗性质的背景上考察河型的分化，本研究在图 6-2 中以不同的符号来代表不同的河型。可以看到，游荡型的数据点主要分布在能耗率的峰值附近，而弯曲型、江心洲型和高含沙型曲流则分布在能耗率相对较低的区域中，这意味着游荡型所要求的能耗率较高，而其余三种河型要求的能耗率较低，这显然是河流在流域因素所决定的不同来沙条件的前提下，对自身能耗特征进行调整的结果。本书还将对此进行详细讨论。

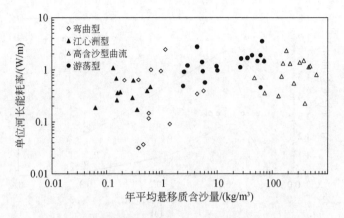

图 6-2　天然河流的能耗率 $\gamma_m QJ$ 与年平均悬移质含沙量的关系

五、水流挟沙能力与含沙量的关系

在一定意义上，可以认为水流挟沙能力问题与能耗率问题是同一个问题的不同表达方式。事实上，有的挟沙能力公式如杨志达公式就是直接以水流能耗率作为参数的（Yang and Song，1979）。挟沙水流中含沙量的变化，将改变水流的运动和动力性质，从而改变其挟运泥沙的能力。本研究以武汉水利电力学院的挟沙能力公式为基础，$V^3/(gh\omega)$ 作为水力参数（这里 V 为流速，h 为水深，ω 为沉速，g 为重力加速度），将处于准平衡条件下的河流、渠道和试验水槽的饱和含沙量 ρ 对这一参数作图（图6-3）。从图6-3可以看出，在非高含沙范围内，数据点呈一直线，即水流强度的增大将使挟沙能力增大，但当挟沙水流

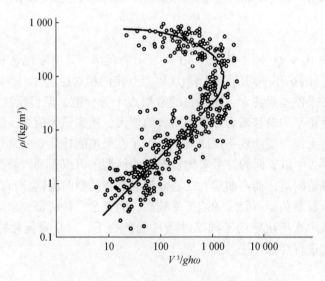

图 6-3　挟沙能力 ρ 与水力参数 $V^3/(gh\omega)$ 的关系

据万兆惠等（1978）的研究，略有修改

的含沙量进入高含沙范畴时，含沙量进一步增大后，与之相应的水力参数反而可以大大减弱，表明高含沙量可以在较弱的水力条件下输送，即对于高含沙水流，其挟沙能力可以大幅度提高。

第二节　基于水沙关系的冲淤临界研究

临界规律是物理系统的基本规律之一，作为物理系统的河流系统也不例外。自Schumm（1977）倡导开展地貌系统中临界现象的研究以来，流水地貌系统的临界研究出现了大量的成果（Schumm，1977；Knighton，1998）。地貌学家和水利工程师在内的河流研究者对我国河流的临界现象进行了大量的研究，涉及输沙临界、冲淤临界、河床演变临界、河型转化临界等诸多方面。其中，对黄河下游冲淤临界的研究已经发表了很多成果。作者发现了河型对含沙量变化响应的临界现象（许炯心，1997d）和宽变幅水沙两相流的冲淤双临界现象（许炯心，2001）；陈浩等（2003）研究了流域产沙中的地理环境要素临界；陈东等（2002）研究了河槽枯萎的临界阈值；胡春宏和郭庆超（2004）通过建立泥沙数学模型，探讨了黄河下游河道的动力平衡临界阈值。

水沙关系表示河流的径流与其输送的泥沙量的关系。对于同一条河流的某一河段，河床比降变化不大，因而流量的大小反映输沙的动力。流域泥沙量则代表河流的负载。因此，水沙关系反映河流动力与负载的对比关系。当动力与负载相适应时，河流处于冲淤平衡临界状态。从这一意义上说，水沙关系与河床冲淤临界之间存在着密切的关系。自小浪底水库修建以后，通过调水调沙来合理配置泥沙、减轻下游河道淤积成为黄河治理的重要途径。为了进行调水调沙的计算，确定下游河道冲淤临界是一个必须解决的重要问题。然而，目前对黄河下游冲淤临界的研究大多是单一指标的临界，不能全面地反映河道冲淤的临界规律。例如，已有的基于年系列和洪水系列资料的研究中，建立了以年平均或场次洪水平均含沙量或来沙系数为指标的冲淤临界（许炯心，1997a；许炯心，1997b；胡春宏，2005）。但是决定河道冲淤过程的水沙变量不仅是平均含沙量或来沙系数。在年平均、洪水平均含沙量和来沙系数一定时，来水量和来沙量及其过程可以有不同的组合，由此导致冲淤过程的差异。以年平均或场次洪水平均含沙量或来沙系数为指标的冲淤临界不能反映复杂多变的来水量和来沙量及其过程的影响。因此，如何建立多变量冲淤临界关系，是亟待解决的问题。

冲淤临界表示在一定的水沙和河床边界条件下，河道由冲刷变为淤积的临界点。冲淤临界可以通过河道泥沙输移比（排沙比）SDR 来定义。当 SDR>1 时，为冲刷；当 SDR<1 时，为淤积；当 SDR=1 时，河道处于冲淤临界状态。影响河道冲淤过程的水沙变量有多种。基于洪水系列资料，本研究采用的水沙变量包括：①场次洪水来沙量 Q_s；②场次洪水来水量 Q_w、平均流量 Q_{mean} 和最大流量 Q_{max}；③场次洪水平均含沙量 C_{mean}；④来沙系数 ξ，即平均含沙量与平均流量之比，$\xi = C_{mean}/Q_{mean}$；⑤流量变幅，即场次洪水最大流量 Q_{max} 与场次洪水平均流量 Q_{mean} 之比。作者在对黄河下游 1950～1985 年 274 次洪水的冲淤特性进行研究时发现，流量大于 2000m³/s 的洪水事件的数据点十分集中，流量小于 2000m³/s 的洪水事件的数据点则较为分散。因此，本研究采用了 1950～1985 年流量大于 2000m³/s 的

173 次洪水的资料进行分析。

一、基于水沙关系的冲淤临界线

图 6-4（a）点绘了场次洪水排沙比与场次洪水平均含沙量［以场次洪水的来沙量与来水量之比（Q_s/Q_w）表示］的关系，并给出了幂函数拟合方程：

$$\text{SDR} = 7.4882(Q_s/Q_w)^{-0.5747} \tag{6-3}$$

令式（6-3）左端为 1，得 $C_{mean} = Q_s/Q_w = 33.82\text{kg/m}^3$，此即为基于场次洪水的冲淤临界值。图 6-4（b）点绘了 Q_s 与 Q_w 的关系，绘出了直线 $Q_s = 0.033\,82Q_w$，此直线方程可以变换为 $Q_s/Q_w = 33.82\text{kg/m}^3$，即含沙量 $C_{mean} = Q_s/Q_w = 33.82\text{kg/m}^3$。显然，图 6-4（b）中直线为冲淤临界线，可以较好地将淤积和冲刷的数据点分开。

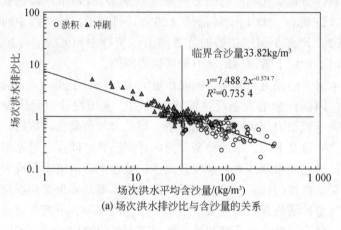

(a) 场次洪水排沙比与含沙量的关系

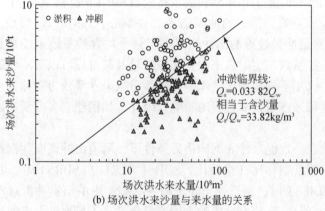

(b) 场次洪水来沙量与来水量的关系

图 6-4　基于场次洪水来沙量与来水量的冲淤临界

对黄河和其他很多河流而言，输沙量 Q_s 与流量 Q 之间具有幂函数关系，且指数接近 2，$Q_s = aQ_w^b = aQ_w^2$，这意味着输沙量正比于流量的平方。基于此，可以用径流量的平方来表示水流的输沙能力。图 6-5（a）点绘了场次洪水排沙比与场次洪水来沙系数 ξ 的关系，这里以场次洪水的来沙量与来水量的平方之比表示来沙系数，即 $\xi = Q_s/Q_w^2$，并给出幂函数拟合方程：

$$SDR = 0.0693 \left(Q_s/Q_w^2 \right)^{-0.3867} \tag{6-4}$$

令式（6-4）左端为1，得 $\xi = Q_s/Q_w^2 = 10^{-8} \text{kg/m}^6$，即基于场次洪水的冲淤临界值。图6-5（b）点绘了 Q_s 与 Q_w^2 的关系，绘出了直线 $Q_s = 10^{-8} Q_w^2$，此直线方程可以变换为 $Q_s/Q_w^2 = 10^{-8}$ kg/m^6，即来沙系数 $\xi = Q_s/Q_w^2 = 10^{-8} \text{kg/m}^6$。从图6-5（b）可以看到，该直线可以较好地将淤积和冲刷的数据点分开，可以作为冲淤临界线。

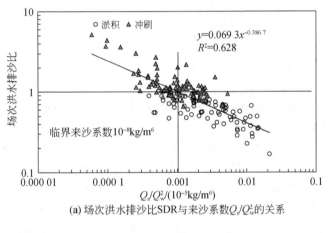

(a) 场次洪水排沙比SDR与来沙系数Q_s/Q_w^2的关系

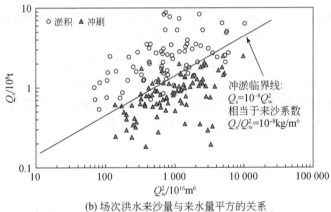

(b) 场次洪水来沙量与来水量平方的关系

图6-5　基于场次洪水来沙量与来水量平方的冲淤临界

二、多变量冲淤临界的建立

上述建立的冲淤临界关系，只考虑场次洪水的来沙量和来水量，是一种最简单的冲淤临界关系。只采用含沙量、来沙系数等指标来建立冲淤临界，有一定的局限性，因为相同的含沙量、来沙系数可以在不同的流量条件下实现，而流量的大小及其变化过程对冲淤临界有很大影响。因此，单一指标下的临界只是分别反映问题的某一个侧面，应该致力于建立反映来沙量、来水量及其过程的多变量临界关系。

（一）场次洪水冲淤的多变量判别分析

冲淤临界的建立可以简化为一个两类判别的问题。这两类判别为冲刷和淤积，分别用淤积（fill）类和冲刷（scour）类来表示，简称为 F 类和 S 类。用于建立判别函数的影响变量如下：①场次洪水来水量 Q_w（$10^8 m^3$）；②场次洪水来沙量 Q_s（$10^8 t$）；③场次洪水来沙系数 ξ，定义为 C_{mean}/Q_{mean} [（kg·s）/m^6）]；④场次洪水的流量变幅，定义为场次洪水洪峰流量 Q_{max} 与平均流量 Q_{mean} 之比 Q_{max}/Q_{mean}。本研究分别对这些影响变量的取值求取对数后，运用 Statistica 统计软件的判别分析模块进行了计算。

通过计算，建立了分类函数 Y 如下：

对于 F 类，分类函数为

$$Y_F = 7.049 \ln Q_w - 0.626 \ln Q_s - 6.490 \ln \xi - 14.266 (Q_{max}/Q_{mean}) - 27.987 \qquad (6-5)$$

对于 S 类，分类函数为

$$Y_S = 8.115 \ln Q_w - 2.102 \ln Q_s - 7.708 \ln \xi - 13.849 (Q_{max}/Q_{mean}) - 36.719 \qquad (6-6)$$

运用式（6-5）、式（6-6）对各次洪水的归属进行了判别，其方法是：分别将某一场次洪水各项影响变量的值代入 Y_F 和 Y_S 表达式，比较计算结果的大小，若 $Y_F > Y_S$ 则归入 F 类，即发生淤积；若 $Y_F < Y_S$ 则归入 S 类，即发生冲刷。其余依此类推。判别结果表明，在研究所涉及的 173 次洪水中，根据 SDR 实测值应属于 F 类的共有 95 次洪水，按判别分析计算结果属于 F 类的为 76 次洪水，误判为 F 类的为 19 次洪水，正确判别率和错误判别率分别为 80.0% 和 20.0%；根据 SDR 实测值应属于 S 类（冲刷）的共有 78 次洪水，按判别分析计算结果属于 S 类的为 66 次洪水，误判为淤积的为 12 次洪水，正确判别率和错误判别率分别为 84.6% 和 15.4%。对于全部 173 次洪水，判别正确为 142 次，判别错误为 31 次，正确判别率和错误判别率分别为 82.1% 和 17.9%。属于误判的大多数洪水，其 SDR 值接近 1.0，即接近于临界冲淤状态。考虑到这一因素，可以认为判别分析所给出的结果具有较高的精度。

（二）基于多元回归分析的多变量冲淤临界关系

本书已指出，河道泥沙输移比 SDR=1 可以作为冲淤临界的判别指标。由此出发，可以通过多元回归分析，将场次洪水的 SDR 与一些表征来水来沙及其过程的影响变量联系起来，建立多元回归方程，进而得出多变量冲淤临界关系。与判别分析相同，仍然将场次洪水来水量 Q_w、来沙量 Q_s、来沙系数 ξ 和流量变幅 Q_{max}/Q_{mean} 作为影响变量。SRD 与这些变量之间的相关系数矩阵见表 6-1。SDR 与这 4 个影响变量的相关系数均在 0.01 的水平上是显著的。

表 6-1 场次洪水 SDR 与影响变量之间的相关系数矩阵

因子	$\ln Q_w$	$\ln Q_s$	$\ln \xi$	$\ln(Q_{max}/Q_{mean})$	$\ln(SDR)$
$\ln Q_w$	1.00	0.34	−0.50	−0.01	0.32

因子	$\ln Q_w$	$\ln Q_s$	$\ln \xi$	$\ln(Q_{max}/Q_{mean})$	$\ln(SDR)$
$\ln Q_s$	0.34	1.00	0.60	0.47	−0.65
$\ln \xi$	−0.50	0.60	1.00	0.42	−0.86
$\ln(Q_{max}/Q_{mean})$	−0.01	0.47	0.42	1.00	−0.39
$\ln(SDR)$	0.32	−0.65	−0.86	−0.39	1.00

基于所研究的 1950～1985 年 173 次洪水的资料，建立多元回归方程如下：

$$SDR = 7.030 Q_w^{0.210} Q_s^{-0.278} \xi^{-0.284} (Q_{max}/Q_{mean})^{0.0501} \tag{6-7}$$

式 (6-7) 的复相关系数 $R = 0.88$，$R^2 = 0.774$，$F = 144.58$，$p = 0.000\,00$，估算值的均方根误差 $SE = 0.2454$。$R^2 = 0.774$ 意味着该方程可以解释 SDR 变化的 77.4%。由于各影响变量之间存在一定的相关性，而且各个变量的取值范围相差较大，故不能通过回归系数（相当于方程右端的指数）的大小来确定相应变量的变化对 SDR 变化的贡献率。在统计上，可以通过偏相关系数的计算和比较来确定每个变量贡献率的相对大小。计算表明，SDR 与 Q_w、Q_s、ξ 和 Q_{max}/Q_{mean} 的偏相关系数分别为 0.165、−0.280、−0.292 和 0.0444。如果将各个变量偏相关系数绝对值的大小作为它们对 SDR 贡献率的度量，则可以将 4 个变量对 SDR 的贡献率依次排序如下：①ξ；②Q_s；③Q_w；④Q_{max}/Q_{mean}。

基于式 (6-7) 可以建立冲淤临界，即 $7.030 Q_w^{0.210} Q_s^{-0.278} \xi^{-0.284} (Q_{max}/Q_{mean})^{0.0501} = 1.0$ 时，黄河下游河道处于临界不冲不淤状态。

式 (6-7) 也可以用于淤积和冲刷状态的判别。图 6-6 点绘了 SDR 实测值和基于式 (6-7) 计算值的比较。在图 6-6 中，处于第一象限（Ⅰ）的数据点，$\ln(SDR)$ 实测值和预报值均大于 0，即 SDR 的实测值和预报值均大于 1，意味着该象限中的数据点均为实测为冲刷、预报也为冲刷的洪水，即判别正确的洪水。处于第三象限（Ⅲ）的数据点，$\ln(SDR)$ 实测值和预报值均小于 0，即 SDR 的实测值和预报值均小于 1，意味着该象限中的数据点均为实测为淤积、预报也为淤积的洪水，也属于判别正确的洪水。处于第二象限（Ⅱ）的数据点，$\ln(SDR)$ 实测值小于 0、预报值大于 0，即 SDR 的实测值小于 1、预报值大于 1，意味着该象限中的数据点是实测为淤积、预报为冲刷的洪水，属于判别错误的洪水。处于第四象限（Ⅳ）的数据点，$\ln(SDR)$ 实测值大于 0、预报值小于 0，即 SDR 的实测值大于 1、预报值小于 1，意味着该象限中的数据点是实测为冲刷、预报为淤积的洪水，也属于判别错误的洪水。对落在各象限中的数据点数目进行统计的结果表明，基于式 (6-7)，在 95 次发生了淤积的洪水事件中，误判 9 次，误判率为 9.5%；在 78 次发生了冲刷的洪水事件中，误判 21 次，误判率为 26.9%。在所有 173 次洪水事件中，误判 30 次，总误判率为 17.3%，正确率为 82.7%。

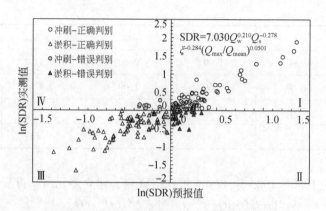

图 6-6 场次洪水冲淤的多变量判别结果

第三节 多泥沙河流的侵蚀、输移、沉积过程对水沙关系的复杂响应

水沙两相流冲淤现象的研究，是河流学科的重要领域。早在 20 世纪 30 年代，Hjulstrom（1935）即通过起动、止动流速与泥沙粒径的关系，在流速-泥沙粒径平面上，划分出侵蚀、搬运和沉积的区域。对于冲积河床，当水流含沙量足够低时，会发生冲刷，水流自河床取得泥沙的补给，以达到含沙量和挟沙能力之间的平衡。处于临界不冲不淤状态时的含沙量，可称为冲淤临界含沙量。对于非高含沙情形，上述结论已为大家所公认（Vanoni，1975）。作者对一些天然河流资料的分析表明，当进入高含沙水流范围时，含沙量的进一步增大会使淤积状态再度为冲刷状态所取代，即在高含沙范围内，存在着另一个冲淤临界含沙量。我国北方多沙河流的含沙量，可以从非汛期的 $1kg/m^3$ 以下变化为汛期的 $1000kg/m^3$ 以上。这样的水沙两相流，是典型的宽变幅水沙两相流。在宽变幅水沙两相流中，上述的 2 个冲淤临界值都存在，这一现象可称为水沙两相流冲淤的双临界现象。引入水沙两相流冲淤双临界的概念，可以更好地理解多泥沙冲积河流的复杂行为（许炯心，2001）。

一、水沙两相流冲淤的双临界现象

我国黄土高原是世界上高含沙水流最为发育的地区。这一地区的河流，悬移质含沙量年内变化幅度很大。非汛期内，降水很少，基本上无地表径流产生，河道中的径流来自地下水补给的清水基流，属于非高含沙水流。入汛以后，暴雨径流使黄土坡面和沟壑受到强烈侵蚀，并将大量泥沙带入河道，使得高含沙水流频繁发生。黄土高原的河流，其年内悬移质含沙量可以从小于 $1kg/m^3$ 变化为大于 $1000kg/m^3$，为作者研究包括非高含沙和高含沙在内的宽变幅水沙两相流的冲淤行为提供了十分理想的工作场所。

焦恩泽（1991）曾对皇甫川 1971～1976 年的历次洪水的冲淤特性进行过研究。他将每次洪水前后的河床横断面线与水文站基本横断面线套绘，确定了每次洪水过程中的河床冲淤面积，由此可以判定各次洪水的冲淤状况。依据这些资料，图6-7（a）点绘了场次洪水的输沙率和流量的关系，并以不同的符号区分冲刷与淤积状态。研究发现，存在着上、下两个冲刷区域和位于其间的淤积区域，其分界线为

$$Q_s = 600Q \tag{6-8}$$

$$Q_s = 100Q \tag{6-9}$$

式中，Q_s 为输沙率，t/s；Q 为流量，$\mathrm{m^3/s}$。由于含沙量 $C = Q_s/Q$，式（6-8）和式（6-9）可分别表示为

$$C = 600 \, (\mathrm{kg/m^3}) \tag{6-10}$$

$$C = 100 \, (\mathrm{kg/m^3}) \tag{6-11}$$

很显然，它们分别代表两个冲淤临界含沙量，即当含沙量大于 $600\mathrm{kg/m^3}$ 或小于 $100\mathrm{kg/m^3}$ 时，河床发生冲刷；当含沙量小于 $600\mathrm{kg/m^3}$ 且大于 $100\mathrm{kg/m^3}$ 时，河床发生淤积。对于皇甫川，当含沙量大于 $600\mathrm{kg/m^3}$，可以认为已经成为高含沙水流；当含沙量小于 $100\mathrm{kg/m^3}$ 时，可以认为属于非高含沙水流。$C = 100\mathrm{kg/m^3}$ 和 $C = 600\mathrm{kg/m^3}$，可以认为是皇甫川的两个冲淤临界点，位于非高含沙水流区域中的前一个临界点，可称为冲淤下临界；位于高含沙水流区域中的后一个临界点，可称为冲淤上临界 [图6-7（a）]。

以不同的符号区分冲刷和淤积的洪水，图6-7（b）点绘了含沙量与流量的关系。可以看到，$C = 100\mathrm{kg/m^3}$ 和 $C = 600\mathrm{kg/m^3}$ 是两条临界线，当数据点位于 $C > 600\mathrm{kg/m^3}$ 时，或者当数据点位于 $C < 100\mathrm{kg/m^3}$ 时，发生冲刷；当数据点位于两条临界线之间时，发生淤积。在图6-7（c）则点绘了来沙系数与流量的关系。可以看到，$\xi = 600Q^{-1}$ 和 $\xi = 100Q^{-1}$ 是两条临界线，当数据点位于临界线 $\xi = 600Q^{-1}$ 右上方或者位于 $\xi = 100Q^{-1}$ 左下方时，发生冲刷；当数据点位于两条临界线之间即当 $100Q^{-1} < \xi < 600Q^{-1}$ 时，发生淤积。注意到 $\xi = C/Q$，因而 $C = \xi Q$，由此可知临界线 $\xi = 600Q^{-1}$ 和 $\xi = 100Q^{-1}$ 分别等价于 $C = 600\mathrm{kg/m^3}$ 和 $C = 100\mathrm{kg/m^3}$。由此可知，图6-7（a）~（c）中的临界关系是同一关系的不同表达形式。

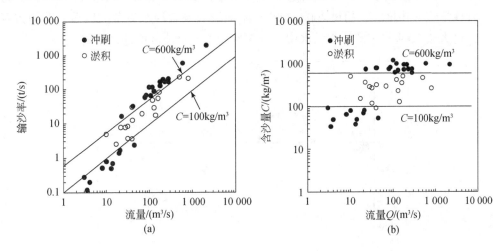

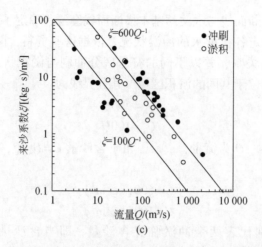

(c)

图 6-7　基于皇甫川流域场次洪水资料建立的冲淤双临界关系
（a）输沙率与流量的关系；（b）含沙量与流量的关系；（c）来沙系数与流量的关系
资料来源：焦恩泽，1991

　　图 6-8（a）点绘了皇甫川历次洪水过程中的冲淤面积与场次洪水的悬移质平均含沙量的关系。可以看到，当含沙量小于 100kg/m³ 时，冲淤面积为负，即发生了冲刷；当含沙量超过 100kg/m³ 时，冲淤面积为正，即发生了淤积。当含沙量进一步增加而超过600kg/m³ 时，冲淤面积又再度变为负值。尽管图 6-8（a）的数据点比较分散，但仍然可以清楚地看到两个冲淤临界点。黄河北干流宽谷冲积河段也存在类似的关系。以黄河潼关站 159 次洪水的资料为基础，点绘了场次洪水过程中河床冲淤幅度（以落水时和涨水时通过 1000m³/s 流量时的水位之差来反映）与场次洪水的最大悬移质含沙量的关系 ［图 6-8（b）］。可以看到，由于历次洪水的流量有较大差异，数据点十分分散，但仍表现出某种临界现象。当含沙量很小时，冲刷的趋势十分明显；随着含沙量的增大，由冲刷变为淤积，当含沙量进一步增大、超过 200～300kg/m³ 而进入高含沙水流范围以后，冲刷再度发生。含沙量大于 500kg/m³ 的 6 次洪水中，有 5 次均位于负值区即冲刷区内。

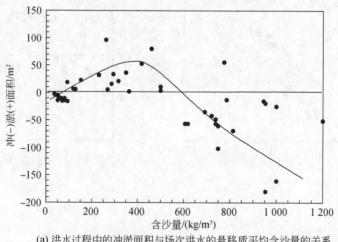

(a) 洪水过程中的冲淤面积与场次洪水的悬移质平均含沙量的关系

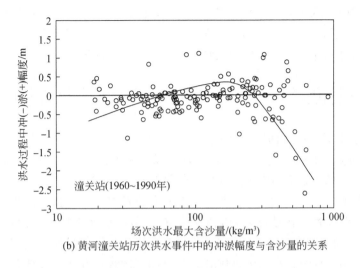

(b) 黄河潼关站历次洪水事件中的冲淤幅度与含沙量的关系

图 6-8　河床冲淤与含沙量的关系

二、对河道泥沙输移特性的影响

宽变幅水沙两相流冲淤的双临界现象，对多沙河流河道泥沙的输移有重要意义。黄河下游的资料表明，在水流含沙量很低时，河道受到冲刷，使得排沙比增大，甚至可以远大于1。另外，当高含沙水流发生时，主槽可以发生强烈的冲刷，但是由于发生洪水漫滩，高含沙水流在滩地上失去稳定性而发生大量堆积，这种堆积往往抵消了主槽的冲刷而有余，使得河道泥沙输移比变得很小。如果只考虑非漫滩洪水，则进入高含沙水流范围之后的冲刷现象可能使河道泥沙输移比再度增大。为了对此进行讨论，本研究分析了渭河下游历次非漫滩洪水的河道泥沙输移比（排沙比）与场次洪水中最大含沙量的关系（图6-9）。可以看到，当含沙量较小时，排沙比大于1；随着含沙量的增大，排沙比迅速减小；当含

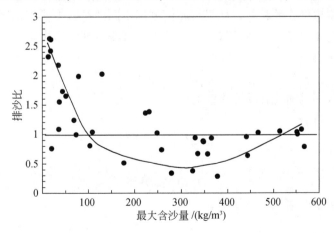

图 6-9　渭河下游历次非漫滩洪水的排沙比与场次洪水中最大含沙量的关系

沙量进一步增大而进入高含沙水流范围时,排沙比又增大。排沙比由大于1变为小于1,再变为大于1,拟合曲线所经过的两个等于1的点,即分别对应于水沙两相流冲淤的下临界和上临界,与之相应的含沙量分别大致为100kg/m³和500kg/m³。

第四节　基于水沙关系的河型判别

河型即河床类型,狭义而言,河型指冲积河流的平面形态((Loepold and Wolman,1957;Leopold et al.,1964))。广义而言,则是以河流平面形态为外在标志的、冲积河流的来水来沙和边界条件综合作用的体现,同时包含形态、过程与演变动态的含义(许炯心,1996)。河型不仅与流域自然地理条件所决定的来水、来沙和河道边界条件有关,而且与河道的水力学特性、输沙行为和能量耗散有密切关系(许炯心,1996)。国内外学者已从不同角度、运用不同的学科方法对河型及其成因进行了大量研究(尤联元,1984;钱宁,1985;金德生,1986;洪笑天,1987;罗海超,1989;倪晋仁和张仁,1991;张红武等,1996;倪晋仁和马霭乃,1998;尹学良,1999;许炯心,1997c;Yang,1971;Schumm et al.,1972;Chang,1972;Chang 1979;Ferguson,1987;Murray and Paola C,1994;van den Berg,1995;Stolum,1996;Nanson and Knighton,1996;Lewin and Brewer,2001;Makaske,2001),取得了丰富的成果。水沙关系既反映流域自然地理条件所决定的产沙产流搭配关系,又包含与河道泥沙运动和形态塑造有关的物理含义,因此可以预期冲积河流的河型与水沙关系应该有密切的关系。作者团队对此进行了研究(许炯心,1997c;Xu and Yan,2010)。

一、基于输沙率–流量关系的冲积河流河型判别

冲积河流的输沙率–流量关系是最基本的水沙关系。本研究将我国不同自然带108条冲积河流的年均输沙率 Q_s 对年平均流量 Q 的关系点绘在图6-10中,图中的流量变化于 $0.9 \sim 30\,000\mathrm{m}^3/\mathrm{s}$,输沙率则变化于 $1.5 \sim 40\,000\mathrm{kg/s}$。数据点比较分散,但仍反映出随着流量增大,输沙率也增大的趋势。如果按照河型用不同的符号来代表不同的河流,则数据点可以明显地分为4个条带,各条带之间大致可用直线分开,形成4个区域。

第Ⅰ区:位于直线

$$Q_s = 0.0219Q^{1.37} \tag{6-12}$$

以下。出现于该区中的河流几乎全为江心洲型。

第Ⅱ区:位于直线

$$Q_s = 0.0219Q^{1.37}$$

和直线

$$Q_s = 1.54Q^{1.24} \tag{6-13}$$

之间,出现于该区中的河流为弯曲型。

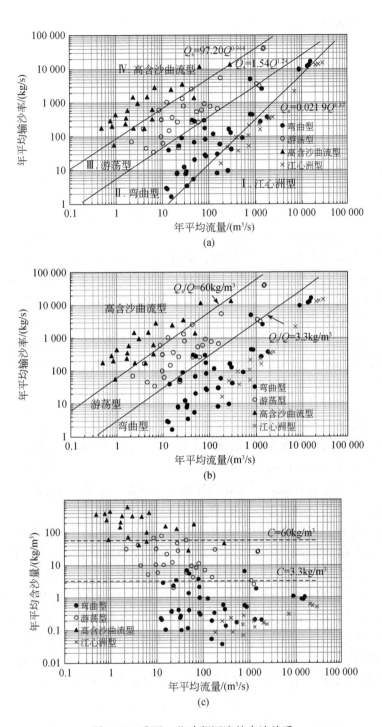

图 6-10　我国一些冲积河流的水沙关系

（a）年平均输沙率与年平均流量的关系，各河型的分界线按幂函数关系拟合；（b）年平均输沙率与年平均流量的关系，高含沙曲流型、游荡型和弯曲型河型按两条 Q_s/Q 等值线区分；（c）年平均含沙量与年平均流量的关系，高含沙曲流型、游荡型和弯曲型河型按两条含沙量等值线区分

第Ⅲ区：位于直线

$$Q_s = 1.54Q^{1.24}$$

和直线

$$Q_s = 97.20Q^{0.944} \tag{6-14}$$

之间，出现于该区的河流为游荡型。

第Ⅳ区：位于直线

$$Q_s = 97.20Q^{0.944} \tag{6-15}$$

以上，出现于该区的河流为弯曲型，但此时河流含沙量已经很大，起主要造床作用的水流已属于高含沙水流。

比较各区中的河型可以看出，具有某种河型的数据点，除在代表该河型的区域中出现外，还可能有少许数据点出现在相邻区域中。这一事实说明：①河型的递变是逐渐过渡的，临界条件只有或然率意义上的正确性，即每一条直线（即各分区之间的界线）只意味着越过这一条直线后，某种河型出现的或然率会急剧变小，而不意味着该河型会突然消失；②河型的递变是有一定方向的，即遵循江心洲型→弯曲型（低含沙量）→游荡型→弯曲型（高含沙量）的方向。

本研究对图6-10（a）中的判别结果进行了统计。3条分界线对高含沙曲流型、游荡型、弯曲型和江心洲型的判别正确率分别为90.5%、82.8%、82.9%和81.3%，对全部河流的判别正确率为84.1%。

事实上，由于含沙量 $C = Q_s/Q_w$，如果按截距为0的线性方程即 $Q_s = aQ$ 来拟合水沙关系，然后计算出系数 a，$a = Q_s/Q = C$，这意味着可以按含沙量等值线来区分河型。本研究发现，按这一思路可以得到高含沙曲流型、游荡型、弯曲型之间的分界线，但不能区分弯曲型与江心洲型，见图6-10（b）。图6-10（c）点绘了年平均含沙量与年平均流量的关系，图中显示，等值线 $C = 60\text{kg/m}^3$ 可以较好地区分高含沙曲流型与游荡型，而等值线 $C = 3.3\text{kg/m}^3$ 可以较好地区分游荡型与弯曲型。

从一定意义上说，年平均输沙量反映河流的"负载"，年平均流量则反映河道输送泥沙的"动力"。因此，图6-10中的河型判别关系实际上反映冲积河流针对流域加于其上的负载，为了实现河道的平衡而进行长期调整的结果。图6-4（b）给出黄河下游河道场次洪水的输沙量与流量的关系，冲淤临界线的方程为 $Q_s = 33.82Q_w$，由此式得到 $Q_s/Q_w = 33.82$，Q_s/Q_w 等价于含沙量，可以认为场次洪水平均含沙量 33.82kg/m^3 是冲淤临界值，大于此值发生淤积，小于此值则发生冲刷。图6-10（b）中，基于年均含沙量的弯曲型与游荡型之间的临界线为 $Q_s/Q = 3.3$。显然，上述两个事实表明，在非高含沙水流范围内，与泥沙的冲淤临界相联系的河道平衡的实现，与游荡型向弯曲型的转化具有某种因果关系。

二、基于来沙系数的冲积河流河型判别

来沙系数虽然只是一个经验参数，但却具有丰富的实际物理意义（吴保生和申冠卿，2008）。本研究发现，来沙系数与流量的关系可以用来区分不同河流的河型。图6-11点绘

了107条河流的来沙系数与河型的关系，可以看到，尽管数据点比较分散，但体现出某种趋势，即按高含沙曲流型、游荡型、弯曲型和江心洲型的顺序，来沙系数减小，这说明在不同的河型之间，来沙系数有明显的差异。图6-12点绘了所研究河流的来沙系数与年平均流量的关系，以不同的符号区分不同的河型。可以看到，不但总体上来沙系数随流量的增大而减小，对于不同河型，二者也有十分显著的关系。不同河型的数据点各自形成条带，从上到下依次为高含沙曲流型、游荡型、弯曲型和江心洲型。图6-12给出各河型的拟合方程，决定系数R^2为0.6901～0.8794，是高度显著的。图6-12表明，在给定流量时，高含沙曲流型的来沙系数最大，游荡型次之，弯曲型再次之，江心洲型最小，这表明可以通过来沙系数与流量关系图对河型进行判别区分。

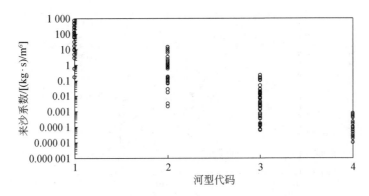

图6-11　不同河型河流来沙系数ξ的比较

河型代码的含义为：1. 高含沙曲流型；2. 游荡型；3. 弯曲型；4. 江心洲型

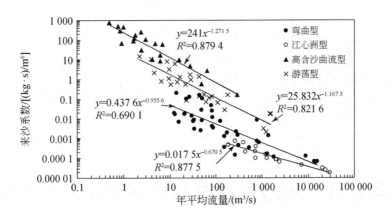

图6-12　来沙系数与年平均流量的关系

在点绘于双对数坐标中的来沙系数与流量的关系图中，4种河型各自呈条带分布，彼此间可以用3条直线分开，见图6-13，给出了4种河型之间的分界线。直线1为高含沙曲流型与游荡型之间的分界线，直线2为游荡型与弯曲型之间的分界线，直线3为弯曲型与江心洲型之间的分界线。各直线的方程如下：

$$直线1:\xi=48.01Q^{-1.1852} \tag{6-16}$$
$$直线2:\xi=4.6537Q^{-1.1092} \tag{6-17}$$
$$直线3:\xi=0.0073Q^{-0.5366} \tag{6-18}$$

这3条直线可以视为河型转化的临界线。4个条带中，数据点有少量混杂，但总的说来，3条临界线区分河型的效果是较好的。

本研究对图6-13中的判别结果进行了统计，其结果见表6-2。3条分界线对高含沙曲流型、游荡型、弯曲型和江心洲型的判别正确率分别为90.5%、82.8%、82.9%和81.3%，对全部河流的判别正确率为84.1%。因此，基于来沙系数-流量关系来判别河型，具有较高的判别正确率。

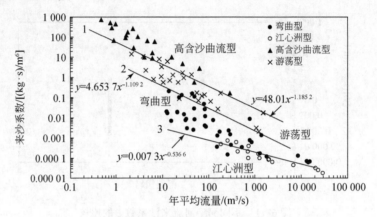

图6-13　用于河型判别的来沙系数 ξ 与年平均流量 Q 的关系图

表6-2　判别结果统计

河型	河流条数	判别正确条数	判别错误条数	判别正确率/%
高含沙曲流型	21	19	2	90.5
游荡型	29	24	5	82.8
弯曲型	41	34	7	82.9
江心洲型	16	13	3	81.3
合计	107	90	17	84.1

第五节　水沙关系与河床演变和河口发育

一、水沙关系与河床调整：基于黄河下游游荡型河段的研究

（一）横断面形态的调整

宽变幅水沙两相流的冲淤双临界表明，挟沙水流冲淤行为具有非线性规律。由此可以

推论，以非高含沙水流和高含沙水流为动力的河床调整过程显然是不会相同的。如果水沙变化所导致的含沙量增大保持在非高含沙水流的范围内，则河床会因淤积而向宽浅方向发展；若已经进入高含沙水流范畴，则这种增大将会使河床发生冲刷而向窄深方向发展。黄河下游的资料分析证明了这一点。

为了研究黄河下游游荡型河段河床横断面调整对水沙组合的响应过程，本研究采用了花园口和高村河段的资料，将 1950～1984 年历年平滩水位下的宽深比 $\sqrt{B/h}$ 作为表征横断面形态的指标。为了表示水沙条件的组合，将年均来沙系数作为指标。花园口河段的宽深比 $\sqrt{B/h}$ 与年均含沙量 C 以及来沙系数 C/Q 之间的关系已点绘在图 6-14 中，可以看到，当 C/Q 和 C 较小或足够大时，$\sqrt{B/h}$ 均较小；当 C/Q 为 0.03 左右时，$\sqrt{B/h}$ 达到最大值。曲线两端的最小值分别对应于清水冲刷为主与高含沙水流为主，这说明黄河下游游荡型河段河床调整对水沙组合的响应是复杂的、非线性的，这显然不能完全用 Schumm（1969）提出的判断河流冲淤的定性关系来解释。该关系认为：当输沙量增大或流量减小时，河床形态向宽浅方向发展，这显然只适用于非高含沙水流的情形，即图 6-14 中曲线左半支的情形。当水量进一步减小或沙量进一步增大而进入高含沙范畴时，相反的趋势便会发生。从这种意义上说，应对 Schumm 关系进行修正，才能使之适用于包括高含沙水流在内的全部河流。

（二）平面形态及河型调整

在一定意义上说，河型是按照河流的平面形态来划分的。河段平面形态对河道水沙组合会发生响应，当平面形态发生根本性变化时，河型的转化就会发生。本研究以黄河下游游荡型河段（花园口至高村河段）的资料为基础，研究了平面形态调整对水沙组合的响应方式。

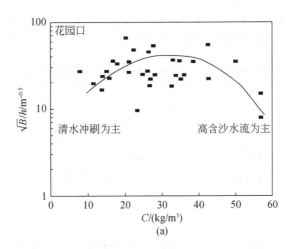

(a)

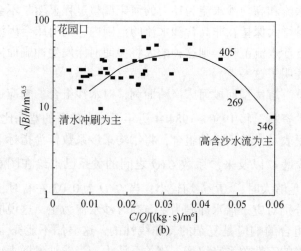

图 6-14　花园口河段的宽深比与水沙组合的关系

（a）$\sqrt{B}/h$ 与年均含沙量 C 的关系　（b）$\sqrt{B}/h$ 与来沙系数 C/Q 的关系（点旁的数字为年最大含沙量）

资料来源：许炯心和张欧阳，2000

游荡型河段散乱多汊，但总体上一般是较为顺直的。本研究以弯曲系数来表征其总体形态，这里，弯曲系数是沿着河道深泓线来量算的。为了揭示非高含沙水流与高含沙水流对河道平面形态调整的不同作用，本研究在图 6-15 中分别点绘了花园口至高村河段 1956~1984 年的弯曲系数 r 与年来沙系数 C/Q 及花园口站年最大含沙量 C_{max} 的关系。可以看到，尽管数据点有一定的离散，但趋势是明显的。当 C/Q 及 C_{max} 较小时，弯曲系数较大。随着 C/Q 及 C_{max} 增大，r 减小，并达到最小值。当 C/Q 及 C_{max} 进一步增大时，r 又开始增大。与左端高值与右端高值相对应的，分别是清水冲刷为主和高含沙水流为主，而与中部最小值相对应的来沙系数约为 0.025 （kg·s）/m^6，C_{max} 约为 200kg/m^3，可视为水沙组合的临界点，在该点上非高含沙水流作用开始为高含沙水流作用所代替。

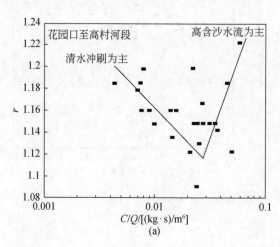

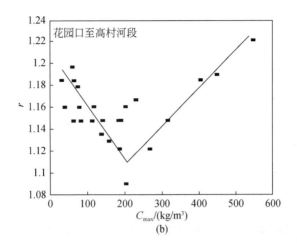

图 6-15　花园口至高村河段河床弯曲系数与水沙组合条件的关系

（a）弯曲系数 r 与年来沙系数 C/Q 的关系；（b）弯曲系数 r 与花园口站年最大含沙量 C_{max} 的关系

资料来源：许炯心和张欧阳，2000

图 6-15 中曲线的形成机理可以用河道系统对能耗调整的内在要求来解释。在非高含沙水流的范围内，含沙量越大，水流所需要的能耗也越大，因而河道将通过减小弯曲系数（等效于减小河长）来增大比降，以便使单位河长中的势能消耗增大。进入高含沙水流范围之后，挟运泥沙所需要的悬浮功大大减小，水流挟沙能力得到强化，因而挟运泥沙所需要的能耗也减小。此时，河道系统通过使流路变弯来减小比降，从而实现降低单位河长上势能消耗的目的，故弯曲系数增大。

二、水沙关系与河床调整：基于不同河流的资料

（一）水沙关系与河床横断面

本研究将我国长江、黄河、淮河等冲积河流干支流的 56 个河段平滩水位下的河床宽深比与年均悬移质含沙量的关系点绘在图 6-16 中。数据点虽然较分散，但仍可发现，宽深比随含沙量的变化有一定规律。随着含沙量的增大，宽深比先是减小，达到谷值，然后再增大，并达到峰值，随后再减小，出现第二个低值。曲线左端的含沙量高值附近出现江心洲型；含沙量的谷值附近出现弯曲型；含沙量的峰值附近出现游荡型；含沙量的第二个低值附近则出现高含沙曲流型。从图 6-16 可以看到，上述 4 个河型分布区域与图 6-10（a）中从右下角到左上角依次分布的 4 个河型区域即江心洲型、弯曲型、游荡型和高含沙曲流型可以一一对应，与图 6-12 由下而上出现的 4 个河型区域也可以一一对应。图 6-16 中还标出了含沙量分别为 $3.3kg/m^3$ 和 $60kg/m^3$ 的两条直线，前一条直线可以作为弯曲型与游荡型的分界线，后一条则是游荡型与高含沙曲流型的分界线，与图 6-10（b）中的上述 3 种河型之间的分界线也可以对应。

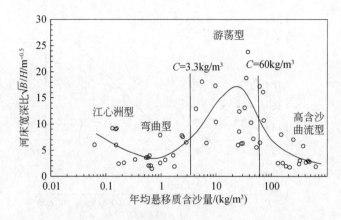

图 6-16　冲积河流河床宽深比与年均悬移质含沙量的关系

（二）水沙与关系河道弯曲系数

我国长江、黄河、淮河等冲积河流 69 个河段的河床弯曲系数与年均悬移质含沙量的关系见图 6-17。弯曲系数随含沙量的变化表现出一定的规律，先是增大，达到峰值；然后减小，达到谷值；随后再增大，达到另一个高值。从左至右，与左端低值对应的是江心洲河型，与峰值对应的是弯曲型，与谷值对应的是游荡型，与第二个高值对应的是高含沙曲流型。图 6-17 也标出了含沙量分别为 3.3kg/m³ 和 60kg/m³ 的两条直线，前者大致相当于弯曲型与游荡型的分界线，后者则是游荡型与高含沙曲流型的分界线。在定性上上述 4 个河型分布区域与图 6-12 中的 4 个区域也可以一一对应。可以看到，在定性上图 6-16 和图 6-17 中的两条拟合曲线变化趋势相反，反映了弯曲系数与宽深比之间的负相关关系，即平面上较为弯曲的河流，其横断面较为窄深。

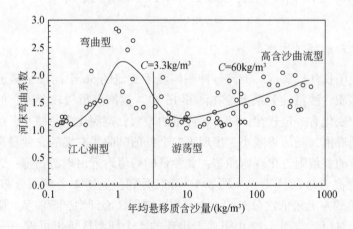

图 6-17　冲积河流弯曲系数与年均悬移质含沙量的关系

图 6-16 和图 6-17 中宽深比和弯曲系数随含沙量变化的复杂图形，可以视为在空间上

不同河流的河型对水沙耦合关系变化的复杂响应，其形成机理已经在《黄河河流地貌过程》（许炯心，2012）中进行了较详细的讨论。

第六节　基于 Lane 平衡对传统水沙关系的推广

本书已指出，水沙关系表达了河流的负载（输沙率）与动力（流量）之间的函数关系，即 $Q_s \sim Q$。从泥沙运动力学的意义上说，河流的负载不仅取决于输沙率，还与河流输送的泥沙粒径有关；河流的输沙动力不仅取决于流量，还与河流的能坡（比降）有关。因此，上述关系可以表达为：$Q_s D_{50} \sim QJ$，式中 Q 为流量，J 为比降，Q_s 为床沙质输沙率，D 为床沙的代表粒径，一般采用床沙中值粒径 D_{50}。显然，这一关系即为 Lane（1955）所提出的著名的关系式：$QJ \sim Q_s D_{50}$。这里，Lane 用 D_{50} 来间接反映床沙质输沙的组成。Lane 用这一关系来表达河道水流挟运泥沙的能力与流域加于河道的泥沙负载之间的平衡关系，可以称为 Lane 平衡关系。基于 Lane 平衡关系，可以将水沙关系由 $Q_s \sim Q$ 推广为 $Q_s D_{50} \sim QJ$。基于推广后的水沙关系表达式，作者对黄河下游的冲淤临界和河床演变进行了研究（Xu，2015c）。

一、基于洪水系列资料的冲淤临界

（一）冲淤临界的建立

$Q_s D_{50} \sim QJ$ 关系的右端 QJ 可以用单位河长能耗率即河流功率 $\Omega = \gamma QJ$ 来代替，γ 为浑水的容重，Ω 为河流功率，即单位河长上水流势能的消耗率。显然，这一因子反映了水流的输沙动力。左端 $Q_s D_{50}$ 为输沙率与泥沙中值粒径的乘积。由于当泥沙质量相同时，水流输送粗泥沙消耗的能量要大于输送细泥沙（钱宁和万兆惠，1983），以 $Q_s D_{50}$ 表示河道的泥沙负载更为合理。本书已经指出，冲淤临界条件可以用泥沙输移比 SDR＝1 来表达。首先，基于黄河下游场次洪水相关变量的实测资料，通过回归分析建立黄河下游泥沙输移比 SDR 与 Lane 平衡的两个因子即 γQJ 和 $Q_s D_{50}$ 的定量关系：

$$\text{SDR} = a(\gamma QJ)^b (Q_s D_{50})^c \tag{6-19}$$

确定式中的系数 a 和指数 b、c。然后，基于所得到的关系式，推导出黄河下游河道的冲淤临界条件。

基于 1956～1985 年黄河下游 141 次洪水的资料进行了分析。按照场次洪水 SDR 的大小，本研究将 141 次洪水分为冲刷（SDR＞1）和淤积（SDR＜1）两种类型，从 Lane 提出的平衡关系 $\gamma QJ \sim Q_s D_{50}$ 出发，在双对数坐标中点绘了 $Q_s D_{50}$ 与 γQJ 的关系（图 6-18），并以不同的符号区分冲刷和淤积两种类型。可以看到，两类数据点基本上不发生混杂，淤积洪水位于冲刷型洪水的上方，意味着在给定河流功率的条件下，河道泥沙负载较大时容易出现淤积，较小时容易出现冲刷，因为在后一情形下水流能量除了输运泥沙之外尚有富余，可以用于侵蚀河床。本研究在图中绘出了能够最好地区分两类数据点的直线，其方程为

$$Q_s D_{50} = 0.000\ 002 (\gamma QJ)^{1.7095} \tag{6-20}$$

图 6-18 显示，在发生淤积的 92 次洪水中，上述直线能正确判别的有 76 次，占 82.6%；错误判别的有 16 次，占 17.4%。在发生冲刷的 49 次洪水中，正确判别的有 41 次，占 83.7%；错误判别的有 8 次，占 16.3%。在全部 141 次洪水中，正确判别的有 117 次，占 83.0%；错误判别的有 24 次，占 17.0%。

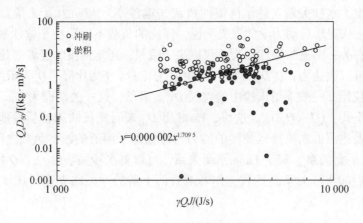

图 6-18　$Q_s D_{50}$ 与 γQJ 的关系

基于 141 次洪水的资料进行了多元回归分析。在进行计算前，对 SDR、γQJ 和 $Q_s D_{50}$ 的数据进行了对数处理。计算出 $\ln(\text{SDR}_{\text{FE}})$、$\ln(\gamma QJ)$ 和 $\ln(Q_s D_{50})$ 之间的相关系数，对于相关系数的检验表明，$\ln(\text{SDR})$ 与 $\ln(\gamma QJ)$ 之间正相关的显著性概率 $p < 0.01$，$\ln(\text{SDR})$ 与 $\ln(Q_s D_{50})$ 之间负相关的显著性概率 $p < 0.0001$。而两个影响变量之间的相关系数仅为 0.117，显著性概率 $p = 0.169$，可以认为基本上不相关。因此，建立因变量与两个影响变量之间的多元回归方程是合理的。经过计算，得到以下方程：

$$\text{SDR}_{\text{FE}} = 0.000\ 992 (\gamma QJ)^{0.897} (Q_s D_{50})^{-0.595} \tag{6-21}$$

式（6-21）的复相关系数 $R = 0.935$，$R^2 = 0.874$，说明 $\ln(\text{SDR})$ 变化的 87.4% 可以用 $\ln(\gamma QJ)$ 和 $\ln(Q_s D_{50})$ 的变化来解释。F 检验的结果 $F(2, 138) = 482.50$，显著性概率 $p < 0.000\ 001$，是高度显著的。计算值的均方根误差 SE $= 0.3007$（对数单位）。式（6-21）显示，SDR_{FE} 随 γQJ 的增大而增大，随 $Q_s D_{50}$ 的减小而增大。计算值与观测值的比较见图 6-19。对于回归方程两个影响变量 $\ln(\gamma QJ)$ 和 $\ln(Q_s D_{50})$ 的回归系数和常数项进行了 t 检验，$\ln(\gamma QJ)$ 和 $\ln(Q_s D_{50})$ 回归系数的 p 值分别为 1.38×10^{-19} 和 0.000 01，是高度显著的；常数项的 p 值为 0.076，也比较显著。因此，回归方程［式（6-21）］的质量是可以接受的。

在多元回归分析中，可以通过各个影响变量的偏相关系数来估算影响变量对因变量的贡献率。假定某一变量的贡献率与该变量的半偏相关系数的绝对值成正比，两个变量的总贡献率为 100%，由此计算出，$\ln(\gamma QJ)$ 和 $\ln(Q_s D_{50})$ 对 $\ln(\text{SDR}_{\text{FE}})$ 变化的贡献率分别为 42% 和 58%。由此可见，$Q_s D_{50}$ 的贡献率要大于 γQJ。

基于式（6-21）可以建立冲淤临界关系的表达式。按冲淤平衡条件 SDR $= 1$，可以

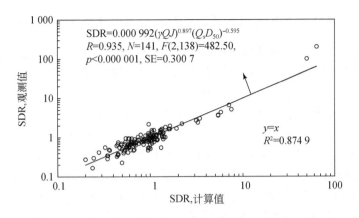

图 6-19 SDR_{FE} 计算值与观测值的比较

写出：

$$\text{SDR}_{\text{FE}} = 0.000\ 992\left(\gamma QJ\right)^{0.897}\left(Q_s D_{50}\right)^{-0.595} \tag{6-22}$$

式（6-22）可简化为

$$\left(Q_s D_{50}\right)^{0.60} = 0.000\ 992\left(\gamma QJ\right)^{0.90} \tag{6-23}$$

式（6-23）两端同时开 0.6 次方，可进一步变形为

$$Q_s D_{50} = 0.000\ 009\ 867\left(\gamma QJ\right)^{1.5} \tag{6-24}$$

式（6-24）可以视为冲淤临界条件的表达式。

为了更直观地显示冲淤临界关系，本研究在图 6-20 中点绘了 $Q_s D_{50}$ 与 $\left(\gamma QJ\right)^{1.5}$ 的关系，并绘出了临界直线 $Q_s D_{50} = 8.85\left(\gamma QJ\right)^{1.5}$，并以不同符号区分冲刷型（SDR>1）和淤积型（SDR<1）的洪水。可以看到，在发生淤积的 92 次洪水中，按式（6-24）能正确判别的有 84 次，占 91.3%；错误判别的有 8 次，占 8.7%。发生冲刷的 49 次洪水中，正确判别的有 38 次，占 77.6%；错误判别的有 11 次，占 22.4%。在全部 141 次洪水中，正确判别的有 122 次，占 86.5%；错误判别的有 19 次，占 13.5%。

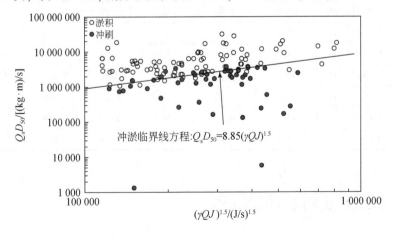

图 6-20 $Q_s D_{50}$ 与 $\left(\gamma QJ\right)^{1.5}$ 的关系

（二）对于小浪底水库 9 次调水调沙过程中下游河道冲淤状况的判别

黄河问题的症结在于水少沙多、水沙关系不协调，相应的解决措施是增水、减沙与调水调沙，以塑造与黄河相适应的协调的水沙关系。长期的分析研究表明，黄河下游河道具有"泥沙多来、多排、多淤，少来、少排、少淤"的输沙特点，在一定的河道边界条件下，其输沙能力与来水流量的高次方（大于 1 次方）成正比，与来水含沙量也存在明显的正相关（钱宁等，1978；韩其为和关见朝，2009）。黄河虽然水沙严重不协调，但只要能找到一种合理的水沙搭配，水流就能尽可能多地将所挟带的泥沙输送入海，同时又不在下游河道造成明显淤积，还可显著节省输沙用水量。调水调沙是在充分利用河道输沙能力的前提下，利用水库的可调节库容，对来水来沙进行合理的调节控制，适时蓄存或泄放水沙，变不协调的水沙过程为协调的一种技术手段，可实现减轻下游河道淤积甚至冲刷下游河槽的目的（刘善建，2005）。小浪底水库建成蓄水后到 2009 年，已经进行了 9 次调水调沙试验和业务运行，取得了很好的效果。基于 9 次调水调沙过程中取得的资料，本研究计算了历次调水调沙过程中黄河下游河道 Lane 平衡参数 γQJ 和 $Q_s D_{50}$，然后运用式（6-22）估算了河道泥沙输移比，所得到的结果见表 6-3。本研究在 141 次洪水的 $Q_s D_{50}$ 和 $(\gamma QJ)^{2.285}$ 的关系图中加入 9 次调水调沙的数据 [图 6-21（a）]，9 次调水调沙的数据点都位于冲淤临界线下方的冲刷区内。同时，还将 9 次调水调沙的实测和计算输移比的数据加入 141 次洪水的实测和计算输移比的比较图中 [图 6-21（b）]，可以看到，9 个数据点较好地分布在 45°线的两侧。虽然 9 次调水调沙的实测和计算输移比的数值有一定的差异，但二者间的决定系数 $R^2 = 0.900$，$p < 0.0001$。

表 6-3 黄河下游 9 次调水调沙过程的输入沙量、输出沙量和输入水量（黄河水利科学研究院，2010）以及河道泥沙输移比和 Lane 平衡参数

编号	起始时间	历时 /天	输入沙量 Q_s /10^8 t	输入水量 Q_w /10^8 m³	输出沙量 Q_s/10^8 t	γQJ/ (W/m)	$Q_s D_{50}$/ [(kg·m)/s]	实测 SDR_{FE}	计算 SDR_{FE}
1	2002 年 7 月 4 日	12	27.2	0.32	0.51	3073	0.370	1.59	2.41
2	2003 年 9 月 6 日	13	26.2	0.75	1.21	2734	0.534	1.61	1.74
3	2004 年 6 月 19 日	25	46.6	0.04	0.7	2529	0.022	17.50	10.78
4	2005 年 6 月 16 日	16	40.0	0.02	0.61	3383	0.026	30.50	12.73
5	2006 年 6 月 9 日	21	57.6	0.08	0.65	3707	0.071	8.13	7.64
6	2007 年 6 月 19 日	15	40.7	0.24	0.51	3661	0.204	2.13	4.02
7	2007 年 7 月 29 日	10	24.7	0.46	0.45	3332	0.586	0.98	1.97
8	2008 年 6 月 19 日	20	43.9	0.46	0.6	2970	0.319	1.30	2.55
9	2009 年 6 月 17 日	18	46.4	0.04	0.39	3497	0.118	9.75	5.33

二、基于年系列资料的冲淤临界

基于 1955～2008 年的资料，本研究计算了历年的 $Q_s D_{50}$ 与 γQJ，并将所有数据按发生

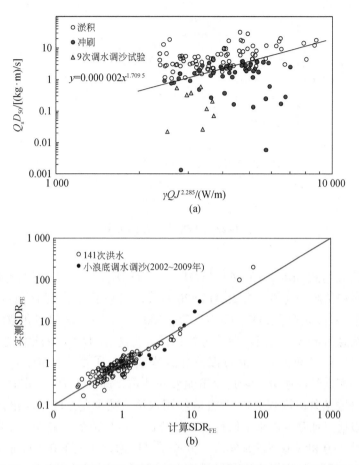

图 6-21　小浪底水库 9 次调水调沙的实测与计算输移比与 141 次洪水的比较

（a）Q_sD_{50} 和 $\gamma QJ^{2.285}$ 的关系；（b）实测输移比与计算输移比的关系

冲刷（冲淤量为负值）和发生淤积（冲淤量为正值）分为两组，然后基于两组数据分别将 Q_sD_{50} 与 γQJ 的关系点绘于双对数坐标中（图 6-22）。可以看到，两组数据点可以较好地被全部数据的拟合直线

$$Q_sD_{50} = 2.574 \times 10^{-8} \gamma QJ^{2.285} \tag{6-25}$$

分为两组，淤积组位于该直线的上方，冲刷组则位于该直线的下方。这一直线可以视为区分淤积和冲刷的临界线。按这一临界线进行判别，在淤积组的 33 年中，判别正确的有 30 年，占 90.9%；判别错误的有 3 年，占 9.1%。在冲刷组的 21 年中，判别正确的有 19 年，占 90.5%；判别错误的有 2 年，占 9.5%。在 54 年中，判别正确的有 49 年，占 90.7%；判别错误的有 5 年，占 9.3%。可见判别的精度是很高的。

三、基于场次洪水建立的冲淤临界在黄河治理中的意义

上述成果在黄河流域的治理上有重要的应用意义。对此，可以通过对于基于场次洪水

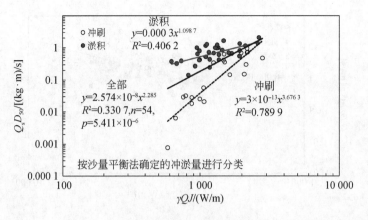

图 6-22　$Q_s D_{50}$ 和 γQJ 的关系

资料的临界关系表达式 $SDR_{FE} = 3.669 (\gamma QJ)^{0.897} (Q_s D_{50})^{-0.595} = 1$ 的讨论来揭示。黄河下游是河床强烈淤积抬高的河段，自 20 世纪 70 年代以来甚至由原来的地上悬河发展为"二级悬河"（黄河水利委员会，2003；王卫红等，2006）。因此，减轻淤积或者通过河道主槽冲刷来改变二级悬河形势是黄河治理的重要目标。为达此目标，应该实现 $SDR = 1$ 或略大于 1。从式（6-22）可知，可以通过以下方式来实现：①增大流量；②增大河道比降；③减少进入下游河道的泥沙量；④减少粗泥沙输沙量，即减小 D_{50}。其中，方式①可以通过节制引水量（或从外流域调水）、保证输沙用水量、减少龙羊峡水库汛期拦截水量来实现；方式③可以通过加强流域水土保持（修筑梯田、造林种草）减少坡面侵蚀、修建淤地坝和拦沙库拦截沟道和河道泥沙来实现；方式④可以通过在大于 0.10mm 粗泥沙的来源区展开集中治理、利用小浪底水库进行水流和泥沙调节（如"拦粗排细"，即拦截粗泥沙、泄放细泥沙）来实现。方式②较难实现，因为随着河口延伸，下游河道比降会自然减小，但是在必要时通过人工改道，选择较短的入海路线，也可以有效地增大比降，从而在流量不变的情况下增大河流功率和水流输沙能力。

第七节　Lane 平衡参数对河床调整的控制作用

冲积河流是一个具有自我调整能力的开放系统，调整的目标是趋向于建立平衡，即力学平衡和输沙平衡（钱宁等，1987）。在河道尺度和 1~10 年时间尺度上，这种平衡主要是输沙平衡。来沙量、来水量和泥沙粒径以及河谷比降、河道边界物质组成是流域加于河道的控制条件，冲积河流形态变量是可调整变量，包括河宽、水深以及由二者决定的宽深比、河床比降、弯曲系数等。对于游荡型河道，分汊系数和主流线摆幅也是可调整变量。冲淤临界是河道输沙平衡的表征，可以基于 Lane 平衡关系来建立冲淤临界。当水沙条件发生变化、河道偏离平衡时，河道会调整自身形态以实现新的平衡，即回到临界状态。从这一意义上说，冲积河床形态变量的调整也受到 Lane 平衡关系的支配。可以认为，Lane 平衡关系的两个参数 $Q_s D_{50}$ 和 γQJ 是河床调整的两个驱动因子，控制着黄河下游河道变量如主流线年摆幅、宽深比、弯曲系数的调整过程。为了表示 Lane 平衡关系，可以将 γQJ 和 $Q_s D_{50}$ 之比作为指标，可称为 Lane 平衡指标或 Lane 平衡数。考虑到洪水流量对河道形态塑造所起作用更大，为了更好地与河床演变相联系，本研究用洪峰流量（最大日流量）Q_{max} 代替 Q，以 $(\gamma Q_{max} J)/(Q_s D_{50})$ 表示 Lane 平衡指标，单位为 $(J \cdot kg)/m^2$。

按河型的不同，黄河下游河道分为游荡型河段（花园口至高村）、过渡型河段（高村至陶城埠）、限制性弯曲河段（陶城埠至利津）三个河段（参见本书第一章的图 1-2）。本节研究游荡河段（花园口至高村，简称花高河段）的河床调整，以花园口站的年输沙量、悬沙粒径来计算河流负载指标 $Q_s D_{50}$。图 6-23 显示，1960 ~ 2010 年游荡段的两个 Lane 平衡参数和 Lane 平衡指标都有显著的变化，对河道调整起着控制作用。

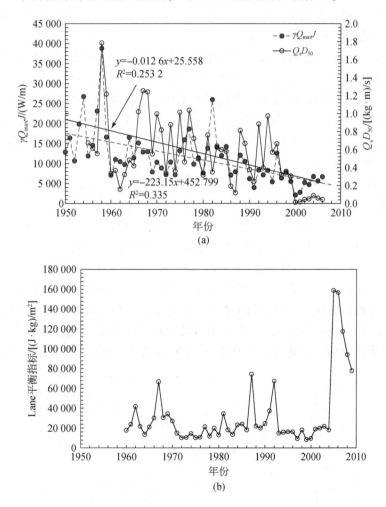

图 6-23　黄河下游 Lane 平衡参数（a）和 Lane 平衡指标（b）的变化

一、游荡强度的变化

游荡型河段在水文上具有流量变幅很大、洪水涨落迅速、泥沙堆积强烈的特点，使得主流线摆动幅度很大。因此，钱宁和周文浩（1965）以一个洪峰过程中主流线的最大摆动幅度来定义河道游荡强度，作者则以一年内主流线的侧向摆动幅度来定义每年的游荡强度，这一指标可以相邻两年某一固定断面上的深泓点的侧向位移幅度来表示。对于一个河段，则以所有固定断面深泓点的侧向位移幅度平均值 LS 来表示游荡强度。图6-24（a）显示，花高河段的 LS 呈现减小的趋势（$R^2 = 0.516$，$p < 0.001$）。LS 与 $\gamma Q_{max} J$ 和 $Q_s D_{50}$ 都呈显著的正相关，R^2 分别为 0.528 和 0.572，p 都小于 0.001［图6-24（b）和（c）］。游荡型河段主流线极不稳定，侧向摆动幅度很大，主要原因有三种：第一，随着主流线河底的淤积抬高，主流线会向河底位置较低的两侧摆动；第二，主流线所在汊道淤积抬高后，会使得主流线改走另一条汊道，也会导致主流向未知的改变；第三，随着河道边滩的淤积，弯曲度增大，洪峰到来时会切割边滩，形成新的主流线，使得主流线摆动。$\gamma Q_{max} J$ 决定了洪水中的水流动力，$Q_s D_{50}$ 则表示河流的负载。$\gamma Q_{max} J$ 较大时，因为 Q_{max} 较大，会发生第三种摆动；当 $Q_s D_{50}$ 较大时，有利于河底淤高，会发生第一种和第二种摆动，因而出现 LS 与 $\gamma Q_{max} J$ 和 $Q_s D_{50}$ 的正相关。

由于 LS 与 $Q_s D_{50}$、$\gamma Q_{max} J$ 都有关系，本研究基于花高河段上述 3 个变量重合时段 45 年的资料，建立了二元回归方程：

$$LS = 6.178 (Q_s D_{50})^{0.278} (\gamma Q_{max} J)^{0.543} \qquad (6\text{-}26)$$

式中，决定系数 $R^2 = 0.684$，调整后的 $R^2 = 0.673$，样本数 $N = 45$，$F_{(2, 50)} = 54.337$，$p = 2.89 \times 10^{-13}$。估算值的均方根误差 SE $= 0.343$。$R^2 = 0.684$ 意味着两个变量的变化可以解释 LS 方差的 68.4%。在多元回归分析中作者按偏相关系数来估算两个影响变量的变化对因变量变化的贡献。$Q_s D_{50}$ 和 $\gamma Q_{max} J$ 的偏相关系数分别 0.432 和 0.335（$p < 0.001$）。可见，$Q_s D_{50}$ 和 $\gamma Q_{max} J$ 对 LS 变化的贡献率之比为 0.432 : 0.335。假定各变量贡献率的大小与偏相关系数的绝对值成比例，由此估算出 $Q_s D_{50}$ 和 $\gamma Q_{max} J$ 对 LS 变化的贡献率之比为 1.29 : 1。

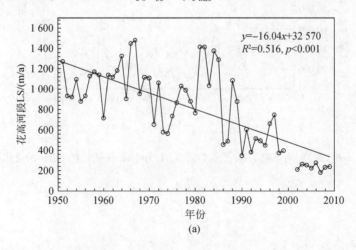

$y = -16.04x + 32\,570$
$R^2 = 0.516$，$p < 0.001$

(a)

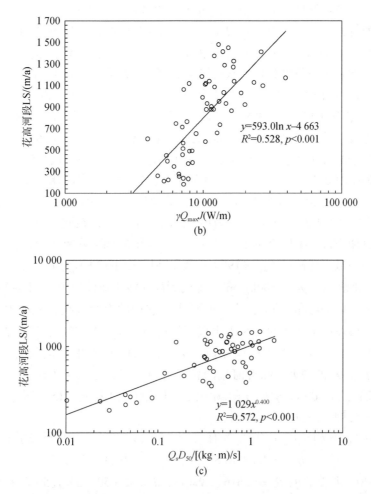

图 6-24　花高河段主流线年摆幅的变化（a）及其与 $\gamma Q_{max}J$（b）和 Q_sD_{50}（c）的相关关系

二、宽深比的变化

随着 $\gamma Q_{max}J$ 与 Q_sD_{50} 的减小，花高河段的宽深比（B/H）呈现减小的趋势［图 6-25（a）］。宽深比与 Q_sD_{50} 和 $\gamma Q_{max}J$ 都呈正相关，决定系数 R^2 分别为 0.412（$p<0.01$）和 0.294（$p<0.001$）［图 6-25（b）、（c）］。宽深比与主流线年摆幅 LS 也呈正相关，R^2 为 0.619（$p<0.001$）［图 6-25（d）］。河道宽深比的调整取决于两种作用：一是河底的淤积抬高和冲刷降低使得同水位下水深变化，二是河床的展宽和束窄使得河宽发生变化。上述两种作用都与河流的负载（Q_sD_{50}）与动力（$\gamma Q_{max}J$）有关。给定 $\gamma Q_{max}J$ 时，当 Q_sD_{50} 较大（或较小）时，有利于河底淤积抬高（或冲刷降低），使水深减小（或增大），会导致宽深比增大（或减小），因而出现宽深比与 Q_sD_{50} 的负相关；给定 Q_sD_{50} 时，当 $\gamma Q_{max}J$ 较大（或较小）时，一方面有利于河床的展宽（或束窄），因而使宽深比增大，出现二者之间的正

相关［图6-25（c）］；但另一方面也可能导致河道冲刷，使之加深，因而使宽深比减小，出现二者之间的负相关。这表明 $\gamma Q_{max} J$ 和 $Q_s D_{50}$ 的变化引起宽深比调整的方向并不完全相同，因此将 $\gamma Q_{max} J$ 和 $Q_s D_{50}$ 之比（$\gamma Q_{max} J / Q_s D_{50}$）与宽深比相联系，也有一定的意义。同时，考虑到黄河下游是一条受高含沙水流影响的河流，高含沙水流具有复杂的能耗行为和冲淤行为，这使得黄河下游宽深比的调整会出现非线性行为（Xu，2002），这一因素使得宽深比与 $\gamma Q_{max} J / Q_s D_{50}$ 的关系更为复杂。图6-25（e）点绘了宽深比与 $\gamma Q_{max} J / Q_s D_{50}$ 的关系，虽然数据点较分散，但可以看到，宽深比大致在 $\gamma Q_{max} J / Q_s D_{50} = 25\,000(\text{J} \cdot \text{kg})/\text{m}^2$ 处出现最大值，当 $\gamma Q_{max} J / Q_s D_{50}$ 小于或大于此值时，宽深比都减小，这与作者在2002年的研究结果相似（Xu，2002），该结果显示，黄河下游游荡型河段宽深比与年平均含沙量 C_{mean} 呈非线性关系，大致在含沙量为 $30\text{kg}/\text{m}^3$ 时，宽深比出现最大值；当含沙量小于或大于 $30\text{kg}/\text{m}^3$ 时，宽深比都减小。因为 $C_{mean} = Q_s/Q$，Lane平衡指标在此基础上增加了粒径和比降，物理意义更加完善。本研究发现，图6-25（e）中左侧下降翼下半部的数据点都对应于进入黄河下游的最大含沙量 C_{max}（1999年及以前以三门峡站 C_{max} 来表示，2000年及以后以小浪底站 C_{max} 来表示）大于 $300\text{kg}/\text{m}^3$，即受到高含沙水流的影响。图6-25（f）中以不同的符号表示 $C_{max} > 300\text{kg}/\text{m}^3$ 的数据点，并绘出了它们的上边界线，从图中可以看到，其余年份（$C_{max} < 300\text{kg}/\text{m}^3$）的数据点呈现出显著的负相关（$p < 0.0001$），即随着 $\gamma Q_{max} J / Q_s D_{50}$ 的增大，宽深比减小。$R^2 = 0.736$ 意味着 $\gamma Q_{max} J / Q_s D_{50}$ 的变化可以解释宽深比方差的73.6%。$\gamma Q_{max} J / Q_s D_{50}$ 的增大意味着河流的相对负载较轻，有利于水流冲刷，有利于宽深比减小。图6-24（b）显示，$\gamma Q_{max} J$ 的减小使得主流线趋于稳定，LS减小，这一因素也有利于水流冲刷主河槽，使得宽深比减小。

由于宽深比与LS和 $\gamma Q_{max} J / Q_s D_{50}$ 都有关，本研究建立了二元回归关系如下：

$$B/H = 48.898 \text{LS}^{0.550} (\gamma Q_{max} J / Q_s D_{50})^{-0.0592} \tag{6-27}$$

式中，$R^2 = 0.630$；调整后的 $R^2 = 0.616$；$N = 48$；$F = 42.650$；$p = 1.56 \times 10^{-11}$；$SE = 0.284$（对数单位）。$R^2 = 0.630$ 说明两个影响变量的变化可以解释宽深比变化的63.0%。LS和 $\gamma Q_{max} J / Q_s D_{50}$ 的半偏相关系数分别为0.591和-0.10。由此估算出，LS和 $\gamma Q_{max} J / Q_s D_{50}$ 对宽深比变化的贡献率之比为5.85:1。

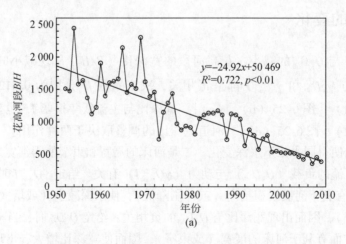

$$y = -24.92x + 50\,469$$
$$R^2 = 0.722, \, p < 0.01$$

(a)

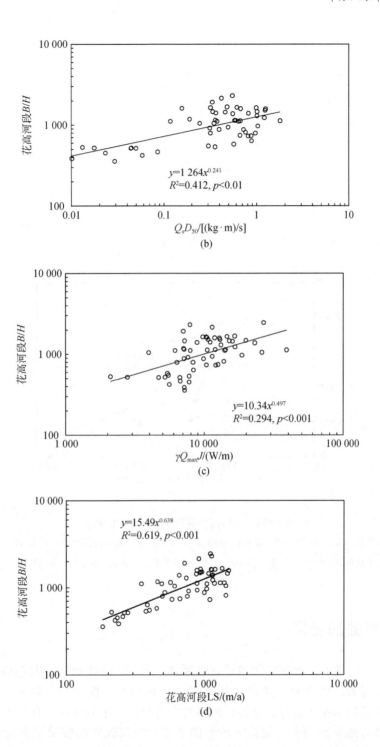

(b)

(c)

(d)

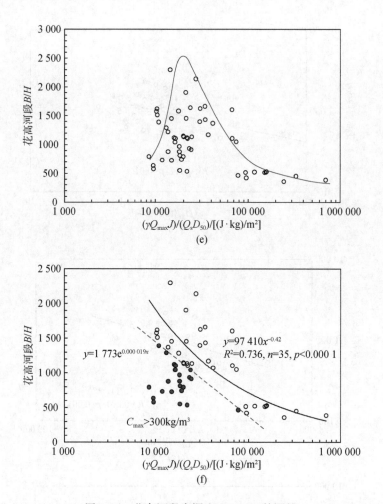

图 6-25　花高河段宽深比（B/H）的调整

（a）B/H 的变化；（b）B/H 与 Q_sD_{50} 的关系；（c）B/H 与 $\gamma Q_{max}J$ 的关系；（d）B/H 与 LS 的关系；（e）B/H 与 $\gamma Q_{max}J/Q_sD_{50}$ 的关系；（f）B/H 与 $\gamma Q_{max}J/Q_sD_{50}$ 的关系，区分 C_{max} 大于和小于 300kg/m³ 的数据点

三、弯曲系数的变化

图 6-26（a）显示，花高河段河道弯曲系数（r）呈现显著的增大趋势（$p<0.001$）。本书已指出，随着游荡段 $\gamma Q_{max}J$ 和 Q_sD_{50} 的减小，河道稳定性增强、游荡性减弱，宽深比和主流线年摆幅均呈减小趋势，这使得河道对水流的约束作用增强，有利于河道分汊程度减小，主流线弯曲系数增大。花高河段弯曲系数与主流线年摆幅呈显著的负相关（$R^2 = 0.467$，$p<0.001$）[图 6-26（b）]，以及与宽深比也呈显著的负相关（$R^2 = 0.583$，$p<0.0001$）[图 6-26（c）] 证明了这一点。基于花高河段的资料，作者建立了二元回归方程：

$$r = 1.948(B/H)^{-0.0591}LS^{-0.0186} \tag{6-28}$$

式中，$R^2 = 0.586$；调整后的 $R^2 = 0.567$；$N = 48$；$F = 31.885$；$p = 2.38 \times 10^{-9}$；$SE = 0324$（对数单位）。两个影响变量的变化可以解释宽深比变化的 58.6%。B/H 和 LS 的偏相关系数分别为 -0.352 和 -0.142，由此估算出，B/H 和 LS 对 r 变化的贡献率之比为 2.479：1。

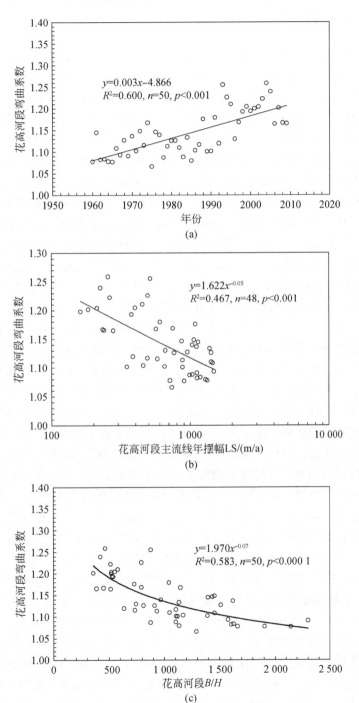

图 6-26　花高河段弯曲系数的变化（a）、其与主流线年摆幅的关系（b）及与宽深比的关系（c）

四、河型转化

（一）河型转化趋势

黄河是世界上著名的多泥沙河流，黄河下游发育了典型的游荡型河段，对其成因已有大量成果发表。强烈的河床淤积和边界缺少约束是形成黄河下游游荡型河段的主因，而泥沙易冲易淤、洪峰猛涨猛落、流量变幅大、洪峰中含沙量变化大是有助于加强游荡强度的因素（钱宁和周文浩，1965）。自1960年以来，三门峡、小浪底等水库的修建和流域内大规模水土保持措施的实施以及20世纪60年代以来降雨偏少，使得进入下游的流量减少、泥沙量减小、泥沙粒径变细、洪峰流量和流量变幅减小、河道淤积速率减小（许炯心，2012），这些因素都有利于游荡强度减弱、分汊程度降低，宽深比减小，河道弯曲系数增大。这在本书已进行了详细讨论。如果这一趋势能继续发展，则游荡型河段有可能向非游荡型或弯曲型转化。钱宁和麦乔威（1963）对游荡型河段水库修建后下游河型变化进行过分析，认为流量过程调平，改变了洪峰猛涨猛落的特性；来沙量减少，河道由堆积抬高变为侵蚀下切；挟沙能力下降，泥沙可动性相对降低，从长期发展趋势来说，游荡趋势将会减弱，游荡型河段将会逐渐转化为弯曲型河段。事实上，在三门峡水库蓄水运用阶段（1960~1964年）和小浪底水库1999年建成蓄水以来，下游游荡型河段（尤其是夹河滩以下河段）有向弯曲型河段发展的趋势。张红武等（1996）通过自然模型试验和野外资料分析发现河流的河型主要取决于河流的纵向稳定性和横向稳定性，并提出了河流综合稳定指标。王卫红等（2012）运用这一指标研究发现，游荡型河段在小浪底水库运用前均呈游荡特性，小浪底水库运用后夹河滩至高村河段已表现出顺直和分汊河型的特征，而花园口至禅房河段的游荡程度也大大减弱，表明游荡型河段在小浪底水库拦沙期河势由游荡型向分汊或弯曲型发展的趋势。陈建国等（2012）对小浪底水库修建10年来下游河道平面形态的变化进行了研究，发现主流摆动明显减小，水流归顺，河道平面形态基本稳定，个别河段出现弯曲河道的外形，局部河段常有不稳定畸形河湾，如1999年汛前黑岗口至府君寺之间不规则弯道至2010年汛前已发展成为5个连续的正弦型河湾，不过这5个河湾今后能否保持稳定，尚待进一步观察。陈绪坚和陈清扬（2013）根据小浪底水库运用后的河道形态卫星图片量测结果，计算出花高河段主河槽平均弯曲系数为1.29，主河槽平均弯曲系数明显增大，游荡型河段有向弯曲型转化的趋势。

图6-27（a）显示花高河段B/H、LS和r随时间的变化。依据这3个指标的变化可以将1950~2009年的花高河段的河床调整过程分为3个阶段：第一阶段为1950~1989年。这一阶段中，B/H、LS处于高值，r处于低值，其平均值分别为955.1、1308.3和1.12。河型为游荡型。这一阶段中B/H、LS呈减小趋势，r呈增大趋势，河道游荡程度减弱，宽深比减小，弯曲系数增大。第二阶段为1990~1999年。B/H、LS继续减小，r进一步增大，其时段平均值分别为448.49、607.05m/a和1.20。河道游荡程度明显减弱。第三阶段为2000~2009年。B/H、LS继续减小，r保持在相对较高的水平，河道变得相对窄深，B/H处于1950~2009年的最低值，LS进一步减小到这60年来的最低值。B/H、LS和r的

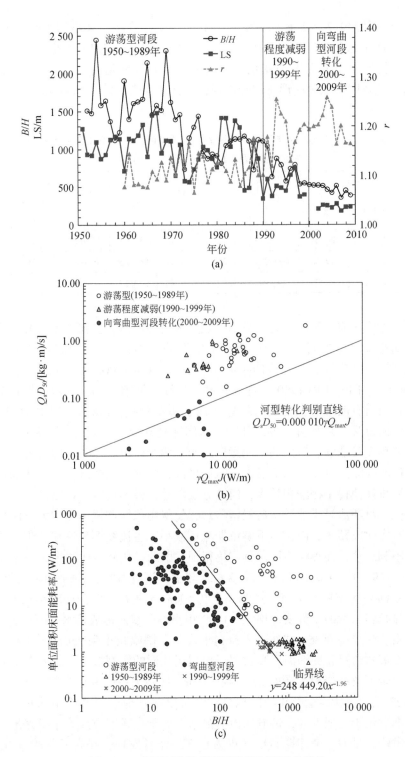

图 6-27 黄河下游游荡型河段的河型转化趋势

（a）花高河段 B/H、LS 和 r 随时间的变化；（b）基于花高河段的 Q_sD_{50} 与 $\gamma Q_{max}J$ 的关系判别河型转化；

（c）基于单位面积床面能耗率 Ω 与宽深比 B/H 的关系判别河型转化

时段平均值分别为 349.76、576.52m/a 和 1.19。河道出现向弯曲型河道转化的明显趋势。本研究基于不同时期的航空照片和卫星影像，绘制了 1960～2015 年花园口至夹河滩河段和夹河滩至高村河段平面形态的变化，可以清楚地看到河道游荡程度减弱的变化过程。1999 年以后，比较归顺的弯曲形态已经出现，尤其是在夹河滩至高村河段。3 个阶段的各项特征见表 6-4。

表 6-4 1950～2009 年的花高河段的河床调整的 3 个阶段和宽深比 B/H、
主流线年摆幅 LS、弯曲系数 r 的变化

阶段	Q_w /(m³/s)	Q_s /10⁸t	C_{mean} /(kg/m³)	Q_{mean} /(m³/s)	r	LS /(m/a)	B/H	$\gamma Q_{max}J$ /(W/m)	Q_sD_{50} /[(kg·m)/s]	$\gamma Q_{max}J/Q_sD_{50}$ /[(J·kg)/m²]
I	429.56	11.14	26.23	1 362.13	1.12	955.10	1 308.30	12 765	0.64	23 911
II	218.65	4.61	19.68	693.33	1.20	448.49	607.65	6 071	0.33	62 359
III	277.81	2.82	8.82	880.94	1.19	349.76	576.52	7 496	0.16	206 628

三门峡水库修建前，黄河花高河段属于强烈游荡型河段，主流摆动强烈，河道断面宽浅。这一时期花园口和夹河滩两个断面，主槽摆动平均强度分别高达 136m/d 和 83m/d（钱宁和周文浩，1965），花高河段的主流线摆幅在 800～1400m/a，游荡型河段的宽深比在 1200～2400。三门峡水库 1960 年建成并蓄水拦沙，河道下切，主流线摆幅减小，宽深比有所减小，河道有向弯曲型发展的趋势（钱宁和麦乔威，1963），但 1964 年遭遇大水，宽深比增大，河道又恢复游荡。1965 年后，水库恢复排沙，宽深比迅速增大，主流线摆幅也增大，游荡程度又加强。三门峡水库运用经历了两个阶段：1965～1972 年，水库运用方式由蓄水拦沙改为滞洪排沙，汛期滞洪、汛后排沙，汛期流量的减小使得主流线摆幅迅速减小，但汛后排沙使得主槽淤积抬高，河道分汊散乱，极不稳定。1973 年后，水库按蓄清排浑方式运行，汛期泄洪排沙，汛后拦蓄清水，使得主流线摆幅迅速增大。1986 年，黄河上游龙羊峡水库建成蓄水，使黄河下游汛期流量减小，主流线摆幅减小，但出现低流量与高输沙率的不利组合，使得河道游荡程度仍很强。因此，1965～1989 年，河道仍为游荡型河段。1990～1999 年，年均流量和汛期流量都减小，河道萎缩。游荡型河段的河道整治工程发挥了稳定河势的作用，主流线摆幅稳定在 500m/a 左右，宽深比减小至 500 左右，河道游荡程明显减弱，弯曲系数明显增大。1999 年小浪底水库建成蓄水，河道由淤积变为下切，宽深比由 500 减小到 350 左右，主流趋于稳定，摆幅减小到 250m/a 左右，河道呈现出向弯曲型发展的趋势，夹河滩至高村河段出现正弦形的河湾形态［图 6-28（c）］。

基于黄河全下游的资料，图 6-27 点绘了 Lane 平衡关系的两个参数 Q_sD_{50} 与 $\gamma Q_{max}J$ 的关系，图 6-27 显示，代表全部年份的拟合直线可以很好地区分淤积年份和冲刷年份，淤积年份的数据点位于直线上方，冲刷年份的数据点位于直线下方。为了更好地与河床演变相联系，以洪峰流量 Q_{max} 来计算 $\gamma Q_{max}J$ 更为合理。作者发现，花高河段的 Q_sD_{50} 与 $\gamma Q_{max}J$ 的关系［图 6-27（b）］可以很好地区分代表游荡型河段的年份和向弯曲型河段转化的年份。图 6-27 不同符号对上述 3 个阶段的数据点进行区分。可以看到，游荡时期及游荡程度减弱时期的数据点互相混杂，向弯曲型发展时期的数据点则位于上述两个时期数据点的

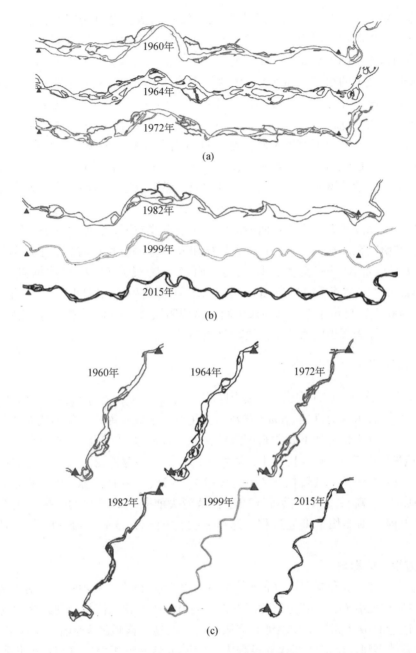

图 6-28　黄河下游平面形态的变化

（a）花园口（左）至夹河滩（右）（1960 年、1964 年、1972 年）；（b）花园口（左）至夹河滩（右）（1982 年、1999 年、2015 年）；（c）夹河滩（左下角）至高村（右上角）（1960 年、1964 年、1972 年、1982 年、1999 年、2015 年）

资料来源：张敏，2017

左下方，可以用一条直线来区分。该判别直线的方程为

$$Q_s D_{50} = 0.000\ 010 \gamma Q_{max} J \tag{6-29}$$

这表明，如果用 $\gamma Q_{max} J$ 代替 $\gamma Q J$，采用 $Q_s D_{50} - \gamma Q J$ 关系也可以进行黄河下游河型变化趋势

的判别，这一事实说明 Lane 平衡关系与河型的发育和演变也有密切的关系，因为就大多数情形而言，强烈淤积是冲积河流游荡型河段出现的根本原因，随着泥沙输移准平衡状态的实现，冲积河流将趋于形成非游荡型河段（如弯曲型河段）（钱宁等，1987）。

由于文献中报道的很多已知河型的河流缺少输沙量和泥沙粒径的资料，目前尚不能基于大样本建立 Lane 平衡关系来进行河型的判别。为了对黄河游荡型河段河型转化趋势进行判别，作者运用建立的基于单位面积床面能耗率–宽深比关系来判别河型的统计关系［图 6-27（c）］来对黄河下游河型转化趋势进行判别（Xu，2008）。该判别关系涉及 148 条冲积河流，其中也包括中国的河流。图 6-27（c）显示，在单位面积床面能耗率–宽深比关系相关图中，游荡型河段与弯曲型河段的数据点可以很好地用下列临界直线来区分：

$$\Omega = 248\ 449.20\,(B/H)^{-1.96} \tag{6-30}$$

游荡型河段位于该直线右上方，弯曲型河段位于该直线左下方。基于花高河段 1950～2009 年的数据，本研究在图 6-27（c）中点绘了 Ω 和 B/H 关系。可以看到，上述第一阶段和第二阶段的数据点都位于游荡型河段区间，而第三阶段共 10 年的数据点中，有 7 年（2000～2002 年、2005 年和 2007～2009 年）都位于弯曲型河段区间，只有 3 年（2003 年、2004 年和 2006 年）仍位于游荡型河段区间。这说明按式（6-30）来判别，2000 年以后黄河下游游荡型河段表现出向弯曲型河段转化的趋势。

（二）河型变化原因的讨论

2000 年以来黄河下游河型变化的原因可以归纳为三方面：①Lane 参数的变化；②边界条件；③小浪底水库的修建。Lane 参数的变化及小浪底水库修建的影响对河型的影响已进行了讨论，可以概化为如下的逻辑因果链关系：Lane 参数变化→LS 变小，主流稳定程度增大，游荡程度变小→宽深比变小，对水流约束增大→弯道稳定发展，弯曲系数增大→河型由游荡型向弯曲型发展转化。在上述表述中，箭头（→）前陈述的过程是箭头后陈述的过程的原因，而箭头（→）后陈述的过程是箭头前陈述的过程的结果。人类整治工程（护滩护岸工程）则加快了上述进程。这里主要讨论河道整治与流域因素对河型变化的影响。

1. 河道整治的影响

河道边界条件主要包括河床（河底和河岸）的物质组成。水沙特性的沿程调整和泥沙沉积过程中的粒径沿流程变细导致黄河下游河型沿流程变化，依次出现游荡型（铁谢至高村）、过渡性弯曲型（高村至陶城铺）和限制性弯曲型（陶城铺至利津）（钱宁和周文浩，1965）。在游荡型河段随时间变化的过程中，河道边界的沉积物粒度组成变化不大，但河道整治工程提供了控制河势的人工节点，有利于主流稳定和相对窄深断面的形成，这给河型的转化提供了边界条件。

为了提高黄河下游行洪能力，稳定河势，国家历来重视对游荡型河段的河道整治。河道整治工程主要包括险工、控导工程和护滩工程 3 种类型（图 6-29）。险工是指与大堤相连接的工程，目的是保护大堤，而控导工程和护滩工程均修在滩地上，习惯上将这两类合称为护滩控导工程（胡一三等，1998）。控导工程是为了约束主流线摆幅、护滩保堤，引导主流沿设计治导线下泄，在凹岸一侧的滩岸上按设计的工程位置线修建的丁坝、垛、护岸工程。黄河下游仅在治导线的一岸修筑控导工程，另一岸为滩地，以利洪水期排洪。因此，控导工程对河床演变虽有一定的限制作用，但河道在一定范围内仍能自由调整。虽然河道整治促进了河型的转化，但前述的三方面仍是黄河下游河型转化的重要原因。

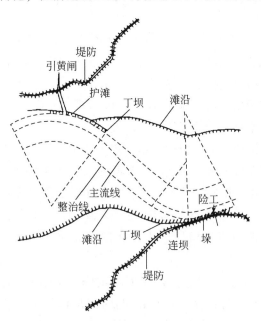

图 6-29　河道整治工程示意图

资料来源：潘贤娣等，2006

　　20 世纪 80 年代以来，黄河游荡型河段的河道整治，是按照微弯型方案来进行的（胡一三等，1998），即在易发生侵蚀后退的凹岸强化河床边界条件，限制河岸后退，从而达到控制主流、稳定河势、归顺流路的目的。河道整治的设计流量采用 5000m³/s，相当于 20 世纪 60~70 年代花园口站、夹河滩站和高村站的造床流量。设计河宽在东坝头以上取 1200m，东坝头至高村河段取 1000m。在设计河宽的基础上，仔细研究了河段内各个河湾的形态要素及其变化范围，在此基础上，由整治河段进口处，逐湾拟定治导线，直至河段末端，由此确定的治导线即是未来主流线的走势。显然，按这一思路设计和实施的河道整治工程，有利于游荡型河段向弯曲型河段发展。截至目前，黄河下游白鹤至高村游荡型河段共有险工和控导工程 110 处，工程长度 305.2km，裹护长度 261.3km，坝垛 2830 道，对控制河势发挥了重要作用。其中，在规划治导线上的工程共有 59 处，工程长度为 210.2km，占河道长度的 70.3%（王超等，2013）。在径流量减小、河道萎缩的背景下，护滩控导工程对游荡型河段向弯曲型河段转化的趋势起着十分重要的作用。

　　护滩控导工程对游荡型河段的影响主要包括两方面：①控制主流的摆动，特别是在径流量减小、洪水流量减小的情况下，会大大减小主流线的摆动幅度；②护滩控导工程的控制下，主流线流势稳定并趋向于弯曲。显然，这对降低游荡强度、促进游荡型河段向弯曲型河段发展有一定的作用。

　　应该看到，目前河道形态向窄深发展的趋势、主流线摆幅的减小和弯曲系数的增大都与小浪底水库对水沙的调节有关。如果未来拦沙库容淤满，水库恢复排沙，则下游河道向弯曲型转化的趋势可能会发生变化。然而，考虑到来自黄河中游流域的泥沙量已经大幅度减小，未来在一个很长的时间内，河道向弯曲型转化的趋势仍可以保持。

2. 流域因素的影响

本书已讨论了 Lane 平衡的两个参数即泥沙负载 Q_sD_{50}、水动力条件 γQJ 的变化及其与若干河床地貌指标变化的内在联系，阐明了自 1960 年以来黄河下游河床调整过程及其形成机理。由于冲积河流河道演变的根本原因是流域自然因素和人类活动因素的变化所导致的河道水沙输入变量的变化，自 1960 年以来流域因素的变化方式及其与 Lane 平衡的两个参数变化之间的内在联系是一个值得讨论的问题。

黄河流域深受人类活动影响，包括引水、水土保持措施的实施、水库对径流过程的调节等方面。引水可以用净引水量（$Q_{w,div}$）来表示，水土保持可以用历年的梯田、造林、种草面积（A_{swc}）来表示，水库的调节可以用水库对实际径流的调节系数（$R_{ra} = Q_w/\Sigma C$，式中 $Q_w/\Sigma C$ 为某一年进入下游的年径流量，ΣC 为该年干流水库的总库容）来表示。流域自然因素变化可以用花园口以上流域的平均年降水量（P_m）和流域平均气温（T_m）来表示。

从表 6-5 可以看到，$Q_{w,div}$、A_{swc}、R_{ra} 和 T_m 与时间呈正相关，显示出增大趋势；P_m 与时间呈负相关，显示出减小趋势；γQJ 和 Q_sD_{50} 与时间呈负相关，显示出减小趋势。各个变量中，除了 P_m 的 p 值为 0.11，不显著外，其他变量的 p 值均小于 0.01。从表 6-6 可以看到，除 Q_sD_{50} 与 $Q_{w,div}$ 的相关关系 p 值不显著外，Q_sD_{50} 与其余变量都在 $p<0.01$ 水平上显著相关。Q_sD_{50} 和 γQJ 与 P_m 呈正相关，与其余影响变量均呈负相关。从表 6-6 可以看到，$Q_{w,div}$、A_{swc}、R_{ra} 和 T_m 的增大将使 Q_sD_{50} 和 γQJ 减小，P_m 的减小将使 Q_sD_{50} 和 γQJ 减小，这意味着各项流域因素的变化导致 Q_sD_{50} 和 γQJ 的变化，并进而引起各个河流地貌变量如宽深比、主流线年摆幅和弯曲系数的调整以及河型特征的变化。这就证明了存在着以下的因果关系链：流域因素变化→Lane 平衡参数 Q_sD_{50} 和 γQJ 的变化→河流地貌变量的调整。

表 6-5　各变量与时间（年份）的相关系数

项目	$Q_{w,div}$	A_{swc}	R_{ra}	P_m	T_m	γQJ	Q_sD_{50}
各变量与年份的相关系数	0.56	0.95	0.87	-0.24	0.64	-0.67	-0.53
p 水平	<0.01	<0.01	<0.01	0.11	<0.01	<0.01	<0.01

表 6-6　Q_sD_{50} 和 γQJ 与流域因素变化的相关系数

项目	$Q_{w,div}$	A_{swc}	R_{ra}	P_m	T_m
γQJ 与各变量的相关系数	-0.43	-0.64	-0.77	0.67	-0.58
p 水平	<0.01	<0.01	<0.01	<0.01	<0.01
Q_sD_{50} 与各变量的相关系数	-0.18	-0.58	-0.58	0.41	-0.49
p 水平	0.20	<0.01	<0.01	<0.01	<0.01

五、对河道调控的应用意义

基于本节成果，可以为黄河下游河道的调控方向提供参考。为了使河道趋于稳定，必须减小主流线摆幅，使河道趋于稳定并向窄深方向发展，使得河道进一步向弯曲型转化。为了达到此目的，应从以下三方面入手。

（1）在边界物质抗冲性不能改变时，通过加强护滩控导工程，可以减小摆动幅度，使宽深比减小，弯曲系数增大。

（2）通过流域水土保持和水库拦沙措施，减少进入下游的泥沙量；通过在粗泥沙来源区集中治理和利用水库"拦粗排细"，减小进入下游河道的泥沙粒径，从而减轻河道的负载 $Q_s D_{50}$，可以使摆动幅度减小，宽深比减小，弯曲系数增大。

（3）实施调水调沙措施，通过小浪底及龙羊峡等水库联合调度，在汛期中择机泄放较大流量的输沙洪水，增强输沙动力 $\gamma Q J$，集中输沙入海；在其余时段使摆动幅度减小，宽深比减小，弯曲系数增大。

第七章 | 流域能耗特性及其意义

河流系统是一个开放系统，通过能量流和物质流来实现其功能，这种能量流可以用河流的能量耗散率来度量，而物质流则表现为径流和泥沙流，分别用流量和输沙量来度量。经过长期调整之后，该系统可以达到某种平衡状态。Schumm（1977）提出著名的流域系统侵蚀带、输移带和沉积带的划分，并据此建立了流域地貌系统的理论。在一个流域中，从上游向下游依次出现侵蚀带、输移带和沉积带。这种空间分异与河流系统能耗率的空间变化之间存在着密切的依存关系。对这种依存关系进行深入研究，是河流地貌学中的一个重要问题。作者对此进行了探讨，研究了黄河干支流的能耗率与泥沙输移的关系、黄河流域能耗率与产沙输沙尺度效应的关系和黄河干支流及单位河长能耗率沿河长的复杂变化及其意义，取得了进展。本章对这些成果进行介绍。

第一节 黄河干支流的能耗率与泥沙输移的关系

对于泥沙输移和水流条件的关系，前人已建立了平衡条件下的输沙率与水力学变量之间的定量关系（武汉水利学院水流挟沙力研究组，1959；钱宁等，1987；钱宁和万兆惠，1983；韩其为和何明民，1984；倪晋仁等，1991；王光谦，2007；Bagnold，1966；Bagnold，1977；Engelund and Fredsoe，1976）。杨志达等以水流能耗率反映水流条件，研究了水流输沙能力与能耗率的关系（Yang，1972；Yang，1976；Yang and Molinos，1982；Yang，1996）。已有的成果大多通过理论推导建立公式，然后利用在实验室水槽和一部分实验河段进行试验所取得的观测资料来确定公式的参数。由于实验室模型小河与天然河流在尺度上相差很大，存在着某种尺度效应问题，基于实验室资料的成果常常不能直接应用于天然河流。因此，利用天然河流的实测资料来研究泥沙输移和水力学变量的关系，在理论上和应用上都有重要意义。作者基于黄河流域的大样本资料研究了黄河干支流的能耗率与泥沙输移的关系，本节介绍这一成果。

黄河流域位于以半干旱气候为主体的黄土分布地区，高含沙水流是一种普遍的现象（钱宁，1989）。已往的研究者已对高含沙水流的泥沙输移进行过大量研究，发现河流由非高含沙水流范围进入高含沙水流范围之后，挟沙水流的能耗特征和输沙行为都会发生变化，出现一些明显不同于非高含沙水流的特征（曹如轩，1986；曹如轩，1987；钱宁，1989；赵文林，1996；Xu，1999；舒安平和费祥俊，2008）。黄河流域径流所处的自然地理背景条件丰富多样，河流含沙量的变幅很大，其年均含沙量可以从小于 $1kg/m^3$ 变化为大于 $500kg/m^3$。在这样大的变幅中，包括非高含沙水流和高含沙水流在内的水沙两相流的复杂行为，表现得十分典型，对黄河干支流在宏观空间范围内的输沙-能耗关系产生了很大的影响。本研究通过对黄河干支流实测资料的分析，阐明在宽变幅水沙两相流的背景下和流域系统的宏观尺度上，能量流与泥沙流之间的内在联系与变化图形，有助于深化对能耗率与输沙率关系的认识。

表达河流能耗率有多种方式，本节将单位河长上的势能消耗率 $\omega = \gamma_m QJ$ 作为指标，以 W/m 计；Q 为流量，以 m^3/s 计，J 为河床比降，以小数计，γ_m 为浑水容重，以 t/m^3 计。黄河干支流大多数河流的含沙量较高，如果按清水容重来计算能耗率，将会有一定的误差，故用浑水容重。事实上，当悬移质泥沙沿河向下运动时，泥沙所具有的势能也会转化为动能，从而使水沙两相流获得能量。本研究计算了每个水文站测流河段的 ω 值，其中流量采用年平均流量，比降则是按水文站所在河段，从 1:50 000 的地形图上按等高线量算而得到的。输沙量采用悬移质年输沙量的多年平均值，流量也采用多年平均流量。1970 年以后大规模的水土保持措施开始在黄河流域生效，流量和沙量受到人为因素的强烈影响。为了揭示自然条件下的输沙规律，未采用 1970 年以后的资料，以避免人为因素对输沙关系的干扰。

以 259 个水文站的大样本资料为基础，作者以经验统计方法研究了黄河干支流的能耗率与输沙率的关系。应该指出的是，在一般的悬移质输沙关系研究中，多采用床沙质，因为冲泻质的输移与水力条件无关，主要依赖流域供应条件（钱宁和万兆惠，1983）。作者认为，在黄河流域的水沙两相流中，冲泻质的较细部分与水的混合物构成了液相，对作为固相的粗颗粒的运动有很大影响，不容忽视。正是这一液相的存在及其变化使高含沙水流的输沙过程表现出复杂的行为。因此，本研究采用了悬移质全沙输沙率，未对床沙质与冲泻质加以区分。

一、输沙量与能耗率关系

以黄河干支流站点的资料为基础，图 7-1（a）点绘了多年平均输沙量 Q_s 与基于多年平均流量的单位河长能耗率 $\gamma_m QJ$ 的关系，可以看到，数据点相当分散，但仍表现出正相关，决定系数 R^2 为 0.211，由于样本数很大（$n=256$），两者仍是高度显著相关的，显著性概率 $p<0.001$。

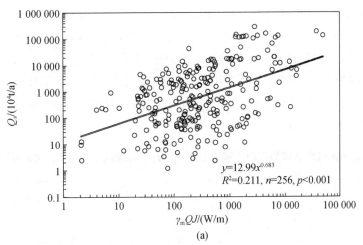

$$y=12.99x^{0.683}$$
$$R^2=0.211, n=256, p<0.001$$

(a)

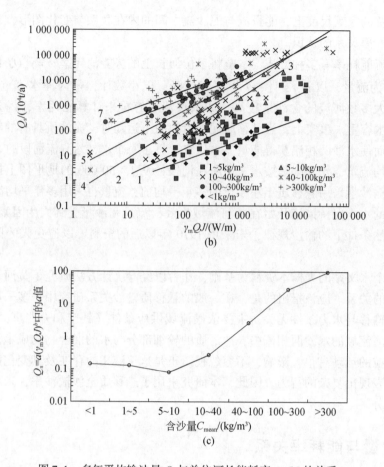

图 7-1　多年平均输沙量 Q_s 与单位河长能耗率 $\gamma_m QJ$ 的关系

（a）Q_s-$\gamma_m QJ$，按全部数据点绘；（b）Q_s-$\gamma_m QJ$，按 7 个分组的数据点绘；（c）各分组回归方程 $Q_s = a\,(\gamma_m QJ)^b$ 的系数 a 值与各含沙量等级的关系

为了考察水沙两相流特征对输沙能耗关系的影响，作者按年均含沙量 C_{mean} 的大小并参照总群的分布使组间差别较大，对所有数据点进行分级，共分为 7 组，即①$<1kg/m^3$；②$1\sim5kg/m^3$；③$5\sim10kg/m^3$；④$10\sim40kg/m^3$；⑤$40\sim100kg/m^3$；⑥$100\sim300kg/m^3$；⑦$>300kg/m^3$。以不同符号表示不同含沙量等级的河流，在图 7-1（b）中再次点绘了 Q_s 和 $\gamma_m QJ$ 的关系，可以看到，尽管各组之间有一定程度的混杂，但它们的分布具有一定的规律，各自形成一个条带，给出的各组数据点的拟合直线是按 $Q_s = a\,(\gamma_m QJ)^b$ 来拟合的，有关的回归方程已列入表 7-1 中。

表 7-1　输沙量与能耗率之间的回归方程 $Q_s = a(\gamma_m QJ)^b$ 的系数 a、指数 b、决定系数 R^2 和样本数 n

组别	含沙量范围 /（kg/m³）	系数 a	指数 b	决定系数 R^2	样本数 n	显著性 概率
1	<1	0.147	0.8056	0.6047	24	<0.01

组别	含沙量范围 /（kg/m³）	系数 a	指数 b	决定系数 R^2	样本数 n	显著性 概率
2	1~5	0.13	1.0583	0.706	52	<0.01
3	5~10	0.08	1.4518	0.6055	29	<0.01
4	10~40	0.274	1.4119	0.7268	52	<0.01
5	40~100	2.661	1.1643	0.7784	33	<0.01
6	100~300	28.34	0.8909	0.6924	43	<0.01
7	>300	94.42	0.7917	0.581	28	<0.01

注：编号与图 7-1（b）中的编号一致。

从图 7-1（b）可以看到，各组河流的拟合直线的分布有明显的规律。从左上方向右下方，拟合直线依次代表以下含沙量分组：①>300kg/m³；②100~300kg/m³；③40~100kg/m³；④10~40kg/m³；⑤5~10kg/m³；⑥1~5kg/m³；⑦<1kg/m³。表明河流的含沙量依次递减。这意味着，当单位河长能耗率 $\gamma_m QJ$ 一定时，随着河流由非高含沙水流进入高含沙水流范畴，水流所能输送的泥沙数量递增。由于各条直线的斜率有一定的差异，实际上的变化图形是复杂的。表 7-1 中的回归方程的系数 a 值可以表示单位能耗率情形下的年输沙量，这是因为在方程 $Q_s = a(\gamma_m QJ)^b$ 中，令 $\gamma_m QJ = 1$，则 $Q_s = a$。所以，对 a 值进行比较可以判定在单位能耗率情形下，河流年输沙量的差异。图 7-1（c）点绘了 a 值与各含沙量等级的关系，可以看到在含沙量小于 40~100kg/m³ 时，a 值的变化很小；当含沙量超过 100kg/m³ 而进入高含沙水流范畴之后，a 值随含沙量的增大而迅速增大。

本书已指出，河流系统是一个以能量流和径流、泥沙流为特征的开放系统，能量的耗散主要用于侵蚀地表和输运侵蚀所产生的泥沙，同时水流要维持自身的运动，克服阻力，也需要消耗能量，由此可以写出：

$$E = E_e + E_t + E_r \qquad (7\text{-}1)$$

式中，E 为河流的能耗；E_e 为用于侵蚀河床的能量；E_t 为用于输运泥沙的能量；E_r 为克服水流阻力所消耗的能量。如果考虑平衡条件下的能耗，则侵蚀河床的能量 E_e 可忽略，则

$$E = E_t + E_r \qquad (7\text{-}2)$$

与清水相比，水流挟运泥沙需要消耗一定的能量，将部分能量消耗于泥沙的悬浮，即做悬浮功。由于悬浮功可以表示为沉速与含沙量的乘积，悬浮功的变化取决于二者共同作用的结果。钱宁和万兆惠（1983）曾提出计算悬浮功的公式：

$$W_d = (\gamma_s - \gamma) S_v (1 - S_v)^{m+1} \omega \qquad (7\text{-}3)$$

式中，W_d 为悬浮功；S_v 为体积比含沙量；γ 和 γ_s 分别为水和泥沙的容重；ω 为单粒泥沙在无限大的清水水体中的沉速；m 为常数。容易看到，式（7-3）具有极大值，对其取 S_v 的微分，并令左端为 0，可得悬浮功达到最大值时的体积比含沙量为

$$S_v = 1/(m+2) \qquad (7\text{-}4)$$

上述结果表明，当含沙量较小时，悬浮功随含沙量的增大而增大；但达到某一临界值之后，悬浮功随着含沙量的进一步增大而减小。

很显然，当水沙两相流进入这一范围之后，在给定能耗率的情形下，水流可能挟运的

泥沙将随含沙量的增加而增多，这意味着 a 值将会随着含沙量的增大而增大。这就是图7-1（c）中曲线进入高含沙水流范围之后急剧上升的原因。

由于图7-1（b）中含沙量的分级达7级，各级别内河流的数据点混杂较多。在图7-2中，本研究对7个等级进行适当归并，分为4个等级：①含沙量在5kg/m³以下；②含沙量为5~40kg/m³；③含沙量为40~100kg/m³；④含沙量为100kg/m³以上。可以看到，各等级河流的数据点大致分布在同一条带内，随着含沙量等级的增高，相应条带的位置依次从右下方向左上方移动。

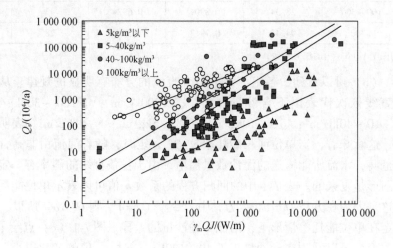

图7-2　Q_s 和 $\gamma_m QJ$ 的关系（4个含沙量等级）

二、输沙率与能耗率和含沙量的关系

基于图7-1（b）、图7-2中所示的数据点按含沙量呈现分带分布的关系，可以对以输沙率–流量幂函数关系来表示输沙关系的传统做法进行改进，建立黄河干支流输沙率（Q_s，单位以 10^4t/a 计）与单位河长能耗率（$\gamma_m QJ$，单位以 W/m 计）、含沙量（C_{mean}，单位以 kg/m³计）的关系。依据256个站点的资料，经计算后得到：

$$Q_s = 0.034\,95(\gamma_m QJ)^{1.171} C_{mean}^{1.063} \tag{7-5}$$

对于式（7-5），复相关系数 $R = 0.886$；决定系数 $R^2 = 0.785$；F 检验的结果 $F = 463.12$；显著性概率 $p = 0.000\,001$；剩余标准差 SE $= 1.2929$（对数单位）。Q_s 计算值与实测值的比较见图7-3。Q_s 与 $\gamma_m QJ$ 和 C_{mean} 的简单相关系数分别为 0.449 和 0.523，同时考虑两个变量后，复相关系数大幅度提升为 0.886。与传统的输沙关系式相比，式（7-5）将输沙率与能耗率建立联系，在计算能耗率的时候考虑了浑水容重的影响，同时还以含沙量为变量反映了非高含沙水流与高含沙水流的差异，不但物理意义更清楚，而且也更加适合于黄河流域的具体情况。

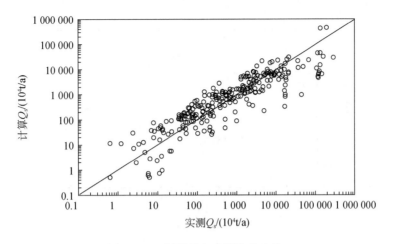

图 7-3 Q_s 计算值与实测值的比较

三、能耗率与含沙量的关系

本书已指出悬浮功与含沙量的关系中存在一个极大值，由此出发可以对黄河干支流的输沙量–能耗率关系进行解释。所研究的黄河干支流的资料证明，在年均含沙量随单位河长能耗率的变化中，也表现类似的图形。图 7-4（a）点绘了单位河长能耗率 $\gamma_m QJ$ 与年均悬移质含沙量 C_{mean} 的关系。可以看到，尽管数据点十分分散，但趋势是清楚的。能耗率先随含沙量的增大而增大，并达到峰值，此后随着含沙量的进一步增大，能耗率则降低。

图 7-4（a）数据点较为分散，为了更好地揭示上述变化规律，本研究采用了分组平均的方法对资料进行处理。首先将 $\ln(C_{mean})$ 分为 10 个等级：①<-2；②$-2 \sim -1$；③$-1 \sim 0$；④$0 \sim 1$；⑤$1 \sim 2$；⑥$2 \sim 3$；⑦$3 \sim 4$；⑧$4 \sim 5$；⑨$5 \sim 6$；⑩$6 \sim 7$。然后，对属于各等级的样本，对其 $\ln(C_{mean})$ 和 $\ln(\gamma_m QJ)$ 求平均值，然后点绘各个级别的 $\ln(\gamma_m QJ)$ 和 $\ln(C_{mean})$ 的关系 [图 7-4（b）]。从图 7-4（b）可以看到，分组平均之后，能耗率先随含沙量的增大而增大，达到峰值后再减小的趋势十分明显。如果用二次多项式拟合，则决定系数为 0.813，$p<0.01$。

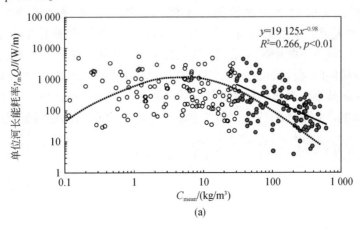

（a）

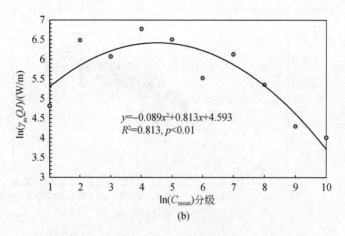

图 7-4　单位河长能耗率 $\gamma_m QJ$ 与年均悬移质含沙量 C_{mean} 的关系

（a）所有数据（实心点表示含沙量大于 $30 kg/m^3$）；（b）分组平均结果

本研究针对含沙量大于 $30 kg/m^3$ 的 111 条河流，建立了 $\ln(\gamma_m QJ)$ 和 $\ln(C_{mean})$ 的相关关系 [图 7-4（a）]，呈现出负相关，决定系数 R^2 为 0.266，显著性概率 $p<0.01$。由上述分析可见，能耗率随含沙量的变化的确存在着先增大后减小的变化趋势；在 $C_{mean}>30 kg/m^3$ 之后，$\gamma_m QJ$ 随 C_{mean} 的减小是显著的。因此，图 7-4（a）体现了实测资料对钱宁和万兆惠（1983）提出的式（7-3）的验证和支持。还应指出的是，在图 7-4（a）中，在含沙量较低时，能耗率表现出随含沙量增大而增大的趋势，这体现了在非高含沙水流中，挟运泥沙需要消耗能量，这一能量随着所挟运泥沙的增多而增加。从图 7-1（c）可以看到，a 值随含沙量变化的确存在着一个先下降后上升的过程，这意味着具有单位能耗率的水流所能输送的泥沙量，先是随含沙量的增大而略有减少，然后再急剧增大。因此，图 7-1（c）中的变化图形可以用图 7-4 中的变化图形来解释。

一般而言，全沙而不是床沙质泥沙的输沙关系，在很大程度上反映的是流域泥沙的供应条件。图 7-1（a）中所示的全沙输沙量与能耗率关系也在一定程度上反映了流域泥沙的供应条件。作者在以前研究中已经指出，高含沙水流是侵蚀的产物，但它一旦形成后，因其能耗率很低，又可能增大水沙两相水流的侵蚀力，使侵蚀过程大大强化（Xu，1999）。高含沙水流形成于黄土坡面，并在向下运动、经各级沟通汇入河道的过程中逐渐发展，其极限含沙量也不断增大（王兴奎等，1982）。因此，在高含沙水流比较发育的地区，流域侵蚀所提供的泥沙量也是十分丰富的。大量泥沙进入河道之后，高含沙水流的挟沙能力因悬浮功的减小而强化，泥沙能够有效地被水流搬运而不会发生沉积，因而出现图 7-1（c）中所示的高效输沙的特征，即单位能耗率之下所输运的泥沙随含沙量的增大而急剧增大。

第二节 黄河流域能耗率与产沙输沙尺度效应的关系

尺度效应是近年来地球科学研究的热点问题，在侵蚀产沙领域中受到广泛的关注，已有大量的成果发表（Andrle，1996；Kirkby et al.，1996；Sten and GrahamP，1998；Becker et al.，1999；Blöschl G，1999；Han and Sandra，2001；刘纪根等，2004）。世界上许多地区的研究者都发现，产沙模数与流域面积之间的关系呈负相关，随着流域面积的增大，产沙模数表现出减小的趋势（Chorley et al.，1984），这可以视为流域产沙过程中的尺度效应。然而，Church 和 Slaymaker 的研究证明（1989），还存在着另一种方式的尺度效应。他们发现，加拿大不列颠哥伦比亚（British Columbia）省的河流的产沙模数–流域面积关系是非线性的，即产沙模数先随流域面积的增大而增大，达到最大值后再减小。他们认为这体现了该地区自全新世以来侵蚀产沙过程中的不均衡调整。

从严格的意义上说，尺度效应是一种依赖于尺度的现象，它只与尺度的变化有关，因此只有在其他条件均一的情形下，才能揭示出真正的尺度效应。然而，任何与天然河流实测资料相联系的研究都是依赖于区域的，通常不能满足其他条件均一的情形。在一组特定样本中体现出的尺度效应，常常与影响因素的区域变化有关。对于黄土高原侵蚀产沙的尺度效应，前人已进行了研究（许炯心，1999b；Xu and Yan，2005；Yan and Xu，2007），发现黄河流域干支流的产沙模数先随流域面积增大而增大，达到峰值后再减小，这与Church 和 Slaymaker（1989）发现的非线性关系是类似的。这种变化既与黄土物质在流域中的分布有密切的关系，又与能耗率的空间变化有关。但是严格地说，凡与特定的区域自然地理条件相联系的因素，均不应该视为侵蚀尺度效应的决定性因素。流域系统是一个具有自组织能力的开放系统，通过长期的调整趋向于实现某种平衡，这种平衡可以是力的平衡，也可以是输沙平衡，但是在更长的时间尺度上，流域趋向于"夷平"，即流域上部侵蚀带趋向于侵蚀降低，中部输沙带趋向于输沙平衡，下部沉积带趋向于堆积抬高。这与能量在体系中的分布和由此决定的泥沙侵蚀、搬运、堆积动态有密切的关系。这一机制也可能与侵蚀产沙的尺度效应有关。本研究试图通过分析黄河流域中能耗率的空间分布和由此决定的输沙能力的空间变化，来解释黄河流域产沙模数的非线性尺度效应的形成机理。

本研究采用了单位河长的能耗率 Ω 和单位河床面积能耗率 ω。单位河长能耗率指标为 $\Omega = \gamma_m QJ$，式中 Q 为多年平均流量（以 m^3/s 计），J 为河床比降（以小数计），γ_m 为浑水的容重。单位河长能耗率的单位为 W/m。单位河床面积能耗率指标为 $\omega = \gamma_m QJ/w$，这里 w 为河道宽度。由于河道宽度的资料不易得到，一般常依据 w 与流量 Q 的 0.5 次方成正比的关系（Leopold et al.，1964），以 $Q^{0.5}$ 代替河宽，由此得到：$\omega = \gamma_m QJ/w = \gamma_m QJ/Q^{0.5} = \gamma_m Q^{0.5}J$。

一、能耗率与流域尺度的关系

流量和比降是决定河流能耗率的两个主要变量。以黄河干支流的资料为基础，图 7-5（a）和图 7-5（b）分别点绘了多年平均流量 Q 和河道比降 J 与流域面积 A 的关系。前者呈现显著的正相关，后者呈现显著的负相关，可以分别用幂函数关系来拟合：

$$Q = 0.0036A^{0.9602}(R^2 = 0.8466) \qquad (7\text{-}6)$$

$$J = 85.881A^{-0.425}(R^2 = 0.5758) \qquad (7\text{-}7)$$

由于式（7-6）右端 A 的指数为 0.9602，式（7-7）右端 A 的指数为 -0.425，二者相乘后 A 的指数为正值，即 QJ 随 A 的增大而增大。QJ 与浑水容重 γ_m 相乘得到单位河长能耗率 $\Omega = \gamma_m QJ$。$\gamma_m QJ$ 与流域面积 A 的关系 [图7-6（a）] 可以用幂函数关系来拟合：

$$\Omega = 3.798A^{0.522} \qquad (7\text{-}8)$$

值得注意的是，式（7-8）中 A 的指数为 0.522，接近于 0.5。如果以 $\gamma_m Q^{0.5}J$ 来近似表达单位河床面积能耗率，由式（7-6）可知，$Q^{0.5}$ 近似与 $A^{0.5}$ 成正比。将式（7-8）右端除以 $Q^{0.5}$，左端除以 $A^{0.5}$，则可知单位河床面积能耗率与 A^0 成正比，即不随流域面积而变化。图7-6（b）中点绘了单位河床面积能耗率 ω（$= \gamma_m Q^{0.5}J$）与流域面积 A 的关系，二者不相关，ω 不随 A 而变化，证明了这一点。这一结果说明，各流域的特性差异较大，致使黄河流域干支流单位河床面积能耗率变化幅度很大，但都在平均值（142）左右波动，说明黄河流域系统中单位河床面积能耗率近似遵从能耗分布均匀化的假说。

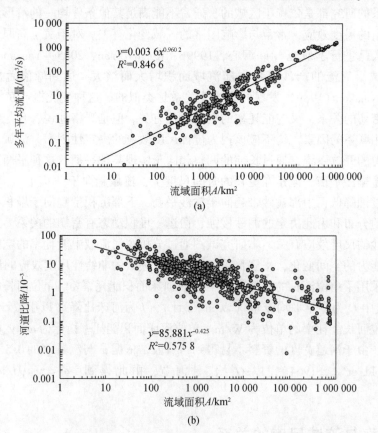

图7-5　多年平均流量（a）和河道比降（b）与流域面积的关系

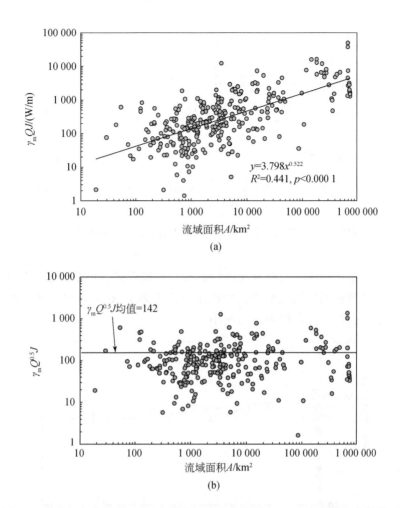

图 7-6　单位河长能耗率（a）和单位河床面积能耗率（b）与流域面积的关系

二、黄河干支流产沙模数的非线性尺度关系

作者团队在以前的研究中，曾发现黄河流域干支流的产沙模数与流域面积之间存在着非线性关系（Xu and Yan，2005），见图 7-7，该图是依据黄河干支流 200 余个水文站的资料点绘而成的。为了在一定程度上消去流域面积以外的因素影响，更好地揭示变化的趋势，本研究采用 15 点滑动平均方法对资料进行了处理。可以看到，随着流域面积的增大，产沙模数显著增大，大致在流域面积为 4000km² 处达到峰值，然后再减小。与峰值对应的流域面积为 4000km²，可视为一个临界点。作者团队已对这一图形的形成机理进行了初步解释（Xu and Yan，2005）。

为了使自然地理背景的差异相对缩小，本研究分别选取广义的渭河水系（包括渭河、泾河和北洛河）、河口镇至龙门区间支流以及汾河流域进行了研究。以这些流域的资料为

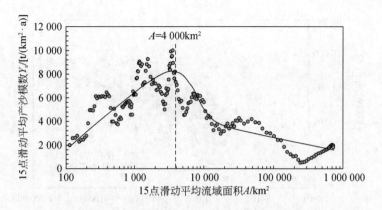

图7-7　黄河流域干支流的产沙模数与流域面积之间非线性关系

基础，图7-8点绘了产沙模数与流域面积的关系。可以看到，当流域面积较小时，随着流域面积的增大，产沙模数呈增大趋势，并在流域面积为1000～2000km²时达到最大值。当流域面积进一步增大时，产沙模数迅速减小。

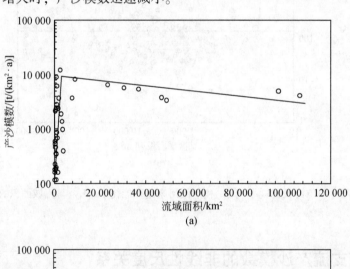

(a)

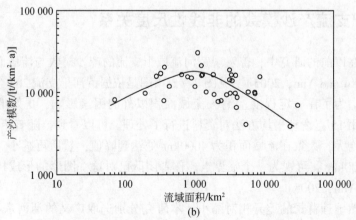

(b)

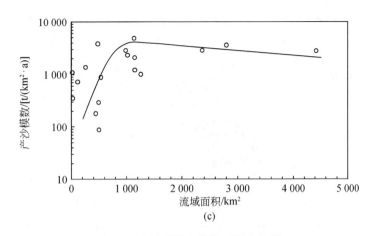

图7-8 产沙模数与流域面积的关系

（a）渭河水系；（b）河口镇至龙门区间支流；（c）汾河流域

三、基于输沙率–能耗率关系解释产沙模数的非线性尺度关系

作者认为，尺度效应是一种只依赖于尺度的现象，应该从河流系统的某些一般特性入手进行解释。河流能量在体系中的分布和由此决定的泥沙产生、输移、沉积随空间的变化，应该与产沙尺度效应有成因上的联系。因此，作者尝试基于输沙率–能耗率关系解释产沙模数的非线性尺度关系的形成机理。

为了将输沙量随流域面积的变化与单位河长能耗率随流域面积的变化进行比较，图7-9（a）已将二者点绘在同一坐标中。前者可以用 $y = 0.231x^{0.9456}$ 来拟合，而后者则可以用 $y = 3.798x^{0.522}$ 来拟合。拟合方程的指数为拟合直线的斜率，表示输沙量或单位河长能耗率随流域面积的变化。输沙量关系的斜率为 0.9456，而单位河长能耗率关系的斜率为 0.522，意味着输沙量沿程增大的速率远远大于单位河长能耗率增大的速率，这就有可能出现某个流域面积临界点，超过该点后，泥沙供应量将超过挟沙能力，使得河道发生显著的淤积。淤积的结果，产沙模数会减小，因而出现图7-7中曲线的转折点。

本书已建立年输沙量与单位河长能耗率和年均含沙量之间的回归方程 $Q_s = 0.034\,95$ $(\gamma_m QJ)^{1.171} C_{mean}^{1.063}$，这一方程实际上表示在给定 $\gamma_m QJ$ 和 C_{mean} 的条件下，河流的输沙能力。而相应河流的实测输沙量，则表示流域加诸于该河流的泥沙供应量。本研究按这一方程计算出各个站点的输沙能力。图7-9（b）点绘了年输沙量和年输沙能力随流域面积的变化，并给出了拟合直线。可以看到，上述两条拟合直线有一个交点，与之对应的流域面积 $A = 4000\text{km}^2$。流域面积小于 4000km^2 时，年输沙能力–流域面积拟合线的位置高于年输沙量–流域面积拟合线，意味着输沙能力大于泥沙供应量，水流除搬运流域供应的泥沙外，尚有能力侵蚀，因而出现图7-7中产沙模数随流域面积的增大而增大的趋势。流域面积超过 4000km^2 以后，年输沙能力–流域面积拟合线的位置低于年输沙量–流域面积拟合线，意味着输沙能力小于泥沙供应量，水流能量不足以搬运来自流域的泥沙供应量，因而河道发生

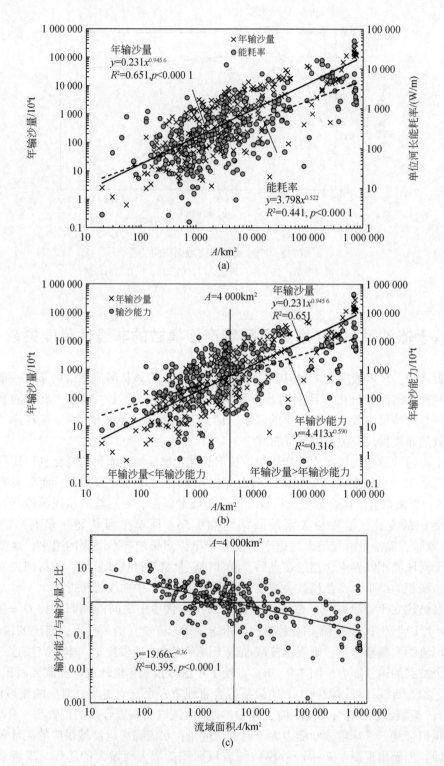

图 7-9　年输沙量和单位河长能耗率与流域面积关系的比较（a）、年输沙量和年输沙能力与流域面积关系的比较（b）及输沙能力与输沙量之比随流域面积的变化（c）

淤积。两条直线的交点，代表输沙能力等于泥沙供应量，相应的流域面积则应该对应于图 7-7 中产沙模数–流域面积非线性关系曲线的转折点。可以认为，4000km² 是一个对应于输沙能力等于泥沙供应量的平衡点的临界流域面积。因此，黄河干支流产沙模数随流域面积变化的非线性关系可以用单位河长能耗率的沿程变化所导致的河流输沙能力与泥沙供应量对比关系的变化来解释。

为了更直观地表示各站点侵蚀堆积特性，本研究将输沙能力与输沙量的比值（I）作为指标，这里输沙能力是按式（7-5）计算得到的。$I>1$，表示河段有发生侵蚀的可能；$I=1$，表示河段处于平衡状态；$I<1$，表示河段发生淤积。图 7-9（c）点绘了指标 I 随流域面积的变化，从图中可以看到，随着流域面积的增大，流域由侵蚀状态变为淤积状态。与 $I=1$ 对应的流域面积为 $A=4000\text{km}^2$。

上述分析表明，存在着一个临界流域面积，小于这一临界流域面积的流域，以侵蚀为主；大于这一临界流域面积的流域，泥沙的堆积明显。由此出发，可以对黄河流域泥沙输移比等于 1 的适用条件进行界定。前人研究和作者团队的野外调查都证明（牟金泽和孟庆枚，1982；许炯心和孙季，2004），在天然状况下，黄河中游处于强烈的侵蚀发育阶段，除局部有泥沙的暂时堆积外，流域中的天然沉积汇（如坡积物、冲积扇和洪积扇等）不发育，因此可以忽略不计。这是因为：①多数河道下切到基岩中，沟道和河道坡度陡，水流挟沙能力强，很难发生沉积；②干流和主要支流，河漫滩不发育，支流汇口和冲沟口，冲积扇和洪积扇不发育，缺乏泥沙堆积的场所；③坡面呈上凸形，坡麓无永久性的坡积物，坡积裙不发育；④干流纵剖面呈阶梯状的直线形，有的略呈上凸状，表明由于新构造运动中的阶段性抬升，河道纵剖面正在侵蚀下切；⑤河流泥沙以黄土物质为主体，粒度细，且高含沙水流十分发育，河道和各级支流横断面都十分窄深，故几乎所有泥沙都属于冲泻质，不会发生永久性堆积。由于泥沙存储可以忽略，在泥沙收支平衡关系式（产沙量=Σ 侵蚀源–Σ 沉积汇）中，Σ 沉积汇=0；泥沙输移比=（Σ 侵蚀源–Σ 沉积汇）/Σ 侵蚀源，为 1。这一结论在黄河流域的研究和规划中得到了广泛的应用，甚至被推广到整个黄河上中游流域。

按照流域系统的理论，流域系统分为侵蚀带、输移带、沉积带（Schumm，1977）。依据本节的研究结果，这种划分与能耗率的空间变化所决定的输沙能力–泥沙供应量对比关系的空间变化有关。在输沙能力与输沙量的比值 I 小于 1 时，沉积明显，进入沉积带。与此相应，泥沙输移比小于 1。上文已指出，对于黄河流域，$I=1$ 时的临界流域面积为 4000m^2。这一流域面积相当于泥沙输移比等于 1 的上限流域面积。超过这一临界流域面积之后，河流能耗率降低，河谷变得开阔，河漫滩和河谷平原发育，泥沙沉积显著，泥沙输移比减小。例如，渭河下游河谷、汾河下游河谷和很多支流的宽谷河段都出现了泥沙沉积汇，使得泥沙输移比小于 1。因此，泥沙输移比为 1 的结论不宜扩大到整个黄河流域。还应该指出，由于流域自然地理因素的复杂性，上述临界流域面积只是针对"均质"流域而言的，是一种"理想"的、或者说平均意义下的情形。事实上，本节各图中数据点的离散正是流域非均质性的体现。只有回归直线才代表平均意义下的情形，这种平均意义下的结果近似体现了均质流域表现出的尺度效应。

第三节 黄河干支流能耗率沿河长的复杂变化及其意义

河流系统是一个以物质流、能量流为特征的开放系统，其中不断有能量与物质的输入和输出，经过长期调整之后处于某种平衡状态。单位河长上的势能消耗率即河流功率沿河长的变化，是刻画能量流特征的重要指标。河流系统中的物质流主要是水流（径流）和泥沙流，它们反映了流域自然地理条件和人为影响所决定的产流、侵蚀和输水、输沙特性。Leopold 和 Langbein（1962）对河流系统的能耗特征进行过研究，针对体系中能量的分配方式提出了一些假说。前人将单位水体能耗率（以流速与比降的乘积表示）与河流的输沙通量建立联系（Yang，1972），并发现这一能耗率沿河向下有减小的趋势（Yang and Song，1979）。作者对沙质河床与砾石河床的能耗特征进行了比较，在二维平面中建立了沙质河床和砾石河床的形态指标与能耗率的关系，该关系可以用于河型的判别（许炯心，1999d）。Schumm（1977）提出著名的流域系统侵蚀带、输移带和沉积带的划分，并据此建立了流域地貌系统的理论。在一个流域中，从上游向下游，依次出现侵蚀带、输移带和沉积带。这种空间分异与河流系统能耗率的空间变化的内在联系，是一个需要深入研究的问题。本研究以黄河干流的资料为基础对河流的能耗率沿河长的变化进行研究，试图阐明能耗率的沿程变化与侵蚀带、输移带、沉积带的形成之间的内在联系。所用的单位河长能耗率（以 W/m 计）指标为 γQJ，式中 Q 为多年平均流量（以 m^3/s 计），J 为河床比降（以小数计），γ 为水的容重。

一、纵剖面的基本特征

一般而言，河流的纵剖面表现为一条上凹形曲线。由于河流纵剖面是在河流发育的漫长历史时期中形成的，它与地质构造单元、新构造运动特征与区域地貌发育史有十分密切的关系。图7-10点绘了黄河干流的纵剖面线，这条纵剖面线在高程随距河源的距离（河长）下降的总体趋势上，还表现出某种阶梯性变化的特征，这反映了大地构造单元与地壳运动差异性的控制作用。从大地构造单元上看，从河源到河口，隆起带与沉降带交替出现。河源区为青藏高原隆起，地面平坦，故比降较缓［图7-11（a）］，往下进入青藏高原东北边缘陡坡，比降大大加陡。再往下则进入强烈沉降的宁蒙凹陷，地貌上为宁蒙平原，纵剖面上出现一个平台。继续往下进入黄土高原，新构造运动中表现为较强烈的隆起，纵剖面显著加陡，此段河道即为山西、陕西间峡谷。黄土高原以下，则进入强烈沉降的华北平原凹陷，纵剖面又变得十分平缓。如果做更细的划分，则黄河干流出山西、陕西间峡谷后，还有一段发育于汾渭地堑中，比降变缓［图7-11（a）］；然后进入三门峡至孟津间的峡谷段，比降加陡；此后才进入华北平原。

对于黄河干流，如果采用 Schumm（1977）的划分概念，则可以划分出两套上下相继的系统（Zhang and Xu，2000），这里称为上部子系统和下部子系统，每个子系统均由一套侵蚀带、输移带和沉积带组成。在上部子系统中，青藏高原及其东北缘为侵蚀带和输移

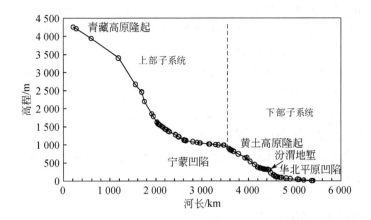

图 7-10　黄河干流的纵剖面

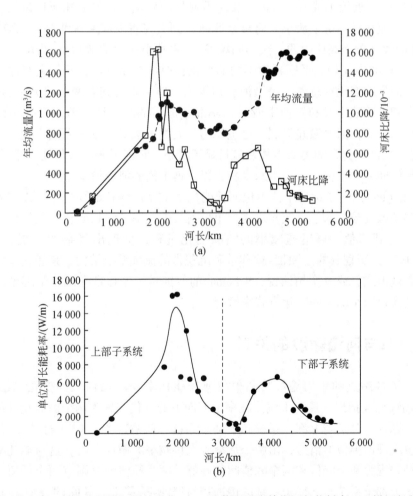

图 7-11　黄河的比降、年均流量沿河长的变化（a）及黄河干流单位河长能耗率 γQJ 沿河长的变化（b）

带，宁蒙平原凹陷为沉积带；在下部子系统中，黄土高原为侵蚀带、输移带，华北平原凹陷为输移带、沉积带。这种复合或复杂流域系统的形成，与黄河流域的发育史有关。在统一、贯通的黄河形成以前，宁夏凹陷以上为一内陆水系，发育了一套侵蚀、输移沉积系统；黄土高原及其以下为另一水系，也发育了一套侵蚀、输移沉积系统。大约在距今120万年发生的黄河运动使黄河切开积石峡流入临夏–兰州盆地，同时切开三门峡东流（李吉均等，1996）。三门峡切开后三门峡以上河段因溯源侵蚀而与黄河上游河段相接，使得上述两个水系贯通在一起，逐渐形成统一的黄河流域，使今日的黄河流域系统成为一个复合型流域系统。在黄河地貌发育史的影响下形成的上述复合型流域系统格局对黄河下游能耗率沿河长的变化有十分深刻的影响。

二、能耗率沿河长的变化

图 7-11（a）点绘了黄河干流河床比降沿河长的变化。正如上述所讨论的，从河源到河口，黄河干流比降经历了从小（青藏高原面）到大（青藏高原东北缘），再减小（宁蒙平原），又增大（黄土高原山西、陕西间峡谷），再减小（汾渭地堑），再增大（三门峡至孟津峡谷），再减小（华北平原）等不同的变化，但从总体上说，从青藏高原以下，仍呈减小趋势。流量的变化在总体上是沿河长增大的，但可以看到有两个引人注目的减小段，即中游的宁蒙平原减小段和黄河下游进入华北平原后的减小段。前一个减小段位于干旱区，区间来水量小，河道渗漏强烈，更主要的是人类大量引水发展灌溉农业，使这里具有"黄河百害、唯富一套"的美誉，故径流量显著减小。黄河下游进入华北平原后的减小段，其成因也与区间来水不多、人类引水量较大以及地上河的河道渗漏有关。

图 7-11（b）点绘了黄河干流单位河长能耗率 γQJ 沿河长的变化。可以看到，与上述划分的上部子系统与下部子系统相对应，单位河长能耗率沿河长变化的曲线也出现了两次从小到大、达到峰值、再迅速减小的空间变化过程，呈现出复杂的面貌。可以认为，Schumm（1977）所划分的侵蚀带–输移带和沉积带的流域系统结构，是能耗率空间变化复杂行为的表现形式，或者换句话说，Schumm 的侵蚀带、输移带和沉积带理论，可以用能耗率从小到大再减小的空间变化方式来解释。

三、能耗率与河流输沙的关系

黄河干流各站点的年均输沙量和单位河长能耗率 γQJ 沿河长的变化点绘在图 7-12（a）中。前面已经指出，黄河干流能耗率沿河向下的变化表现为两个前后相继的、由小到大再减小的循环，分别与上部子系统和下部子系统相联系。图 7-12（a）中的输沙量沿河长的变化也表现出类似的情形，由两个从小到大再减小的循环组成，这与能耗率的变化十分类似，都表现为两个峰值和两个峰值间的谷值，两个峰值外侧则有两个低值。两个峰值分别对应于上部子系统与下部子系统的侵蚀带与侵蚀–输移带，其间的谷值为上部子系统的沉积带，即宁蒙平原。第一个峰值左侧的低值为青藏高原面上的黄河源区；第二个峰值右侧的低值则为位于华北平原的黄河下游河道与河口。输沙量拟合曲线和能耗率拟合曲线的比较表明，对于上部子系统的沉积带，在能耗率曲线的峰值以下两条曲线之间的差距不大；对于下部子系统的沉积带，在能耗率曲线的峰值以下两条曲线之间的差距很大且沿程增大，这说明黄河下游沉积带的能耗率远远满足不了输沙的需要，这便是在这里形成了世界上堆积强度最大的河道–河口沉积带的原因。为了更为直观地表现黄河干流的上述两个沉积带，本研究在图 7-12（b）中点绘了从河源到河口，相邻两站之间的区间来沙量的变化。这里区间来沙量是以下站的输沙量减去上站的输沙量来表示的，可以反映区间的沙量平衡。若出现负值，则说明发生了显著淤积。图 7-12（b）中的两个淤积区宁蒙平原河道沉积带与黄河下游河道–河口沉积带，位于低能耗带；黄土高原侵蚀带则位于高能耗带。

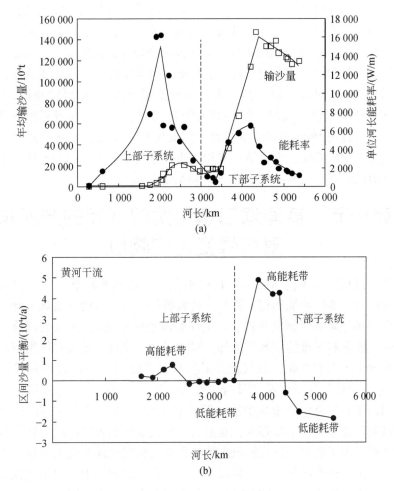

图 7-12　单位河长能耗率与输沙量沿河长变化的比较（a）及从河源到河口，
相邻两站之间的区间来沙量的变化（b）

第八章 │ 气候–水文–泥沙产输耦合关系

从一定意义上说，河流是气候的产物。在与河流相关的各项自然因子中，气候是第一位的。降水和气温既是决定天然径流过程的主导因素，也是决定流域泥沙的产生、输移、沉积过程的重要因素。因此，气候–水文–泥沙产输的耦合关系是流域系统中最重要的耦合关系。在气候对产沙过程影响的研究中，如何将人类活动的影响加以剥离，是一个需要解决的问题。本章第一节引入"还原产沙量"的概念和方法，研究黄河中游产沙量对气候变化的响应。气候–水文–泥沙产输的耦合关系如何对全球增温做出响应，也是一个需要深化的问题。本章第二节和第三节介绍作者在黄河源区的研究成果，阐述径流和产沙量的变化对全球增温的复杂响应过程。对气候、水文和河流泥沙的观测资料的时长为 50 ~ 70 年，无法揭示百年至千年尺度上气候–水文–泥沙产输的耦合关系，作者利用各种气候代用资料，研究黄河源区过去 1800 年径流量和输沙量变化趋势及过去 530 年河口镇至龙门区间的产沙量对气候变化的响应。本章第三节和第四节分别介绍这方面的成果。上述成果有助于深化对不同时间尺度上气候–水文–泥沙产输耦合关系的认识。

第一节 黄河河口镇至龙门区间的产沙量对气候变化的响应

河流的水沙过程取决于流域自然地理因素和人类活动的影响，前者包括流域气候条件、地表物质组成、地形特征和植被特征。后者则包括人类活动对流域土地利用和土地覆被条件的改变（如破坏或者恢复植被、水土保持措施的实施）、大坝的修建、引用河流径流以满足工业、农业和城市的用水需求等。对于同一个流域，地表物质组成和地形特征在较短的时间尺度上不会有变化，故气候及其变化是决定河流水沙过程及其变化的自然因素。近 40 年来，全球气候变化及其影响日益引起关注，河流水沙过程的变化对气候变化的响应成为河流学科研究中的重要前沿问题。最近 50 年来，随着人类社会经济的快速发展，人类活动对河流系统的干预强度日益增大，气候变化和人类活动共同导致了河流水沙过程的重大变化。为了更好地研究河流水沙过程的变化对气候变化的响应，需要将气候变化导致的河流径流量或产沙量的变化加以分离，即从总的变化中分离出气候变化导致的结果，然后与气候变化相联系，以阐明气候变化对河流水沙过程的影响。

目前，河流水沙过程对气候变化响应的研究主要集中在径流和水资源方面，已发表了大量的研究成果。一些学者通过建立有物理基础的水文模型研究河流径流对气候变化和人类活动的响应，试图区分气候变化和人类活动对径流变化的贡献。然而，模型的计算结果与所采用的参数有关，而绝大多数参数不是基于野外实地观测结果确定的，而是通过某种方法调节和"寻优"而得到的，并不能反映流域的真实状况，因而计算的结果不能将气候变化与人类活动的影响真正区分开来。有鉴于此，有的学者从另一种思路出发，通过对径流进行还原计算，求出在不受人类活动影响、只受自然因素变化影响的情况下的河流径流即天然径流量，然后与气候因子建立联系（许炯心和孙季，2003）。按照同样的思路，可以对河流产沙量进行还原计算，求出在不受人类活动影响、只受自然因素变化影响的情况下的河流产沙量即天然产沙量，然后与气候因子建立联系，以阐明河流泥沙变化对气候变化的响应。作者以黄河中游为例，对此进行了研究。

河龙区间产沙量是指这一区间的侵蚀作用所产生的泥沙输送到龙门站以下的部分。由于河龙区间的干流河道是峡谷河段，河道已深深地下切到基岩，只是一个泥沙输移的通道，基本上没有泥沙的冲刷与沉积发生，故河龙区间的产沙量可以用龙门站的年输沙量减去河口镇站的年输沙量而得到。河龙区间产生的径流量则用龙门站的年径流量减去河口镇站的年径流量而得到。用于计算的时间系列为1950~2005年。

一、气候变化指标

黄河流域受大陆性季风气候的控制，夏季风为流域提供了水汽来源。当夏季风强盛时，水汽可以长驱直入，流域上、中游可获得大量水汽，形成降水，使河川径流和入海水通量增加。当夏季风较弱时，水汽输送不能达到内陆，雨带停留在长江、淮河一带，造成南方多雨而北方少雨，因而黄河流域的径流和入海水通量均较少。东亚夏季风的形成取决于巨大的青藏高原和浩瀚的太平洋、印度洋之间的差异所导致的热力差异和动力作用。温室效应导致的全球增温具有区域差异性，在全球增温的影响下，上述热力差异和动力作用可能会发生变化，因而导致夏季风强度的变化。从这种意义上说，可以将夏季风的变化视为全球气候变化在区域尺度上的表现形式，以夏季风指标的变化来反映气候变化。

从物理本质上说，亚洲夏季风的形成取决于东亚大陆与太平洋之间的热力差异和由此产程的动力差异。因此，可以基于对上述差异的定量表达来建立夏季风强度指标。太平洋的温度状况异常可以用PDO来表示，它是北太平洋海温变异的主要模态，是从海表温度变化中计算出来的（Mantua et al.，1997；Minobe，1997）。当PDO处于正位相时，说明北太平洋海表温度偏高（MacDonald and Case，2005）。在亚洲大陆面温度一定时，这意味着夏季风较弱。反之，当PDO处于负位相时，说明北太平洋海表温度偏低，意味着夏季风较强。

赵平等（2010）进一步考虑了夏季东亚大陆与北太平洋的温度差异，提出了亚洲-太平洋涛动（Asian-Pacific Oscillation）指标。他们采用了扰动温度（T'）进行研究，这里 $T'=t-T$，其中 t 是空气温度，T 是 t 的纬向平均。以此为基础，他们把夏季（6~8月）亚洲和太平洋 500~200hPa 平均 T' 之差定义为亚洲-太平洋涛动指标（I_{APO}）：$I_{APO} = T'_{(60°E~120°E,15°N~50°N)} - T'_{(180°W~120°W,15°N~50°N)}$，式中 T' 的下标表示求取 T' 时所涉及的经纬度范围。该指标表示亚洲大陆与太平洋夏季海面温度的差值，反映了亚洲大陆与太平洋对流层大气之间的纬向热力差异。显然，这是一个表征东亚大陆与太平洋之间夏季热力差异的定量指标，也可以作为东亚夏季风强度指标。本节所采用的 I_{APO} 数据来自周秀骥等（2009），PDO 数据来自美国华盛顿（Washington）大学（http://jisao.washington.edu/pdo/

PDO. latest）。

与仅仅考虑海陆之间热力差异不同，郭其蕴等（2004）在提出夏季风指标（SMI）的时候，考虑了夏季风形成的驱动机制，即亚洲大陆与太平洋之间气压梯度。他们用10°N ~ 50°N海陆之间月平均海平面平均气压来定义东亚季风强度，即在规定范围内，沿任意纬圈大陆上（以110°E为代表）的月平均气压，减去海洋上同月的平均气压，将差值 <−500Pa的累加起来，即得到该月的数值。对夏季各月的数值求和，并取绝对值后，进行标准化，即得到夏季风强度指数（SMI）。本节采用了这一指标，利用了郭其蕴等（2004）所计算的1873 ~ 2000年的数据。

本研究将SMI、I_{APD}和PDO作为表征夏季风强度的指标。此外，还将气温和降水作为气候指标。流域平均气温作为指标，是根据全流域50余个代表性气象站的气温资料计算而得到的，资料来自中国气象局。采用的流域面平均降水量是基于全流域的900余个雨量站的降水数据，按面积加权平均而得到的，资料来自水利部黄河水利委员会有关部门。

气候变化可分为干、湿、冷、暖的变化，分别对应于降水的减少、增加和气温的降低、增高。这两方面的不同组合，形成了不同的气候变化类型。对于河川径流量的产生，最不利的气候变化是变干与变暖同时出现，即气候的暖干化，这将导致径流量的显著减少。气候暖干化可以定义为气候向暖干方向发展的趋势。一般而言，气温的趋势性升高与降水量的趋势性减少可以导致气候的暖干化。如果假定年降水量（P）和年均气温（T）随时间（t）的变化可以表示为$P=f_1(t)$和$T=f_2(t)$，则在$dP/dt<0$和$dT/dt>0$时，可以认为出现了气候的暖干化。假定年降水量P和年均气温T随时间t的变化是线性的：$P=a_1+b_1t$，$T=a_2+b_2t$，当$dP/dt=b_1<0$和当$dT/dt=b_2>0$时，可以判断发生了气候暖干化。尽管对气候暖干化已经进行了大量研究，但目前尚没有一个对气候干暖化进行定量描述的简单指标。本研究引入气候暖干化指标（I_{wd}），定义如下：

$$I_{wd}=I_t-I_p \qquad (8-1)$$

$$I_t=(T-T_{aver})/\sigma_t \qquad (8-2)$$

$$I_p=(P-P_{aver})/\sigma_p \qquad (8-3)$$

式中，T为某一年的气温；T_{aver}和σ_t分别为给定年系列的年气温平均值和标准差；P为某一年的降水量；P_{aver}和σ_p分别为给定年系列的年降水量平均值和标准差；I_t和I_p分别等于降水量和气温的距平值除以均方差，即标准化处理后的年气温和年降水量，可以表示历年的气温和降水量在整个系列中的相对大小。I_t和I_p因都已无量纲化而具有可比性，可以通过二者相减来获取气候冷暖、干湿变化的信息。如果某一年的气温偏高于该系列的平均状况，而降水量偏低于该系列的平均状况，则I_t和I_p的差值即I_{wd}较大，在这种情况下可以认为该年较为暖干；反之，如果某一年的气温偏低于该系列的平均状况，而降水量偏高于该系列的平均状况，则I_{wd}较小，在这种情况下可以认为该年较为冷湿。如果在某一时段中I_{wd}在波动中具有增大趋势，则可以认为发生了气候暖干化；如果在某一时段中I_{wd}在波动中具有减小趋势，则可以认为发生了气候冷湿化。本节将I_{wd}作为气候暖干化指标，I_{wd}越大，则暖干化趋势越明显。还可以指出，如果某一年I_t和I_p相等（$I_t-I_p=0$），即它们在各自的时间系列中所处的相对位置相同，则表明该年没有暖干（或冷湿）程度的变化，这就是I_{wd}为0所表示的意义。

二、产沙量还原计算

本书已经指出，气候变化和人类活动共同导致了河流产沙过程的重大变化。为了更好地研究河流水沙过程的变化对气候变化的响应，需要将气候变化导致的河流产沙量的变化加以分离，即从总的变化中分离出气候变化导致的结果，然后与气候变化相联系。为此，可以进行产沙量的还原计算，即求出在特定的气候条件下，假定没有人类活动时的产沙量。为了达到这一目的，有两种思路：一是直接计算，即设法计算出各种人类活动所减少的产沙量，将这一部分加到实测产沙量中去，得到还原产沙量；二是间接估算，即通过基准期（无人类活动时期）与措施期（受人类活动影响时期）产沙量的比较，来恢复因人类活动而减少的产沙量。目前，采用第一种方法有一定的困难，故本研究采用第二种方法。

很多学者对黄河中游水土保持措施从何时开始生效的问题进行了研究，据此划分了基准期（无水土保持措施或水土保持措施尚未生效的时期）与措施期（受水土保持影响的时期），一般认为这一分界大致可以定在 20 世纪 70 年代初（汪岗和范昭，2002a）。图 8-1（a）分别点绘了河龙区间年产沙量的累积值和该区内水土保持措施梯田、造林和种草面积之和随时间的变化。可以看到，累积产沙量曲线在 1969 年以后出现显著偏转，而水土保持措施面积则在这一年以后迅速增大。基于此，1950 ~ 1969 年为无人类活动影响的基准期，此后则作为受到人类活动影响的措施期。在后一时期中，除了水土保持措施对侵蚀产沙过程有显著影响外，水库拦沙也减少了该区的产沙量。

由于在基准期中人类活动强度较弱，侵蚀产沙过程由自然因素控制。在这一时段中，流域下垫面特征（地表物质组成、地形特征）的变化可以忽略，故侵蚀产沙过程取决于降水特征和天然径流特征，前者决定侵蚀过程，后者则决定泥沙在沟道和河道中的输移过程。本研究将年内最大 1 日雨量（P_{max1}）、最大 3 日雨量（P_{max3}）、最大 5 日雨量（P_{max5}）、最大 7 日雨量（P_{max7}）、最大 10 日雨量（P_{max10}）、最大 15 日雨量（P_{max15}）、最大 30 日雨量（P_{max30}）作为不同历时的暴雨特征值，基于基准期（1951 ~ 1969 年）资料建立了河龙

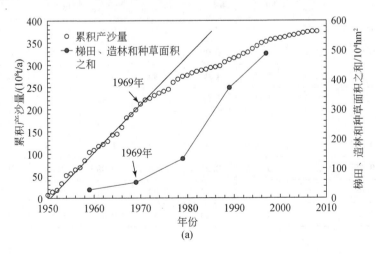

(a)

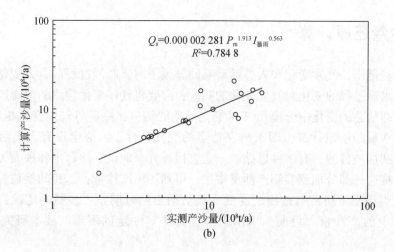

图 8-1　河龙区间年产沙量的累积值和该区内水土保持措施梯田、造林和种草面积之和的时间
变化（a）及河龙区间年产沙量的计算值与实测值的比较（b）

区间产沙量 Q_s 的对数值与 P_{max1}、P_{max3}、P_{max5}、P_{max7}、P_{max10}、P_{max15}、P_{max30} 和年降水量 P_m 对
数值的相关系数矩阵（表 8-1）。由于各个暴雨特征值之间相关程度较高，本研究选出
P_{max3}、P_{max7} 和 P_{max15} 来建立暴雨指标。$\ln Q_s$ 与上述指标的对数值的决定系数分别为 0.53、
0.64 和 0.71。将这 3 个决定系数值作为权系数，建立暴雨指标如下：

$$I_{暴雨} = 0.53 P_{max3} + 0.64 P_{max7} + 0.71 P_{max15} \qquad (8\text{-}4)$$

通过回归分析，得到了如下关系式：

$$Q_s = 0.000\ 002\ 281 P_m{}^{1.913} I_{暴雨}{}^{0.563} \qquad (8\text{-}5)$$

式中，决定系数 $R^2 = 0.7848$；$F = 29.175$；$p < 0.01$；均方根误差 SE $= 0.3265$。计算值与实
测值的比较见图 8-1（b）。

表 8-1　相关系数矩阵

指标	$\ln P_{max1}$	$\ln P_{max3}$	$\ln P_{max5}$	$\ln P_{max7}$	$\ln P_{max10}$	$\ln P_{max15}$	$\ln P_{max30}$	$\ln P_m$	$\ln Q_s$
$\ln P_{max1}$	1.00	0.97	0.94	0.91	0.88	0.83	0.75	0.68	0.62
$\ln P_{max3}$	0.97	1.00	0.99	0.98	0.96	0.93	0.87	0.80	0.73
$\ln P_{max5}$	0.94	0.99	1.00	1.00	0.99	0.96	0.91	0.85	0.78
$\ln P_{max7}$	0.91	0.98	1.00	1.00	1.00	0.98	0.93	0.87	0.80
$\ln P_{max10}$	0.88	0.96	0.99	1.00	1.00	0.99	0.96	0.90	0.83
$\ln P_{max15}$	0.83	0.93	0.96	0.98	0.99	1.00	0.98	0.92	0.84
$\ln P_{max30}$	0.75	0.87	0.91	0.93	0.96	0.98	1.00	0.95	0.84
$\ln P_m$	0.68	0.80	0.85	0.87	0.90	0.92	0.95	1.00	0.88
$\ln Q_s$	0.62	0.73	0.78	0.80	0.83	0.84	0.84	0.88	1.00

指标	$\ln P_{max1}$	$\ln P_{max3}$	$\ln P_{max5}$	$\ln P_{max7}$	$\ln P_{max10}$	$\ln P_{max15}$	$\ln P_{max30}$	$\ln P_m$	$\ln Q_s$
$\ln Q_s$ 与各降水指标对数值的决定系数	0.38	0.53	0.60	0.64	0.68	0.71	0.71	0.78	1.00

本研究将式（8-5）作为基准期产沙量计算公式来进行泥沙还原计算。这一关系的决定系数高达 0.7848，用于估算是可以接受的。将 1970 ~ 2005 年各年的 P_m 和 $I_{暴雨}$ 代入式（8-5），求出了措施期的还原产沙量，即假定不受人类活动影响、下垫面特征保持为 1951 ~ 1969 年状态不变时的产沙量。运用还原产沙量，即可将措施期中自然因素所导致的产沙量隔离起来，进而运用统计方法研究这一产沙量对若干气候变量之间的统计关系，以揭示还原产沙量对气候变化的响应。所采用的气候变量包括气候暖干化指标和 3 个夏季风强度指标即 SMI、I_{APO} 和 PDO。

三、气候变化趋势

图 8-2（a）点绘了河龙区间年均气温和年均降水量随时间的变化，并给出线性拟合线和回归方程。年均气温随时间而升高的趋势十分显著，显著性概率 $p<0.001$。年均降水量则显示出一定的减少趋势，显著性概率 $p<0.05$。仔细观察可以发现，20 世纪 70 年代初以前年均气温变化不明显，此后则迅速增高。年均气温增高而降水减少，发生了明显的暖干化趋势，20 世纪 70 年代初以来气候暖干化指标显著增大，见图 8-2（b）。

与夏季风有关的 3 个指标随时间的变化点绘在图 8-2（c）中，并给出线性拟合直线与回归方程。SMI 和 I_{APO} 呈减小趋势，显著性概率 $p<0.001$，说明夏季风强度减弱。PDO 呈增大趋势，PDO 的增大意味着夏季太平洋的温度偏高，会导致夏季风的减弱，这也说明夏季风强度减弱。夏季风强度的减弱与大气环流结构的变化有关，而大气环流结构的变化在

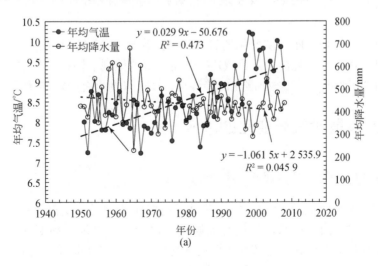

图中公式：
$$y = 0.029\,9x - 50.676$$
$$R^2 = 0.473$$

$$y = -1.061\,5x + 2\,535.9$$
$$R^2 = 0.045\,9$$

（a）

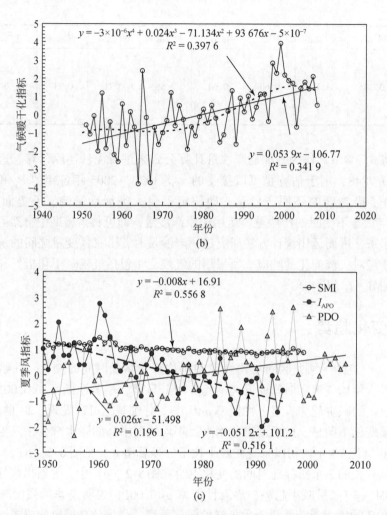

图 8-2　河龙区间年均气温和年均降水量的变化（a）、气候暖干化指标的
变化（b）及与夏季风有关的 3 个指标的变化（c）

一定意义上可以认为是全球气候变化的表现。黄河流域自 20 世纪 70 年代以来气温升高，也可以认为是全球气候变化在黄河流域这一特定区域的体现。因此，从本质上说，可以认为黄河中游自 20 世纪以来气候干暖化的趋势与全球气候变化有一定的联系。

四、还原产沙量对气候变化的响应

（一）还原产沙量与气候暖干化指标的关系

图 8-3（a）点绘了还原产沙量与气候暖干化指标随时间的变化，并给出线性拟合线和回归方程。同时，由于还原产沙量与气候暖干化指标大致都有周期为 3~5 年的波动，为了更好地体现趋势性变化，还按 5 年滑动平均值绘出了拟合曲线。还原产沙量 $Q_{s,还原}$ 和

气候暖干化指标 I_{wd} 与时间（年份）之间的决定系数 R^2 分别为 0.0766 和 0.3169，显著性概率分别为 $p<0.05$ 和 $p<0.01$。$Q_{s,还原}$ 有减小的趋势，而 I_{wd} 有增大的趋势。$Q_{s,还原}$ 和 I_{wd} 的 5 年滑动平均拟合线则显示，它们不仅在总体趋势上相反，而且次一级变化的位相也基本上是相反的，这说明气候向干暖变化时 $Q_{s,还原}$ 减小，气候向湿冷变化时 $Q_{s,还原}$ 增大。

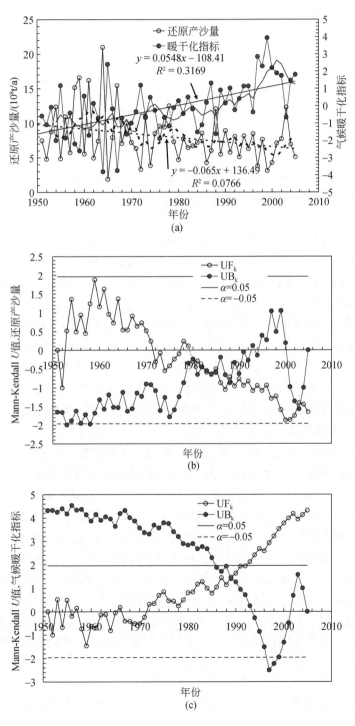

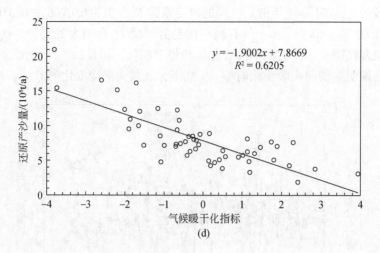

图 8-3　河龙区间还原产沙量与气候暖干化指标的变化（a）、河龙区间还原产沙量 Mann-Kendall U 值的变化（b）、气候暖干化指标 Mann-Kendall U 值的变化（c）及还原产沙量和气候暖干化指标之间的关系（d）

为了进一步研究变化趋势并揭示可能出现的突变，本研究还基于 Mann-Kendall U 值进行了分析。图 8-3（b）点绘了 $Q_{s,还原}$ 的正序列 U 值 UF_k 和逆序列 U 值 UB_k 随时间的变化。1950～1960 年，UF_k 有增大的趋势；1960 年以后，除次一级的波动外，UF_k 呈现出持续减小的趋势。UF_k 曲线和 UB_k 曲线有 4 个交点，均位于两条临界线之间，出现于 1980 年、1982 年、1988 年和 2003 年，这说明 $Q_{s,还原}$ 随时间的变化具有某种突变的性质。图 8-3（c）点绘 I_{wd} 的正序列 U 值 UF_k 和逆序列 U 值 UB_k 随时间的变化。1950～1970 年，UF_k 在波动中保持不变；1970 年以后，UF_k 呈现出持续增大的趋势，这进一步说明自 1970 年以来，黄河流域河龙区间出现了明显的气候暖干化趋势。UF_k 曲线和 UB_k 曲线在 1989 年出现一个交点且位于两条临界线之间，说明 I_{wd} 在 1989 年出现了突变。显然，这一突变点与 $Q_{s,还原}$ 在 1988 年前后的突变点有一定的内在联系。

图 8-3（d）点绘了 $Q_{s,还原}$ 和 I_{wd} 的关系，并给出了线性拟合线和回归方程。二者间具有显著的负相关，决定系数 $R^2=0.6205$，显著性概率 $p<0.001$。从统计的意义上说，决定系数 $R^2=0.6205$ 意味着 $Q_{s,还原}$ 的变化中，可以由 I_{wd} 的变化来解释的部分为 62.05%。可以认为，气候暖干化是决定河龙区间天然产沙量变化的重要因素。气候暖干化导致天然产沙量减少的内在机理可以解释如下。如图 8-2（a）所示，河龙区间的年均降水量有所减少而年均气温呈现增高趋势。黄土高原地区地表为厚层黄土所覆盖，抵抗雨滴溅蚀、坡面流侵蚀的能力极弱，故产沙量与降水量（包括年降水量与不同历时的暴雨量）有很强的正相关关系，降水的减少会导致坡面侵蚀的减弱。降水的减少使得坡面径流减少；气温的升高会强化蒸发蒸腾过程，这两方面的作用都会使径流减少，从而减弱径流的侵蚀能力和其对泥沙的搬运能力，使得流域侵蚀减少，河道泥沙输移比降低，因而流域产沙量减少。

（二）还原产沙量与夏季风强度指标的关系

图 8-4（a）点绘了河龙区间的还原产沙量 $Q_{s,还原}$ 和夏季风强度指标 SMI 随时间的变

化。为了滤掉具有 3～5 年 "准周期" 的波动，以 5 年滑动平均进行了拟合。图 8-2（c）显示，SMI 与时间的决定系数 $R^2 = 0.5568$，显著性概率 $p < 0.01$。前面已指出，还原产沙量随时间减少的显著性概率 $p < 0.05$。$Q_{s,还原}$ 和 SMI 的 5 年滑动平均线具有同样的趋势。从 1950 年开始，$Q_{s,还原}$ 和 SMI 呈增大趋势，到 20 世纪 60 年代中期达到峰值，然后呈现减小的趋势。图 8-4（b）点绘了 SMI 的正序列 U 值 UF_k 和逆序列 U 值 UB_k 随时间的变化。1950～1963 年，UF_k 呈增大趋势，并在 1963 年达到峰值；1963 年以后，UF_k 呈现持续减小的趋势。UF_k 曲线和 UB_k 曲线在 1974 年出现交点，该交点位于两条临界线之间，说明 SMI 在 1974 年出现了突变。这一突变点可能与 $Q_{s,还原}$ 1980 年的突变点有一定的联系。

图 8-4（c）点绘了 $Q_{s,还原}$ 的 5 年滑动平均值和 SMI 的 5 年滑动平均值的关系，并给出线性拟合线和回归方程。二者间具有显著的正相关，决定系数 $R^2 = 0.594$，显著性概率 $p < 0.001$。这意味着 $Q_{s,还原}$ 的变化中，可以由 SMI 的变化来解释的部分为 59.4%。可以认为，SMI 的减小是决定河龙区间天然产沙量减小的重要因素。

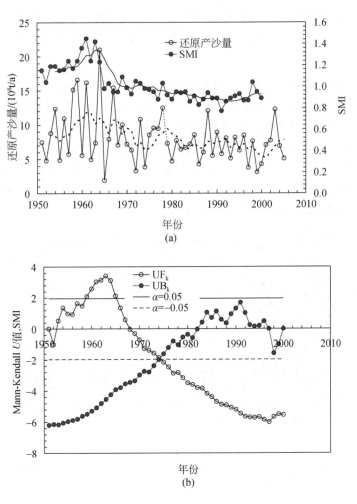

(a)

(b)

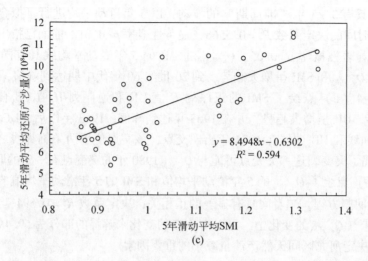

(c)

图 8-4　河龙区间的还原产沙量 $Q_{s,还原}$ 和夏季风强度指标 SMI 的变化（a）、SMI 的正序列 U 值 UF_k 和
逆序列 U 值 UB_k 的变化（b）及 $Q_{s,还原}$ 的 5 年滑动平均值和 SMI 的 5 年滑动平均值的关系（c）

本研究运用表征夏季风强度的另外两个指标 I_{APO} 和 PDO 也进行了类似的分析。图 8-5（a）点绘了还原产沙量 $Q_{s,还原}$ 和 I_{APO} 随时间的变化，并以 5 年滑动平均进行了拟合。在总体上 I_{APO} 和 $Q_{s,还原}$ 都呈减小趋势。5 年滑动平均线显示，从 1950 年开始，$Q_{s,还原}$ 和 I_{APO} 呈增大趋势，到 20 世纪 60 年代中期先后达到峰值，然后呈现减小的趋势。图 8-5（b）点绘了 $Q_{s,还原}$ 的 5 年滑动平均值和 I_{APO} 的 5 年滑动平均值的关系，并给出线性拟合线和回归方程。二者间具有显著的正相关，决定系数 $R^2 = 0.487$，显著性概率 $p < 0.001$。$R^2 = 0.487$ 意味着 $Q_{s,还原}$ 的变化中，可以由 I_{APO} 的变化来解释的部分为 48.7%。

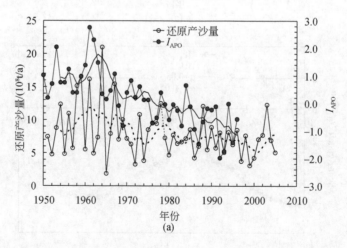

(a)

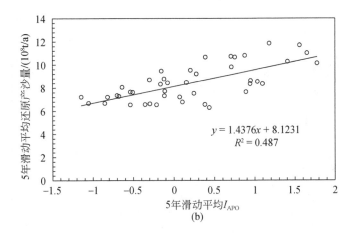

(b)

图 8-5　河龙区间还原产沙量 $Q_{s,还原}$ 和 I_{APO} 的变化（a）及 $Q_{s,还原}$ 和 I_{APO} 的 5 年滑动平均值的关系（b）

图 8-6（a）点绘了 $Q_{s,还原}$ 和 PDO 随时间的变化，并以 5 年滑动平均进行了拟合。在总体上 $Q_{s,还原}$ 有减小的趋势，而 PDO 则有增大的趋势。图 8-6（b）点绘了 $Q_{s,还原}$ 的 5 年滑动平均值和 PDO 的 5 年滑动平均值的关系，并给出线性拟合线和回归方程。二者间具有负相关关系，决定系数 $R^2 = 0.2273$，显著性概率 $p < 0.001$。这意味着 $Q_{s,还原}$ 的变化中，可以由 PDO 的变化来解释的部分为 22.73%。

可以看到，在 3 个反映夏季风强度变化的指标中，SMI 与 $Q_{s,还原}$ 的关系最为密切，I_{APO} 与 $Q_{s,还原}$ 的关系次之，PDO 与 $Q_{s,还原}$ 的关系居第三。这是因为，按照定义，SMI 指标反映夏季东亚大陆与西太平洋之间的动力差异（气压差），用来解释夏季风的形成机理最为直接。I_{APO} 指标反映夏季东亚大陆与西太平洋之间的温度差异，后者又导致动力差异即气压差和气压梯度，故 I_{APO} 对夏季风的形成机理的解释是间接的。PDO 只考虑太平洋温度的变化，未考虑太平洋温度与亚洲大陆温度差异的变化，故只能粗略地解释夏季风强度变化的机理。相应地，SMI、I_{APO} 和 PDO 与 $Q_{s,还原}$ 的关系也依次减弱。

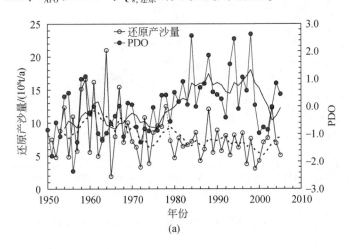

(a)

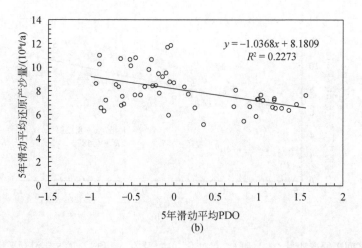

图 8-6 河龙区间还原产沙量 $Q_{s,还原}$ 和 PDO 的变化（a）及 $Q_{s,还原}$ 和 POD 的 5 年滑动平均值的关系（b）

如前所述，黄河中游流域位于季风影响区，降水集中在夏季，由夏季风输送的水汽是形成降水的主要来源。夏季风强度的减弱使得该区所能得到的水汽减少，由此导致降水的减少，进而导致天然产沙量的减少。这就是夏季风强度减弱导致产沙量减少的原因。

黄土可蚀性很强，黄土物质容易被水流搬运，故黄土高原产沙依赖于侵蚀搬运动力而不是依赖于物质供应条件。因此，气候条件特别是降水条件是侵蚀的决定性因素之一。如果不考虑人类活动的影响，目前的气候条件不利于流域泥沙的侵蚀搬运是产沙量下降的重要原因；未来夏季风的增强与暖干化趋势的逆转可能会导致侵蚀的加剧和产沙量的增大。事实上，历史上夏季风强度是有显著变化的。郭其蕴等（2004）曾计算出 1873～2000 年东亚夏季风强度指标 SMI，依据这一资料，本研究在图 8-7 中点绘 1873～2000 年 SMI 随时间的变化，并以 5 次多项式对变化趋势进行拟合。可以看到，在 127 年的时间尺度上，

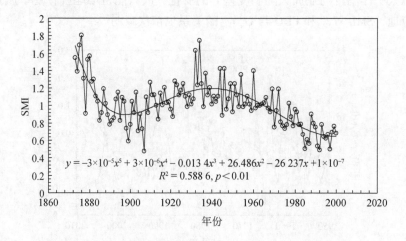

图 8-7 1873 年以来夏季风强度指标 SMI 随时间的变化

SMI 呈现出先减小后增大再减小的变化图形。从 1873 年开始，SMI 减小，大致在 1910 年达到最小值，然后开始增大，大致在 1933 年达到峰值，然后又开始减小，一直延续到 2000 年。本研究显示，在天然产沙量的变化趋势中，可以由 SMI 的变化趋势来解释的部分为 59.4%。由此可以认为，在不考虑人类活动增强的假定下，如果未来 SMI 增高，天然产沙量会有增大的可能性。

第二节 黄河源区径流的产生对气温变化的复杂响应

全球变暖对水循环、水资源的影响是一个既有重要的科学意义又与国家可持续发展密切相关的问题。青藏高原是我国乃至全世界对全球气候变化最为敏感的地区。黄河流域是我国水资源最为紧缺的流域之一，其径流的主要来源区唐乃亥以上流域位于青藏高原，素有黄河"水塔"之称。由于黄河源区在科学上和国家水资源可持续利用上的重要性，学者对该地区的气候变化、环境变化和水循环、水资源变化已进行了大量的研究。这些研究表明，自 1970 年以来，黄河源区的气温存在增高趋势，导致了冰川和冻土消融（Wang，1987；王绍令和罗祥瑞，1991；刘时银等，2002；杨建平等，2004；张森琦等，2004；金会军，2010）、地下水位下降（彭轩明等，2003）、湖沼湿地消失（彭轩明等，2003；鲁安新等，2005；潘竟虎等，2007；李凤霞等，2009）、植被变化、土地退化和沙化加剧（梁四海等，2007；曾永年和冯兆东，2009；康悦等，2011）。与此同时，河流径流表现出明显减少趋势。虽然已有丰富的成果问世，但仍有很多问题需要进一步深化。例如，气温变化对径流可再生性有什么影响？水循环过程对气温变化的响应是线性的还是复杂的？从水循环系统原有平衡的打破到新的平衡的建立，会经历什么路径？为了回答这些问题，作者进行了研究，发现了黄河源区径流可再生性对气温升高的复杂响应现象（Xu，2015d）。

一、黄河源区概况

黄河源区指黄河干流唐乃亥水文站以上流域（图 8-8），集水面积为 12.2 万 km²，约占黄河流域总面积的 16%。根据黄河水资源调查评价结果（张学成等，2005），黄河源区多年平均降水量为 485.9mm，天然径流量为 205.2 亿 m³，占黄河多年平均天然径流量 535 亿 m³ 的 38.4%。按 1950~2000 年平均，唐乃亥站实测年径流量为 154.5 亿 m³，占全流域（以花园口站代表）实测年径流量 400.5 亿 m³ 的 38.6%（中华人民共和国水利部，2001）。研究区位于青藏高原东北部布青山与巴颜喀拉山之间，区内最高点与最低点的海拔分别为 6282m 和 2665m。黄河沿以上的黄河源头区为宽谷和河湖盆地地貌；自玛多县玛查理至共和县唐乃亥区间，大部分为高山峡谷地貌。研究区内有开阔的谷地、平缓的高山草地、高原湖泊沼泽、草原荒漠和高寒草地。在气候上，位于青藏高原亚寒带的那曲–果洛半湿润和羌塘半干旱区，具有典型的内陆高原气候特征。其中，源头区多年平均气温为 −5~4.1℃，年日照时数为 2250~3132h，全年大于 17m/s 的大风日数为 70~140 天，沙尘暴日数 33~100 天，年均蒸发量为 1200~1600mm，年辐射量为 140~160kJ/cm²。1970 年调查，黄河源区冰川面积为 192km²（杨针娘，1991）。1978 年调查，黄河源区大约有湖泊5300个，总面积为1271km²，其中最大的为扎陵湖和鄂陵湖。黄河源区冰川主要分布于阿尼玛卿山，有大小冰川58条，面积为125km²左右。冰川主要分布于山脉东坡，雪线高度介于4990~5190m。年平均气温为-9.4℃，夏季平均温度为2.2℃，年降水量为700~900mm（刘时银等，2002）。

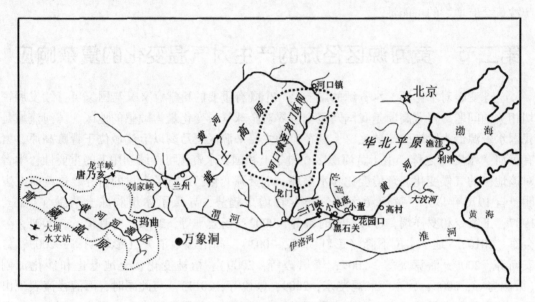

图8-8　黄河源区及河龙区间示意图

二、研究方法与资料

水循环理论的基础是水量平衡的概念：

$$P = Q_w + \text{ET} + \Delta S_w \tag{8-6}$$

式中，P 为流域降水量；Q_w 为径流量；ET 为蒸散发量；ΔS_w 为流域内水的存储量的变化。ΔS_w 又可以分为若干分量：

$$\Delta S_w = \Delta S_{ws} + \Delta S_{wl} = (\Delta S_{w,glacier} + \Delta S_{w,permafrost}) + (\Delta S_{w,lake} + \Delta S_{w,swamp} + \Delta S_{w,soil} + \Delta S_{w,ground}) \tag{8-7}$$

式中，ΔS_{ws} 为固态水存储量的变化；ΔS_{wl} 为液态水存储量的变化；$\Delta S_{w,glacier}$ 为冰川存储水量的变化；$\Delta S_{w,permafrost}$ 为冻土存储水量的变化；$\Delta S_{w,lake}$ 为湖泊存储水量的变化；$\Delta S_{w,swamp}$ 为湿地、沼泽存储水量的变化；$\Delta S_{w,soil}$ 为土壤存储水量的变化；$\Delta S_{w,ground}$ 为地下水存储水量的变化。因此，

$$Q_w = P - \text{ET} - \Delta S_w = P - \text{ET} - (\Delta S_{w,glacier} + \Delta S_{w,permafrost} + \Delta S_{w,lake} + \Delta S_{w,swamp} + \Delta S_{w,soil} + \Delta S_{w,ground})$$

$$\tag{8-8}$$

如果气温升高而降水保持不变，则气温升高所导致的 ET 的变化和 ΔS_w 的改变会使 Q_w 发生变化。气温升高将引起两种后果：气温升高的第一种后果，冰川的消融和冻土的解冻会使得固态水存储量减小，即固态水存储向河流释放，这会使得径流量增加，也会使与单位降水相联系的径流量（径流量与降水量之比，即径流系数）增大。冻土消融会

导致地下水位下降，使得地下水的存储量减小，减小的部分进入河道，表现为地下水存储向河流释放，也会使得河流径流量增大，径流系数也增大。由于地下水位的下降，沼泽、湿地会发生退化，湖泊的面积也可能缩小，这使得湿地、沼泽和湖泊的存储水量发生变化，湿地、沼泽和湖泊原有的存储水量向河流释放，这也会导致河流径流量和径流系数的增大。气温升高的第二种后果，表现为流域蒸散发增强，由此导致河流径流量的减少和径流系数的降低。然而，与前一种后果引起的径流量增加相比，后一种后果导致的径流量减少可能是次一级的。因此，在这一阶段中河流的径流量和径流系数均会呈现出减小趋势。然而，随着时间的推移，流域中固态水、液态水存储量变少，由流域固态水、液态水存储向河道的释放量也越来越少，由流域水存储的释放所导致的径流量增大效应减弱直至消失。与此同时，随着气温升高趋势的继续保持，流域下垫面发生变化，如沼泽、湿地进一步退化，草场退化，土地沙化，地表蒸发加剧，土壤变干、湿度减小，会使得流域径流可再生性减弱，径流系数减小，因而径流量也减少。因此，在这一阶段中，河流径流量和径流系数均会表现出减小趋势。显然，在黄河源区这样的径流受冰川、冻土影响的高寒山区，河流径流对气温升高会出现复杂响应过程，第一阶段表现为径流和径流系数增大，随之而来的第二阶段则表现为径流系数减小。经过一定时期的调整以后，流域水循环系统中各部分之间新的平衡建立起来，径流量和径流系数便会趋向于大致不变，在某一常数上下波动，进入调整的第三阶段。上述假说可以用图 8-9 中的框图来表示。本研究将利用黄河源区的实测径流、气温和降水资料，对上述假说进行检验。

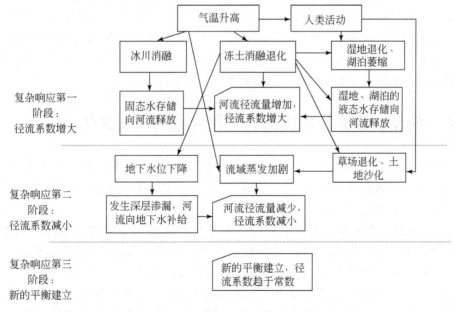

图 8-9 黄河源区水循环过程对气温升高的复杂响应框图

本研究利用唐乃亥站的水文资料，按 1956～2000 年的资料计算，唐乃亥站的实测径流为 203.9 亿 m³，占天然径流量 205.2 亿 m³ 的 99.4%，表明人类净引水量仅为 0.6%。

由于缺少历年引水资料，本节忽略净引水量，以实测径流量代表天然径流量，由此导致的误差是可以忽略的。作者曾将从降水量到天然径流量的转化率定义为河流径流的可再生性指标（Xu，2005）。据此，黄河源区的径流可再生性指标按式（8-9）和式（8-10）计算：

$$I_{rr} = Q_{w,n} / (P_m \times A \times 1000) \tag{8-9}$$

$$Q_{w,n} = Q_{w,m} + Q_{w,div} \tag{8-10}$$

式中，I_{rr} 为黄河源区的径流可再生性指标；$Q_{w,n}$ 和 $Q_{w,m}$ 分别为唐乃亥站的天然和实测径流量，m^3/a；$Q_{w,div}$ 为流域中的历年净引水量，m^3/a；P_m 为研究区的历年平均降水量，mm；A 为唐乃亥以上的流域面积，km^2。由于 $Q_{w,div}$ 可以忽略，即 $Q_{w,n} = Q_{w,m}$，按式（8-9）和式（8-10）可以计算出唐乃亥站历年的径流可再生性指标值。

应该指出，如图8-9所示，在气温增高的过程中，流域中固态水、液态水存储量的释放，会转化为河流径流，这部分"额外"的径流量不是由当年降水转化而来的。因此，此时的"天然径流量"应为当年由降水转化而来的天然径流量加上流域中固态水、液态水存储量的释放量，按这一天然径流量计算出来的天然径流系数实际上是"与单位降水对应的产流量"（或称"径流降水比值"），而不是通常意义上的径流系数。在降水量和径流量均换算为体积时，径流降水比值 R_{pr} 是一个无量纲数。为准确起见，下面采用径流降水比值而不用径流系数这一术语。在不存在上述因流域中固态水、液态水存储量的释放而导致的额外径流量时，径流降水比值即等同于径流系数。

降水资料和气温资料来自研究区内玛多、达日、河南、久治、玛曲、若尔盖、同德、泽库8个气象站，是由中国气象局提供的，采用算术平均的方法得到流域平均年降水量和年均气温，资料年限为1956~2008年。基于以上资料，运用1958~2008年的资料，本研究进行了时间序列分析和统计分析，以验证图8-9中所示的径流降水比值对气温变化的响应模式。选择径流降水比值而不是径流量作为因变量，还考虑到可以在一定程度上消除降水变化的影响，从而更好地反映在气温影响下发生的变化。

三、年径流量、径流降水比值和气候变量的时间变化

图8-10分别点绘了唐乃亥站的年径流量（Q_w）和径流降水比值（R_{pr}）随时间的变化。可以看到，虽然点群分布较分散，Q_w 和 R_{pr} 的变化均表现出某种非线性特征，先是增大，达到某一峰值之后再减小。

图8-11分别点绘了唐乃亥以上流域的年平均降水量和年平均气温随时间的变化，分别按线性回归方程 $y = ax + b$ 进行了拟合，在"回归系数 $a = 0$"的假设下进行了 t 检验，结果表明，对于年平均降水量，这一假设被接受的概率 $p = 0.3782$，说明 $a = 0$ 的假设应该被接受，这意味着年平均降水量不随时间而变化。对于年平均气温，上述假设被接受的概率 $p = 1.76 \times 10^{-9}$，远远小于0.01，说明 $a = 0$ 的假设应该被拒绝，这意味着年平均气温随时间而增高的趋势是极其显著的。从图8-11（b）还可以看出，年平均气温随时间的变化也有某种非线性特征，1974年以前，无明显的增大趋势，1974年以后则显著增大。

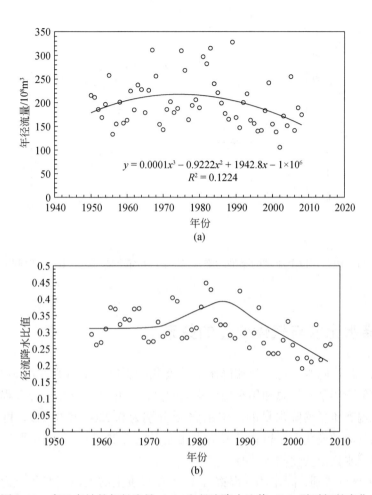

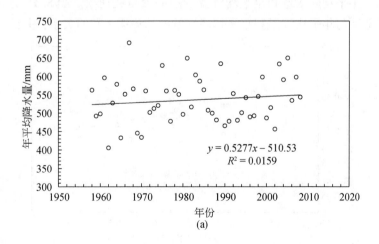

图 8-10　唐乃亥站的年径流量（a）和径流降水比值（b）随时间的变化

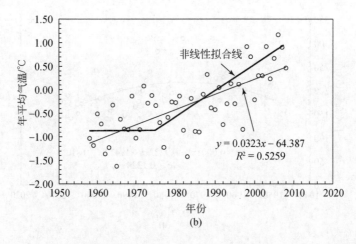

(b)

图 8-11　唐乃亥以上流域的年平均降水量（a）和年平均气温（b）随时间的变化

四、径流降水比值与气候变量的关系

为了揭示气温和降水变化对径流降水比值变化的影响，本研究在图 8-12 中分别点绘了径流降水比值与年平均气温和年平均降水量的关系，并给出线性拟合方程，径流降水比值与年平均气温和年平均降水量的决定系数 R^2 分别为 0.2206 和 0.041。可以认为，所研究地区年平均气温的变化可以解释径流降水比值变化的 22.06%，而年平均降水量的变化只能解释径流降水比值变化的 4.10%。

从图 8-11 可以看到，降水和气温都有 3~5 年尺度上的准周期变化。为了体现变化趋势和波动，可以将某一变量的趋势与波动（或称变异）进行分解，将该变量的 5 年滑动平均值作为趋势项，将各年的取值与 5 年滑动平均值之差作为波动项。按此思路分别计算出径流降水比值、年平均降水量和年平均气温的趋势项与波动项。图 8-13 分别点绘了径流降水比值的趋势项与年平均气温和年平均降水量的趋势项之间的关系，并给出线性拟合方

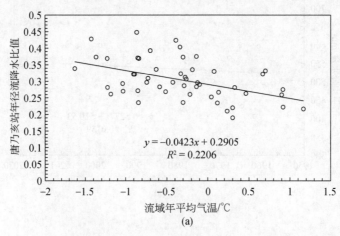

(a)

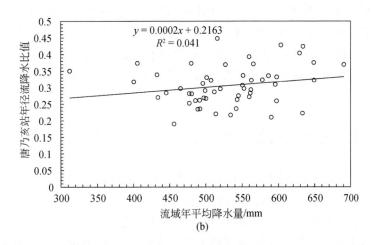

(b)

图 8-12　径流降水比值与年平均气温（a）和年平均降水量（b）的关系

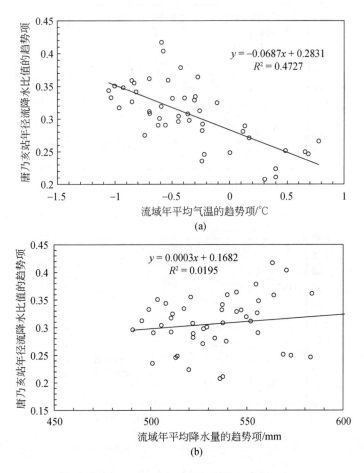

图 8-13　径流降水比值的趋势项与年平均气温的趋势项（a）
和年平均降水量的趋势项（b）之间的关系

程和决定系数 R^2，可以看到，径流降水比值的趋势项与年平均降水量和年平均气温的趋势项之间的决定系数 R^2 分别为 0.0195 和 0.4727，意味着年平均气温趋势项的变化可以解释径流降水比值趋势项变化的 47.27%，而年平均降水量趋势项的变化只能解释径流降水比值趋势项变化的 1.95%，这证明年平均气温的趋势性变化是导致径流降水比值趋势性变化的决定性因素。

五、径流降水比值对气温升高的三阶段响应模式

由于在 51 年的时间尺度上降水没有趋势性变化，图 8-9 中所示假说的前提条件是能够满足的。为了揭示径流降水比值对气温升高所做出的响应，本研究将径流降水比值和气温的变化绘在同一坐标系中，见图 8-14（a）。为简明起见，图 8-14（b）中略去了数据点，只保留了非线性拟合线。径流降水比值拟合曲线上有两个转折点，分别位于 1974 年

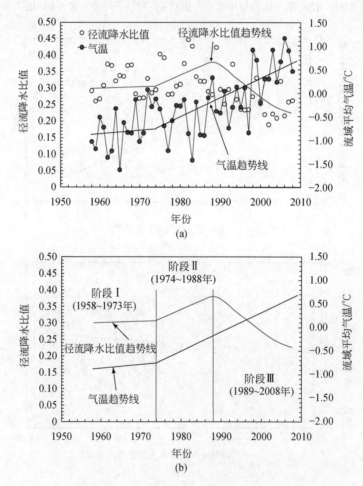

图 8-14　径流降水比值对气温升高的三阶段响应模式
（a）径流降水比值和流域平均气温的变化（含数据点）；（b）径流降水比值和流域平均
气温的变化（不含数据点）

和 1989 年。为了对这两个转折点的存在进行论证，本研究在图 8-15 中点绘了径流、降水双累积曲线。1974 年，曲线向左偏转，说明从这一年开始，径流降水比值表现出增大的趋势；1989 年，曲线向右偏转，说明从这一年开始，径流降水比值表现出减小的趋势。这两个转折点可以将 51 年分为 3 个阶段，即 1974 年以前、1974~1988 年、1989~2008 年。对这 3 个阶段的数据点分别拟合出线性回归方程，见图 8-15。回归方程的斜率反映该时段中径流量对降水量的平均变化率，即径流降水比值。可以看到，上述 3 个阶段的斜率分别为 0.3983、0.4253、0.3153，显示出先增大而后减小的变化。

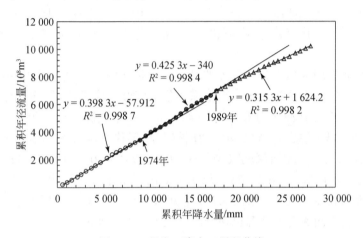

图 8-15　径流、降水双累积曲线

六、气温增高所导致的环境变化

图 8-14（b）中所示的 3 个阶段变化是黄河源区水循环系统对环境变化发生响应的结果。为了对这 3 个阶段响应模式形成机理进行解释，本研究从不同方面讨论了气温增高所导致的环境变化。

（一）冰川退缩消融

气温增高导致冰川的退缩和消融。黄河源区冰川变化具有阶段性。刘时银等（2002）应用 1966 年的航片和 2000 年的 TM 卫星遥感影像，对黄河源区阿尼玛卿山地区的冰川变化进行了研究，结果表明 1966~2000 年黄河源区的阿尼玛卿山地区的 57 条冰川中，除 3 条前进和 2 条没有明显变化外，其余均处于退缩状态。黄河源区阿尼玛卿山地区，1966 年的冰川面积为 125.5km²，2000 年减少为 103.8km²，减少了 17.3%。退缩幅度最大的冰川是耶和龙冰川，1966 年其长度为 8400m，在 1966~2000 年退缩了 1950m，减少了 23.2%。Wang（1987）的研究则表明，1966~1981 年，黄河源区大多数冰川处于前进状态或者基本稳定。哈龙 1 号冰川、哈龙 2 号冰川在这一期间分别前进了 790m 和 200m。长达 8400m 的耶和龙冰川在此期间呈退缩状态，但退缩量仅为 150m。20 世纪 80 年代以后，黄河源区冰川普遍转入后退，哈龙 1 号冰川退缩了 406m，耶和龙冰川更是退缩了 1800m。黄河源区冰川的加速退缩主要发生在 20 世纪 80 年代以后（杨建平等，2004）。

（二）冻土退化

广泛分布的永冻层是黄河源区水循环系统中特殊的下垫面条件。气温的升高导致土壤温度升高。在温度逐年升高的趋势下，永冻层在寒冷季节无法及时回冻，引起了多年冻土的退化，其分布面积缩小，而季节冻土和融区面积则有所扩大。例如，20 世纪 70 年代以前，黄河沿（玛多县城原址）和玛多县城（现址）均为多年冻土地段，经勘察证实，90 年代以后都变为季节冻土地段（王少令和罗祥瑞，1991）。目前，玛多县城附近多年冻土分布界线已向西推移了 15km，黄河沿多年冻土界线也向北推移了 2km（金会军等，2010）。

冻土的退化还表现为冻土分布下界的升高。根据 20 世纪 70 年代和 90 年代测图的对比，在江河源区多年冻土分布边缘，零星冻土分布界限已普遍升高。例如，黄河源区位于步青山的玛多县，70 年代冻土分布下界为 4220m，90 年代冻土分布下界为 4270m（杨建平等，2004）。玛多县气象站资料显示，20 世纪 80 年代平均最大季节冻深 2.35m，而 90 年代其平均值为 2.23m，冻结深度减少了 0.12m。1981～2008 年，5～320cm 深度的浅层地温平均上升了 0.3～0.7℃（图 8-16）。玛多县城内很多水井水温也发生变化，20 世纪 80 年代 8 月水温度为 0.8～1.3℃，到 2007 年上升为 1.5～2.0℃。浅层地下水温度普遍上升了 0.5～0.7℃，表明同深度处地温也在升高（梁四海等，2007）。

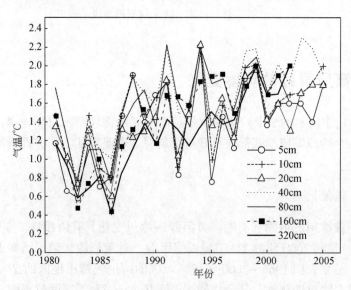

图 8-16　玛多县气象站 1981～2008 年地温平均值变化

资料来源：金会军等，2010

研究发现，发育在原来冻土下界附近的多年生冻胀丘已消融坍塌。而在相对较高部位又发育了新生冻胀丘。在缓坡上部，沼泽湿地向高处位移，热融滑塌陡坎显示出明显的溯源侵蚀现象（张森琦等，2004）。区内多年冻土退化的总体趋势是由大片连续状分布逐渐变为岛状、斑状，冻土层变薄，面积缩小，部分斑状冻土消融为季节冻土（金会军等，2010）。

（三）地下水位降低

冻土的融化使得地下水位降低，黄河源区地下水位下降明显。彭明轩等（2003）依据玛多县城 17 口民用井的长期观测资料，对地下水位变化进行了分析，结果表明 1992~2001 年玛多地区地下水位持续下降，下降幅度最大为 1.68m，最小为 0.36m，平均为 1.0m，平均下降速率为 0.1m/a。地下水位的下降与多年冻土的消融密切相关。在多年冻土退化区，由于融化过程增强，作为冷生隔水层的冻土层位置下移，地下水流系统由冻结层上水–冻结水系统转为具有自由水面的非冻结水流系统，由此地下水位下降。从地貌上说，山前坡麓带和沟谷区分布的冻胀丘的高度与地下水位有密切关联。野外工作中对 5 个地点的地面调查表明，山前坡麓带和沟谷区分布的冻胀丘已完全退化、消融，而在相对较高的部位则发育了新生冻胀丘。冻胀丘的分布高度随着多年冻土下界的上移而升高。多年冻土退化引起冷生隔水层下移，是区域地下水位下降的重要原因。

（四）湖泊和湿地退化

黄河源区湖泊群是青藏高原湖泊群的重要组成部分，共有湖泊 5300 多个，总面积为 1270.77km²。较大的湖泊主要有鄂陵湖（614km²）、扎陵湖（528km²），其余如星宿海地区的湖泊多分布在黄河干支流附近和低洼平坦的沼泽地带，其特点是面积小、密度大（三江源自然保护区生态环境编辑委员会，2002）。鲁安新等（2005）基于卫星遥感监测资料对黄河源区主要湖泊的变化进行了研究，结果表明，1969~2001 年湖泊呈萎缩趋势，其与气温升高、蒸发增大、降水量基本稳定和生态环境恶化有关。彭明轩等（2003）报道，区域环境地质调查实测结果显示，玛多县原有的 4000 多个大小湖泊，到 2003 年干涸了 2000 多个。湖泊的水位下降明显，鄂陵湖、扎陵湖水位分别下降了 3.08m 和 3.48m。

潘竟虎等（2007）利用 1986 年的 TM 和 2000 年的 ETM+ 卫星遥感数据，在 GIS 软件支持下对长江、黄河源区面积约 6.5×10⁴km² 地区 1986~2000 年湿地的分布和变化进行了研究，结果（表 8-2）表明，1986~2000 年黄河源区湿地面积减少了 575.47km²，减少了 10%。

表 8-2　黄河源区 1986 年、2000 年各类湿地面积及其变化

湿地类型	1986 年/km²	2000 年/km²	面积变化/km²	变化/%
高寒沼泽草甸	2073.52	1918.68	-154.84	-7.47
高寒泥炭沼泽	399.77	233.03	-166.74	-41.71
河流	1905.69	1733.53	-172.16	-9.03
湖泊	1547.17	1465.44	-81.73	-5.28
合计	5926.15	5350.68	-575.47	-9.71

资料来源：潘竟虎等，2007。

李凤霞等（2009）对 1990 年、2000 年、2004 年美国陆地卫星 ETM、TM 图像资料进行处理和判译，获得了黄河源区玛多县（面积 25 253km²）1990 年、2000 年、2004 年不同湿地类型的面积。在 1990~2004 年，黄河源区的湿地呈现持续萎缩的状态，这 14 年湿地面积共减少 40 102hm²，减少速率平均为 2864hm²/a。其中前 10 年减少 23 298hm²，后 4 年减少 16 804hm²，平均减小速率分别为 2329.8hm²/a 和 4201hm²/a，后 4 年的减小速率是前 10 年的 1.8 倍。在不同的湿地类型中，沼泽、湖泊和河流面积均处于萎缩态势。2004 年与 1990 年相比，沼泽、湖泊和河流的面积分别减少了 9.45%、9.82% 和 22.19%。

（五）植被变化与土地荒漠化

气温升高、冻土消融还会引起土壤含水量下降，导致植被覆盖度降低、土地荒漠化加剧。康悦等（2011）利用 1982~2008 年卫星遥感获取的 NDVI 资料分析了黄河源区玛多、玛曲和兴海地区卫星遥感 NDVI 的时空变化特征，研究了黄河源区植被的变化，结果显示黄河源区植被呈现出退化趋势。1982~1990 年黄河源区植被退化主要发生在黄河源区鄂陵湖以东区域；1991~2000 年植被退化范围进一步扩大到黄河源区北部兴海、共和地区以及若尔盖草原；2000~2008 年植被退化范围扩大至黄河上游主要水源涵养区的玛曲草原，但黄河源区北部的兴海和共和地区却出现了植被增加的趋势。在时间变化上，NDVI 的变化是非线性的，先增大后减小。黄河源区处于高寒气候，气温升高有利于植被生长。然而，在降水量不变时，气温升高会使气候的湿润程度下降，这对植被的生长是不利的。如果前一方面的效应居于指导地位，则植被状况会好转，NDVI 会增大；如果后一方面的效应居于指导地位，则植被状况会恶化，NDVI 会减小。以玛曲地区为例，从 1982 年开始，NDVI 呈增大趋势，到 1995 年达到峰值，然后有所减少（图 8-17），这说明 1995 年以前，气温升高对植被生长的有利影响超过了湿润程度下降对植被生长的不利影响，故 NDVI 增大；1995 年以后，湿润程度下降对植被生长的不利影响超过了气温升高对植被生长的有利影响，故 NDVI 减小。这体现了植被变化对气温升高的复杂响应过程。应该指出，1995 年以后 NDVI 的下降趋势还与人类活动如过度放牧等有关。

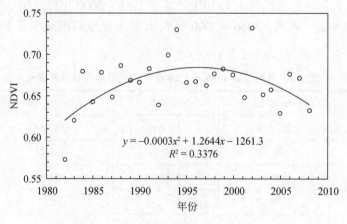

图 8-17　玛曲地区 NDVI 随时间的变化

已有研究表明，随着气温的转暖以及人类活动程度增加，青藏高原冻土上部地温明显升高，并已影响到深度 40m 以上冻土地温，造成冻土融区范围扩大，季节融化层增厚，甚至下伏多年冻土层完全消失（程国栋，1997；王绍令，1998）。王澄海等（2001）利用青藏高原 46 个气象站的最大冻土深度观测资料分析青藏高原季节性冻土的变化后发现，自 20 世纪 90 年代以来，青藏高原东北部、东南部和南部冻土厚度呈现变薄的趋势。多年冻土层的存在阻止了浅层水的下渗，提高了地表土层的湿度，有利于植物的生长。多年冻土、季节性冻土的区域性退化，会导致地下水位的降低，并使发育其上的植被根系层土壤水分减少，表土干燥、沼泽疏干，土壤结构及组分发生变化，从而使草场类型、植物种属发生变化，造成草地的退化（曾永年和冯兆东，2009）。

随着植被的退化，土地退化和土地沙漠化也随之发生。曾永年和冯兆东（2007）通过遥感资料解译研究了黄河源区花石峡以上 37 000km² 面积范围 1986~2000 年的土地沙漠化的时空变化，结果见表 8-3。1986~2000 年黄河源区沙漠化土地面积增加了 2045.26km²，其中轻度沙漠化土地占 46.25%，中度沙漠化土地占 30.64%，重度沙漠化土地占 19.11%，极重度沙漠化土地占 4.00%。沙漠化土地呈快速增长趋势，以轻度沙漠化土地和中度沙漠化土地扩展为主。这 15 年中，极重度沙漠化土地面积增加了 19.6%，重度沙漠化土地面积增加了 410.6%，中度沙漠化土地面积增加了 212.1%，轻度沙漠化土地面积增加了 141.9%，年增率分别为 1.3%、27.4%、14.1% 和 9.5%。

表 8-3 黄河源区花石峡以上 37 000km² 面积范围 1986~2000 年的土地沙漠化面积的时空变化

沙漠化程度	1986 年面积 /km²	1990 年面积 /km²	2000 年面积 /km²	1986~2000 年 变化面积/km²	1986~2000 年 变化比例/%	平均年增率/%
极重度沙漠化	417.34	429.11	499.1	81.76	19.6	1.3
重度沙漠化	95.21	360	486.1	390.89	410.6	27.4
中度沙漠化	295.43	633.61	922.07	626.64	212.1	14.1
轻度沙漠化	666.73	1341.89	1612.7	945.97	141.9	9.5
合计	1474.71	2764.61	3519.97	2045.26	138.7	9.2

资料来源：曾永年和冯兆东，2007。

气候干暖化导致了黄河源区多年冻土、季节性冻土的严重退化，使分布于低洼盆地和山间谷地的高寒草甸及高寒沼泽化草甸植被严重退化，而植被退化和表土层的干燥化加速了这一地区沙漠化的进程（曾永年和冯兆东，2009）。

植被覆盖度与冻土埋深有密切的关系。冻土的退化导致植被的退化；植被退化以后，又会造成冻土进一步退化，形成恶性循环。梁四海等（2007）研究了黄河源区冻土与植被的关系。植被覆盖度越高，对地下保温作用越强。根据他们在大野马滩的观测资料，图 8-18 显示出不同植被覆盖度条件下冻土埋深、地温的变化。多年冻土埋深与植被覆盖度有着较好的相关性。在地表有浓密植被的情况下，地温随冻土埋深的增大而迅速降低。在植被覆盖度为 75% 和 95% 时，冻土埋深为 120~125cm 时，地温即降至 0℃ 以下。在地表植被覆度很低的情况下，地温随冻土埋深的增大而降低的速率要慢得多。从图 8-18 可以大致估算出当冻土埋深给定时，与不同植被覆盖度所对应的地温。例如，取冻土埋深为50m，当植被覆盖度为15%、30%、75%和95%时，地温分别为11.8℃、10.5℃、6.2℃和5.5℃，这说明植被的退化会使同样冻土埋深时的地温升高，并可能导致冻土的退化。对于图8-18中4条曲线，地温T_g（℃）与冻土埋深H（m）之间的线性回归方程分别为

$$C=15\%时, T_g=-0.0507H+15.407(R^2=0.9442) \tag{8-11}$$

$$C=30\%时, T_g=-0.055H+14.091(R^2=0.8646) \tag{8-12}$$

$$C=75\%时, T_g=-0.1186H+13.236(R^2=0.8749) \tag{8-13}$$

$$C=95\%时, T_g=-0.1287H+13.341(R^2=0.9206) \tag{8-14}$$

式中，斜率为地温随冻土埋深的平均变化率，m/℃。可以估算出，植被覆盖度为30%、75%和95%时的地温随冻土埋深的降低速率分别为植被覆盖度为15%时的1.1倍、2.3倍和2.5倍。可见植被退化后，地温会升高，导致冻土的进一步退化。

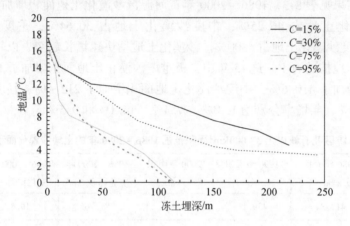

图8-18　大野马滩不同植被覆盖度（C）的冻土地温随冻土埋深的变化

资料来源：梁四海等，2007

七、黄河源区水循环系统对气温升高的复杂响应模式及其机理的解释

前面已揭示气温增高所导致的环境变化，这些变化反映了黄河源区自然地理系统在全球气候变化影响下的调整过程。从本质上说，流域自然地理系统与水循环系统之间存在着密切的耦合关系，流域自然地理系统的调整会导致水循环系统的变化。图8-14（a）中径流降水比值和平均气温随时间的变化，体现了水循环系统对环境变化的响应过程，这一过程具有某种复杂响应的特征。

图8-15中的两个转折点出现的时间与图8-14中径流降水比值曲线的转折点是一致的。从图8-14（a）还可以看到，在气温趋势线上也有一个转折点，位于1974年。依据出现于1974年和1989年的两个转折点，可以将51年的变化过程分为3个阶段：①阶段Ⅰ：增温前的"准平衡"状态，径流降水比值在波动中保持不变。②阶段Ⅱ：复杂响应的第一阶段，冰川消融、冻土退化、湖泊湿地退化，前期赋存于冰川、冻土、湖泊、湿地中的水量

存储发生释放，径流降水比值增大。③阶段Ⅲ：复杂响应的第二阶段，前一阶段中的释放效应衰微，各种自然和人为因素导致的流域蒸发加剧，径流降水比值减小。④阶段Ⅳ：复杂响应的第三阶段，水循环系统达到新的平衡。这就是径流降水比值对气温升高的复杂响应模式。依据黄河源区的各种资料，对这一复杂响应模式的存在和形成机理论证如下。

（一）阶段Ⅰ（增温前的"准平衡"状态）

这一阶段为 1958 ~ 1973 年。在这一阶段中，气温没有明显上升趋势，但年际波动较大。径流降水比值也没有明显的上升或下降趋势，在平均值左右波动。这反映了在流域自然地理条件处于稳定状态时，黄河源区水循环系统也处于稳定状态，故径流降水比值在平均值左右波动，无趋势性的变化。

（二）阶段Ⅱ（复杂响应的第一阶段）

这一阶段为 1974 ~ 1988 年。本书已指出，由于气温升高，冰川退缩消融，冻土退化。多年冻土退化引起冷生隔水层下移，导致区域地下水位的下降。冰川、冻土中的固态水是流域水平衡中的固态水量存储。冰川消融和冻土融化使得固态水存储量减小，即固态水存储向河流释放，使得径流增加。湖泊、沼泽中的水是流域水平衡中的液态水量存储。湖泊、沼泽与河流之间存在着水力联系，随着地下水位的下降，存储在湖泊、沼泽中的水量也会向河流释放，使得径流增加。上述两部分水量增加，并不是从当年的降水量中转化而来的；在降水量保持不变时，这会使得与单位降水相联系的径流量（即径流降水比值）增大，导致图 8-14（b）中所示的 1974 ~ 1988 年径流降水比值的增大趋势。

由式（8-8）可知，径流量的变化还与水分的蒸散发量有关。水面蒸发量可以用水文站的蒸发皿蒸发量来反映。依据位于研究区内的黄河沿水文站的蒸发皿蒸发量的资料，本研究在图 8-19（a）中点绘了历年蒸发皿蒸发量随时间的变化。可以看到，1955 ~ 1975 年，蒸发皿蒸发量没有趋势性的变化；1975 ~ 2004 年，蒸发皿蒸发量表现出增大的趋势（$p < 0.05$）。图 8-19（b）显示，黄河源区的蒸发皿蒸发量与年均气温之间存在着较弱的正相关（$p < 0.05$），即年均气温的升高导致蒸发皿蒸发量增大。1974 ~ 1988 年因年均气温升高而出现的蒸发皿蒸发量的增大会导致径流量的减小。然而，与年均气温升高所导致的流域内固态水、液态水存储量的释放所导致的径流量增大相比，上述减小是次要的，即固态水、液态水存储的释放导致的增水作用超过了蒸发的减水作用，因而这一时期内径流量和径流降水比值出现了增大趋势。

（三）阶段Ⅲ（复杂响应的第二阶段）

这一时段为 1989 ~ 2008 年。随着气温的升高，流域内冰川、冻土退化，湖泊萎缩，湿地面积缩小。原来存储于这些地貌单元中的固态水、液态水的存储量逐渐释放殆尽，使得增加径流的效应越来越小。与此同时，气温升高导致的蒸发皿蒸发量增大（图 8-19），流域土地沙漠化、草场退化所导致的土壤湿度减小，地下水位的降低使得包气带土壤空隙的容水量增大。这些因素都不利于蓄满产流的发生，因而使得降水量可比情况下产生的径流减少。因此，径流降水比值在上一阶段结束时（1988 年左右）达到峰值，然后开始减

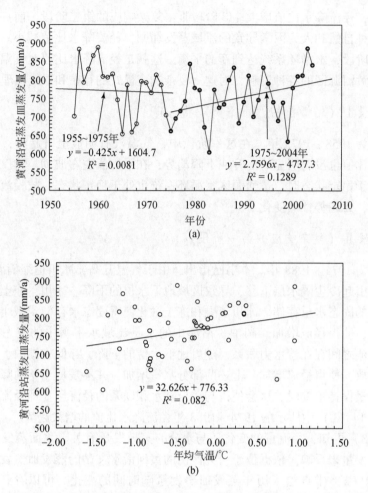

图 8-19　历年蒸发皿蒸发量随时间的变化（a）及蒸发皿蒸发量与年均气温的关系（b）

小，进入复杂响应的第二阶段。

（四）阶段 Ⅳ（复杂响应的第三阶段）

从系统调整的要求来看，黄河源区水循环系统对气温升高的复杂响应还会出现第三阶段，即经过足够长时间的调整，自然地理系统各个组成部分之间达成了新的平衡，水循环系统各个组成部分也会出现新的平衡。与此相应，径流降水比值的减小速率也会逐渐变慢，最后趋向于某一个常数。2000~2005 年接近于这一阶段。

八、人类活动影响的讨论

据黄河水资源公报（黄河水利委员会，2007），2006 年末黄河源区人口数为 65.05 万人，密度为 5 人/km²，在整个黄河流域中是最低的。区内耕地面积不大，以牧业为主。同黄河流域其他地区相比，人类活动影响较弱，但是 20 世纪 80 年代以来，人类活动影响加强，草场过度放牧的现象不断加剧。

黄河源区虽然人口稀少，人类活动影响相对较弱，但高寒干旱气候导致这一地区草地生产潜力低下，加之落后的开发利用水平使得本区对人类活动的容量或阈值极低，这一地区人类活动更容易处于超载状态，从而导致草地资源的过度开发与利用，使土地沙漠化快速发展。曾永年和冯兆东（2009）以黄河源区沙漠化土地集中分布的玛多县为例，研究了人为因素对沙漠化的影响。20 世纪 50 年代以来，玛多县人口数呈直线增加趋势，人口数增加了 2.5 倍，人口增长的压力与经济发展的需求使这一地区畜牧业经济得到了快速的增长与发展，牲畜数量逐年增加。到 70 年代末至 80 年代初，牲畜数量达到了历史最高水平，此后呈逐年减少的趋势。这种减少除频繁发生的雪灾外，主要是盲目增加牲畜数量导致高寒草场的严重超载，从而加速草地退化，使草地承载力下降，致使 80 年代以来牲畜数量下降。

本书已经指出，气候暖干化导致了黄河源区多年冻土、季节性冻土的严重退化，引起了高寒草甸及高寒沼泽化草甸植被严重退化，使得单位草场面积产草量下降。在这一自然环境变化的背景下，人类为了满足人口增长对畜产品的需求，增加牲畜数量，导致了高寒草场的严重超载，引发了草场退化和土地沙化。草场退化和土地沙化则导致了人均牲畜数量在达到峰值之后急剧减小。图 8-20 中以玛多县的气候资料和畜牧业统计资料为基础，点绘了年均气温和人均牲畜数量随时间的变化。可以看到，年均气温升高的转折点与人均牲畜数量达到峰值之后急剧减小的转折点是一致的，说明气候变化对这一过程的影响。上述过程体现了气温升高对人类活动的影响和人类活动对自然环境的反馈作用，最终导致了作为水循环系统组成部分的下垫面的变化，使得地表物质干旱化，径流降水比值降低。人类活动的这一影响，已经在图 8-9 中所示的框图中表示出来。

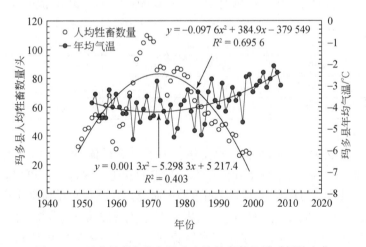

图 8-20　玛多县的年均气温和人均牲畜数量随时间的变化

第三节　黄河源区的河流泥沙对气候变暖的复杂响应现象

本章第二节中讨论了黄河源区的降水–径流比对气候变暖的复杂响应现象，即随着气温的升高，降水–径流比先增大，达到峰值后再减小。在此基础上，本节进一步研究黄河源区的侵蚀产沙过程对气候变暖的响应，以揭示可能存在的复杂响应现象。由于水力侵蚀、风力侵蚀、冻融侵蚀和重力侵蚀交错并存，加以自然环境对气候变化和人类活动的响应十分灵敏，使得黄河源区河流泥沙的产生过程十分复杂，对此进行研究可以深化对复杂环境下河流泥沙的产生和输移规律的认识。河流系统对气候变化的响应是河流研究中的重大理论问题。河流系统变量包括径流量、输沙量、泥沙粒径等，气候变量包括降水、气温等。目前就径流量对降水量和气温变化的响应研究很多，就输沙量对降水变化的响应也有很多研究，但就输沙量对气温变化响应的研究还很少，对于其中的复杂响应的分析尚未涉及。本研究有助于对这一理论问题的深化。

黄河源区的黄河干流设有 4 个水文站，即黄河沿、吉迈、玛曲和唐乃亥。各站的水文特征值见表 8-4。吉迈至玛曲区间是唐乃亥以上主要的径流来源区，占唐乃亥站控制面积的 33.6%，而区间产水量达 104.07 亿 m^3，占唐乃亥站年径流量的 52.38%。玛曲至唐乃亥区间是主要的泥沙来源区，区间流域面积仅占 29.5%，多年平均输沙量为 827 万 t，占唐乃亥多年平均输沙量 1261 万 t 的 65.6%。

表 8-4　黄河源区水文特征值（据 1956~2006 年数据平均）

站名	流域面积 /km^2	径流量 /($10^8 m^3$/a)	输沙量 /(10^4t/a)	多年平均含沙量/(kg/m^3)	输沙模数 /[t/($km^2 \cdot$ a)]
黄河沿	20 930	6.32	7.21	0.11	3.44
吉迈	45 019	39.26	91.63	0.23	20.35
玛曲	86 048	143.33	434.12	0.30	50.45
唐乃亥	121 972	198.7	1 260.98	0.63	103.38

气候变化常常涉及气温和降水量的变化，为了讨论径流量、产沙量对气温升高的影响，应考虑在降水量不变的情况下径流量、产沙量的变化。这种假定可以在两种情形下实现：一是选取气温升高而降水基本不变的流域来研究。二是计算单位降水产流量 q_w、单位降水产沙量 q_s，$q_w = Q_w/Q_p$，$q_s = Q_s/Q_p$，这里 Q_w、Q_p 分别为某一流域的年径流量，单位为 m^3；Q_s 为该流域的产沙量，单位为 kg。容易看到，如果降水量的单位与径流量的单位相同，均以水的体积来表示，则单位降水产流量等价于径流系数或径流降水比值。讨论单位降水产沙量、单位降水产流量的变化对气温升高的响应，可以在一定程度上消除降水量变化的影响。黄河源区气温具有显著升高趋势而降水量无明显变化趋势，是一个研究径流和产沙对气温升高响应的理想地区。

一、气候变化特征

图 8-21（a）和 8-21（b）分别点绘了黄河源区的年均降水量（1956～2008 年）和年均气温（1958～2008 年）随时间的变化，分别按线性回归和多项式回归进行了拟合。图 8-21（a）显示，年均降水量的线性关系的决定系数仅为 $R^2 = 0.0077$，3 次多项式回归的决定系数为 0.0375，都没有通过显著性概率 $p < 0.10$ 的检验。因此可以认为年均降水量不具有趋势性的变化。值得注意的是，2000 年以后，年均降水量略有增大。然而，图 8-21（b）显示，年均气温线性关系的决定系数为 $R^2 = 0.5259$，4 次多项式回归的决定系数为 0.5881，通过了显著性概率 $p < 0.001$ 的检验。因此，年均气温具有显著的升高趋势。4 次多项式拟合曲线显示，在年均气温升高的过程中，其速率有一定差异，20 世纪 80 年代中期以后增速明显加快。可以认为，2008 年以前黄河源区的气候变化可以概括为年均气温显著升高而年均降水量无趋势性变化，这为研究年均气温升高的河流水沙响应提供了很好的条件。

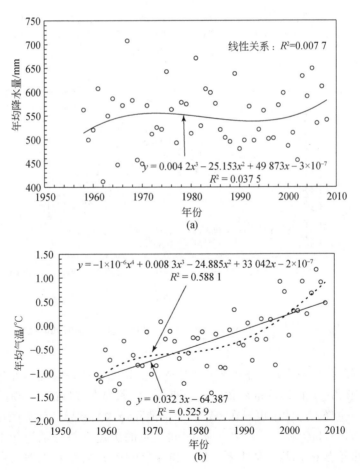

图 8-21　黄河源区的年均降水量（a）和年均气温（b）随时间的变化

二、径流量与输沙量的变化

图 8-22 点绘了唐乃亥水文站的年径流量 Q_w 的对数 $\ln Q_w$ 和年降水径流比 R_{rp} 的对数 $\ln R_{rp}$ 随时间的变化，两条变化曲线都是非线性的。从总体上看，$\ln Q_w$ 和 $\ln R_{rp}$ 先增大后减小，点群的峰值出现于 20 世纪 80 年代中期。

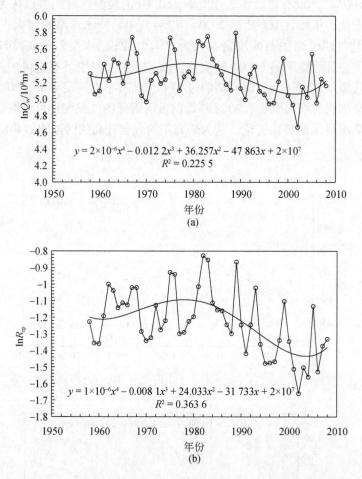

图 8-22　唐乃亥水文站的 $\ln Q_w$（a）和 $\ln R_{rp}$（b）随时间的变化

图 8-23（a）和 8-23（b）分别显示唐乃亥水文站的输沙量对数值 $\ln Q_s$ 和单位降水产沙量对数值 $\ln(Q_s/P_w)$ 随时间的变化曲线。两条曲线都是非线性的，分别用 4 次多项式进行拟合。采用单位降水产沙量可以在一定意义上消除降水的差异对河流产沙的影响，以突出气温变化的作用。$\ln Q_s$ 和 $\ln(Q_s/P_w)$ 与时间关系的决定系数分别为 0.2398 和 0.3102，显著性概率均小于 0.01。从总体上看，$\ln Q_s$ 和 $\ln(Q_s/P_w)$ 均具有先增大后减小的变化趋势，点群的峰值大致出现在 20 世纪 80 年代中期。

除唐乃亥站外，其余 3 站的情形也大致与图 8-23（a）相似，Q_s 都经历了先增大后

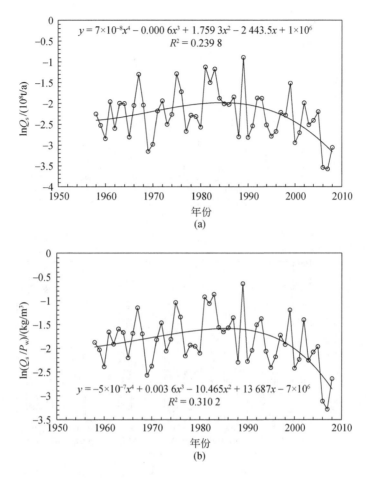

图 8-23　唐乃亥水文站的 $\ln Q_s$（a）和 $\ln(Q_s/P_w)$（b）随时间的变化

减小的变化过程。在年代际（10 年）尺度上，这一趋势更为明显，对径流量 Q_w 和输沙量 Q_s 来说都是如此（图 8-24）。对汛期径流量 Q_{wH} 和汛期输沙量 Q_{sH} 来说也是如此。各站的峰值都出现在 1980～1989 年，反映了水沙变量对气温升高的响应过程。本研究在图 8-25 中点绘了唐乃亥站径流量与流域年降水量的关系，并对 1989 年前后的数据点进行了区分。可以看到，1989 年前后的数据点可以被基于全部数据的回归直线分为两部分，1989 年以前的数据点位于 1956～2008 年拟合线上方，1989 年以后的数据点位于下方。这是由于，1989 年以前，由于气温升高，冰川消融、冻土退化，大量液态水补充到径流中，使径流量增多；1989 年以后，由于冰川、冻土中存储的固态水已大部分耗竭，而气温升高导致的蒸发加强会减小同等降水条件下的产流量，因而径流量减少。对此后面还将进行讨论。

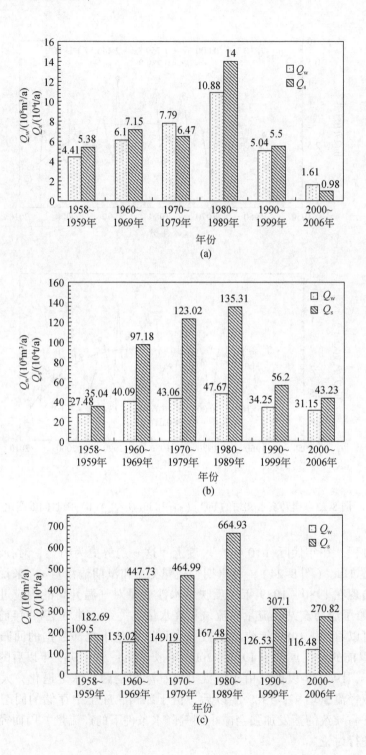

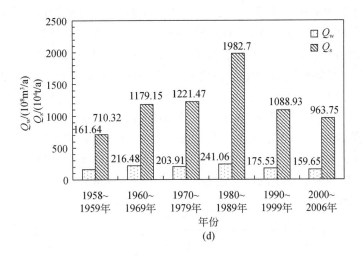

图 8-24　年代际（10 年）尺度上黄河源区 4 个水文站径流量和输沙量的变化
（a）黄河沿；（b）吉迈；（c）玛曲；（d）唐乃亥

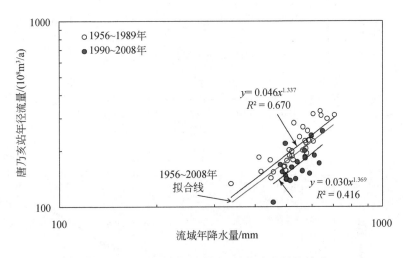

图 8-25　唐乃亥站径流量与流域年降水量的关系

三、复杂响应过程

可以认为，图 8-22 和图 8-23 所显示的 $\ln Q_w$、$\ln R_{rp}$ 以及 $\ln Q_s$ 和 $\ln(Q_s/P_w)$ 的非线性变化，反映了在降水基本不变的条件下，黄河源区径流和输沙对气温升高的复杂响应过程。为了更清楚地表现这种过程，本研究在图 8-26（a）中将 R_{rp}、Q_s/P_w 与 T 的变化放在同一个坐标系中进行了比较，对 3 个变量都按 4 次多项式进行了拟合，为了更好地看到变化趋势，略去了数据点。大致以 R_{rp} 曲线和 Q_s/P_w 曲线峰值出现年份为界，可以划分出 $\ln R_{rp}$ 和 $\ln(Q_s/P_w)$ 对 T 升高发生响应的两个阶段。前一阶段中，R_{rp} 和 Q_s/P_w 随 T 的增高而增大；

后一阶段中，随着 T 的进一步增大，R_{rp} 和 Q_s/P_w 均减小。两个阶段的不同趋势，表现出在消除降水差异影响的情况下，黄河源区径流和输沙对气温升高的复杂响应过程。

本研究还将 Mann- Kendall UF_k 值作为指标，讨论了 3 个变量的变化。某一变量的 Mann-Kendall UF_k 值随时间的变化趋势反映了该变量的变化趋势。图 8-26（b）点绘了 R_{rp}、Q_s/P_w 和 T 的 UF_k 值的变化，并以 4 次多项式进行了拟合，决定系数分别为 0.7854、0.6554 和 0.9339，大大高于图 8-26（a）中的 3 条曲线。表明，气温的 UF_k 值从 1953 年开始略有下降，到 1970 年后开始缓慢上升，1985 年是快速上升的转折点。径流系数的 UF_k 值先增大后减小，在 1985 年达到峰值，1985 年以后减小趋势十分明显。单位降水产沙量的 UF_k 值也具有先增大后减小的变化趋势，峰值出现于 1989 年，1989 年以前增大速率较慢，1989 年以后迅速减小。

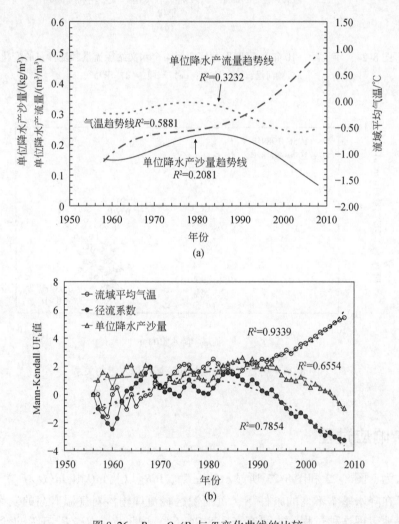

图 8-26 R_{rp}、Q_s/P_w 与 T 变化曲线的比较

（a）R_{rp}、Q_s/P_w 与 T 变化，不包含数据点；（b）R_{rp}、Q_s/P_w 与 T 的 Mann- Kendall UF_k 值的变化

　　为了进一步揭示在假定降水不变情形下黄河源区输沙量的变化过程，图 8-27（a）点绘了唐乃亥站累积年输沙量和累积年降水量的双累积关系。输沙量、降水量双累积曲线可以反映在假定降水不变时输沙量的变化趋势。可以看到，双累积曲线上出现了 3 个转折点。从 1980 年开始，拟合直线向上偏转，意味着在降水可比时 Q_s 有所增大；从 1989 年开始，拟合直线向下偏转，意味着 Q_s 有所减小；从 2001 年开始，拟合直线又向下略有偏转，意味着 Q_s 进一步减小，除与产沙量对气温的复杂响应有关外，还与黄河干流玛多水库的建成和蓄水拦沙有关。图 8-27（a）按这四个阶段分别拟合了线性回归方程，其斜率分别为 0.0002、0.0003、0.0002 和 0.0001，表现出先增大后减小的趋势，转折点大致为 1989 年，与图 8-26（a）中单位降水产沙量随时间变化的趋势是一致的。图 8-27（b）按上述 4 个阶段，分别点绘了唐乃亥站年输沙量与年降水量的关系，并分别给出了指数函数拟合线。可以看到，1981～1989 年直线比 1956～1980 年直线有所升高，1990～2001 年直线比 1981～1989 年直线有所降低，这与双累积曲线的结果是一致的。值得注意的是，2002～2008 年

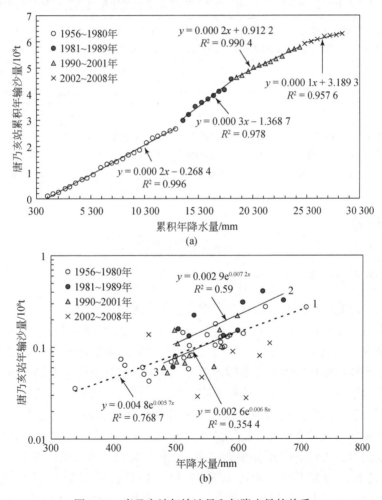

图 8-27　唐乃亥站年输沙量和年降水量的关系

（a）双累积关系；（b）不同阶段输沙量和降水量的关系；直线 1、2、3 分别表示时段
1（1956～1980 年）、时段 2（1981～1989 年）和时段 3（1990～2001 年）

的数据点分布散乱，反映出水库的调节改变了以前的水沙关系。

依据图 8-27（b）中的 3 个回归方程，可以对 3 个时期中唐乃亥站年输沙量的变化进行估算，从而定量评价输沙量对气温变化的响应。从直线 1 上升至直线 2，反映了气温升高导致冰川和冻土消融，导致径流增加，后者又使输沙量增加；从直线 2 下降至直线 3，反映了在冰川、冻土的固态水存储量耗竭后，气温进一步升高导致蒸发增加、径流减少，后者又使输沙量减少；从直线 3 到直线 1 的变化代表了在气温升高的整个过程中，输沙量的净变化量。按照这一思路，计算了 3 个时段之间的输沙量的增减量，见表 8-5，具体过程见表中说明。可以看到，时段 2 比时段 1 增加量为 4.94×10^6 t/a，增加 42.4%；时段 3 比时段 2 减少量为 3.68×10^6 t/a，减少 27.8%；时段 3 比时段 1 净减少量为 2×10^5 t/a，减少 2.0%。这意味着，经过对气温升高响应的"循环"之后，输沙量又大致恢复到时段 1 的水平。

表 8-5　基于回归分析对不同时段唐乃亥站年平均输沙量及其变化的估算结果

项目	时段 2 按公式 1 的计算值	时段 3 按公式 1 的计算值	时段 2 按公式 2 的计算值	时段 3 按公式 3 的计算值	时段 3 按公式 2 的计算值	时段 2 比时段 1 增大	时段 3 比时段 2 减少	时段 3 比时段 1 减少
	(1)	(2)	(3)	(4)	(5)	(6)	(7)	(8)
数值	0.1166	0.0977	0.1660	0.0957	0.1325	0.0494	0.0368	0.0020
变化/%						42.4	27.8	2.0

注：时段 1 为 1956~1980 年；时段 2 为 1981~1989 年；时段 3 为 1990~2001 年。公式 1（时段 1 回归方程）：$Q_s = 0.0048 e^{0.0057P}$。公式 2（时段 2 回归方程）：$Q_s = 0.0029 e^{0.0072P}$。公式 3（时段 3 回归方程）：$Q_s = 0.0026 e^{0.0068P}$。式中，Q_s 为年输沙量，10^8 t；P 为年降水量，mm。计算方法：(6)=(3)-(1)；(7)=(5)-(4)；(8)=(2)-(4)。

四、机理讨论

（一）径流产沙关系

黄河源区驱动流域侵蚀产沙的外营力十分复杂，水力、风力、冻融和重力侵蚀交错并存。冻融和重力侵蚀使坡面物质分离，所形成的大量地表疏松物质为流水搬运作用提供了丰富的物质来源。一般而言，在一个侵蚀-搬运系统中，如果物质可以充分供应而搬运能力有限，侵蚀产沙作用只依赖于流水搬运能力，输沙量与流量的关系会十分密切；如果物质供应量有限，则侵蚀产沙作用只依赖于物质供应量而与搬运能力无关，则输沙量与流量的关系不密切。总体而言，黄河源区侵蚀产沙作用依赖于流水搬运能力而不是物质供应量，因而输沙量与径流量的相关程度很高。图 8-28（a）点绘了 3 个水文站的年输沙量与年径流量的相关图，决定系数 R^2 都很高，为此提供了证据。玛曲站、吉迈站和唐乃亥站的 R^2（幂函数关系）分别为 0.9004、0.8463 和 0.8212，说明输沙量变化的 90.04%、84.63%、82.12%可以用径流量的变化来解释。需要指出的是，黄河沿站的 R^2（线性关系）为 0.77，略低一些，这是由于该站位于两个湖泊以下不远处，湖泊对水沙的调节可能会降低水沙之间的相关程度。黄河源区径流集中于汛期，洪水在泥沙输运中起着决定性的作用。图 8-28（b）中点绘了 3 个水文站的年输沙量与年最大流量的关系，R^2 值表明吉迈站、玛曲站和唐乃亥站年输沙量变化的 77.84%、75.56% 和 70.53% 可以用年最大流量的变化来解释，进一步证明黄河源区干流输沙过程依赖于水流搬运能力而不是物质供应量。

黄河源区受高寒气候和冰川作用的影响，有大量细颗粒冰碛物的堆积，冻融作用盛行，冻融侵蚀和流水的侵蚀–搬运形成强耦合关系。同时，某些在松散细颗粒堆积物中下切较深的支流，河岸侵蚀强度较大。这使得细颗粒物质供应量大于流水的搬运量，也就是说，这一地区的侵蚀产沙作用依赖于流水搬运能力而不是物质供应量。当然，峡谷河段有大量的粗颗粒物质因崩塌而进入河道，但这部分泥沙不属于悬移质，因为没有观测资料，不在研究的范围之内。在同一地区，坡面和沟道、河道坡度在较短的时间尺度上不会发生变化，因而在给定水文站以年均水流能量（即年均流量与坡度的乘积）来表示的水流搬运能力主要取决于流量。这就解释了输沙量与径流量之间强相关关系的成因机理。图 8-26（b）显示，单位降水产沙量与径流系数（单位降水产流量）的变化在趋势上相同，都表现为先增大，达到峰值后再减小。可以认为，由于唐乃亥站的输沙由水流输沙能力决定，单位降水产流量决定了单位降水的产沙量。为此，图 8-28（c）点绘了二者之间的关系，表现为较显著的正相关（$R^2 = 0.6194$，$p < 0.001$），表明单位降水产流量的变化可以解释单位降水产沙量变化的 61.94%。

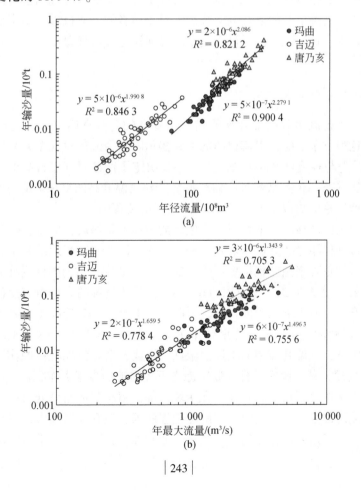

(a)

(b)

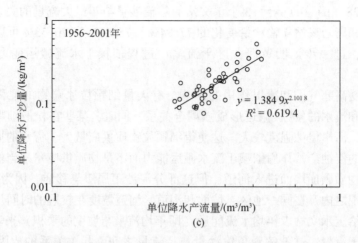

图 8-28　唐乃亥站年输沙量与年径流量的关系（a）、年输沙量与年最大流量的关系（b）及单位
降水产沙量与单位降水产流量的关系（c）
由于 2001 年玛多水库的建成与拦沙改变了水沙关系，图 8-28（a）中唐乃亥站年输沙量与
年径流量的关系未包括 2001 年以后的数据

　　由于黄河源区的输沙量取决于径流量，可以认为河流输沙对气温上升的复杂响应在很大程度上由径流对气温上升的复杂响应决定。对于后者的形成机理，本书已经进行过详细的解释。可以认为，这种机理同样可以用来解释河流输沙对气温上升的复杂响应，这里不再赘述。

　　（二）各种过程的相互作用

　　黄河源区降水径流比对气温升高的响应是复杂的，本章第二节对此已进行详细的论述。为了描述这种复杂响应，以流程图的形式揭示降水径流比对气温升高的复杂响应过程（图 8-9）。输沙量与径流量之间的强相关关系，决定了产沙对气温升高的复杂响应。本研究就降水径流比（与单位降水量对应的产水量）对气温升高的复杂响应过程流程图进行了扩展，加入了产沙量的响应，建立了图 8-29 所示的流程图。

　　尽管黄河源区的产沙主要依赖于径流搬运能力而不是物质供应量，但后者也起着一定的作用。冻融侵蚀作用导致坡面土壤颗粒分离，为水流的侵蚀搬运准备了条件，是黄河源区河流泥沙供应的重要来源。根据史展等（2012）的研究，黄河源区受冻融侵蚀影响的面积为 7.65 万 km^2，占黄河源区总面积的 64.83%。冻土气温的升高对冻融侵蚀有很大的影响。随着气温升高，冻土下限深度降低、上限深度上升，意味着冻土层减薄，冻土层以上的季节性冻结–融解的土层加厚，冻融作用主要发生这一土层中。这一土层越厚，冻融侵蚀作用越强。因此，气温升高使冻土层上限深度增大，会导致冻融侵蚀作用的加强。张森琦等（2004）发现，黄河源区发育在原来冻土下界附近的多年生冻胀丘，已消融坍塌。而在相对较高部位又发育了新生冻胀丘。在缓坡上部，沼泽湿地向高处位移，热融滑塌陡坎显示出明显的溯源侵蚀现象。同时，河岸冻土埋深因气温升高而增大，使得冻土上界以上的土体厚度增大。降雨入渗形成的地下径流，遇到冻土界面后会有垂直流动转向接近于水

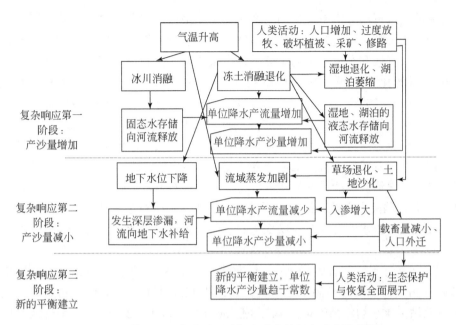

图 8-29　黄河源区产沙过程对气温升高的复杂响应流程图

平流动，形成滑动面，可能引发滑坡，其体积会较升温前增大。因此，气温升高后，河岸侵蚀也会加剧。此外，黄河源区宽谷河段曲流十分发育，河道蜿蜒曲折。随着气温升高，冰川冻土消融，河流流量增大，河道会通过自我调整使河宽、水深增大，河道边界物质受到侵蚀，这也会增加河流搬运的泥沙量。上述因素使河道得到的泥沙供应量比升温前大为增加，这也是第一阶段中产沙量增大的原因之一。到了第二阶段，尽管泥沙供应水平仍较高，但河道搬运能力下降，因而产沙量下降。在第三阶段，产沙量进一步减少并趋于不变，新的平衡建立。

第四节　基于洞穴石笋氧同位素记录重建黄河源区径流量和输沙量的变化

　　黄河源区位于青藏高原东北边缘，是黄河径流的主要来源区，素有黄河"水塔"之称，该区的水文过程和侵蚀产沙过程对气候变化十分敏感。全球气候变化与青藏高原的关系及其资源环境效应是一个重要的科学问题，黄河源区的径流量和输沙量对气候变化的响应是其中的重要方面。然而，该地区的径流和输沙观测分别开始于 1950 年和 1956 年，基于器测资料不能研究更长时间尺度上的水文响应，限制了这一科学问题的深化，亟待通过代用资料来进行古流量和古输沙量的重建。树木年轮记录的环境变化是进行降水和径流重建的重要代用资料，这方面已有大量成果发表（康兴成等，2002；王亚军等，2004；秦宁生等，2004；袁玉江等，2005；刘禹等，2006；Liu et al.，2010；Yuan et al.，2007；喻树龙等，2008）。例如，Gou 等（2010）基于树轮宽度记录成果重建了过去 1234 年黄河源区的径流量。然而，由于流域产沙和河道输沙过程的影响因素比径流过程更复杂，迄今为止对河流的输沙量进行高分辨率重建的研究成果很少报道。洞穴石笋沉积物的同位素记录是一种很好的代用资料，对气候变化十分敏感，可以进行 1 年尺度的高分辨率定年，已经被广泛应用于季风气候和季风降水的研究。近十余年来，以洞穴石笋的研究来重建高分辨率的气温和季风变化的记录在中国已取得了很大的进展（Tan et al.，2003；Wang et al.，2005；Wang et al.，2008；Zhang et al.，2008）。作者基于洞穴石笋的高分辨率氧同位素记录，对长江支流嘉陵江、汉江的流量进行了重建，取得了进展（Xu，2015a，2015b）。降雨及其产生的径流是河流泥沙产生和输移的重要动力因素，河流输沙量与降水量和径流量有密切的相关性。既然洞穴石笋的高分辨率氧同位素记录反映了降水量和径流量的变化，这一记录也会反映河流输沙量的变化。作者运用洞穴石笋氧同位素（$\delta^{18}O$）记录，对过去 1800 年黄河源区玛曲水文站输沙量、径流量和洪水流量进行了重建。在此基础上，研究了千年以上尺度上河流水沙变量对气候变化的响应，揭示了"水塔"效应的变化规律（Xu，2018）。

研究区为黄河干流玛曲水文站以上流域（图 8-8），距河源 1182km，集水面积为 86 048km^2，占黄河源区（河源至唐乃亥）总面积 12.2 万 km^2 的 71%，占黄河流域总面积的 12%。该站多年平均年径流量为 145.3 亿 m^3（孙永寿等，2015），占全流域（以花园口站为代表）实测年径流量 400.5 亿 m^3 的 36.3%；年平均悬移质输沙量为 0.46 亿 t，仅占花园口站年输沙量的 4.3%。可见，研究区是黄河清水径流的重要来源区。研究区位于青藏高原东北部，区内最高点与最低点的海拔分别为 6282m 和 3400m。黄河沿以上的黄河源头区为宽谷和河湖盆地地貌；自玛多县马查理至共和县唐乃亥区间，大部分为高山峡谷地貌。但在吉迈至玛曲间，黄河干流由峡谷流入河湖盆地，发育了典型的弯曲河道。在气候上，位于青藏高原亚寒带的那曲-果洛半湿润区和羌塘半干旱区，具有典型的内陆高原气候特征。按中国气象局 1956~2008 年资料，研究区年平均气温变化于 -1.63~1.17℃，平均为 -0.34℃；年降水量变化于 481~570mm，平均为 520mm。历年年降水量变化于 481~570mm，平均为 520mm。该区气候明显受到亚洲季风的影响，夏季降水占全年降水量的 56%~62%（刘时银等，2002）。由于区内的黄河绕流于西北—东南走向的、海拔为 6282m 的阿尼玛卿山，从西南、东南输入研究区的水汽被其迎风坡阻挡，使得这一地区成为黄河上游青海境内降水量最丰沛的地区，年降水量为 600~800mm。吉迈至玛曲区间的流域面积为 41 029km^2，仅占唐乃亥站控制面积的 33.6%，而区间产水量达 104.07 亿 m^3，占唐乃亥站年径流量的 52.38%。区间径流模数为 27.8 万 m^3/km^2，多年平均输沙量为 342.5 万 t，占唐乃亥站多年平均输沙量 1261 万 t 的 27.2%，平均为 0.33kg/m^3。

一、资料与研究方法

研究中实测年径流量（$Q_{w,MQ}$）、输沙量（$Q_{s,MQ}$）、年最大流量（$Q_{max,MQ}$）的资料来自玛曲水文站，降水资料来自研究区内 9 个气象站，采用算术平均的方法得到流域年均降水量（P_m），资料年限均为 1959~2008 年。

研究地区人类活动轻微，2006 年末黄河源区人口数为 65.05 万人，密度为仅为 5 人/km^2。区内耕地面积不大，以牧业为主，自然环境接近天然状态，人类引水量和人类活动导致的水土流失量都很低，可以忽略。双累积曲线显示（图8-30），累积实测径流量与累积年均降水量的关系呈一直线（$R^2 = 0.9986$），累积实测输沙量和累积实测径流量的关系也呈一直线（$R^2 = 0.9958$），说明径流量与降水量、输沙量与径流量关系协调，人类活动的影响轻微。因此，玛曲水文站观测到的年径流量、年输沙量可以近似视为天然年径流量和输沙量，可以用于水沙重建计算。

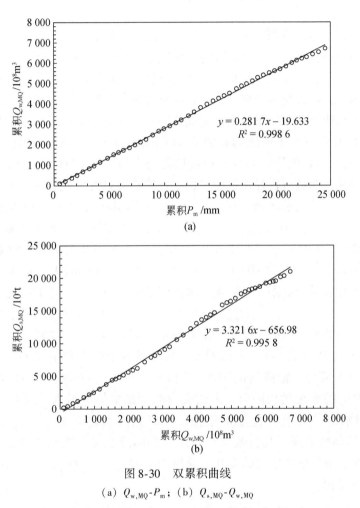

图8-30　双累积曲线

（a）$Q_{w,MQ}$-P_m；（b）$Q_{s,MQ}$-$Q_{w,MQ}$

　　本研究利用了 Zhang 等（2008）发表的公元 192～2003 年万象洞石笋 $\delta^{18}O$ 记录（https：//www.ncdc.noaa.gov/paleo/study/8629）。万象洞是一个喀斯特洞穴，地理坐标为 33°19′N、105°00′E（图8-8），海拔为1200m。位于秦岭南坡嘉陵江上游支流白龙江南岸。该洞穴处于中国青藏高原和黄土高原过渡带（即青藏高原东部和黄土高原西缘之间）的较低海拔地区，接近现代夏季风降水区的北界，是典型季风系统交互作用的地带，对亚洲季风系统的进退消长十分敏感（刘敬华等，2008）。

　　研究方法分为三方面：①建立转换函数方程。以水文和降水实测数据与万象洞石笋 $\delta^{18}O$ 记录的重合时段分别对 $Q_{w,MQ}$、$Q_{s,MQ}$、$Q_{max,MQ}$、P_m 与 $\delta^{18}O$ 进行回归分析，建立转换函数。实测资料年限短，始于 1959 年，不能分为率定期和验证期，作者以 1959 ~ 2003 年为率定期，在建立转换函数方程后，运用留一法进行验证。②基于转换函数，重建历史上的 $Q_{sn,TNH}$ 系列。③对于重建的水文变量系列进行统计分析。

二、$Q_{w,MQ}$、$Q_{s,MQ}$、$Q_{max,MQ}$、P_m 变化趋势的重建

本研究基于实测水文数据对 1959 ~ 2003 年 $Q_{w,MQ}$、$Q_{s,MQ}$、$Q_{max,MQ}$、玛曲以上流域的年均降水量 P_m 与万象洞石笋 $\delta^{18}O$ 随时间的变化进行了比较（图 8-31）。可以看到，尽管数据点较为分散，两条 5 年滑动平均拟合曲线具有较好的反位相关系。降水和降水形成的径流转化为地下水后，经过复杂的路径汇集到喀斯特洞穴，转化为洞穴滴水，其中包含的碳酸钙发生沉淀而形成石笋的钙华沉积。完成这一过程可能需要超过一年的时间，这使得当年的降水量和径流量与当年形成的石笋 $\delta^{18}O$ 的关系并不好（Xu, 2015a）。Xu（2015a, 2015b）在嘉陵江、汉江的研究发现，径流量的响应与石笋 $\delta^{18}O$ 的变化之间存在着 3 ~ 5 年的滞后，因此建议在进行古径流重建时，对石笋 $\delta^{18}O$ 和径流进行 5 年滑动平均处理之后再进行回归计算。为了表示区别，在上述变量的下标中加入 "5m" 以表示 5 年滑动平均值。计算表明，$Q_{w,5m,MQ}$、$Q_{s,5m,MQ}$、$Q_{max,5m,MQ}$、$P_{m,5m}$ 与 $\delta^{18}O_{5m}$ 的相关系数分别为 -0.768、-0.763、-0.692、-0.803，p 都小于 0.000001。对 4 个水文变量进行对数转换后，它们与和 $\delta^{18}O_{5m}$ 的相关系数分别为 -0.787、-0.817、-0.697、-0.834，p 都小于 0.000001。由于取对数后的相关系数更高，说明 4 个水文变量与 $\delta^{18}O$ 的关系是非线性的。本研究分别建立了 $\ln Q_{w,5m,MQ}$、$\ln Q_{s,5m,MQ}$、$\ln Q_{max,5m,MQ}$、$\ln P_{m,5m}$ 与 $\delta^{18}O_{5m}$ 的对数函数关系（图 8-32），经转换后得到对数方程。进行 5 年滑动处理后的率定期为 1961 ~ 2001 年，共 41 年的资料（$n = 41$）。建立的方程见表 8-6，可以看到，转换函数指数方程中 $\delta^{18}O_{5m}$ 的系数，按降水量、径流量、最大流量、输沙量的顺序分别为 -0.3698、-1.2632、-1.9833、-3.3229，这意味着在 $\delta^{18}O_{5m}$ 的变化量相同时，上述变量的变化量依次增大。换言之，上述变量对 $\delta^{18}O_{5m}$ 信号做出响应的灵敏度也依次增强。本研究分别建立了 $Q_{w,MQ}$、$Q_{max,MQ}$、$Q_{s,MQ}$ 与 $P_{m,5m}$ 之间的指数函数关系，其指数可以表示它们随降水量的变化速率，分别为 0.0033、0.0041、0.0078，也呈依次增大的变化，这解释了 $Q_{w,5m,MQ}$、$Q_{max,5m,MQ}$、$Q_{s,MQ,5m}$ 的相应灵敏度依次增强的原因。

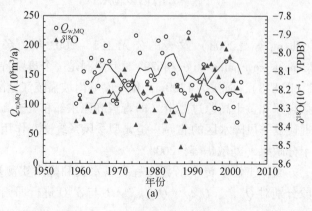

(a)

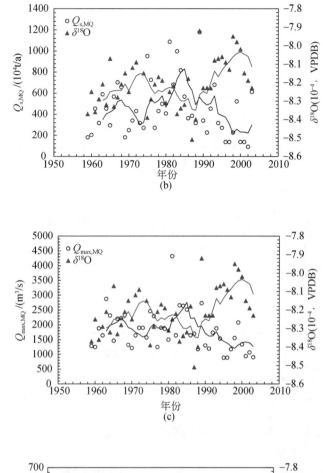

图 8-31　$Q_{w,MQ}$（a）、$Q_{s,MQ}$（b）、$Q_{max,MQ}$（c）、玛曲以上流域的年均降水量
P_m（d）和万象洞石笋 $\delta^{18}O$ 随时间的变化

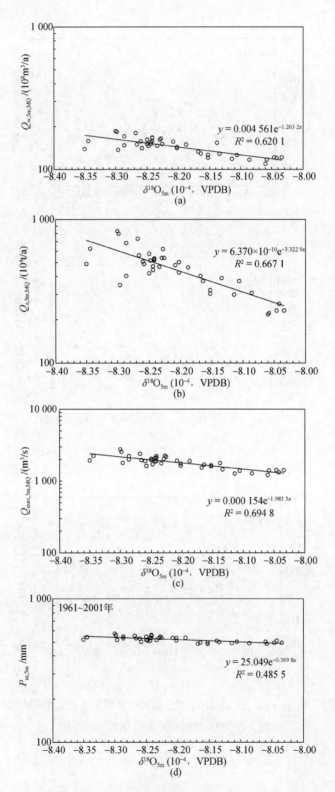

图 8-32 $Q_{w,5m,MQ}$（a）、$Q_{s,5m,MQ}$（b）、$Q_{max,5m,MQ}$（c）、$P_{m,5m}$（d）与 $\delta^{18}O_{5m}$ 的关系

表 8-6 率定方程

编号	率定方程	R^2	调整后 R^2	F	p	SE
1	$Q_{w,5m,MQ} = 0.004\,561\exp(-1.263\,2\,\delta^{18}O_{5m})$	0.620 1	0.610 3	63.651	1.01×10^{-9}	12.693
2	$Q_{s,5m,MQ} = 6.370\times10^{-10}\exp(-3.322\,9\delta^{18}O_{5m})$	0.667 1	0.658 5	78.142	7.45×10^{-11}	101.041
3	$Q_{max,5m,MQ} = 0.000\,154\exp(-1.983\,3\,\delta^{18}O_{5m})$	0.694 8	0.687 0	88.803	1.34×10^{-11}	218.503
4	$P_{m,5m} = 25.049\exp(-0.369\,8\,\delta^{18}O_{5m})$	0.485 5	0.472 3	36.801	4.19×10^{-7}	16.825

采用留一法交叉验证对率定方程（1）～（4）的计算结果进行了验证。实测值、率定方程计算值和留一法计算值的比较见图 8-33，率定方程计算值和留一法计算值非常接近。对率定方程（1）～（4）的计算结果和留一法验证结果分别进行了误差分析，其结果见表 8-7。可以看到，除 $Q_{s,5m,MQ}$-$\delta^{18}O_{5m}$ 方程计算结果的误差有 4 年超过 2 倍±SE 外，其余 3 个方程均为 1 年或 2 年。率定方程（1）～（4）的留一法验证结果的均方根误差 SE 与率定方程的 SE 很接近，这说明率定方程的质量是比较好的。

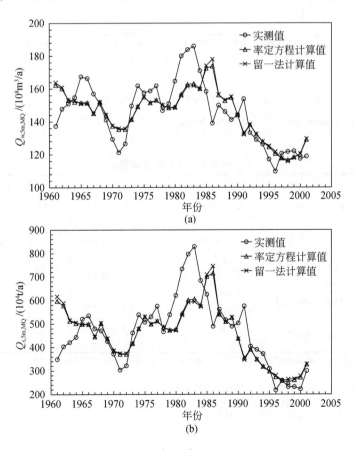

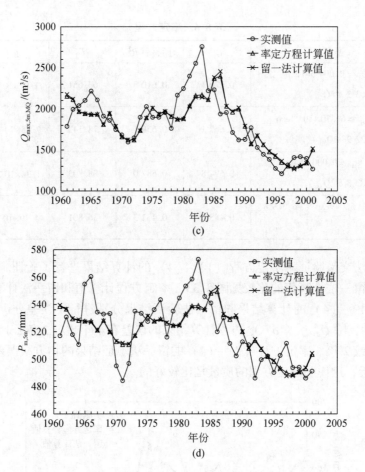

图 8-33 实测值、率定方程计算值和留一法计算值的比较

(a) $Q_{w, 5m, MQ}$-$\delta^{18}O_{5m}$; (b) $Q_{s, 5m, MQ}$-$\delta^{18}O_{5m}$; (c) $Q_{max, 5m, MQ}$-$\delta^{18}O_{5m}$; (d) $P_{m, 5m}$-$\delta^{18}O_{5m}$

表 8-7   误差分析结果

方程名称	回归方程				留一法验证			
	R^2	SE	RSE 及变幅/% [a]	N	R^{2} [b]	SE	RSE 及变幅/% [c]	N
$Q_{w, 5m, MQ}$-$\delta^{18}O_{5m}$	0.620	12.70	6.67 (−13.5 ~ 24.88)	1	0.620 (0.590 ~ 0.695)	13.50	7.04 (−14.13 ~ 27.95)	1
$Q_{s, 5m, MQ}$-$\delta^{18}O_{5m}$	0.667	101.04	15.24 (−38.57 ~ 71.29)	4	0.667 (0.636 ~ 0.729)	107.45	16.28 (−39.81 ~ 76.71)	2
$Q_{max, 5m, MQ}$-$\delta^{18}O_{5m}$	0.695	218.50	9.08 (−21.24 ~ 23.87)	2	0.695 (0.670 ~ 0.726)	230.70	9.59 (−22.38 ~ 26.86)	1
$P_{m, 5m}$-$\delta^{18}O_{5m}$	0.486	16.83	2.68 (−5.87 ~ 5.69)	0	0.486 (0.456 ~ 0.528)	17.65	2.82 (−6.23 ~ 6.27)	1

注：SE 为均方根误差；RSE 为相对误差（%），RSE = ［100× （计算值−实测值）］/实测值；N 为误差超过 2 倍± SE 的年数。

a. 括号外为相对误差绝对值的平均值，括号中为最大正负误差。

b. 括号外为 R^2 平均值，括号中为 R^2 的变化范围。

c. 括号外为相对误差绝对值的平均值，括号中为最大正负误差。

将公元 197 ~ 2001 年的 $\delta^{18}O_{5m}$ 分别代入表 8-6 中的率定方积（1）~（4），计算出这一时期的 $Q_{w,5m,MQ}$、$Q_{s,5m,MQ}$、$Q_{max,5m,MQ}$、$P_{m,5m}$，其时间变化分别见图 8-34（a）~（d）。

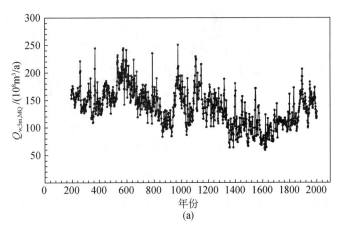

(a)

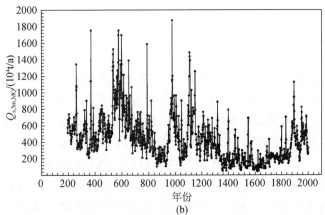

(b)

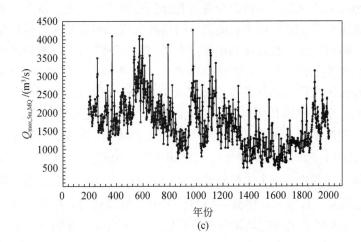

(c)

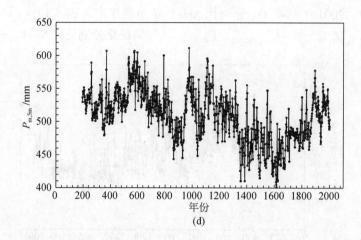

图 8-34 重建的 $Q_{w,5m,MQ}$ (a)、$Q_{s,5m,MQ}$ (b)、$Q_{max,5m,MQ}$ (c)、$P_{m,5m}$ (d) 随时间的变化

三、重建机理的讨论

黄河源区径流的泥沙和泥沙的产生取决于降水，后者则与水汽来源与输送路径有关。水汽的输送与大尺度环流和季风的活动密切相关（黄荣辉等，1998；Simmons et al.，1988；Zhang，2001），青藏高原地区以其巨大的地形阻挡了来自高原以南印度洋的水汽输送，使暖湿气流在高原东南部转向包括黄河源区在内的三江源地区。李生辰等（2009）的研究表明，从 1965～2004 年雨季 40 年平均的整层流场可以看到有 3 股气流汇集到位于35°N 附近青藏高原的三江源地区，一是由孟加拉湾经西藏到达三江源地区的西南气流，由南边界输入；二是来自中亚咸海、里海经高原西部到达的偏西气流，由西边界输入；三是来自高纬度地区的西风带、经新疆和青海北部到达的西北气流，从北边界进入三江源地区。三江源地区雨季降水量主要来自南边界的西南气流，其次是西边界的偏西气流和北边界的西北气流。西南气流是在东亚和印度洋季风的驱动下进入三江源地区的，表明东亚和印度洋季风的强弱变化将影响三江源地区的降水（李生辰等，2009）。由此可见，印度季风、东亚季风和西风对黄河源区的水汽输送都有影响，而万象洞石笋 $\delta^{18}O$ 的变化则可能记录了印度季风、东亚季风和西风强度变化的信号。为了证明这一点，本研究在图 8-35中对经过 5 年滑动处理的东亚夏季风指标 SMI_{5m}（郭其蕴，1983）、印度季风指标 $ISMI_{5m}$（Li and Zeng，2003）和西风指数 WWI_{5m}（严华生等，2007）、万象洞石笋 $\delta^{18}O_{5m}$ 随时间的变化进行了比较，并建立了 3 个大气环流变量与 $\delta^{18}O_{5m}$ 之间的相关关系矩阵（表 8-8），3个指标与 $\delta^{18}O_{5m}$ 相关系数的显著性概率都小于 0.01。可以认为，存在下列因果关系链：石笋 $\delta^{18}O_{5m}$ 所反映亚洲夏季风和西风加强（或减弱）→水汽输送加强（或减弱）→降水增多（或减少）→径流增加→输沙量增加（或减少）。为了证明这一因果关系链中水汽输送变化与石笋 $\delta^{18}O_{5m}$ 的关系，本研究计算了 5 年滑动平均后的黄河上游夏季 7 月经向净水汽通量（$WVF_{5m,lon}$）和纬向净水汽通量（$WVF_{5m,lat}$）5 年滑动平均值（李进等，2012）与万象

洞石笋 $\delta^{18}O_{5m}$ 的相关系数。如果以经向水汽向北输送为正、纬向向西输送为正，则计算表明，夏季纬向水汽输送通量与 $\delta^{18}O_{5m}$ 的相关系数分别为 -0.390 和 -0.602，p 都小于 0.01，可见这一关系是存在的。

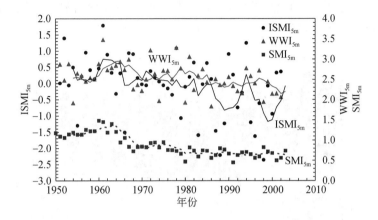

图 8-35　5 年滑动处理后的东亚夏季风指标 SMI_{5m}（郭其蕴，1983）、

印度季风指标 ISMI_{5m}（Li and Zeng，2003）和西风指数 WWI_{5m}（严华生等，2007）随时间的变化

表 8-8　东亚夏季风指标 SMI_{5m}（郭其蕴，1983）、印度季风指标 ISMI_{5m}（Li and Zeng，2003）和西风指数 WWI_{5m}（严华生等，2007）与万象洞石笋 $\delta^{18}O_{5m}$ 以及年份之间的相关关系矩阵

因子	SMI_{5m}	ISMI_{5m}	WWI_{5m}	$\delta^{18}O_{5m}$	年份
SMI_{5m}	1.00	0.73	0.65	-0.38	-0.89
ISMI_{5m}	0.73	1.00	0.67	-0.48	-0.79
WWI_{5m}	0.65	0.67	1.00	-0.43	-0.62
$\delta^{18}O_{5m}$	-0.38	-0.48	-0.43	1.00	0.55
年份	-0.89	-0.79	-0.62	0.55	1.00

四、降水、径流、输沙对千年尺度上东亚夏季风变化和太阳辐射变化的响应

周秀骥等（2009）提出了可以用来表示东亚夏季风变化的 I_{APO} 指标，并基于北京石花洞石笋宽度重建的夏季气温（Tan et al.，2003）和基于树木年轮重建的 PDO（MacDonald and Case，2005）记录，重建了近 1000 年以来 I_{APO} 的变化。本研究将 1000 年来 $Q_{w,5m,MQ}$ 和 I_{APO} 的变化进行了比较［图 8-36（a）］，可以看到，二者显示出某种同步变化，这说明在 4 年尺度上，东亚夏季风的增强（或减弱）导致了 $Q_{w,5m,MQ}$ 的变化。图 8-36（b）对 $Q_{w,5m,MQ}$ 和基于宇生核素重建的公元 800 年以来的太阳辐照度 SI（Bard et al.，2000）进行了比较，二者也显示出某种同步变化关系，这说明在 4 年尺度上，SI 的增大（或减小）导致东亚夏

季风的增强（或减弱），后者的增强（或减弱）又进而导致黄河源区径流的增大（或减小）。这可能是太阳辐射增强（或减弱）使大洋蒸发加强（或减弱），同时又使得夏季风增强（或减弱），因而水汽输送加强（或减弱）和径流增大（或减小）。由于 $Q_{w,5m,MQ}$、$Q_{s,5m,MQ}$、$Q_{max,5m,MQ}$、$P_{m,5m}$ 的变化是同步的（图8-34），这里没有显示其他变量与 I_{APO} 和 SI 变化的比较。显然，上述讨论对 $Q_{s,5m,MQ}$、$Q_{max,5m,MQ}$、$P_{m,5m}$ 也是适用的。

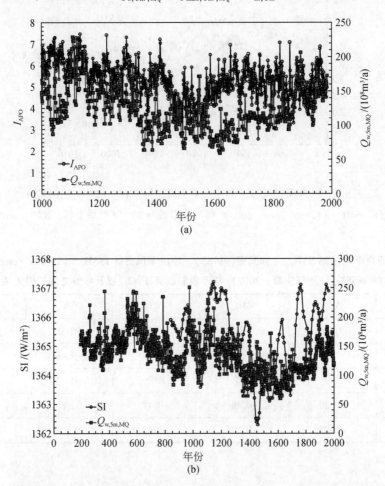

图8-36　公元1000年以来 $Q_{w,5m,MQ}$ 和 I_{APO} 的变化（a）及 $Q_{w,5m,MQ}$ 和基于宇生核素重建的公元800年以来的太阳辐照度 SI 的变化（b）

五、1800 年尺度上黄河源区"水塔"效应的变化趋势

　　青藏高原被认为是东亚和南亚的"水塔"，因为很多大江大河都发源于青藏高原，向东南或向南注入太平洋或印度洋。对于黄河，可以将黄河源区天然径流量作为"水塔"效应的指标。由于黄河源区人类活动对径流影响较弱，重建的玛曲实测径流量代表天然径流量。在1800年尺度上，"水塔"效应总体上呈现弱化趋势，与时间的相关系数为 -0.4743

（$p<0.0001$）（图 8-37）。在总体减小的趋势上，表现出不同时间尺度上的准周期变化。同时，还可以大致划分出 8 个变化阶段。值得特别关注的是，阶段 3（大致为公元 600～900年）开始于隋代、结束于唐代末年，降水和径流呈现出 300 年的减少趋势，这可能与唐代由盛而衰有一定的关系。阶段 4～6（大致为公元 900～1200 年）处于北宋和南宋时期，降水和径流在较短时间内呈现快速增加、快速减少，然后又快速增加。阶段 7（公元 1200～1600 年）处于元、明两代，降水和径流呈现出近 400 年的减少趋势。清代以后，降水和径流呈现出增大趋势，有利于清代康熙、乾隆盛世的出现。

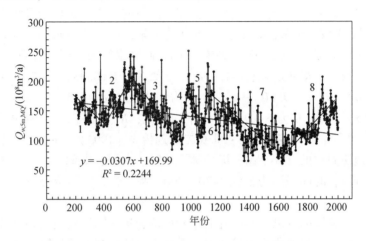

图 8-37　$Q_{w,5m,MQ}$ 随时间变化的阶段性与趋势

第五节　基于旱涝指数对河龙区间产沙量的重建

黄河流域是世界上产沙量和产沙模数最大的河流之一，中游河龙区间是黄河泥沙的主要来源区（图 8-8），来自该区的泥沙（特别是粒径大于 0.05mm 的粗泥沙）是造成黄河下游河道强烈淤积的主要因素（钱宁等，1980；许炯心，1997e；Xu and Cheng，2002）。1970 年以来，河龙区间的产沙量呈减小的趋势，1999 年以后减小更为显著（许炯心，2010；Miao et al.，2011）。为了对河龙区间高强度产沙以及 1970 年来产沙量减少的原因进行深入研究，需要在足够长的时间尺度上研究气候变化和人类活动的影响。然而，黄河流域绝大多数水文站的观测开始于 20 世纪 50 年代，一些主要水文站有 1920 年以来的流量和悬移质输沙量的记录。基于实测资料无法研究百年以上时间尺度的变化，需要采用各种代用资料进行输沙量系列的重建。国内外运用树木年轮、珊瑚等代用资料来重建降水和河流流量的研究已进行多年，也已开展了以洞穴石笋重建径流的工作，发表了大量成果。然而，由于流域产沙和河道输沙过程的影响因素更为复杂，迄今为止已有研究对河流的输沙量进行高分辨率重建尚未取得成功。

我国是一个历史文献记录十分丰富的国家，由于黄河治理的需要，我国对黄河流域水旱灾害的发生及其强度和影响范围的记录十分详尽，为进行黄河的历史水文泥沙重建提供了很好的条件。前人在全国范围内基于历史文献分析，建立了 120 个站点的旱涝指数系列，为进行历史气候的重建提供了十分宝贵的资料。本研究运用这一资料，对黄河河龙区间的产沙量进行了重建，并基于建立的产沙量系列，研究了气候变化和人类活动对河龙区间产沙量变化的影响。通过以上工作，为更有效的黄河流域泥沙管理提供了新的知识（Xu，2017）。

一、资料与方法

中国气象科学研究院的研究者基于历史文献的研究，提出了旱涝等级划分，以1级为大涝，2级为涝，3级为正常，4级为旱，5级为大旱；确定了公元1470~1949年全国120个站点历年的旱涝等级。并按1950~2000年的实测降水资料，通过计算确定了1950年以后历年的旱涝等级：1级为 $R_i > (R+1.17\sigma)$；2级为 $(R+0.33\sigma) < R_i \leq (R+1.17\sigma)$；3级为 $(R-0.33\sigma) < R_i \leq (R+0.33\sigma)$；4级为 $(R-1.17\sigma) < R_i \leq (R-0.33\sigma)$；5级为 $R_i \leq (R-1.17\sigma)$。其中 R 为5~9月多年平均雨量，R_i 为逐年5~9月雨量，σ 为标准差（中央气象局气象科学研究院，1981；张德二和刘传志，1993）。在这120个站点中，位于河龙区间及其边缘附近的有6个站，即榆林、延安、大同、太原、临汾、长治。本研究利用这6个站的资料，时间序列为公元1470~2000年。本节将旱涝等级称为旱涝指数，以IDF来表示。

由于未进行推移质的观测，本研究的产沙量按悬移质输沙资料进行计算，为悬移质产沙量。黄河干流河龙区间河段为峡谷河段，悬移质泥沙很细，河口镇（头道拐）站和龙门站的多年平均悬沙中值粒径 D_{50} 分别为0.015mm和0.028mm，在峡谷中很难沉积，河段泥沙沉积量近似为0。因此，河龙区间的产沙量按下式计算：$Q_{s,H-L} = Q_{s,L} - Q_{s,H}$，式中 $Q_{s,H}$ 和 $Q_{s,L}$ 分别为河口镇站和龙门站的年输沙量，$Q_{s,H-L}$ 为河龙区间的产沙量。本书涉及的河口镇站和龙门站的年输沙量来自这两个水文站，年限为1920~2013年；河龙区间的年降水量按区内的各雨量站的资料，按泰森多边形法进行面积加权平均计算而得到，年限为1950~2008年。上述泥沙和降水资料均来自水利部黄河水利委员会。

本研究通过多元回归分析来建立由IDF到河龙区间产沙量的转换函数。旱涝指数与产沙量数据的重合时段为1920~2000年。由于历史上黄河流域人口比现代要少很多，没有修建水库和进行水土保持，人类活动的影响轻微，当时的产沙量可以视为天然产沙量（$Q_{sn,H-L}$）。因此，在建立转换函数时，应采用天然产沙量而不是受人类活动强烈影响时期的实测产沙量。20世纪60年代初以来黄河输沙量的减少与人类活动有密切关系，主要表现为修建水库拦沙和大规模水土保持措施的实施。大量研究认为，黄土高原水土保持使得泥沙减少发生于20世纪70年代初，河龙区间以1970年为转折点，此前的产沙量可以近似视为无水土保持的天然产沙量。为了对此进行论证，作者点绘了河龙区间产沙量与六站IDF平均值之间的双累积曲线（图8-38），显示1970年是一个转折点，此后曲线显著向右偏转，意味着人类活动显著加强。1920~1970年可以视为人类活动轻微的基准期，这一时期的实测产沙量 $Q_{s,H-L}$ 近似等于天然产沙量 $Q_{sn,H-L}$，因此以这一时期作为率定期来建立转换函数方程。然后，将1470~1919年的IDF数据代入上述方程，以重建历史时期的天然产沙量。为方便计算，后面以 $Q_{sn,H-L}$ 表示基准期和重建的河龙区间产沙量。应该指出，

1920～1970 年，仍然存在人类活动的影响，只是不存在水土保持的影响，这与历史上的情形是相似的。

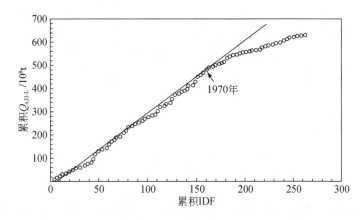

图 8-38　河龙区间产沙量与 6 个站点 IDF 平均值之间的双累积曲线

二、产沙量和降水的重建

图 8-39 显示，六站平均旱涝指数与河龙区间年产沙量和年降水量的时间变化表现出反位相关系，即旱涝指数的增大（或减小）对应着年产沙量和年降水量的减小（或增大）。干旱年份对应于产沙量小、降水少，洪涝年份对应于产沙量大、降水多。IDF 与 $Q_{sn,H-L}$ 的决定系数 $R^2 = 0.3978$（$p < 0.001$），IDF 与 $P_{m,H-L}$ 的决定系数 $R^2 = 0.631$（$p < 0.001$），因而通过 IDF 来重建 $Q_{sn,H-L}$ 和 $P_{m,H-L}$ 是可行的。由于 IDF 与 $\ln Q_{sn,H-L}$ 的决定系数 $R^2 = 0.4625$（$p < 0.001$），高于线性关系的 R^2，本研究以指数函数来进行 $Q_{sn,H-L}$ 的重建。

本研究基于大同、太原、榆林、延安、临汾、长治六站 IDF 资料，运用逐步回归方法，建立了率定期（1920～1970 年）的 $Q_{sn,H-L}$ 的指数函数转换方程。相关系数矩阵显示

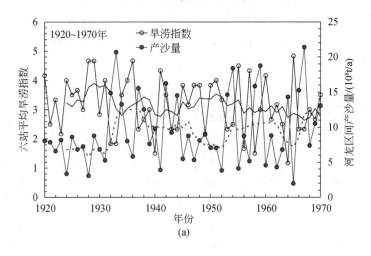

(a)

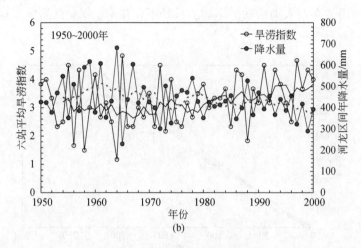

图 8-39　旱涝指数与河龙区间产沙量（a）和年降水量（b）变化的比较

（表 8-9），$\ln(Q_{\mathrm{sn,H\text{-}L}})$ 与六站的 IDF 的相关系数显著性概率均小于 0.01。首先建立 $\ln(Q_{\mathrm{sn,H\text{-}L}})$ 与 IDF 的线性关系，然后转换为指数函数。在进行逐步回归时，取临界值 $F_{\mathrm{c}} = 3.0$ 进行计算，结果显示延安、临汾、长治三站的 IDF 未被选入。最后得到的指数函数关系为

$$Q_{\mathrm{sn,H\text{-}L}} = 29.686\exp(-0.147\mathrm{IDF}_{\mathrm{DT}} - 0.178\mathrm{IDF}_{\mathrm{YL}} - 0.095\mathrm{IDF}_{\mathrm{TY}}) \tag{8-15}$$

式中，$R^2 = 0.576$；调整后的 $R^2 = 0.549$；$n = 51$；$F(3, 47) = 21.303$；$p = 7.4 \times 10^{-9}$；SE = 3.324。$\mathrm{IDF}_{\mathrm{DT}}$、$\mathrm{IDF}_{\mathrm{YL}}$、$\mathrm{IDF}_{\mathrm{TY}}$ 分别表示大同、榆林、太原的旱涝指数。本研究还建立从 IDF 到降水量的转换方程。相关系数矩阵显示（表 8-10），$\ln(Q_{\mathrm{sn,H\text{-}L}})$ 与六站的 IDF 的相关系数显著性概率均小于 0.001。$Q_{\mathrm{sn,H\text{-}L}}$ 的预报值与实测值的比较见图 8-40（a）。

基于上述六站的 IDF 资料，运用逐步回归方法，取 $F_{\mathrm{c}} = 3.0$，建立了率定期（1950~2000 年）河龙区间年降水量的线性函数转换方程为

$$P_{\mathrm{m,H\text{-}L}} = 705.544 - 32.623\mathrm{IDF}_{\mathrm{DT}} - 36.422\mathrm{IDF}_{\mathrm{YL}} - 16.828\mathrm{IDF}_{\mathrm{TY}} \tag{8-16}$$

式中，$R^2 = 0.767$；调整后 $R^2 = 0.753$；$n = 51$；$F(3, 47) = 51.695$；$p = 6.37 \times 10^{-15}$；SE = 44.470。与产沙量关系式一样，延安、临汾、长治三站的 IDF 未被选入。$P_{\mathrm{m,H\text{-}L}}$ 的预报值与实测值的比较见图 8-40（b）。

表 8-9　$\ln(Q_{\mathrm{sn,H\text{-}L}})$ 与六站 IDF 的相关系数矩阵

因子	IDF 大同	IDF 太原	IDF 榆林	IDF 延安	IDF 临汾	IDF 长治	$\ln(Q_{\mathrm{sn,H\text{-}L}})$
IDF 大同	1.000	0.525	0.255	0.287	0.326	0.332	−0.590
IDF 太原	0.525	1.000	0.291	0.369	0.510	0.518	−0.532
IDF 榆林	0.255	0.291	1.000	0.840	0.465	0.462	−0.579
IDF 延安	0.287	0.369	0.840	1.000	0.518	0.539	−0.532
IDF 临汾	0.326	0.510	0.465	0.518	1.000	0.725	−0.395
IDF 长治	0.332	0.518	0.462	0.539	0.725	1.000	−0.405

续表

因子	IDF 大同	IDF 太原	IDF 榆林	IDF 延安	IDF 临汾	IDF 长治	$\ln(Q_{sn,H-L})$
$\ln(Q_{sn,H-L})$	-0.590	-0.532	-0.579	-0.532	-0.395	-0.405	1.000

表 8-10 $P_{m,H-L}$ 与六站 IDF 的相关系数矩阵

因子	IDF 大同	IDF 太原	IDF 榆林	IDF 延安	IDF 临汾	IDF 长治	$P_{m,H-L}$
IDF 大同	1.000	0.519	0.418	0.391	0.432	0.452	-0.746
IDF 太原	0.519	1.000	0.243	0.438	0.532	0.582	-0.573
IDF 榆林	0.418	0.243	1.000	0.572	0.292	0.514	-0.685
IDF 延安	0.391	0.438	0.572	1.000	0.520	0.764	-0.599
IDF 临汾	0.432	0.532	0.292	0.520	1.000	0.703	-0.446
IDF 长治	0.452	0.582	0.514	0.764	0.703	1.000	-0.579
$P_{m,H-L}$	-0.746	-0.573	-0.685	-0.599	-0.446	-0.579	1.000

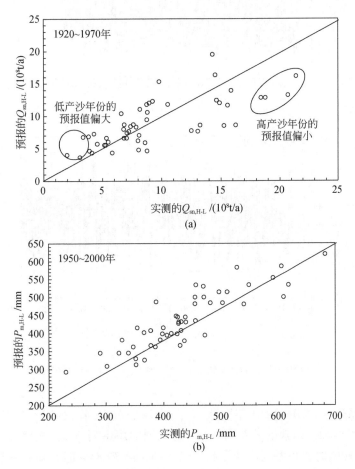

图 8-40 $Q_{sn,H-L}$ 的预报值与实测值的比较（a）及 $P_{m,H-L}$ 的预报值与实测值的比较（b）

式（8-15）决定系数为 0.576，意味着旱涝指数的变化可以解释产沙量变化的 57.6%；式（8-16）决定系数为 0.767，意味着旱涝指数的变化可以解释降水量变化的 76.7%，说明通过上述两个率定方程来重建产沙量和降水是可行的。本研究对式（8-15）的计算结果进行了误差分析，除占总年数 5.6% 的 3 年（1933 年、1942 年、1966 年）外，各年的误差均在 ±2SE 之内；对式（8-16）的计算结果也进行了误差分析，除占总年数 3.9% 的 2 年（1961 年、1995 年）外，各年的误差均在 ±2SE 之内。这里，SE 为均方根误差。

将 1470～1919 年的 IDF_{DT}、IDF_{YL}、IDF_{TY} 代入式（8-15），计算出重建的 $Q_{sn,H-L}$，其时间变化见图 8-41（a）。将 1470～1949 年的 IDF_{DT}、IDF_{YL}、IDF_{TY} 代入式（8-16），计算出重建的 $P_{m,H-L}$，其时间变化见图 8-41（b）。

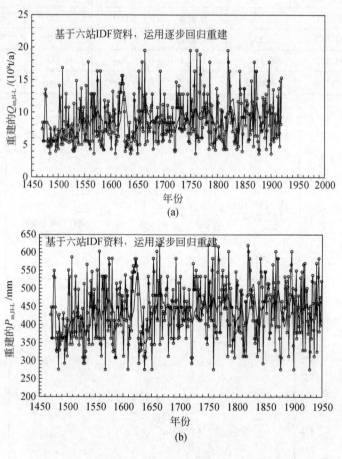

图 8-41　重建的 $Q_{sn,H-L}$（a）和 $P_{m,H-L}$（b）的变化

重建的长系列（1470～1919 年）$Q_{sn,H-L}$ 与实测的短系列（1920～1970 年）的累积频率分布曲线见图 8-42。重建的长系列 $Q_{sn,H-L}$ 与实测的短系列 $Q_{sn,H-L}$ 相比，短系列的变幅更大。当频率 $F<30\%$ 时，短系列产沙量高于长系列；当 $F>84\%$ 时，短系列产沙量低于长系列。这意味着在相等频率的丰沙年，短系列实测资料的产沙量高于长系列；在相等频率的少沙年，短系列实测资料的产沙量低于长系列。如果按短系列实测资料进行水利工程设计

（如估算水库的拦沙库容和设计寿命），其结果会大于按长系列重建资料得到的结果，这是偏安全的。应该指出，重建的长系列 $Q_{sn,H-L}$ 的变幅大于实测的短系列，在一定程度上还与计算的误差有关，因为转换方程［式（8-15）］中旱涝指数的变化只能解释 $Q_{sn,H-L}$ 变化的57.6%。为此，本研究按式（8-15）计算了短系列的 $Q_{sn,H-L}$，其累积频率曲线也点绘于图8-42（a）。可以看到，虽然重建的长系列 $Q_{sn,H-L}$ 与计算的短系列 $Q_{sn,H-L}$ 的差异大大减小，但当 $F<30\%$ 时，短系列产沙量仍高于长系列；当 $F>84\%$ 时，短系列产沙量仍低于长系列。为了进一步进行比较，本研究在图8-42（b）中点绘了长系列重建值与短系列实测值的变化。长系列的5次多项式拟合线表明，在448年尺度上，$Q_{sn,H-L}$ 先以较快的速度增大，1670年以后缓慢增大。如果按线性拟合，得到的方程为 $y = 0.004\ 30x + 1.39$，相关系数为

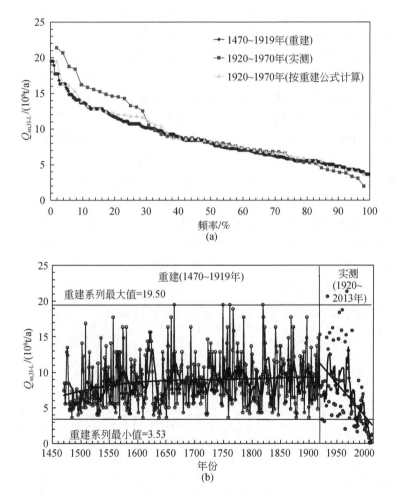

图8-42　产沙量的重建与实测系列的比较

（a）累积频率分布的比较；（b）变化趋势的比较。（b）中1470～1919年数据基于六站 IDF 资料，运用逐步回归重建；1920～2013年数据为实测。长系列拟合线为11年滑动平均；短系列拟合线为5年滑动平均。图中还给出了长系列的5次多项式拟合线（$R^2 = 0.0318$，$p<0.01$）和短系列的线性拟合线（$R^2 = 0.261$，$p<0.0001$）

0.159（$p=0.000\ 721$），表现出增大的趋势。短系列的线性方程拟合为 $y=-0.0926x+188.9$，$Q_{sn,H-L}$ 呈线性关系减少，平均递减速率为 0.0926 亿 t/a。这一速率是很大的，显然 1950 年以后（特别是 1970 年以后）人类活动起了很大的作用，这在后面还会进行讨论。图 8-42（b）还显示，短系列的产沙量有两年大于长系列的最大值。尤其值得注意的是，短系列的产沙量有 25 年小于长系列的最小值，其中有 22 年位于 1970 年以后，这说明两个系列的差别的确与人类活动密切相关，体现为短系列产沙量的显著减小。

三、大气环流系统的变化对降水和产沙的影响

旱涝指数的变化不仅反映了各个具体地点由降水决定的旱涝状况的变化，而且还反映了由大洋与大陆之间的热力差异决定的大气环流系统的变化。很多研究已经表明，中国旱涝指数的时空变化与 PDO 指标和夏季风强度的变化有密切关系，Shen 等（2006）曾基于 IDF 数据重建了 1470 年以来的 PDO 的变化，李茜等（2012）曾基于旱涝等级数据重建了近千年来东亚夏季风指数的变化。周秀骥等（2009）曾基于 PDO 重建了近千年来亚洲-太平洋振荡指标的变化，认为该指标也是一个东亚夏季风指标。本研究基于 1920～2000 年的数据，在图 8-43 中点绘了河龙区间六站平均 IDF、PDO 和东亚夏季风指标 SMI 随时间的变化。图 8-43 显示，IDF 的 5 年滑动拟合线与 PDO 有同步变化的关系，与 SMI 有某种"镜像"（即反位相）变化关系。进行 5 年滑动平均处理后，IDF 与 PDO 的相关系数为 0.327（$p=0.003\ 75$）；与 SMI 的相关系数为 -0.281（$p=0.0133$）。可以认为，IDF 的变化反映了夏季风强度的变化，由此引起了下列因果关系链：夏季风强度增强（或减弱）→对黄河中游水汽输送增强（或减弱）→降水增多（或减少）→侵蚀增强（或减弱）→河龙区间产沙量增多（或减少）。这解释了基于 IDF 重建河龙区间产沙量变化的物理机理，说明本研究对产沙量的重建是合理的。

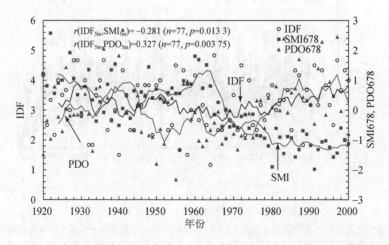

图 8-43　河龙区间六站平均 IDF 与 6～8 月平均 PDO、SMI 随时间变化的比较

3 条曲线是 5 年滑动拟合线，变量后的 678 表示 6～8 月平均

四、500 年尺度上重建 $Q_{sn,H-L}$ 对厄尔尼诺事件的响应

厄尔尼诺（El Nino）事件的发生和 El Nino 指标反映了海表温度的长期变化，当赤道东太平洋区域（0°S~10°S、180°W~90°W）平均海洋表面水温 SST 持续出现较大的正距平（一般较多年均值高 0.5℃以上）且持续时间在半年以上时，则称发生了厄尔尼诺事件；持续出现较强的负距平时，则称拉尼娜（La Nina）事件。热带太平洋区域的海气状况往往呈现不规则的变动，表现为 El Nino 现象与 La Nina 现象的交替出现，合称为南方涛动，具有 2~7 年的周期（Li et al., 2011）。蓝永超等（2002）分析了 El Nino 现象及 La Nina 现象与黄河上游径流的丰枯的对应关系，发现伴随着 El Nino 事件的发生，黄河上游出现枯水的概率较大，而黄河上游的洪水常伴随着 La Nina 事件发生。前人的研究还显示，某一次 El Nino 或者 La Nina 事件的发生会对中国季风影响区当年或次年的旱涝状况和夏季降水产生影响（蓝永超等，2002；Chiew and McMahon, 2002；郝志新等，2007；Lin and Lu, 2009）。郝志新等（2007）对比 1736 年以来 92 个 El Nino 事件发生年与对应的降水量距平值，发现 El Nino 发生的当年或第二年，降水距平值为负值的年份有 68 年，概率占 73.9%。Quinn 和 Neal（1992）基于各种历史文献资料的分析，重建了自公元 525 年以来的 El Nino 事件系列，提出了 El Nino 等级指标，将 El Nino 事件发生的强度分为 7 个级别，分别是：0 级（无）、1 级（中度偏弱）、2 级（中度）、3 级（中度偏强）、4 级（强）、5 级（很强）和 6 级（极强）。该资料可以从网上下载，地址为 http://www. jisao. washington. edu/data_sets/quinn/。本研究将本节中重建的 $Q_{sn,H-L}$ 与上述 El Nino 等级指标的时间系列进行比较 [图 8-44（a）]，发现二者间存在着很好的对应关系。图 8-44（b）点绘了公元 1525 年以来的重建 $Q_{sn,H-L}$ 与 El Nino 等级指标的变化。为了更好地显示变化趋势，图 8-44（b）分别给出了 11 年滑动拟合线。可以看到，两条曲线在总体上具有反位相变化。因此，El Nino 事件的发生是影响河龙区间产沙量变化的重要因素，El Nino 等级与 $Q_{sn,H-L}$ 存在负相关关系。本研究基于 El Nino 等级指标大于 3（中度偏强以上）的 120 年的资料，计算了 $Q_{sn,H-L}$ 与 El Nino 等级指标之间的相关关系，相关系数为 -0.22，显著性概率小于 0.02。

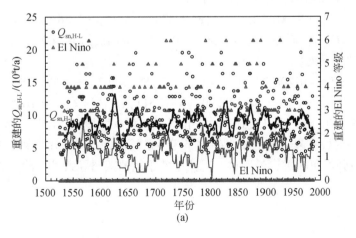

(a)

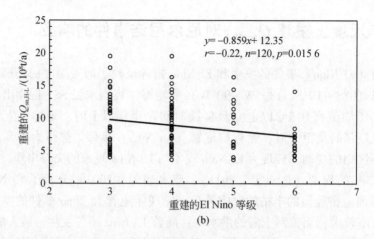

图 8-44　重建的 $Q_{sn,H-L}$ 和 El Nino 等级指标随时间变化的比较（a）及重建的 $Q_{sn,H-L}$ 与
El Nino 等级指标的变化（b）

公元 1470~2000 年，有 156 年发生了 El Nino 事件（El Nino 等级大于等于 2）。这
156 个 El Nino 事件年及其对应的 $Q_{sn,H-L}$ 距平值已列入表 8-11 中。发现，$Q_{sn,H-L}$ 出现负距
平的有 124 年，其中当年出现负距平的为 93 年，次年出现负距平的为 31 年；$Q_{sn,H-L}$ 出
现正距平的有 32 年。出现负距平的频率高达 79.5%，可见 El Nino 事件发生导致了
$Q_{sn,H-L}$ 的偏小。

五、自然因素和人类活动对河龙区间产沙量变化影响的讨论

（一）自然因素的影响

本研究主要考虑了夏季风对产沙量的影响，分别对长系列和短系列产沙量与相应的夏
季风指数随时间的变化进行了比较。受资料可获得性的限制，长系列以 I_{APO} 为季风指标，
短系列以 SMI 为季风指标。对于重建的长系列：

$$I_{APO} = 0.001\,93t + 1.64\,(r = 0.320, n = 448, p = 3.86 \times 10^{-12})$$
$$Q_{sn,H-L} = 0.004\,30t + 1.39\,(r = 0.158, n = 448, p = 0.000\,721)$$

对于实测的短系列：

$$SMI = -0.008\,24t + 17.142\,(r = -0.785, n = 92, p = 1.87 \times 10^{-20})$$
$$Q_{sn,H-L} = -0.0926t + 188.90\,(r = -0.511, n = 94, p = 1.44 \times 10^{-10})$$

式中，t 为时间（年份）。可以看到，对于长系列，夏季风指标和产沙量都与 t 呈较弱的正
相关，说明这一时段中夏季风的增强导致了产沙量的增大；对于短系列，夏季风指标和产
沙量都与 t 呈较强的负相关，说明这一时段中夏季风的减弱导致了产沙量的减小。

表 8-11　公元 1525～1998 年 156 次 El Nino 事件中 El Nino 等级

年份	El Nino 等级	$Q_{sn,H-L}$ 距平/%	年份	El Nino 等级	$Q_{sn,H-L}$ 距平/%	年份	El Nino 等级	$Q_{sn,H-L}$ 距平/%	年份	El Nino 等级	$Q_{sn,H-L}$ 距平/%
1525	2	−37.3	1641	2	−29.8	1783	4	−20.2	1889	3	29.3
1526	2	−17.7	1647	3	−37.3	1785	3	101	1891	6	−50.8
1531	2	−54.7	1650	2	−43	1786	3	−21.8*	1897	3	−9.4
1532	2	−50.2	1652	5	15.4	1791	6	−4.6	1899	4	−42.3
1535	3	−9.4*	1655	2	−43	1803	5	−27.4	1900	4	−58.8
1539	4	−43	1661	4	−20.2	1804	5	−31.9	1902	3	−34
1540	4	19	1671	4	−6.6	1806	2	−34.0*	1907	3	−4.6
1541	4	−0.4	1681	4	−21.8	1807	2	−34	1910	3	−31.1
1544	3	−43.0*	1684	3	−3.4	1810	2	−37.3	1911	2	−4.6
1546	4	−17.7*	1687	5	4.9	1812	3	−25.1	1912	2	−28.1*
1547	4	−17.7	1692	4	4.9	1814	4	−50.8	1914	3	−22.6*
1552	4	−35.4	1695	2	−4.6	1817	3	−50.8	1915	3	−22.6
1558	4	−37.3	1697	3	−37.3	1819	3	121.1	1917	3	−7.5*
1559	4	−40.5	1701	5	−4.6*	1821	2	14	1918	2	−7.5
1560	4	−43	1704	2	−25.1	1824	3	−4.6*	1919	2	−45.9
1561	4	−50.8	1707	4	25.3	1828	6	−20.2	1923	2	−23.5*
1565	3	−37.3	1708	4	−20.2*	1830	2	−4.6*	1925	6	−33.2
1567	5	−58.8*	1709	4	−20.2	1832	3	−41.2	1926	6	−25.1
1568	5	−58.8	1713	2	−4.6	1837	3	−39.2	1930	2	−37.3*
1574	4	85	1715	4	−17.7	1844	5	29.3	1931	2	−37.3
1578	6	−37.3	1716	4	−4.6*	1845	5	−54.7	1932	4	36.2
1579	6	−13.3	1718	3	−4.6	1846	5	−54.7	1939	3	−1.4
1581	3	−43	1720	6	−52.3	1850	2	54.9	1940	4	−47.5*
1582	3	−47.5	1723	3	66.2	1852	2	−9.4	1941	4	−47.5
1585	3	−45.9	1728	6	−14.9*	1854	2	33.7	1943	3	39.1
1589	4	−4.6*	1734	2	−20.2	1857	2	−37.3	1953	3	40.8
1590	4	−4.6	1737	4	−16.7	1858	2	−34	1957	4	−37.3
1591	4	−4.6	1744	3	−22.8*	1860	2	−25.1*	1958	4	57.8
1596	3	−25.1	1747	5	−37.3	1864	4	32.1	1965	3	−54.7
1600	4	−31.1	1751	3	36.2	1866	3	−45.9*	1972	4	−50.8
1604	3	49.8	1754	2	−7.5*	1867	3	−45.9	1973	4	−27.4*
1607	4	17.9	1755	2	−20.2	1868	3	101	1976	2	−0.4*
1608	4	−58.8*	1761	4	−27.4*	1871	5	85	1982	6	−17.7
1614	4	−58.8*	1765	2	−37.3	1874	2	−27.4	1983	6	−39.2
1618	4	63.1	1768	2	79.4	1877	6	−58.8	1987	2	−34
1619	4	48.3	1772	2	−13.3	1878	6	−52.3	1990	5	20.1
1621	3	77.2	1776	4	4.9	1880	2	−9.4	1991	5	−34
1624	5	63.1	1777	4	−7.5*	1884	5	39.1	1997	6	−43
1630	2	−40.5	1778	4	−7.5	1887	3	−31.1*	1998	6	−37.3

注：＊表示负距平出现在次年。

（二）人类活动的影响

黄河流域是世界上受到人类活动影响最强烈的河流之一。在 448 年（1470～1919 年）的重建 $Q_{sn,H-L}$ 系列和 94 年（1920～2013 年）的实测 $Q_{sn,H-L}$ 系列中，都可以看到人类活动的影响。本研究基于产沙量-IDF 双累积曲线和 Mann-Kendall U 值分析，就人类活动对两个系列的影响进行了讨论。

1. 1470～1919 年的变化

基于 448 年系列的产沙量 $Q_{sn,H-L}$-IDF 双累积曲线［图 8-45（a）］显示出两个左偏转折点，分别发生于 1542 年［位于明嘉靖（公元 1522～公元 1566）年间］和 1730 年［位于清雍正（公元 1722～公元 1735）年间］，这意味着在这两个年份之后，产沙量都发生了系统性的增大。1730 年以后有两个次一级的转折点，即 1790 年发生右偏，产沙量减少，1818 年发生左偏，产沙量又复增大。

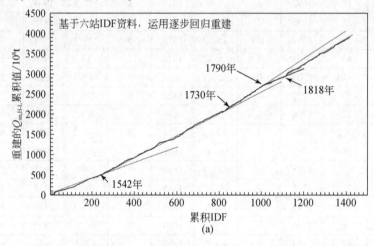

(a)

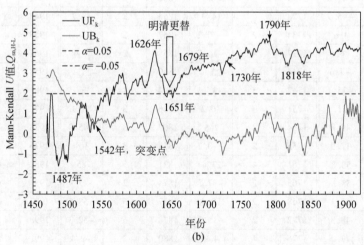

(b)

图 8-45 基于 448 年系列的产沙量 $Q_{sn,H-L}$-IDF 双累积曲线（a）及基于 448 年系列的
产沙量 $Q_{sn,H-L}$ 的 Mann-Kendall U 值的变化（b）

在中国古代，人类活动对黄土高原环境的影响分为人口数量的增减、农业区和牧业区面积及其分界线的变动、战乱的发生等方面。表 8-12 给出自北宋以来黄土高原地区的人口数量变化。朱士光（1991）根据历史文献分析，对不同朝代黄土高原地区的农业区、牧业区的分界线的位置变化进行了研究，依据这一研究结果，在图 8-46 中绘出了北宋、元代、明代和清代农业区北界的位置。表 8-12 显示，从北宋至清代，黄土高原人口数量经历了从减少到增大然后再减少的过程。在元政权建立的过程中，战乱频繁，人口锐减，由北宋时期的 650.3 万人减至 160.6 万人。进入元代，农耕区减小，牧区扩张，农业区北界大幅度南移（图 8-46，从北宋的 A 线南移至元代的 B 线）。公元 1368 年，明政权建立，此后农业区北界又向北扩展（图 8-46，从元代的 B 线北移至明代的 C 线）。前人研究表明，明代以来是黄土高原植被破坏最严重的时期（史念海，1981；周魁一，1999）。清代破坏植被、开垦荒地继续发生，使得农业区北界进一步向北扩张，达到长城一线（图 8-46，从明代的 C 线北移至清代的 D 线），这一界限与自然地理上的草原带南界吻合。从元代到明代，黄土高原地区人口从 160.6 万人增至 1515.7 万人，农业区向北扩张导致了 1542 年左偏转折的出现。清代人口进一步增多，农业区进一步北扩，导致了 1730 年产沙量 $Q_{sn,H-L}$-IDF 双累积曲线发生第二次左偏 [图 8-45（a）]。累积曲线 1790 年向右小幅度偏转（产沙量减少），可能与 1790 年后降水量下降 [图 8-45（b）] 有关；但由于人口继续增多，在 1820 年达到 2995.6 万人，1840 年增至 4100.2 万人，使得累积曲线在 1818 年发生左偏，产沙量继续增大。

表 8-12 北宋以来黄土高原人口数量

朝代	纪年	公元	黄土高原人口数/10^4 人
北宋	崇宁元年	1102 年	650.3
元代	至元 46 年~至正 27 年	1279~1368 年	160.6
明代	天顺初年及嘉靖、隆庆年间	1457~1571 年	1515.7
清代	嘉庆二十五年	1820 年	2995.6
	道光二十年	1840 年	4100.2
	同治十三年	1873 年	2114
	宣统年间	1911 年	2736.5

资料来源：陈松宝，1990。

上述各个转折点在图 8-45（b）中也有表现。图 8-45（b）显示，1542 年是一个突变点，在该点处正序列 UF_k 曲线与逆序列 UB_k 曲线相交。这说明，产沙量-IDF 双累积曲线上 1542 年的转折点反映了突变式增大。图 8-45（a）中 1730 年、1790 年和 1818 年的转折点，在图 8-45（b）中均能显示出来。

上述已指出，长时期战乱导致的人口减少、耕地弃耕和植被自然恢复有利于产沙量减少。从图 8-45（b）可以看到，1630~1660 年，产沙量急剧下降，然后又升高，出现一个明显的低谷。这一时段对应于从明代到清代的政权更迭。这一时期，黄土高原大量耕地荒芜，植被自然恢复，使侵蚀产沙大幅度减弱。政权更替之后，社会逐渐稳定，耕地逐渐复垦，水土流失又复加剧，因而使得产沙量增大。应该指出，明代末黄土高原连年大旱，降

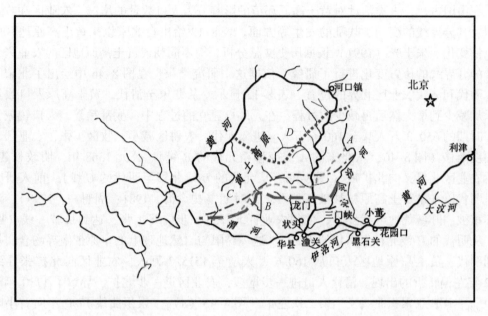

图 8-46　黄土高原北宋、元代、明代和清代农业区北界的位置示意图

据朱士光（1991）研究成果绘制，A、B、C、D 分别为北宋、元代、明代和清代农业区北界的位置

水偏少，这是侵蚀产沙量减少的自然原因，这在图 8-42（b）中可以清楚地看到。与此相似，在 1949 年前后出现了一个产沙量的低谷 [图 8-42（b）]。此外，黄土高原在同治年间人口锐减，到 1873 年减为 2114 万人，这一因素抑制了这一时期产沙量的增加速率 [图 8-42（b）]。

2. 1920~2013 年的变化

基于 94 年实测产沙量系列的产沙量-IDF 双累积曲线见图 8-47（a）。由于 IDF 资料到 2000 年止，2001~2013 年的 IDF 是按 1950~2013 年河龙区间年降水量与 IDF 的线性回归方程 $y = -0.008x + 6.7184$（$R^2 = 0.631$，$p < 0.0001$）计算出来的。从图 8-47（a）可以看到 6 个转折点，这 6 个转折点可以与 $Q_{sn,H-L}$ 的 Mann-Kendall UF_k 值曲线上的 6 个转折点相对应 [（图 8-47（b）]。图 8-47（a）中的 6 个转折点将 1920~2013 年分为 7 个阶段。以线性方程拟合各段直线，其斜率可以表示相应时段的年平均产沙量。前 4 个方程的 R^2 均为 0.99，后 3 个方程的 R^2 分别为 0.98、0.99 和 0.88。7 个阶段的平均产沙量、变化速率和旱涝状况以及人类活动的方式见表 8-13。

表 8-13　7 个阶段人类活动的影响

阶段	时段	产沙量/（10^8t/a）	与前一年相比的变化率	旱涝状况（括号中为 IDF 平均值）	人类活动方式
I	1920~1931 年	6.72		持续枯水年（3.54）	人类活动轻微
II	1932~1944 年	11.69	0.45	前期丰水，后期中水（2.91）	后期毁林开垦

阶段	时段	产沙量/ (10⁸ t/a)	与前一年相比 的变化率	旱涝状况（括号中 为 IDF 平均值）	人类活动方式
Ⅲ	1945～1952 年	6.82	-0.81	中水偏枯（3.50）	受大规模战争影响，土地撂荒
Ⅳ	1953～1970 年	10.69	0.24	前期中水，中期丰水，后 期偏枯（2.87）	4 次毁林开垦
Ⅴ	1971～1984 年	5.31	-0.45	前期偏枯，后期降水略增 （3.23）	大规模水土保持措施生效
Ⅵ	1985～1998 年	4.75	-0.05	偏枯（3.52）	农村劳动力大量转移；水土保 持措施面积增大
Ⅶ	1999～2013 年	1.40	-0.26	偏枯（3.33）	实施大规模退耕还林（草）；农 村劳动力继续转移；水土保持 措施面积增大

由于 1920～2013 年降水特征（旱涝指数）有较大变化，时段平均产沙量既与人类活动有关，又与降水变化有关。阶段 Ⅰ 是黄河流域连续枯水时段（史辅成等，1989），产沙量偏低；阶段 Ⅱ 偏丰，后期毁林开垦，产沙量大幅度增加；阶段 Ⅲ 中水偏枯，受大规模战争影响，土地撂荒，产沙量大幅度减小；阶段 Ⅳ 前期中水、中期丰水、后期略枯，受四次毁林开垦影响，产沙量大增，比 1920～1952 年平均值 8.70 亿 t 增加了 22.9%。阶段 Ⅴ、Ⅵ、Ⅶ 处于降水连续偏少时段。从阶段 Ⅴ 开始大规模水土保持措施生效，从阶段 Ⅵ 开始农村劳动力大量转移，从阶段 Ⅶ 开始大规模退耕还林（草）计划实施，随着时间推移这 3 种影响叠加、强化，使得 3 个阶段的产沙量依次减少为 5.31 亿 t/a、4.75 亿 t/a、1.40 亿 t/a，分别只占 1953～1970 年平均值 10.69 亿 t（可代表准天然产沙量）的 50%、44% 和 13%。

图 8-47（c）显示黄河流域水土保持措施面积（梯田林草），山西、陕西两省农村劳动力转移数量，1998 年退耕还林计划实施后黄土高原退耕造林面积的变化以及河龙区间 1981 年以来 NDVI 的变化。图 8-47（c）中 1970 年水土保持措施面积转折点与产沙量-IDF 双累积曲线［图 8-47（a）］上 1970 年转折点相对应；1984 年农村劳动力转移数量转折点与双累积曲线上 1984 年转折点相对应；1998 年后退耕造林面积迅速增大与双累积曲线上 1998 年的转折点相对应。因此，图 8-47（c）解释了 1950 年以后双累积曲线的变化，支持了各个阶段的划分。图 8-47（c）还显示，1981 年以来 NDVI 呈增大趋势，2000 年以后增大十分显著。

3. 长系列和短系列的比较

虽然长系列与短系列都受人类活动的影响，但方式与强度不同。人类活动可分为破坏性与建设性两类，前者导致侵蚀产沙增加，后者导致侵蚀产沙量少。前一时期（1470～1919 年）主要为破坏性人类活动，植被的破坏导致农业区-牧业区界线向北移动，产沙增多；但当时人口较少，影响较轻。后一时期前期（1920～1970 年），总体上受人类植被破坏影响，产沙量增大；后期人类活动是建设性的，使产沙量持续减小。

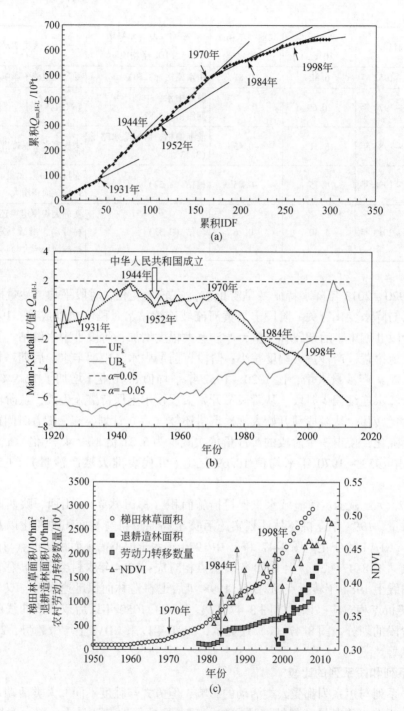

图 8-47　实测产沙量及影响因素变化

（a）基于 94 年实测产沙量系列的产沙量-IDF 双累积曲线；（b）基于 94 年实测产沙量系列 $Q_{sn,H-L}$ 的 Mann-Kendall U 值曲线；（c）黄河流域水土保持措施面积（梯田林草），山西、陕西两省农村劳动力转移数量，1998 年退耕还林计划实施后黄土高原退耕造林面积的变化以及河龙区间 1981 年以来 NDVI 的变化长系列累积曲线上的两个主要转折点 [图 8-45 (a)]，即 1542 年和 1730 年，可将长系列分为 3 个阶段：1542 年以前（阶段 I）、1542～1730 年（阶段 II）、1730 年以后（阶段 III）。3 个阶段的平均产沙量分别为 7.27 亿 t/a、8.88 亿 t/a、9.21 亿 t/a，阶段 II 比阶段 I 增加 22.1%，年平均增加速率为 0.008 56 亿 t/a；阶段 III 比阶段 I 增加 26.7%，年平均增加率为 0.0044 亿 t/a；阶段 III 比阶段 II 增加 3.7%，年平均增加速率为 0.0017 亿 t/a。可见，历史上产沙量增加速率很慢，视为准自然状态是合理的。

受强烈人类活动和降水变化的影响，短系列产沙量变化剧烈 [图 8-47 (a)]，尤其是 1952 年以后更是如此。1952～1970 年的破坏性人类活动，使产沙量比 1920～1952 年的平均值 8.70 亿 t 增加了 1.99 亿 t（22.9%），在 1953～1970 年的 18 年中，递增速率为 0.11 亿 t/a。从阶段 V 开始大规模水土保持措施生效，从阶段 VI 开始农村劳动力大量转移，从阶段 VII 开始大规模退耕还林（草）计划实施。随着时间的推移，这 3 种影响叠加、强化，使得 3 个阶段中产沙量依次减少为 5.31 亿 t/a、4.75 亿 t/a、1.40 亿 t/a，分别只占 1470～1919 年系列平均值 8.66 亿 t（可代表准天然产沙量）的 61%、55% 和 16%。与 1953～1970 年年均产沙量 10.69 亿 t 相比，1971～2013 年递减速率高达 0.25 亿 t/a。

第九章 | 流水-风力作用耦合关系

流水-风力作用耦合关系的研究应该分为两方面，即不同流域的空间差异中体现出的关系与同一流域的时间变化中体现出的关系。对于前一方面，在作者所著的《黄河河流地貌过程》（许炯心，2012）第三章"多营力侵蚀产沙过程"中已经进行了详细讨论，本书不再赘述。本章着重讨论同一流域的时间变化中体现出的关系。首先，基于代用资料对黄河流域的风力、水力作用指标进行了重建；然后基于重建的风力、水力作用指标的时间系列数据，对粗泥沙产沙量的变化进行了估算，借以阐明自公元1617年以来的流水-风力作用耦合关系对粗泥沙产沙量变化的影响。

风水两相侵蚀产沙既与风力作用有关，又与水力作用有关。对于风力作用，可以用沙尘暴频率 F_{DS} 来表示。水力作用可以用流量、流速、水流剪切力和能量等来表示。但对于一个自然地理区域的历史重建，要取得这些指标的定量数据是很困难的，本研究转而用最简单的指标即汛期（6~10月）降水量 $P_{6~10,H-L}$ 和最大30日降水量（P_{max30}）来表示。前人研究表明，黄河下游河道淤积物主要由粒径大于0.05mm粗泥沙组成（钱宁等，1980），这部分泥沙来源于黄河中游多沙粗沙区，该区域位于河龙区间，与风沙-黄土过渡带重合。这一地带沙尘暴发生频率高，风水两相侵蚀产沙过程对进入黄河泥沙的数量做出了重要贡献。因此，粒径大于0.05mm粗泥沙的产沙模数与风水两相作用指标有密切关系。

由于中国对沙尘暴和降水的仪器观测开始于20世纪50年代初，基于气象站的观测所记录的沙尘暴频率和降水量资料无法对风力作用与水力作用的历史变化进行研究，需要寻求适当的代用资料来对器测时期以前的沙尘暴频率的变化进行重建。本章介绍作者在这方面取得的成果。

第一节 风力作用的历史变化

作者通过 Tierney 等（2015）发表的热带太平洋海表温度（SST）与华北沙尘暴频率的遥相关分析，重建了公元1617年以来华北沙尘暴频率的变化（Xu，2019）。本节运用这一方法重建黄河上中游地区的沙尘暴频率。首先，将沙尘暴频率和风速的器测时期与Tierney 等（2015）发表的热带太平洋 SST 的重合时段（1954~1997年）作为率定期，将 F_{DS} 与热带太平洋 SST 记录相联系，建立多元统计关系；然后，运用所建立的回归方程，重建器测时期以前的 F_{DS}。Tierney 等（2015）依据珊瑚 $\delta^{18}O$ 重建了热带西太平洋和东太平洋以及印度洋和大西洋 SST 距平（Tierney et al.，2015）。本研究利用其中位于热带西太平洋（25°N~25°S、110~155°E）和东太平洋（10°N~10°S、175°E~85°W）及印度洋（20°N~15°S、40~100°E）的资料，3个区域 SST 距平分别用 SST_{WP}、SST_{EP} 和 SST_{IN} 来表示。该资料下载网址为 http：//www. ncdc. noaa. gov/paleo/study/17955。黄河上中游流域的年沙尘暴频率和风速资料来自相关地区的 38 个气象站，来自中国气象局。

一、风力作用指标的重建

F_{DS} 与 Tierney 等（2015）发表的 SST_{WP}、SST_{EP} 和 SST_{IN} 相联系，建立相关系数矩阵（表 9-1）。表 9-1 显示，F_{DS} 与 SST_{WP} 和 SST_{EP} 的相关系数都是显著的（$p < 0.05$），但与 SST_{IN} 的相关系数不显著。因此，本研究未采用 SST_{IN}。图 9-1（a）和（b）分别对 1954 ~ 1997 年黄河上中游流域的沙尘暴频率 F_{DS} 与珊瑚重建海表温度 SST_{EP} 和 SST_{WP} 进行比较，两条曲线具有反位相变化，即 SST_{EP} 和 SST_{WP} 的升高（降低）分别对应于 F_{DS} 的降低（升高）。据此，本研究将 1954 ~ 1997 作为率定期，建立了 F_{DS} 的多元回归方程：

$$F_{DS} = 11.125\,98 - 4.540\,92\,SST_{EP} - 17.997\,9\,SST_{WP} \tag{9-1}$$

式中，$R^2 = 0.537$；调整后的 $R^2 = 0.514$；$F(2, 41) = 23.776$；$p = 2.139 \times 10^{-6}$；$SE = 2.9529$。$R^2 = 0.537$ 意味着两个影响变量的变化可以解释 F_{DS} 方差的 53.7%。将公元 1617 ~ 1997 年的 SST_{WP} 和 SST_{EP} 代入式（9-1），求出 F_{DS} 的重建值，其时间变化见图 9-2（a）。

表 9-1　沙尘暴频率 F_{DS} 与 3 个珊瑚重建海表温度的相关系数矩阵

因子	SST_{WP}	SST_{IN}	SST_{EP}	F_{DS}
SST_{WP}	1.000	0.028	−0.181	−0.428
SST_{IN}	0.028	1.000	0.457	−0.215
SST_{EP}	−0.181	0.457	1.000	−0.508
F_{DS}	−0.428	−0.215	−0.508	1.000

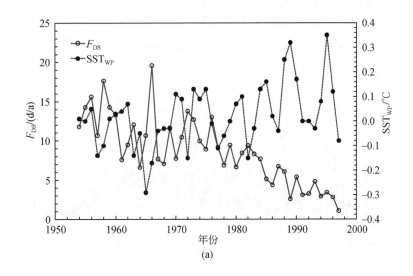

(a)

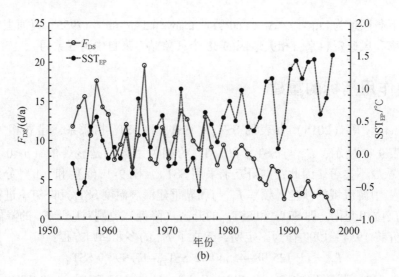

图 9-1 沙尘暴频率 F_{DS} 与 SST_{WP} （a） 和 SST_{EP} （b） 随时间变化的比较

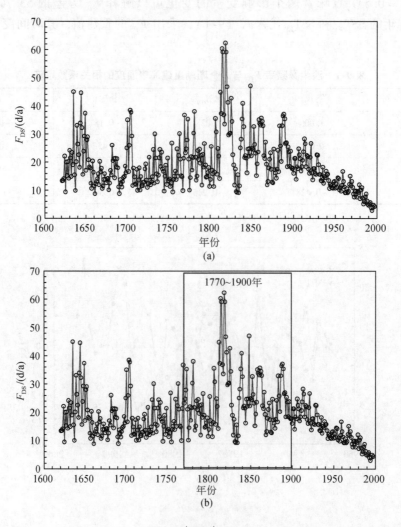

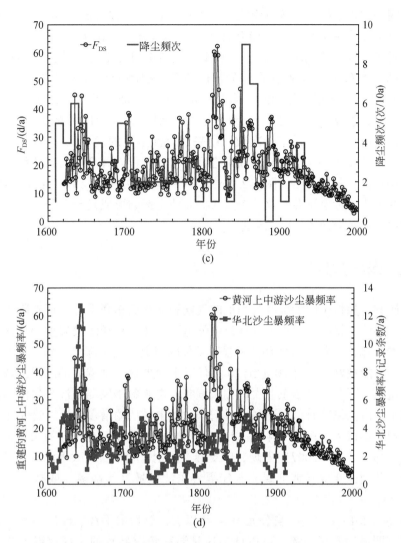

图 9-2　本节重建的黄河上中游沙尘暴频率及其与前人成果的比较

（a）黄河上中游沙尘暴频率（公元 1617～1997 年）的变化；（b）黄河上中游沙尘暴频率变化与同一时段中国沙尘暴频率高值时段（Yang et al., 2007）的比较；（c）黄河上中游沙尘暴频率与中国降尘频次（Zhang, 1984）变化的比较；（d）黄河上中游沙尘暴频率与华北沙尘暴频率变化的比较

二、重建的沙尘暴频率与前人研究成果的比较

由于资料的缺乏，已发表的中国沙尘暴历史变化重建的成果不多。本研究将所重建的黄河上中游流域的沙尘暴频率与这些重建结果进行了比较，见图 9-2。Yang 等（2007）基于多种古气候代用资料如冰芯、树轮和历史文献记录重建了过去 1000 年中国沙尘暴频率的变化，发现存在着两个沙尘暴高值时段，分别发生于公元 1430～1570 年和公元 1770～1900 年。前一高值时段位于本节研究时段以外，后一高值时段与本研究重建的沙尘暴频率

变化曲线在同一时段中的高值区对应较好 [图 9-2 (b)]。Zhang (1984) 基于中国古代文献记录，计算了公元 300 年以来每 10 年沙尘暴（古代称为"雨土"）的发生频次。依据她的成果，作者将 1610 年以来的"雨土"频率变化与本研究重建的沙尘暴频率变化曲线进行了比较 [图 9-2 (c)]。虽然存在差异，但两条曲线的变化趋势仍有一定的相似之处，特别是公元 1610~1800 年更是如此。邓辉和姜卫峰 (2005) 系统查阅了华北地区明清两代和民国时期地方志及有关正史、实录史料，搜集到 1463~1913 年的 1401 条有关沙尘天气记录，统计出历年的沙尘暴记录次数，用来代表沙尘暴的发生频率。图 9-2 (d) 将本研究重建的沙尘暴频率曲线与他们的成果进行了比较。可以看到，两条曲线的多数峰值和谷值能够互相对应。应该指出，图 9-2 (b) ~ (d) 中的两条曲线的变化还存在一些差异，原因是本节的重建只考虑海温变化一个因素，而沙尘暴的形成是与多种因素有关的复杂过程，只考虑单一因素会导致一定的误差。

三、重建机理的讨论

已有的研究，除将中国沙尘暴与当地的气候和下垫面相联系外，还着眼于大气环流的年代际变化，将沙尘暴的变率与大气环流的强迫因子如太平洋海表温度的变化相联系。钱正安等 (2002) 指出，作为大气环流外强迫条件的海温，是引起沙尘暴活动变化非常重要的外强迫因子，能较好地解释 20 世纪 80 年代以来沙尘暴活动减弱的原因。若赤道中、东太平洋海温偏暖，则冬、春季东亚大槽偏东偏弱，东亚冬季风弱，沙尘暴活动减少；而赤道中、东太平洋海温偏冷时，东亚冬季风增强，沙尘暴活动增多。尚可政等 (1998) 通过统计分析发现，赤道中、东太平洋海温与河西走廊沙尘暴频率有较好的相关关系，并建立了预报方程。郑广芬等 (2007) 发现，宁夏春季沙尘暴频率与北太平洋海温异常有显著的负相关关系，关键区变冷（或变暖）与宁夏春季沙尘暴日数增多（或减少）有较好的对应关系。

Tierney 等 (2015) 发现，自公元 1830 年以后，热带太平洋、印度洋和大西洋的珊瑚重建 SST 都有明显的升高趋势，可以认为这是温室效应导致的全球增温的体现。一般认为，在全球增温的过程中，东亚高纬度大陆的增温比低纬度大洋的增温更强，这会导致东亚冬季风的减弱 (Xu et al., 2006)。很多学者发现 (Xu et al., 2006; Jiang et al., 2010) 自 20 世纪 50~60 年代以来，中国及东亚地区的冬季风速呈现明显的减弱趋势。这种减弱与冬季风的减弱有很强的相关性，后者又与中国北方增温明显强于太平洋增温有关。Xu 等 (2006) 等运用多种大气环流模型，在全球气温因温室效应而增高的情景下进行了模拟，结果表明，冬季风的减弱是这种增温导致的。Jiang 等 (2010) 的资料分析研究表明，1956~2004 年年大风日数和最大风速在中国的广大地区都有减小趋势。他们用多种模型进行了模拟，以查明其成因。结果表明，在全球增温的背景下，东亚大陆与太平洋之间的海平面气压 (SSL) 之差显著减小；同时东亚大槽向东北移动，其强度减弱，这导致了冬季风的减弱和冬季风速的减弱。

作为东亚季风的重要成员，东亚冬季风是北半球冬季最为活跃的环流系统之一（陈隽和孙淑清，1999；Huang et al., 2003）。强东亚冬季风不仅给东亚带来寒潮低温冷害、冰冻雨雪等灾害性天气，还与中国北方春季沙尘天气存在一定关系。郎咸梅等（2003）和王会军等（2003）研究发现，东亚地区冬季气候异常与中国北方冬、春季沙尘天气有关，并根据冬季气候特征成功地预测了2003年和2004年春季华北沙尘暴气候形势。贺胜平和王会军（2012）研究了东亚冬季风各系统成员的协同关系，发现西伯利亚高压（SH）、东亚大槽低压（EAT）与冬季风强度的年际变化关系密切。本研究将西伯利亚高压与东亚大槽低压气压差 PD_{SH-EAT} 作为东亚冬季风的驱动动力，发现施能等（1996）提出的东亚冬季风指标 EAWMI 与 PD_{SH-EAT} 存在着显著的正相关（图9-3），$R^2 = 0.516$，$p<0.001$，即 PD_{SH-EAT} 可以解释 EAWMI 方差的51.6%。本研究基于1952～1995年的资料，经过5年滑动平均处理后，建立了 EAWMI 与 $SSTA_{WP}$ 和 $SSTA_{EP}$ 与 SH、EAT 和 PD_{SH-EAT} 的相关系数矩阵，见表9-2。EAWMI 与上述变量的相关系数都是显著的（$p<0.02$）。

　　基于上述认识和统计分析，本研究提出如下因果关系链来解释本节基于热带太平洋SST变化重建中国沙尘暴频率变化的机理：全球增温→热带太平洋增温→西伯利亚高压降低、东亚大槽低压升高→西伯利亚高压与东亚大槽低压压差减小→冬季风减弱→大风日数减少→沙尘暴减少。

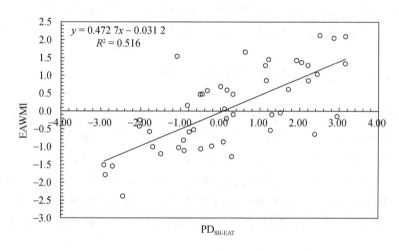

图9-3　东亚冬季风指标 EAWMI 与 PD_{SH-EAT} 的关系

表9-2　EAWMI（东亚冬季风指标）与 $SSTA_{WP}$（西太平洋热带海表年平均温度）、$SSTA_{EP}$（东太平洋热带海表年平均温度）和 SH（西伯利亚高压）、EAT（东亚大槽低压）、PD_{SH-EAT}（西伯利亚高压与东亚大槽低压的气压差）的相关系数矩阵

因子	$SSTA_{WP}$	$SSTA_{EP}$	SH	EAT	PD_{SH-EAT}	EAWMI
SH	−0.55	−0.41	1.00	−0.39	0.89	0.31
EAT	0.68	0.57	−0.39	1.00	−0.77	−0.92
PD_{SH-EAT}	−0.72	−0.57	0.89	−0.77	1.00	0.68
EAWMI	−0.60	−0.46	0.31	−0.92	0.68	1.00

第二节　水力作用的历史变化

水力作用是与水有关的作用，是决定地貌形成和演化过程中最重要的外营力。水力作用开始于雨滴对地表物质的击溅，继之而来的是降雨形成的坡面径流和沟道、河道水流对地表物质的侵蚀和搬运作用。对于流水作用的观测是近代以后才开始的，而汛期降雨和强降雨特性是决定水力作用的重要因素，本研究将河龙区间汛期（6～10 月）降水量 $P_{6\sim10,H\text{-}L}$ 和黄土高原最大 30 日降水量 $P_{\max30}$ 作为反映历史时期水力作用的定量指标。上述指标的观测资料始于 1950 年，不能反映 1950 年以前水力作用的变化，本研究将基于通过历史文献分析得到的公元 1470～2000 年的旱涝指数（IDF）作为代用指标（中央气象局气象科学研究院，1981；张德二和刘传志，1993），对 $P_{6\sim10,H\text{-}L}$ 和 $P_{\max30}$ 进行重建。本书第八章中已经对这一代用资料进行了详细介绍，这里不再赘述。在全国旱涝指数数据集中，位于河龙区间及其边缘附近的有 6 个站，即榆林、延安、大同、太原、临汾、长治，本研究利用这 6 个站的资料，时间序列为公元 1470～2000 年。首先，在 $P_{6\sim10,H\text{-}L}$、$P_{\max30}$ 与 IDF 资料的重合时段（1950～2000 年），运用多元回归分析方法，分别建立 $P_{6\sim10,H\text{-}L}$、$P_{\max30}$ 与各站 IDF 的关系，即率定方程，然后基于率定方程对 1950 年以前的数据进行估算。

一、$P_{6\sim10,H\text{-}L}$、$P_{\max30}$ 与 IDF 变化的比较

本研究在图 9-4（a）和（b）中，分别对榆林、延安、大同、太原、临汾、长治六站的 IDF 平均值 IDF_6 与 $P_{6\sim10,H\text{-}L}$ 和 $P_{\max30}$ 随时间的变化进行了比较。可以看到，$P_{6\sim10,H\text{-}L}$ 和 $P_{\max30}$ 与 IDF 有很好的反位相变化关系，当 IDF_6 增大（减小）时，$P_{6\sim10,H\text{-}L}$ 和 $P_{\max30}$ 减小（增大）。如图 9-5 所示，$P_{6\sim10,H\text{-}L}$ 和 $P_{\max30}$ 与 IDF_6 有很好的负相关关系，决定系数 R^2 分别为 0.626（$p<0.001$）和 0.735（$p<0.001$），意味着 IDF_6 的变化分别可以解释 $P_{6\sim10,H\text{-}L}$ 方差的 62.6% 和 $P_{\max30}$ 方差的 73.5%。因此，基于 IDF 资料对 $P_{6\sim10,H\text{-}L}$ 和 $P_{\max30}$ 进行重建是可行的。

二、$P_{6\sim10,H\text{-}L}$ 的重建

为了重建黄河中游的水力作用，本研究基于 1470 年以来的历史旱涝指数重建了河龙区间汛期降水量 $P_{6\sim10,H\text{-}L}$。为了更好地利用六站 IDF 的信息，本研究通过多元回归分析来建立率定方程。$P_{6\sim10,H\text{-}L}$ 与六站 IDF 的相关系数矩阵见表 9-3。表 9-3 显示，$P_{6\sim10,H\text{-}L}$ 与六站 IDF 都具有显著的负相关关系（$p<0.05$），但某些站点的 IDF 之间的相关关系也较显著。因此，采用逐步回归方法来建立率定方程。取 F 的临界值 $F_c=3$，计算结果显示，只有榆林、大同、延安、太原四站的 IDF（分别以 IDF_{YL}、IDF_{DT}、IDF_{YA} 和 IDF_{TY} 来表示）引入了回归方程。回归方程如下：

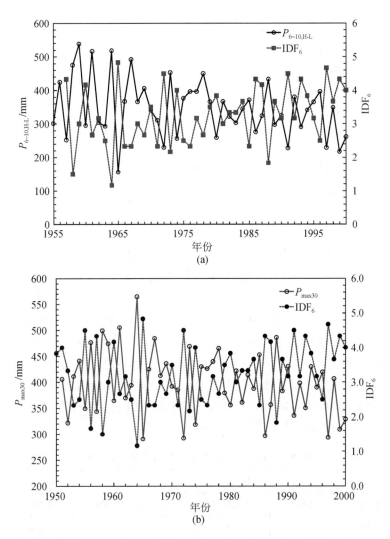

图 9-4 汛期降水量 ($P_{6\sim10,\text{H-L}}$)（a）和最大 30 日降水量 ($P_{\text{max}30}$)（b）与河龙区间六站
旱涝指数 (IDF_6) 随时间的变化

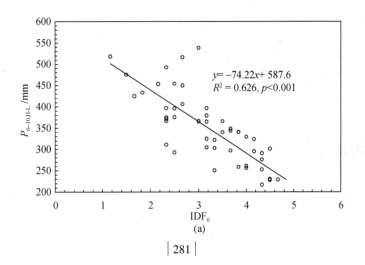

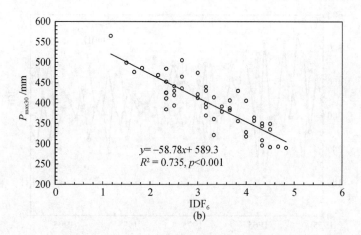

图 9-5　汛期降水量（$P_{6\sim10,\text{H-L}}$）（a）和最大 30 日降水量（P_{max30}）（b）
与河龙区间六站旱涝指数（IDF_6）的相关关系

$$P_{6\sim10,\text{H-L}}=607.893-33.510IDF_{\text{YL}}-20.746IDF_{\text{DT}}-15.326IDF_{\text{YA}}-12.057IDF_{\text{TY}} \qquad (9\text{-}2)$$

式中，$R^2=0.789$；调整后的 $R^2=0.776$；$F(3，47)=58.746$；$p=6.22\times10^{-16}$；$SE=42.311$。前面已经指出，$P_{6\sim10,\text{H-L}}$ 与六站平均 IDF 的决定系数 $R^2=0.626$。可见，采用六站 IDF 通过逐步回归来建立率定方程，其对 $P_{6\sim10,\text{H-L}}$ 方差的解释能力由 62.6% 提高到 78.9%，提高了 26%。将公元 1470～1949 年的 IDF_{YL}、IDF_{DT}、IDF_{YA}、IDF_{TY} 代入式（9-2），计算出重建的 $P_{6\sim10,\text{H-L}}$ 的时间系列，其变化见图 9-6（a）。

表 9-3　$P_{6\sim10,\text{H-L}}$ 与六站 IDF 的相关系数矩阵

因子	IDF_{YL}	IDF_{YA}	IDF_{DT}	IDF_{TY}	IDF_{LF}	IDF_{CZ}	$P_{6\sim10,\text{H-L}}$
IDF_{YL}	1.000	0.534	0.427	0.355	0.286	0.296	−0.747
IDF_{YA}	0.534	1.000	0.324	0.473	0.641	0.506	−0.639
IDF_{DT}	0.427	0.324	1.000	0.542	0.545	0.278	−0.648
IDF_{TY}	0.355	0.473	0.542	1.000	0.687	0.474	−0.602
IDF_{LF}	0.286	0.641	0.545	0.687	1.000	0.629	−0.521
IDF_{CZ}	0.296	0.506	0.278	0.474	0.629	1.000	−0.404
$P_{6\sim10,\text{H-L}}$	−0.747	−0.639	−0.648	−0.602	−0.521	−0.404	1.000

注：榆林、延安、大同、太原、临汾、长治六站的旱涝指数 IDF 分别用 IDF_{YL}、IDF_{YA}、IDF_{DT}、IDF_{TY}、IDF_{LF}、IDF_{CZ} 来表示。

三、P_{max30} 的重建

本研究基于 1470 年以来的历史旱涝指数重建了黄土高原最大 30 日降水量 P_{max30}，为了更好地利用六站 IDF 的信息，通过多元回归分析来建立率定方程。P_{max30} 与六站 IDF 的相

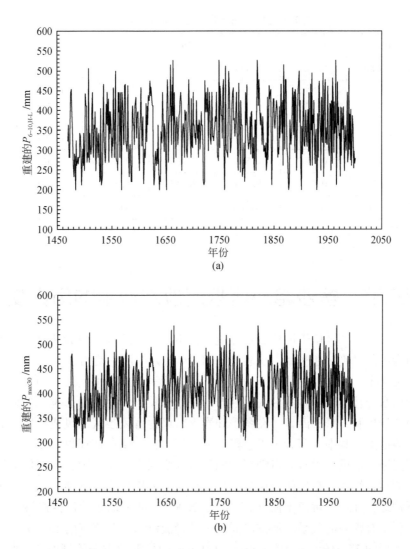

图 9-6　重建的河龙区间汛期降水量 $P_{6\sim10,\text{H-L}}$（a）和黄土高原最大 30 日
降水量 P_{max30}（b）随时间的变化

关系数矩阵见表 9-4，P_{max30} 与六站 IDF 都具有显著的负相关关系（$p<0.05$），但某些站点的 IDF 之间的相关关系也较显著。取 $F_{\text{c}}=3$ 进行逐步回归分析，计算结果显示，只有延安、大同、榆林和太原四站的 IDF 引入了回归方程：

$$P_{\text{max30}}=598.46-19.42\text{IDF}_{\text{YA}}-13.64\text{IDF}_{\text{DT}}-20.16\text{IDF}_{\text{YL}}-8.80\text{IDF}_{\text{TY}} \qquad (9\text{-}3)$$

式中，$R^2=0.842$；调整后的 $R^2=0.828$；$F（4,45）=60.007$；$p=1.83\times10^{-17}$；SE = 25.75。前面已经指出，P_{max30} 与六站平均 IDF 的决定系数 $R^2=0.735$。可见，采用六站 IDF 通过逐步回归来建立率定方程，其对 $P_{6\sim10,\text{H-L}}$ 方差的解释能力由 73.5% 提高到 84.2%，提高了 14.6%。将公元 1470～1949 年的 IDF_{YA}、IDF_{DT}、IDF_{YL}、IDF_{TY} 代入式（9-3），计算出重建的 P_{max30} 的时间系列，其变化见图 9-6（b）。

表 9-4 P_{max30} 与六站 IDF 的相关系数矩阵

因子	IDF_{YL}	IDF_{YA}	IDF_{DT}	IDF_{TY}	IDF_{LF}	IDF_{CZ}	P_{max30}
IDF_{YL}	1.000	0.532	0.445	0.349	0.280	0.283	−0.745
IDF_{YA}	0.532	1.000	0.335	0.469	0.640	0.505	−0.752
IDF_{DT}	0.445	0.335	1.000	0.562	0.562	0.310	−0.649
IDF_{TY}	0.349	0.469	0.562	1.000	0.684	0.465	−0.631
IDF_{LF}	0.280	0.640	0.562	0.684	1.000	0.627	−0.637
IDF_{CZ}	0.283	0.505	0.310	0.465	0.627	1.000	−0.441
P_{max30}	−0.745	−0.752	−0.649	−0.631	−0.637	−0.441	1.000

注：榆林、延安、大同、太原、临汾、长治六站的旱涝指数 IDF 分别用 IDF_{YL}、IDF_{YA}、IDF_{DT}、IDF_{TY}、IDF_{LF}、IDF_{CZ} 来表示。

第三节 多沙粗沙区粗泥沙产沙量的历史变化

黄河中游多沙粗沙区位于风沙黄土过渡区，不仅在空间上表现为从以水力作用为主向以风力作用为主的过渡，在时间上也表现出风力-水力作用的交替。在一年中，春季、冬季以风力作用为主，降雨极少；夏季为雨季，是雨滴溅蚀及流水侵蚀集中发生的季节。这种时间上的风水交替作用，对本区的侵蚀产沙过程有着十分深刻的影响，形成了特殊的风水两相侵蚀产沙机制。概括而言，在冬季和春季，风力将风沙区的风成沙搬运到坡面、沟道和河流的滩地上，其中一部分可以直接进入河道中，并储存在那里。夏季的暴雨径流使黄土区受到侵蚀，形成了含有大量细泥沙的浑水并汇入沟道和河道，进而使前期存储在沟道、河道中的粗颗粒泥沙悬浮而被搬运，形成输送能力极强的高含沙洪水，将风成沙沿各级支流向下输送，并进入黄河干流（许炯心，2000）。这一地区的侵蚀产沙过程与风力过程和水力过程都有密切的关系。河龙区间的天然径流量只占全流域的 13.0%，而悬移质来沙量却占全流域的 55.7%，其中粒径大于 0.05mm 的粗泥沙占全流域的 73.0%（叶青超，1994）。钱宁等（1978）通过资料统计获得了不同粒径组泥沙的排沙比，指出了粒径大于 0.10mm 泥沙、0.05~0.10mm 泥沙、0.025~0.05mm 泥沙以及小于 0.025mm 泥沙在黄河下游河道的淤积规律，钱宁等（1980）的研究还证明，造成黄河下游强烈泥沙淤积的主要是粒径大于 0.05mm 的粗泥沙，这部分泥沙主要来自中游河龙区间及北洛河、泾河支流马莲河流域等构成的多沙粗沙区。根据 1950~1960 年黄河下游不同粒径组泥沙的来沙量和淤积量的数据（赵文林，1996），粒径大于 0.10mm 的泥沙有 76.3% 淤积在下游河道中，粒径为 0.05~0.10mm 的泥沙有 46.7% 淤积在下游河道中，粒径大于 0.05mm 的泥沙有 52.2% 淤积在下游河道中，而小于 0.025mm 的泥沙只有 7.1% 淤积在下游河道中，绝大部分可以被水流带走。因此，在很大程度上河龙区间粗泥沙的产沙量的变化决定着下游河道淤积量的变化。然而，黄河流域粗泥沙的观测资料开始于 1951 年，基于实测资料无法揭示更长时间尺度上粗泥沙来沙量的变化及其对下游河道淤积的影响。本章前两节分别对风力作用和水力作用进行了重建，本节进而探讨基于风力作用和水力作用的变化估算河龙区间粗泥沙产沙量变化的可能性。

一、河龙区间粗泥沙产沙量的还原

由于水土保持措施的实施和水库的修建影响了措施期的河流输沙量，而历史上不存在这些影响，因而不能直接运用全部实测的输沙资料来建立率定方程。图 9-7（a）显示，$Q_{s,H-L,>0.05\,mm}$ 和 $P_{6\sim10,H-L}$ 的双累积关系图上有一个右偏转折点，出现于 1969 年，将双累积关系分为斜率不同的两条直线。据此，可以将 1957～1969 年作为受人类影响较轻微的基准期，1970～1990 年则为水土保持措施的实施和水库修建影响的措施期。本研究将基准期作为率定期来建立率定方程。图 9-7（b）显示，1957～1969 年基准期的点群分布比较集中，可以用以下方程表示：

$$Q_{s,H-L,>0.05\,mm} = 0.000\,078\,4 P_{6\sim10,H-L}^{1.764} \tag{9-4}$$

式中，$R^2 = 0.714$；$n = 13$；$p = 0.000\,279$。

本研究将措施期的 $P_{6\sim10,H-L}$ 代入式（9-4），计算了措施期 $Q_{s,H-L,>0.05\,mm}$ 的还原值，将其与基准期的数据合并，得到了用于建立率定方程的 $Q_{s,H-L,>0.05\,mm}$ 数据（1950～2000 年），为了表示区别，这一数据称为 $Q_{s,H-L,>0.05\,mm}$ 还原数据。为了延长数据系列，还将 1950～1956 年的 $P_{6\sim10,H-L}$ 代入式（9-4），计算了这一时期的还原值。$Q_{s,H-L,>0.05\,mm}$ 还原系列的变化见图 9-7（c）。

二、1617 年以来河龙区间粗泥沙产沙量的估算

由于历史上人类活动的影响较弱，河流泥沙的产生和输移过程近似于天然状态，可以认为，在风力作用和水力作用可比条件下，历史时期河龙区间粗泥沙的产生量相当于前述基准期的产沙量或者还原产沙量。前述基于河龙区间六站（榆林、延安、大同、太原、临汾和长治）的旱涝指数，通过多元逐步回归分析的方法，重建了河龙区间的汛期（6～10

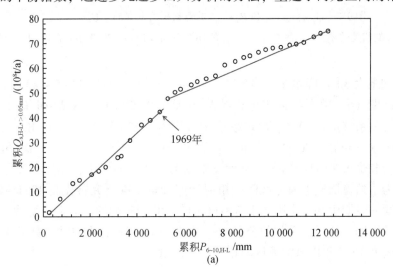

(a)

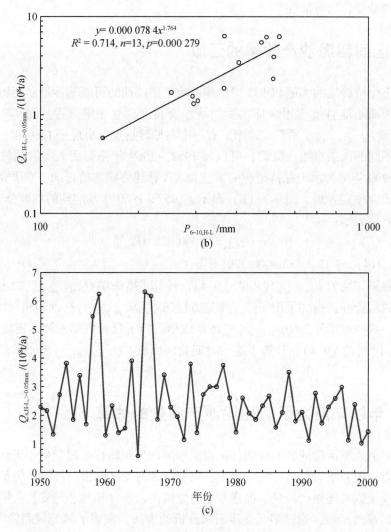

图 9-7　$Q_{s,H-L,>0.05\,mm}$ 和 $P_{6\sim10,H-L}$ 的双累积关系（a）、$Q_{s,H-L,>0.05\,mm}$ 和 $P_{6\sim10,H-L}$ 的相关关系（b）及 $Q_{s,H-L,>0.05\,mm}$ 的还原系列（1950~2000 年）随时间的变化（c）

月）降水量和最大 30 日降水量。事实上，正如本章第二节的图 9-5（a）和（b）显示，河龙区间的汛期（6~10 月）降水量和最大 30 日降水量与上述六站 IDF 的平均值 IDF_6 也有显著负相关关系（$p<0.001$），决定系数 R^2 分别为 0.626 和 0.735，即 IDF 的变化可以分别解释汛期降水量和最大 30 日降水量方差的 62.6% 和 73.5%。因此，IDF 可以很好地代表汛期降水量和最大 30 日降水量，从而反映水力作用，而风力作用则可以用年沙尘暴日数来代表。为了估算历史上河龙区间的粗泥沙产沙量，本研究首先将 1951~2000 年的还原产沙量与同一时期中基于实测降水资料确定的 IDF 和实测的黄河上中游沙尘暴频率相联系，建立回归方程；然后将重建的公元 1617 年以来的 IDF 和重建沙尘暴频率代入这一方程，估算出公元 1617 年以来河龙区间粗泥沙产沙量。

图9-8（a）和（c）分别点绘了 $Q_{sn,H-L,>0.05mm}$ 与实测的 F_{DS} 及 IDF_6 的关系，前者有较显著（$p=0.003\ 89$）的正相关关系，后者有显著（$p=1.24\times10^{-10}$）负相关关系，表明 $Q_{sn,H-L,>0.05mm}$ 随风力作用的增强（减弱）而减小（增大），随水力作用的增强（减弱）而减小（增大）。值得注意的是，如果以不同的符号区分 F_{DS} 小于 $10d/a$ 和大于 $10d/a$ 的数据点点绘 $Q_{sn,H-L,>0.05mm}$ 与 F_{DS} 的关系 [图9-8（b）]，则前者的分布散乱，不存在相关性（$p>0.20$），后者则有显著（$p<0.01$）的正相关，$R^2=0.479$，说明当沙尘暴频率大于 $10d/a$ 以后，F_{DS} 可以解释 $Q_{sn,H-L,>0.05mm}$ 方差的 47.9%。因此，$F_{DS}=10d/a$ 可以视为沙尘暴频率影响粗泥沙产量的临界值。

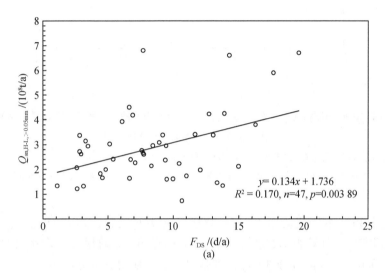

(a)

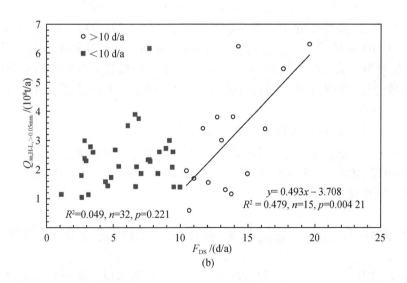

(b)

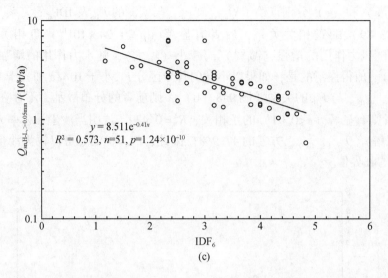

图9-8 河龙区间还原粗泥沙产沙量 $Q_{sn,H-L,>0.05mm}$ 与实测的沙尘暴频率 F_{DS} 和旱涝指数平均值

IDF$_6$ 的关系（1954~2000 年）

(a) $Q_{sn,H-L,>0.05mm}$-F_{DS}，未区分大于 10d/a 和小于 10d/a 的年份；(b) $Q_{sn,H-L,>0.05mm}$-F_{DS}，

区分大于 10d/a 和小于 10d/a 的年份；(c) $Q_{sn,H-L,>0.05mm}$-旱涝指数平均值 IDF$_6$

基于以上分析，本研究运用 1954~2000 年的实测资料，建立 $Q_{sn,H-L,>0.05mm}$ 与 IDF$_6$ 和 F_{DS} 之间的回归方程。计算表明，$Q_{sn,H-L,>0.05mm}$ 与 IDF$_6$ 和 F_{DS} 的相关系数分别为 -0.773（$p =$ 1.24×10^{-10}）和 0.412（$p = 0.003\ 89$），都是显著的。所得到的方程为

$$\ln Q_{sn,H-L,>0.05mm} = 2.032 - 0.405IDF_6 + 0.0113F_{DS} \tag{9-5}$$

式中，$R^2 = 0.607$；调整后的 $R^2 = 0.589$；$F(2, 44) = 33.990$；$p = 1.19 \times 10^{-9}$；SE = 0.322。$R^2 = 0.607$ 意味着 $Q_{sn,H-L,>0.05mm}$ 方差的 60.7% 可以用两个影响变量的变化来解释。IDF$_6$ 和 F_{DS} 的半偏相关系数分别为 -0.701 和 0.0936。如果假定两个影响变量的贡献率与半偏相关系数的绝对值成正比，而且贡献率之和为 100%，可以计算出 IDF$_6$ 和 F_{DS} 的贡献率分别为 88.2% 和 11.8%。

上述方程 [式（9-5）] 可以变换为指数方程：

$$Q_{sn,H-L,>0.05mm} = 7.629\exp(-0.405IDF_6 + 0.0113F_{DS}) \tag{9-6}$$

将公元 1617~1997 年的 IDF$_6$ 和重建的 F_{DS} 代入式（9-6），计算出重建的 $Q_{sn,H-L,>0.05mm}$ 的时间系列，其变化见图9-9（a）。

三、基于重建 $Q_{sn,H-L,>0.05mm}$ 系列确定风力作用影响的临界值

由于水力作用对 $Q_{sn,H-L,>0.05mm}$ 的贡献率远远大于风力作用，本研究也可以通过多元回归分析建立 $Q_{sn,H-L,>0.05mm}$ 与 6 个站点 IDF 平均值的回归方程，然后基于所得到的方程来估算 $Q_{sn,H-L,>0.05mm}$。表9-5 显示，$Q_{sn,H-L,>0.05mm}$ 与六站 IDF 都具有显著的负相关（$p < 0.05$）关系，但某些站点的 IDF 之间的相关关系也较显著。因此，采用逐步回归方法来建立率定方

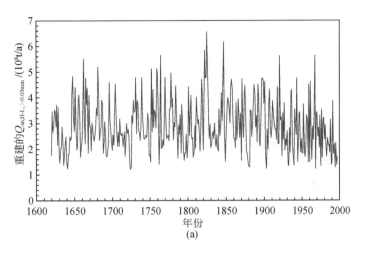

(a)

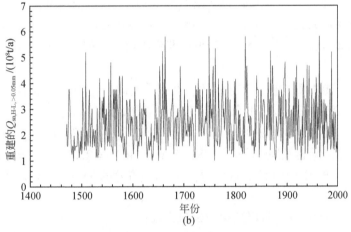

(b)

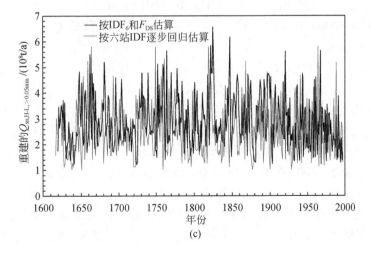

(c)

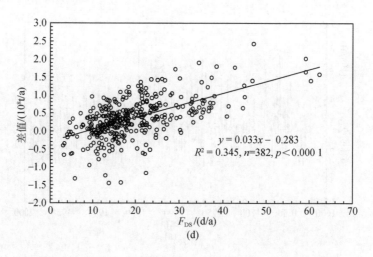

图 9-9　河龙区间还原粗泥沙产沙量 $Q_{\mathrm{sn,H-L,>0.05mm}}$ 的重建结果

（a）按式（9-6）重建 $Q_{\mathrm{sn,H-L,>0.05mm}}$ 的变化；（b）按式（9-8）重建 $Q_{\mathrm{sn,H-L,>0.05mm}}$ 的变化；（c）按式（9-6）和式（9-8）重建 $Q_{\mathrm{ns,H-L,>0.05mm}}$ 的比较；（d）按式（9-6）和式（9-8）重建结果的差值与重建沙尘暴频率 F_{DS} 的关系

程。取 $F_{\mathrm{c}}=3$，计算结果显示，只有榆林、太原、大同、延安四站的 IDF（分别以 $\mathrm{IDF_{YL}}$、$\mathrm{IDF_{TY}}$、$\mathrm{IDF_{DT}}$ 和 $\mathrm{IDF_{YA}}$ 来表示）引入了回归方程。回归方程如下：

$$\ln Q_{\mathrm{sn,H-L,>0.05mm}}=2.193-0.136\mathrm{IDF_{YL}}-0.103\mathrm{IDF_{TY}}-0.112\mathrm{IDF_{DT}}-0.0832\mathrm{IDF_{YA}} \quad (9\text{-}7)$$

式中，$R^2=0.657$；调整后的 $R^2=0.628$；$F(4,46)=22.118$；$p=3.11\times10^{-10}$；$\mathrm{SE}=0.297$。式（9-7）的 $R^2=0.657$，说明 $Q_{\mathrm{sn,H-L,>0.05mm}}$ 方差的 65.7% 可以用 4 个影响变量的变化来解释。

上述方程［式（9-7）］可以变换为指数方程：

$$Q_{\mathrm{sn,H-L,>0.05mm}}=8.960\exp(-0.136\mathrm{IDF_{YL}}-0.103\mathrm{IDF_{TY}}-0.112\mathrm{IDF_{DT}}-0.0832\mathrm{IDF_{YA}}) \quad (9\text{-}8)$$

将公元 1470 ~ 2000 年的 $\mathrm{IDF_6}$ 代入式（9-8），计算出重建的 $Q_{\mathrm{s,H-L,>0.05mm}}$ 的时间系列，其变化见图 9-9（b）。

为了判断加入风力指标后，重建的 $Q_{\mathrm{sn,H-L,>0.05mm}}$ 会有多大的变化，本研究在图 9-9（c）中对上述两个 $Q_{\mathrm{sn,H-L,>0.05mm}}$ 重建系列进行了比较。可以看到，对于多数年份，加入风力指标后，重建的 $Q_{\mathrm{sn,H-L,>0.05mm}}$ 要大于只按水力指标重建的 $Q_{\mathrm{sn,H-L,>0.05mm}}$。将加入风力指标后重建的 $Q_{\mathrm{sn,H-L,>0.05mm}}$ 减去只按水力指标重建的 $Q_{\mathrm{sn,H-L,>0.05mm}}$，然后将所得到的差值与重建的 F_{DS} 的关系点绘在图 9-9（d）中，二者的关系可以用下列方程来拟合：$y=0.033x-0.283$（$R^2=0.345$，$n=382$，$p<0.0001$）。令 $y=0$，得到 $x=8.6\mathrm{d/a}$，这意味着当年沙尘暴频率大于 $8.6\mathrm{d/a}$ 之后，加入风力指标后重建的 $Q_{\mathrm{sn,H-L,>0.05mm}}$ 会大于只按水力指标重建的 $Q_{\mathrm{sn,H-L,>0.05mm}}$。这可以视为沙尘暴影响河龙区间粗泥沙产沙量的临界值。这与图 9-8（b）显示的当沙尘暴频率大于 $10\mathrm{d/a}$ 之后才会对 $Q_{\mathrm{sn,H-L,>0.05mm}}$ 有显著影响，在定性上是一致的。

表 9-5　河龙区间粗泥沙还原产沙量 $\ln Q_{sn,H\text{-}L,>0.05mm}$ 与六站 IDF 的相关系数矩阵

因子	IDF_{YL}	IDF_{YA}	IDF_{DT}	IDF_{TY}	IDF_{LF}	IDF_{CZ}	$\ln Q_{sn,H\text{-}L,>0.05mm}$
IDF_{YL}	1.000	0.534	0.427	0.355	0.286	0.296	−0.634
IDF_{YA}	0.534	1.000	0.324	0.473	0.641	0.506	−0.592
IDF_{DT}	0.427	0.324	1.000	0.542	0.545	0.278	−0.617
IDF_{TY}	0.355	0.473	0.542	1.000	0.687	0.474	−0.628
IDF_{LF}	0.286	0.641	0.545	0.687	1.000	0.629	−0.552
IDF_{CZ}	0.296	0.506	0.278	0.474	0.629	1.000	−0.373
$\ln Q_{sn,H\text{-}L,>0.05mm}$	−0.634	−0.592	−0.617	−0.628	−0.552	−0.373	1.000

注：榆林、延安、大同、太原、临汾、长治六站的旱涝指数 IDF 分别用 IDF_{YL}、IDF_{YA}、IDF_{DT}、IDF_{TY}、IDF_{LF}、IDF_{CZ} 来表示。

第十章 │ 上中下游平滩流量

平滩流量是指与河漫滩平滩水位相对应的流量。很多学者将平滩流量作为造床流量（钱宁等，1987；Knighton，1998）。平滩流量和造床流量的研究是冲积河流研究的重要领域，数十年来一直为河流研究者（地貌学家、水文学家、水利工程师）所关注，已有大量的成果发表（Pickup and Warner，1976；Williams，1978；Xu，1994；Simon et al.，2004；Andrews，1980；Nolan et al.，1987；Castro and Jackson，2001；Comez et al.，2007；许炯心，2012）。平滩流量反映了冲积河流的河床形态与来水量、来沙量及其年内、年际变化之间的一种平衡关系，即地貌形态要素与水文要素的平衡，是河流自动调整过程的一种结果（Xu，1994；许炯心，2012）。从这种意义上说，平滩流量反映了河道尺度上的水文–地貌耦合关系（Xu，1994）。从这一概念出发，作者对黄河上游宁夏至内蒙古河段（以下简称宁蒙河段）（许炯心，2016）、中游支流渭河下游平原河段以及黄河下游游荡型河段平滩流量进行过较系统的研究。

自 20 世纪 50 年代以来，在气候变化的背景之下，随着经济建设的发展，人类活动对河流的影响日益加强，使得大多数河流都经历了显著的水沙变化，导致了平滩流量的变化。在环境变化的背景下研究平滩流量的调整过程及其形成机理，成为河流学科的重要研究命题。大多数关于平滩流量的成果主要着眼于河道自身，研究来水来沙对平滩流量的影响。陈建国等（2006）研究了黄河下游河道平滩流量与造床流量的变化过程；吴保生等研究了黄河下游平滩流量对来水来沙变化的响应并建立了冲积河流平滩流量的滞后响应模型（吴保生等，2007；吴保生，2008a，2008b，2008c）；Xia 等（2010）以不同方法对黄河下游平滩流量进行了估算；侯素珍等（2007b）和李凌云等（2011）研究了河道萎缩对宁蒙河段平滩流量的影响。作者认为，平滩流量的变化是在水沙条件改变的情况下，河道通过泥沙的冲淤来改变河床地貌形态的结果，反映了水文–地貌耦合关系的调整，对此尚未进行过研究。同时，作为河道系统输入条件的水沙特征，是河道以上的流域系统的输出结果。要深入揭示平滩流量的形成机理，除研究来水来沙对平滩流量的影响外，还必须研究流域因素的变化如何通过影响河道水沙特征来影响平滩流量的调整。其中，水库的修建是最重要的因素，流域土地利用、土地覆被变化导致降水径流转化率的变化以及气候的变化对其也有较大的影响。因此，对平滩流量的研究，应该从两个层面即流域层面与河道层面来进行。本章介绍作者在这方面的研究成果。

第一节　上游宁蒙河段平滩流量

一、研究方法

本研究以巴彦高勒水文站所在河段的平滩流量来反映宁蒙河段的平滩流量特性，该站位置见图 4-2。该站设有固定断面，每年汛前和汛后进行两次断面测量。依据汛后大断面观测资料，点绘出横断面图，在图上确定滩唇高程（即河漫滩前缘的天然堤堤顶高程），即平滩水位。从历年该站的水位-流量关系曲线上，可以读取相应于滩唇高程的流量，即平滩流量（Q_{bf}）。平滩水位线以下的河道断面，即平滩河道断面，这一断面面积为平滩断面面积（A_{bf}），与之对应的水面宽为平滩水位下的河宽（B）。平滩水位下的平均水深（H）按 $H = A_{bf}/B$ 求得。

为了表示水沙输入特征，本研究采用巴彦高勒站的输入水沙条件，如年径流量（Q_w）和年输沙量（Q_s）以及年最大日流量 Q_{max} 等。为了表示水沙组合关系，以年来沙量与来水量之比［即年平均含沙量（C_{mean}）］为指标。同时，还采用了来沙系数，即 C_{mean} 与年平均流量 Q 之比（C_{mean}/Q）。对于黄河干流，输沙量与流量的关系为 $Q_s = aQ^b$，指数 b 接近于 2。因此，系数 $a = Q_s/Q^2 = C/Q$，即来沙系数。由于 a 又可以表示单位流量时的输沙率，此值越大，单位流量时的输沙率越大，故来沙系数可以用来反映水流的输沙能力（钱宁和周文浩，1965）。断面测量资料和水文资料均来自巴彦高勒站和有关水文站。本研究还涉及巴彦高勒至三湖河口河段的河道冲淤量。这一河段基本上无支流入汇，也没有引水和引沙，故其冲淤量 $S_{dep,B-S}$ 按巴彦高勒站输沙量减去三湖河口站输沙量之差来计算。

对河道水沙输入条件有影响的流域因素可以分为气候、土地利用和土地覆被、人类活动等。气候可以用气温和降水表示。由于径流的 95% 来自兰州以上，将兰州以上流域年平均降水量 $P_{m,L}$ 和气温 T_L 作为气候指标。在本书第八章第一节中，为了综合表示降水和气温变化的影响，作者引入一个包含气温和降水的复合指标即暖干化指标 I_{wd} 来表示气候的影响。如果某一年的气温偏高于某一系列的平均状况，而降水量偏低于该系列的平均状况，则 I_{wd} 较大，该年较为暖干，反之则较为冷湿。

对所研究河段平滩流量有影响的流域人类活动包括以下 3 种：①水库的修建及其对径流和泥沙的调节；②流域水土保持措施的实施；③人类引水。水库的作用可以用干流水库的总库容 ΣC_{re} 来表示。引水以头道拐以上引水率（R_{div}）来表示：$R_{div} = Q_{w,div}/(Q_{w,T} + Q_{w,div})$，这里 $Q_{w,T}$ 为头道拐站年径流量，$Q_{w,div}$ 为该站以上年净引水量。由于缺乏长系列的土地利用和植被变化以及水土保持措施面积的资料，本研究用天然径流系数来间接表示土地利用和土地覆被对流域水文过程的影响，因为土地利用和土地覆被的变化会改变产流过程，从而使天然径流系数 C_{nr}（即降水到径流的转化率）发生变化。

本研究运用上述指标进行了统计分析，以揭示黄河上游宁蒙河段平滩流量的变化及其成因。

二、平滩流量的变化

图 10-1（a）点绘了 1959～2009 年巴彦高勒站平滩流量 $Q_{bf,B}$ 的变化。在总体上 $Q_{bf,B}$ 有减小的趋势，与时间（年份）的相关系数为-0.82。但是在 1986 年龙羊峡水库建成蓄水前后，变化趋势有明显差异。1986 年以前，$Q_{bf,B}$ 在总体上变化不大，但有次一级波动，刘家峡水库蓄水（1968 年）以后，表现为先减小然后增大的变化。1986 年以后，$Q_{bf,B}$ 呈显著的减小趋势。Mann-Kendall 方法是一种研究变化趋势的统计方法。Mann-Kendall U 值随时间的变化可以反映变量变化趋势的改变，可以用来探测由增到减（或由减到增）的转折点与突变点（Kendall，1975）。图 10-1（b）点绘了 $Q_{bf,B}$ 的 Mann-Kendall U 值随时间的变化，可以看到，正序列 U 值（UF_k）变化曲线的转折点与刘家峡和龙羊峡水库的蓄水有明显的关系。刘家峡水库蓄水后，UF_k 先下降而后上升；龙羊峡水库蓄水后，UF_k 持续下降。UF_k 和 UB_k 曲线有一个交点，但位于直线 $\alpha=-0.05$ 以下，说明 $Q_{bf,B}$ 的减小不具备突变的特征。

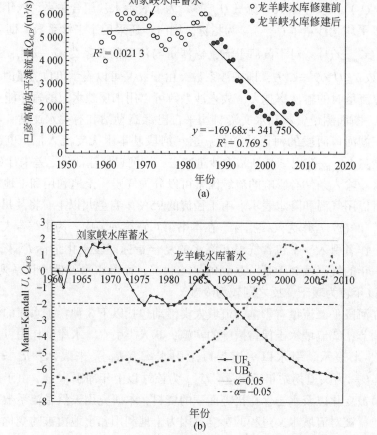

图 10-1 $Q_{bf,B}$ 的变化（a）及 $Q_{bf,B}$ 的 Mann-Kendall U 值的变化（b）

三、水库对流量过程的改变及其对平滩流量的影响

水库的调节极大地改变了径流的时间分配过程，使汛期径流减少，非汛期径流增多，月径流变差系数、汛期径流量占全年比例均显著减小（图 10-2）；刘家峡水库蓄水后有所减小，龙羊峡水库修建后更呈现出阶梯式减小。采用干流水库总库容（C_{re}）、干流水库总库容与唐乃亥站汛期径流量之比（$C_{re}/Q_{wH,Tang}$）表示水库的调节，采用兰州站月径流标准差（SD_{mr}）、月径流变差系数（$C_{v,mr}$）、最大月径流与最小月径流之比（$Q_{wm,max}/Q_{wm,min}$）、兰州站汛期径流量（$Q_{wH,L}$）、汛期径流量占全年比例（$Q_{wH,L}/Q_{w,L}$）来表示水库调节对流量过程的影响，计算出这些变量与时间（年份）的相关系数（表 10-1）以及它们与 $Q_{bf,B}$ 的相关系数矩阵（表 10-2）。在相关系数矩阵中，还包括兰州站年径流量（$Q_{w,L}$）。表 10-1 显示，C_{re}、$C_{re}/Q_{wH,Tang}$ 具有显著的增大趋势，其余指标明显减小，说明水库对径流的调

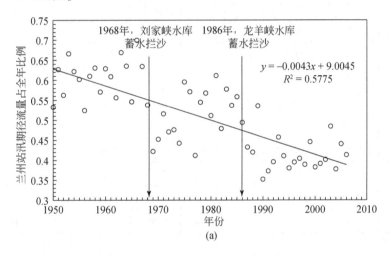

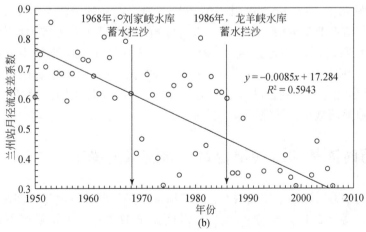

图 10-2　径流年内分配特征的变化

（a）汛期径流量占全年比例；（b）月径流量变差系数

节是显著的。表 10-2 显示，$Q_{bf,B}$ 与 C_{re}、$C_{re}/Q_{wH,Tang}$ 具有较显著的相关关系。随着 C_{re}、$C_{re}/Q_{wH,Tang}$ 的增大，$Q_{bf,B}$ 减小。SD_{mr}、$C_{v,mr}$、$Q_{wm,max}/Q_{wm,min}$、$Q_{wH,L}$、$Q_{w,L}$ 和 $Q_{wH,L}/Q_{w,L}$ 也具有明显的相关关系。这说明水库改变了库下游的径流过程，使泄流均匀化，汛期流量减小，从而使 $Q_{bf,B}$ 减小。

表 10-1　各变量与时间（年份）的相关系数

C_{re}	$C_{re}/Q_{wH,Tang}$	SD_{mr}	$C_{v,mr}$	$Q_{wm,max}/Q_{wm,min}$	$Q_{wH,L}$	$Q_{wH,L}/Q_{w,L}$
0.90	0.82	−0.63	−0.75	−0.62	−0.58	−0.76

表 10-2　$Q_{bf,B}$ 与各个水沙变量的相关系数矩阵

因子	C_{re}	$C_{re}/Q_{wH,Tang}$	SD_{mr}	$C_{v,mr}$	$Q_{wm,max}/Q_{wm,min}$	$Q_{wH,L}$	$Q_{w,L}$	$Q_{wH,L}/Q_{w,L}$	$Q_{bf,B}$
C_{re}	1.00	0.92	−0.71	−0.76	−0.65	−0.69	−0.57	−0.78	−0.68
$C_{re}/Q_{wH,Tang}$	0.92	1.00	−0.72	−0.75	−0.67	−0.72	−0.63	−0.80	−0.71
SD_{mr}	−0.71	−0.72	1.00	0.93	0.83	0.97	0.90	0.92	0.61
$C_{v,mr}$	−0.76	−0.75	0.93	1.00	0.92	0.85	0.71	0.94	0.60
$Q_{wm,max}/Q_{wm,min}$	−0.65	−0.67	0.83	0.92	1.00	0.71	0.61	0.79	0.59
$Q_{wH,L}$	−0.69	−0.72	0.97	0.85	0.71	1.00	0.95	0.91	0.58
$Q_{w,L}$	−0.57	−0.63	0.90	0.71	0.61	0.95	1.00	0.75	0.57
$Q_{wH,L}/Q_{w,L}$	−0.78	−0.80	0.92	0.94	0.79	0.91	0.75	1.00	0.55
$Q_{bf,B}$	−0.68	−0.71	0.61	0.60	0.59	0.58	0.57	0.55	1.00

本研究在图 10-3（a）和（b）中分别点绘了 $Q_{bf,B}$ 与黄河干流水库总库容和水库对唐乃亥以上汛期径流调节系数的关系，显示 $Q_{bf,B}$ 随黄河干流水库总库容和水库对唐乃亥以上汛期径流调节系数的增大而迅速减小。$Q_{bf,B}$ 与兰州站各月的径流量相关系数的直方图[图 10-3（c）]则显示，$Q_{bf,B}$ 与兰州站 6 ~ 10 月的月径流量有较明显的正相关关系（$p<$ 0.01）。黄河上游龙羊峡、刘家峡等水库为了发电，6 ~ 10 月汛期大量拦截径流，使水库下泄的月径流量显著减小，导致了 $Q_{bf,B}$ 的减小。

四、不同历时流量和水沙组合对平滩流量的影响

平滩流量与平滩河床的形态相联系，而平滩河床是不同级别流量对河床塑造作用的综合结果。李凌云等（2011）建立了 $Q_{bf,B}$ 与汛期流量的关系。为了研究不同级别流量与 $Q_{bf,B}$ 的关系，本研究还考虑了年平均流量和年最大流量的影响[图 10-4（a）]。$Q_{bf,B}$ 与汛期流量、年平均流量和年最大流量的决定系数 R^2 分别为 0.4430、0.4872 和 0.5684，p 都小于 0.001。可见，3 种特征流量与 $Q_{bf,B}$ 都有密切的关系。按决定系数来衡量，年最大流

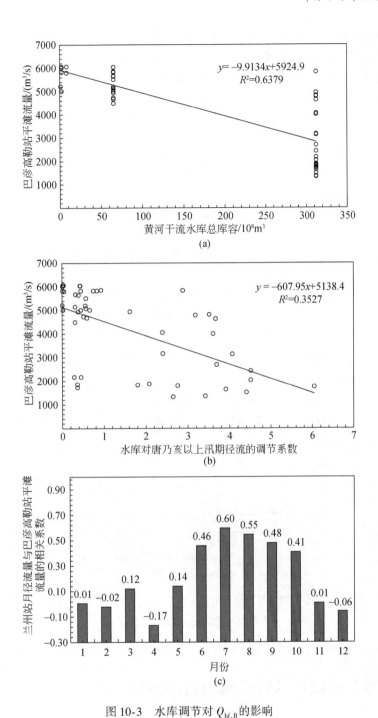

图 10-3 水库调节对 $Q_{bf,B}$ 的影响

（a） $Q_{bf,B}$ 与黄河干流水库总库容的关系；（b） $Q_{bf,B}$ 与水库对唐乃亥以上汛期径流调节系数的关系；

（c） 兰州站月径流量与 $Q_{bf,B}$ 的相关系数

量对 $Q_{bf,B}$ 的影响居第一，年平均流量居第二，汛期流量居第三。除流量以外，以来沙系数表示的水沙组合关系对平滩流量也有影响。因为平滩流量的变化与平滩河床的变化有关，

平滩河床的变化是河道冲淤的结果，而冲淤过程则与水沙组合密切相关。图 10-4（b）点绘了 $Q_{bf,B}$ 与年来沙系数和汛期来沙系数的关系，年来沙系数与 $Q_{bf,B}$ 的决定系数（0.5724）要大于汛期来沙系数与 $Q_{bf,B}$ 的决定系数（0.5469）。

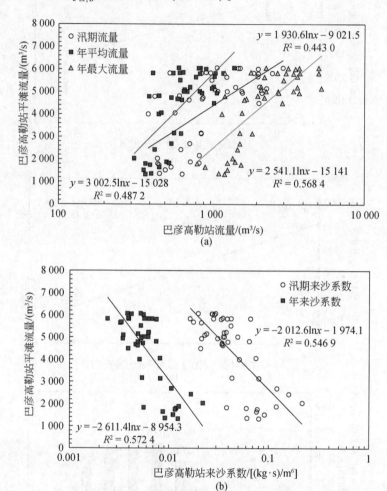

图 10-4 $Q_{bf,B}$ 与年平均流量、汛期流量和年最大流量的关系（a）及 $Q_{bf,B}$ 与年来沙系数及汛期来沙系数的关系（b）

五、河道冲淤过程及其对平滩流量的影响

水库的调节减少了水库下游河道的汛期径流，这使河道产生了减小平滩流量的内在要求，而这种要求的实现则依赖于河道地貌形态的改变。在冲积河流中，河道过水断面形态的改变是通过泥沙的冲淤来实现的，要揭示所研究河段平滩流量减小的机理，必须对造成这种改变的河道冲淤过程进行研究。

为了揭示水沙组合关系如何通过河道冲淤来影响平滩流量，本研究在图 10-5 中点绘了巴彦高勒至三湖河口河段的年冲淤量（$S_{dep,B-S}$）与年来沙系数和汛期来沙系数的关系。图 10-5 显示，年来沙系数与年冲淤量的决定系数（0.5036）要明显小于汛期来沙系数与年冲淤量的决定系数（0.6140）。这一情形和来沙系数与 $Q_{bf,B}$ 关系不同，因为年来沙系数对 $Q_{bf,B}$ 的影响要大于汛期来沙系数。这是一个有趣的现象，可以解释如下：泥沙的输移集中发生于汛期，因而绝大部分泥沙冲淤也发生在汛期，故年冲淤量与汛期来沙系数的关系更密切。虽然在汛期发生的冲淤会明显改变河道形态，但在随之而来的非汛期，汛期形成的河道形态会继续发生变化，这种变化会进而影响平滩高程和平滩流量。年来沙系数对 $Q_{bf,B}$ 的影响要大于汛期来沙系数，这说明非汛期河道的变化对平滩流量的影响是不容忽视的，这可能是由于河道可动性较大，非汛期较弱的水动力条件也会使河道发生变化。

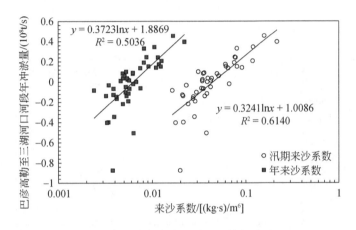

图 10-5　河道冲淤与来沙系数的关系

吴保生（2008a，2008b，2008c）发现，在平滩流量的变化中，来沙系数的影响具有滞后效应，进而建立了表达这种滞后效应的数学模型。作者对资料的分析表明，泥沙冲淤对平滩流量的影响也存在着某种累积或滞后效应，$Q_{bf,B}$ 不仅与当年的冲淤量有关，还与以前冲淤量有关。本研究计算了 $Q_{bf,B}$ 与巴彦高勒至三湖河口河段年冲淤量 $S_{dep,B-S}$ 的前 2 年，前 3 年，前 4 年，…，前 N 年平均值的决定系数 R^2，然后将 R^2 随 N 的变化点绘于图 10-6（a）中，R^2 在 $N=4$ 时达到峰值，随后减小，这表明采用前 4 年平均的 $S_{dep,B-S}$ 可以使 $Q_{bf,B}$ 与 $S_{dep,B-S}$ 的相关关系最好，即 $S_{dep,B-S}$ 对 $Q_{bf,B}$ 的影响存在着 4 年的累积或滞后效应。图 10-6（b）给出了 $Q_{bf,B}$ 与 $S_{dep,B-S}$ 的前 4 年平均值的关系，是高度相关的，$R^2=0.7502$，意味着 $Q_{bf,B}$ 的变化的 75.02% 可以用 $S_{dep,B-S}$ 的前 4 年平均值的变化来解释。

由于 $Q_{bf,B}$ 与前 4 年平均 $S_{dep,B-S}$（$S_{dep,B-S,4a}$）关系最密切，同时又与巴彦高勒站的年流量（$Q_{m,B}$）、汛期流量（$Q_{h,B}$）和年最大流量（$Q_{max,B}$）有关［图 10-4（a）］，本研究以多元回归方法建立 $Q_{bf,B}$ 与 $S_{dep,B-S,4a}$、$\ln Q_{m,B}$、$\ln Q_{h,B}$ 和 $\ln Q_{max,B}$ 的关系。由于 3 个流量指标之间有一定关系，不宜都引入方程。运用逐步回归方法得到如下方程：

$$Q_{bf,B}=-5888-4720.89S_{dep,B-S,4a}+850.63\ln Q_{m,B}-623.74\ln Q_{max,B} \tag{10-1}$$

计算中选取临界值 $F_c=1.0$，$\ln Q_{h,B}$ 未能引入方程，这可能是由于 $\ln Q_{h,B}$ 可以被年平均流量和年最大流量的作用代替。复相关系数 $R=0.877$，$F(3,42)=46.795$，$p=1.88\times$

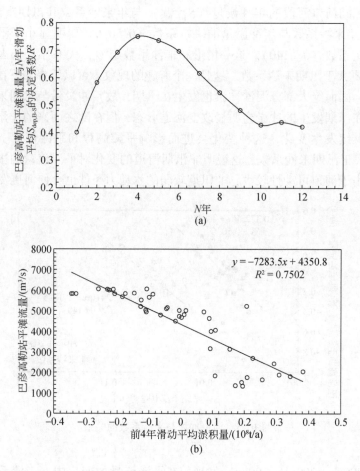

图 10-6 巴彦高勒平滩流量 $Q_{bf,B}$ 与巴彦高勒至三湖河口河段年冲淤量 $S_{dep,B-S}$ 的前 2 年,前 3 年,前 4 年,$\cdots$,
前 N 年平均值的决定系数随 N 的变化 (a) 及 $Q_{bf,B}$ 与 $S_{dep,B-S}$ 的前 4 年滑动平均值的关系 (b)

10^{-13},估算值的均方根误差 $SE = 790.31$。这一方程表明,平滩流量既与当年的流量特征相联系,又与一定时间尺度上河道冲淤造成的后果相联系,反映了某种水文–地貌耦合关系。

本书已指出,$S_{dep,B-S}$ 与来沙系数之间有比较密切的关系 (图 10-5),$S_{dep,B-S}$ 在一定程度上由来沙系数决定。因此,来沙系数对 $Q_{bf,B}$ 的影响也存在着某种累积或滞后效应,即 $Q_{bf,B}$ 不仅与当年的来沙系数有关,还与以前的来沙系数有关。吴保生 (2008a) 在黄河下游平滩流量的研究中发现了这一现象;李凌云等 (2011) 在黄河上游的研究中也发现了汛期来沙系数对平滩流量的影响有滞后效应。作者在研究中就汛期来沙系数和年来沙系数对平滩流量影响的滞后效应进行了比较,计算了 $Q_{bf,B}$ 与年来沙系数和汛期来沙系数的前 2 年,前 3 年,前 4 年,$\cdots$,前 N 年平均值的决定系数 R^2,然后将 R^2 随 N 的变化点绘于图 10-7 (a) 中。可以看到,对于年来沙系数,R^2 在 $N=3$ 时达到峰值,随后迅速减小;对于汛期来沙系数,R^2 在 $N=9$ 时达到峰值,随后略有减小。这表明,前 3 年平均的年来沙系数与 $Q_{bf,B}$ 有最好的相关关系,即年来沙系数对 $Q_{bf,B}$ 的影响存在着 3 年的累积或滞后效应;前 9 年平均的汛期来沙系数与 $Q_{bf,B}$ 有最好的相关关系，即汛期来沙系数对 Q_{bf} 的影响存在着 9 年的累积或滞后效应。图 10-7（b）点绘了 $Q_{bf,B}$ 与前 3 年平均年来沙系数和前 9 年平均汛期来沙系数的关系，决定系数分别为 0.7154 和 0.9579，意味着 $Q_{bf,B}$ 的变化的 71.54% 和 95.79% 可以分别用前 3 年平均年来沙系数和前 9 年平均汛期来沙系数的变化来解释。

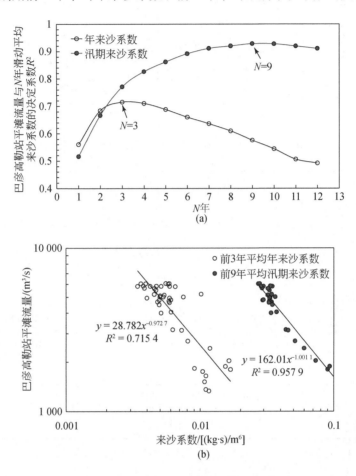

图 10-7　平滩流量与来沙系数的关系

（a）$Q_{bf,B}$ 与前 N 年平均汛期来沙系数和年来沙系数的决定系数随 N 的变化；

（b）$Q_{bf,B}$ 与前 3 年平均年来沙系数和前 9 年平均汛期来沙系数的关系

　　必须指出，平滩流量的变化不仅取决于淤积量的大小，而且取决于淤积发生的部位。发生于河底的淤积会使河底抬高、过水断面缩小，从而平滩流量减小。然而，如果淤积发生在河漫滩上，则会使滩槽高差增大、过水断面增大，从而平滩流量增大。因此，还必须研究冲淤部位对平滩流量变化的影响。由于水库的调节，巴彦高勒站的最大日流量和汛期流量都呈明显的减小趋势（图 10-8），水位达到原来河漫滩滩唇高度的概率越来越小，这意味绝大部分泥沙都淤积在河床中，淤积在原来河漫滩滩面上的泥沙很少，从图 10-9 显示的一些年份巴彦高勒站和三湖河口站大断面的套绘可以清楚地看到这一点。巴彦高勒断面河底显著淤高，滩地也有所淤高，绝大部分淤积集中在河漫滩以下的河槽中；断面宽度

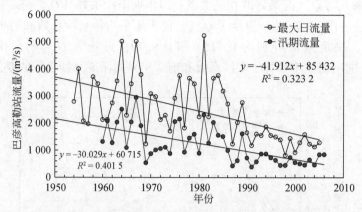

图 10-8　巴彦高勒站最大日流量与汛期流量的变化

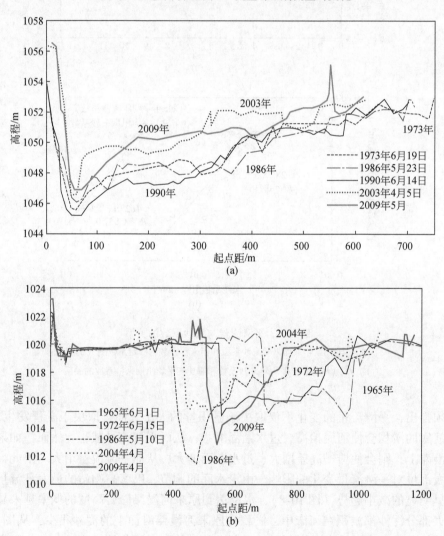

图 10-9　巴彦高勒站（a）和三湖河口站（b）历年横断面的套绘（黄河水利委员会，2009）

减小，河道萎缩；主流线基本上固定，河道横向摆动不明显。三湖河口站断面河底显著淤高，滩地前缘淤高，河底淤高量大于滩地前缘淤高量；原来河漫滩滩面上的淤积不多；断面宽度减小，河道萎缩；河道横向上的往复摆动明显，主流带移动迅速。同时，滩地临河带的淤积抬高大于背河带，指向外侧的横比降加大，说明主槽抬高大于滩地，河道有向悬河发展的趋势。因此，淤积集中在主槽中，淤积量的增大导致了平滩流量的减小。

六、汛期来沙系数、河道冲淤量与平滩流量变化的比较

水库修建后下游河道的冲淤变化取决于水库对来自水库上游水沙的调节程度、水库下游支流水沙对干流的补给以及上述两方面的对比关系。本书第五章第三节中已经用数据证明，黄河上游流域在水文上存在着水沙异源特征。黄河上游的径流95%以上来自兰州以上流域，而泥沙则有54.0%以上来自兰州以下支流，这种水沙异源特征会对河流地貌过程产生十分深远的影响。支流水沙对水库下游干流冲淤和河床演变影响很大。龙羊峡水库修建后，水库下游干流汛期流量大大削减，挟沙能力显著减弱，而水库下游来沙不受干流水库调节，变化不大，因而汛期来沙系数增大，汛期径流无力搬运水库下游的大量来沙，河道淤积加强。水库调节之后洪水流量减小（图10-8）、漫滩概率降低，泥沙几乎全部淤在主槽内，使得平滩流量减小。前面给出的汛期来沙系数、河道冲淤量与平滩流量的相关关系都是基于时间变化资料建立起来的。因此可以认为，存在着以下因果关系链：龙羊峡水库修建→汛期来沙系数增大→河道淤积加强→平滩流量减小。上述变量的时间变化过程的比较（图10-10）进一步证明了这一点。

图10-10（a）显示，1986年龙羊峡水库建成以前，尽管汛期来沙系数具有一定的年际波动，但总体上没有趋势性变化。因此，除年际波动外，$S_{\text{dep,B-S}}$也没有趋势性变化。然而，龙羊峡水库蓄水以后，汛期来沙系数迅速增大，导致了$S_{\text{dep,B-S}}$的增大。1996年以后，汛期来沙系数有所减小，$S_{\text{dep,B-S}}$也随之减小。图10-10（b）对$Q_{\text{bf,B}}$和$S_{\text{dep,B-S}}$的变化进行了比较，为了更好地体现变化趋势，给出了$S_{\text{dep,B-S}}$的前4年滑动平均线。注意图10-10（b）对右侧$S_{\text{dep,B-S}}$的纵坐标轴数值次序进行了反转，反转后$S_{\text{dep,B-S}}$的滑动平均线与$Q_{\text{bf,B}}$有很好的同步变化关系，即随着$S_{\text{dep,B-S}}$的增大，$Q_{\text{bf,B}}$减小。

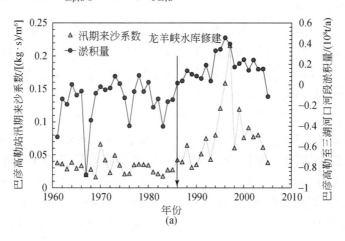

(a)

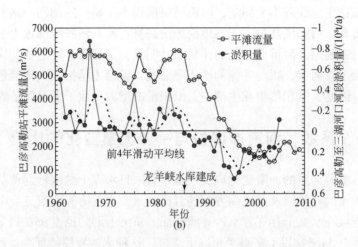

图 10-10　淤积量、汛期来沙系数和平滩流量变化过程的比较

（a）汛期来沙系数和淤积量的比较；（b）平滩流量和淤积量的比较

七、流域因素变化对平滩流量的影响

平滩流量的变化是在河道水沙输入条件变化的情况下，通过河道泥沙的冲刷和淤积来实现的。归根结底，河道水沙输入条件的变化取决于流域因素的变化，因而平滩流量的变化也依赖流域因素的变化。为了表示流域人类活动因素的影响，本研究以水库总库容 ΣC_{re}、净引水率 R_{div} 和天然径流系数 C_{nr} 为指标。流域气候因素以兰州以上流域年平均降水量 $P_{m,L}$ 和气温 T_L 为气候指标。巴彦高勒站平滩流量 $Q_{bf,B}$ 与 $P_{m,L}$ 的变化趋势完全不同［图 10-11 （a）］，二者间的相关系数很低，为 −0.20，可以认为 $Q_{bf,B}$ 的变化不是 $P_{m,L}$ 的变化引起的。然而，$Q_{bf,B}$ 的变化趋势与 T_L 有某种"镜像"关系，二者有高度的负相关关系，相关系数为 −0.89。鉴于此，本研究以包含气温和降水的复合指标即暖干化指标 I_{wd} 来表示气候的影响。图 10-11 （c）显示 $Q_{bf,B}$ 和 I_{wd} 的时间变化。计算表明，$Q_{bf,B}$ 和 I_{wd} 的相关系数为 −0.56，显著性概率 $p<0.01$。

为了综合反映巴彦高勒站平滩流量与流域因素的关系，建立了 $Q_{bf,B}$ 与 I_{wd}、C_{nr}、R_{div} 和 ΣC_{re} 4 个变量的多元回归方程。$Q_{bf,B}$ 与 I_{wd}、C_{nr}、R_{div} 和 ΣC_{re} 的相关系数矩阵见表 10-3。$Q_{bf,B}$ 与 I_{wd}、C_{nr}、R_{div} 和 ΣC_{re} 的相关系数的显著性水平为 $p<0.01$。基于 1959 ~ 2008 年共 50 年的资料，经计算后得到以下回归方程：

$$Q_{bf,B}=1951.251-77.748I_{wd}+9966.495C_{nr}-133.829R_{div}-6.3844\Sigma C_{re} \qquad (10-2)$$

式中，决定系数 $R^2=0.707$；$F=27.282$；显著性概率 $p=1.58\times10^{-11}$；SE = 917.1。式（10-2）显示，平滩流量随暖干化指标增大而减小，随天然径流系数的减小而减小，随引水率的增大而减小，随水库总库容的增大而减小。$Q_{bf,B}$ 计算值与实测值的比较见图 10-12，数据点有较大的分散性。图 10-12 显示，小流量和大流量时计算值偏大，而中等流量时计算值偏小，说明 $Q_{bf,B}$ 与 I_{wd}、C_{nr}、R_{div} 和 ΣC_{re} 的关系可能是非线性的，以线性方程拟合

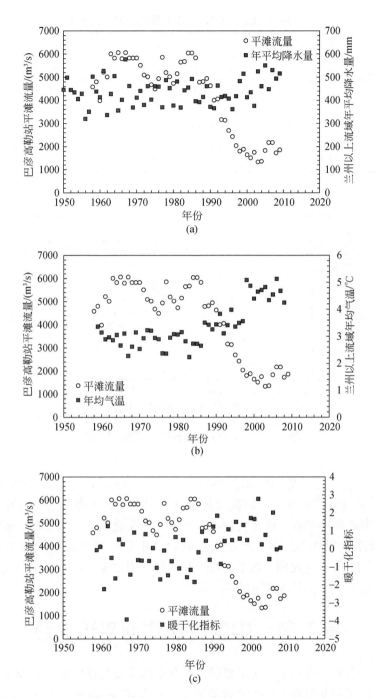

图 10-11 巴彦高勒平滩流量变化与年平均降水量（a）、年均气温（b）和
暖干化指标（c）变化的比较

可能会有偏差。

表 10-3 $Q_{bf,B}$ 与流域因素变量的相关系数矩阵

因子	I_{wd}	C_{nr}	R_{div}	ΣC_{re}	$Q_{bf,B}$
I_{wd}	1.00	−0.55	0.50	0.55	−0.56
C_{nr}	−0.55	1.00	−0.61	−0.54	0.69
R_{div}	0.50	−0.61	1.00	0.71	−0.64
ΣC_{re}	0.55	−0.54	0.71	1.00	−0.77
$Q_{bf,B}$	−0.56	0.69	−0.64	−0.77	1.00

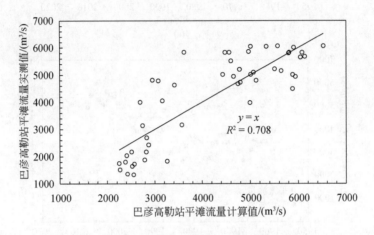

图 10-12 平滩流量计算值与实测值的比较

计算表明，I_{wd}、C_{nr}、R_{div} 和 ΣC_{re} 与时间（年份）的相关系数分别为 0.48、−0.56、0.61 和 0.90，p 均小于 0.01，表明暖干化指标、引水率、水库总库容具有增大趋势，而天然径流系数具有减小趋势。由式（10-2）可知，暖干化指标、引水率、水库总库容的增大将导致平滩流量的减小，而天然径流系数的减小将导致平滩流量的减小。因此，式（10-2）表明，在 50 年的时间尺度上，暖干化指标、引水率、水库总库容的增大和天然径流系数的减小是黄河上游平滩流量减小的原因。

第二节　中游支流渭河平滩流量

在目前已经发表的文献中，大多数研究涉及平滩流量与造床流量的关系、平滩流量的发生频率、平滩流量与河道水沙变量的关系等，尚未在 Schumm（1977）所建立的流域地貌系统理论流域系统的框架中研究平滩流量的变化及其成因。Schumm（1977）所建立的流域地貌系统理论将流域地貌演化的控制条件分为上部控制因子与下部控制因子，前者与流域因素（气候、土地利用、地壳运动）有关，后者则指侵蚀基准面及其升降。冲积河流的平滩流量很好地反映了河道层面上的水文-地貌耦合。实际上，作为流域地貌系统的特征变量之一，平滩流量对上部流域因素控制因子与下部基准面控制因子也有很好的响应。

这种响应在黄河中游支流渭河平滩流量的变化过程中表现得十分清楚，本节介绍作者在这方面的研究成果。

渭河汇入黄河，渭河流域地貌系统以渭河与黄河汇口为局部侵蚀基准（图10-13）。三门峡水库修建后，水库水面成为渭河河流地貌演变的局部侵蚀基准面，一般将潼关高程作为指标，潼关高程定义为潼关水文站$1000\text{m}^3/\text{s}$流量下的水位。自20世纪70年代以来，渭河流域发生了显著的水沙变化。随着三门峡水库的建成和运用方式的改变，渭河的基准面发生了多次升降变化，渭河流域内自然因素（降水、气温等）与人类活动自1950年以来也经历了重大变化，这导致了渭河河道水文–地貌耦合关系的变化。作为黄河最大的支流，渭河历来受到各方面的研究者的关注，他们就渭河的水沙变化、三门峡水库修建后渭河下游的河床演变、潼关高程的变化对渭河下游的影响等进行了大量的研究（陈建国等，2002；邓安军和郭庆超，2006；吴保生等，2006；粟晓玲等，2007；张敏等，2007）。对于渭河平滩流量的研究，也有一些成果发表（林秀芝等，2005；马雪妍，2006；李凌云和吴保生，2010；李文文和吴保生，2011）。然而，已有研究关于平滩流量如何对变化中的上部流域因素控制因子与下部基准面控制因子发生响应，尚未进行深入的分析。作为一个流域地貌系统，渭河提供了一个进行这方面研究的很好实例。

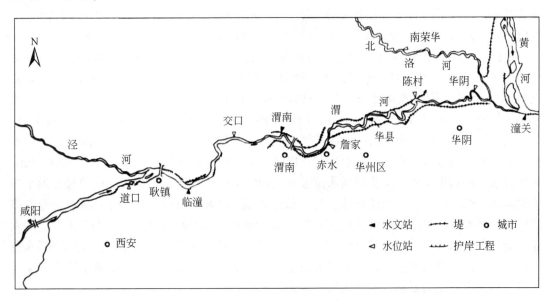

图10-13　渭河下游河道示意图

资料来源：李凌云和吴保生，2010

一、渭河流域概况

渭河是黄河最大的支流，流经陇东黄土高原和天水盆地、宝鸡峡谷，进入关中平原，于潼关汇入黄河。流域面积为10.8万km^2，干流河长为818km（图10-13）。渭河流域西高东低，南部为秦岭山脉，北部为黄土高原，地貌上可以划分为3个单元：①秦岭山地，位于河源和流域南侧，相对高度为 1400~3300m，属中高山地形。②黄土高原，海拔多在 1000m 以上，经侵蚀切割及重力作用，发育形成了塬、梁、峁、谷等多种典型的黄土地貌。地形破碎，沟道切割深度为数十米至百余米，侵蚀强烈，是黄河流域主要产沙区之一。③渭河谷地，从河源到宝鸡（林家村），河谷川峡相间，干流河道长 430km，比降为 3‰。宝鸡以下进入宽阔的渭河冲积平原。宝鸡到咸阳，河道长 177km，比降为 1.88‰~0.68‰；咸阳到渭河口，河长 211km，比降为 0.68‰~0.15‰，其中临潼以下河道具有典型的弯曲河型。渭河谷地中段、东段位于汾渭地堑，是著名的地壳沉降区。

渭河流域位于暖温带半干旱、半湿润气候带，属于大陆性季风气候区。流域降水量分布呈东南向西北递减，在南岸秦岭一带年降水量最大，达 700~800mm，向西北递减至 400~500mm。渭河干、支流（包括渠道）共设有水文测站 80 多个、雨量站共 500 多个。华县站为渭河下游（包括泾河）的控制站，汇流面积为 10.65 万 km²。华县站 1950~1969 年平均实测年径流量为 90.8 亿 m³，输沙量为 4.3 亿 t。渭河流域的黄土高原部分水土流失严重，汇入黄河的泥沙为黄河总输沙量的 25% 以上。为了减少黄河泥沙，从而减缓下游河道淤高所导致的巨大防洪压力，从 20 世纪 60 年代末开始对渭河流域进行水土流失治理，所采取的措施包括修筑梯田、种树种草和修建淤地坝拦截泥沙。20 世纪 70 年代以后水沙显著减少，90 年代径流量和输沙量分别减少为 43.8 亿 m³ 和 2.8 亿 t，与 1950~1969 年平均值相比分别减少了 51.8% 和 36.2%（戴明英，2005）。

三门峡水库于 1957 年动工兴建，1958 年 11 月截流，1960 年 9 月开始蓄水拦沙运用。1960 年 5 月至 1961 年 2 月，库区淤积泥沙 18.4 亿 t，至 1964 年汛后，共淤积泥沙 26 亿 t，仅 1964 年就淤积泥沙 15.94 亿 t，严重威胁水库的长期使用，导致潼关 1000m³/s 流量下水位迅速抬升，在渭河河口形成拦门沙，渭河下游泄洪能力迅速降低，水库淤积末端上延，渭河两岸农田受浸没，土地盐碱化面积增大。为此，两次对水库进行改建，改建完成后改变了水库的运用方式。自三门峡水库建成以来，其运用方式经历了 3 个阶段。1960~1964 年为蓄水拦沙运用阶段，潼关控制水位很高。1964~1973 年为滞洪排沙运用阶段，洪水来临时滞洪削峰，洪峰过后泄流排沙。这一阶段的前期 1964~1969 年，处于高水头滞洪排沙运用，洪水过后水库控制水位较高；这一阶段的后期 1969~1973 年，处于低水头滞洪排沙运用，洪水过后水库控制水位较低。1973 年以后按蓄清排浑方式运用，汛期降低水位泄洪排沙，汛后提高水位拦蓄清水径流用于灌溉。汛后蓄水水位不高，以减小回水末端对渭河下游河道淤积的影响（赵业安等，1997）。

二、研究方法与资料

本研究的渭河下游平滩流量以华县站所在的河段为代表（图 10-13）。华县站设有固定断面，每年汛前和汛后进行两次断面测量。本研究依据汛后大断面观测资料，点绘出横断面图，在图上确定滩唇高程（即河漫滩前缘的天然堤堤顶高程），即平滩水位。从历年华县站水位–流量关系曲线上，读取相应于滩唇高程的流量，即平滩流量（Q_{bf}）。平滩水位线以下的河道断面，即平滩河道断面，这一断面面积为平滩断面面积（A_{bf}）。

以华县站的径流量与输沙量表示河道的水沙输入特征，包括年径流量、汛期（7~10

月）径流量、年最大日平均流量、年最大洪峰流量和年输沙量、汛期输沙量、年平均含沙量等。断面测量资料和水文资料均来自华县站。

三门峡水库修建以后，面积广大的水库水面成为渭河河道的侵蚀基准面。这一基准面的高程可以用黄河干流潼关站的水位来代表，一般采用 $1000\mathrm{m}^3/\mathrm{s}$ 流量下的水位作为指标。三门峡水库修建后，为了监测水库库区和渭河下游河道的淤积，设有大量的固定断面进行定期观测，依据这些观测资料，可以计算出历年来渭河下游河道的冲淤量（负值为冲刷、正值为淤积）。

为了评价水土流失治理的效果，水利部黄河水利委员会及其下属单位曾对自 20 世纪 50 年代以来渭河流域各项水土保持措施如梯田、造林、种草、淤地坝造地的面积进行过统计，本研究以此为指标来定量表达水土保持的作用和流域土地利用方式的变化，资料来自水利部黄河水利委员会有关部门。渭河河谷是我国重要的粮食生产基地，灌溉农业历史悠久，人类引水是导致径流减少的重要因素。本研究将灌溉用水量、工业用水量、城镇用水量之和减去回归水量作为人类净引水量，用以反映人类引水对渭河径流的影响，这些资料来自水利部黄河水利委员会、陕西、甘肃有关单位的统计资料，包括历年发布的《水资源公报》。

以上述资料为基础，本研究进行了时间系列分析和多元统计分析，以揭示渭河下游平滩流量的调整对流域气候变化、人类活动以及流域基准面变化的复杂响应。

三、平滩流量与河口基准面的变化

图 10-14（a）点绘了渭河华县站平滩流量 Q_{bf} 随时间的变化。可以看到，自 1960 年三门峡水库修建、渭河下游河道的侵蚀基准面发生变化以来，Q_{bf} 经历了复杂的变化，可以分为 3 个阶段：先减小；达到最小值以后再增大；达到峰值后又减小。图 10-14（b）点绘了潼关站 $1000\mathrm{m}^3/\mathrm{s}$ 流量下的水位 H_{T} 随时间的变化。依照 H_{T} 的变化可以将渭河下游基准面的变分为 4 个阶段：①1950～1960 年，三门峡水库修建以前，H_{T} 处于较低的水平；②1960～1964 年，三门峡水库的修建后处于蓄水运用阶段，H_{T} 大幅度抬升；③1964～1969 年，三门峡水库处于高水头滞洪排沙阶段，H_{T} 继续上升；④1969 年后，由于水库按蓄清排浑方式运用，H_{T} 有所下降，但相对于第一阶段，仍处于高水平，这一阶段中，H_{T} 还具有次一级的波动。为了对 Q_{bf} 和 H_{T} 随时间的变化进行比较，图 10-14（c）将图 10-14（a）、图 10-14（b）中的拟合线绘在同一坐标系中。

可以看到，在 1960～1969 年 H_{T} 迅速上升的阶段，Q_{bf} 呈减小趋势。1969～1973 年 H_{T} 减小，Q_{bf} 呈增大趋势。可以认为，在 1960～1973 年中，基准面的迅速变化是渭河下游平滩流量调整的主要控制因素。基准面的迅速上升，使渭河下游比降减缓、水流输沙动力减弱，泥沙发生淤积，使得平滩水位下过水断面面积减小，因而平滩流量减小。反之，基准面的下降，使渭河下游比降增强、水流输沙动力增强，河道发生冲刷，使得平滩水位下过水断面面积增大，因而平滩流量增大。

1973 年以后，H_{T} 呈波动性变化，Q_{bf} 则发生很大的变化。Q_{bf} 先是继续增大，达到峰值后迅速减小。前面已指出，从 20 世纪 70 年代初开始，流域水土保持措施生效，同时降

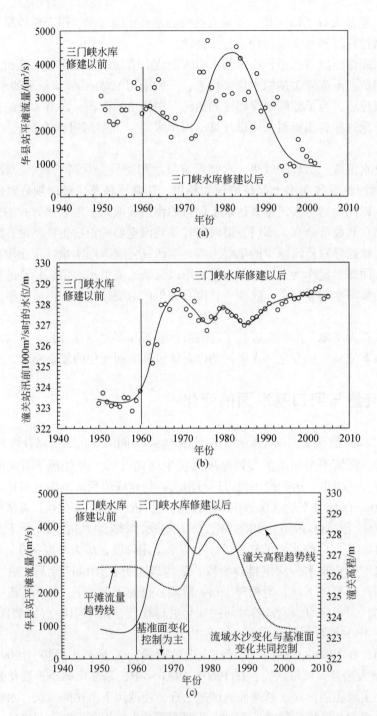

图 10-14　渭河华县站平滩流量 Q_{bf} 随时间的变化及其与潼关高程的关系

（a）华县站平滩流量 Q_{bf} 随时间的变化；（b）潼关高程随时间的变化；

（c）华县站平滩流量与潼关高程变化的比较

水、气温也发生较明显的变化，导致渭河径流、泥沙均显著减少。20 世纪 80 年代末以来，H_T 呈增大趋势，这对 Q_{bf} 的减小有一定影响。因此可以认为，1973 年以后 Q_{bf} 的变化由流域水沙变化和基准面变化共同控制。

四、平滩流量对上部控制因子的响应

流域系统的上部控制因子包括气候变量与土地覆被、土地利用、地壳运动。由于本节研究涉及的时间尺度仅为 50 年左右，地壳运动的变化可以忽略。这里，主要讨论气候变量与土地覆被、土地利用的影响。由于流域降水减少、气温升高，与此同时水土保持措施的实施改变了土地利用和植被状况，因而导致径流特别是汛期流量减小，并进一步导致平滩流量减小。本节将运用实测资料对这一因果关系链进行论证。

（一）流域因素的变化

流域因素可以分为气候因素与人类活动因素，前者包括降水、气温、蒸发等，后者包括水库修建、水土保持措施的实施和引水等。这里，主要讨论降水、气温、水土保持措施的实施和引水等的变化。

图 10-15 点绘了渭河流域面平均年降水量 P_m 与年平均气温 T_m 随时间的变化，并绘出了按线性回归得出的趋势线与拟合方程。在回归系数 $a = 0$ 的假设下对 a 进行了 t 检验，结果表明，对于降水，该假设被接受的概率 $p < 0.05$；对于气温，该假设被接受的概率 $p < 0.01$。这说明降水量随时间而减小的趋势在 0.05 的水平上是显著的，气温随时间而增高的趋势在 0.01 的水平上是显著的。

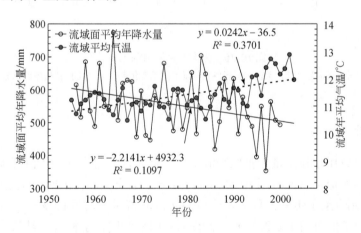

图 10-15　渭河流域面平均年降水量与年平均气温随时间的变化

图 10-16（a）点绘了渭河人类引水年耗水量及其占天然径流量的比例随时间的变化，均表现出显著的增大趋势。图 10-16（b）点绘了渭河流域水土保持措施即梯田、造林、种草面积和淤地坝拦沙造地面积随时间的变化，其表现出显著增大趋势。对图 10-16 给出的 3 个线性回归方程的回归系数进行了检验，结果表明回归系数为 0 的概率均远远小于

0.01。因此，1956 年以后人类活动对渭河的影响显著增强。

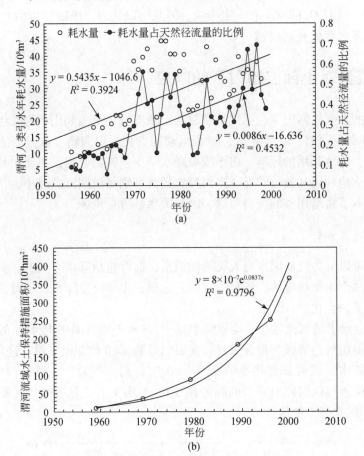

图 10-16　人类活动随时间的变化

(a) 人类引水年耗水量及其占天然径流量的比例随时间的变化；(b) 水土保持措施面积随时间的变化

（二）流量的变化

流量特征可以用年径流量、汛期径流量、年最大日平均流量和年洪峰流量来表示，后两个指标表示洪水流量特征。图 10-17（a）点绘了年径流量、汛期径流量随时间的变化，图 10-17（b）则点绘了年最大日平均流量和年洪峰流量随时间的变化，都具有明显减小趋势。对图 10-17 给出的 4 个线性回归方程的回归系数进行了检验，结果表明回归系数为 0 的概率均小于 0.01，说明减小趋势在统计上是显著的。

（三）气候变化对平滩流量的影响

图 10-18（a）和（b）分别点绘了华县站历年的平滩流量与流域面平均年降水量和年平均气温的关系，并给出了幂函数回归方程，两个回归关系的显著性概率均小于 0.01。平滩流量与流域面平均年降水量之间的决定系数为 0.3286，与年平均气温之间的决定系数为

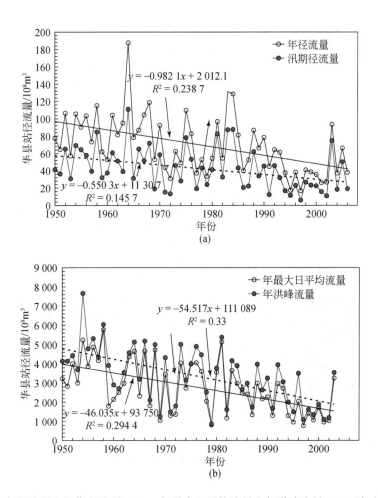

图 10-17 年径流量和汛期径流量（a）、年最大日平均流量和年洪峰流量（b）随时间的变化

0.4224，说明平滩流量变化的 32.86% 可以用降水的变化来解释，平滩流量变化的 42.24% 可以用气温的变化来解释。可以认为，渭河流域面平均年降水量和年平均气温的变化是平滩流量变化的原因。

（四）水土保持和引水对平滩流量的影响

水土保持措施的实施，使流域土地利用、土地覆被发生一定的变化，从而改变了径流产生与汇集的下垫面条件，使产流、汇流过程发生变化。坡耕地改造为梯田之后，改变了局部地形，使地面变得平整；据研究，比较均匀的小于 50mm 的场次降水量可以全部入渗，大大减少甚至避免了地表径流的产生。根据绥德（1954～1966 年）、离石（1957～1966 年）和延安（1959～1966 年）等实验站的资料，与对照区相比，梯田减少地表径流的比例分别为 93.6%、70.7% 和 93.1%（王玉明等，2002）。在荒坡地植树造林或种草并达到一定的覆盖度以后，产流过程会发生显著的变化。植物对降水有截留作用，使截留的水量直接蒸发返回大气之中，因而使产生径流的雨量减少。郁闭度较高的林下往往有较厚

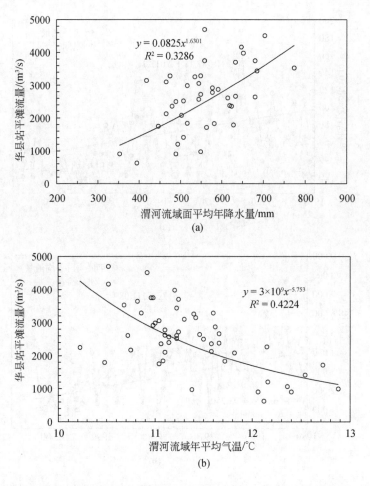

图 10-18 华县站历年的平滩流量与流域面平均年降水量（a）和年平均气温（b）的关系

的植被落叶层，可以增加入渗并含蓄水分，使地表径流减少。随着时间的推移，由于枯枝落叶层及其分解产物的作用，土壤理化性状会发生变化，使孔隙度增加，容重减小，因而使入渗率显著增加。上述作用使降雨过程中的地表径流减少，产流类型也由裸露坡面的超渗产流变为郁闭度较高林地的蓄满产流。图 10-19（a）点绘了渭河流域历年汛期径流系数与水土保持措施（包括梯田、造林、种草和淤地坝造地）的总面积的关系，表现出负相关，其显著性概率小于 0.05。由于水土保持措施面积呈增大趋势 [图 10-16（b）]，渭河流域汛期径流系数表现出减小趋势 [图 10-19（b）]，这决定了汛期径流量逐年减小，因而平滩流量也减小。由于水土保持措施面积与汛期径流系数有一定的相关关系，故可以用汛期径流系数来表达水土保持措施对平滩流量的影响。图 10-19（c）点绘了华县站平滩流量与汛期径流系数的关系，表现出显著的正相关关系，说明水土保持措施通过减小汛期径流系数，进而减小平滩流量。

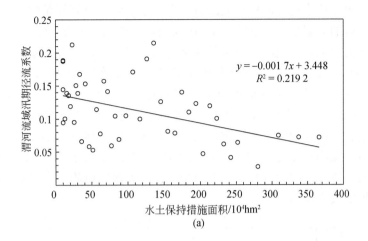

(a)

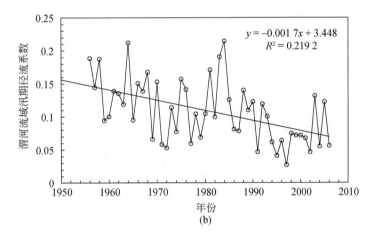

(b)

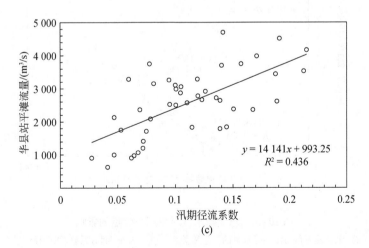

(c)

图 10-19　水土保持措施对平滩流量的影响

（a）汛期径流系数与水土保持措施面积的关系；（b）汛期径流系数随时间的变化；
（c）平滩流量与汛期径流系数的关系

　　为了确定水土保持措施对汛期径流的显著影响是从什么时间开始的，本研究将汛期径流量与汛期降水量的双累积关系点绘于图 10-20（a）中，图 10-20（a）显示，从 1970 年开始，拟合直线向右偏转，说明在降水条件相同的情形下，汛期径流量减小。因此，可以将 1970 年确定为水土保持措施对汛期径流量显著影响开始的时间。据此，可以划分出两个时期：1956~1970 年为水土保持措施生效前的时期，1970 年以后为水土保持措施生效后的时期。图 10-20（b）按上述两个时期分别点绘了汛期径流量与汛期流域面平均年降水量之间的关系，可以看到：①后一时期的回归直线要低于前一时期，说明水土保持措施导致汛期径流量的减小；②随着汛期流域面平均年降水量的增大，两条回归直线逐渐靠近，并有交汇的趋势，说明随着暴雨量级的增大，水土保持措施削减径流的效应减弱，因而减小平滩流量的效应也会减小。

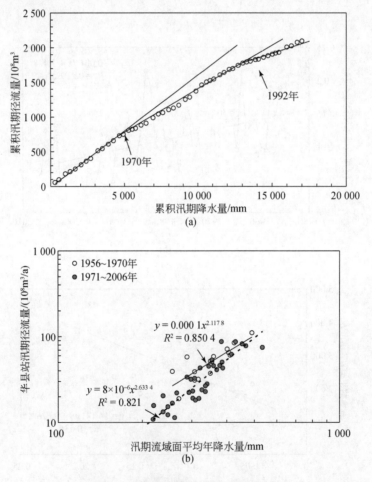

图 10-20　汛期降水量对汛期径流量的影响

（a）汛期径流量与汛期降水量的双累积关系；（b）基准期和措施期汛期径流量与
汛期流域面平均年降水量的关系

人类引水也会造成河流径流量的减少，可能会对平滩流量产生影响。本研究计算了华县站平滩流量与流域年净引水量之间的相关系数，仅为-0.0283，说明引水对平滩流量基本上没有影响，这是由于引水灌溉主要发生于降雨很少的时段如非汛期，而平滩流量与暴雨的发生有关，由此引水对平滩流量的影响是很小的。

五、平滩流量对河道输入水沙及下部控制因子的响应

来自流域的水沙输入对平滩流量的形成有很强的控制作用。在一定的来水条件下，河道通过塑造自己的断面形态与过水断面大小，来保证来自流域的径流量顺利输送，由此形成平滩断面与流量过程的某种平衡。来沙量及其过程与流量及其过程共同决定了河道形态的塑造过程。基准面是一种下部控制因子，它一方面通过对泥沙冲淤的影响来影响河道断面的大小与形态，另一方面则通过对河道比降的影响来直接影响流速，从而决定一定断面条件下的输水能力。

（一）不同的流量指标与平滩流量的关系

图10-21点绘了华县站平滩流量与三种特征流量（年平均流量、汛期平均流量和洪峰流量）的关系，并给出了拟合方程和决定系数。三个回归关系的显著性概率均小于0.01。平滩流量与年平均流量、汛期平均流量和洪峰流量的决定系数分别为0.4427、0.4484和0.3421，说明年平均流量、汛期平均流量和洪峰流量的变化可以分别解释平滩流量变化的44.27%、44.84%和34.21%。

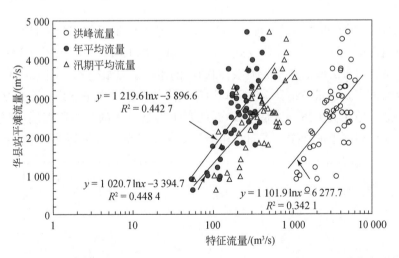

图10-21 华县站平滩流量与三种特征流量（年平均流量、汛期平均流量和洪峰流量）的关系

（二）基准面变化通过对泥沙冲淤的影响来影响平滩流量

流域基准面的变化对平滩流量的影响是通过对河道比降的影响来实现的。比降的变化导致泥沙冲淤行为的变化，因而使河道断面大小和形态发生变化，进而导致平滩流量的变

化。对于渭河下游,三门峡水库修建之后,由水库水面代表的基准面抬升,使得渭河下游比降减小,河道泥沙淤积,在流域来水减少的背景下河道断面面积减小,因而平滩流量减小。本研究将以实测资料的分析来证明这一因果关系链的存在。

图10-22点绘了渭河下游年淤积量的变化,同时还套绘了潼关高程的变化。可以看到,水库修建后基准面的大幅度抬升,导致了渭河下游河道的强烈淤积。随着三门峡水库运用方式的改变,基准面下降,河道淤积量也随之减小。此后,随着基准面的上下波动,河道淤积量也发生波动。

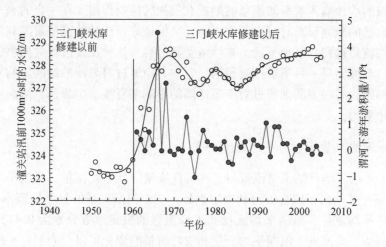

图10-22 渭河下游年淤积量和潼关高程的变化

按照1960～1995年华县站和潼关站200m³/s枯水流量下的水位,计算了华县至潼关间历年的河道水面比降,这一比降反映了河床比降。图10-23(a)点绘了这一比降与潼关站水位的关系,二者之间的负相关关系在0.01的水平上是显著的。图10-23(b)则点绘了渭河下游河道年淤积量与华县至潼关间河床比降的关系,也呈现出一定的负相关,虽然数据点很分散,但相关关系仍然是在0.05的水平上是显著的。本研究还用华县河段河床高程的变化来反映河道的冲淤,进而与比降的变化相联系。以华县站每年汛前200m³/s流

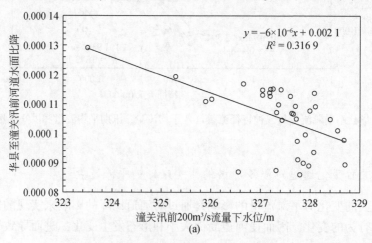

(a)

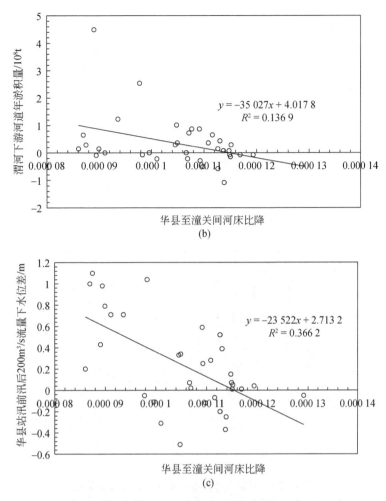

图 10-23　基准面变化、河床比降变化和河道冲淤之间的关系

（a）潼关基准面高程与河道水面比降的关系；（b）河道年淤积量与河床比降的关系；

（c）汛期河道冲淤深度与河床比降的关系

量下水位减去汛后 200m³/s 流量下水位所得到的差值来代表河床高程的升降和河道的冲淤，这一差值为正说明汛期发生了淤积，为负则说明发生了冲刷。图 10-23（c）点绘了这一差值与河床比降的关系，表现出一定的负相关，虽然数据点较分散，但相关关系的显著性概率小于 0.01。图 10-23 中的关系证明了基准面的抬升会导致河床比降的减小，从而使泥沙淤积增强。

除基准面的影响外，流域来沙也影响渭河下游河道的泥沙冲淤。图 10-24（a）点绘了渭河下游河道年淤积量与华县站年输沙量之间的关系，其呈现出一定的正相关，显著性概率小于 0.01。图 10-24（b）显示，1970 年以后流域来沙量明显减少，这与水土保持措施的生效有关。可以认为，水土保持措施的生效是 1970 年以后渭河河道淤积量减少的重要原因。

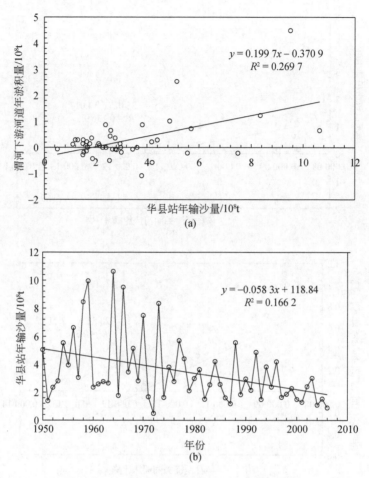

图 10-24　流域来沙量变化对河道冲淤量的影响

(a) 泥沙年淤积量与年输沙量之间的关系；(b) 华县站年输沙量随时间的变化

　　为了表示基准面升降的累积效应对渭河下游河道泥沙淤积的影响，本研究点绘了渭河下游累积淤积量与潼关高程的关系 ［图 10-25 (a)］。本书已经指出，水土保持措施生效开始于 1970 年，该年以前和以后的两个时期水沙条件的差异较大，应属于两个不同的子样本，所以按水土保持措施生效前 (1961～1971 年) 和生效后 (1972～2005 年) 两个时期来分别计算河道淤积量的累积值。图 10-25 (a) 显示，这两个时期的数据点各自成为一个条带，代表 1961～1971 年的条带位于 1972～2005 年的条带之上。前一时期来沙量多，后一时期来沙量显著减少，故在潼关高程可比的情形下，前一时期的淤积量要大于后一时期。

　　一般而言，河道淤积量对平滩流量的影响取决于淤积的部位。如果泥沙主要淤在河漫滩上，主槽中淤积量不多，则滩面的抬高大于主槽而使平滩流量增大。反之，如果泥沙主要淤在主槽中，河漫滩上淤积量不多，则主槽的抬高大于滩地而使平滩流量减小。上述二者的对比关系取决于洪水流量的大小。如果洪水流量大，漫滩概率大，则出现前一种情形，反之则出现后一种情形。图 10-25（b）显示，渭河下游洪水流量呈减小趋势。因此，泥沙的淤积会导致平滩流量的减小，图 10-25（c）点绘的关系证明了这一点。值得注意的是，1973 年前后的数据点各自成为一条直线，1973 年前以后直线的斜率要大得多，这与 1973 年后河道断面的萎缩有密切关系。

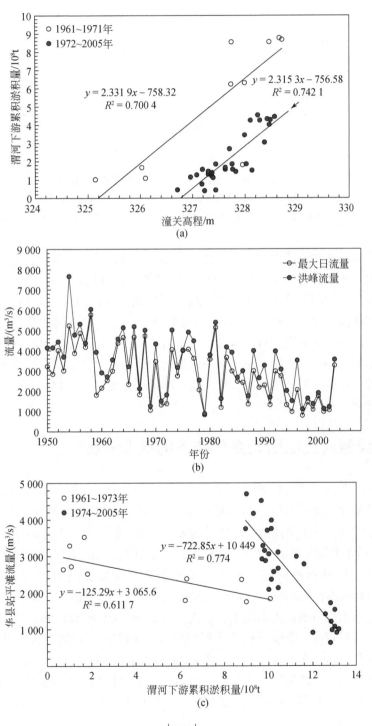

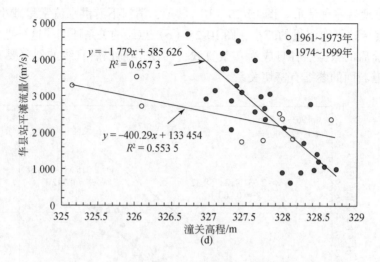

图 10-25　潼关高程变化对华县站平滩流量的影响

（a）渭河下游累积淤积量与潼关高程的关系；（b）华县站洪水流量的变化；
（c）平滩流量与渭河下游累积淤积量的关系；（d）平滩流量与潼关高程的关系

潼关高程的抬高在流域来沙变化的背景下导致了河床的冲淤变化，并进而使平滩流量改变，这使得平滩流量与潼关高程具有负相关关系。本书指出，在 1961～1973 年中，基准面的迅速变化是渭河下游平滩流量调整的主要控制因素；1974 年以后 Q_{bf} 的变化由流域水沙变化和基准面变化共同控制。因此，在图 10-25（d）中不同的符号对这两个时段的数据点进行了区分，并分别进行了拟合。两个时段中，平滩流量均随潼关高程的升高而减小，前一时期拟合直线的斜率要小于后一时期。前一时期，潼关高程的变幅较大，而平滩流量的变幅较小；后一时期则相反。说明后一时期平滩流量的变化还与其他因素（如流域来水来沙的变化）有关。

六、平滩流量对流域因素变化响应的综合分析

本书对影响渭河平滩流量的因素逐一进行了分析。为了以综合的方式揭示平滩流量对流域因素和基准面变化的响应，本研究进行多元回归分析。本研究以华县站平滩流量 Q_{bf}（m^3/s）为因变量，所采用的影响变量包括：①流域汛期（7～10 月）降水量 $P_{7\sim10}$（mm）；②流域年平均气温 T_m（℃）；③汛期径流系数 C_r，用以反映各项水土保持措施（包括梯田、坝地、造林和种草）的效应；④潼关高程（潼关站 $1000m^3/s$ 下的水位）H_T（m），用以反映基准面的影响。从前面的讨论可知，1960～1969 年，潼关基准面处于迅速上升的阶段，水土保持措施尚未生效，因此可以认为 1969 年以前和以后的数据属于两个子样本。前一时段较短，不能进行多元回归分析，本研究按 1956～2002 年和 1969～2002年两个时段进行分析。进行计算前，对各影响变量均做了对数转换。表 10-4 给出华县站平滩流量与各影响变量之间的相关系数。对 $\ln Q_{bf}$ 与各个影响变量对数值的相关关系进行了检验，结果表明，$\ln Q_{bf}$ 与 $\ln H_T$ 的相关系数在 0.05 的水平上是显著的，$\ln Q_{bf}$ 与其余影响变

量的相关系数在 0.01 的水平上是显著的。表 10-5 中给出基于两个时段的资料所得到的多元回归方程。由于缺少 1960 年的潼关高程数据，未计入 1960 年。各影响变量的数量级相差很大，不能直接根据回归系数的大小来判定各影响变量对因变量贡献率的大小。因此，本研究对数据进行了标准化，基于标准化后的数据重新进行了回归计算，建立了常数项为 0 的回归方程，回归方程中各影响变量系数绝对值的大小可以反映其变化对 $\ln Q_{bf}$ 变化的贡献率的大小。与前一时期相比，后一时期平滩流量与潼关高程的相关程度大幅度提升，由 −0.34 变化为 −0.66，与汛期径流系数的相关程度也有提升。在两个基于标准化数据的回归方程中，回归系数有明显变化，汛期降雨、气温、汛期径流系数、潼关高程的回归系数分别由前一时期的 0.291、−0.443、0.147、−0.0897 变化为后一时期的 0.0852、−0.339、0.368、−0.262。可以计算出，汛期降雨、气温、汛期径流系数、潼关高程回归系数的变化分别为 −70.7%、−23.5%、150.3% 和 192.1%，这里负值和正值分别表示减小和增大。可见，自然因素（降雨、气温）的贡献率减小了，而人类活动的贡献率大大增加。这里，汛期径流系数的变化在很大程度上反映了水土保持措施对汛期径流的影响，而潼关高程则反映了水库调节的影响。

表 10-4　华县站平滩流量与各影响变量之间的相关系数

时段	$\ln P_{7\sim10}$	$\ln T_r$	$\ln C_r$	$\ln H_T$	$\ln Q_{bf}$
1956~2002 年	0.63	−0.71	0.71	−0.34	1.00
1969~2002 年	0.66	−0.78	0.78	−0.66	1.00

表 10-5　华县站平滩流量与各影响变量之间的多元回归方程

时段		多元回归方程	N	R	F	p	SE
1956~2002 年	A	$\ln Q_{bf}=67.539+0.656\ln P_{7\sim10}-4.236\ln T_m$ $+0.148\ln C_r-9.140\ln H_T$	46	0.80	17.587	1.79×10^{-8}	0.3044
	B	$\ln Q_{bf}=0.291\ln P_{7\sim10}-0.443\ln T_m+0.147\ln C_r$ $-0.0897\ln H_T$					
1969~2002 年	A	$\ln Q_{bf}=505.919+0.213\ln P_{7\sim10}-3.460\ln T_m$ $+0.419\ln C_r-84.588\ln H_T$	34	0.883	25.564	3.82×10^{-9}	0.2695
	B	$\ln Q_{bf}=0.0852\ln P_{7\sim10}-0.339\ln T_m+0.368\ln C_r$ $-0.262\ln H_T$					

注：N 为样本数，R 为复相关系数，F 为 F 值，p 为显著性概率，SE 为估算值的均方根误差；A 为基于原始数据的方程，B 为数据标准化后的方程。

第三节　下游平滩流量

平滩流量是指相应于河漫滩平滩水位的流量。当冲积河流处于这一流量级时，河道水流完成的"河流功"即输沙率与流量频率的乘积最大，故平滩流量又被视为造床流量（Leopold et al., 1964；Schumm, 1977；钱宁等，1987）。平滩流量既是一个水文学指标，又是一个地貌学指标，它具有深刻的水文地貌学内涵。一定的平滩流量是水文过程与地貌过程的相互作用达到某种平衡状态的标志。水文要素的变化会导致河床地貌的调整，从而引起平滩流量的变化。当由流域因素决定的水文条件无趋势性变化时，经过足够长时间的调整以后，流量及其过程与河床形态之间会处于某种平衡状态，平滩流量也会趋于形成某种相对固定的数值，这就是为什么世界上很多河流平滩流量出现的频率都比较接近，大致为 1.5 年一遇 (Pickup and Warner, 1976; Williams, 1978)。

黄河来沙量极为丰富，河道处于淤积抬高的状态，三门峡水库修建以前每年抬高 5 ~ 10cm。由于黄河下游游荡型河段河道宽浅，主流线摆动频繁，平滩流量下的平均水深为 1 ~ 2m，这意味着在不长的时间内，构成河道疏松边界的物质将会被完全更新。同时，黄河又是世界上受人类活动影响最为强烈的河流之一，使得黄河下游来水来沙的数量和过程都处于变化之中，因而河床地貌形态不断发生变化，且变化速率很快，平滩流量也随之变化。因此，黄河下游提供了研究平滩流量对人类活动响应过程的理想场所。从 20 世纪 80 年代中期至小浪底水库修建 (1999 年) 以前，黄河下游河道萎缩引起了广泛的关注。作者认为，判断河道是否萎缩和萎缩的程度，应该以平滩流量下的河床地貌形态为指标，包括平滩水位下的断面面积、平滩河宽等。同时，由于河道发生萎缩，平滩流量也随之减小，故平滩流量的减小是河道萎缩的表征，也可以作为黄河下游河道萎缩的指标之一。

作者以 1950 ~ 1999 年的实测资料为基础，研究了黄河下游游荡型河段平滩流量的变化及其与流域人类活动的关系，以期查明多泥沙河流平滩流量变化对人类活动的响应机理，从而深化对黄河下游河道萎缩机理的认识。本节对这一成果进行介绍。

一、研究方法与资料

以花园口站的平滩流量为代表，研究黄河下游平滩流量的变化。资料的时间系列为 1950 ~ 1999 年，共 50 年。依据历年花园口站河道断面观测资料，点绘河道大断面图，在图上确定滩唇 (即河流地貌学上的天然堤堤顶) 位置，并确定其高程，即平滩水位，即相应于天然堤堤顶高程的水位。依据实测流量和水位资料，点绘水位-流量关系曲线，从水位-流量关系曲线上查取相应于平滩水位的流量，即平滩流量。

对黄河下游游荡型河段平滩流量有影响的人类活动包括以下 3 种：①水库的修建及其对径流和泥沙的调节；②流域水土保持措施的实施；③人类引水。由于 1950 年以来，黄河流域的降水量发生了变化，这一因素对流域产流特性也有一定的影响，因此本节在进行分析时，考虑了降水量这一因素。对于水库调节的影响，主要考虑了黄河上游的水库和中游的三门峡水库，提出了一些定量指标，所依据的水文资料来自水利部黄河水利委员会。水利部黄河水利委员会及其下属单位曾对自 19 世纪 50 年代以来黄河流域不同地区各项水土保持措施如梯田、造林、种草、淤地坝造地的面积进行过统计，本研究以这些面积指标来定量表达水土保持的作用，将灌溉用水量、工业用水量、城镇用水量之和减去回归水量作为人类净引水量，它可以反映人类引水对黄河径流的影响，这些资料也来自水利部黄河水利委员会有关单位的统计资料。

由于平滩流量的调整取决于变化后的水文条件影响下的河道形态调整，这种调整是通过泥沙的冲淤来实现的，因此本研究也分析了河道冲淤调整对平滩流量的影响，这一分析依据了黄河下游河道淤积量的资料。淤积量按输沙平衡法和断面测量法两种方法来确定，按后一种方法确定的断面冲淤量还分别按主槽冲淤量和滩地冲淤量进行了计算。进行冲淤量计算的输沙资料和断面资料均来自水利部黄河水利委员会有关部门。

以上述资料为基础，本研究进行时间系列分析和多元统计分析，以揭示黄河下游游荡型河段平滩流量的变化及其与流域人类活动和降水变化的关系。

二、平滩流量的时间变化

图 10-26 点绘了花园口站历年的平滩流量随时间的变化。可以看到，尽管平滩流量的年际变化很大，但在总体上表现出减小的趋势。图 10-26 的拟合直线表明，平滩流量与时间的决定系数为 $R^2 = 0.2853$，在 0.01 的水平上是显著的。水库的调节作用对平滩流量的变化有较大的影响。结合三门峡水库运用方式的变化和上游水库的影响，可以将平滩流量的变化分为以下 5 个阶段。

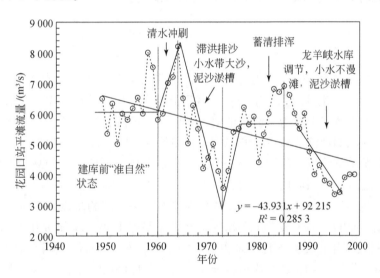

图 10-26　花园口站历年的平滩流量随时间的变化

直线为回归线，折线为各阶段的示意平均线

（1）1950~1959 年，为三门峡水库修建前的 "准自然" 状态。由于年际来水条件的变化，平滩流量有较大的波动，但平均值在 $6000\mathrm{m}^3/\mathrm{s}$ 左右。

（2）1960~1964 年，为三门峡水库修建后的蓄水阶段。水库拦截了大量泥沙，下泄清水，下游受到强烈冲刷。河道冲刷使得平滩流量增大，增加到 $8000\mathrm{m}^3/\mathrm{s}$ 左右。

（3）1965~1972 年，三门峡水库大坝改建之后，水库按滞洪排沙方式运用。其中，1965~1968 年为高水头滞洪排沙运用，1969~1972 年为低水头滞洪排沙运用。在这一运用模式之下，洪水时拦截洪水，削减洪峰，洪水过后排沙，使得水库下游河道的水沙组合表现为 "小水带大沙"。洪水时洪峰削减，水不出槽，淤在河道主槽中；洪水后小水带大沙，主槽进一步淤积。这使得主槽萎缩，滩槽高差减小。1963 年花园口河段的滩槽高差为 1.84m，到 1972 年和 1973 年，分别减小为 0.75m 和 0.81m。平滩水位下的过水面积则从 1964 年的 3020m² 减小到 1972 年的 1830m² 和 1973 年的 1571m²。可以认为，这一阶段是黄河下游自 1950 年以来的第一个萎缩时期。

（4）1973～1985 年，三门峡水库运用方式变为"蓄清排浑"，汛期开闸畅泄洪水和泥沙，汛后关闸拦蓄清水用于灌溉。洪水期下泄流量的增大，使漫滩概率增大，滩地迅速淤高，滩槽高差和平滩水位下的断面面积都有所增大，因而平滩流量增大。

（5）1986～1999 年，三门峡水库运用方式仍为"蓄清排浑"，但上游龙羊峡水库自 1986 年开始蓄水用于发电。龙羊峡水库汛期拦蓄了大量清水径流，使黄河下游洪水流量显著减小，漫滩概率减小，大量泥沙淤在主槽中。随着流域经济的发展，这一时期人类引水量增多。这些因素使得河道出现第二次萎缩，平滩流量急剧减小，降低到 1950～1999 年的最低值。1986～1999 年是黄河下游自 1950 年以来的第二个萎缩时期。

三、流域层面各个因子对平滩流量的影响

（一）水库对径流的调节

本书已讨论过水库的影响。为了表达水库对径流的调节程度，本研究用汛期（6～10 月）径流量占全年径流量的比例来表示。黄河上游水库如龙羊峡水库、刘家峡水库等，其目标是发电。由于黄河上游为全流域的清水来源区，径流含沙量低，因此汛期水库常常拦截洪水径流，使汛期径流量减少，非汛期径流量增大，全年流量过程趋于均匀，以保证发电的需要。上游是全流域径流的主要来源区，汛期来自上游径流量的减少，会使进入下游的洪水流量随之减少，因而使下游河道平滩流量减小。黄河中游的三门峡水库的运用方式经历了"蓄水拦沙"、"滞洪排沙"和"蓄清排浑"等不同的阶段，各阶段对径流、泥沙过程的调节是不同的。为了表达上游水库对径流的调节程度，本研究用兰州站汛期（6～10 月）径流量占全年径流量的比例来表示。图 10-27（a）点绘了花园口站历年的平滩流量与黄河上游兰州站 6～10 月径流量占全年径流量的比例的关系，显示二者之间为显著的正相关关系。同样地，用三门峡站汛期（6～10 月）径流量占全年径流量的比例来表示三门峡水库径流的调节程度，图 10-27（b）则点绘了花园口站历年的平滩流量与这一指标的关系。二者之间也表现出正相关关系，但数据点比较分散，相关系数比前者低，这是由于三门峡水库运用方式变化较大，1972 年以后按蓄清排浑方式运用，对洪水径流的调节作用十分有限，因此与平滩流量变化之间的相关关系较弱。

（二）人类引水

图 10-28 点绘了一系列的流域因子指标以及花园口站平滩流量的时间变化过程，可以看到全流域净引水量呈明显的增加趋势。年引水量与时间的决定系数 $R^2 = 0.449$，是高度显著的（$p < 0.001$）。平滩流量与时间的决定系数为 $R^2 = 0.286$，在 0.01 的水平上是显著的。这说明人类引水可能是平滩流量减小的因素之一。虽然人类引水主要发生在非汛期，

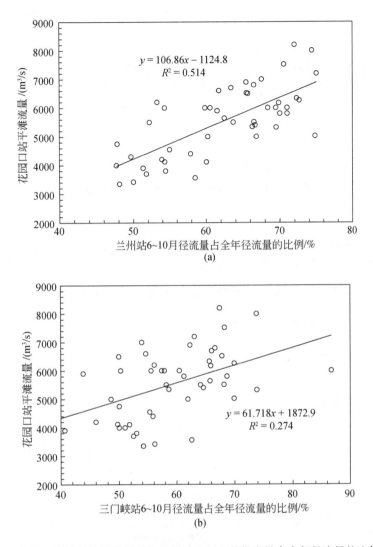

图 10-27　花园口站历年的平滩流量与兰州站 6～10 月径流量占全年径流量的比例（a）、
三门峡站 6～10 月径流量占全年径流量的比例（b）的关系

对汛期流量影响不大，但是黄河是一条多沙河流，河床边界泥沙的可动性很强，中水流量
也有较强的造床作用，故平滩流量不仅取决于洪峰流量，也取决于全年的流量过程。为了
检验这一论断，图 10-29（a）和（b）分别点绘了花园口站平滩流量与年最大流量和年平
均流量的关系。可以看到，两者都呈现出较强的正相关。平滩流量与年最大流量和年平均
流量的决定系数 R^2 分别为 0.342 和 0.434，显著性概率均小于 0.01，但平滩流量与年平均
流量的关系更为密切。人类引水将会使年平均流量显著减少，因此也会使平滩流量减小。
图 10-29（c）点绘了花园口站平滩流量与全流域年引水量的关系，尽管决定系数（R^2 =
0.091）不高，但仍能看出，平滩流量随全流域年引水量的增大而减小。这一相关关系的
显著性水平为 0.05，是可以接受的。

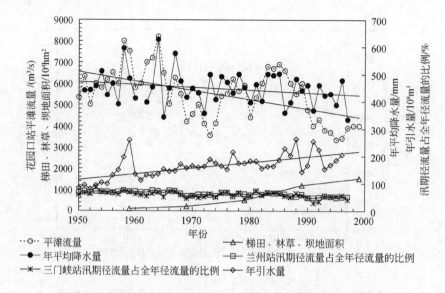

图 10-28　流域因子指标以及花园口站平滩流量随时间的变化过程

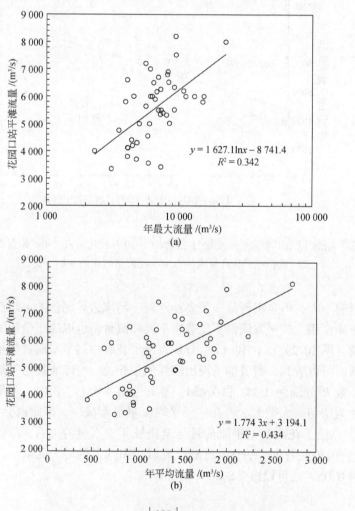

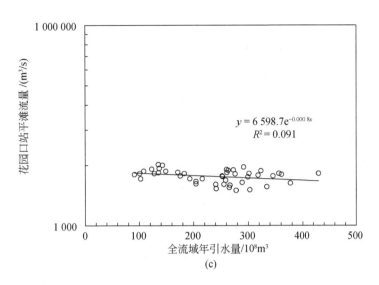

图 10-29 花园口站平滩流量与年最大流量（a）、年平均流量（b）和全流域年引水量（c）的关系

（三）水土保持

水土保持措施具有减少地表径流的作用。梯田使地面坡度减小到接近水平，降雨入渗大大增加。林草措施增加了地表凋落物的容蓄量和土壤的渗透率，增大地表糙率，使入渗水量显著增大。淤地坝抬高了沟道的局部基准面，可以大量拦截洪水，使之缓慢下渗。以上作用改变了大气降水在入渗和形成地表径流之间的分配关系，因而使洪水流量削减。黄河流域大规模的水土保持措施从 20 世纪 70 年代开始生效。以水土保持措施强度最大的河龙区间的资料为基础，图 10-30（a）点绘了汛期径流量与汛期降水量的关系，并以不同的符号区分 1950~1969 年和 1970~1997 年的数据点。可以看到，后一时期的回归直线显著低于前一时期的回归直线，这说明实施水土保持措施以后，在汛期降水量相同的情况下，汛期径流量大大减小。图 10-30（b）分别点绘了花园口站平滩流量、年最大流量、进入黄河下游的汛期（6~10 月）径流量占全年径流量的比例与全流域水土保持措施面积的关系，都显示出负相关，决定系数 R^2 分别为 0.2572、0.2055 和 0.2145，p 都小于 0.01。随着流域内水土保持措施面积的增大，黄河下游的洪水流量会减小，汛期径流量占全年径流量的比例也会减小。因此，大规模水土保持措施在黄河流域实施以后，会使黄河下游的平滩流量减小。

（四）降水量变化

图 10-31（a）对花园口站平滩流量和全流域面平均年降水量的变化进行了比较，显示花园口站平滩流量随时间而减小，而全流域面平均年降水量也略呈减少的趋势，这说明年降水量的减少可能会导致黄河下游平滩流量的减小。图 10-31（b）点绘了花园口站平滩流量与全流域面平均年降水量之间的关系，二者呈正相关，虽然相关系数的平方为 $R^2 = 0.1929$，相对较低，但仍在 0.01 的水平上是显著的。

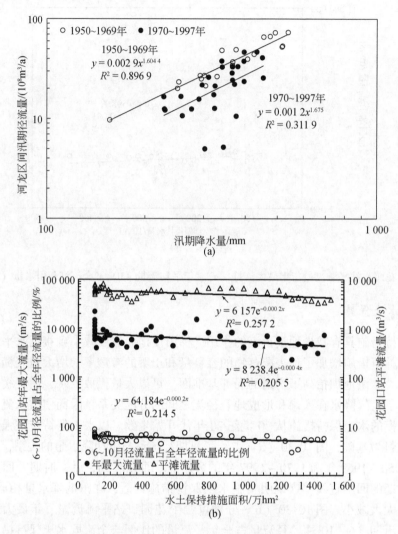

图 10-30　流域水土保持对平滩流量的影响

（a）河龙区间汛期径流量与汛期降水量的关系；（b）花园口站平滩流量、年最大流量、进入黄河下游的汛期
径流量占全年径流量的比例与全流域水土保持措施面积的关系

四、流域因子对平滩流量影响的多元回归分析

前面的分析表明，黄河下游游荡型河段的平滩流量 Q_{bf} 与兰州站 $6 \sim 10$ 月径流量占全年径流量的比例 $r_{汛,兰州}$、三门峡站 $6 \sim 10$ 月径流量占全年径流量的比例 $r_{汛,三门峡}$、年引水量 $Q_{w,div}$、全流域水土保持措施面积 $A_{水保}$、全流域面平均年降水量 P_{m} 均有一定的关系。为了深入揭示这些因素对下游游荡型河段的平滩流量的影响，本研究进行了多元回归分析。

首先对黄河下游游荡型河段的平滩流量 Q_{bf} 与兰州站 $6 \sim 10$ 月径流量占全年径流量的比例 $r_{汛,兰州}$、三门峡站 $6 \sim 10$ 月径流量占全年径流量的比例 $r_{汛,三门峡}$、年引水量 $Q_{w,div}$、全流

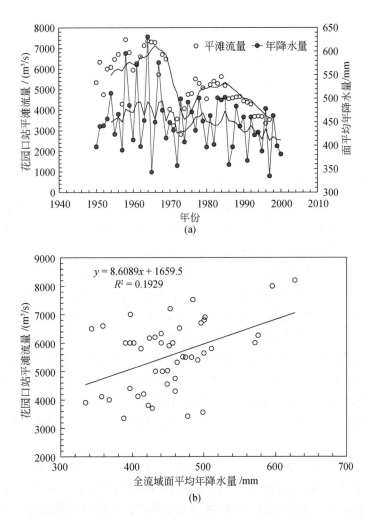

图 10-31　花园口站平滩流量与全流域面平均年降水量随时间变化的比较（a）及
花园口站平滩流量与全流域面平均年降水量的关系（b）

域水土保持措施面积 $A_{水保}$、全流域面平均年降水量 P_m 的相关系数矩阵进行了计算，其结果已列入表 10-6。Q_{bf} 与各因子之间相关系数的显著性均高于 0.01。如本书所指出的，三门峡水库运用方式变化较大，1972 年以后按蓄清排浑方式运用，对洪水径流的调节作用十分有限，故进行多元回归分析时，未考虑这一变量。

表 10-6　黄河下游游荡型河段的平滩流量 Q_{bf} 与兰州站 6～10 月径流量占全年径流量的比例
$r_{汛,兰州}$、三门峡站 6～10 月径流量占全年径流量的比例 $r_{汛,三门峡}$、年引水量 $Q_{w,div}$、全流域
水土保持措施面积 $A_{水保}$、全流域面平均年降水量 P_m 的相关系数矩阵

因子	P_m	$A_{水保}$	$Q_{w,div}$	$r_{汛,兰州}$	$r_{汛,三门峡}$	Q_{bf}
P_m	1.00	−0.28	−0.18	0.43	0.55	0.36
$A_{水保}$	−0.28	1.00	0.56	−0.76	−0.50	−0.62

因子	P_m	$A_{水保}$	$Q_{w,div}$	$r_{汛,兰州}$	$r_{汛,三门峡}$	Q_{bf}
$Q_{w,div}$	-0.18	0.56	1.00	-0.44	-0.41	-0.41
$r_{汛,兰州}$	0.43	-0.76	-0.44	1.00	0.73	0.71
$r_{汛,三门峡}$	0.55	-0.50	-0.41	0.73	1.00	0.46
Q_{bf}	0.36	-0.62	-0.41	0.71	0.46	1.00

本研究以花园口站平滩流量 Q_{bf} 为因变量（以 m^3/s 计），以兰州站 6 ~ 10 月径流量占全年径流量的比例 $r_{汛,兰州}$、年引水量 $Q_{w,div}$（以 $10^8 m^3$ 计）、全流域水土保持措施面积 $A_{水保}$（以 $10^4 hm^2$ 计）、全流域面平均年降水量 P_m（mm）为影响变量，运用 1950 ~ 1996 年共 47 年的资料，经计算后得到如下方程：

$$Q_{bf} = 121.2 - 79.2737 r_{汛,兰州} - 2.1229 Q_{w,div} - 0.4155 A_{水保} + 1.6518 P_m \qquad (10\text{-}3)$$

式中，数据组数 $N = 47$；复相关系数 $R = 0.725$；$R^2 = 0.525$；F 检验结果 $F = 11.614$；显著性概率 $p = 1.94 \times 10^{-6}$；估算值的均方根误差 SE = 906.99。式（10-3）表明，兰州站 6 ~ 10 月径流量占全年径流量的比例越大，平滩流量越小；年引水量越大，平滩流量越小；流域水土保持措施面积越大，平滩流量越小；全流域面平均年降水量越大，平滩流量越大。运用式（10-3），可以粗略估算未来兰州站 6 ~ 10 月径流量占全年径流量的比例、年引水量、流域水土保持措施面积和全流域面平均年降水量发生变化以后，黄河下游游荡型河段平滩流量的变化。然而，$R^2 = 0.525$ 意味着 4 个影响变量只能解释 Q_{bf} 方差的 52.5%，解释能力是有限的。

图 10-32（a）给出了 Q_{bf} 的计算值与实测值的比较，可以看到，数据点是较为分散的。图 10-32（b）点绘了按式（10-3）计算出的残差随时间的变化。本书已经指出，1960 ~ 1964 年三门峡水库处于蓄水运用，下游河道发生冲刷，使平滩流量增大。从图 10-32（b）可以看到，这一时段出现了很大的正残差。1965 ~ 1973 年，三门峡水库处于滞洪排沙运用，下游河道出现"小水带大沙"的不利组合，发生强烈淤积，使平滩流量减小，这一时段出现了很大的负残差。这一情形与黄河下游的冲淤调整有关，与式（10-3）中考虑的流域因素关系不大。为此，本研究在 1950 ~ 1996 年时段中略去 1965 ~ 1973 年的数据，重新建立了如下回归方程：

$$Q_{bf} = 1301.6 - 33.3682 r_{汛,兰州} - 0.2761 Q_{w,div} - 0.8713 A_{水保} + 5.2519 P_m \qquad (10\text{-}4)$$

式中，数据组数 $N = 34$；复相关系数 $R = 0.836$；决定系数 $R^2 = 0.700$；F 检验结果 $F = 16.803$；显著性概率 $p = 3.12 \times 10^{-7}$；计算值的均方根误差 SE = 592.80。与式（10-3）相比，式（10-4）复相关系数、F 值、显著性概率、计算值的均方根误差等统计参数均有所改善。图 10-32（c）给出了式（10-4）计算值与实测值的比较，可以看到式（10-4）计算值与实测值的吻合程度要比式（10-3）高得多。式（10-4）的决定系数 $R^2 = 0.700$ 意味着 4 个影响变量可以解释 Q_{bf} 方差的 70.0%，比式（10-3）的解释能力提高了 17.5 个百分点。

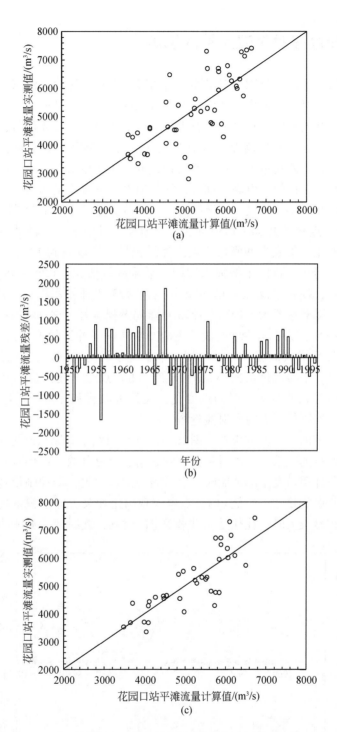

图 10-32　按式（10-3）得到的花园口站平滩流量计算值与实测值的比较（a）、按式（10-3）计算出的残差随时间的变化（b）及按式（10-4）得到的花园口站平滩流量计算值与实测值的比较（c）

五、河道冲淤过程对平滩流量的影响

前面就流域层面上的影响因子对平滩流量的影响进行了讨论。流域因子使得进入黄河下游的来水来沙量及其过程发生了变化，而平滩流量的变化则是河床针对来水来沙量和过程的变化，通过泥沙的冲淤对自身的形态进行调整来实现的。具体而言，通过泥沙在滩地和河槽的冲淤，可以改变滩槽高差，从而改变河床过水断面。主槽冲刷，可以使河槽加深，滩槽高差加大，平滩流量增大；主槽淤积，可以使河槽淤浅，滩槽高差减小，平滩流量减小；滩地淤积，可以使滩槽高差加大，河槽加深，平滩流量增大。由此可见，同样是泥沙淤积，淤积所在的部位不同，对滩槽高差和平滩流量变化的影响是不同的。

图 10-33（a）点绘了 1960～1989 年黄河下游滩地冲淤量、主槽冲淤量和花园口站平滩流量随时间的变化，负值为冲刷量，正值为淤积量，可以看到 1960～1964 年三门峡水库蓄水拦沙，下泄清水，致使主槽强烈冲刷，平滩流量增大；1965～1972 年水库滞洪排沙，主槽发生淤积，使得平滩流量迅速减小。从 1973 年开始水库按蓄清排浑方式运用，不再削减洪峰，漫滩概率增大。1973～1976 年滩地淤积显著，这一时段中平滩流量也持续增大。1980～1985 年，为丰水少沙时段，主槽发生冲刷（冲淤量为负），使得平滩流量持续增大。1985 年以后进入低流量主导时期，中小流量的历时增加，大流量的历时显著减少，主槽淤积明显，平滩流量又减小。图 10-33（b）点绘了花园口站平滩流量和包括滩地、主槽在内的河道总冲淤量随时间的变化，大致可以看到，淤积量增大时平滩流量减小，淤积量减小或冲刷量增大时平滩流量增大。

为了进一步揭示河道冲淤的影响，图 10-34（a）点绘了花园口站历年平滩流量与黄河下游河道当年冲淤量的关系。可以看到，尽管数据点十分分散，但仍有一定的趋势。在左侧，当冲淤量为负即河道发生净冲刷时，点群表现出负相关，即冲刷量越大，平滩流量越大。在右侧，当年淤积量超过 5 亿 t 时，点群表现出正相关，即淤积量越大，平滩流量越大，这是由于淤积量很大时，往往是大洪水发生的时候，此时滩地淤积明显，使滩槽高差

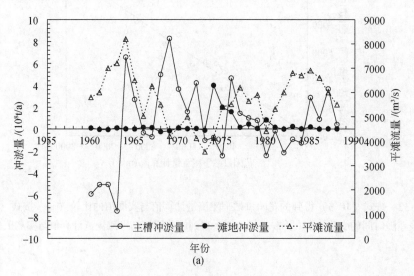

(a)

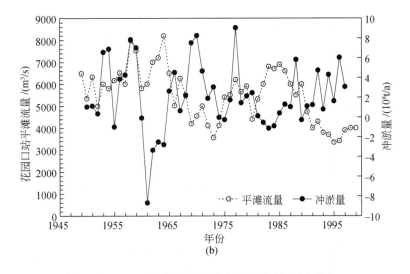

图 10-33　平滩流量和河道冲淤量随时间的变化

（a）花园口站平滩流量和黄河下游滩地冲淤量、主槽冲淤量随时间的变化；

（b）花园口站平滩流量和河道总冲淤量随时间的变化

增大，因而平滩流量增大。在上述两个点群之间，数据点很分散，在总体上形成一个低值区，这是由于在淤积量相对较少时，泥沙主要淤积在主槽中，使得河底淤高，滩槽高差减小，因而平滩流量减小。

虽然黄河下游游荡型河段来沙丰富，造床很快，但泥沙冲淤导致河床形态调整并进而引起平滩流量的变化，并不能在一年中完成，而是需要更长的时间尺度。前一年的冲淤调整，常常对下一年的平滩流量有影响。图 10-34（b）点绘了花园口站历年平滩流量与黄河下游河道前一年的冲淤量的关系。可以看到，数据点分布的趋势与图 10-34（a）相同，但离散程度大大减小。应指出，1958 年发生大洪水，洪峰流量为 22 300m³/s，河道变形很大，故 1958 年的平滩流量仍与当年的冲淤量相联系。为了考察更长时间尺度上的河道冲淤对平滩流量的影响，图 10-34（c）点绘了花园口站历年平滩流量与黄河下游河道前 3 年

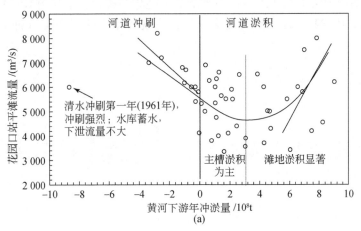

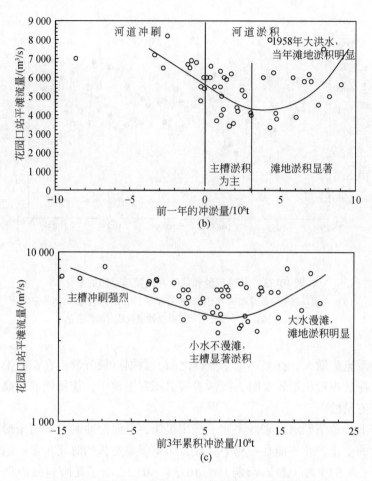

图 10-34　花园口站平滩流量与河道泥沙冲淤量的关系

（a）平滩流量与年冲淤量的关系；（b）平滩流量与前一年冲淤量的关系；（c）平滩流量与前 3 年累积冲淤量的关系

的累积冲淤量的关系。可以看到，数据点分布所表现出的趋势仍然与图 10-34（a）、（b）相同。因此，对图 10-34（b）、（c）中复杂变化趋势的解释，也与图 10-34（a）相同，这里不再赘述。图 10-34 所表现出的变化图形，表现了平滩流量对泥沙冲淤量的复杂响应现象。

第十一章 | 流域–河道耦合关系

在一个流域地貌系统中，流域过程与干流河道河床过程以及河口过程之间存在着很强的耦合关系，表现为如下因果关系链：流域因素变化→流域产流产沙过程变化→河道水沙输入条件改变→河道调整→河口及三角洲演变。就黄河流域地貌系统而言，流域水土保持减沙作用使泥沙减少，下游河道淤积减轻；水土保持减水作用使径流减少，下游河道淤积加重；三门峡、小浪底水库拦沙，使下游河道淤积减轻；龙羊峡水库汛期拦截大量清水径流用于发电，中游多沙粗沙区的高含沙洪水受到稀释的程度减小，使得下游河道淤积加重；人类大量引水，使非汛期冲刷能力减弱。如果再加上在全球增温背景下的气候变化（气温升高、季风强度改变、降水量及其时空分布改变），并考虑因果关系链各环节之间的反馈作用，则情况更为复杂。进入河道的水沙搭配关系及其所决定的河道相对负载、河道所搬运的泥沙数量及粒度特性是决定河道形态调整过程的重要因素，河道输沙功能的变化是河道对流域因素发生响应的重要方面。作者在《黄河河流地貌过程》（许炯心，2012）一书中已涉及流域–河道耦合关系的很多方面。本书第四章就上游宁蒙河段、中游小北干流河段和下游河道的冲淤过程对流域不同来源水沙的响应进行介绍，第六章第七节就黄河下游河床调整对以 Lane 平衡参数来表达的水沙搭配关系变化的响应进行详细的介绍，这些都属于流域–河道耦合关系的范畴。本章基于作者的研究成果，对尚未涉及的黄河上游水沙变异指标、上游悬沙粒径、上游和下游河道输沙功能对流域因素的响应，上游清水来源区来水的稀释效应对下游河道淤积的影响，以及黄河下游二级悬河发育演变进行讨论，以期深化对黄河流域–河道耦合机理的认识。

第一节 黄河上游水沙变异指标及其与流域因素的关系

河道淤积过程的变化与流域水沙变异有直接的关系。如何从众多的水沙变化指标中筛选出对河道沉积影响最大的水沙变异指标；水沙变异指标与流域因素的变化有何关系；怎样通过对流域因素的人为调控来影响这些指标，从而有效地减少淤积、改善河道的状况；都与阐明流域–河道耦合关系密切相关。本研究以位于河口镇以上的黄河上游流域和河道为例，对此进行研究（Yao and Xu, 2013）。黄河上游的位置请参见图 1-1。

一、水沙变异指标的确定

本研究采用的水沙变异指标如下：①来水量和来沙量，包括干流兰州站的年来水量、来沙量及汛期（7~10月）来水量和来沙量，主要支流祖厉河、清水河和十大孔兑的年来水量、来沙量及汛期来水量和来沙量；②兰州站来水量和来沙量的年内分配与变化特征，包括汛期径流量占全年径流量的比例、月径流变差系数（月径流的标准偏差与均值之比）、月径流平方之和、流量变幅（年最大流量与年平均流量之比）；③兰州至头道拐河段来水来沙的搭配关系。黄河上游河道的冲淤主要受到来水来沙搭配关系的控制。如果来沙较多而来水偏少，则河道的相对负载较重，水流动力不能够将来自流域的全部泥沙输移下行，会导致淤积的发生。反之，如果来水较多而来沙偏少，则河道的相对负载较轻，水流动力除搬运来自流域的全部泥沙外还有富余，会导致冲刷的发生。河道的相对负载可以定义为河流来沙量与输沙能力之比。作为一种近似，由于河流输沙集中在汛期，可以用汛期输沙量与汛期径流量的对比关系来表示河流的相对负载。表达汛期输沙量与汛期径流量的对比关系的指标有两种，即汛期来水平均含沙量 $C_{mean,H} = Q_{s,H}/Q_{w,H}$ 和汛期来水平均来沙系数 $\xi = C_{mean,H}/Q_{mean,H}$，$Q_{s,H}$、$Q_{w,H}$ 分别为汛期来沙量和汛期来水量，$Q_{mean,H}$ 为汛期平均流量。汛期来沙量和汛期来水量采用龙羊峡水库下游的汛期来沙量和汛期来水量，包括兰州站及兰州站与头道拐站之间的主要支流（如祖厉河、清水河、十大孔兑）的汛期来沙量和汛期来水量。上述指标也可以称为水沙搭配关系指标。本研究涉及的水文泥沙资料均来自黄河有关水文站，如兰州站、祖厉河靖远站、清水河泉眼山站等。

为了研究水沙变异对河道冲淤的影响，必须获取河道冲淤量的资料。由于黄河上游缺乏系统的、长河段、长时间的河道断面观测资料，本研究运用河段尺度上的泥沙收支平衡原理，基于水文站的输沙资料，运用输沙平衡的方法来计算兰州至头道拐河段的冲淤量（S_{dep}）。具体计算方法与资料来源请参见第四章第一节。

二、流域因素的定量指标

流域因素可以分为流域气候因素和流域人类活动两类。采用的气候指标有两个：①降水量，分别用兰州以上流域年降水量 P_L、兰州至头道拐流域年降水量 P_{LH}、河口镇以上流域年降水量 P_H 来表示；②气温，用兰州以上流域年均气温 T_L 来表示。降水量资料来自水利部黄河水利委员会有关部门，按各区域内所有雨量站的资料加权平均而得到。气温资料来自中国气象局，按研究区内各气象站的资料计算而得到。

人类活动可以分为 3 种类型：①水库调节。以黄河上游干流各水库的总库容（$\sum C_{re}$）与河口镇历年实测径流量（Q_w）之比 R_{re} 为指标（$R_{re} = \sum C_{re}/Q_w$），称为水库对实际径流的调节系数。同时，考虑到黄河上游在水文上具有水沙异源的特性，刘家峡水库、龙羊峡水库只能控制兰州站以上的来沙，不能控制兰州站以下支流的来沙，故水库修建后支流来沙占总来沙的比例增大，因此，将兰州站以下支流来沙占兰州至头道拐河段总来沙的比例 R_s 作为来沙指标 [R_s = 兰州至头道拐河段支流的年沙量/（兰州站年沙量+兰州至头道拐河段支流的年沙量）]。②人类引水。将净引水量（从黄河上游河道中的引水量减去用水后退回河道中的水量）与头道拐站天然年径流量之比 $R_{w,div}$ 作为指标。③水土保持措施。在以往的研究中，一般将梯田林草面积 A_{tfg}、淤地坝淤成的坝地面积 A_c 和梯田、林草和坝地总面积 A_{tfgc} 作为定量表达水土保持减沙效应的指标。水土保持减蚀减沙效应还可以用天然径流系数 C_{nr} 来间接表达。从本质上说，水土保持减蚀减沙效应是通过其对径流的调节作用来实现的。水土保持措施面积越大，则降雨到天然径流的转化率即径流可再生性指标（许炯心，2004b；Xu，2005）越小。土壤溅蚀使坡面土壤分离，分散的土壤物质在坡面径流的作用下向下坡搬运。泥沙进入沟道、河道之后，在沟道、河道径流的作用下继续输运，最后到达流域出口控制断面而表现为流域产沙量。泥沙在沿着坡面、沟道、河道向下运动的过程中，随着径流搬运动力的变化，还可能会发生沉积。显然，上述各个环节都与径流有关。各项水土保持措施（梯田、造林、种草和修筑淤地坝）都会减小径流可再生性指标（许炯心，2004b）。因此，如果用径流可再生性指标来表达水土保持措施的作用，则不但可以使问题简化，而且也能更好地体现水土保持对侵蚀产沙过程减蚀减沙的物理机理。天然径流系数定义为天然径流量与降水量之比，而天然径流量等于实测径流量加上净引水量。

三、对冲淤影响较大的水沙变异指标的确定

本书已列出了对兰州至头道拐河段冲淤量 S_{dep} 有影响的水沙变异指标。本研究计算了 S_{dep} 与这些水沙变异指标的相关系数矩阵，分别列入表 11-1 和表 11-2 中，从表 11-1 和表 11-2 可以看到，相关系数绝对值大于 0.50 的变量只有 3 个，即汛期水库下游来水的平均含沙量、汛期水库下游来水的来沙系数、祖厉河与清水河径流量之和。其中，S_{dep} 与汛期水库下游来水的平均含沙量 C_{mean} 对数值的相关系数为 0.81，决定系数为 0.656；S_{dep} 与汛期水库下游来水的来沙系数 ξ 对数值的相关系数为 0.83，决定系数为 0.689。这意味着，C_{mean} 和 ξ 对数值的变化可以分别解释 S_{dep} 变化的 65.6% 和 68.9%，说明 ξ 和 C_{mean} 的确是对 S_{dep} 影响最大的水沙变异指标。

表 11-1 兰州至头道拐河道淤积量 S_{dep} 与兰州站年径流量 $Q_{w,L}$ 和年输沙量 $Q_{s,L}$，祖厉河、清水河年径流量之和 $Q_{w,ZQ}$、年输沙量之和 $Q_{s,ZQ}$，十大孔兑年来沙量 $Q_{s,SD}$ 之间的相关系数矩阵

因子	$Q_{s,L}$	$Q_{w,L}$	$Q_{s,ZQ}$	$Q_{w,ZQ}$	$Q_{s,SD}$	S_{dep}
$Q_{s,L}$	1.00	0.61	0.53	0.62	0.25	0.17
$Q_{w,L}$	0.61	1.00	0.21	0.18	0.27	−0.43
$Q_{s,ZQ}$	0.53	0.21	1.00	0.86	0.00	0.43
$Q_{w,ZQ}$	0.62	0.18	0.86	1.00	0.01	0.53
$Q_{s,SD}$	0.25	0.27	0.00	0.01	1.00	0.38
S_{dep}	0.17	−0.43	0.43	0.53	0.38	1.00

表 11-2 兰州至头道拐河道淤积量 S_{dep} 与河段汛期平均含沙量 C_{mean}、来沙系数 ξ、兰州站汛期径流量 $Q_{wh,L}$、汛期径流量占全年径流量的比例 R_{wh}、月径流变差系数 C_v、相对流量变幅（Q_{max}/Q，年最大流量与年均流量之比）、月径流平方之和（$\sum Q^2$）的相关系数矩阵

因子	$\ln C_{mean}$	$\ln \xi$	$\ln Q_{wh,L}$	$\ln R_{wh}$	$\ln C_v$	$\ln(Q_{max}/Q)$	$\ln(\sum Q^2)$	S_{dep}
$\ln C_{mean}$	1.00	0.91	−0.37	−0.38	−0.33	−0.06	−0.32	0.81
$\ln \xi$	0.91	1.00	−0.73	−0.70	−0.64	−0.34	−0.69	0.83
$\ln Q_{wh,L}$	−0.37	−0.73	1.00	0.92	0.86	0.65	0.98	−0.50

续表

因子	$\ln C_{\text{mean}}$	$\ln \xi$	$\ln Q_{\text{wh,L}}$	$\ln R_{\text{wh}}$	$\ln C_{\text{v}}$	$\ln (Q_{\text{max}}/Q)$	$\ln (\Sigma Q^2)$	S_{dep}
$\ln R_{\text{wh}}$	−0.38	−0.70	0.92	1.00	0.93	0.76	0.86	−0.49
$\ln C_{\text{v}}$	−0.33	−0.64	0.86	0.93	1.00	0.82	0.82	−0.48
$\ln (Q_{\text{max}}/Q)$	−0.06	−0.34	0.65	0.76	0.82	1.00	0.61	−0.20
$\ln (\Sigma Q^2)$	−0.32	−0.69	0.98	0.86	0.82	0.61	1.00	−0.47
S_{dep}	0.81	0.83	−0.50	−0.49	−0.48	−0.20	−0.47	1.00

注：各影响变量均采用对数值。

图 11-1（a）点绘了河道冲淤量与汛期来水的来沙系数的关系，给出了用对数函数拟合的回归方程，显著性概率 p 小于 0.0001。图 11-1（b）则点绘了河道冲淤量与汛期来水的来沙系数随时间的变化，并按 5 年滑动平均值绘出了拟合线。可以看到，两条拟合线具有较好的同步变化关系，这说明汛期来水的来沙系数是河道冲淤量变化的重要原因。

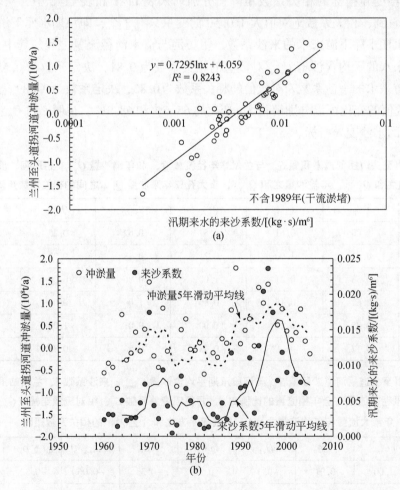

图 11-1　河道冲淤量与汛期来水的来沙系数的关系（a）及河道冲淤量与汛期来水的来沙系数随时间的变化（b）

图 11-2（a）点绘了河道冲淤量与汛期来水平均含沙量的关系，给出了用对数函数拟合的回归方程，显著性概率小于 0.0001。为了对冲淤量与汛期来水平均含沙量的时间变化进行比较，本研究在图 11-2（b）中将这两个变量随时间的变化点绘在同一坐标系中。图 11-2（b）显示，两个变量的年际波动都是很大的。为了更清楚地显示变化趋势，按 5 年滑动平均值绘出了拟合线。可以看到，两条拟合线具有很好的同步变化关系，这说明汛期来水平均含沙量的变化是河道冲淤量变化的重要原因。

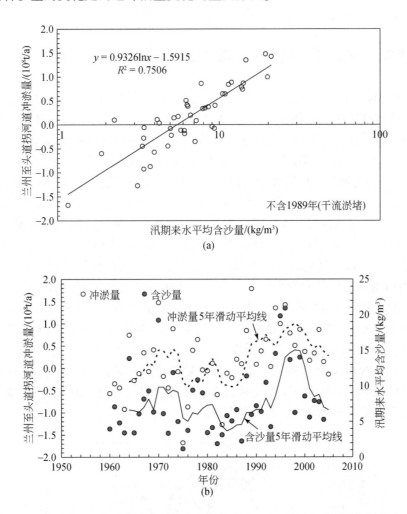

图 11-2　河道冲淤量与汛期来水平均含沙量的关系（a）及河道冲淤量与汛期来水
平均含沙量随时间的变化（b）

应该指出，由于 1989 年 7 月 21 日十大孔兑流域发生了特大暴雨，来自这些流域特别是毛不拉孔兑和西柳沟流域的泥沙堵断了干流，32 天后才完全冲开，导致了河道的强烈淤积，使得 1989 年的淤积量显著偏大。鉴于此，图 11-1（a）、图 11-2（a）中未包括 1989 年的数据。图 11-1（a）和图 11-2（a）中给出的拟合结果显示，冲淤量和汛期来沙系数的决定系数 $R^2 = 0.8243$，冲淤量和汛期平均含沙量的决定系数 $R^2 = 0.7506$，意味着 ξ

和 C_{mean} 分别能解释 S_{dep} 变化的 82.43% 和 75.06% ，这说明 ξ 和 C_{mean} 的确是对 S_{dep} 影响最大的水沙变异指标。吴保生和申冠卿（2008）依据前人研究成果对来沙系数的物理意义进行了全面的探讨，认为来沙系数虽然只是一个经验参数，但它具有丰富的实际物理意义。本节的研究也表明，在 ξ 和 C_{mean} 两个指标中，前一个变量对所研究河段冲淤量变化的解释能力要高于后一个变量。鉴于此，本研究选定汛期来水的来沙系数 ξ 为对冲淤影响最大的水沙变异指标。研究流域因子对汛期来水的来沙系数的影响，确定对汛期来水的来沙系数影响最大和较大的流域因素，可以为提出减少河道淤积的措施提供决策参考。

四、冲淤量、来沙系数和含沙量随时间变化的突变点

作者运用 Mann-Kendall 分析对冲淤量、汛期来沙系数和含沙量变化的突变性进行了研究。兰州站输沙量正序列 U 值曲线［图 11-3（a）］显示，1960~1970 年该曲线上升，说明淤积量增大。在这一时段中，汛期来沙系数和含沙量的正序列 U 值曲线［图 11-3（b）、图 11-3（c）］均上升，说明汛期来沙系数和含沙量的增大导致了河道淤积的增强。1970~1985 年，冲淤量、汛期来沙系数和含沙量正序列 U 值曲线均下降，这显然与 1969 年刘家峡水库蓄水拦沙有关。刘家峡水库大量拦沙，使兰州站来沙量减小，但其库容较小，对汛期流量的削减幅度不大，因而兰州站来沙减小的效应超过汛期流量减小的效应，使得汛期来沙系数和含沙量减小，进而使河道冲淤量减小。图 11-3（a）、（b）和（c）显示，1986 年，冲淤量、汛期来沙系数和含沙量正序列 U 值曲线又开始上升，这显然与龙羊峡水库 1986 建成后年蓄水发电有关。作为一个库容巨大的多年调节水库，龙羊峡水库每年汛期开始之后就大量拦蓄洪水，使兰州站汛期流量减小，不能稀释兰州站以下的支流来沙，导致汛期来沙系数和含沙量的增大，进而使河道淤积量增大。图 11-3（a）、（b）和（c）分别显示，冲淤量正序列和逆序列 U 值曲线相交于 1985 年，汛期来沙系数正序列和逆序列 U 值曲线相交于 1988 年，汛期含沙量正序列和逆序列 U 值曲线也相交于 1988 年，这 3 个交点均位于两条临界线（对应置信度为 0.05）之间，说明这 3 个交点都是突变点，其形成都与龙羊峡水库的建成蓄水有关。

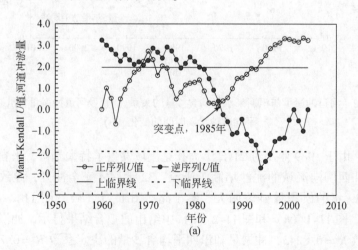

(a)

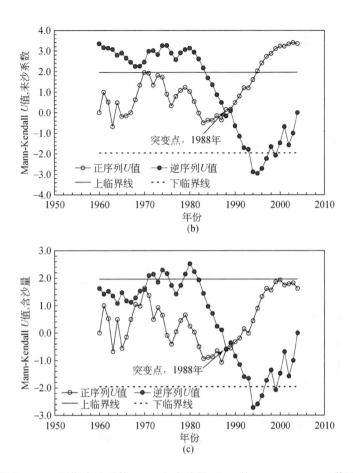

图 11-3　冲淤量（a）、汛期来沙系数（b）和含沙量（c）的 Mann-Kendall U 值随时间的变化

　　为了进一步对冲淤量、汛期来沙系数和含沙量的正序列 U 值随时间的变化进行比较，本研究将 3 条曲线点绘在同一个坐标系中［图 11-4（a）］，可以看到其具有很好的变化同步性。图 11-4（b）点绘了冲淤量和汛期来沙系数正序列 U 值的关系，图 11-4（c）则点绘了冲淤量和汛期含沙量正序列 U 值的关系，两个关系都具有很高的相关性，决定系数 R^2 分别为 0.8512 和 0.7461，显著性概率远远小于 0.0001，这进一步说明它们之间的同步性是很好的。

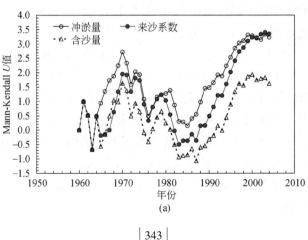

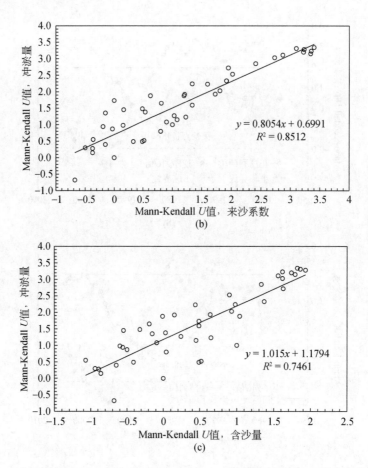

图 11-4 冲淤量、汛期来沙系数和含沙量正序列 U 值的比较

（a）冲淤量、汛期来沙系数和含沙量的正序列 U 值随时间的变化；（b）冲淤量和汛期来沙系数
正序列 U 值的关系；（c）冲淤量和汛期含沙量正序列 U 值的关系

五、影响水沙变异的流域因素及其时间变化

本书已经对影响水沙变异的流域因素（包括流域气候因素和人类活动）进行了讨论，并引入了一系列的定量指标。气候因素包括兰州以上流域年降水量 P_L、兰州到河口镇流域年降水量 P_{LH}、兰州以上流域年均气温 T_L。人类活动包括水库调节、人类引水和水土保持等方面。以黄河上游干流各水库的总库容（$\sum C_{re}$）与河口镇历年实测径流量（Q_w）之比 R_{re} 为水库对径流调节作用的指标，称为水库对实际径流的调节系数（R_{re}）。同时，还以支流来沙占兰州至头道拐河段总来沙的比例 R_s 来表示龙羊峡水库、刘家峡水库对泥沙的调节作用。以净引水量（$Q_{w,div}$）（即从黄河上游河道中的引水量减去用水后退回河道中的水量）与天然径流量之比为指标，表达人类引水的影响。以天然径流系数 C_{nr} 来间接表达水土保持措施对流域产流产沙的影响。上述各项流域因素指标随时间的变化已经分别点绘在图 11-5 和图 11-6 中。

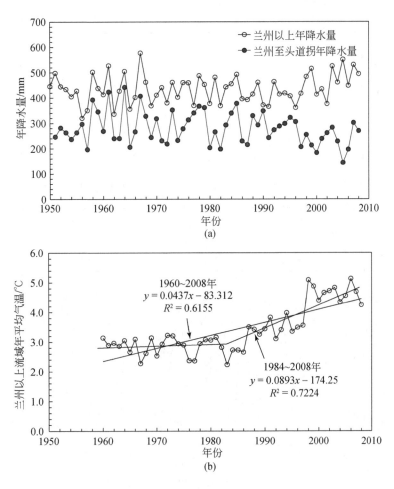

图 11-5　气候因素随时间的变化

（a）流域降水量的变化；（b）流域气温的变化

图 11-5 显示，兰州以上流域年降水量 P_L、兰州到头道拐年降水量在总体上没有明显的变化趋势，它们与时间的相关系数平方 R^2 分别仅为 0.026 30、0.057 20，显著性概率均大于 0.10。1960～2008 年，兰州以上流域年均气温在总体上具有显著增大趋势，R^2 为 0.6155，显著性概率远远小于 0.001。仔细观察可知，上述时期可以分为两个时段，1960～1983 年，气温变化不大；1984～2008 年，气温呈显著上升趋势，R^2 为 0.7224，显著性概率远远小于 0.001。

水库的调节包括对径流的调节和对泥沙的调节。图 11-6（a）显示，水库对径流的调节作用显著增强，水库对实际径流的调节系数与时间的决定系数 $R^2 = 0.7472$，显著性概率远远小于 0.01。仔细观察可见，变化曲线有两个明显的转折点：一个位于 1969 年，与刘家峡水库的建成蓄水有关；另一个位于 1985 年，与龙羊峡水库的建成蓄水有关。图 11-6（b）显示，支流来沙占河段总来沙的比例有明显的增大趋势，决定系数 $R^2 = 0.2592$，显著性概率小于 0.01。本书已指出，黄河上游具有水沙异源特性，兰州至头道拐河段的径流量中，有 95% 来自兰州以上流域，只有 5% 来自兰州至头道拐河段的支流；而该河段的来沙

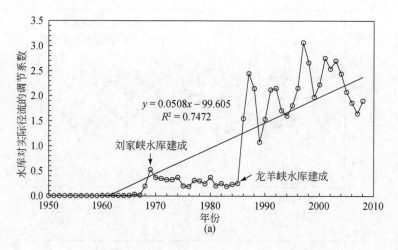

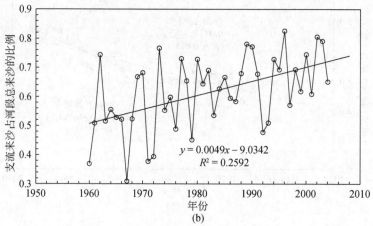

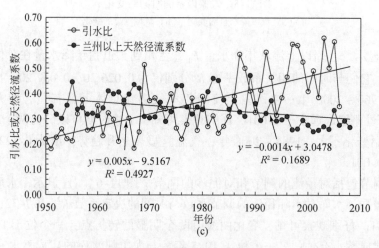

图 11-6 人类活动的时间变化

（a）水库对实际径流调节系数的变化；（b）支流来沙占河段总来沙比例的变化；
（c）人类引水比和天然径流系数的变化

量中，有 46.0% 来自兰州以上流域，有 54.0% 来自兰州以下支流。兰州以上的水库如龙羊峡水库、刘家峡水库，主要用于蓄水发电，拦截了大部分泥沙，但水库以下支流泥沙减少的幅度不大，因而支流来沙占河段总来沙的比例增大。这一因素对兰州至头道拐河段的水沙变异和冲淤动态有很大的影响。

图 11-6（c）显示，引水比随时间而增大，决定系数 $R^2 = 0.4927$，显著性概率小于 0.01；天然径流系数随时间而减小，决定系数 $R^2 = 0.1689$，显著性概率也小于 0.01。这说明，人类引水对径流的减少作用不断增强。如前所述，天然径流系数的减小意味着流域蒸发蒸腾作用的增强，这一方面与水土保持的加强有关，另一方面也与流域气温升高有关。

六、流域因素对水沙变异指标影响的评价

很显然，气候因素和人类活动的变化会通过对流域产流、产沙和输沙过程的影响，使得所研究河段的来水、来沙发生变异，并进而影响河道泥沙的冲淤过程。本书已经确定，ξ 是对 S_{dep} 影响最大的水沙变异指标。本研究将通过对相关系数和决定系数的分析，来阐明流域因素对水沙变异的影响。

本研究以汛期来水的来沙系数 ξ 为因变量，以兰州以上流域年降水量 P_L、兰州至头道拐流域年降水量 P_{LH}、兰州以上年均气温 T_L、水库对实际径流的调节系数 R_{re}、头道拐以上引水比 $R_{w,div}$、兰州以上天然径流系数 C_{nr}、水库下游来沙占总来沙的比例 R_s 为影响因素指标，计算了 $\ln\xi$ 与各影响变量之间的相关系数矩阵，见表 11-3。表 11-3 显示，P_L 和 P_{LH} 与 $\ln\xi$ 的相关系数很低，其余影响变量与 $\ln\xi$ 的相关系数的显著性概率均小于 0.01。

表 11-3 $\ln\xi$ 与各影响变量之间的相关系数矩阵

因子	P_L	P_{LH}	T_L	R_{re}	C_{nr}	$R_{w,div}$	R_s	$\ln\xi$
P_L	1	0.52	0.06	-0.08	0.07	-0.13	-0.3	-0.09
P_{LH}	0.52	1	-0.36	-0.35	0.21	-0.51	-0.07	0.09
T_L	0.06	-0.36	1	0.79	-0.69	0.67	0.42	0.45
R_{re}	-0.08	-0.35	0.79	1	-0.67	0.81	0.4	0.59
C_{nr}	0.07	0.21	-0.69	-0.67	1	-0.67	-0.29	-0.73
$R_{w,div}$	-0.13	-0.51	0.67	0.81	-0.67	1	0.3	0.51
R_s	-0.3	-0.07	0.42	0.4	-0.29	0.3	1	0.41
$\ln\xi$	-0.09	0.09	0.45	0.59	-0.73	0.51	0.41	1

除采用相关系数外，本研究还采用了决定系数作为指标。决定系数在统计上表示因变量的方差中能够被影响变量的变化解释的比例。为了对所涉及的 7 个流域因素对 $\ln\xi$ 影响大小进行评价，本研究对它们之间的相关系数和决定系数进行了比较，并按大小进行了排序，见表 11-4。由表 11-4 可知，按照相关系数和决定系数排序，对 $\ln\xi$ 的影响排在前 3 位的影响变量分别为兰州以上天然径流系数、水库对实际径流的调节系数、头道拐以上引水

比，都是与人类活动有关的指标，它们对 $\ln\xi$ 的解释率分别为 52.9%、35.3%、26.2%。3 个气候因素（T_L、P_L、P_{LH}）都排在第三位以后，其中气温影响较为显著，对 $\ln\xi$ 的解释率为 20.1%，排在第四位；两个降水指标对 $\ln\xi$ 的影响很小，对 $\ln\xi$ 的解释率不到 1%，都未通过 $p=0.05$ 的显著性检验。

表 11-4　$\ln\xi$ 与各影响变量之间的相关系数与决定系数的比较

项目	T_L	P_L	P_{LH}	C_{nr}	R_{re}	$R_{w,div}$	R_s
$\ln\xi$ 与某一影响变量之间相关系数	0.448	−0.088	0.085	−0.727	0.594	0.512	0.414
$\ln\xi$ 与某一影响变量之间决定系数	0.201	0.008	0.007	0.529	0.353	0.262	0.171
排序	4	6	7	1	2	3	5

天然径流系数反映了河流径流的可再生能力。兰州以上是黄河径流的主要来源区。图 11-7（a）点绘了兰州以上流域天然径流系数随时间的变化，并给出了线性拟合方程和拟合直线。可以看到，在总体上天然径流系数呈减小的趋势，从 1985 年后减小趋势更为明显，减小的速率（拟合直线的斜率）也更大。这种减小除与流域气温的升高、蒸发的增强有关外，主要是流域内人类活动导致的流域土地利用、土地覆被变化和水土保持措施的实施造成的。据调查，在气温升高的背景下，由于过度放牧，黄河源区 20 世纪 80~90 年代年均草原退化速率比 70~80 年代增加了 3 倍多。土地荒漠化的年均增加速率由 70~80 年代的 3.9% 剧增至 80~90 年代的 11.8%~20%，并呈逐年加快趋势。共和盆地是土地荒漠化速度最快的区域，年均增加 2.8%。截至 2005 年，黄河源区中度以上退化草场面积近 7.33 万 km²，占草场总面积的 78%。黄河源头第一县玛多县草地退化 1.61 万 km²，约占全县草地面积的 83%。由于黄河源区植被大面积破坏，水土流失日益严重，黄河源区水源涵养调节功能明显下降，湿地缩小、湖泊萎缩、径流减少。黄河源区许多小湖泊消失或成为盐沼地，湿地变为旱草滩（周月鲁，2005）。同时，在水土流失严重的地区，修筑梯田、

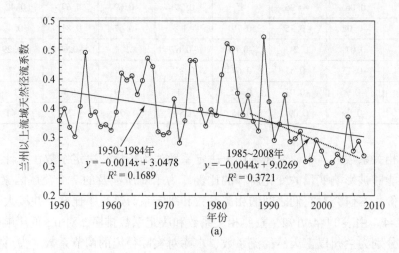

(a)

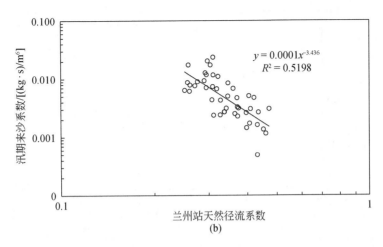

图 11-7　兰州以上流域的天然径流系数随时间的变化（a）及汛期来沙系数与天然径流
系数的相关关系（b）

造林种草、修建淤地坝等水土保持措施的实施也减小了径流系数。黄河上游径流可再生能力的减弱使得天然径流减少，进而导致 $\ln\xi$ 的增大，使得来沙系数与天然径流系数之间出现显著的（$p<0.001$）负相关关系［图 11-7（b）］。

图 11-8（a）点绘了水库对实际径流的调节系数随时间的变化，呈现出显著的增大趋势。图 11-8（a）有两个明显的转折点，分别对应于刘家峡水库的建成蓄水和龙羊峡水库的建成蓄水。为了便于比较，叠加了汛期来水的来沙系数时间变化的 5 年滑动曲线。可以看到，1986 年龙羊峡水库建成蓄水后，为了发电的需要，每年汛期拦截了大量径流，以保证增大非汛期下泄的流量。但所拦截的泥沙量占兰州至头道拐河段总来沙量的比例却很小，因为龙羊峡水库上游流域来沙量很少。采用 1986 ~ 2005 年输沙资料，按沙量平衡法计算，龙羊峡水库库区淤积泥沙为 4 亿 t 左右，每年拦截泥沙平均为 2100 万 t，只占兰州至头道拐河段同期来沙量的 15.2%，所以龙羊峡水库对汛期径流的削减效应远远超过对泥沙的削减效应，故 ξ 呈增大趋势。同时还可以看到，刘家峡水库 1968 年建成蓄水后，

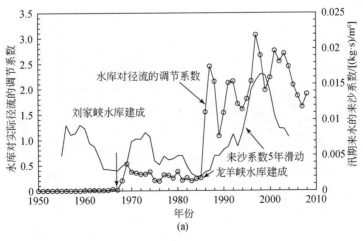

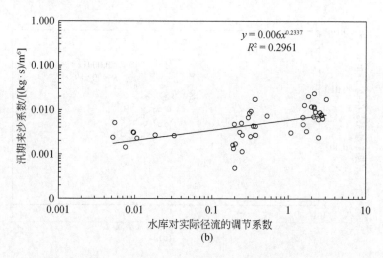

(b)

图 11-8　水库对实际径流的调节系数和 5 年滑动平均汛期来沙系数随时间的变化（a）
及水库对实际径流的调节系数和汛期来沙系数的关系（b）

1970~1985 年，ξ 呈减小趋势，这是因为刘家峡水库拦截了大量的泥沙，但其库容较小，对汛期径流的拦截量较少，所以对汛期泥沙的削减效应远远超过对汛期径流的削减效应，故 ξ 呈减小趋势。从总体趋势上看，水库对实际径流的调节系数是增大的，而 ξ 是减小的，因而两者之间具有正相关关系［图 11-8（b）］。

黄河上游宁夏–内蒙古平原为我国重要的灌溉农业区，引水量大，引水量占年天然径流量的比例也大，而且汛期引水量也很大，对年径流量和汛期径流量的影响是很大的。图 11-9（a）显示，黄河上游头道拐以上流域的年净引水量及净引水比均随时间延长而增大。汛期引水会导致汛期径流量减小，因而使得汛期来沙系数增大。图 11-9（b）点绘的汛期来沙系数与年净引水比之间的正相关关系证明了这一点。

本书已指出，来沙系数与降水量的相关系数很小，对此可以解释如下。图 11-10（a）分别点绘了兰州站的年来沙量、年径流量与流域年降水量之间的关系，图 11-10（b）则分别点绘了兰州至头道拐之间支流（祖厉河、清水河、十大孔兑）的年来沙量和年径流量

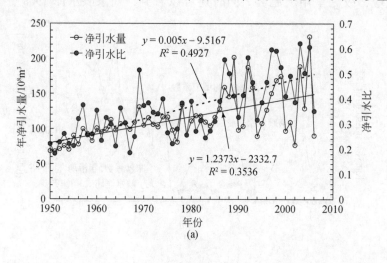

(a)

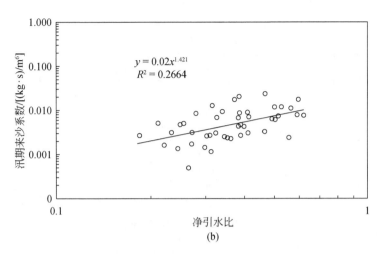

图 11-9 黄河上游头道拐以上流域的年净引水量和净引水比随时间的变化（a）
及汛期来沙系数和净引水比的关系（b）

与流域年降水量的关系，均表现出正相关（$p<0.01$）。图 11-10（b）给出了幂函数回归方程，由于兰州站来沙、来水受到龙羊峡、刘家峡等水库的调节，因此年来沙量、年径流量与年降水量之间相关系数不是很高，但仍然在 $p=0.01$ 的水平上是显著的。按照定义，来沙系数与来沙量呈正相关，与径流量呈负相关，当降水量增加时，径流量与来沙量均增加，前者将导致来沙系数的增大，后者将导致来沙系数的减小。二者的效应在一定程度上抵消，因而使得来沙系数的变化对降水量的变化响应不敏感，相关系数也相应较低。

七、流域因素对水沙变异指标影响的综合评价

各影响变量之间的相关系数已列入表 11-3。由于某些影响变量存在较明显的相关性（表 11-3），进行一般的多元回归分析是不可取的，本研究转而采用偏最小二乘回归法建立统计模型，就流域因素对水沙变异指标 $\ln\xi$ 的影响进行综合评价。偏最小二乘回归法是

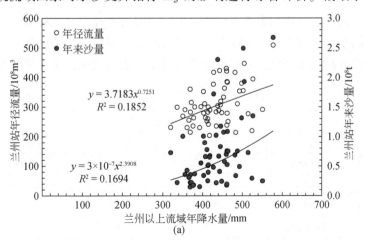

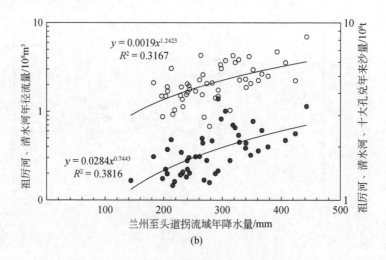

(b)

图 11-10 兰州站的年来沙量、年径流量与流域年降水量之间的关系（a）及祖厉河、清水河、
十大孔兑的年来沙量和祖厉河、清水河的年径流量与流域年降水量的关系（b）

一种新型的多元统计数据分析方法，偏最小二乘回归法集主成分分析、典型相关分析和多元线性回归分析 3 种分析方法的优点于一身，当各变量内部高度线性相关时，用偏最小二乘回归法更有效。为了解决各自变量间的高度线性相关问题，对原变量进行变换，得到一组由原变量的线性组合构成的、彼此不相关的新变量［主成分（component）或称为预报因子（predictor）］，然后基于一组预报因子进行最小二乘回归分析，得到预报模型。由于两个降水变量与 $\ln\xi$ 的相关系数很低（$p > 0.10$），本研究采用其余 5 个流域因素指标 T_L、R_{re}、C_{nr}、$R_{w,div}$、R_s 进行分析。所得到的结果已经列入表 11-5 ~ 表 11-8。表 11-6 显示，预报因子 1 和 2 对 $\ln\xi$ 变化的决定系数 R^2 分别为 0.467 346 和 0.156 023，二者累积为 0.623 369。预报因子 1 和 2 对 $\ln\xi$ 变化的决定系数都较高。因此，取预报因子 1 和 2 进行偏最小二乘回归，建立回归方程。回归方程中各个影响变量的回归系数见表 11-8，$\ln\xi$ 计算值与实测值的比较见图 11-11。以各影响变量回归系数绝对值的大小表示其对 $\ln\xi$ 变化的贡献率，排序结果为：①C_{nr}；②R_s；③T_L；④R_{re}；⑤$R_{w,div}$。可见，在扣除了各个影响变量间相互影响的情况下和流域降水量基本不变的背景下，流域天然径流系数的减小所导致的径流减少是水沙变异的第一位因素，兰州以下来沙量占总来沙量比例的增高居第二位，全球增温导致的流域气温升高居第三位，水库调节作用的增强居第四位，引水量的增大居第五位。

表 11-5　基于影响变量生成的预报因子

项目	预报因子中各个影响变量的系数				
	T_L	R_{re}	C_{nr}	$R_{w,div}$	R_s
预报因子　1	0.363 666	0.482 437	−0.590 52	0.415 996	0.336 499
预报因子　2	−0.587 59	−0.034 2	−0.726 94	−0.248 56	0.251 679
预报因子　3	−0.530 12	0.642 51	−0.210 57	−0.028 15	−0.510 9
预报因子　4	−0.421 39	0.791 057	0.226 844	−0.316 85	0.211 677

项目	预报因子中各个影响变量的系数				
	T_L	R_{re}	C_{nr}	$R_{w,div}$	R_s
预报因子 5	0.374 6	0.351 6	−0.177 47	−0.820 93	−0.175

表 11-6　$\ln\xi$ 对各预报因子的响应

项目	预报因子对 $\ln\xi$ 变化的决定系数 R^2 值	R^2 的累积值
预报因子 1	0.467 346	0.467 346
预报因子 2	0.156 023	0.623 369
预报因子 3	0.013 397	0.636 766
预报因子 4	0.007 682	0.644 448
预报因子 5	0.000 58	0.645 028

表 11-7　各个影响变量在预报因子中的载荷

项目	预报因子中各个变量的系数				
	T_L	R_{re}	C_{nr}	$R_{w,div}$	R_s
预报因子 1	0.485 451	0.505 039	−0.474 85	0.476 33	0.300 891
预报因子 2	−0.552 93	−0.359 17	−0.649 44	−0.352 97	0.409 163
预报因子 3	−0.281 74	0.359 558	−0.285 47	0.324 414	−1.113 03
预报因子 4	−0.336 99	0.593 826	0.613 885	−0.214 46	0.855 262
预报因子 5	0.553 138	0.123 146	−0.271 13	−0.798 23	−0.263 35

表 11-8　各个影响变量的回归系数

项目	预报因子中各个影响变量的回归系数				
	T_L	R_{re}	C_{nr}	$R_{w,div}$	R_s
$\ln\xi$	−0.229 38	0.132 821	−0.613 48	−0.013 96	0.254 241
按绝对值排序位序	3	4	1	5	2

八、应用意义

基于上述研究成果，针对通过流域管理来调控水沙变化，进而减缓河道淤积提出了对策建议：第一，增大汛期流量。这可以通过调整龙羊峡水库的运用方式来实现，即减少对汛期洪水的拦截，增大兰州以下河段的汛期流量，以减小兰州以下河段的汛期来沙系数，从而减轻河道淤积。第二，减少汛期引水量，以增加汛期流量，减小汛期来沙系数，从而减轻河道淤积。为了使农业生产不受很大影响，可以通过加强农业节水灌溉技术，包括减小渠系输水渗漏损失的技术、提高灌溉水利用效率的技术，在不降低农业产出的前提下，

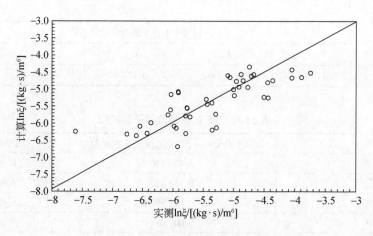

图 11-11 $\ln\xi$ 计算值与实测值的比较

实现净引水量的减少。第三，采用节水型水土保持措施，在减轻土壤侵蚀的同时，尽量削减对地表径流的减少量，使径流系数的减小保持在可以接受的限度内，从而增大河道流量，减小来沙系数，减轻河道淤积。

第二节 黄河上游和下游河道输沙功能变化对流域因素的响应

一、河道输沙功能的内涵

河流系统是一个开放系统，具有多种功能（Knighton，1998），包括生态功能、水资源功能、行洪功能、输沙功能、航运功能、环境美学功能等。对于黄河这样的多泥沙河流而言，输沙功能的研究具有重要意义。按流域系统理论，一个完整的河流系统可分为产流产沙带、输沙带和沉积带 3 个子系统（Schumm，1977），泥沙输移是输沙带最主要的功能。作者将河道输沙功能定义为某一河道在宏观意义上输送泥沙的能力。河道输沙功能的水力学基础是河道水流挟沙能力，输沙功能和水流挟沙能力之间既有联系又有区别。水流挟沙能力是针对某一断面而言的，是指当满足输沙平衡条件即挟沙水流达到饱和时，挟沙水流的床沙质含沙量。挟沙能力与表达水流强度的变量（如水流切应力、流速、能量消耗率等）和表达泥沙特性的变量（如泥沙粒径及其组成、泥沙沉速）之间具有函数关系，这一函数关系主要反映水流的微观水力学和泥沙动力学行为。河道输沙功能则是宏观意义上的，它不是针对一个断面，而是针对一个河段甚至整个下游河道；它也不要求满足输沙平衡条件，因为在天然情况下，河道可以是平衡的或非平衡的（包括淤积的和冲刷的），在不同情形下的河道都具有输沙功能（许炯心，2004d）。

河道水流的水力学特性是变化不定的，不仅有显著的季节性变化，而且在同一次洪水过程中，从涨水到落水会经历十分剧烈的变化。因此，要以水流的水力学特性来定义河道的输沙功能，存在一定困难。在地貌学上，常常用某一过程所产生的效应，来对这一过程进行度量。因此，本研究以一个河道为单元，从泥沙收支平衡的概念出发，来定义河道的输沙功能。

设某一河道除干流外，还包括若干支流，干流进口控制站的全沙年输沙量为 $Q_{s,i}$，干流出口站的全沙年输沙量为 $Q_{s,o}$，各支流汇入的年沙量为 $Q_{s,t1}, Q_{s,t2}, \cdots$，其和为 $\sum Q_{s,t}$。按沙量收支平衡概念，可有

$$Q_{s,i} + \sum Q_{s,t} = Q_{s,o} + Q_{s,d} \tag{11-1}$$

式中，$Q_{s,d}$ 为该河段的年沉积量（以正值表示）或年冲刷量（以负值表示）。由式（11-1）得

$$\frac{Q_{s,o}}{Q_{s,i} + \sum Q_{s,t}} = 1 - \frac{Q_{s,d}}{Q_{s,i} + \sum Q_{s,t}} \tag{11-2}$$

以式（11-2）左端来定义河道输沙功能，称为输沙功能指标，以 F_s 来代表，它表示某河道的输出泥沙量与进入该河道的泥沙总量之比。很显然，F_s 即为地貌学意义上的河道泥沙输移比，或泥沙工作者习惯上采用的术语河道排沙比。若只考虑淤积的情况，则式（11-2）右端第二项即为河道泥沙的淤积比，它反映河道泥沙沉积汇（sediment sink）中的沉积量占来沙量的比例。

引入上述定量指标，可以反映河道的平衡或非平衡状况。若 $F_s > 1$，则河道处于冲刷状态；若 $F_s = 1$，则河道处于平衡状态；若 $F_s < 1$，则河道处于淤积状态。同时，河道输沙功能指标还反映了河道输送泥沙的效率，此值越大，则输沙效率越高。若不考虑冲刷的情况，则 F_s 越接近 1.0，说明河道输送泥沙的效率越高。进入河道的泥沙量反映了河流负载的大小，输出河道的泥沙量则反映了河道输沙能力的大小，故 F_s 也是一个衡量河道负载与输沙能力对比关系的指标。河道的负载取决于流域的侵蚀产沙；河道的输沙能力取决于来自流域的径流量及其时间过程，同时还与河道自身的形态特性有关。对于冲积性河道而言，其自身的形态特性也是河道针对来水量和来沙量进行长期自动调整之后形成的，因而归根到底也取决于流域的特性。因此，河道输沙功能及其变化能够很好地体现流域–河道耦合关系。本节着眼于流域–河道耦合关系，分别讨论黄河上游和下游河道输沙功能对流域因素变化的响应过程（许炯心，2004d；Xu，2015e）。

二、黄河上游河道的输沙功能

（一）黄河上游河道的输沙功能指标随时间的变化

图 11-12（a）点绘了兰州至头道拐河段的输沙功能指标 F_s 随时间的变化，并给出了线性拟合方程、决定系数。显著性概率 $p = 0.000\,009$，这意味着在总体上 F_s 随时间而减小的趋势是很显著的。还可以看到，1960～1980 年，尽管输沙功能指标波动很大，但总体上减小的趋势不明显。1986 年以后，发生了阶梯式减小。为了进一步揭示输沙功能指标的变化趋势，本研究运用 Mann-Kendall 方法对 F_s 变化的趋势进行了研究。图 11-12（b）显示

基于正序列和逆序列的 F_s 数据所计算出的 Mann-Kendall U 值随时间的变化。正序列 U 值（曲线 C_1）随时间的变化显示 F_s 的变化趋势。从总体上看，正序列 U 值是下降的，与图 11-12（a）中的趋势是一致的。除此之外，Mann-Kendall U 值的变化可以反映变化趋势的改变和突变。可以看到，正序列 U 值曲线和逆序列 U 值曲线在 1986 年有一个交点，且交点位于两条临界线之间，故 1986 年是一个突变点。此外，曲线 C_1 还显示出一个转折点，位于 1974 年。1986 年是龙羊峡水库开始蓄水的时间，1974 年是刘家峡水库建成后 5 个机组开始同时发电的时间。可见，输沙功能的变化与水库修建和运行有密切的关系。

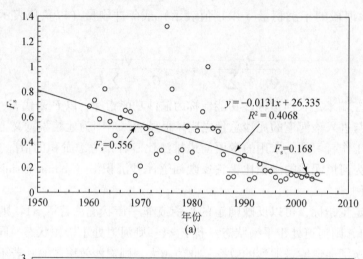

(a)

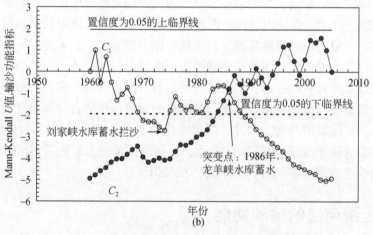

(b)

图 11-12　兰州至头道拐河段的输沙功能指标 F_s 随时间的变化（a）
及 F_s 的 Mann-Kendall U 值随时间的变化（b）

（二）黄河上游河道的输沙功能指标对流域因素变化的响应

自 1960 年以来，兰州至头道拐河段的输沙功能明显减弱，这会导致河道的淤积，从而给防洪带来很大的压力。为此，必须研究输沙功能与影响因素的关系，从而为通过对流域人类活动的调控来增强河道输沙功能提供依据。本书已经指出，黄河上游的流域因素可以用兰州以上流域年降水量 P_m（mm）、年均气温 T（℃）、水库对实际径流的调节系数 R_{re}、兰州以上天然径流系数 C_{nr}、头道拐以上净引水比 R_{div} 和水土保持措施面积 A_{wsc} 来表示。受观测年限与资料可获得性的限制，各个变量数据的时间范围不同，年降水量的年限为 1950～2005 年，年均气温的年限为 1955～2005 年，水土保持措施面积和水库对实际径流的调节系数的年限为 1950～1997 年，F_s、引水比、天然径流系数的年限为 1960～2005 年。各项数据的重合年限为 1960～1997 年，共 38 年。图 11-13（a）～（f）分别点绘了输沙功能指标与这 6 个流域因素的关系。图 11-13（a）中按 1950～1997 年和 1998～2005 年两个时段分别点绘了输沙功能指标和年降水量的关系。前一时段中，输沙功能指标与年降水量呈正相关，$p<0.05$；后一时段中二者的相关关系不明显。输沙功能指标与其余 5 个变量的相关关系都是很显著的，p 都小于 0.001。

为了建立输沙功能指标与 6 个流域因素的定量关系，本研究基于重合时段（1960～1997 年）38 年的数据进行了多元回归分析。$\ln F_s$ 与各个流域因素对数值之间的相关系数矩阵见表 11-9。

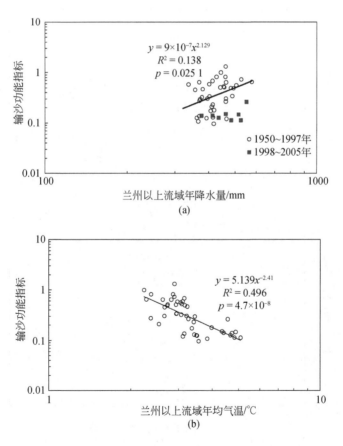

(a)

(b)

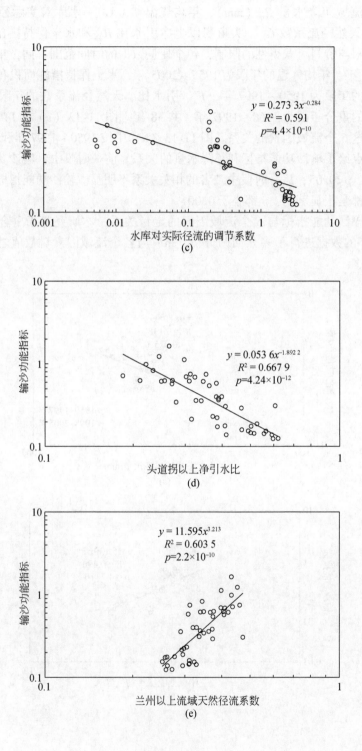

$y = 0.273\ 3x^{-0.284}$
$R^2 = 0.591$
$p = 4.4 \times 10^{-10}$

水库对实际径流的调节系数

(c)

$y = 0.053\ 6x^{-1.892\ 2}$
$R^2 = 0.667\ 9$
$p = 4.24 \times 10^{-12}$

头道拐以上净引水比

(d)

$y = 11.595x^{3.213}$
$R^2 = 0.603\ 5$
$p = 2.2 \times 10^{-10}$

兰州以上流域天然径流系数

(e)

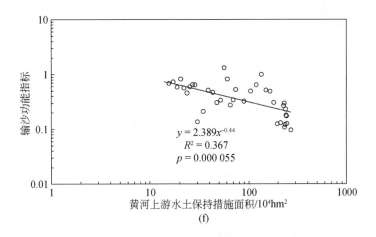

图 11-13　兰州至头道拐河段的输沙功能指标 F_s 与流域因素的关系

（a）F_s 与年降水量的关系；（b）F_s 与年均气温的关系；（c）F_s 与水库对实际径流的调节系数的关系；

（d）F_s 与净引水比的关系；（e）F_s 与天然径流系数的关系；（f）F_s 与水土保持措施面积的关系

表 11-9　$\ln F_s$ 与各个流域因素对数值之间的相关系数矩阵

因子	$\ln P_m$	$\ln T$	$\ln R_{re}$	$\ln C_{nr}$	$\ln R_{div}$	A_{wsc}	$\ln F_s$
$\ln P_m$	1.000	−0.303	−0.246	0.026	0.216	−0.145	0.372
$\ln T$	−0.303	1.000	0.451	0.308	−0.534	0.439	−0.622
$\ln R_{re}$	−0.246	0.451	1.000	0.486	−0.419	0.869	−0.734
$\ln C_{nr}$	0.026	0.308	0.486	1.000	−0.035	0.476	−0.460
$\ln R_{div}$	0.216	−0.534	−0.419	−0.035	1.000	−0.234	0.705
A_{wsc}	−0.145	0.439	0.869	0.476	−0.234	1.000	−0.606
$\ln F_s$	0.372	−0.622	−0.734	−0.460	0.705	−0.606	1.000

注：资料年限为 1960～1997 年。

以各变量重合时段 1960～1997 年的资料为基础，经计算建立了如下回归方程

$$F_s = 1.202 P_m^{1.025}\, T^{-0.348}\, R_{re}^{-0.0792}\, R_{div}^{-0.928}\, C_{nr}^{2.296}\, A_{wsc}^{-0.0852} \tag{11-3}$$

式中，复相关系数 $R = 0.903$；$R^2 = 0.815$；调整后的 $R^2 = 0.781$；样本数 $N = 38$；$F(6, 31) = 22.833$；$p < 0.000\,01$；估算值的均方根误差 $SE = 0.325$。式（11-3）表明，河段输沙功能指标随流域年降水量的增大而增大，随年均气温的升高而减小，随水库对实际径流的调节系数的增大而减小，随净引水比的增大而减小，随天然径流系数的增大而增大，随水土保持措施面积的增大而减小。式（11-3）计算值与实测值的比较见图 11-14。本研究通过 6 个影响变量的半偏相关系数来估算其对因变量变化的贡献率，6 个影响变量 P_m、T、R_{re}、R_{div}、C_{nr} 和 A_{wsc} 的半偏相关系数分别为 0.163、−0.050、−0.090、−0.215、0.368 和 0.053。假定某一变量的贡献率与该变量的偏相关系数的绝对值成正比，6 个影响变量的总贡献率为 100%，由此计算出 P_m、T、R_{re}、R_{div}、C_{nr} 和 A_{wsc} 对输沙功能指标变化的贡献率分别为 17.4%、5.3%、9.6%、22.9%、39.2% 和 5.6%。可见，天然径流系数的贡献率居第一，

净引水比的贡献率居第二，年降水量的贡献率居第三，水库对实际径流的调节系数的贡献率居第四，水土保持措施面积的贡献率居第五，年均气温变化的贡献率居第六。

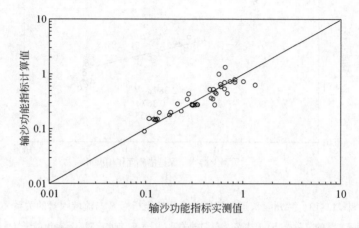

图 11-14　基于流域因素的黄河上游输沙功能指标的计算值与实测值的比较

三、黄河下游河道的输沙功能指标对流域因素变化的响应

（一）影响黄河下游河道输沙功能的流域因素

1. 降水

黄河流域有水沙异源的特征（叶青超，1994），径流主要来自河口镇以上流域，该区域来沙较少，形成一个相对清水区；泥沙主要来自河口镇至三门峡之间的流域，其中又以河口镇至龙门之间为产沙强度和来沙量最高的地区，且来沙较粗，称为多沙粗沙区；而龙门至三门峡间来沙较细，称为多沙细沙区（钱宁等，1980）。本研究将这三个区域的降水量加以区分，引进河口镇以上流域的面平均年降水量 P_H（mm）、河龙区间的面平均年降水量 P_{H-L} 和龙门至三门峡区间的面平均年降水量 P_{L-S}。降雨与产流有密切的关系，降雨减少时，年径流量会减小，这将导致输沙动力的减弱，因而使输沙功能减弱。然而，在降雨减少的情况下，侵蚀强度和产沙量也会降低，这将使河流的负载减轻，因而增强输沙功能。故河道输沙功能的变化方向最终取决于二者的对比关系。

2. 水库调节

流域内水库的调节改变了下游河道的水沙过程，对河道输沙功能有很大的影响。按水库功能的不同，可以分为黄河上游刘家峡、龙羊峡等以发电为主的水库和目前按蓄清排浑方式运用的三门峡水库。黄河上游为主要径流来源区，河口镇以上的来水量占全流域的55.9%（叶青超，1994），且含沙量低，加以上游河道比降大、多峡谷，是黄河流域水能资源集中分布的地区。从20世纪60年代起，这里先后建成了一系列以发电为主的水库，使径流过程发生了巨大的改变。为了保证均衡发电，汛期的清水被大量拦截，使汛期径流量减少，非汛期径流量增加。汛期中来自河口镇以上的清水基流被拦截之后，来自河龙区间含沙量很高的洪水得不到稀释，使得进入下游的洪水出现"水少沙多"的组合特点，使高含沙水流发生的频率增加，这些都会导致黄河下游泥沙淤积的增加。故兰州以上的汛期清水基流被拦截以后，下游河道的输沙功能可能会减弱。为了表征上游水库对径流的调节作用，作者将兰州站汛期（6~10 月）径流量占全年总径流量的比例作为指标，用 R_L 来表示。很显然，当 R_L 减小时，黄河下游输沙动力会减弱，因而使下游河道输沙功能降低。

三门峡水库自 1960 年建成蓄水之后，曾发生过强烈的淤积，水库分别于 1962 年和 1969 年进行过两次改建。自 1960 年以来，水库运用方式经历过数次变化（赵业安等，1997）。1960~1964 年为蓄水运用时期，此期间下泄清水，下游河道发生冲刷，河道输沙功能指标达到 1.58。1965~1973 年为滞洪排沙运用时期，洪水发生时滞洪，洪水过后排沙，河道输沙功能指标下降至 0.73。1973 年以后水库按蓄清排浑方式运用，洪水时开闸畅泄，洪水过程不受调节，汛后则关闸蓄水用于灌溉，1974~1980 年下游河道输沙功能指标增大至 0.79，高于滞洪排沙时期。

自 20 世纪 60 年代以来，大规模的水土保持工作在黄河上中游流域展开，以控制土壤侵蚀和拦截沟道中的泥沙，从而达到减少入黄泥沙、缓解黄河下游河道淤积的目的。水土保持措施可以分为修造梯田、造林、种草和修筑淤地坝拦沙等类型。水土保持措施改变了地表植被条件，从而改变了侵蚀产沙过程（陈浩等，2003；王兆印等，2003）。水土保持措施减少入黄泥沙的效益是十分显著的，资料分析表明，龙门、华县、河津、状头四站各年代的年平均输沙量之和与上中游各年代不同水土保持措施的面积之间表现为很强的负相关。但与此同时，由于植被自身的耗水，年径流量有所减少，这可能降低河道输沙功能。最终结果取决于水土保持减沙增强河道输沙功能与植被耗水降低河道输沙功能的对比关系。作者用各种水土保持措施（梯田、造林、种草、淤地坝造地）面积之和来表示水土保持措施的影响程度，以 A_{tfgd} 来表示（$10^4 hm^2$）。

3. 人类引水

黄河流域大部分地区处于半干旱地区，全流域灌溉引水量很大，并呈增大趋势。与此同时，随着工业、采矿业的开发与城镇居民需水量的增加，全流域引水量也会增加。由于径流量是输沙的动力，径流量的减少将降低河流的输沙功能。但是黄河流域 85% 以上的引水用于灌溉，多发生于非汛期，而非汛期进入黄河的泥沙很少。从这一意义上说，人类引水对河道输沙功能的影响可能不是很大。因此，在进行多元回归分析时，未将人类引水因子包括在内。

4. 泥沙粒径

自 20 世纪 60 年代末开始，国家在黄河中游多沙粗沙区进行重点治理，使这一地区进入黄河的泥沙减少，粒径也有变细的趋势。水库对粗颗粒与细颗粒泥沙拦截的程度不同，会使泥沙的粒径组成发生变化。此外，暴雨发生于多沙粗沙区还是发生于多沙细沙区，也会造成年际泥沙粒径的差异。为了表达泥沙粒径的变化，作者将三门峡站全年悬沙粒径大于 0.05mm 泥沙所占比例作为定量指标，用 $r_{>0.05}$ 来表示。在同样的水力条件下，水流输送细泥沙的能力要比输送粗泥沙的能力强。因此，$r_{>0.05}$ 的减小将导致水流挟沙能力的增大和河道输沙功能的增强，反之亦然。

5. 高含沙水流的影响

高含沙水流虽然发生在黄河下游，但其根源却在上中游流域之中。作者曾对黄土高原高含沙水流发生的自然地理因素进行过系统的研究（许炯心，1999a），并对人类活动对黄河中游高含沙水流的影响进行过分析（许炯心，2002）。高含沙水流在流经黄河下游宽浅游荡型河段时，会发生强烈的淤积（赵业安等，1997）。因此，如果流域因素和人类活动使黄河下游高含沙水流发生频率增加，则下游河道的输沙功能会减弱。作者将花园口站每年中发生含沙量大于 $200\mathrm{kg/m^3}$ 的日数作为黄河下游高含沙水流发生频率指标，用 f_H 表示。

（二）多元回归分析

计算上述 7 个影响变量具有完整数据的时间系列为 1956~1996 年，共有 41 年资料。依据上述资料，本研究将黄河下游河道输沙功能指标 F_s 与 7 个影响变量联系起来，进行了多元回归分析。为了判明 F_s 与各影响变量之间的相关程度以及各影响变量相互间的相关程度，本研究计算了相关系数矩阵，见表 11-10。从表 11-10 可以看到，输沙功能指标 $\ln F_\mathrm{s}$ 与来沙中粒径大于 0.05mm 泥沙所占比例 $\ln r_{>0.05}$ 的相关系数为 −0.82，与兰州以上汛期径流量占全年总径流量的比例 $\ln R_\mathrm{L}$ 的相关系数为 0.43，与黄河下游高含沙水流发生频率 f_H 的相关系数为 −0.33，与河口镇以上年降水量 $\ln P_\mathrm{H}$ 的相关系数为 0.39，与龙门至三门峡之间年降水量 $\ln P_\mathrm{L-S}$ 的相关系数为 0.35，均在 0.05 的水平上是显著的。

表 11-10 相关系数矩阵

因子	$\ln r_{>0.05}$	$\ln R_\mathrm{L}$	$\ln A_\mathrm{tfgd}$	f_H	$\ln P_\mathrm{H}$	$\ln P_\mathrm{H-L}$	$\ln P_\mathrm{L-S}$	$\ln F_\mathrm{s}$
$\ln r_{>0.05}$	1.00	−0.30	0.30	0.21	−0.20	−0.27	−0.28	−0.82
$\ln R_\mathrm{L}$	−0.30	1.00	−0.72	−0.35	0.23	0.21	0.46	0.43
$\ln A_\mathrm{tfgd}$	0.30	−0.72	1.00	0.02	−0.04	−0.21	−0.34	−0.28
f_H	0.21	−0.35	0.02	1.00	0.09	0.17	0.01	−0.33
$\ln P_\mathrm{H}$	−0.20	0.23	−0.04	0.09	1.00	0.74	0.55	0.39
$\ln P_\mathrm{H-L}$	−0.27	0.21	−0.21	0.17	0.74	1.00	0.64	0.25
$\ln P_\mathrm{L-S}$	−0.28	0.46	−0.34	0.01	0.55	0.64	1.00	0.35
$\ln F_\mathrm{s}$	−0.82	0.43	−0.28	−0.33	0.39	0.25	0.35	1.00

运用 1956~1996 年共 41 年的资料，本研究建立了 F_s 与 7 个影响变量之间的多元回归方程：

$$\ln F_\mathrm{s} = -7.367 - 0.776\ 1\ln r_{>0.05} + 0.415\ 9\ln R_\mathrm{L} + 0.001\ 983\ \ln A_\mathrm{tfgd} - 0.028\ 2f_\mathrm{H}$$
$$+ 1.329\ 5\ln P_\mathrm{H} - 0.758\ 9\ln P_\mathrm{H-L} + 0.165\ 2\ln P_\mathrm{L-S} \tag{11-4}$$

式中，复相关系数 $R = 0.900$；$R^2 = 0.810$；$F = 19.817$；$F\ (7,\ 33) = 109.455$；$p < 0.000\ 01$；$\mathrm{SE} = 0.2442$；回归效果是较好的。$R^2 = 0.810$ 意味着 $\ln F_\mathrm{s}$ 的方差的 81.0% 可以用 7 个影响变量的变化来解释。从式（11-4）可以看到，进入下游河道的泥沙中粒径大于 0.05mm 的比例越大，则河道输沙功能 F_s 越低；高含沙水流发生频率越高，F_s 越低；兰州以上汛期径流量占全年总径流量的比例越低，则 F_s 越低；河口镇以上清水区和龙门至三门

峡之间年降水量越少，则 F_s 越低；河龙区间降水越少，则 F_s 越高；水土保持措施面积越大，则 F_s 越高。$\ln F_s$ 的计算值与实测值的比较见图 11-15。

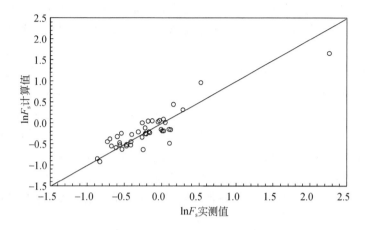

图 11-15　基于流域因素的黄河下游输沙功能的计算值与实测值的比较

四、流域因素对黄河上游和下游河道输沙功能影响的差异

依据所建立的上游河道和下游河道的 F_s 与流域因素的多元回归方程［式（11-3）和式（11-4）］，可以对流域因素对黄河上游和下游河道输沙功能影响的差异进行讨论。本书已指出，基于水沙异源特征，可将黄河流域分为不同的水沙来源区，即河口镇以上的清水区、河口镇至龙门间的多沙粗沙区、龙门至三门峡间的多沙细沙区以及伊洛沁河清水区（钱宁等，1980）。黄河上游位于清水少沙区，上游河道只受清水少沙区流域因素的影响。而黄河下游河道则受到上述 4 个水沙来源区流域因素的影响。显然，流域因素对黄河上游和下游河道输沙功能的影响是有差异的。第一，降水变化的影响不同。年降水量与河道输沙功能指标的关系取决于年降水量减少导致的产沙量减少与产水量减少的对比关系，若减水产生的减小 F_s 的效应超过减沙产生的增加 F_s 的效应，则 F_s 将减小，反之将增大。从 F_s 与 3 个不同来源区降水量的关系来看，对河口镇以上清水区和龙门至三门峡间的多沙细沙区而言，降水减少产生的减水作用占主导，故 F_s 减小；而对河口镇至龙门间的多沙粗沙区而言，情况是相反的。来自河口镇至龙门间的多沙粗沙区的径流量占进入下游河道径流量的比例很小，仅为 14.8%，但来自这一区间的泥沙量 9.08 亿 t/a 却占进入下游河道泥沙量的 55.7%（叶清超，1994），其中粒径大于 0.05mm 的粗泥沙占进入下游河道粗泥沙的 81.9%（徐建华和牛玉国，2000）。当这一区间的降水量减少时，来自这一区间的径流量的减少不会显著降低黄河下游的输沙动力，但降水减少所导致的泥沙量特别是粗泥沙量的减少，则会显著降低黄河下游的负载。因此，最终结果表现为 F_s 增高。黄河上游河道输沙功能只受上游流域降水的影响，而上游流域侵蚀产沙强度要远远低于全流域的平均值，这意味着上游河道的输沙负载较轻，降雨径流决定的输沙动力是输沙功能指标的主导因素，因而上游河道的 F_s 随降水的增大而增大。第二，水土保持措施的影响不同。水土保持措施

对下游河道输沙功能的影响具有二重性。水土保持措施可以减少进入黄河河道的泥沙，使河道负载减轻，输沙功能提高；但也会减少汛期进入黄河的径流量，从而减弱输沙动力，使河道输沙功能降低。对黄河中游而言，水土保持措施的减沙作用很强，与减水作用相比居于主导地位，而黄河上游因其产沙强度本来就不高，水土保持措施导致的减沙效应要低于减水效应。因此，水土保持措施实施以后，黄河下游河道输沙功能的变化由减沙效应决定，故 F_s 随着水土保持措施面积的增大而增大；而黄河上游河道输沙功能的变化则由减水效应决定，故 F_s 随着水土保持措施面积的增大而减小。第三，黄河中游多沙粗沙区产生的粗泥沙在下游河道来沙中占很大的比例，是造成下游河道淤积的主导因素；来自中游的高含沙水流也是黄河下游河道淤积的重要因素。因此，进入下游河道的泥沙中粒径大于 0.05mm 的比例越大，则下游河道的 F_s 越低；高含沙水流发生频率越高，下游河道的 F_s 也越低。与此相反，上游流域悬移质产沙量较少，粒径较小，高含沙水流发生频率低，悬移质泥沙中粒径大于 0.05mm 的比例和高含沙水流发生频率对上游河道输沙功能的影响很小。

第三节　黄河上游悬沙粒径的变化及其成因

悬移质泥沙的粒度是决定河流系统行为的重要变量，它一方面取决于流域产生的泥沙的特性，另一方面也取决于泥沙在河道输移过程发生的变化（Walling and Moorehead，1987，1989）。对于冲积河道的悬沙来说，这主要指泥沙冲淤过程中所导致的粒度变化。冲积河道是流域系统中的泥沙输移–沉积带，是一个缓冲带，起着重要的调节作用。这种调节作用一方面表现为滞洪滞沙，另一方面则是通过冲淤调整，使河道趋于平衡。上述缓冲带的调节作用还表现为对运动泥沙的粒度组成的调节，这一方面已进行的工作尚少。作者以丹江口水库下游为例，研究过悬移质泥沙中值粒径（以下简称悬沙中径）的变化过程，发现了一种复杂响应现象（Xu，1996）。在调整之初，由于河道的冲刷加深，悬沙中径增大；然而，当随后发生的河岸侵蚀导致的河道展宽居于主导地位时，来自河岸侵蚀的较细泥沙又使得悬沙中径减小。作者还发现，由于汛期高含沙水流和非汛期低含沙水流的影响，黄河中游多沙粗沙区一些支流的悬沙中径与含沙量之间存在着双值关系，即当含沙量很低和很高时，悬沙中径都出现高值；当含沙量中等时，悬沙中径出现低值（Xu，2000）。作者还研究了长江上游悬沙粒度的变化对流域人类活动（水库修建、水土保持）的响应（Xu，2007），发现 1959 年以来长江干流和主要支流的悬沙中径有明显减小趋势。

一般而言，河道的淤积可以导致运动泥沙变细，而冲刷则会使运动泥沙变粗。随着流域自然因素和人为因素的变化，如果冲积河流的冲淤过程发生了复杂的变化，作为对冲淤变化的响应，悬沙中径的变化也会呈现出复杂的图形。同时，与沙尘暴的发生相关联的悬沙粒度的时间变化，前人研究很少。本节以黄河上游的观察资料为基础，对此进行了研究。

一、河道冲淤过程对悬沙中径的影响

作者在以前的研究中已发现，兰州至头道拐河段年冲淤量 $S_{dep,L-T}$ 与该河段汛期含沙量 ρ 和来沙系数 ξ 呈密切的正相关（Xu，2013a），见图 11-16，图 11-16 给出了对数拟合方程

和决定系数 R^2。$S_{\mathrm{dep,L-T}}$ 与 ρ 和 ξ 相关关系的显著性概率 p 均小于 0.001，R^2 分别为 0.6876 和 0.6214，说明 $S_{\mathrm{dep,L-T}}$ 变化的 68.76% 和 62.14% 可以分别用 ρ 和 ξ 的变化来解释，这表明水沙组合指标 ρ 和 ξ 的变化是 $S_{\mathrm{dep,L-T}}$ 变化的重要原因。

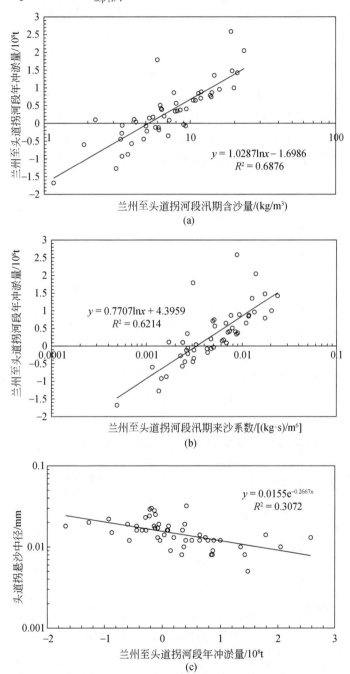

图 11-16　兰州至头道拐河段年冲淤量 $S_{\mathrm{dep,L-T}}$ 与汛期含沙量 ρ 的关系（a）、兰州至头道拐河段年冲淤量 $S_{\mathrm{dep,L-T}}$ 与汛期来沙系数 ξ 的关系（b）及头道拐站悬沙中径与兰州至头道拐河段年冲淤量 $S_{\mathrm{dep,L-T}}$ 的关系（c）

在冲积河流搬运泥沙的过程中，如果水流搬运能力超过搬运泥沙的需要，即水流动力大于泥沙负载，则会发生冲刷，使部分床面泥沙转化为悬沙。一般而言，冲刷产生的泥沙比悬沙的平均粒度要粗，这会导致悬沙中径变粗。反之，如果水流搬运能力低于搬运泥沙的需要，即水流动力小于泥沙负载，则会发生淤积，使部分悬沙转化为床面泥沙。粗泥沙淤积的概率大于细泥沙，淤积的结果会导致悬沙中径变小。图 11-16（c）点绘了头道拐站的悬沙中径与 $S_{\mathrm{dep,L\text{-}T}}$ 的相关关系，二者呈负相关（$p<0.01$），证明了这一推理。

为了估算水沙组合变化对悬沙中径变化的影响，本研究建立了悬沙中径与 ρ 和 ξ 的关系 ［图 11-17（a）和（b）］，R^2 分别为 0.3468（$p<0.01$）和 0.3988（$p<0.01$），说明悬沙中径变化的 34.68% 和 39.88% 可以分别用 ρ 和 ξ 的变化来解释，这两个比例虽然不高，但说明水沙组合的变化是悬沙中径变化的影响因素。将图 11-16 和图 11-17 结合起来看，可以认为存在着以下因果关系链：水沙组合关系变化→河道冲淤过程变化→悬沙中径变化。

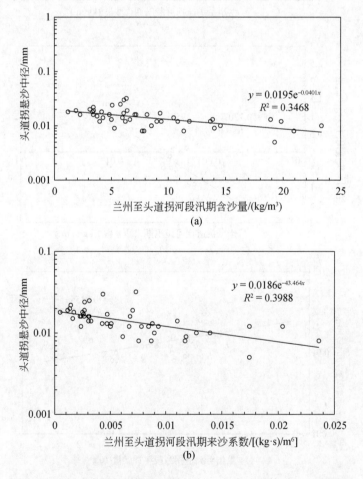

图 11-17 悬沙中径与汛期含沙量 ρ（a）和来沙系数 ξ（b）的关系

二、悬沙中径对流域人类活动的复杂响应

为了研究悬沙中径的变化对冲淤过程变化的响应,本研究点绘了悬沙中径随时间的变化(图11-18),并给出了悬沙中径与时间(年份)关系的4次多项式拟合曲线。可以看到,悬沙中径的变化复杂,大致表现为先增大,达到峰值后再减小。这种变化与一些重要干流水库的修建及以水土保持和退耕还林(草)为中心的大规模生态建设有关,图11-18显示悬沙中径的变化与水库的修建和大规模生态建设的对应关系。

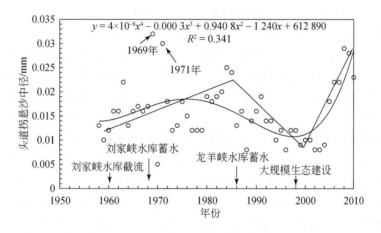

图 11-18 头道拐站悬沙中径随时间的变化

刘家峡水库和龙羊峡水库对黄河上游河道水沙过程调节作用很大,青铜峡水库也对其有一定的影响。刘家峡水库位于兰州上游99km处,正常蓄水位下的总库容为57亿m^3,调节库容为41.5亿m^3。该枢纽工程于1958年9月开工兴建,1960年大坝截流。但工程于1961年停建,1964年再重新施工修建。1968年10月蓄水。刘家峡水库为年调节水库,运用目标以发电为主。龙羊峡水库大坝位于刘家峡水库大坝以上333km,位于兰州以上432km,工程于1977年动工,1979年截流,1986年蓄水,正常蓄水位下总库容为$2.47×10^{10}m^3$,调节库容为$1.935×10^{10}m^3$。该水库对径流进行多年调节,运用目标以发电为主。青铜峡水库正常蓄水位下库容为6.06亿m^3,调节库容为0.30亿m^3,为日调节水库,1967年4月开始蓄水,到1971年9月,淤积量已达5.27亿m^3,剩余库容仅为0.79亿m^3,基本上失去了调节作用(张晓华等,2008a)。从图11-18可以看到,刘家峡水库1960年截流以后,头道拐站悬沙中径增大。1968年刘家峡水库蓄水以后,由于拦截了大量泥沙,河道发生冲刷,悬沙中径进一步增大。青铜峡水库1967~1971年大量拦沙,此期间两库拦沙作用叠加,兰州至头道拐河段冲刷加剧,致使1969年和1971年两年悬沙中径显著偏高于拟合曲线。1986年为龙羊峡水库蓄水开始的时间,悬沙中径达到峰值后减小,在1999年达到最小值。此后,又迅速增大。1998年后,在中华人民共和国中央人民政府的部署和高强度投资的支持下,黄河流域开始开展以水土保持和大面积退耕还林(草)为中心的生态建设。2000年以后悬沙中径的急剧增大与此有密切的关系。如果不计悬沙中径偏高的1969年、

1971 年，则悬沙中径的变化可以刘家峡水库截流（1960 年）、龙羊峡水库蓄水（1986 年）和大规模生态建设之后的减沙（1999 年）3 个时间点为分界，概化为 3 个阶段的变化，分别以 3 条直线来拟合：①1960～1985 年，悬沙中径增大并达到峰值；②1986～1999 年，悬沙中径减小并达到最小值；③1999 年以后悬沙中径迅速增大。可以认为，这 3 个阶段反映了兰州至头道拐河段悬沙中径调整对先后发生并显著改变水沙输入及其组合关系的重大人类活动即刘家峡水库修建、龙羊峡水库修建和大规模生态建设做出的复杂响应过程。

上述资料分析已经表明，水沙组合关系变化可以导致河道冲淤过程变化，进一步引起悬沙中径变化，这可以解释图 11-18 中悬沙中径的复杂响应过程。兰州至头道拐河段汛期含沙量和来沙系数的时间变化已点绘在图 11-19（a）和（b）中，可以看到，1960 年刘家峡水库截流和 1968 年刘家峡水库蓄水之后，含沙量和来沙系数显著下降；1986 年龙羊峡水库蓄水后，含沙量和来沙系数则显著升高。刘家峡和龙羊峡水库蓄水所导致的水沙组合变化截然不同，是一个值得注意的问题，可以用黄河上游流域中主要水沙来源分布的空间差异来解释。龙羊峡水库以上流域主要为青藏高原，水力侵蚀很弱，来沙量少，但径流十分丰沛，入库控制站——唐乃亥站的年径流量为 200.5 亿 m³，而悬移质泥沙多年平均仅为0.11 亿 t（按 1950～2005 年计算，以下同此），虽然 1986 年以后水库拦截了绝大部分入库泥沙量，但总量不大。龙羊峡水库以下汇入干流的支流供应了大量泥沙。龙羊峡水库与刘家峡水库之间流域的来沙增量高达 1.03 亿 t/a。兰州以下，主要支流为祖厉河和清水河，两条河流相加，年均来沙量为 0.718 亿 t，来水量仅为 2.31 亿 m³。据估算，十大孔兑年均来沙量为 0.2097 亿 t，来水量为 1.40 亿 m³。祖厉河、清水河和十大孔兑增加水量仅为3.71 亿 m³，增加沙量却高达 0.9277 亿 t。干流兰州站年均来沙量为 0.707 亿 t，来水量为308 亿 m³。由此计算出，兰州至头道拐河段年均总来沙量和总来水量（即干流兰州站和支流祖厉河、清水河和十大孔兑之和）分别为 1.6347 亿 t 和 311.71 亿 m³；干流兰州站来沙量、来水量分别占总来沙量和总来水量的 43.2% 和 98.8%，而支流来沙量和来水量分别占总来沙量和总来水量的 56.8% 和 1.2%。可见，黄河上游兰州以下流域，对径流的补给量很小，对泥沙的补给量却很大。刘家峡水库库容不是很大，对汛期径流的调节作用相对较小，但对泥沙调节作用却很大。因此，该水库修建后，兰州至头道拐河段的汛期含沙量和来沙系数均呈减小趋势［图 11-19（a）、（b）］。该水库淤积迅速，1968～1986 年，淤积量达到 10.93 亿 m³；1986～2005 年，淤积量为 5.59 亿 m³。泥沙淤积导致库容衰减（张晓华等，2008a），拦沙作用减弱，排沙量增加，使得兰州至头道拐河段汛期含沙量和来沙系数的减速变慢。含沙量和来沙系数在 1975 年达到最小值，然后有所回升。1986 年龙羊峡水库建成蓄水，水沙关系发生了第二次重大变化。该水库大幅度削减了汛期径流量，使得兰州站的汛期径流量及其占年径流量的比例均明显减小（图 11-20）。建库前的 1950～1985 年，汛期径流量为 190.7 亿 m³，占全年的比例为 56.1%；建库后 1986～2005 年，汛期径流量为 110.6 亿 m³，占全年的比例为 41.8%。后一时期与前一时期相比，汛期径流量及其占年径流量的比例分别减少了 42.0% 和 25.5%。虽然该水库也拦截了几乎全部入库泥沙，但因入库泥沙少，拦沙的绝对数量也小。兰州站汛期径流量的减少是决定兰州至头道拐河段水沙组合的主导因素，1986 年以后兰州至头道拐河段的汛期含沙量和来沙系数增大，一直持续到 2000 年前后。1998 年开始的大规模生态建设导致兰州站的输沙量和兰

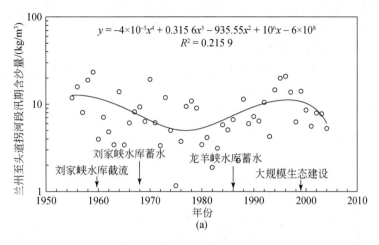

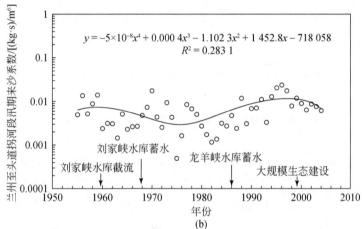

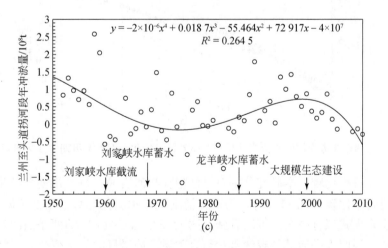

图 11-19　兰州至头道拐河段水沙组合指标 ρ（a）和 ξ
（b）以及河道冲淤量（c）随时间的变化

州至头道拐河段支流的来沙量都减小，使水沙组合关系发生了第三次重大变化。图 11-21 所示的输沙量的累积变化曲线上，在 1998 年出现明显的转折点，这导致兰州至头道拐河段汛期含沙量和来沙系数在 1998 年以后开始减小 [图 11-19 （a）、（b）]。可以认为，图 11-19 （a）、（b）反映了兰州至头道拐河段汛期含沙量和来沙系数对人类活动的复杂响应过程。与此相应，兰州至头道拐段年冲淤量也发生了复杂响应过程 [图 11-19 （c）]，这导致头道拐站悬沙中径的复杂响应过程（图 11-18）。

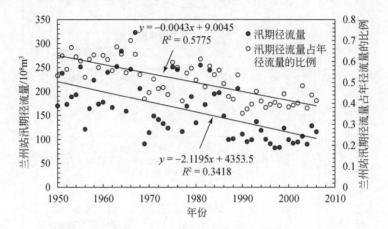

图 11-20 兰州站的汛期径流量及其占年径流量比例的变化

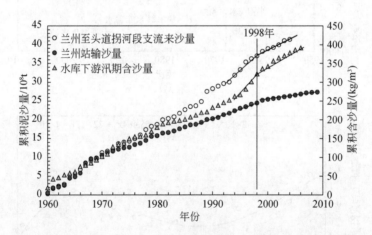

图 11-21 兰州至头道拐河段支流来沙量、兰州站输沙量和水库下游汛期含沙量累积值的变化

为了进一步进行比较，本研究分别对悬沙中径与河道冲淤量、汛期含沙量、汛期来沙系数的变化进行了比较（图 11-22）。为了更清晰地显示变化趋势，略去了所有的数据点，只显示了 4 次多项式拟合曲线。可以看到，图 11-22 （a）~（c）的两条曲线均具有位相相反的变化趋势，说明人类活动导致的水沙组合关系及冲淤量的复杂变化是悬沙中径复杂变化的原因。

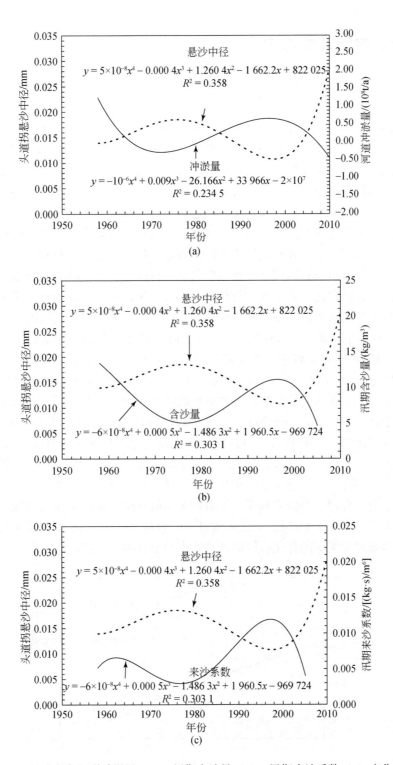

图 11-22 悬沙中径与河道冲淤量（a）、汛期含沙量（b）、汛期来沙系数（c）变化的比较

三、其他流域因素的影响

（一）沙尘暴频率变化的影响

黄河上游流域分布着大面积的沙漠和沙地，如腾格里沙漠、库布齐沙漠、乌兰布和沙漠以及毛乌素沙地等，冬季、春季大风日数多，风速大，沙尘暴发生频率很高。在大风和沙尘暴的作用下，大量风成沙进入黄河干流和部分支流，成为粗泥沙的重要来源。黄河干流穿越沙漠的河段长达1000km，风沙活动对黄河泥沙有明显影响。在风的直接、间接作用下，风成沙进入黄河有3种方式：①在风沙流的直接搬运下进入黄河；②河岸上的沙丘向着河道移动，最后进入黄河；③由于黄河河道的摆动，由风成沙堆积而成的河岸发生坍塌，使风成沙进入黄河。十大孔兑等支流的下游也穿越沙漠地区，每年冬、春季在风力驱动下进入并存储于河道中的风成沙，在汛期会被来自这些支流上游的富含细颗粒泥沙的洪水搬运，形成高含沙水流进入黄河（许炯心，2011，2013a）。风成沙对河流泥沙的影响可以用沙尘暴发生频率来表达。沙尘暴发生频率越高，则风蚀越强，入河风成沙越多（许炯心，2000）。1990年以来，大风日数有所减少；随着风蚀治理措施的实施，流域的植被覆盖有所好转，植被指标NDVI有增大的趋势［图11-23（a）］，使得沙尘暴发生频率显著降低［图11-23（a）］，随沙尘暴的发生而进入河道的粗泥沙会减少，因而悬沙中径也会变小。计算表明，头道拐站的悬沙中径对数值与流域平均沙尘暴发生频率对数值呈微弱的正相关，相关系数 r 为0.257（$n=50$），$p=0.0717$。应该指出，沙尘暴发生频率高的年份，进入河道的粗泥沙较多，但如果河道流量较小，没有足够的能力将粗泥沙搬运到流域出口，当年悬沙的粒径也不会变大，只有到下一个较大流量的年份出现时，粗泥沙才会被有效地搬运。考虑到这一点，建立悬沙中径的5年滑动平均值与沙尘暴发生频率的5年滑动平均值的关系更为合理。本研究基于5年滑动平均值点绘了悬沙中径与流域平均沙尘暴发生频率的关系［图11-23（b）］，决定系数 $R^2=0.4474$（$p<0.01$），意味着经过5年滑动平均之后，沙尘暴发生频率的变化可以解释悬沙中径方差的44.74%。

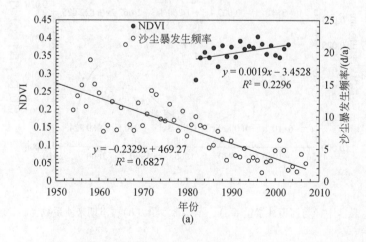

(a)

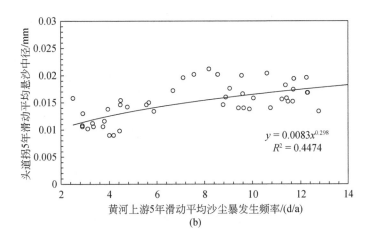

(b)

图 11-23　风蚀变化对悬沙中径的影响

（a）NDVI 和沙尘暴发生频率的变化；（b）悬沙中径 5 年滑动平均值与沙尘暴发生频率 5 年滑动平均值的关系

（二）引水的影响

黄河上游宁夏、内蒙古灌区已有两千年历史，宁夏灌区主要有卫宁灌区和青铜峡灌区，引水能力约 800m³/s，一般每年春夏灌是 4 月中旬开始引水，9 月中旬停灌，冬灌时间在 10 月中旬至 11 月中旬。1980～2000 年宁夏-内蒙古灌区年均净引水量为 94.66 亿 m³，占兰州实测水量的 32%。随着社会经济的发展，农业、工业和城市生活用水增多，净引水比增大 ［图 11-24（a）］。本书已指出，水库的调蓄减少了汛期流量，而汛期引水则进一步减少了汛期流量，从而进一步降低了水流挟沙能力。水流挟沙能力的下降，使得河道搬运粗泥沙的能力下降，粗泥沙发生沉积的概率增大，这一因素也会使悬沙的粒径变细。图 11-24（b）点绘了头道拐站悬沙中径与头道拐以上流域净引水比的关系，二者显示出微弱的负相关 （$r=0.265$，$p=0.065$），即净引水比越大，悬沙中径越小。由于相关系数不高，可以认为引水比的增大对悬沙中径减小的影响较小。

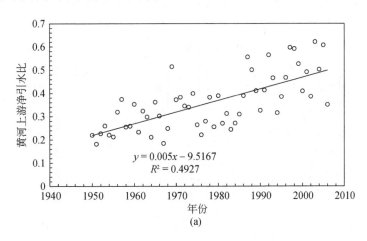

(a)

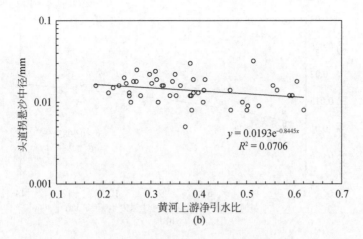

$$y = 0.0193e^{-0.8445x}$$
$$R^2 = 0.0706$$

(b)

图 11-24 黄河上游引水对悬沙中径的影响

(a) 引水比的变化；(b) 悬沙中径与引水比的关系

(三) 降水及流域产流特性变化的影响

计算表明，头道拐站悬沙中径与流域降水量之间的相关系数很低，仅为 0.0002，可见降水的变化对悬沙中径没有影响。然而，作者发现，流域产流特性对其有一定影响。自 20 世纪 60 年代以来，修筑梯田、造林、种草和修建淤地坝拦沙等水土保持措施开始实施，措施面积逐年增大 [图 11-25 (a)]。各项水土保持措施的实施，增加了降雨入渗，减少了坡面径流，因而降低了水蚀的强度。本书已指出，可以将天然径流系数作为间接表征水土保持措施影响的指标，该指标随时间而减小，20 世纪 80 年代以后尤为明显。水蚀的减弱，会减少进入河道的泥沙，尤其是粗泥沙。图 11-25 (b) 点绘了头道拐站悬沙中径与天然径流系数的关系，其表现出较显著的正相关 ($R^2 = 0.1607$，$p < 0.01$)。$R^2 = 0.1607$ 意味着天然径流系数变化可以解释悬沙中径方差的 16.07%，这说明在一定程度上水土保持措施的实施会导致悬沙中径变小。

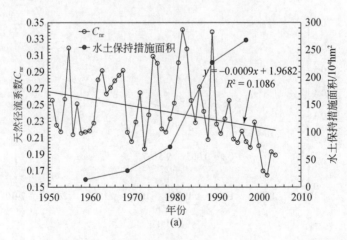

$$y = -0.0009x + 1.9682$$
$$R^2 = 0.1086$$

(a)

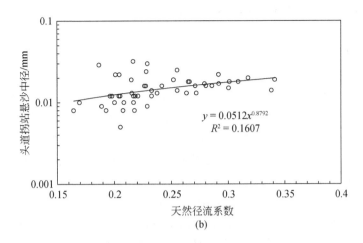

图 11-25　流域产流特性变化对悬沙中径的影响

（a）水土保持措施面积和天然径流系数的变化；（b）悬沙中径和天然径流系数的关系

第四节　黄河上游清水来源区来水的稀释效应对下游河道淤积的影响

黄河流域是一个巨大的流域系统，具有水沙异源的特征，这一特征对黄河下游河道的泥沙输移沉积过程有深远的影响。自从钱宁等对黄河流域不同来源区的洪水与黄河下游淤积的关系进行开创性研究以来，这方面已有大量成果发表（钱宁等，1980；钱意颖等，1993；许炯心，1997d；赵业安等，1997；齐璞等，1997；许炯心，2011）。钱宁等（1980）的研究还证明，造成黄河下游强烈泥沙淤积的主要是粒径大于 0.05mm 的粗泥沙，这部分泥沙主要来自黄河中游河龙区间及北洛河、泾河支流马莲河流域等构成的多沙粗沙区。许炯心（1997d）的研究表明，来自多沙粗沙区的 1t 泥沙，淤积在黄河下游河道的为 0.455t；而来自多沙细沙区的 1t 泥沙，淤积在黄河下游河道的仅为 0.154t，即来自多沙粗沙区的 1t 泥沙所导致的黄河下游河道淤积量接近于来自多沙细沙区 1t 泥沙所导致的淤积量的 3 倍。

一般而言，来自上游的洪水径流量大、含沙量小，来自中游多沙粗沙区的洪水径流量小、含沙量大。如果二者遭遇，则会发生稀释，使得下游河道洪水的含沙量显著减低，从而减轻下游河道的淤积，这一效应可称为稀释效应。值得注意的是，随着 1985 年黄河上游龙羊峡水库的蓄水发电，汛期拦截了大量的清水径流，使得上述稀释效应大大减弱，造成了下游河道输沙功能的弱化（许炯心，2004d）。在黄河泥沙的产生、输移、沉积方面已有大量研究成果出现（费祥俊，1995；陈东等，2002；陈界仁和夏爱平，2002；陈建国等，2002b，2003；胡春宏和郭庆超，2004；姚文艺等，2004，2005a，2005b，2007；郭庆超等，2005；吴保生和张原锋，2007），但尚未涉及对上游清水来源区来水的稀释效应及其对下游河道影响的研究。对这种稀释效应的研究，可以更好地认识复杂流域系统各部分之间的作用–响应机理，特别是流域–河道耦合机理。

本节介绍作者在这方面的研究成果（Xu，2013b）。

一、研究方法

黄河上游清水来源区的稀释效应是指洪水事件中，上游清水基流的加入对中游多沙粗沙区洪水的稀释作用。可以用河口镇以上来水加入后多沙粗沙区洪水含沙量的减小幅度来定义黄河上游清水来源区的稀释效应。设某一次洪水事件中河口镇以上清水区的来水量和来沙量分别为 $Q_{w,H}$ 和 $Q_{s,H}$，多沙粗沙区的来水量和来沙量分别为 $Q_{w,CSA}$ 和 $Q_{s,CSA}$，则该次洪水多沙粗沙区的含沙量 C_{CSA} 为

$$C_{CSA} = Q_{s,CSA}/Q_{w,CSA} \tag{11-5}$$

此次洪水中，河口镇以上清水区加入后，两区洪水的平均含沙量 C_{H+CSA} 为

$$C_{H+CSA} = (Q_{s,H} + Q_{s,CSA})/(Q_{w,H}+Q_{w,CSA}) \tag{11-6}$$

来自河口镇以上清水区的洪水含沙量较低，对来自河龙区间高含沙洪水有稀释作用，一般而言，$C_{H+CSA} < C_{CSA}$。定义稀释比 β 为 C_{CSA} 和 C_{H+CSA} 之比：

$$\beta = C_{CSA}/C_{H+CSA} = (Q_{s,CSA}/Q_{w,CSA})/[(Q_{s,H}+Q_{s,CSA})/(Q_{w,H}+Q_{w,CSA})] \tag{11-7}$$

除就场次洪水来定义稀释比 β 外，还可以用年系列资料来定义稀释比，只要将式（11-7）中的含沙量换成上述两区的汛期来水含沙量，将来水量、来沙量分别换成上述两区的汛期来水量、来沙量即可。本研究以 6~10 月为汛期。

基于黄河流域相关水文站资料，计算出场次洪水历年的稀释比，再与下游河道的冲淤量、冲淤强度、排沙比相联系，即可用统计分析方法来研究黄河上游清水来源区的稀释效应对下游河道冲淤过程的影响。

二、有稀释效应和无稀释效应情况下多沙粗沙区来沙对下游淤积的影响

黄河下游场次洪水的冲淤量 S_{dep} 和冲淤强度 I_{dep} 均与黄河下游洪水的平均含沙量 C_{mean} 有密切关系（图 11-26），由此建立了如下回归方程：

$$S_{dep} = 162.45 C_{mean} - 6469 \quad (R^2 = 0.7632, n = 145, p < 0.0001) \tag{11-8}$$

$$I_{dep} = 17.968 C_{mean} - 698.47 \quad (R^2 = 0.7692, n = 145, p < 0.0001) \tag{11-9}$$

图 11-26 显示，黄河下游场次洪水的冲淤量和冲淤强度与进入下游洪水的平均含沙量之间的决定系数 R^2 分别为 0.7632 和 0.7692，这意味着洪水平均含沙量的变化可以分别解释冲淤量和冲淤强度变化的 76.32% 和 76.92%。因此，式（11-8）和式（11-9）可用于在已知场次洪水含沙量时估算下游河道的冲淤量和冲淤强度。

依据上节所述方法，计算出假定河口镇以上无来水的情形下，黄河下游河道的冲淤量和冲淤强度，并将河口镇以上有来水和无来水这两种情形下下游河道的冲淤量与冲淤强度之间的关系点绘在图 11-27 中，图 11-27 分别给出了截距为 0 的线性拟合方程。图 11-27（a）中方程的系数为 0.6592，意味着河口镇以上有来水时下游河道的冲淤量相当于假定河口镇以上无来水时下游河道的冲淤量的 65.92%，即平均而言，河口镇以上清水区来水

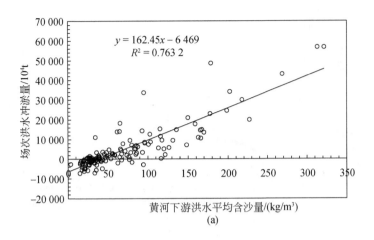

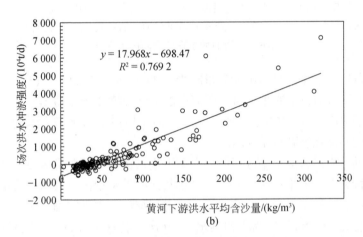

图 11-26 场次洪水的冲淤量 (a)、冲淤强度 (b) 与黄河
下游洪水的平均含沙量的关系

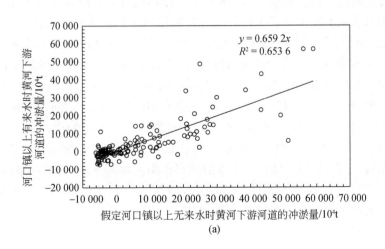

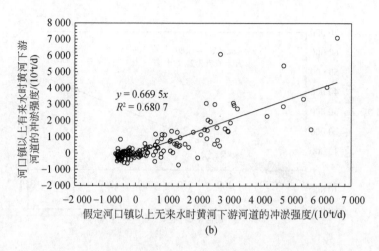

图 11-27　河口镇以上有来水时下游河道的冲淤量和假定河口镇以上无来水时下游河道的
冲淤量之间的关系（a）及河口镇以上有来水时下游河道的冲淤强度和假定河口镇以上无来水
时下游河道的冲淤强度之间的关系（b）

的稀释作用使黄河下游场次洪水的冲淤量减少了 34.08%。图 11-27（b）中方程的系数为
0.6695，意味着河口镇以上有来水时下游河道的冲淤强度相当于假定河口镇以上无来水时
下游河道的冲淤强度的 66.95%，即平均而言，河口镇以上清水区来水的稀释作用使黄河
下游场次洪水的冲淤强度减少了 33.05%。

　　按照一次洪水中来自 4 个来源区的洪水量占进入黄河下游总洪水量的比例，可以对洪
水的来源区进行分类。如果一次洪水中，来自某区的洪水量占总洪水量的 40% 以上，则可
认为这次洪水以该区的来水为主。按这一方法进行统计，本研究确定了以多沙粗沙区为主
的洪水有 17 次，以多沙细沙区为主的洪水有 19 次。就这 17 次以多沙粗沙区为主的洪水
和 19 次以多沙细沙区为主的洪水，分别计算了假定河口镇以上无来水的情形下，黄河下
游河道的冲淤量和冲淤强度。将河口镇以上有来水和无来水这两种情形下下游河道的冲淤
量和冲淤强度之间的关系点绘在图 11-28 中，并以不同符号对以多沙粗沙区来水为主和以
多沙细沙区来水为主的洪水进行了区分，并分别给出了截距为 0 的线性拟合方程。图 11-
28（a）显示，对于多沙粗沙区来水为主的洪水和多沙细沙区来水为主的洪水而言，方程
的系数分别为 0.6495 和 0.74，这意味着对于以多沙粗沙区来水为主的洪水而言，河口镇
以上清水区来水的稀释作用使黄河下游场次洪水的冲淤量减少了 35.05%；对于以多沙细
沙区来水为主的洪水而言，河口镇以上清水区来水的稀释作用使黄河下游场次洪水的冲淤
量减少了 26%。图 11-28（b）显示，对于多沙粗沙区来水为主的洪水和多沙细沙区来水
为主的洪水而言，方程的系数分别为 0.6728 和 0.6452，这意味着对于以多沙粗沙区来水
为主的洪水而言，河口镇以上清水区来水的稀释作用使黄河下游场次洪水的冲淤强度减少
了 32.72%；对于以多沙细沙区来水为主的洪水而言，河口镇以上清水区来水的稀释作用
使黄河下游场次洪水的冲淤强度减少了 35.48%。

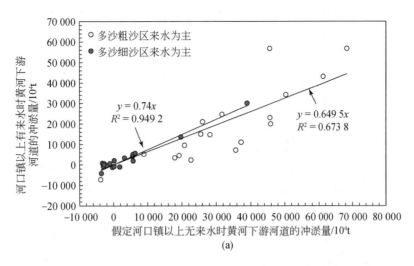

(a)

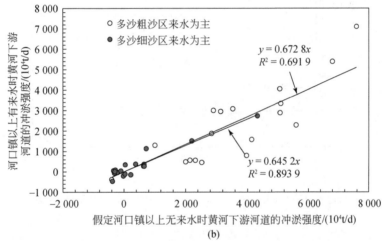

(b)

图 11-28　河口镇以上有来水时下游河道的冲淤量和假定河口镇以上无来水时下游河道的冲淤量之间的关系（a）及河口镇以上有来水时下游河道的冲淤强度和假定河口镇以上无来水时下游河道的冲淤强度之间的关系（b）

区分以多沙粗沙区来水为主的洪水和以多沙细沙区来水为主的洪水

三、场次洪水冲淤量和冲淤强度与稀释比的关系

为了揭示上游来水的稀释效应对下游河道淤积的影响，本研究在图 11-29（a）、（b）中分别点绘了场次洪水冲淤量和冲淤强度与稀释比的关系。图 11-29（a）显示，虽然数据点较为分散，但仍表现出负相关，显著性概率为 $p<0.01$。从图 11-29（a）可以看到，稀释比 β 大致在 7.50 时，下游河道由淤积变为冲刷。因此，$\beta=7.50$ 可以视为冲淤临界。图 11-29（b）与图 11-29（a）相似，冲淤临界仍然为 $\beta=7.50$。

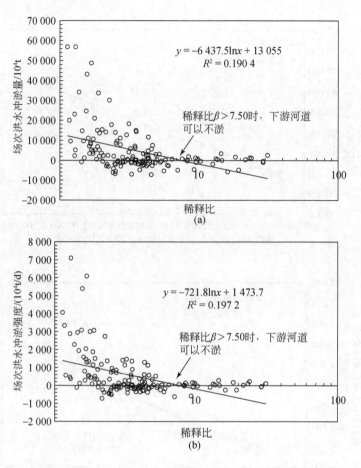

图 11-29 场次洪水冲淤量 (a) 和冲淤强度 (b) 与稀释比的关系

四、场次洪水排沙比与稀释比的关系

排沙比定义为输出某一河道的泥沙量与进入该河道泥沙量之比，可以表示河道对泥沙的输送能力，也可以反映河道的输沙功能（许炯心，2004d）。为了揭示研究上游来水对下游河道泥沙输送能力的影响，图 11-30 点绘了场次洪水排沙比与稀释比的关系。线性回归线表明，两者之间具有正相关关系，$R^2 = 0.1638$，显著性概率为 $p < 0.01$。然而，点群的分布是非线性的。非线性拟合线显示，随着稀释比的增大，排沙比先增大，达到峰值后再减小。拟合曲线两次与代表排沙比为 1 的直线相交，两个交点代表着两个临界点。从图 11-30 可以看到，场次洪水稀释比 $\beta > 3.4$ 时，下游河道由淤积变为冲刷；$\beta > 20.0$ 时，由冲刷变为淤积。稀释比很大时，来自上游的洪水量大，进入下游的洪水流量也大，发生漫滩，泥沙淤积在滩地上，使排沙比减小。从图 11-30 还可以看到，与排沙比峰值相对应的稀释比大致为 $\beta = 7.0$，说明在其他条件可比的情况下，当稀释比为 7.0 时下游河道对泥沙的输送能力最强。

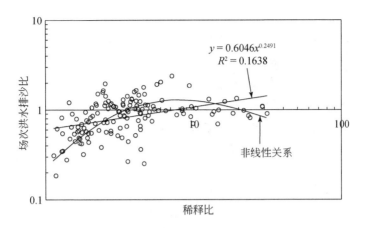

图 11-30　场次洪水排沙比与稀释比的关系

五、稀释效应对下游高含沙水流的影响

高含沙水流是黄河干支流的特殊水流现象。高含沙洪水在流经黄河下游高村以上的宽浅游荡型河段时，由于不能满足稳定输送的条件，常常会发生强烈的淤积（钱宁等，1979；许炯心，1999c）。据赵业安等（1997）的研究，1969～1989 年黄河下游共发生高含沙洪水 16 次，在河道中的总淤积量为 34.9 亿 t，占 16 次洪水中来沙总量的 57.4%，即河道排沙比仅为 0.426。

已有的研究表明，对于黄河下游干流而言，当水流含沙量达 200kg/m³ 以上时，水流变为非牛顿流体，可称为高含沙水流（钱宁，1989）。为了进一步揭示高含沙水流对黄河下游河道输沙功能的影响，作者以三门峡站的场次洪水最大含沙量 C_{max} 反映高含沙水流的发生。资料分析表明，下游河道场次洪水排沙比与 C_{max} 有密切的关系（图 11-31），二者间的决定系数为 $R^2 = 0.6319$，意味着下游河道场次洪水排沙比变化的 63.19% 可以用 C_{max} 的变化来解释。

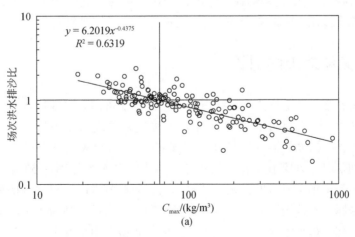

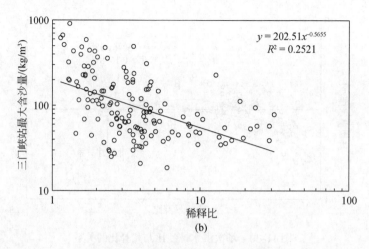

图 11-31　稀释比对高含沙水流的影响

（a）场次洪水排沙比与三门峡站最大含沙量的关系；（b）三门峡站最大含沙量与稀释比的关系

来自河口镇以上清水区的洪水对来自中游的洪水有稀释作用，使得进入下游的洪水含沙量降低，从而降低了高含沙水流的发生概率。图 11-31（b）点绘了三门峡站场次洪水最大含沙量与稀释比的关系，其表现出较显著的负相关，显著性概率 $p < 0.01$。可以认为，黄河流域洪水中来自上游的清水基流在很大程度上降低了黄河下游河道的高含沙水流发生频率，进而使下游河道的泥沙输送能力提高，淤积减轻。

六、汛期稀释效应对下游冲淤和输沙能力的影响

除了洪水过程中来自上游的清水径流对下游洪水具有稀释效应，在考虑汛期径流的情况下，也存在着这种稀释效应。图 11-32 点绘了历年汛期黄河下游河道冲淤量和排沙比与汛期稀释比的关系，均表现出较显著的相关关系，显著性概率均小于 0.01。图 11-32 显示，冲淤量和汛期稀释比之间的决定系数为 0.5279，表明黄河下游汛期冲淤量变化的 52.79% 可以用稀释比的变化来解释；排沙比和汛期稀释比之间的决定系数为 0.4282，表明黄河下游汛期排沙比变化的 42.82% 可以用稀释比的变化来解释。

七、应用意义和对策的讨论

黄河上游峡谷多，河道比降陡，蕴藏着丰富的水能资源，在我国水电开发中具有重要的战略地位。从 20 世纪 60 年代以来，黄河上游先后建成了盐锅峡（1961 年）、三盛公（1961 年）、青铜峡（1967 年）、刘家峡（1968 年）、八盘峡（1975 年）、龙羊峡（1986 年）等水利枢纽。其中刘家峡、龙羊峡水库库容大，总库容分别为 57 亿 m³、247 亿 m³。刘家峡水库为不完全年调节水库，龙羊峡水库为多年调节水库，对水沙的调节作用大。龙羊峡、刘家峡水库蓄水运用以后，显著减少了汛期下泄水量，削减了洪峰流量，极大地改变了年内径流分配。每年汛期来临，龙羊峡水库需要蓄水用于发电，大量拦截了黄河上游

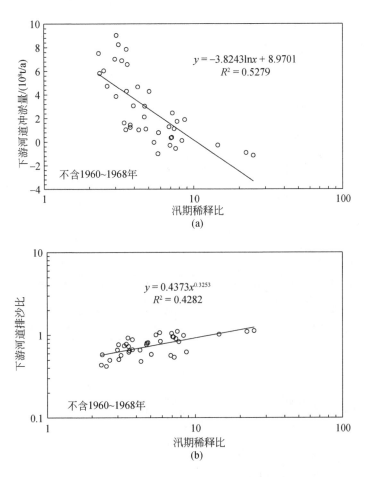

图 11-32　历年汛期黄河下游河道冲淤量
（a）和排沙比（b）与汛期稀释比的关系

汛期的清水基流，使汛期黄河下游的流量减小，大流量出现的概率减少。从 1986 年龙羊峡水库运用后，1987~2002 年下河沿站年均水量为 247.6 亿 m³，较多年均值减少 21%，汛期水量为 103.7 亿 m³，较多年均值减少 46.3%；年均沙量只有 0.809 亿 t，较多年平均值减少 56.3%，汛期沙量为 0.630 亿 t，较多年均值减少 60.7%（侯素珍等，2006）。兰州站汛期（7~10 月）径流量占全年径流量的比例，20 世纪 60~90 年代分别为 69.3%、51.3%、52.5% 和 39.6%，下降的趋势十分明显，与水库的调节有密切的关系。图 11-33 对 1989 年和 2002 年龙羊峡水库入库控制站——唐乃亥站和出库控制站——贵德站汛期流量过程线进行了比较，可以看到，水库对汛期径流的拦截是十分明显的。龙羊峡水库的运用显著地减小了上游清水来源区的径流对多沙粗沙区高含沙洪水的稀释作用，这对下游河道减淤是极为不利的。

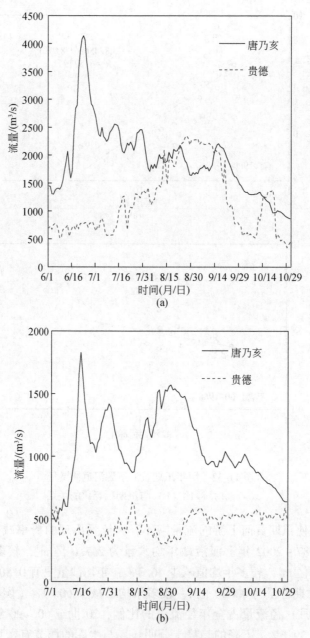

图 11-33　典型年龙羊峡进出库流量过程

(a) 1989 年；(b) 2002 年

　　作者的研究表明，黄土高原大规模的水土保持使入黄泥沙大幅度减少，有利于下游河道减淤；人类大规模开发利用黄河径流和水能资源（非汛期大量引水用于灌溉，汛期大量拦截上游清水基流用于发电），使下游河道年来水量和汛期来水量大幅度减少，输沙能力下降，会使下游淤积量增大。二者在数量上互相抵消，使得下游淤积量减少这一黄河治理目标的实现受到很大的影响（许炯心，2004c）。

　　为了避免上游水能资源开发利用在黄河下游产生的不利于减淤的负效应，应该采取如下措施：①合理安排上游水库对汛期清水基流的拦截，利用上游清水基流来稀释河龙区间发生的高含沙洪水，减少下游淤积；②必要时在龙羊峡以下建立反调节水库，将龙羊峡水库下泄对黄河下游输沙不利的径流过程再调节为有利的过程，恢复稀释效应，减少下游淤积；③利用小浪底水库调水调沙，将流域来水来沙调节为较大流量的高效输沙洪水，输沙入海。

第五节　黄河下游二级悬河发育演变

　　悬河又称地上河，是受人类活动强烈影响的多泥沙河流所发育的一种河流地貌现象。在一般情形下，冲积河流的河床总是低于两侧的泛滥平原（或河漫滩）地面，而泛滥平原的临河边缘常常向上微微高起，形成天然堤地形，其在黄河被形象地称为"滩唇"。河漫滩临河带的高程会略高于远离河床的地带，但高差不大；在洪水泛滥之后，水流归槽，河道仍能保持原来的位置不变。随着河道的堆积抬高，上述高差加大，当大到一定程度之后，泛滥洪水会冲刷出一条新河道，导致河流改道。在漫长的历史时期中，河道在广大的地壳沉降带上摆动、加积，建造了冲积平原。历史上为了防御洪水成灾和河流改道，在河道两侧修筑了大堤，洪水泛滥范围缩小，大堤内的河道和滩地不断淤积抬高，经历若干年月之后，会变得高于大堤之外的地面，因而形成悬河。如果由于某种原因，如流量减小，大堤内河床变窄，横向摆动范围缩小，距河床较远的滩地被淹的概率降低。为了耕种这部分滩地，当地农民在原有大堤之间又修筑了生产堤，使河床受到约束。此后，生产堤之间的河道摆动受限制，生产堤以外的滩地被淹的概率进一步降低，泥沙堆积集中于主河槽中，使得主河槽的高程抬升，渐渐高于生产堤外的滩地，于是在大堤之内又出现了悬河地貌。相对于原有的悬河地貌（可称为一级悬河），大堤之内的悬河地貌被称为"二级悬河"或"悬河中的悬河"，由此构成复合悬河地貌，或悬河地貌综合体。二级悬河的形势可以用禅房断面 2002 年汛后的横断面图来代表（图 11-34）。对于悬河地貌综合体尚有待于深入研究。

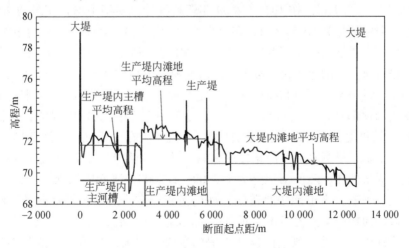

图 11-34　禅房断面 2002 年 10 月断面图

黄河下游是世界上著名的地上河，对此已进行大量的研究，涉及地上河形成的地质背景、河道水沙条件和河床堆积过程、筑堤对地上河形成的影响以及地上河发育演变的历史（叶青超，1997）。从 20 世纪 70 年代以来，二级悬河现象渐渐出现，80 年代中期以后随着河道的萎缩而加快发展，引起各方面关注，并有一些文献发表（赵勇，2002；齐璞，2002；张仁，2003；曾庆华，2004；杜玉海等，2004）。胡一三和张晓华（2006）对黄河下游二级悬河进行了系统的研究，指出二级悬河由悬河淤积而成，除具有堆积型河道和悬河的特点外，就断面形态而言，还应同时具有滩面横比降陡、滩唇高程远高于堤防临河侧附近滩面高程、河槽平均河底高程高于滩地平均河底高程的特点。杨吉山等（2006）研究了 1973～1997 年不同水沙过程对黄河下游二级悬河形成过程的影响，发现花园口至高村河段二级悬河集中形成于 1985～1997 年的枯水阶段，枯水条件下泥沙在主槽中大量淤积导致二级悬河的形势更加严重；生产堤限制了泥沙的堆积范围，导致生产堤内滩地平均高程增长速度明显快于生产堤外滩地平均高程增长速度，表明生产堤对二级悬河的发展有促进作用。王卫红和李勇（2008）结合实体模型试验和二维水沙数学模型计算，对黄河下游二级悬河的控制阈值进行了研究，提出黄河下游二级悬河的发育程度可以用滩唇高程与临堤滩面平均高程之差来表征；在一定时期，对于二级悬河应以发生顺堤流速不大于堤防抗冲临界流速为控制条件。罗立群等（2010）通过实体模型试验，在洪量和沙量不变的情况下对不同量级洪水条件下黄河下游二级悬河的水沙过程进行了研究。作为一种新的河流地貌现象，尚有若干理论问题需要研究，如悬河的定量指标与判别条件、二级悬河的演化过程及其与河道层面和流域层面上的影响因素的定量关系等。同时，二级悬河的出现使黄河下游的治理决策和洪水灾害防治面临新的问题，亟待解决。作者对上述问题进行了研究，以期深化对二级悬河发育演变规律的认识，为二级悬河的治理和调控提供科学依据。世界上的大河都面临防洪问题，堤防的修筑是防洪的重要手段。对堤防产生的环境效应包括地貌效应进行研究，避免其中的不利效应，是一个重要的问题。对黄河二级悬河的研究也可以为世界大河筑堤后地貌效应的评估提供依据。

本节的研究区为黄河下游游荡型河段（图 11-35），即花园口至高村河段。花园口站控制流域面积为 73 万 km²，按 1950～2000 年资料统计，多年平均径流量为 403.6 亿 m³，多年平均悬移质输沙量为 10.54 亿 t，多年平均含沙量为 26.4kg/m³。黄河下游来沙丰富，冲淤变化强烈，河道横向摆动幅度和速率大，当来水来沙发生变化之后，河道针对变化后的水沙条件进行再塑造的速率快。本节重点研究禅房至高村河段，其长 61km，设有禅房、油房寨、马寨、杨小寨、河道和高村 6 个固定断面。该河段位于 1855 年铜瓦厢决口后泛区泥沙冲积扇的顶部地区。决口后的 20 年，水流在冲积扇上自由漫流，水流散乱，到 1875 年右岸开始筑堤，左岸以北金堤为屏障，水流约束在两堤之间，逐渐形成现行河道。两岸堤距上宽下窄，呈喇叭形，最宽处达 20km，最窄处约 5km，河槽宽 1.6～3.5km。两岸滩唇高起、堤根低洼，滩面横比降为 1/3000～1/2000，滩面串沟众多。自 1958 年后滩地修筑生产堤，一般洪水不能漫滩落淤，河槽淤积严重，加之黄河水量及洪峰流量的减少，局部河段的河槽平均高程高于滩面平均高程的局面，形成了"二级悬河"。主流摆动强烈，大洪水冲破生产堤导致主流顶冲大堤的危险性很大，是黄河下游防洪最薄弱的河段，历来有黄河的"豆腐腰"之称。2009 年黄河水利科学研究院基于 2002 年 10 月下游

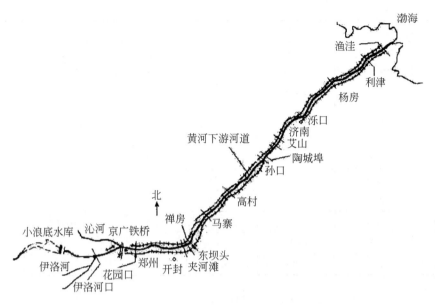

图 11-35 黄河下游游荡型河段示意图

资料来源：胡一三和张晓华，2006

大断面资料测量成果，并结合地形资料和卫星遥感资料，统计了京广铁桥以下河段二级悬河的各项特征值（尚红霞等，2009）。其中，涉及本研究河段的资料已列入表 11-11 中。

表 11-11　东坝头至高村河段断面特征值统计

断面名称	左滩			右滩		
	平滩水位与临河滩面差/m	实际滩面宽度/m	横比降/‰	平滩水位与临河滩面差/m	实际滩面宽度/m	横比降/‰
禅房	1.23	2 140	5.75	3.62	9 726	3.72
左寨闸	0.52	7 169	1.44	4.34	7 888	5.51
李门庄	1.13	4 136	2.73		298	
油房寨	1.47	3 887	4.91	3.12	9 224	3.38
荆岗				1.15	3 177	3.63
王高寨	0.65	7 042	3.27	1.75	5 665	6.21
六合集	1.43	4 337	3.3			
马寨	2.83	4 124	7.61	2.67	10 602	2.52
竹林				0.95	1 992	4.77
谢寨闸	2.21	8 935	2.71	2.15	1 123	19.15
杨小寨	2.86	6 106	5.31	0.94	2 314	7.48
黄寨	2.98	6 083	4.9			
武邱	2.77	7 613	3.63			
西堡城	2.22	9 127	2.43			

断面名称	左滩			右滩		
	平滩水位与临河滩面差/m	实际滩面宽度/m	横比降/‰	平滩水位与临河滩面差/m	实际滩面宽度/m	横比降/‰
赵堤	2.41	8 563	3.35			
张寨				0.62	2 421	2.58
河道	2.95	4 233	7.7	2.11	4 085	5.15
青庄	1.87	1 074	17.45	1.61	4 477	5.92
柿子园	1.79	4 743	3.78			
高村	2.05	4 162	7.21			
最大值	2.98	9 127	17.45	4.34	10 602	19.15
最小值	0.52	1 074	1.44	0.62	298	2.52
平均值	1.96	5 498	5.15	2.09	4 846	5.84

一、研究方法和资料

（一）悬河定量指标与判别标志

为了定量描述悬河的地貌特征，作者采用了两个定量指标：①河床平均高程与滩面平均高程之差；②滩面横比降 J，或横比降与纵比降之比。横比降与纵比降之比可以表示导致横河情势出现的驱动力。本节采用主槽河底平均高程与滩地表面平均高程之差作为定量指标，用 H_{fb} 来表示，可称为大堤内滩槽高差或大堤内悬河发育指标。应当指出，滩槽高差还有另一种定义，即某一断面上显示的天然堤顶（即"滩唇"）的高程（相当于河漫滩平滩水位）与河底平均高程之差。为避免混淆，本节中的滩槽高差表示主槽河底平均高程与滩地表面平均高程之差。

悬河可以视为河床和河床外地面（滩地或冲积平原地面）高程倒置的现象，即河床高程高于河床外地面高程。滩槽高差 H_{fb} 变得小于 0 意味着出现了悬河，故二级悬河发育的临界为大堤内滩槽高差 $H_{fb}=0$。从图 11-34 中的禅房断面 2002 年 10 月断面图可以清楚地看到这一特征。

（二）资料

作者通过对悬河发育指标的时间变化来研究二级悬河发育演变，采用了禅房、油房寨、马寨、杨小寨、河道、高村 6 个断面的长系列断面观测资料，时间为 1951～2004 年，但有的断面起始时间晚于 1951 年。依据历年的断面测量资料，绘制出横断面图，从图上量算出主槽河底平均高程和滩地表面平均高程，后者减去前者即为 H_{bf}。

为了表示水沙输入特征，本节采用花园口站的年径流量（Q_w）、汛期平均流量（$Q_{mean,6\sim10}$）和年输沙量（Q_s）。为了表示水沙组合关系，采用年来沙量与来水量之比，即年平均含沙量（C_{mean}）。同时，还采用了来沙系数，即 C_{mean} 与年平均流量 Q 之比（C_{mean}/Q）。

　　黄河下游水沙输入条件的变化与流域因素的变化密切相关。流域因素分为气候因素和人类活动两大类，前者包括降水量、气温、暖干化指标等，后者分为以下 4 种：①水库的修建及其对径流的调节指标，以水库对某一年径流的调节系数来表示（$R_{re} = \sum C/Q_{w}$，式中，R_{re} 为水库对某一年径流的调节系数，$\sum C$ 为截至该年已建的干流水库库容之和，Q_{w} 为黄河年径流量）；②流域水土保持措施面积，以梯田、造林、种草、淤地坝造地的面积之和来表示；③人类净引水量和引水比，后者定义为净引水量和天然径流量之比；④天然径流系数，以某一流域产生的天然年径流量与降水量之比来表示。当流域内水土保持措施面积增加到一定程度时，降雨入渗和植被蒸腾作用都迅速增大，因而天然径流系数减小（Xu，2005）。因此，天然径流系数的减小可以表达流域水土保持措施对径流过程的影响。

　　以上述资料为基础，作者通过时间系列分析和统计分析，研究了黄河下游游荡型河段二级悬河发育演变过程，力求揭示其形成机理。

二、二级悬河发育指标的时间变化

　　以东坝头至高村河段为例，涉及禅房、油房寨、马寨、杨小寨、河道、高村 6 个断面的长系列断面观测资料，计算出历年的悬河发育指标 H_{bf}，然后求出河段的算术平均值，用来表示禅房至高村河段的 H_{bf}。6 个断面的 H_{bf} 随时间的变化曲线具有相似的变化趋势，但 $H_{bf} = 0$ 出现的时间不同［图 11-36（a）］，禅房出现于 1970 年，油房寨出现于 1969 年，马寨出现于 1971 年，杨小寨出现于 1970 年，河道出现于 1973 年，高村出现于 1980 年，这可能与不同断面的河道边界条件有关。禅房至高村河段的 H_{bf} 平均值随时间的变化见图 11-36（b），可以看到，H_{bf} 具有明显减小趋势，总体上可以用线性关系 $H_{bf} = -0.0457t + 90.239$ 来拟合，式中，t 为年份。该式的决定系数 $R^2 = 0.834$，显著性概率 $p < 0.000\,01$。在总体减小的趋势中还叠加着次一级变化，据此可以划分为 5 个阶段。H_{bf} 增大不利于悬河发展，故 H_{bf} 增大的时期称为逆悬河发展期；H_{bf} 减小有利于悬河发展，故 H_{bf} 减小的时期称

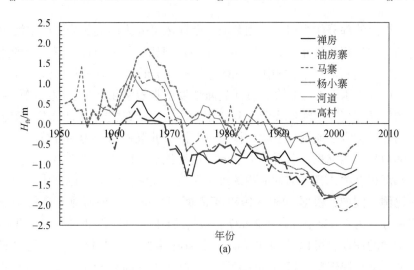

（a）

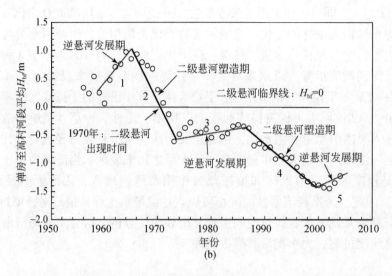

图 11-36　6 个断面的悬河发育指标 H_{bf} 随时间的变化（a）及禅房至高村河段的

H_{bf} 平均值随时间的变化（b）

（a）根据胡一三和张俊华（2006）（b）1～5 表示不同的阶段

为二级悬河塑造期。5 个阶段包括 2 个二级悬河塑造期和 3 个逆悬河发展期。2 个二级悬河塑造期即 1965～1973 年、1986～1999 年；3 个逆悬河发展期即 1959～1964 年、1974～1985 年、2000～2004 年。以 $H_{bf}=0$ 为二级悬河的临界点，该点大致出现在 1970 年，这表示禅房至高村河段在 1970 年后出现了第二级悬河，与原有的第一级悬河共同构成了二级悬河地貌综合体。应该指出，由于河道边界条件的不同，6 个断面上 $H_{bf}=0$ 出现的时间是不同的。对于图 11-36（b）中不同阶段的形成原因，将在后面进行详细讨论。

三、二级悬河形成机理的概化模式

如果以大堤内的部分作为河床，则黄河下游河床可分为两大部分，即主河槽（以下简称主槽）与滩地，这里滩地指河漫滩。主槽由中水河槽与低滩组成，低滩中的边滩在黄河被称为"嫩滩"。游荡型河段主槽中的心滩高程相当于低滩。除某些年份（如大洪水强烈漫滩并淤积；中等洪水但含沙量高，漫滩后滩地发生强烈淤积）外，泥沙淤积主要发生在主槽中。主槽的平均高程即河底高程，其变化取决于泥沙在主槽中的淤积。游荡型河段主槽位置并不固定，常常在河漫滩上发生摆动。河漫滩的沉积物分为两部分，上部为河漫滩相沉积，下部为河床相沉积，后者是以前的主槽堆积物。因此，河漫滩的高程既与当前河漫滩上的洪水沉积有关，又与前期河槽的沉积有关。在河漫滩的总厚度中，河床相的堆积物占很大的比例。例如，根据 1960～1999 年断面观测资料，夹河滩至高村河段主槽和滩地累计淤积量分别为 6.043 亿 m^3 和 2.437 亿 m^3，分别占总淤积量的 71.3% 和 28.7%。因此，考虑到主槽的摆动，可以认为在长时段中河漫滩的高程变化主要还是主槽堆积的结果。然而，如果某种原因使主槽摆动受到限制，则滩地的高程升高主要由河漫滩堆积来决定，则其上升的速率和幅度就会小得多。

在不考虑主槽摆动时，漫滩概率是决定泥沙在主槽与滩地中分配关系的重要因素。漫滩概率是一个可调变量，它与平滩流量之间有密切的关系。当由流域因素所决定的来水来沙条件保持一定时，平滩流量及其频率之间具有某种确定的关系。当流域因素发生改变时，如果洪水量级增大，则漫滩概率会增大，滩地淤积的泥沙会增多，使得滩槽高差增大，平滩流量增大。滩槽高差增大后，反过来又会使漫滩概率减小，滩地淤高的速率减慢，滩槽高差减小。久而久之，平滩流量及其频率之间便出现某种平衡关系。如果洪水量级减小，则漫滩概率也会减小，滩地淤积的泥沙会减少，使得滩槽高差增大速率减慢。由于泥沙主要淤积在主槽，则相对于滩地而言主槽淤积得更快，因而滩槽高差减小，平滩流量也减小。最后平滩流量及其频率之间也会出现某种平衡的关系。图 11-36 显示，1956 年以来黄河下游出现的是后一种情形。流域因素的变化会很快导致水沙特性的变化，而平滩流量及其频率之间关系的调整需要经历一定的时间，在这一过程中，滩槽高差会发生较大的变化。如果在这一过程中，河道边界约束条件（堤距、河道整治工程）发生了变化，则河道发展会沿着新的方向进行，二级悬河的出现就是这一过程作用的结果。

黄河游荡型河段大堤堤距很宽，花园口至高村河段平均为 9km，主槽在大堤之间往复游荡。如果考虑大堤内的整个空间，则还存在另一种调节机制。主槽在某一固定位置上堆积，就会渐渐地高于相邻的滩面。一旦大洪水中天然堤（滩唇）被冲破，主槽就会摆动到滩面上高程较低的部分，又在那里向上堆积，使较低的部分填高。久而久之，大堤内的地面高程便会整体向上增加。事实上，大堤之间的地上河就是这样形成的。显然，如果河道发生萎缩，主槽两侧出现新的堤防，使之不再摆动，上述调节机制不再起作用。此时，主槽的河底迅速抬升。两侧的滩地只有依赖大洪水漫滩时才会接受泥沙堆积而抬高，而如前所述，这对增加滩地高程的作用是不大的。因此，足够长的时间之后，新的堤防之间的河床就会高于其外的滩地，出现另一级悬河，即第二级悬河。

由上述可知，二级悬河的形成原因可以从两方面来论证：①流域因素的变化。这为二级悬河的形成提供了必要的水沙输入条件。②河道层面上的机理。在水沙输入条件变化的影响下，人工边界条件即大堤以内堤防（即生产堤）的出现，改变了泥沙堆积部位，从而塑造了第二级悬河。

二级悬河形成机理的概化模式可以用图 11-37 中的框图来说明。从上到下，表现出 4 个层次的作用过程：①流域因素的变化（气候变化、水土保持、水库修建、引水增加）导致了径流减少、洪水流量减小；②径流减少、洪水流量减小导致了河道萎缩，主槽变窄，主槽摆动范围减小和漫滩概率减小；③泥沙淤积集中于主槽，主槽淤积加快，滩地淤积减慢，使得滩槽高差减小；④生产堤和河道整治工程修建，不利于水流漫滩和主槽摆动改道，河道通过横向摆动使滩地堆积抬高的途径切断，主槽堆积速率大大超过滩地，滩槽高差变为负值，主槽滩地高程倒置。最后，大堤内的第二级悬河形成。本研究将基于实际观测资料对框图中的各个环节进行论证，以揭示二级悬河的形成机理。

四、二级悬河形成演变与流域因素的关系

自 1950 年以来，进入黄河下游的年径流量、汛期平均流量和年最大流量都表现出减

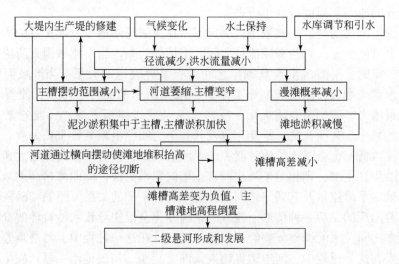

图 11-37　解释二级悬河形成机理的流程图

小的趋势。图 11-38 点绘了黄河下游花园口站的年径流量 Q_w、汛期平均流量 $Q_{mean,6\sim10}$ 和年最大流量 Q_{max} 随时间的变化，其均表现出明显的减小趋势（$p<0.001$），可以分别由以下回归方程来拟合：

$$Q_w = -5.5897t + 11\ 443 \quad (R^2 = 0.389) \tag{11-10}$$

$$Q_{mean,6\sim10} = -44.91x + 91\ 009 \quad (R^2 = 0.427) \tag{11-11}$$

$$Q_{max} = -123.34x + 250\ 515 \quad (R^2 = 0.316) \tag{11-12}$$

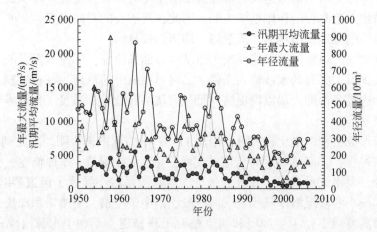

图 11-38　黄河下游花园口站的年径流量、汛期平均流量和年最大流量随时间的变化

　　本书已指出，在流域层面上影响黄河下游水沙输入条件的自然因素变量为流域平均年降水量 P_m 和年均气温 T_m，人类活动变量为水土保持措施面积 A_{sw}、水库对实际径流的调节系数 R_{re} 以及人类引水量 $Q_{w,div}$。对上述变量的时间序列分析表明，P_m 有减小的趋势，随时间延长而减小的显著性概率 $p<0.05$，T_m、$Q_{w,div}$、A_{sw} 和 R_{re} 均有增大的趋势，随时间延长而增大的显著性概率 $p<0.01$。5 个流域因素变量与时间 t（年份）的相关系数

已列入表 11-12 中。

表 11-12　5 个流域因素变量与时间 t（年份）的相关系数

项目	P_m	T_m	$Q_{w,div}$	A_{sw}	R_{re}
与时间 t（年份）的相关系数	−0.279	0.479	0.634	0.935	0.867

为了揭示 Q_w 和 $Q_{mean,6\sim10}$ 减小与上述流域因素变化的内在联系，本研究以 1951～2007 年共 57 年的年系列资料为基础，分别进行了多元回归分析。以 Q_w 为因变量，以 P_m、T_m、A_{sw} 和 $Q_{w,div}$ 为影响变量建立了线性多元回归方程。Q_w 与上述 4 个影响变量的相关系数分别为 0.693、−0.542、−0.614 和 −0.488，显著性概率均小于 0.01。经计算，建立了以下回归方程：

$$Q_w = 324.93 + 1.33P_m - 53.11T_m - 0.000\,36A_{sw} - 0.51Q_{w,div} \tag{11-13}$$

式中，复相关系数 $R = 0.875$；$R^2 = 0.766$；调整后的 $R^2 = 0.748$；$F_{(4,52)} = 42.463$；$p = 8.68 \times 10^{-16}$；估算值的均方根误差 $SE = 75.193$。该方程表明，Q_w 随着 P_m 的增大而增大，随着 T_m、A_{sw} 和 $Q_{w,div}$ 的增大而减小。$R^2 = 0.766$ 意味着 4 个影响变量的变化可以解释 Q_w 方差的 76.6%。由于 4 个影响变量之间存在着一定程度的相关性，本研究通过 4 个影响变量的半偏相关系数来估算其对因变量变化的贡献率。4 个影响变量 P_m、T_m、A_{sw} 和 $Q_{w,div}$ 的半偏相关系数分别为 0.520、−0.163、−0.1293 和 −0.220。假定某一影响变量的贡献率与该影响变量的半偏相关系数的绝对值成正比，4 个影响变量的总贡献率为 100%，由此计算出 P_m、T_m、A_{sw} 和 $Q_{w,div}$ 的变化对 Q_w 方差的贡献率分别为 50.4%、15.8%、12.5% 和 21.3%。可见，降水的贡献率居第一，引水量的贡献率居第二，气温的贡献率居第三，水土保持措施的贡献率居第四。

由于黄河引水主要用于农业灌溉，汛期引水量相对较小。另外，流域中水库的修建对汛期流量的调节作用很强。因此，以 $Q_{mean,6\sim10}$ 为因变量，以 P_m、T_m、A_{sw} 和 R_{re} 为影响变量建立了线性多元回归方程：

$$Q_{mean,6\sim10} = -1\,292 + 9.93P_m - 49.58T_m - 0.001\,83A_{sw} - 525.83R_{re} \tag{11-14}$$

式中，复相关系数 $R = 0.900$；$R^2 = 0.810$；调整后的 $R^2 = 0.795$；$F_{(4,51)} = 54.246$；$p = 9.16 \times 10^{-18}$；估算值的均方根误差 $SE = 520.73$。该方程表明，$Q_{mean,6\sim10}$ 随着 P_m 的增大而增大，随着 T_m、A_{sw} 和 R_{re} 的增大而减小。$R^2 = 0.810$ 意味着 4 个影响变量的变化可以解释 $Q_{mean,6\sim10}$ 方差的 81.0%。由于 4 个影响变量之间存在着一定程度的相关性，本研究通过 4 个影响变量的半偏相关系数来估算其对因变量变化的贡献率。4 个影响变量 P_m、T_m、A_{sw} 和 R_{re} 的半偏相关系数分别为 0.481、−0.0218、−0.0513 和 −0.168。假定某一影响变量的贡献率与该影响变量的半偏相关系数的绝对值成正比，4 个影响变量的总贡献率为 100%，由此计算出 P_m、T_m、A_{sw} 和 R_{re} 的变化对 $Q_{mean,6\sim10}$ 方差的贡献率分别为 66.6%、3.0%、7.1% 和 23.3%。可见，降水的贡献率居第一，水库调节的贡献率居第二，水土保持措施的贡献率居第三，气温的贡献率居第四。

由于 P_m 有减小的趋势，T_m、$Q_{w,div}$、A_{sw} 和 R_{re} 均有增大的趋势（表 11-12），由式（11-13）和式（11-14）可知，Q_w 和 $Q_{mean,6\sim10}$ 应该随这些变量的变化而减小。因此，揭示二级悬河形成机理的流程图（图 11-37）中的第一步，即流域因素的变化（气候变化、水土保持、水库修建、引水增加）导致径流减少、洪水流量减小，得到了解释。

五、河床泥沙冲淤过程对二级悬河的塑造

径流量特别是洪水流量的减小导致了河道的自我调整，塑造了与较小的流量相适应的河床。主槽宽度可以用平滩流量下的河宽来表示。图11-39（a）点绘了黄河下游花园口站和高村站平滩流量（Q_{bf}）下的河宽（B_{bf}）随时间的变化，其具有明显的减小趋势。对于花园口站和高村站而言，B_{bf}与时间的决定系数分别为0.4492和0.1776，显著性概率p均小于0.01，说明B_{bf}（主槽宽度）的减小在统计上是显著的。

为了表示漫滩概率，本研究将年最大流量与平滩流量之比Q_{max}/Q_{bf}作为指标。花园口站的这一指标随时间的变化见图11-39（b），表现出减小的趋势，显著性概率$p<0.01$。这是由于，虽然平滩流量Q_{bf}具有减小的趋势，但Q_{max}减小的速率大于Q_{bf}减小的速率，故Q_{max}/Q_{bf}表现出减小的趋势。

所研究的河段是黄河下游典型的游荡型河段，主槽横向摆动强烈。由于洪水流量的减弱，河道横向摆动的幅度也会变小。图11-39（c）显示，禅房至高村河段深泓线年摆幅具有随时间延长而减小的趋势，显著性概率p小于0.01。主槽摆动幅度的减小与生产堤的修

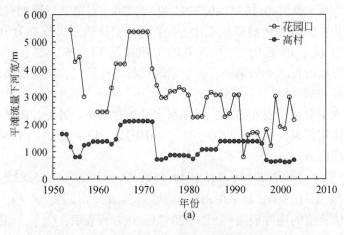

(a)

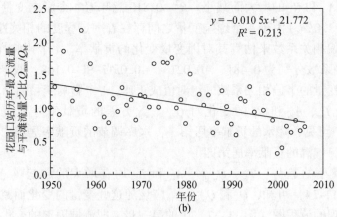

(b)

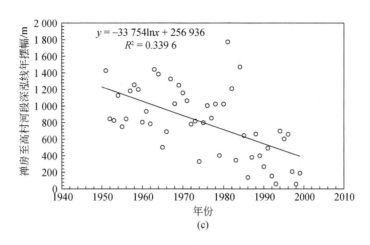

(c)

图 11-39　花园口站和高村站平滩流量下的河宽随时间的变化（a）、花园口站 $Q_{\max}/Q_{bf}$

随时间的变化（b）及禅房至高村河段深泓线年摆幅随时间的变化（c）

建和游荡型河段河道整治工程的实施密切相关，后面将对此进行论。以上讨论显示，二级悬河形成机理的流程图（图 11-37）中的第二步，即径流减少、洪水量级减小导致河道萎缩，主槽变窄，主槽摆动范围减小和漫滩概率减小，也得到了解释。

　　还应该指出，下游人类活动的影响对河道演变是不容忽视的。自 1950 年以来游荡型河段的河道整治工程和生产堤的修建改变了河道的边界条件，对水流泥沙运动和河道冲淤有较大影响。这些地面具有较大的开垦价值，渐渐被当地农民辟为耕地。为了防止这些耕地被淹，他们在耕地与主槽之间修筑了堤防，称为生产堤。据黄河水利科学研究院和黄河水利委员会防汛办公室（2007）研究，1960 年以后，黄河下游滩区开始较大规模修筑生产堤。统计资料显示，1972 年、1982 年、1992 年和 2004 年黄河下游花园口至洛口间生产堤的长度分别为 538km、512km、527km 和 539km。生产堤的高度因地而异，一般高出当地滩面 1.5~3m。两岸生产堤间距向下游减小，夹河滩以上一般都在 3.0km 以上，夹河滩至高村河段 1.5~2.5km，高村以下减至 1.0km 左右。1986 年以后由于来水较少，河道萎缩进一步发展，与此相适应，当地农民在一些河段修筑了多道生产堤，堤距缩小，堤外滩地面积增大。以禅房至高村河段调查资料为基础，图 11-40（a）点绘了有资料的 5 个断面的生产堤堤距与大堤堤距之比随时间的变化，总体上具有减小趋势，其中数据系列较长的禅房和杨小寨两个断面的减小趋势更为明显［图 11-40（b）］，说明生产堤对水流的约束作用越来越强。由于下游来水量和洪水流量减小，主槽发生萎缩，原来主槽的一部分转化为边滩和河漫滩，被洪水淹没的概率减小。在洪水流量与漫滩概率减小的背景下，生产堤的存在使来水量减少导致的主槽萎缩固定下来。生产堤阻碍洪水漫滩，使洪水被限制在两岸生产堤之间，漫滩概率大为减小。一般中小洪水难以漫滩，即使发生较大洪水，当地农民尽力守护生产堤，避免生产堤溃决漫滩，等到防守不住而决开时，常常已错过沙峰（含沙量较高期），而洪水中的泥沙已经淤在河槽内和滩唇上，难以形成淤滩刷槽的条件，使滩槽水流泥沙交换受到限制，改变了泥沙淤积的横向分布，大面积的滩地多年不能上水落淤。

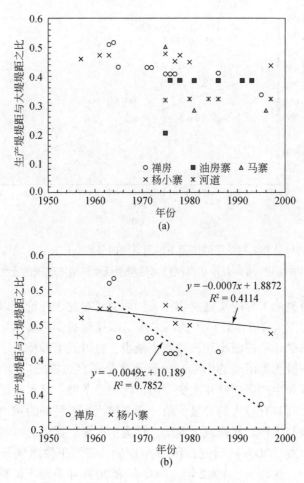

图 11-40　生产堤堤距与大堤堤距之比随时间的变化

(a) 5 个断面；(b) 2 个断面

　　显然，第一级悬河的出现与大堤的修筑密切相关，第二级悬河的出现则与生产堤的修筑密切相关。生产堤的修建，不利于水流漫滩，限制了主槽的摆动改道。正如本书指出，河漫滩的淤高不仅是漫滩洪水泥沙沉积的结果，而且也与河漫滩相沉积所覆盖的河床相沉积有关，后者所起的作用更大。在没有生产堤的情况下，河床的横向摆动使得滩地的低洼部分淤高。生产堤的约束使河道不能改道到滩地的低洼部分，河道通过横向摆动使滩地堆积抬高的途径被切断，河床相沉积（即主槽沉积）不能为滩地的抬高做贡献。这一因素使得滩地不能显著淤高，主槽堆积速率大大超过滩地，滩槽高差变为负值，主槽滩地高程倒置，最终导致大堤内的第二级悬河形成。

　　河槽的尺度与形态的变化是通过不同的河床地貌单元（河底、边滩、心滩、河岸和河漫滩）上泥沙的冲刷和淤积来实现的。在流域因素变化的影响下，进入黄河下游的泥沙也呈减小趋势。如果不计三门峡、小浪底两座水库在黄河下游所导致的强烈冲刷，黄河下游河道淤积速率并无增大和减小的趋势（许炯心，2004c），这是由于虽然泥沙的减少减轻了河道的"负载"，有利于减轻淤积，但流量特别是汛期流量的减少，减弱了输沙动力，在同样来沙条件下会使淤积增强。两方面抵消的结果，使淤积量无明显变化，但河道泥沙输移比表现出明显的减小趋势。基于断面观测资料，计算出夹河滩至高村河段年冲淤量，并将其变化点绘在图 11-41（a）中，可以看到其基本上没有趋势性变化。

一般而言，滩槽高差与主槽、滩地总淤积量并无直接联系，如果主槽和滩地同步淤高，则二者之间的高差可以保持不变。因此，滩槽高差 H_{bf} 的变化主要取决于河道冲淤发生的部位，即冲淤发生在主槽内还是发生在滩地上，以及二者之间的对比关系。本研究基于夹河滩至高村河段的断面观测资料，计算了主槽和滩地的泥沙冲淤量，其变化已点绘在图 11-41（b）中，可以看到冲淤主要发生在主槽中。按 1960~1999 年计算，主槽和滩地累计淤积量分别为 6.043 亿 m^3 和 2.437 亿 m^3，分别占总淤积量的 71.3% 和 28.7%。

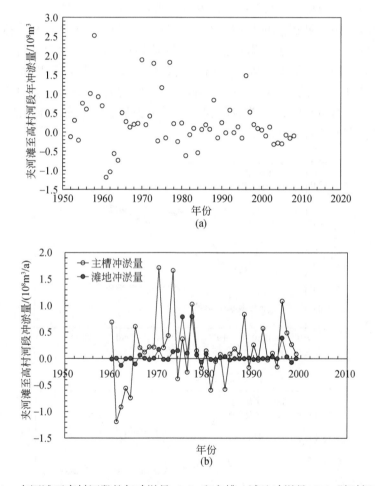

图 11-41　夹河滩至高村河段的年冲淤量（a）和主槽、滩地冲淤量（b）随时间的变化

本研究以禅房断面为例，来说明主槽和滩地淤积对滩槽高差的影响。图 11-42（a）点绘了禅房断面所在的夹河滩至高村河段主槽和滩地的累计冲淤量随时间的变化，图 11-42（b）中则给出了禅房断面主槽河底和滩地表面平均高程随时间的变化。可以看到，两幅图所显示的变化是很相似的。随着泥沙在主槽中和滩地上淤积的进行，二者之间高程的差异

越来越大，H_{bf}不断减小。1970 年以前，滩地高程大于主槽，符合自然条件下的规律；此后，滩地和主槽高程发生倒置，出现二级悬河。值得注意的是，禅房断面滩地平均高程在1975 年发生了突然变化，这是由于 1965～1968 年三门峡水库按高水头滞洪排沙运用，1969～1973 年按低水头滞洪排沙运用。由于汛期洪水流量削减，河道发生严重萎缩。1973年以后，水库运用方式改为"蓄清排浑"，汛期开闸畅泄洪水。已经萎缩的河道势必会发生严重漫滩。1975 年 7 月 27～30 日，发生了较大流量的高含沙洪水，三门峡最大含沙量为 237kg/m³，花园口最大流量为 4190m³/s；同年 9 月 13 日～10 月 20 日，又发生了 3 次大洪水，花园口站口洪峰流量分别为 5970m³/s、7580m³/s、4590m³/s，致使禅房断面河漫滩强烈淤高，滩地平均高程比 1974 年高 0.72m。从图 11-40（b）中可以看到，禅房断面生产堤堤距变小趋势明显，成为二级悬河发育的重要因素之一。图 11-42（c）显示，禅房断面滩槽高差减小趋势明显。1965～1973 年急剧减小，与三门峡水库滞洪排沙运用方式在时间上一致。1970～1971 年越过临界点，二级悬河出现。此后滩槽高差有所回升，然后再减小。禅房断面主槽河底平均高程与夹河滩至高村河段主槽累计淤积量呈显著的正相关（$p<0.001$）［图 11-42（d）］，滩地平均高程与夹河滩至高村河段滩地累计淤积量也呈正相关（$p<0.01$）［图 11-42（e）］，前者的相关关系更为显著。对于图 11-42（e）中滩地平均高程的突变，本书已做了解释。

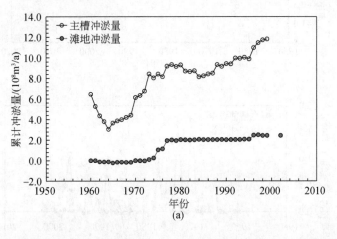

(a)

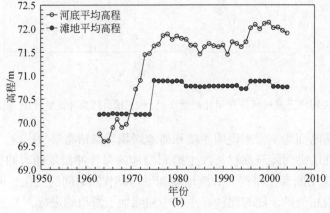

(b)

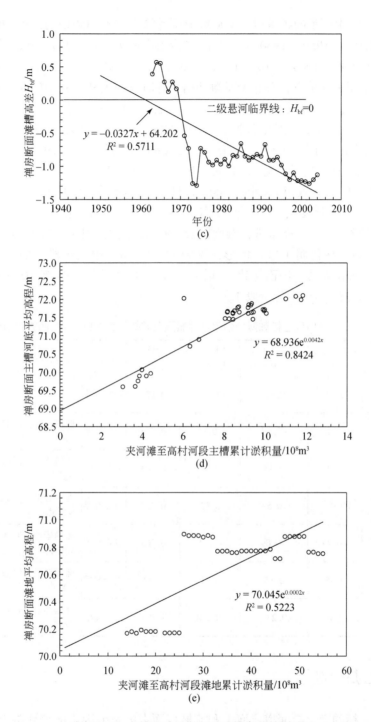

图 11-42　主槽和滩地淤积对滩槽高差的影响

（a）夹河滩至高村河段主槽和滩地的累计冲淤量随时间的变化；（b）禅房断面主槽河底和滩地表面平均
高程随时间的变化；（c）禅房断面滩槽高差随时间的变化；（d）禅房断面主槽河底平均高程与夹河滩至
高村河段主槽累计淤积量的关系；（e）禅房断面滩地平均高程与夹河滩至高村河段滩地累计淤积量的关系

按照图 11-36 中所示的各阶段，本研究分别计算了主槽和滩地的泥沙冲淤量。为便于更好地比较，增加了 1950～1960 年，并按水沙组合的差异将 1973～1985 年分为两个时段，即 1973 年 11 月～1980 年 10 月以及 1980 年 11 月～1985 年 10 月，因为 1981～1985 年流域来水较丰而来沙偏少，有利于淤滩冲槽。各时段的主槽和滩地的泥沙冲淤量及其对比关系以及 H_{bf} 的变化趋势见表 11-13。表 11-13 显示，滩地、河槽冲刷和淤积的组合类型可以分为 4 种：①类型 Ⅰ，滩槽皆冲，冲槽>冲滩，因而导致 H_{bf} 增大。1960 年 11 月～1964 年 10 月的变化属于这一情形，见图 11-36（b）中的阶段 1；1980 年 11 月～1985 年 10 月的变化也属于这一情形，见图 11-36（b）中的阶段 3 的后半段。②类型 Ⅱ，滩槽皆淤，淤槽>淤滩，因而导致 H_{bf} 减小。1985 年 11 月～1999 年 10 月的变化属于这一情形，见图 11-36（b）中的阶段 4；1964 年 11 月～1973 年 10 月的变化也属于这一情形，见图 11-36（b）中的阶段 2。③类型 Ⅲ，滩槽皆淤，淤滩>淤槽，因而导致 H_{bf} 增大，1973 年 11 月～1980 年 10 月的变化属于这一情形，见图 11-36（b）中的阶段 3 的前半段。④类型 Ⅳ，强烈冲槽，轻微淤滩，因而导致 H_{bf} 增大，1999 年 11 月～2007 年 10 月的变化属于这一情形，见图 11-36（b）中的阶段 5。

表 11-13　各时段主槽和滩地的泥沙冲淤量及其对比关系以及 H_{bf} 的变化趋势

时段	主槽冲淤量 /10⁸t	滩地冲淤量 /10⁸t	全断面冲淤量/10⁸t	主槽/ 全断面	冲淤部位	对比关系	滩槽高差 H_{bf} 变化趋势
1950 年 7 月～ 1960 年 6 月	0.14	0.66	0.8	0.175	主要淤滩		
1960 年 11 月～ 1964 年 10 月	-0.45	-0.39	-0.84	0.536	主要冲槽	滩槽皆冲，冲槽 >冲滩	H_{bf} 增大，为 逆悬河期
1964 年 11 月～ 1973 年 10 月	0.51	0.43	0.94	0.543	主要淤槽	滩槽皆淤，淤槽 >淤滩	H_{bf} 减小，为 悬河塑造期
1973 年 11 月～ 1980 年 10 月	0.03	0.5	0.53	0.057	主要淤滩	滩槽皆淤，淤滩 >淤槽	H_{bf} 增大，为 逆悬河期
1980 年 11 月～ 1985 年 10 月	-0.29	-0.09	-0.38	0.763	主要冲槽	滩槽皆冲，冲槽 >冲滩	H_{bf} 增大，为 逆悬河期
1985 年 11 月～ 1999 年 10 月	0.36	0.15	0.51	0.706	主要淤槽	滩槽皆淤，淤槽 >淤滩	H_{bf} 减小，为 悬河塑造期
1999 年 11 月～ 2007 年 10 月	-1.62	0.235	-1.385	1.174	主要冲槽	强烈冲槽，轻微 淤滩	H_{bf} 增大，为 逆悬河期

六、多元回归分析

悬河发育指标的变化与河道层面上和流域层面上的影响因素的变化都有密切的关系。本研究在这两个层面上分别进行了多元回归分析，建立了统计关系，以期定量揭示悬河发育指标对河道层面和流域层面影响因素变化的响应机理。

（一）河道层面上的影响因素与悬河发育指标的关系

在河道层面上，悬河发育指标的变化与河道内地貌过程与河道形态的变化密切相关。洪水流量越大，漫滩概率也越大，越有利于滩地淤高，会使悬河发育指标 H_{bf} 增大［图 11-43（a）］。平滩流量下的河宽减小，意味着河道发生萎缩，主槽泥沙淤积带变窄，会使河底淤高速率增大，因而 H_{bf} 减小［图 11-43（b）］。当游荡强度减弱，河道深泓线摆动幅度减小，主槽泥沙淤积带会变窄，淤积速率加快，致使 H_{bf} 减小［图 11-43（c）］。主槽累积淤积量增大意味着河底会持续抬高，从而使 H_{bf} 减小［图 11-43（d）］。

本研究以禅房至高村河段平均 H_{bf} 为因变量，以花园口站年最大流量 Q_{max}、花园口至高村平均平滩河宽 W_{bf}、河道深泓线摆动幅度 L_s 和夹河滩至高村主槽累积淤积量 DEP_{J-G} 为影响变量，进行了多元回归分析。因变量与 4 个影响变量的相关系数矩阵见表 11-14。H_{bf} 与 4 个影响变量 Q_{max}、W_{bf}、L_s 和 DEP_{J-G} 的相关系数分别为 0.375、0.686、0.562 和 -0.898，显著性概率 p 都小于 0.01。所得到的多元回归方程如下：

$$H_{bf} = 0.012\ 1 + 0.000\ 024\ 8Q_{max} + 0.000\ 244W_{bf} + 0.000\ 183L_s - 0.139DEP_{J-G} \quad (11-15)$$

式中，复相关系数 $R = 0.934$；$R^2 = 0.873$；调整后的 $R^2 = 0.860$；$F_{(4,\ 40)} = 68.471$；$p = 2.35 \times 10^{-17}$；估算值的均方根误差 $SE = 0.241$。$R^2 = 0.873$ 意味着 4 个影响变量的变化可

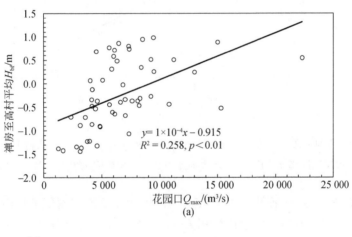

(a)

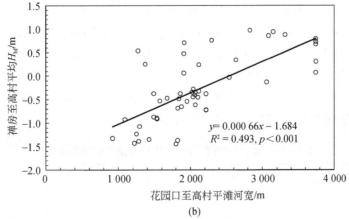

(b)

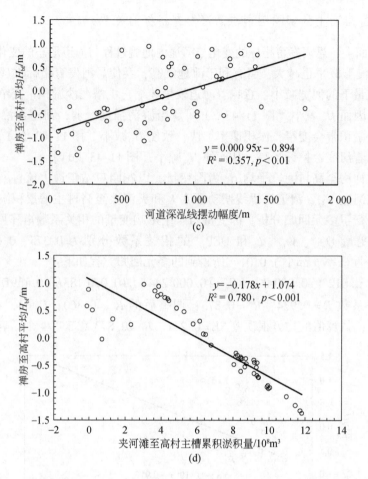

图 11-43 禅房至高村河段平均 H_{bf} 与花园口站年最大流量（a）、花园口至高村平均平滩河宽（b）、河道深泓线摆动幅度（c）和夹河滩至高村主槽累积淤积量（d）的关系

以解释 H_{bf} 方差的 87.3%。基于式（11-15），H_{bf} 的计算值与实测值的比较见图 11-44。由于 4 个影响变量之间存在着一定程度的相关性，本研究通过 4 个影响变量的半偏相关系数来估算其对因变量变化的贡献率。4 个影响变量 Q_{max}、W_{bf}、L_s 和 DEP_{J-G} 与 H_{bf} 的半偏相关系数分别为 0.124、0.220、0.103 和 −0.409。假定某一影响变量的贡献率与该影响变量的半偏相关系数的绝对值成正比，4 个影响变量的总贡献率为 100%，由此计算出 Q_{max}、W_{bf}、L_s 和 DEP_{J-G} 的变化对 H_{bf} 方差的贡献率分别为 14.5%、25.7%、12.0% 和 47.8%。可见，主槽累积淤积量的贡献率居第一，平滩河宽的贡献率居第二，花园口站年最大流量的贡献率居第三，河道深泓线摆动幅度的贡献率居第四。

表 11-14 H_{bf} 与河道层面影响因素变量的相关系数矩阵

因子	Q_{max}	W_{bf}	L_s	DEP_{J-G}	H_{bf}
Q_{max}	1.000	−0.039	0.222	−0.355	0.375
W_{bf}	−0.039	1.000	0.328	−0.593	0.688

续表

因子	Q_{max}	W_{bf}	L_s	$DEP_{J\text{-}G}$	H_{bf}
L_s	0.222	0.328	1.000	-0.512	0.562
$DEP_{J\text{-}G}$	-0.355	-0.593	-0.512	1.000	-0.898
H_{bf}	0.375	0.688	0.562	-0.898	1.000

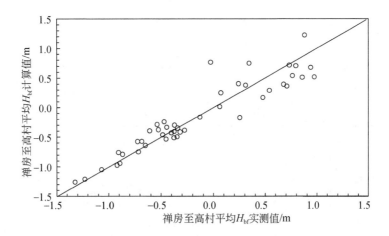

图 11-44　H_{bf} 的计算值与实测值的比较

基于式（11-15）

（二）流域因素与悬河发育指标的关系

流域因素与悬河发育指标的关系体现了流域-河道耦合关系对悬河发育的影响。本书已经对 P_m、T_m、$Q_{w,div}$、和 R_{re} 等流域因素对年径流量 Q_w、汛期平均流量 $Q_{mean,6\sim10}$，通过回归方程建立了定量关系，同时还讨论了 Q_w 和 $Q_{mean,6\sim10}$ 的变化如何引起二级悬河发育指标 H_{bf} 的变化。为了研究黄河下游二级悬河发育指标如何对流域因素变化发生响应，本研究直接建立了 H_{bf} 与流域因素变量的关系。计算表明，H_{bf} 与 P_m、T_m、$Q_{w,div}$、R_{re} 的相关系数分别为 0.311、-0.544、-0.629 和 -0.818（表 11-15）。H_{bf} 与 P_m 相关系数的显著性概率小于 0.05，与其余 3 个变量相关系数的显著性概率都小于 0.01。经计算，建立了以下回归方程：

$$H_{bf} = 2.236 + 0.000\,046\,6P_m - 0.180T_m - 0.000\,358Q_{w,div} - 0.430R_{re} \qquad (11\text{-}16)$$

式中，复相关系数 $R = 0.886$，$R^2 = 0.785$，调整后的 $R^2 = 0.768$，$F(4, 48) = 43.955$，$p = 1.78 \times 10^{-15}$，估算值的均方根误差 $SE = 0.350$。该方程表明，H_{bf} 随着 P_m 的增大而增大，随着 T_m、$Q_{w,div}$ 和 R_{re} 的增大而减小。$R^2 = 0.785$ 意味着 4 个影响变量的变化可以解释 H_{bf} 方差的 78.5%。基于式（11-16），H_{bf} 的计算值与实测值的比较见图 11-45。由于 4 个影响变量之间存在着一定程度的相关性，本研究通过 4 个影响变量的半偏相关系数来估算其对因变量变化的贡献率。4 个影响变量 P_m、T_m、$Q_{w,div}$、R_{re} 与 H_{bf} 的半偏相关系数分别为 0.003 75、-0.112、-0.340 和 -0.344。假定某一影响变量的贡献率与该影响变量的半偏相关系数的绝对值成正比，4 个影响变量的总贡献率为 100%，由此计算出 P_m、T_m、$Q_{w,div}$ 和 R_{re} 对 H_{bf} 变化的贡献率分别为 0.5%、14.0%、42.5% 和 43.0%。可见，水库调节的贡献率居第一，引水量变化的贡献率居第二，气温变化的贡献率居第三，降水量变化的贡献率居第四。两个气候指标的贡献率之和为 14.5%，两个人类活动指标的贡献率之和为 85.5%。因此，人类活动对二级悬河的形成和演变起着决定性的作用。

表 11-15　H_{bf} 与河道流域层面影响因素变量的相关系数矩阵

因子	P_m	T_m	$Q_{w,div}$	R_{re}	H_{bf}
P_m	1.000	−0.250	−0.173	−0.362	0.311
T_m	−0.250	1.000	0.047	0.666	−0.544
$Q_{w,div}$	−0.173	0.047	1.000	0.410	−0.629
R_{re}	−0.362	0.666	0.410	1.000	−0.818
H_{bf}	0.311	−0.544	−0.629	−0.818	1.000

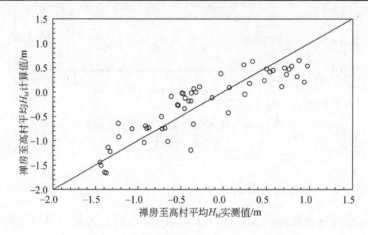

图 11-45　H_{bf} 的计算值与实测值的比较

基于式（11-16）

七、悬河发育演变的阶段性与水沙组合的关系

（一）水沙组合关系对滩槽高差增量的影响

本书已指出，来沙系数是一个表征水沙组合关系的指标，可以用来反映水流的输沙能力。大量研究表明，黄河下游泥沙的沉积与来沙系数有密切的关系。本研究在图 11-46 (a) 中点绘了 1960~2008 年夹河滩至高村河段主槽年冲淤量与花园口年来沙系数之间的关系，并给出了回归方程。虽然数据点有一定程度的分散性，但相关关系的显著性概率小于 0.01。同时，还按照图 11-36 中与悬河发育有关的 5 个阶段分为了 5 个时期，各时期的数据点用不同的符号来表示，以解释水沙组合与主槽冲淤及悬河发育的关系。图 11-46 (b) 则点绘了夹河滩至高村河段滩槽高差增量与花园口年来沙系数之间的关系，仍然按上述 5 个时期对数据点进行了区分。第 1 时期始于 1960 年，第 5 时期止于 2008 年。总体上

说，虽然数据点有一定程度的分散性，但相关关系的显著性概率仍小于 0.01。图 11-46
（a）显示，在逆悬河发展期 1960～1964 年，数据点 1960 年位于左下端，迅速移向右上
端。在另一个逆悬河发展期 2000～2008 年，数据点都分布于点群左下端。这两个时期分
别对应三门峡和小浪底水库蓄水运用、下泄清水、下游发生冲刷的时期。来沙系数很小，
有利于主槽冲刷，故冲淤量为负值。与此相对应，在图 11-46（b）中，1960～1964 年的
左上端数据点迅速移向右下端，2000～2008 年数据点分布于点群左上端。这两个时期的来
沙系数导致了主槽的冲刷，使得滩槽高差增量为正，即 H_{bf} 持续增加，出现了逆悬河发展。
两个悬河塑造期，即 1965～1973 年和 1986～1999 年，数据点分布于图 11-46（a）中点群
的右上端和图 11-46（b）中点群的右下端，这意味着这两个时期较大的来沙系数使得主槽
发生淤积，滩槽高差增量为负，H_{bf} 持续减小，出现了悬河塑造。在图 11-36 中，1974～
1985 年也被作为逆悬河发展期，因为 H_{bf} 有所减小，但减小的速率很慢。在图 11-46（a）
和（b）中，这一时期的数据点均分布在点群中部。因此，图 11-46 证明水沙组合影响主
槽冲淤的方向，进而影响悬河的发育方向。

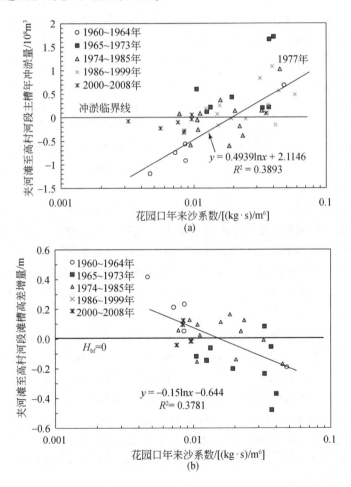

图 11-46　1960～2008 年夹河滩至高村河段主槽年冲淤量与花园口年来沙系数之间的
关系（a）及夹河滩至高村河段滩槽高差增量与花园口年来沙系数之间的关系（b）

为了定量反映图 11-36 中 5 个不同阶段 H_{bf} 的变化，本研究分别拟合了 5 个阶段 H_{bf} 与时间（年份）的回归方程。①阶段 1，1960～1964 年：$H_{bf}=0.2111t-413.5$，$R^2=0.921$。②阶段 2，1965～1973 年：$H_{bf}=-0.1824t+359.62$，$R^2=0.883$。③阶段 3，1974～1985 年：$H_{bf}=0.0015t-3.4475$，$R^2=0.0044$。④阶段 4，1986～1999 年：$H_{bf}=-0.0725t+143.5$，$R^2=0.935$。⑤阶段 5，2000～2004 年：$H_{bf}=0.0237t-48.758$，$R^2=0.319$。方程的斜率表示 H_{bf} 的变化率。同时，还计算出阶段 1～阶段 5 中花园口站来沙系数的平均值，分别为 0.0154 (kg·s)/m⁶、0.0262 (kg·s)/m⁶、0.0190 (kg·s)/m⁶、0.0302 (kg·s)/m⁶ 和 0.0087 (kg·s)/m⁶。可见，在两个悬河塑造期，来沙系数较高，H_{bf} 的变化率为负；在三个逆悬河发展期，来沙系数较低，H_{bf} 的变化率为正。

（二）二级悬河发育演变的 5 个阶段的成因

基于以上研究，可以对图 11-36 中二级悬河发育演变的 5 个阶段的成因进行解释：①阶段 1（1960～1964 年）。三门峡水库下泄清水，来沙系数很小，仅为 0.0154 (kg·s)/m⁶，滩槽皆冲，冲槽大于冲滩（表 11-13），因而 H_{bf} 增大，H_{bf} 的增大速率达到 0.2111m/a，出现逆悬河发展。②阶段 2（1965～1973 年）。由于三门峡水库的强烈淤积，为了避免水库迅速淤满报废，对大坝进行了改建。改建后水库按照"滞洪排沙"方式运行，汛期削洪拦沙，汛后以小流量排沙，出现了小流量与高含沙量的组合，来沙系数很大，达到 0.0262 (kg·s)/m⁶，高含沙水流频繁发生。由于洪峰流量减小，来沙系数很大，泥沙淤积强烈，滩槽皆淤，淤槽大于淤滩（表 11-13），使 H_{bf} 迅速减小，减小速率为 0.1824m/a，出现悬河塑造，河道也发生萎缩。③阶段 3（1974～1985 年）。为了避免主槽过快淤积，并改善水沙组合关系，三门峡水库运用方式由"滞洪排沙"改为"蓄清排浑"，汛期开闸畅泄，汛后拦蓄清水。此阶段来沙系数减小为 0.0190 (kg·s)/m⁶。此阶段又可分为两个时期，即 1974～1980 年，来沙系数仍较大，为 0.0243 (kg·s)/m⁶，汛期流量增大使得上一阶段已经萎缩的河道漫滩概率增大，故滩槽皆淤，淤滩大于淤槽（表 11-13）。1981～1985 年，流域来水较丰而来沙偏少，来沙系数减小为 0.0115 (kg·s)/m⁶，因而滩槽皆冲，冲槽大于冲滩（表 11-13）。因此，这一阶段 H_{bf} 有所增大，但增加速率仅为 0.0015m/a，是一个微弱的逆悬河发展期。④阶段 4（1986～1999 年）。三门峡水库仍处于"蓄清排浑"运用，但黄河上游龙羊峡水库建成蓄水，汛期拦截大量的清水径流用于发电，黄河下游汛期流量显著减小，输沙动力减弱。同时，由于引水量增大，年径流量显著减小。这一时期年来沙系数增加为 0.0302 (kg·s)/m⁶，汛期来沙系数则由前一时期的 0.0439 (kg·s)/m⁶ 增大为 0.119 (kg·s)/m⁶。主槽淤积强烈，滩地也有所淤积，淤槽远大于淤滩（表 11-13），因而 H_{bf} 减小，减小速率为 0.0725m/a，这是另一个悬河塑造期。⑤阶段 5（2000～2004 年）。小浪底水库建成蓄水，拦截泥沙，下泄清水，花园口站来沙系数减小为 0.0087 (kg·s)/m⁶，出现强烈冲槽，轻微淤滩（表 11-13），因而 H_{bf} 增大，增大速率为 0.0237m/a，这是另一个逆悬河发展期。但由于来水量比 1960～1964 年减少很多，H_{bf} 增大速率要比 1960～1964 年小得多。

第十二章 | 人类社会经济与水文地貌系统的耦合关系

广义而言，黄河、长江这样的巨型流域可以被视为一个巨大的人地关系耦合系统，即人类社会与水文地貌系统的耦合系统。人类行为方式受到社会经济因素的制约，在社会经济因素制约下的人类行为方式对自然过程有深远的影响。例如，植被的破坏与恢复、陡坡地的开垦与退耕、破坏植被取得薪柴与寻找其他燃料从而使植被自然恢复等，都会导致水土流失过程和河流产沙过程的重大变化。人类社会与水文地貌系统的耦合是一种互动关系，既有前者对后者的影响，又有后者对前者的影响。本章第一节和第二节分别讨论农村社会经济结构的改变对流域植被和流域产沙的影响，第三节讨论人类社会经济活动对黄河入海泥沙通量和三角洲造陆的影响，体现人类社会与水文地貌系统的耦合关系；第四节讨论过去 1800 年黄河流域降水和径流变化对朝代更替和国都迁移的影响，体现水文地貌系统的变化对人类社会的影响。

第一节　农村社会经济结构的改变对植被的影响

黄土高原地处黄河中游地区，是中国生态环境最为脆弱、水土流失最为严重的地区之一。在进行水土流失治理以前，黄河流域的土壤侵蚀强度、产沙模数和输沙量在世界大河中居于前列。开展治理以后，黄河输沙量不断减少。人类不合理的开发活动导致了植被退化，这是治理前高强度侵蚀产沙的重要原因，而水土流失治理和退耕还林（草）、自然林保护等生态工程建设是改善该地区生态环境、增大植被覆盖度的主要措施（赵安周等，2017）。1999～2010 年，黄土高原累计造林面积已达 $1.89 \times 10^7 \ hm^2$，体现了人类活动对区域生态系统改善的重要作用（易浪等，2014）。20 世纪 80 年代后，全国的水土保持工作开始了新的发展历程，先后开展了小流域治理、七大江河水土保持重点工程、全国"八大片"治理（黄土高原有无定河、皇甫川、三川河等）、"三北"防护林建设等（唐克丽，2004）。后来开展的退耕还林（草）工程、淤地坝建设和坡耕地整治等一系列大型生态工程，对土壤侵蚀控制、生态建设等均起到了良好作用（刘国彬等，2017）。与此同时，随着社会经济发展和城镇化水平提高，人们对环境的干扰程度也在逐渐减轻。这些都导致了地区生态和环境的明显变化，如植被覆盖度增加、黄河输沙量减少、居民生活得到明显改善（姚文艺等，2013；李敏，2014；刘晓燕等，2014b）。已有大量研究对黄土高原的植被变化、成因及减水减沙效应进行了分析，涉及植被的空间分布及时间变化、植被特征对气候变化的响应，水土保持、退耕还林（草）、生态环境建设对植被的影响，植被变化对河川径流、土壤侵蚀、河流输沙的影响等各方面（信忠保和许炯心，2007；信忠保等，2007；张宝庆等，2011；刘晓燕等，2014b；罗娅等，2014；易浪等，2014；赵安周等，

2016；谢宝妮等，2014；赵文启等，2016；张含玉等，2016；高海东等，2017；赵安周等，2017）。

　　黄河流域系统是一个自然–社会耦合形成的巨型复杂系统。流域人类活动强度的变化和作用方式的转变受到经济发展水平的制约，在不同的经济发展水平下，无论是政府行为还是农民行为，都表现出不同的特点，这必然会对流域和生态环境的变化产生影响。目前对黄河流域植被变化的成因研究尚未深入社会经济的宏观层面，未能着眼于自然–社会耦合系统来深刻分析人类活动的影响。1950年以来，特别是20世纪80年代以来，随着区域经济的迅速发展，黄河流域社会经济因素也发生了深刻的变化，政府和民众的环境保护意识不断提高。社会经济因素如何对以植被为中心的流域生态环境产生影响，已经有了一些研究，但尚未受到充分关注。李婷等（2020）基于不同时间尺度植被覆盖度和植被净初级生产力趋势变化，提出了量化区域植被恢复成效的新方法，采用结构方程模型研究了2000～2015年社会经济因素对黄土高原植被恢复成效的影响及其随时间产生的变化，取得了进展。本节拟从宏观社会经济的视角，阐述黄土高原植被变化的原因，以期为植被的进一步恢复和通过对社会经济因素的调控来促进生态环境的进一步好转提供参考。

一、资料与方法

（一）资料

　　基于遥感资料获取植被信息，以NDVI为定量指标。NDVI是目前最为常用的表征植被状况的指标，可以客观反映区域尺度植被覆盖信息（Carlson and Ripley，1997；Meneni et al.，1997）。1982年以来，这一指标在世界上得到了广泛应用。作为中国生态建设的重点区域和生态敏感区，众多学者利用GIMMS-NDVI、SPOT-VGT-NDVI、MODIS-NDVI等不同NDVI遥感产品对黄土高原植被时空变化进行了监测，并对其成因进行了研究（信忠保等，2007；张宝庆等，2011；刘晓燕等，2014a；罗娅等，2014；易浪等，2014；赵安周等，2016；谢宝妮等，2014；赵文启等，2016；张含玉等，2016；高海东等，2017；赵安周等，2017）。NDVI数据集GIMMS NDVI3g于2014年发布，该数据提高了高纬度地区的数据质量，更加适合研究北半球植被的时空变化趋势（Jiang et al.，2013；Xu et al.，2013）。本研究应用GIMMS NDVI3g产品计算了研究区的NDVI数据。

　　本研究引入了16个社会经济指标，分为3类，即社会发展指标5个、农村经济指标7个、农业生产条件指标4个。这些指标已列入表12-1。16个社会经济指标的数据来自基于中国国家统计局历年发布的统计资料所整理出版的《新中国六十年统计资料汇编》（国家统计局国民经济综合统计司，2010）。由于黄河流域产生的泥沙量主要来自黄土高原，其主体位于甘肃、陕西、山西三省，本研究以这三省的统计资料来代表黄河流域的各项指标值，资料起止时间为1950～2008年。

　　表12-1中的农村劳动力转移数量按乡村就业人员人数减去第一产业就业人员人数来计算，农村劳动力转移数量占农村劳动力的比例按农村劳动力转移数量除以乡村就业人员人数来计算，地区人均GDP按地区GDP除以地区总人口来计算，单位面积粮食产量按粮

食总产量除以粮食播种面积来计算,农村人口人均粮食产量按粮食总产量除以乡村人口来计算。以上计算中涉及的变量和表 12-1 中的其他变量均为国家统计局发布的统计项目。除以上指标外,还采用了财政收入作为指标,用统计年鉴中发布的一般预算收入来代表。其余指标均为国家统计局的统计项目。

表 12-1 影响黄河流域植被的社会经济指标

类型	指标名称
社会发展指标	人口自然增长率 (X_1); 地区人均 GDP (X_2); 城镇人口占总人口的比例(城市化率)(X_3); 农村劳动力转移数量 (X_4); 农村劳动力转移数量占农村劳动力的比例 (X_5)
农村经济指标	农业总产值 (X_6); 农业总产值占 GDP 的比例 (X_7); 农村人口人均农业产值 (X_8); 农民人均纯收入 (X_9); 农民人均消费支出 (X_{10}); 单位面积粮食产量 (X_{11}); 农村人口人均粮食产量 (X_{12})
农业生产条件指标	粮食播种面积 (X_{13}); 农业机械总动力 (X_{14}); 有效灌溉面积 (X_{15}); 农村用电量 (X_{16})

本节还考虑了气候变化的影响。三门峡以上流域的年降水量是按流域内所用雨量站的年降水数据加权平均计算出来的,2000 年以前的数据来自水利部黄河水利委员会黄河水利科院研究院,2000 年以后则来自水利部黄河水利委员会历年发布的《黄河水资源公报》,可以从水利部黄河水利委员会官方网站下载。气温资料来自三门峡以上流域的 92 个气象站,来源于中国气象科学数据共享服务网(http://cdc.nmic.cn)。

(二)方法

研究方法分为四方面:①确定流域社会经济因素的指标体系;②由于各个社会经济指标之间关系密切,不能直接进行回归分析,本研究通过主成分分析,构建由各个社会经济指标的线性组合组成的、相互独立的主成分变量,以主成分变量得分为新的预报变量;③将 NDVI 与主成分变量得分相联系,进行多元回归分析,揭示其与社会经济指标的关系,以阐明社会经济指标对植被变化的影响;④为了定量区分社会经济指标和气候对黄河产沙量变化的影响,将黄河三门峡年输沙量($Q_{s,SMX}$)与主成分变量得分相联系,建立回归方程,以各变量的半偏相关系数来估算社会经济指标和气候的变化对 $Q_{s,SMX}$ 方差的贡献率。

本研究尝试用基于年降水量和年均气温计算得到的气候生产潜力即净第一性生产力（net primary productivity，NPP）来表示降水和气温对植被的综合影响。本节采用 Lieth 和 Whittaker（1975）提出的桑斯威特纪念（Thornthwaite Memorial）模型，该模型简洁、实用，能清楚地说明气候变化的影响。这一模型的计算方法在本书第二章中已进行介绍，这里不再赘述。本研究基于上述模型和黄河三门峡水文站以上流域的年平均降水量（P_m）和气温（T_m），计算了历年的 NPP。

二、黄土高原植被状况和社会经济指标的变化

黄土高原 NDVI 的变化见图 12-1，表现出增大的趋势（$R^2 = 0.529$，$p < 0.001$），这说明 1982 年以来，黄土高原的植被状况的改善是十分明显的。与此同时，16 个社会经济指标也有明显的变化趋势。除人口自然增长率、农业总产值占 GDP 的比例、粮食播种面积减小外，其余 13 个变量都呈增大趋势。为了节省篇幅，这里略去了 16 个变量的变化图，只在表 12-2 中列出了它们与时间的相关系数。除农村人口人均粮食产量与时间相关系数的显著性概率 $p = 0.12$ 外，其余变量的 p 值均小于 0.001。可以认为，黄土高原 NDVI 的变化可能与 16 个社会经济指标的影响有关。

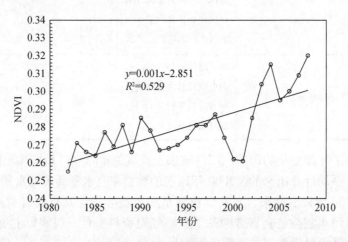

图 12-1　黄土高原 NDVI 的变化

表 12-2　16 个社会经济指标与时间的相关系数及其与 NDVI 的相关系数

变量	名称	与时间（年份）的相关系数	与 NDVI 的相关系数
X_1	人口自然增长率	−0.91	−0.62
X_2	地区人均 GDP	0.89	0.82
X_3	城镇人口占总人口的比例（城市化率）	0.97	0.80
X_4	农村劳动力转移数量	0.97	0.78
X_5	农村劳动力转移数量占农村劳动力的比例	0.93	0.76

变量	名称	与时间（年份）的相关系数	与 NDVI 的相关系数
X_6	农业总产值	0.95	0.80
X_7	农业总产值占 GDP 的比例	−0.95	−0.72
X_8	农村人口人均农业产值	0.95	0.80
X_9	农民人均纯收入	0.96	0.78
X_{10}	农民人均消费支出	0.94	0.79
X_{11}	单位面积粮食产量	0.75	0.76
X_{12}	农村人口人均粮食产量	0.29	0.49
X_{13}	粮食播种面积	−0.76	−0.66
X_{14}	农业机械总动力	0.98	0.79
X_{15}	有效灌溉面积	0.88	0.58
X_{16}	农村用电量	0.99	0.77
Y	NDVI	0.73	

三、流域 NDVI 与社会经济指标的相关关系

NDVI 与 16 个社会经济指标的相关系数矩阵见表 12-3。为了方便查阅，NDVI 与 16 个社会经济指标的相关系数也列入了表 12-2，这 16 个相关系数都是显著的，$p<0.01$。从表 12-3 还可以看到，16 个社会经济指标之间也有较强的相关关系，说明某些社会经济指标的变化可能是另一些社会经济指标变化的原因。基于 NDVI 与 16 个社会经济指标的相关系数和某些社会经济指标之间的相关系数，本研究对社会经济指标影响黄土高原植被恢复的机理进行了讨论。

表 12-3　NDVI 与社会经济指标的相关系数矩阵

指标	X_1	X_2	X_3	X_4	X_5	X_6	X_7	X_8	X_9	X_{10}	X_{11}	X_{12}	X_{13}	X_{14}	X_{15}	X_{16}	NDVI
X_1	1.00	−0.85	−0.86	−0.83	−0.77	−0.88	0.91	−0.88	−0.90	−0.88	−0.66	−0.19	0.83	−0.92	−0.75	−0.91	−0.62
X_2	−0.85	1.00	0.94	0.91	0.87	0.97	−0.90	0.96	0.97	0.98	0.75	0.32	−0.76	0.96	0.82	0.93	0.82
X_3	−0.86	0.94	1.00	0.97	0.95	0.95	−0.96	0.95	0.95	0.95	0.76	0.29	−0.79	0.99	0.87	0.98	0.80
X_4	−0.83	0.91	0.97	1.00	0.99	0.94	−0.95	0.94	0.94	0.94	0.70	0.27	−0.74	0.96	0.85	0.97	0.78
X_5	−0.77	0.87	0.95	0.99	1.00	0.90	−0.93	0.90	0.91	0.90	0.63	0.23	−0.72	0.92	0.80	0.93	0.76
X_6	−0.88	0.97	0.95	0.94	0.90	1.00	−0.90	1.00	0.99	0.99	0.79	0.38	−0.72	0.97	0.86	0.98	0.80
X_7	0.91	−0.90	−0.96	−0.95	−0.93	−0.90	1.00	−0.89	−0.93	−0.91	−0.64	−0.15	0.85	−0.97	−0.79	−0.94	−0.72

指标	X_1	X_2	X_3	X_4	X_5	X_6	X_7	X_8	X_9	X_{10}	X_{11}	X_{12}	X_{13}	X_{14}	X_{15}	X_{16}	NDVI
X_8	-0.88	0.96	0.95	0.94	0.90	1.00	-0.89	1.00	0.99	0.99	0.79	0.39	-0.71	0.97	0.86	0.98	0.80
X_9	-0.90	0.97	0.95	0.94	0.91	0.99	-0.93	0.99	1.00	1.00	0.76	0.33	-0.75	0.98	0.86	0.98	0.78
X_{10}	-0.88	0.98	0.95	0.94	0.90	0.99	-0.91	0.99	1.00	1.00	0.76	0.33	-0.75	0.98	0.86	0.97	0.79
X_{11}	-0.66	0.75	0.76	0.70	0.63	0.79	-0.64	0.79	0.76	0.76	1.00	0.78	-0.53	0.75	0.69	0.79	0.76
X_{12}	-0.19	0.32	0.29	0.27	0.23	0.38	-0.15	0.39	0.33	0.33	0.78	1.00	0.00	0.28	0.23	0.33	0.49
X_{13}	0.83	-0.76	-0.79	-0.74	-0.72	-0.72	0.85	-0.71	-0.75	-0.75	-0.53	0.00	1.00	-0.81	-0.58	-0.77	-0.66
X_{14}	-0.92	0.96	0.99	0.96	0.92	0.97	-0.97	0.97	0.98	0.98	0.75	0.28	-0.81	1.00	0.86	0.99	0.79
X_{15}	-0.75	0.82	0.87	0.85	0.80	0.86	-0.79	0.86	0.86	0.86	0.69	0.23	-0.58	0.86	1.00	0.89	0.58
X_{16}	-0.91	0.93	0.98	0.97	0.93	0.98	-0.94	0.98	0.98	0.97	0.79	0.33	-0.77	0.99	0.89	1.00	0.77
NDVI	-0.62	0.82	0.80	0.78	0.76	0.80	-0.72	0.80	0.78	0.79	0.76	0.49	-0.66	0.79	0.58	0.77	1.00

四、社会经济因素影响黄土高原植被恢复的机理

社会经济因素影响黄土高原植被恢复的机理可以从三个层面上进行分析，即农民行为层面、政府行为层面和社会进步层面。

（一）农民行为对植被的影响

农民行为对植被的影响分为两方面，即粮食生产条件变化对植被的影响和农村能源结构变化对植被的影响。粮食生产水平低下、食物短缺导致农民破坏植被、扩大耕地面积，人均粮食产量和单位面积粮食产量的提高与食物问题的解决则会导致农民的坡地退耕意愿，从而出现植被恢复。农业技术的提高，使得单位面积粮食产量提高。陡坡耕地生产粮食的成本高，投入产出比低，使农户产生了陡坡地退耕的意愿。因此，出现了如下的因果关系链：农业机械总动力（X_{14}）增加+有效灌溉面积（X_{15}）增加+农村用电量（X_{16}）增加→单位面积粮食产量（X_{11}）提高、粮食播种面积（X_{13}）减少→农村人口人均粮食产量（X_{12}）增加→坡地和陡坡地退耕还林（草）→植被恢复，NDVI（Y）增加。

表 12-3 中的相关系数矩阵显示，X_{14}、X_{15}、X_{16} 与 X_{11} 的相关系数分别为 0.75、0.69、0.79，证明了农业技术的提高增加了单位面积粮食产量；X_{14}、X_{15}、X_{16} 与 X_{13} 的相关系数分别为 -0.81、-0.58、-0.77，证明了农业技术的提高降低了粮食播种面积，这为坡耕地退耕提供了可能；X_{11} 与 X_{12} 的相关系数为 0.78，证明了单位面积粮食产量的提高增加了农村人口人均粮食产量，满足了人口对粮食的需求，有利于农户产生坡地退耕的意愿；Y 与 X_{12} 的相关系数为 0.49，即农村人口人均粮食产量的增加使得 NDVI 增加。这就证明了上述因果关系链的存在。图 12-2（a）~（d）分别绘出了 NDVI 与农业机械总动力、农村用电量、粮食播种面积和单位面积粮食产量的关系，以供参考。

在农村经济发展程度很低的阶段，从山林获取薪柴和以作物秸秆为燃料是解决能源问

题的唯一途径。当山林对薪柴的再生产能力小于薪柴的采伐量时，山林植被就会逐渐退化。随着农村社会经济条件的改善，农民可支配收入增加，在购买生活必需品之外还能够购买煤炭和电力，这使得农村能源结构由单一利用生物质能源转变为更多地利用化石能源

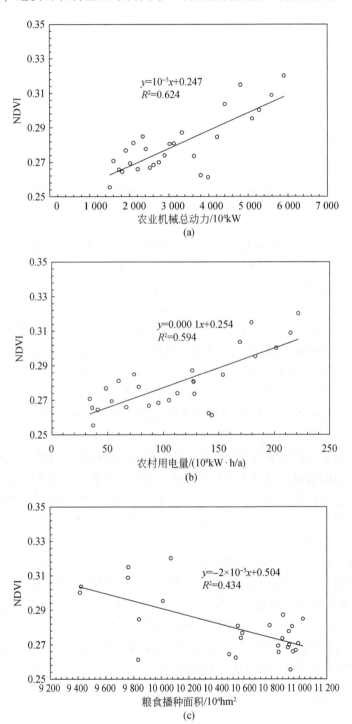

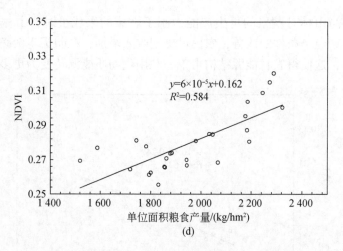

图 12-2　NDVI 与农业机械总动力（a）、农村用电量（b）、粮食播种面积（c）和
单位面积粮食产量（d）的关系

（如煤炭）和电能。这一转变使得农民对山林的破坏大大减轻，有利于植被的自然恢复。在粮食生产成本高、净收益低的情况下，以粮食种植的净收入来购买燃料是很困难的。从1978 年开始，农村富余劳动力开始向外转移，而且转移的数量和比例迅速增大，外出务工人员寄回家中的金钱也迅速增多，成为家庭收入的主要来源。这些收入可以用于购买煤炭和电力，从而减轻了对植被的破坏，使得山林得以自然恢复。因此，出现了如下两个因果关系链：农村劳动力转移数量（X_4）及其占农村劳动力的比例（X_5）增加→寄钱回家购买燃料→通过破坏植被取得燃料的意愿减弱→NDVI（Y）增加，植被恢复；农村人口人均农业产值（X_8）、农民人均纯收入（X_9）和农民人均消费支出（X_{10}）增加→有能力购买煤炭和电力代替薪柴→通过破坏植被取得燃料的意愿减弱→植被恢复。表 12-2 中的相关系数矩阵显示，X_4、X_5 与 Y 的相关系数分别为 0.78、0.76，证明了农村劳动力转移数量及其占农村劳动力的比例增加与流域 NDVI 呈正相关。目前尚未取得全流域外出务工人员寄钱回家及其导致的农村家庭购买燃料和电力增加的统计数据，但据作者在调研中了解到的情况，这是普遍存在的现象。农村劳动力转移数量及其占农村劳动力的比例与农村用电量的相关系数分别为 0.97、0.93，而农村用电量与 NDVI 的相关系数为 0.77。因此，前一个因果关系链是存在的。表 12-2 中的相关系数矩阵还显示，X_8、X_9、X_{10} 与 NDVI 的相关系数分别为 0.80、0.78、0.79，证明了农村人口人均农业产值、农民人均纯收入、农民人均消费支出的增加有助于提高流域 NDVI。农村人口人均农业产值、农民人均纯收入、农民人均消费支出与农村用电量的相关系数分别为 0.98、0.98、0.97；而农村用电量与 NDVI 的相关系数为 0.77，这证明了后一个因果关系链的存在。图 12-3（a）~（c）分别绘出了 NDVI与农村人口人均农业产值、农民人均纯收入和农民人均消费支出的关系，决定系数 R^2 都超过 0.60，它们对 NDVI 的方差解释能力是很强的。

（二）政府行为对植被的影响

20 世纪 50 年代以来，国家关于农业生产的指导方针的改变对黄土高原的植被影响很大。

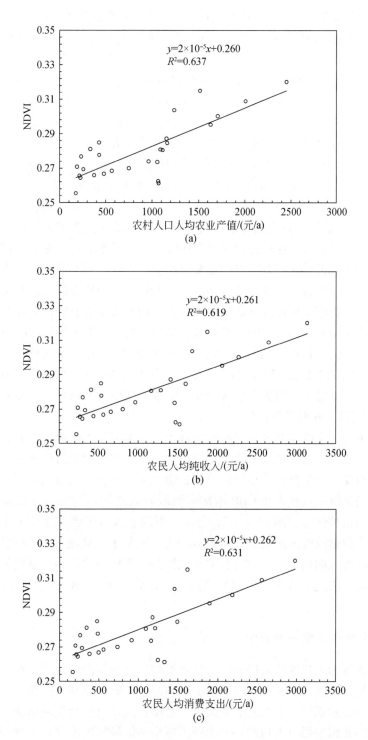

图 12-3　NDVI 与农村人口人均农业产值（a）、农民人均纯收入（b）
和农民人均消费支出（c）的关系

20 世纪 50 年代至 70 年代末，以破坏自然环境为代价发展粮食生产，造成了植被的破坏。随着社会的进步和区域经济的发展，在改善和保护生态环境作为一项基本国策的理念指导下，我国开展了自然环境保护与生态环境建设，对黄土高原植被的恢复起到了重要的促进作用。

20 世纪 60 年代，"以粮为纲"是从中央到地方对农业生产特别是粮食工作的基本方针。全国很多地方对"以粮为纲"方针的贯彻变成了不顾当地的实际情况，一味地以粮食生产为主，完全放弃了因地制宜发展农、林、牧、副、渔的客观均衡规律。在林区，粮食生产与林业争地导致森林被乱砍滥伐，森林资源遭受极大的破坏。在农牧交错地带，很多地方根本不顾当地实际情况，采取过度开垦草地的方式来生产粮食，导致土地沙漠化的趋势越来越严重。人口多、粮食需求大的生存压力，使得人们采取掠夺式的方法去开发土地、增加粮食生产，从而严重地破坏了原有植被，也使土地不断退化、土壤不断沙化（邹华斌，2010）。这一情形在黄土高原表现得尤其突出，成为植被破坏的重要原因。随着社会经济的发展，人们的环境保护意识提高，1990 年，《国务院关于进一步加强环境保护工作的决定》将保护和改善生产环境与生态环境作为中国的一项基本国策。在 20 世纪 90 年代中期，国家提出了生态环境建设的方略，其目的是保护和建设好生态环境，实现可持续发展的战略决策。我国主要通过开展植树种草、治理水土流失、防治荒漠化、建设生态农业等方式，建设祖国秀美山川。国家发展和改革委员会组织有关部门编制的《全国生态环境建设规划》，经国务院常务会议讨论通过，于 1998 年 11 月公布实施，其要求，1998 ~ 2010 年坚决控制住人为因素产生新的水土流失，努力遏制荒漠化的发展；在生态环境特别恶劣的黄河长江上中游水土流失重点区以及严重荒漠化地区的治理初见成效。大规模的退耕还林（草）随即在黄土高原展开。

上述国家重大决策改变对黄土高原的植被状况产生了很大影响。随着黄河流域社会区域经济的发展，以破坏自然环境为代价发展粮食生产，转变为对自然环境的保护，中央和地方政府对环境保护与生态环境建设的投入迅速增大，有利于植被的恢复。具体而言，存在着以下因果关系链：区域人均 GDP 增加→财政收入增加→对于水土保持和生态环境建设的投入增加→植被恢复。图 12-4（a）显示，财政收入与区域人均 GDP 呈正相关，即区域经济的发展导致财政收入的增加。图 12-4（b）则显示，流域 NDVI 与财政收入呈正相关，意味着财政收入的增加使得政府对水土保持的生态环境建设的投资增加，因而改善了流域的植被状况。决定系数 $R^2 = 0.649$，意味着 NDVI 方差的 64.9% 可以用财政收入的增加来解释。

（三）社会进步对植被的影响

社会进步表现为人口素质的提高、文化水平和生态环境保护意识的提高及城市化水平的提高。人口增长速度变缓，人口对环境的压力减小；农村劳动力向城市转移，城市化程度提高，有利于植被恢复。存在着下列因果关系链：人口自然增长率减缓、文化素质提高和生态环境保护意识加强→人口对环境的压力减小→区域植被恢复；农村劳动力向城市转移→城市化率提高→农村植被恢复。图 12-5（a）~（c）中分别显示的 NDVI 与人口自然增长率、农村劳动力转移比例和城市化率的关系以及图 12-5（d）显示的城市化率与农村劳动力转移比例的关系证明了上述因果关系链的存在。

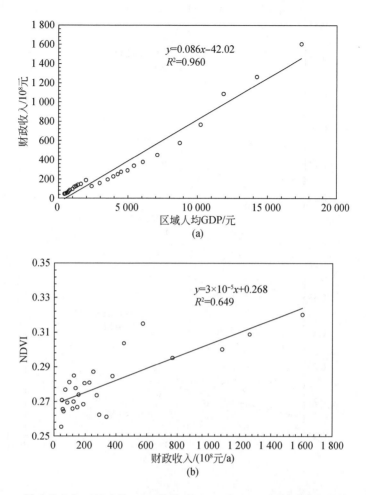

图 12-4　财政收入与区域人均 GDP 的关系（a）及 NDVI 与财政收入的关系（b）

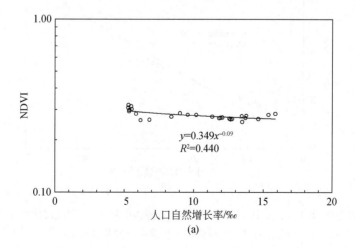

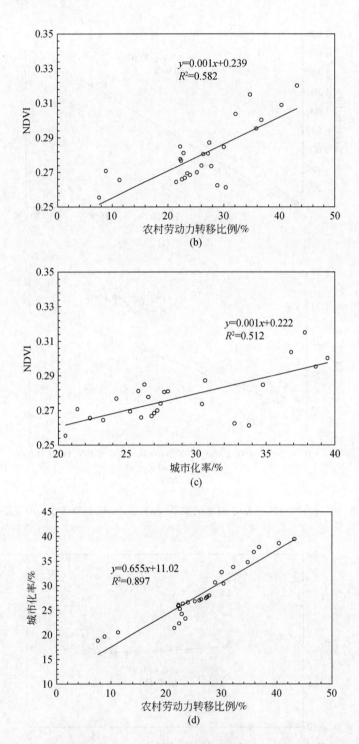

图 12-5　NDVI 与人口自然增长率（a）、农村劳动力转移比例（b）和城市化率（c）的关系以及城市化率与农村劳动力转移比例的关系（d）

(四) 社会经济因素影响 NDVI 的统计分析

相关系数矩阵表明，NDVI 与 16 个社会经济指标的相关系数都是显著的（$p<0.01$）。然而，各指标之间的相关关系很强，存在明显的共线性，不满足多元回归分析的独立性要求。因此，通过多元回归来建立 NDVI 与社会经济指标的关系是不可取的，本研究转而应用主成分分析的方法来建立统计关系。

主成分分析结果表明，第一和第二主成分的方差解释量分别为 14.583 和 1.503，分别占总方差变化的 83.9% 和 8.6%，共计 92.5%。其余主成分的方差解释率均很小。因此，本研究将第一主成分的得分（SPC1）和第二主成分的得分（SPC2）作为两个影响变量，与 NDVI 相联系，进行回归分析，建立了回归方程：

$$\text{NDVI} = 0.280\,185 + 0.013\,733\text{SPC1} + 0.003\,594\text{SPC2} \tag{12-1}$$

式中，$R^2 = 0.687$；调整后的 $R^2 = 0.66$；$F_{(2, 24)} = 26.343$；$p = 8.83 \times 10^{-7}$；估算值的均方根误差 $\text{SE} = 0.009\,97$。$R^2 = 0.687$ 意味着 SPC1 和 SPC2 的变化可以解释 NDVI 方差变化的 68.7%。式（12-1）计算值与实测值的比较见图 12-6。

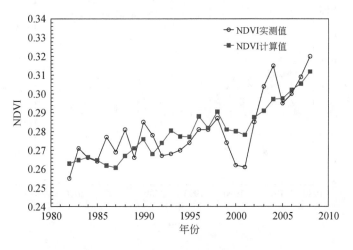

图 12-6　NDVI 计算值与实测值的比较

五、其他因素的影响

(一) 气候变化的影响

植被的生长与气候密切相关。植物的生长离不开水分和热量，前者取决于降水，后者取决于气温。在所研究的时段，黄土高原的降水和气温都存在明显的变化，势必会导致植被生长状况的变化。为了表示降水和气温对植被的综合影响，本研究基于年降水量和年均气温计算了 NPP，并与 NDVI 相联系，进行了回归分析。

图 12-7 对黄土高原 NDVI 变化与 P_{m}、T_{m} 和 NPP 变化进行了比较。在 NDVI、P_{m}、T_{m}

和 NPP 这 4 个变量中，NDVI 有明显的增大趋势，$p<0.01$；NPP 有微弱的增大趋势，$p=0.12$；P_m 没有趋势性变化。但是，1997～2008 年，P_m 呈增大趋势，$p=0.05$。可见，气温的增高和 NPP 的增大对 NDVI 的增大有较大的影响；1997 年以后降水的增加也促进了植被的改善。相关系数的计算表明，1982～2008 年 NDVI 与 T_m 的相关系数为 0.43（$n=27$，$p=0.025$）；NDVI 与 NPP 的相关系数为 0.43（$n=27$，$p=0.025$）；1997～2008 年 NDVI 与 P_m 的相关系数为 0.55（$n=12$，$p=0.061$）。

由于 NPP 是一个综合反映降水和气温变化对气候生产力影响的指标，本研究可建立 NDVI 与反映社会经济因素综合影响的 SPC1 与 NPP 的回归方程，并基于方程的半偏相关系数来就社会经济因素和气候变化对 NDVI 的贡献率进行定量区分。基于 1982～2008 年的资料，建立回归方程如下：

$$NDVI=0.23076+0.0127SPC1+0.00000636NPP \qquad (12-2)$$

式中，$R^2=0.668$；调整后的 $R^2=0.640$；$F(2,24)=24.149$；$p=1.79\times10^{-6}$；估算值的均方根误差 SE$=0.00997$。$R^2=0.668$ 意味着 SPC1 和 NPP 的变化可以解释 NDVI 方差变化

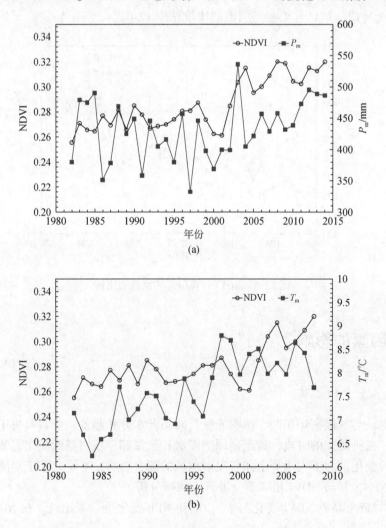

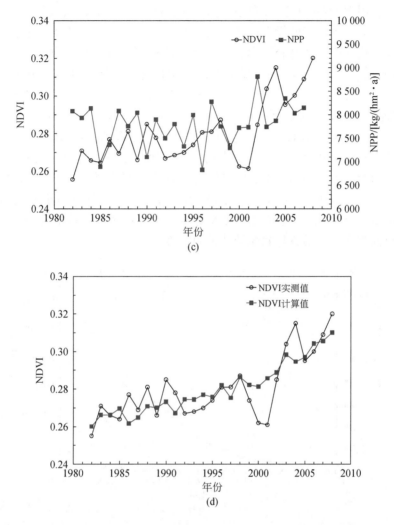

图 12-7　NDVI 变化与 P_m 变化的比较(a)、NDVI 变化与 T_m 变化的比较（b）、
NDVI 变化与 NPP 变化的比较（c）及 NDVI 的实测值与基于式（12-2）计算值的比较（d）

的 66.8% 。式（12-2）计算值与实测值的比较见图 12-7（d）。本研究以 NDVI 与 SPC1 和
NPP 的半偏相关系数来反映它们对 NDVI 的贡献率。SPC1 和 NPP 的半偏相关系数分别为
0.694 和 0.158。假定某一影响变量对因变量的贡献率与其半偏相关系数成正比，并假定
总贡献率为 100% ，则可以求得，SPC1 和 NPP 对 NDVI 方差的贡献率分别为 81.5% 和
18.5% 。可见，社会经济因素的贡献率远远大于气候变化的贡献率。

（二）社会经济因素通过对水土保持的影响来影响植被

从 20 世纪 60 年末开始，为了治理严重的水土流失以减少进入黄河下游的泥沙，减缓
河道的淤积，确保下游防洪安全，国家在黄土高原实施水土流失治理。在治理初期，受社
会经济发展水平的制约，中央和地方政府的财力有限，治理的规模不大。同时，黄土高原
丘陵沟壑区是当时全国著名的贫困区，存在着一边治理、一边破坏的现象，有的地区甚至

破坏大于治理，因而治理措施的保存率不高。随着社会经济的发展，地方财力与区域 GDP 同步增加，国家对水土保持的投入逐渐增大，水土保持治理规模和治理措施保存率不断提高。在水土保持措施中，造林和种草直接提高了植被覆盖度，梯田也提高了农地覆盖率，使得区域 NDVI 增加。图 12-8（a）显示 1950～2008 年黄土高原陕西、山西、甘肃三省的 GDP、财政收入以及黄河上中游梯田林草面积随时间的变化，三者都有明显的增加趋势。地区 GDP 和梯田林草面积有显著的正相关关系 [图 12-8（b）]，财政收入和梯田林草面积也有显著的正相关关系 [图 12-8（c）]。从图 12-8（c）看到，当财政收入小于 40 亿元/a 时，梯田林草面积变化随财政收入的增大而增大的速率很小；当财政收入大于 40 亿元/a 时，增大速率显著加快。图 12-8（d）显示，NDVI 与梯田林草面积之间高度相关（$p <$ 0.001），$R^2 = 0.608$，意味着 NDVI 方差的 60.8% 可以用梯田林草面积的变化来解释。上述结果说明区域 GDP 的增加使得财政收入增多，政府对水土保持的经费投入随之增多，因而梯田林草面积增大，最终导致流域植被的改善。

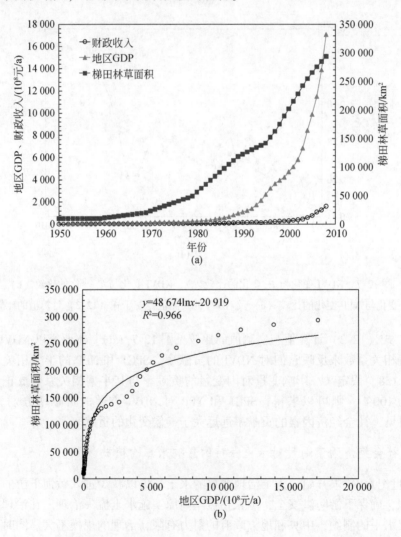

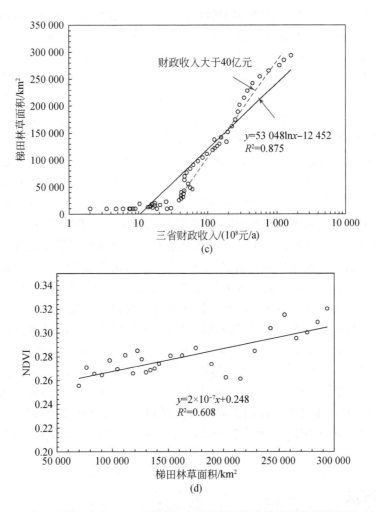

图 12-8　黄土高原三省的 GDP、财政收入以及黄河上中游梯田林草面积随时间的
变化（a）、地区 GDP 和梯田林草面积的关系（b）、财政收入和梯田林草面
积的关系（c）及 NDVI 与梯田林草面积的关系（d）

第二节　农村社会经济结构的改变对流域
产沙的影响

　　黄土高原疏松易蚀、重力侵蚀活跃的地表物质条件，沟壑纵横、切割破碎的地貌条件，易形成暴雨的半干旱气候条件，对黄土丘陵沟壑区地表不能提供有效保护作用的植被条件，为这一地区提供了有利于高强度侵蚀的自然地理环境。在这样的自然条件下，强烈的人类活动导致的水土流失使 20 世纪 60 年代以前的黄河成为世界上侵蚀产沙强度最高的河流之一。然而，20 世纪 70 年代以来，黄河发生了日益引人注目的水沙变化，径流量和输沙量不断减少。21 世纪以来，黄河输沙量大幅减少，输沙量和含沙量之低是社会各界普遍未曾预料到的。黄河泥沙减少的原因及未来状态关系到黄河及黄土高原的治理对策和

决策，受到广大科技工作者和管理部门的高度关注（穆兴民等，2017）。黄河水沙主要来自上中游地区，中游的潼关水文站控制了黄河流域面积的91%、水量的90.3%、输沙量的近100%。实测资料分析，1919~1959年为受人类活动影响较小的天然情况时段，该时段潼关水文站实测年平均水量和输沙量分别为426.1亿 m^3 和15.92亿t；随着人类活动的日益加剧，1986~2012年实测年平均水量和输沙量分别为245.9亿 m^3 和5.42亿t，水沙量较1919~1959年有较大幅度的减少，分别减少了42.3%和66%。2000年以来潼关水文站水沙量进一步减少，2000~2012年实测年平均水量和输沙量分别为231.2亿 m^3 和2.76亿t，较1919~1959年分别减少了45.7%和82.7%。黄河水沙量大幅减少的主要驱动因素包括气候变化、水利水保工程、生态建设工程和区域经济社会发展，其中气候变化属自然因素，其余三个因素均属人类活动影响。20世纪70年代以来，人类活动对水沙量减少的作用越来越大，成为水沙减少的主要原因（胡春宏，2016）。目前已有大量工作研究了水土保持、水利水保工程、生态建设工程（如植被恢复、退耕还林还草）对黄河水沙减少的影响，但对区域社会经济发展与黄河输沙量减少的关系尚缺乏系统研究。人类社会经济因素与水土流失之间有着密切的联系。人类行为方式受到社会经济因素的制约，在社会经济因素制约下的人类行为方式对自然过程有深远的影响。例如，植被的破坏与恢复、陡坡地的开垦与退耕、破坏植被取得薪柴与寻找其他燃料从而使植被自然恢复等，都会导致水土流失过程和河流产沙过程的重大变化。作者从这一思路出发，对嘉陵江水沙变化的原因进行过研究（许炯心，2006a）。王红兵等在本书作者指导下，首次就社会经济因素对黄土高原侵蚀产沙的影响进行了研究（王红兵，2011；王红兵等，2011）。此后，作者对研究方法进行了进一步完善，运用黄河水沙资料和黄河流域社会经济统计资料，研究了社会经济因素对黄河上中游产沙量变化的影响。黄河上中游产沙量以三门峡站的年输沙量来表示。

一、研究方法

研究方法包括四方面：①确定流域社会经济因素的指标体系；②由于各个社会经济指标之间相关关系密切，不能直接进行回归分析，本研究通过主成分分析，构建由各个社会经济指标的线性组合组成的、相互独立的主成分变量，以主成分变量得分为新的预报变量；③将黄河上中游流域单位降水产沙量USY与主成分变量得分相联系，进行多元回归分析，揭示USY与社会经济指标的关系，以阐明社会经济指标对黄河产沙量变化的影响；④为了定量区分社会经济指标和降水对黄河产沙量变化的影响，将黄河上中游年产沙量与主成分变量得分和年降水量相联系，建立回归方程，估算社会经济指标和年降水量的变化对产沙量方差的贡献率。

社会经济指标体系共包含18个变量（表12-4），分为3类，即社会发展指标5个、农村经济指标8个，农业生产条件指标5个。

表 12-4　影响黄河流域产沙量的社会经济指标

类型	指标名称
社会发展指标	人口自然增长率（X_1）； 地区人均 GDP（X_2）； 城镇人口占总人口的比例（城市化率）（X_3）； 农村劳动力转移数量（X_4）； 农村劳动力转移数量占农村劳动力的比例（X_5）
农村经济指标	农业总产值（X_6）； 农业总产值占 GDP 的比例（X_7）； 农村人口人均农业产值（X_8）； 农民人均纯收入（X_9）； 农民人均消费支出（X_{10}）； 粮食总产量（X_{11}）； 单位面积粮食产量（X_{12}）； 农村人口人均粮食产量（X_{13}）
农业生产条件指标	粮食播种面积（X_{14}）； 农业机械总动力（X_{15}）； 有效灌溉面积（X_{16}）； 化肥施用量（X_{17}）； 农村用电量（X_{18}）

以三门峡站的年输沙量代表黄河上中游流域的年产沙量。考虑到 1960 年三门峡水库建成后，1961～1964 年该水库采用蓄水拦沙方式运用，大部分入库泥沙淤积在水库内，这一时段中的数据不能反映流域的真实侵蚀产沙量，本研究对这 4 年的输沙量进行了还原计算，即以三门峡站的实测年输沙量加上了水库淤积量，得到还原产沙量。三门峡站的输沙量来自该站的历年观测数据，已由水利部发布于历年的《中国河流泥沙公报》中，可以从水利部网站下载。输沙量的变化既与人类活动有关，又受到降水量等气候因素的影响，在研究时段中降水量的变化是不容忽视的。为了更好地揭示人类活动对产沙量的影响，应该将降水的影响加以"隔离"。为此，本研究引入单位降水产沙量指标（unit rainwater sediment yield, USY）：USY＝Q_s/Q_{rain}，这里 Q_s 为流域控制水文站观测到的年悬移质输沙量，以质量计；Q_{rain} 为该站以上的年降水量，以体积计。对于黄河，以 10^6 t 作为 Q_s 的单位，以 km³ 作为 Q_{rain} 的单位。

二、各个社会经济指标随时间的变化

三门峡站年 USY 呈明显的减小趋势（图 12-9），显著性概率 $p<0.0001$。各个社会经济指标与时间（年份）的相关系数见表 12-5。除人口自然增长率、农业总产值占 GDP 的比例、粮食播种面积与时间的相关系数为负值外，其余都为正值，显著性概率都小于 0.001，这说明三门峡站年输沙量的减小趋势可能与这些社会经济指标的增大（或减小）有关。

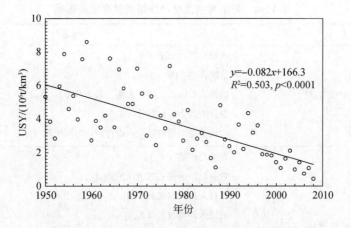

图 12-9　三门峡站单位降水产沙量 USY 随时间的变化

表 12-5　18 个社会经济指标与时间的相关系数

指标	与时间的相关系数	指标	与时间的相关系数
X_1	−0.63	X_{10}	0.81
X_2	0.73	X_{11}	0.92
X_3	0.94	X_{12}	0.94
X_4	0.93	X_{13}	0.63
X_5	0.93	X_{14}	−0.95
X_6	0.82	X_{15}	0.95
X_7	−0.94	X_{16}	0.92
X_8	0.83	X_{17}	0.82
X_9	0.83	X_{18}	0.92

三、单位降水产沙量与各个社会经济指标的定量关系

（一）相关系数矩阵

由于进行对数转换之后，单位降水产沙量与各个社会经济指标的相关系数更显著，因此本研究以单位降水产沙量的对数 lnUSY 为因变量。相关系数矩阵（表 12-6）表明，lnUSY 与所有社会经济指标的相关系数都是显著的（$p < 0.01$）。按决定系数的排序见表 12-7。然而，各个社会经济指标之间的相关关系很强，存在明显的共线性，不满足多元回归分析的独立性要求。因此，通过多元回归来建立 lnUSY 与社会经济指标的关系是不可取的，本研究转而应用主成分分析的方法来建立统计关系。

表 12-6　相关系数矩阵

指标	X_1	X_2	X_3	X_4	X_5	X_6	X_7	X_8	X_9
X_1	1.00	-0.57	-0.68	-0.66	-0.67	-0.62	0.68	-0.62	-0.62
X_2	-0.57	1.00	0.87	0.86	0.81	0.97	-0.71	0.97	0.97
X_3	-0.68	0.87	1.00	0.97	0.96	0.92	-0.92	0.93	0.93
X_4	-0.66	0.86	0.97	1.00	0.99	0.93	-0.85	0.93	0.93
X_5	-0.67	0.81	0.96	0.99	1.00	0.89	-0.86	0.89	0.89
X_6	-0.62	0.97	0.92	0.93	0.89	1.00	-0.77	1.00	1.00
X_7	0.68	-0.71	-0.92	-0.85	-0.86	-0.77	1.00	-0.77	-0.78
X_8	-0.62	0.97	0.93	0.93	0.89	1.00	-0.77	1.00	1.00
X_9	-0.62	0.97	0.93	0.93	0.89	1.00	-0.78	1.00	1.00
X_{10}	-0.61	0.98	0.92	0.92	0.88	1.00	-0.77	0.99	1.00
X_{11}	-0.61	0.68	0.84	0.83	0.84	0.76	-0.83	0.77	0.75
X_{12}	-0.61	0.69	0.85	0.84	0.84	0.77	-0.85	0.77	0.76
X_{13}	-0.43	0.46	0.53	0.59	0.60	0.54	-0.48	0.55	0.52
X_{14}	0.67	-0.72	-0.91	-0.90	-0.91	-0.78	0.90	-0.78	-0.79
X_{15}	-0.71	0.88	0.97	0.98	0.97	0.94	-0.89	0.94	0.94
X_{16}	-0.57	0.51	0.77	0.72	0.75	0.59	-0.89	0.59	0.60
X_{17}	-0.52	0.45	0.73	0.79	0.81	0.62	-0.70	0.63	0.59
X_{18}	-0.68	0.91	0.97	0.98	0.95	0.97	-0.86	0.97	0.97
lnUSY	0.56	-0.72	-0.76	-0.77	-0.77	-0.73	0.70	-0.73	-0.75

指标	X_{10}	X_{11}	X_{12}	X_{13}	X_{14}	X_{15}	X_{16}	X_{17}	X_{18}
X_1	-0.61	-0.61	-0.61	-0.43	0.67	-0.71	-0.57	-0.52	-0.68
X_2	0.98	0.68	0.69	0.46	-0.72	0.88	0.51	0.45	0.91
X_3	0.92	0.84	0.85	0.53	-0.91	0.97	0.77	0.73	0.97
X_4	0.92	0.83	0.84	0.59	-0.90	0.98	0.72	0.79	0.98
X_5	0.88	0.84	0.84	0.60	-0.91	0.97	0.75	0.81	0.95
X_6	1.00	0.76	0.77	0.54	-0.78	0.94	0.59	0.62	0.97
X_7	-0.77	-0.83	-0.85	-0.48	0.90	-0.89	-0.89	-0.70	-0.86
X_8	0.99	0.77	0.77	0.55	-0.78	0.94	0.59	0.63	0.97
X_9	1.00	0.75	0.76	0.52	-0.79	0.94	0.60	0.59	0.97
X_{10}	1.00	0.74	0.75	0.51	-0.78	0.93	0.59	0.58	0.96

续表

指标	X_{10}	X_{11}	X_{12}	X_{13}	X_{14}	X_{15}	X_{16}	X_{17}	X_{18}
X_{11}	0.74	1.00	1.00	0.85	-0.85	0.87	0.88	0.81	0.85
X_{12}	0.75	1.00	1.00	0.83	-0.88	0.88	0.90	0.79	0.86
X_{13}	0.51	0.85	0.83	1.00	-0.56	0.62	0.59	0.65	0.60
X_{14}	-0.78	-0.85	-0.88	-0.56	1.00	-0.92	-0.86	-0.72	-0.89
X_{15}	0.93	0.87	0.88	0.62	-0.92	1.00	0.78	0.74	0.99
X_{16}	0.59	0.88	0.90	0.59	-0.86	0.78	1.00	0.75	0.73
X_{17}	0.58	0.81	0.79	0.65	-0.72	0.74	0.75	1.00	0.73
X_{18}	0.96	0.85	0.86	0.60	-0.89	0.99	0.73	0.73	1.00
lnUSY	-0.74	-0.60	-0.62	-0.34	0.74	-0.78	-0.60	-0.52	-0.76

表 12-7 各社会经济指标与 lnUSY 的相关系数和决定系数

指标	指标名称	与 lnUSY 的相关系数	与 lnUSY 的决定系数	按决定系数排序
X_1	人口自然增长率	0.556	0.309	16
X_2	地区人均 GDP	-0.716	0.513	11
X_3	城镇人口占总人口的比例（城市化率）	-0.758	0.575	5
X_4	农村劳动力转移数量	-0.771	0.594	2
X_5	农村劳动力转移数量占农村劳动力的比例	-0.769	0.591	3
X_6	农业总产值	-0.734	0.539	9
X_7	农业总产值占 GDP 的比例	0.700	0.490	12
X_8	农村人口人均农业产值	-0.732	0.536	10
X_9	农民人均纯收入	-0.749	0.561	6
X_{10}	农民人均消费支出	-0.742	0.551	7
X_{11}	粮食总产量	-0.604	0.365	14
X_{12}	单位面积粮食产量	-0.617	0.381	13
X_{13}	农村人口人均粮食产量	-0.343	0.118	18
X_{14}	粮食播种面积	0.741	0.549	8
X_{15}	农业机械总动力	-0.782	0.612	1
X_{16}	有效灌溉面积	-0.595	0.354	15
X_{17}	化肥施用量	-0.515	0.265	17
X_{18}	农村用电量	-0.761	0.579	4

（二）主成分分析

主成分分析结果表明，第一和第二主成分的方差解释量分别为 14.583 和 1.503，分别占总方差变化的 81.0% 和 8.4%。其余主成分的方差解释率均很小。因此，本研究将第一主成分的得分（SPC1）和第二主成分的得分（SPC2）作为两个影响变量，与 lnUSY 相联系，进行回归分析，建立了回归方程：

$$lnUSY = 1.114 - 0.517SPC1 + 0.112SPC2 \tag{12-3}$$

式中，$R = 0.822$；$R^2 = 0.675$；调整后的 $R^2 = 0.663$；$F_{(2, 54)} = 56.181$；$p = 6.4 \times 10^{-14}$；估算值的均方根误差 SE = 0.373。SPC1 和 SPC2 回归系数的 p 值分别为 1.92×10^{-14} 和 0.029。$R^2 = 0.675$ 意味着 SPC1 和 SPC2 的变化可以解释 lnUSY 方差的 67.5%。基于式（12-3）的计算值与实测值的比较见图 12-10（a）。D–W d 是一个用来检验残差分布是否为正态分布的统计量，即德宾–瓦特逊（Dubin-Watson）统计量。残差分析表明，D–W d = 1.94（$p < 0.01$），残差服从正态分布，残差与其正态分布期望值的比较见图 12-10（b）。这说明回归方程的质量是可以接受的。

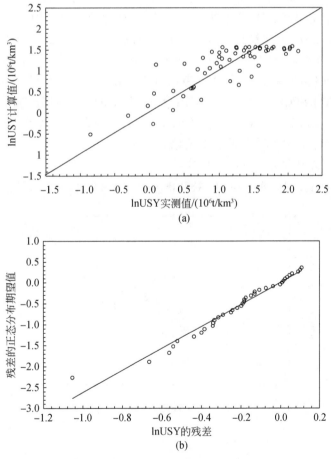

图 12-10　lnUSY 的实测值和基于式（12-3）计算值的比较（a）及 lnUSY 残差与
其正态分布期望值的比较（b）

式（12-3）可以转换为如下指数方程：

$$USY = 3.047\exp(-0.517SPC1 + 0.112SPC2) \tag{12-4}$$

四、气候变化的影响与社会经济因素的影响对三门峡站产沙量变化的贡献率

三门峡站产沙量 $Q_{s,SMX}$ 的变化除与社会经济因素的影响有关外，还与气候变化的影响密切相关。运用回归分析方法，作者进一步研究了气候变化与社会经济影响对 $\ln Q_{s,SMX}$ 变化的贡献率。以三门峡以上流域平均年降水量 P_m 来表示气候变化的影响，以 SPC1、SPC2 表示社会经济因素的影响，建立了如下回归方程：

$$\ln Q_{s,SMX} = -0.124 - 0.485SPC1 + 0.128SPC2 + 0.00543P_m \tag{12-5}$$

式中，$R = 0.889$；$R^2 = 0.791$；调整后的 $R^2 = 0.779$；$F(3, 53) = 66.679$；$p = 5.37 \times 10^{-18}$；估算值的均方根误差 $SE = 0.331$。SPC1、SPC2、P_m 的回归系数的 p 值分别为 4.94×10^{-15}、$0.005\,507$ 和 4.98×10^{-9}，是高度显著的。$\ln Q_{s,SMX}$ 的实测值和基于式（12-5）计算值的比较见图 12-11（a）。残差分析表明，D–W $d = 1.63$，残差服从正态分布（$p < 0.01$），残差与其正态分布期望值的比较见图 12-11（b）。这说明回归方程的质量是可以接受的。三个变量可以解释 $\ln Q_{s,SMX}$ 方差的 79.1%。本研究以 SPC1、SPC2、P_m 的半偏相关系数来反映它们对 $\ln Q_{s,SMX}$ 的贡献率。SPC1、SPC2 和 P_m 的半偏相关系数分别为 -0.690、0.182 和 0.438。如果以半偏相关系数的绝对值表示其对 $\ln Q_{s,SMX}$ 的贡献率，并假定总贡献率为 100%，则可以求得 SPC1、SPC2、P_m 对 $\ln Q_{s,SMX}$ 方差的贡献率分别为 52.7%、13.9%、33.4%。以 SPC1、SPC2 贡献率之和来表示的社会经济因素的贡献率为 66.6%，降水变化的贡献率为 33.4%，前者几乎是后者的两倍。

式（12-5）可以转化为指数函数形式：

$$Q_{s,SMX} = 0.883\exp(-0.485SPC1 + 0.128SPC2 + 0.00543P_m) \tag{12-6}$$

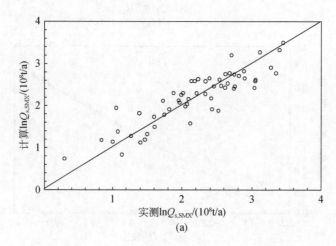

(a)

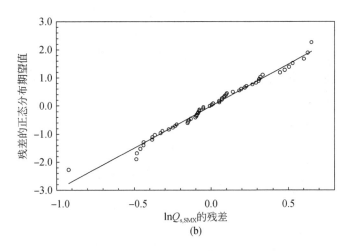

(b)

图 12-11 $\ln Q_{s,SMX}$ 的实测值和基于式（12-5）的计算值的比较（a）及 $\ln Q_{s,SMX}$
残差与其正态分布期望值的比较（b）

五、气候变化与社会经济因素对三门峡站产沙量影响的动态变化

本研究以 18 个社会经济指标的第一主成分得分 SPC1 来综合表示流域社会经济因素的影响。图 12-12（a）对流域年降水量和 SPC1 随时间的变化进行了比较，并以三次抛物线对变化趋势进行了拟合。可以看到，1950~1960 年，P_m 略有增大趋势，1960~2000 年，呈减小趋势（$r=0.30$，$n=41$，$p=0.056$），2000 年以后又出现增大趋势（$r=0.30$，$n=14$，$p=0.063$）。SPC1 与年份呈显著的正相关，表明流域社会经济因素呈显著的增强趋势：$y=0.057x-113.9$（$R^2=0.913$，$n=57$，$p<0.0001$）。SPC1 的时间变化的非线性拟合曲线的斜率逐渐增大，意味着增强的速率加大。

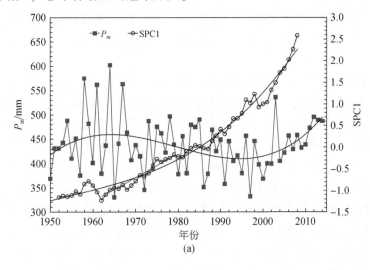

(a)

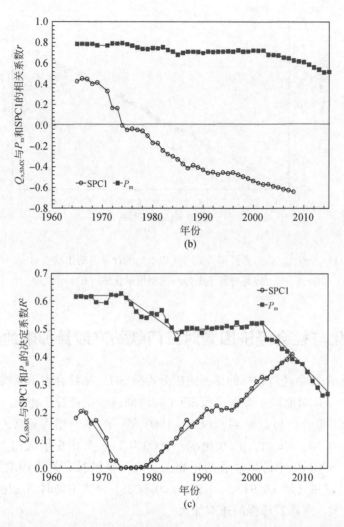

图 12-12　流域年降水和 18 个社会经济指标的第一主成分得分 SPC1 随时间的变化（a）、$r_{P_{\mathrm{m}}}$

和 r_{SPC1} 随时间的变化（b）及 $R^2_{P_{\mathrm{m}}}$ 和 R^2_{SPC1} 随时间的变化（c）

　　对于给定流域，在人类活动较弱的准天然状态，降水的变化是流域产沙量变化的决定性因素。在人类活动增强时，流域产沙量与降水量的相关关系会减弱，与人类活动的相关关系则会增强。为了研究在 1952～2008 年的 57 年尺度上流域产沙量与降水量和人类活动关系的动态变化，本研究分别取 1952 年至给定年份 N（N 为 1965 年，1970 年，…，2008年），得到若干时长不同的时期，然后按每个时期，计算出 $Q_{\mathrm{s,SMX}}$ 与 P_{m} 和 SPC1 的相关系数 $r_{P_{\mathrm{m}}}$ 和 r_{SPC1} 以及 $Q_{\mathrm{s,SMX}}$ 与 P_{m} 和 SPC1 的决定系数 $R^2_{P_{\mathrm{m}}}$ 和 R^2_{SPC1}，其时间变化可以反映以降水代表的气候变化和以 SPC1 代表的人类活动对 $Q_{\mathrm{s,SMX}}$ 影响的动态变化。图 12-12（b）显示 $r_{P_{\mathrm{m}}}$ 和 r_{SPC1} 的时间变化。$r_{P_{\mathrm{m}}}$ 都是正值，并呈减小趋势，由 1965 年的 0.78 减小到 2008 年的 0.52，说明降水量对产沙量的影响逐渐减弱。r_{SPC1} 的变化则较为复杂，1964～1974 年为正值，意味着社会经济因素有加剧侵蚀的作用，使得 $Q_{\mathrm{s,SMX}}$ 增大；然后变为负值，负相关性逐渐增强，r_{SPC1} 由 0 逐渐变化为 2008 年的 -0.64。这说明，在 1952～2008 年的 57 年中，社会经济因素对侵蚀产沙的影响发生了质的变化。黄河流域的社会经济发展可以分为两大阶段，即区域经济以农业生产为主的阶段和不以农业生产为主的阶段。以农业总产值占地区 GDP 的比例为指标，当这一比例大于 50% 时属于第一阶段，小于 50% 时则属于后一阶段。图 12-13（a）对农业总产值占地区 GDP 的比例和 r_{SPC1} 的时间变化进行了比较，显示随着农业总产值占地区 GDP 比例的减小，$Q_{s,SMX}$ 与 SPC1 的相关系数 r 由正值变为负值；对应由正变负的转折点，农业总产值占地区 GDP 的比例大致等于 50%。实际上，在 $r_{SPC1}=0$ 出现的 1974 年，这一比例已下降到 43%。在区域经济以农业占优势的时期，尤其是在农业总产值占地区 GDP 的比例大大高于 50% 时，农业生产尤其是粮食生产是区域经济的主要支撑。如果同时处于人口自然增长率的高值时段，则人口对土地的压力很大。为了满足

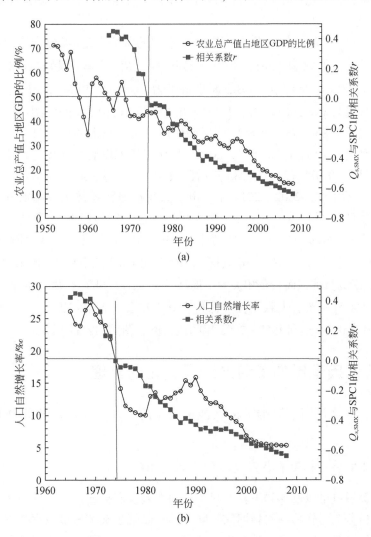

图 12-13　农业总产值占地区 GDP 的比例和 r_{SPC1} 随时间的变化（a）及人口自然增长率和 r_{SPC1} 随时间的变化（b）

粮食的需求，人们往往会通过扩大耕地面积来增加粮食生产，以养活日益增多的人口。这将导致黄土高原丘陵沟壑区坡地和陡坡地（坡度大于 $25°$）的大量垦种，从而加剧土壤侵蚀，大大增加进入黄河的泥沙量。事实上，正如图 12-13（b）所显示的，对应于 $r_{SPC1} > 0$ 的时段即 1974 年以前，人口自然增长率大于 $18‰$，证明了这一点。随着区域经济的发展，地区 GDP 对农业产值的依赖减小，农业生产技术的改良提高了单位面积粮食产量、人均粮食产量。与此同时，地区 GDP 的增加使得政府财政收入增多，有可能投入更多的经费来进行水土流失治理，使水土流失强度大大减弱，因而 $Q_{s,SMX}$ 与 SPC1 的负相关迅速增高。

图 12-12（c）显示，从总体上看，$R^2_{P_m}$ 有减小的趋势，$y = -0.005x + 11.85$（$R^2 = 0.803$，$p < 0.001$），R^2_{SPC1} 则有增大的趋势，$y = 0.007x - 14.34$（$R^2 = 0.593$，$p < 0.001$），说明随着时间的推移，降水的影响逐渐减弱而人类社会经济因素的影响逐渐增强，图 12-12（b）也说明了这一点。

具体而言，$R^2_{P_m}$ 和 R^2_{SPC1} 的变化都可以分为不同的阶段。$R^2_{P_m}$ 可分为 4 个阶段。1965 ~ 1974 年，$R^2_{P_m}$ 不变，大致为 0.61。1975 ~ 1986 年，$R^2_{P_m}$ 呈减小趋势，拟合直线为 $y = -0.010x + 20.54$，$R^2 = 0.764$，$p < 0.01$，减小斜率为 -0.010。1987 ~ 2001 年，$R^2_{P_m}$ 呈微小增大趋势，拟合直线为 $y = 0.001x - 2.291$，$R^2 = 0.491$，$p < 0.01$，增大斜率为 0.001。这一微弱增大趋势可以用 1986 ~ 2001 年淤地坝拦沙作用大大衰减来解释（许炯心，2004a）。大部分淤地坝都兴建于 20 世纪 70 年代，20 世纪 70 年代末以后淤地坝建设中断，而淤地坝拦沙寿命一般只有 10 年左右，到 1985 年后已淤满失效，这使得降水对产沙的控制作用又增强，因而 R^2 有所增大。2002 ~ 2014 年，由于大规模退耕还林工程的实施和骨干淤地坝建设的开展，减沙作用显著，使得 R^2 迅速减小，这一时段的拟合直线为 $y = -0.019x + 38.51$，$R^2 = 0.976$，$p < 0.01$，减小斜率高达 -0.019。R^2_{SPC1} 的变化分为 4 个阶段：1965 ~ 1974 年，r_{SPC1} 由 0.45 左右变为 0 [图 12-12（b）]，R^2_{SPC1} 则由 0.2 减小到 0 [图 12-12（c）]。1978 ~ 1991 年，r_{SPC1} 变为负值，而且负相关程度提高 [图 12-12（b）]，R^2_{SPC1} 迅速增大 [图 12-12（c）]。1992 ~ 1996 年，R^2_{SPC1} 大致不变，保持在 0.2 左右 [图 12-12（c）]。1997 ~ 2008 年，R^2_{SPC1} 由 0.2 上升为 0.4，达到 1952 ~ 2008 年的最大值 [图 12-12（c）]。

六、社会经济因素影响黄河产沙量变化的机理

为了解释社会经济因素影响黄河产沙量变化的机理，本研究提出如下 3 个因果关系链。

（一）社会发展指标影响黄河泥沙的因果关系链

这一因果关系链可以概括如下：农村单位面积粮食产量增加、人均收入增加→劳动力出现剩余→农村劳动力转移→寄钱回家→购买燃料降低了破坏植被取得燃料的意愿、购买粮食降低了陡坡地耕种的意愿→植被恢复（包括农村能源结构的改变导致的植被恢复与陡坡地退耕导致的植被恢复）→土壤侵蚀减弱→进入黄河的泥沙量减少。

单位面积粮食产量（X_{12}）、农民人均纯收入（X_9）与农村劳动力转移数量（X_4）的

相关系数分别为 0.84、0.93，证明了农村单位面积粮食产量增加和人均收入增加会导致农村劳动力出现剩余，有利于农村劳动力转移；日益增加的外出务工农民寄钱回家，用于购买煤炭作为燃料，扭转了过去普遍存在的通过破坏植被来获取燃料的做法，促进了植被的恢复；用于购买粮食，解决了粮食短缺的问题，有利于陡坡地退耕还林。这使得流域侵蚀减弱，单位降水产沙量减少。

（二）农业生产条件指标影响黄河泥沙的因果关系链

这一因果关系链可以概括如下：农业技术进步（农业机械增加、化肥施用量增加、农村用电量增加、灌溉条件改善)→单位面积粮食产量增加、粮食播种面积减小→坡地退耕意愿增强→植被恢复→土壤侵蚀减弱→进入黄河的泥沙量减少。

农业机械总动力（X_{15}）、有效灌溉面积（X_{16}）、化肥施用量（X_{17}）、农村用电量（X_{18}）与单位面积粮食产量（X_{12}）的相关系数分别为 0.88、0.90、0.79、0.86，是高度显著的（$p<0.0001$）；与粮食播种面积（X_{14}）的相关系数分别为 −0.92、−0.86、−0.72、−0.89，p 都小于 0.0001。这说明上述农业生产条件指标的提高增大了单位面积粮食产量，减小了粮食播种面积，有利于坡地退耕和植被恢复，这也会导致流域侵蚀减弱，单位降水产沙量减少。

（三）区域经济发展指标影响黄河泥沙的因果关系链

这一因果关系链可以概括如下：区域经济发展→地区 GDP 和人均 GDP 增加→地方财政收入增加→水土保持投入增大→水土保持措施增强→土壤侵蚀减弱→进入黄河的泥沙量减少。

随着区域经济发展，地区 GDP 增加，导致地方财政收入的增加 [图 12-14（a）]。地区 GDP 增大，地方政府对水土保持的财政支持力度也会加大，这使得梯田林草面积增加 [图 12-14（a）]。由于缺少地方政府水土保持投入的数据，本研究用地方财政收入来间接反映水土保持投入，结果表明，梯田林草面积与地方财政收入的决定系数 $R^2=0.875$（$p<$

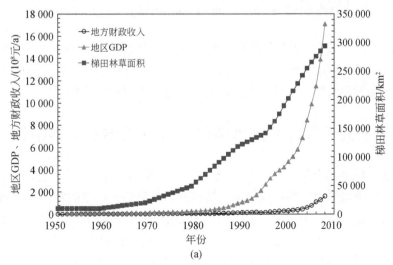

(a)

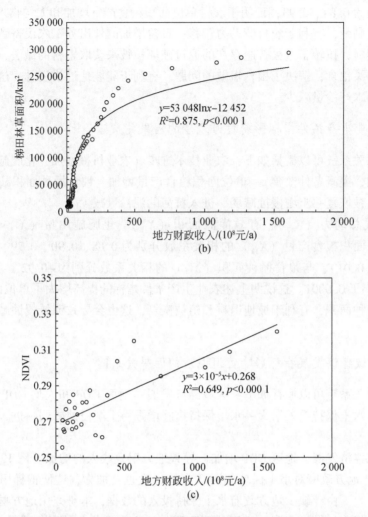

图 12-14　地区 GDP、地方财政收入和梯田林草面积随时间的变化（a）、梯田林草面积与地方财政收入的关系（b）及 NDVI 与地方财政收入的关系（c）

0.001）［图 12-14（b）］，地方财政收入与表征植被覆盖度的 NDVI 指标呈高度相关，决定系数 $R^2 = 0.649$（$p < 0.0001$）［图 12-14（c）］。以上区域经济发展水平的提高导致水土保持的加强和植被的改善，使得土壤侵蚀减弱，进入黄河的泥沙量减少。

七、一些因子对单位降水产沙量的非线性影响及临界条件

作者发现，USY 与农村人口人均粮食产量和单位面积粮食产量之间存在着非线性关系。黄河上中游流域除河套平原和渭河、汾河冲积平原外，大量的耕地位于黄土丘陵沟壑区。坡耕地特别是坡度大于 25°的陡坡耕地是流域侵蚀产沙的主要来源。在粗放型的粮食生产条件下，为了提高人均粮食产量，不得不开垦陡坡荒地进行生产，使得土壤侵蚀加剧，USY 增大，导致 lnUSY 与农村人口人均粮食产量的正相关［图 12-15（a）］，拟合曲线

左侧]。随着农业科技的进步和先进技术的推广，农业生产向精细型发展，平原和缓坡耕地的粮食产量大幅度提高，在实现人均粮食产量进一步增加的同时，还有条件对陡坡耕地实行退耕，使得侵蚀产沙减少。因此，出现了 lnUSY 与农村人口人均粮食产量的负相关

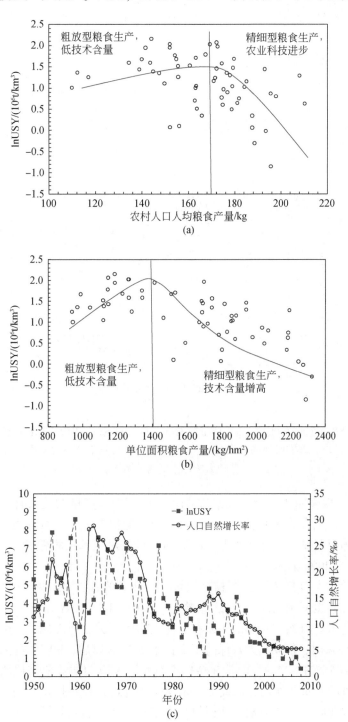

(a)

(b)

(c)

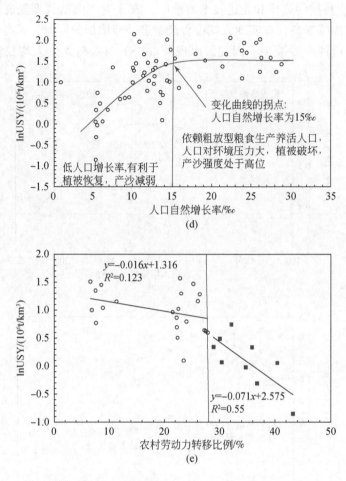

图 12-15　lnUSY 与农村人口人均粮食产量的关系（a）、lnUSY 与单位面积粮食产量的关系（b）、
lnUSY 与人口自然增长率随时间的变化（c）、lnUSY 与人口自然增长率的关系（d）及 lnUSY 与农村
劳动力转移比例的关系（e）

［图 12-15（a），拟合曲线右侧］。lnUSY 与单位面积粮食产量的关系有相似的非线性特征
［图 12-15（b）］，拟合曲线的左侧上升翼对应粗放型粮食生产，而右侧下降翼对应精细型
粮食生产。上述两图显示，与曲线上 lnUSY 的转折点对应的人均粮食产量为 170kg、单位
面积粮食产量为 1400kg/hm²。

　　黄河上中游的人口自然增长率具有先增大，达到峰值（28.8‰，1963 年）以后再减
小的趋势。lnUSY 也具有先增大，达到峰值（1959 年）以后再减小的趋势［图 12-15
（c）］。lnUSY 与人口自然增长率的关系在总体上为正相关，但出现了一个拐点。当人口自
然增长率大于 15‰时，lnUSY 大致保持不变；小于 15‰以后，lnUSY 随人口自然增长率的
减小而迅速减小［图 12-15（d）］。在转折点右侧，人口的增长依靠粗放型粮食生产，其
中陡坡地的垦种起着重要作用，因此 lnUSY 保持在高值；在转折点左侧，人口依靠精细型
粮食生产和非农业收入，陡坡地逐渐退耕，生态环境改善，植被覆盖度增加，因而 lnUSY
迅速减小。

农村富余劳动力向非农产业和城市转移，大大减小了人口对土地的压力，有利于实现陡坡地退耕还林，增大植被覆盖度，减少侵蚀产沙，因而 lnUSY 与农村劳动力转移比例之间在总体上呈负相关。图 12-15（e）显示，lnUSY 与农村劳动力转移比例的关系可以用两条斜率不同的直线来拟合。当农村劳动力转移比例小于 28% 时，二者呈微弱的负相关（$R^2 = 0.123$，$n = 22$，$p = 0.101$）；当农村劳动力转移比例大于 28% 时，二者呈明显的负相关（$R^2 = 0.55$，$n = 9$，$p < 0.05$）。

第三节　人类社会经济活动对黄河入海泥沙通量和三角洲造陆的影响

自 20 世纪 50 年代以来，气候变化和人类活动对全球河流入海物质通量变化的影响日益引起人们的关注，成为全球水循环、泥沙平衡和陆海相互作用研究中的重要领域（Milliman and Meade，1983；Milliman and Syvitski，1992；Holigan and Boots，1993；Syvitski et al.，2005）。黄河是世界上入海泥沙通量最高的河流。依据水库修建前的水文资料，黄河年平均入海泥沙量为 13.2 亿 t（按三门峡水库修建前的 1950~1960 年计算），居全球第一位，大于居第二位的亚马孙河（12 亿 t）和居第三位的恒河-布拉马普特拉河（10.6 亿 t）（Milliman and Farnsworth，2011）。黄河巨量的入海泥沙用于三角洲造陆，加之现代黄河口属于弱潮径流型河口，口外海滨水深较浅，故三角洲造陆速率之大，居世界之首。由于流域中大规模水土保持工作的开展和气候的变化，自 20 世纪 70 年代以来黄河的入海水沙通量呈明显减少趋势，使得黄河三角洲的造陆过程也发生了巨大的变化，引起了广泛的关注。黄河三角洲是我国唯一的每年产生大面积后备土地资源的地区，又是我国第二大油田——胜利油田所在地，三角洲造陆过程动态变化在这一地区的生产建设中有十分重要的意义。同时，黄河三角洲湿地是目前世界上土地面积自然增长最快的地区之一，是中国暖温带保存最完整、最广阔、最年轻的湿地生态系统，无论在中国经济发展上，还是在环境建设上都具有重要的地位（张晓龙等，2007）。黄河三角洲的造陆过程对影响因子的响应十分灵敏，为研究在河流动力和海洋动力相互作用之下的三角洲发育演变过程提供了十分理想的场所。大量文献已经揭示了气候变化和人类活动对黄河入海泥沙通量和三角洲造陆变化的影响（李希宁等，2001；常军等，2004；陈沈良等，2004；崔步礼等，2006；李胜男等，2009；毋亭和侯西勇，2016；李贺等，2020）。流域社会经济结构的变化是人类活动的重要方面，但前人就这一因素对黄河入海泥沙通量和三角洲造陆过程的影响还很少进行系统的研究。本节介绍作者在这方面的研究成果。

一、研究方法和资料

（一）方法

影响黄河入海泥沙通量和三角洲造陆的因子分为两类，即人类活动因子和气候变化因子。人类活动因子包括 4 个指标：①水库修建，以水库对径流的调节系数 R_{rr} 来表示；

②水土保持，以历年全流域的梯田、造林、种草的实际保有面积来表示（A_{swc}）；③人类引水用水，以全流域净引水量（$Q_{w,div}$）来表示；④农村劳动力转移，用已转移的农村劳动力占农村劳动力的比例 R_{rl} 来表示。

气候变化的影响在两个层面上起作用。在流域层面上是气候要素的变化，即降水变化和气温变化。在控制降水的大气环流层面上的变化，考虑了 3 个指标：①东亚夏季风，采用郭其蕴（1983）提出的 EASM 来表示；②印度夏季风，采用 Wang 和 Fan（1999）提出的指标，以 ISM 来表示；③厄尔尼诺与南方涛动（El Nino-Southern Oscillation，ENSO），一般将 Nino3.4 区域即 5°N~5°S 和 120°W~170°W 的海表温度异常作为指标，用 Nino3.4 来表示（王世平，1991）。依据 Nino3.4 的偏高或偏低，可以区分厄尔尼诺（El Nino）或拉尼娜（La Nina）事件。图 12-16（a）显示 1952~2007 年花园口以上流域年降水量与各月 Nino3.4 的相关系数的变化。对于黄河汛期各月（7~10 月），这一相关系数分别为 -0.454、-0.489、-0.493 和 -0.490，p 都小于 0.001，这说明黄河年降水量与汛期各月的 Nino3.4 呈显著的负相关，即 La Nina 年份（Nino3.4 偏低），黄河流域年降水量偏大；El Nino 年份（Nino3.4 偏高），黄河流域年降水量偏小。因此，作者以黄河汛期各月（7~10 月）Nino3.4 的平均值来反映 ENSO 的影响。

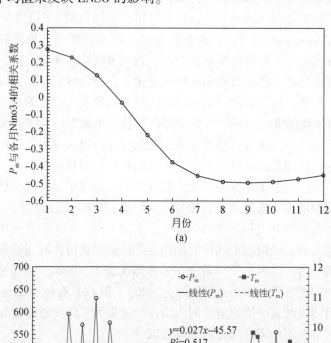

(a)

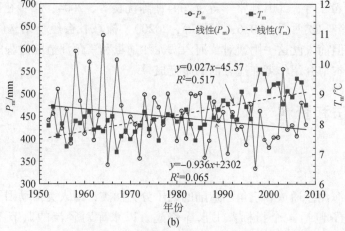

(b)

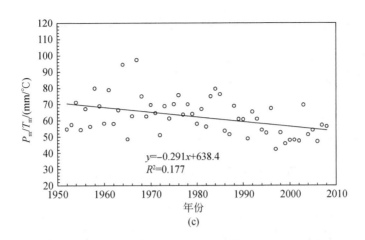

图 12-16　P_m 与各月 Nino3.4 的相关系数随月份的变化（a）、年降水量 P_m 和年均气温 T_m 的变化（b）及暖干化指标 P_m/T_m 的变化（c）

图 12-6（b）显示，P_m 有微弱的减小的趋势（$p=0.057$），T_m 则有显著的增大趋势（$p<0.0001$）。因此，黄河流域气候变化表现出暖干化趋势。本研究将年降水量与年均气温之比 P_m/T_m 作为暖干化指标，这一指标有较明显的减小趋势（$p=0.0011$）［图 12-16（c）］。1970 年以后，气温上升更明显，P_m/T_m 与时间（年份）的相关系数的 $p=0.000\,33$。

本研究以利津站年输沙量 $Q_{s,LJ}$ 表示入海泥沙通量，以 R_{la} 表示三角洲造陆速率。分别建立了 $Q_{s,LJ}$ 和 R_{la} 与上述指标的相关系数矩阵，见表 12-8 ~ 表 12-11。除表 12-11 中 R_{la} 与 ISM 相关系数的显著性概率 $p=0.054$ 外，其余相关系数的 p 都小于 0.05。相关系数矩阵显示，4 个人类活动指标之间存在很强的相关性，3 个大气环流指标之间也存在着较强的相关性。因此，建立 $Q_{s,LJ}$ 和 R_{la} 与这些指标之间的多元回归关系是不可取的。如果采用逐步回归分析方法，也会有问题，因为虽然某些指标之间存在相关性，但它们的作用机理不同，其作用并不能用其他指标来代替，引入回归方程的变量不能反映没有引入的变量的作用。鉴于此，本研究分别基于 4 个人类活动指标和 3 个大气环流指标进行主成分分析，采用第一主成分得分作为变量来综合反映多个变量的作用。由于每一个主成分是基于原来变量经过某种变换得来的，这种变换使得各主成分之间独立，因而在一定意义上满足了独立性要求。基于 4 个人类活动指标的主成分得分用 SPC1$_{Human}$ 来表示，基于 3 个大气环流指标的主成分得分则用 SPC1$_{Circu}$ 来表示。然后，再分别建立 $\ln Q_{s,LJ}$ 与 SPC1$_{Circu}$ 和 SPC1$_{Human}$ 的关系以及 R_{la} 与 SPC1$_{Circu}$ 和 SPC1$_{Human}$ 的关系，依据 SPC1$_{Circu}$ 和 SPC1$_{Human}$ 的偏回归系数表达气候与人类活动对 $Q_{s,LJ}$ 和 R_{la} 方差变化的贡献率，从而定量评价气候变化和人类活动的影响。这里，采用 $Q_{s,LJ}$ 的对数是因为 $\ln Q_{s,LJ}$ 与这些指标的相关性更强。

表 12-8　$\ln Q_{s,LJ}$ 与人类活动指标的相关系数矩阵

指标	R_{rr}	A_{swc}	$Q_{w,div}$	R_{rl}	$\ln Q_{s,LJ}$
R_{rr}	1.00	0.90	0.43	0.89	−0.85
A_{swc}	0.90	1.00	0.47	0.98	−0.72

指标	R_{rr}	A_{swc}	$Q_{w,div}$	R_{rl}	$\ln Q_{s,LJ}$
$Q_{w,div}$	0.43	0.47	1.00	0.48	-0.33
R_{rl}	0.89	0.98	0.48	1.00	-0.72
$\ln Q_{s,LJ}$	-0.85	-0.72	-0.33	-0.72	1.00
r 排序	1	2	4	3	

表 12-9　R_{la} 与人类活动指标的相关系数矩阵

指标	R_{rr}	A_{swc}	$Q_{w,div}$	R_{rl}	R_{la}
R_{rr}	1.000	0.889	0.411	0.886	0.594
A_{swc}	0.889	1.000	0.469	0.982	0.637
$Q_{w,div}$	0.411	0.469	1.000	0.487	0.404
R_{rl}	0.886	0.982	0.487	1.000	0.657
R_{la}	0.594	0.637	0.404	0.657	1.000
r 排序	1	3	4	2	

表 12-10　$Q_{s,LJ}$ 与气候要素和大气环流指标的相关系数矩阵

指标	P_m	T_m	EASM	ISM	Nino3.4	$\ln Q_{s,LJ}$
P_m	1.000	-0.296	0.332	0.699	-0.488	0.595
T_m	-0.296	1.000	-0.409	-0.168	0.153	-0.683
EASM	0.332	-0.409	1.000	0.156	-0.196	0.521
ISM	0.699	-0.168	0.156	1.000	-0.359	0.439
Nino3.4	-0.488	0.153	-0.196	-0.359	1.000	-0.388
$\ln Q_{s,LJ}$	0.595	-0.683	0.521	0.439	-0.388	1.000

表 12-11　R_{la} 与气候要素和大气环流指标的相关系数矩阵

指标	P_m	T_m	EASM	ISM	Nino3.4	R_{la}
P_m	1.000	-0.287	0.374	0.700	-0.483	0.575
T_m	-0.287	1.000	-0.425	-0.171	0.124	-0.535
EASM	0.374	-0.425	1.000	0.213	-0.189	0.600
ISM	0.700	-0.171	0.213	1.000	-0.364	0.260
Nino3.4	-0.483	0.124	-0.189	-0.364	1.000	-0.350
R_{la}	0.575	-0.535	0.600	0.260	-0.350	1.000

（二）资料

入海泥沙通量以利津水文站的年输沙量为代表，来自该水文站的观测资料。降水来自水利部黄河水利委员会在全流域布设的水文站和雨量站，气温资料则来自中国气象局管辖的位于黄河流域全流域的气象站。王恺忱（1988）基于历年海图测深资料，以 0m 等深线为三角洲向海一侧的边界，对 1955～1980 年黄河三角洲的造陆面积进行过量算，得到了历年的净造陆面积的数据。本节利用了这些数据。1981 年以后的三角洲造陆面积是从卫星影像图上估算出来的。相邻两期黄河三角洲地区卫星影像图经纠正后互相叠置，即可根据三角洲滨线（以一般高潮线来代表）的位置量算出相应时段中所增加的面积。若相邻两期影像的时间间隔长于 1 年，则按各月入海泥沙量的比例对造陆面积进行分配，使每一时段的间隔恰好为 1 年。

东亚夏季风指标 EASM 采用郭其蕴等（2004）提出的指标和数据。以 110°E～160°E 的气压差来定义夏季风指数，取 6～9 月每 10°纬度 $\Delta P \leqslant -5\text{hPa}$ 的累计和（$\sum \Delta P$）作为夏季风强度。印度夏季风指数（ISM）采用 Wang 和 Fan（1999）定义的指标，取 6～8 月 850hPa 40°E～80°E、5°N～15°N 范围内平均的纬向风与 70°E～90°E、20°N～30°N 范围内平均的纬向风之差作为印度夏季风指数，即 ISM = U850（40°E～80°E、5°N ～15°N）– U850（70°E～90°E、20°N～30°N）。张善强（2012）发现，这一指标与黄河流域夏季降雨密切相关，并基于美国国家环境预报中心（NCEP）和国家大气研究中心（NCAR）联合推出的 NCEP/NCAR 再分析资料计算了历年的 ISM，本研究运用了这些数据。Nino3.4 数据来自美国国家大气研究中心（NCAR），下载自 http://www.cgd.ucar.edu/cas/catalog/climind/TNI_N34/。

二、各个变量随时间的变化

在 50～60 年的时间尺度上，各个变量都显示出明显的时间变化（图 12-17）。年降水量和年均气温的变化已在图 12-16（b）中绘出。本研究计算了各个变量与时间（年份）的相关系数，见表 12-12。可以看到，入海泥沙通量 $\ln Q_{s,\text{LJ}}$ 和三角洲造陆速率 R_{la} 都呈现出显著减小的趋势 [图 12-17（a）]。在大气环流指标中，EASM 有显著减小的趋势（$p<0.001$）。ISM 微弱减小，Nino3.4 微弱增大，但在统计上都不显著（$p>0.05$）[图 12-17（b）]。在气候指标中，P_{m} 微弱减小，在统计上不显著（$p>0.05$）；T_{m} 显著增大（$p<0.001$）[图 12-16（b）]。4 个人类活动指标 R_{rr}、A_{swc}、$Q_{\text{w,div}}$、R_{rl} 都有显著增大的趋势（$p<0.001$），见图 12-17（c）和（d）。

表 12-12　各个变量与时间（年份）的相关系数

变量	EASM	ISM	Nino3.4	P_{m}	T_{m}	R_{rr}	A_{swc}	$Q_{\text{w,div}}$	R_{rl}	$Q_{s,\text{LJ}}$	R_{la}
相关系数	−0.794	−0.11	0.134	−0.255	0.719	0.875	0.936	0.635	0.935	−0.720	−0.713

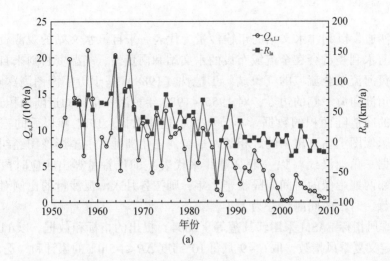

(a)

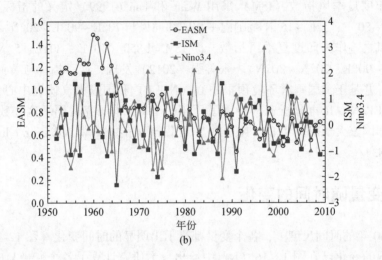

(b)

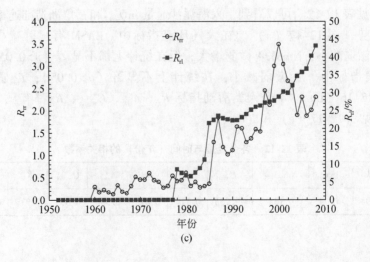

(c)

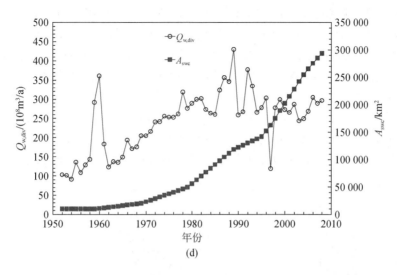

(d)

图 12-17　各个变量的变化

（a）入海泥沙通量和三角洲造陆速率；（b）3 个大气环流指标 EASM、ISM、Nino3.4；（c）水库对径流的调节
系数和已转移的农村劳动力占农村劳动力的比例；（d）梯田、造林、种草的实际保有面积和全流域净引水量

三、入海泥沙通量与影响因素的定量关系

本研究以 1952～2007 年的数据为基础，通过主成分分析，分别求出了 3 个大气环流指标即东亚夏季风指标 EASM、印度夏季风指标 ISM 和 Nino3.4 三个变量的第一主成分得分 $SPC1_{Circu}$，和 4 个人类活动指标即水库对径流的调节系数 R_{rr}，梯田、造林、种草的实际保有面积 A_{swc}，全流域净引水量 $Q_{w,div}$，已转移的农村劳动力占农村劳动力的比例 R_{rl} 四个变量的第一主成分得分 $SPC1_{Human}$。然后，将 $\ln Q_{s,LJ}$ 与 $SPC1_{Circu}$ 和 $SPC1_{Human}$ 相联系，进行了回归分析。$\ln Q_{s,LJ}$ 与 $SPC1_{Circu}$ 和 $SPC1_{Human}$ 的相关系数 r 分别为 0.621（$p<0.01$）和 -0.746（$p<0.01$）。建立了 $\ln Q_{s,LJ}$ 与 $SPC1_{Circu}$ 和 $SPC1_{Human}$ 的二元线性回归方程，然后转换为指数方程：

$$Q_{s,LJ} = 4.928\exp(0.451SPC1_{Circu} - 0.692SPC1_{Human}) \tag{12-7}$$

式中，$R^2 = 0.698$；调整后的 $R^2 = 0.686$；$F(2, 53) = 61.211$；$p = 1.68 \times 10^{-4}$；$SE = 1.872$。$SPC1_{Circu}$ 和 $SPC1_{Human}$ 可以解释 $Q_{s,LJ}$ 的方差的 69.8%。$SPC1_{Circu}$ 和 $SPC1_{Human}$ 的半偏相关系数分别为 0.375 和 -0.559。如果以半偏相关系数的绝对值表示其对 $Q_{s,LJ}$ 的贡献率，并假定总贡献率为 100%，则可以求得以 $SPC1_{Circu}$ 来表示的气候变化影响的贡献率为 40.1%，以 $SPC1_{Human}$ 来表示的人类活动影响的贡献率为 59.9%，后者要高于前者。

本书已经指出，暖干化指标 P_m/T_m 可以综合反映降水和气温变化的影响。本研究以 1952～2007 年的数据为基础，将 $\ln Q_{s,LJ}$ 与 P_m/T_m 和 $SPC1_{Human}$ 相联系，进行了回归分析。$\ln Q_{s,LJ}$ 与 P_m/T_m 和 $SPC1_{Human}$ 的相关系数 r 分别为 0.708（$p<0.01$）和 -0.760（$p<0.01$）。建立了 $\ln Q_{s,LJ}$ 与 P_m/T_m 和 $SPC1_{Human}$ 的二元线性回归方程，然后转换为指数方程：

$$Q_{s,LJ} = 0.334\exp[0.0431(P_m/T_m) - 0.614SPC1_{Human}] \tag{12-8}$$

式中，$R^2 = 0.719$；调整后的 $R^2 = 0.708$；F（2，53）$=$ 69.026；$p = 1.33 \times 10^{-15}$；SE $=$ 1.847（对数单位）。P_m/T_m 和 SPC1$_{Human}$ 可以解释 $Q_{s,LJ}$ 的方差的71.9%。P_m/T_m 和 SPC1$_{Human}$ 的半偏相关系数分别为0.375 和–0.466。如果以半偏相关系数的绝对值表示其对 $Q_{s,LJ}$ 的贡献率，并假定总贡献率为100%，则可以求得以 P_m/T_m 来表示的气候变化的贡献率为44.6%，以 SPC1$_{Human}$ 来表示的人类活动影响的贡献率为55.4%，后者要高于前者。

值得注意的是，图 12-18（a）和（b）都显示，1997 年、2000 年和 2001 年的 $Q_{s,LJ}$ 计算值大大偏大于实测值。1997 年的偏大与黄河下游严重断流（达 227 天）有关，2000 年和 2001 年则与下浪底水库建成初期大量蓄水拦沙有关，致使入海径流和泥沙都很少。

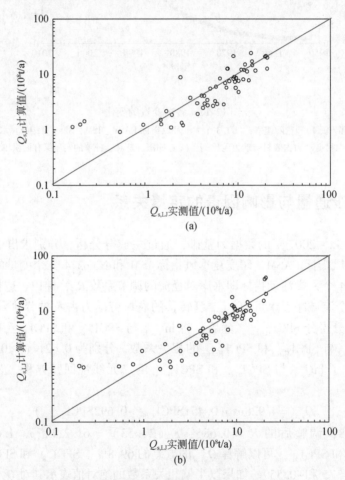

图 12-18　$Q_{s,LJ}$ 的计算值与实测值的比较

（a）$Q_{s,LJ}$ 的计算值基于式（12-7）估算；（b）$Q_{s,LJ}$ 的计算值基于式（12-8）估算

四、三角洲造陆面积与影响因素的定量关系

本研究基于 1952 ~ 2007 年的数据，将 R_{la} 与 SPC1$_{Circu}$ 和 SPC1$_{Human}$ 相联系，进行了回归

分析。R_{la} 与 SPC1$_{Circu}$ 和 SPC1$_{Human}$ 的相关系数 r 分别为 0.524（$p<0.01$）和 -0.700（$p<0.01$）。建立了 R_{la} 与 SPC1$_{Circu}$ 和 SPC1$_{Human}$ 的二元线性回归方程如下：

$$R_{la} = 32.821 + 11.381 \text{SPC1}_{Circu} - 21.945 \text{SPC1}_{Human} \tag{12-9}$$

式中，$R^2 = 0.583$；调整后的 $R^2 = 0.566$；$F_{(2, 49)} = 34.260$；$p = 4.92 \times 10^{-10}$；SE = 23.565。SPC1$_{Circu}$ 和 SPC1$_{Human}$ 可以解释 R_{la} 方差的 58.3%。SPC1$_{Circu}$ 和 SPC1$_{Human}$ 的半偏相关系数分别为 0.304 和 -0.555。如果以半偏相关系数的绝对值表示其对 R_{la} 的贡献率，并假定总贡献率为 100%，则可以求得以 SPC1$_{Circu}$ 来表示的气候变化影响的贡献率为 35.4%，以 SPC1$_{Human}$ 来表示的人类活动影响的贡献率为 64.6%，后者要显著高于前者。R_{la} 计算值与实测值的比较见图 12-19（a）。

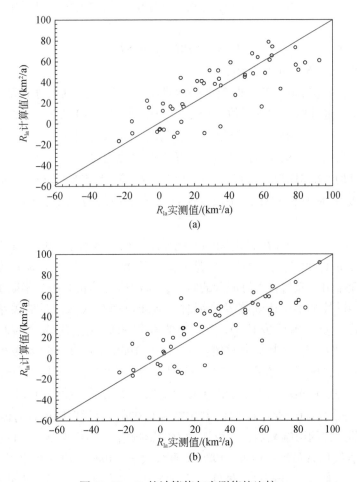

(a)

(b)

图 12-19　R_{la} 的计算值与实测值的比较

a）R_{la} 的计算值基于式（12-9）估算；（b）R_{la} 的计算值基于式（12-10）估算

同时，本研究基于 1952~2007 年的数据，将 R_{la} 与暖干化指标 P_m/T_m 和 SPC1$_{Human}$ 相联系，进行了回归分析。R_{la} 与 P_m/T_m 和 SPC1$_{Human}$ 的相关系数分别为 0.669（$p<0.01$）和 -0.711（$p<0.01$）。建立了 R_{la} 与 P_m/T_m 和 SPC1$_{Human}$ 的二元线性回归方程如下：

$$R_{la} = 44.321 + 1.222(P_m/T_m) - 17.926 SPC1_{Human} \qquad (12\text{-}10)$$

式中，$R^2 = 0.618$；调整后的 $R^2 = 0.603$；$F(2, 50) = 40.496$；$p = 3.49 \times 10^{-11}$；SE $= 22.685$。P_m/T_m 和 $SPC1_{Human}$ 可以解释 R_{la} 方差的 61.8%。P_m/T_m 和 $SPC1_{Human}$ 的半偏相关系数分别为 0.334 和 −0.413。如果以半偏相关系数的绝对值表示其对 R_{la} 的贡献率，并假定总贡献率为 100%，则可以求得 P_m/T_m 的贡献率为 44.7%，$SPC1_{Human}$ 的贡献率为 55.3%，后者要高于前者。R_{la} 计算值与实测值的比较见图 12-19（b）。

五、三角洲造陆临界及单位泥沙造陆面积的估算

图 12-20 中点绘了三角洲造陆速率与利津站年输沙量的关系，可以用下列回归方程来拟合：

$$R_{la} = 5.578 Q_{s,LJ} - 9.872 \qquad (12\text{-}11)$$

式中，$R^2 = 0.691$；$n = 54$；$p < 0.0001$。

令 $R_{la} = 0$，求得 $Q_{s,LJ} = 1.77$，即当年来沙量小于 1.77 亿 t 时，净造陆为 0，这一来沙量可以视为三角洲造陆的来沙临界值。令 $Q_{s,LJ} = 0$，则 $R_{la} = -9.872$，这意味着如果入海泥沙通量减少为 0，河口区海洋动力会使得已有的陆地面积受到侵蚀，并以 $-9.872 km^2/a$ 的速率减少。这一数值可以视为海洋动力对三角洲的侵蚀能力。

对式（12-11）两端取导数，得 $d(R_{la})/d(Q_{s,LJ}) = 5.578$，即三角洲造陆速率 R_{la} 随输沙量 $Q_{s,LJ}$ 的变化率为 $5.578 km^2/$ 亿 t，这意味着在平均意义上，1 亿 t 入海泥沙可造陆 $5.578 km^2$。

图 12-17（a）中 $Q_{s,LJ}$ 和 R_{la} 随时间的变化显示，两者都有显著的减小趋势，R^2 分别为 0.519 和 0.509，$p < 0.0001$。虽然黄河口是弱潮径流型河口，河流径流和泥沙在三角洲塑造中起着决定性作用，但随着入海泥沙的减少，海洋动力的相对影响不断加强。如果入海泥沙通量逐渐接近甚至小于造陆临界沙量时，造陆速率与入海沙量的关系会变得越来越弱。为了证明这一点，本研究按 $Q_{s,LJ}$ 和 P_m 的双累积曲线上的 3 个转折点 ［图 12-20（b）］，将 1952～2009 年分为 4 个时段：①1952～1968 年；②1969～1985 年；③1986～1998 年；④1999～2009 年。在图 12-20（c）中以不同的符号区分这 4 个时段，点绘了 R_{la} 和 $Q_{s,LJ}$ 的关系，并运用最小二乘法绘出了拟合直线，给出了线性回归方程。上述 4 个点群的 R^2 依次减小，分别为 0.560、0.371、0.177 和 0.026，这说明随着入海泥沙通量的减少，河流泥沙对造陆过程的影响减弱，而海洋动力的影响增大。图 12-20（c）还显示，1952～1968 年的拟合直线位置最高；1969～1985 年直线次之；1986～1998 年直线再次之；1999～2009 年的点子十分散乱，分布位置最低。这意味着，在给定入海泥沙通量时，从第一到第四时段，造陆速率依次递减，这意味着单位泥沙的造陆面积依次减少。图 12-20（c）4 个回归方程的系数（斜率）表示在平均意义上 1 亿 t 入海泥沙的造陆面积。因此，对于 1952～1968 年、1969～1985 年、1986～1998 年和 1999～2009 年，1 亿 t 入海泥沙的造陆面积分别为 $4.081 km^2$、$4.175 km^2$、$5.126 km^2$ 和 $2.244 km^2$，具有先增大，在 1986～1998 年到峰值，小浪底水库修建后再急剧减小的趋势。图 12-20（d）中基于 1955～2000 年的数据点

绘了 1 亿 t 入海泥沙的造陆面积随时间的变化，分别给出了线性和二次抛物线拟合的趋势线方程。虽然数据点较分散，但线性趋势线显示，1 亿 t 入海泥沙造陆面积有减小的趋势（$p<0.05$）；二次抛物线趋势线则表明，1 亿 t 入海泥沙造陆面积先增大，大致在 20 世纪 80 年代后减小。

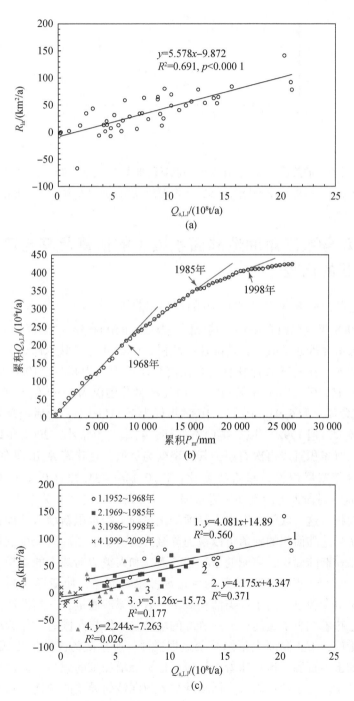

(a)

(b)

(c)

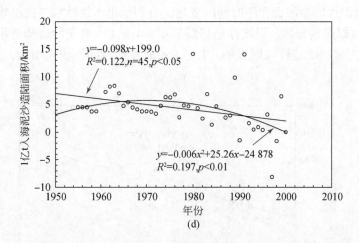

图 12-20 R_{la} 与 $Q_{s,LJ}$ 的关系 (a)，$Q_{s,LJ}$ 和 P_m 的双累积曲线 (b)，R_{la} 和 $Q_{s,LJ}$ 的关系，按 4 个时段区分 (c) 及 1955～2000 年，1 亿 t 入海泥沙的造陆面积 R_{la} 随时间的变化 (d)

六、人类活动导致三角洲造陆面积减少的估算及其与流域内淤地坝造地面积的比较

从三角洲造陆速率 R_{la} 和年降水量 P_m 的双累积曲线 [图 12-21 (a)]，可以看到 4 个明显的转折点。1968 年直线向右偏转，其原因是从 20 世纪 60 年代末开始，流域水土保持措施明显生效，入海泥沙通量减少，造陆速率减慢。1985 年龙羊峡水库建成蓄水，该水库是一个多年调节水库，在其充水阶段使入海径流和泥沙均大为减少，1986 年、1987 年入海径流量分别仅为 157 亿 m³、106 亿 m³，入海泥沙量分别仅为 1.69 亿 t、0.959 亿 t，使得 1986 年 R_{la} 出现负值（-66.94km²/a），1987 年仅为 2.51km²/a。此后出现恢复式增大，双累积直线斜率较大，但 1992 年以后再向右偏转，斜率变得很小。2001 年以后，受小浪底水库拦沙影响，双累积直线再次右偏，其斜率变为负值，意味着 R_{la} 出现净减少。

1955～1968 年双累积关系呈直线变化：$y = 0.146x - 31.72$（$R^2 = 0.991$，$n = 13$，$p = 1.07 \times 10^{-12}$）。这一时段人类活动还不是很强，本研究可以按这一关系来推算 1969 年后各年的累积造陆面积，这一数值可以视为降雨变化主导下的累积新增造陆面积，累积新增造陆面积与累积实际造陆面积的差值可以视为流域人类活动增强后所减少的造陆面积。降雨变化主导下的累积造陆面积、实测的累积造陆面积和人类活动减少的累积造陆面积的变化已点绘在图 12-21 (b) 中。黄河挟带的巨量泥沙输入海洋，使新形成的三角洲平原向海推进，增加了土地资源量。由于人类活动减少了入海泥沙通量，三角洲造陆面积增加缓慢甚至减少，这意味着减少了黄河口土地资源的增加量。但与此同时，作为减少进入黄河干流泥沙的重要措施，黄土高原大量修筑淤地坝拦沙，所拦截的泥沙堆积成了肥美的坝地，增加了可利用的土地资源。这意味着，河口土地资源增加量的减少，因流域内大面积坝地的形成而得到补偿。为了计算因人类活动减少入海泥沙而导致的预期三角洲土地资源增加量的减少在多大程度上因黄土高原大量坝地的形成而得到"补偿"，本研究在图 12-21

（b）绘出了 1969 年以后历年的坝地面积。这一时期，流域人类活动增强后所减少的造陆面积为 1894km²，这可以视为河口土地资源增加量的减少，而黄河高原淤地坝拦沙形成的坝地面积为 1506km²，后者占前者的 79.5%。可见，绝大部分减少的三角洲土地资源量都被黄土高原新增土地资源量抵消。

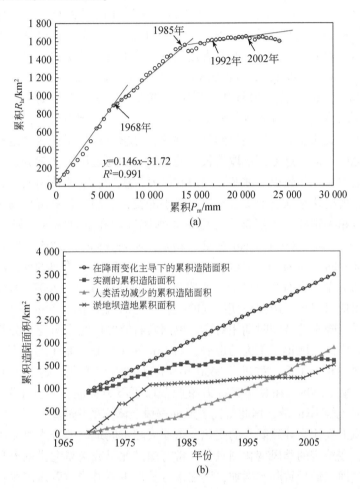

图 12-21　三角洲造陆速率 R_{la} 和年降水量 P_m 的双累积曲线（a）及降雨变化主导下的累积造陆面积、实测的累积造陆面积、人类活动减少的累积造陆面积和淤地坝适地累积面积的变化（b）

第四节　过去 1800 年黄河流域降水和径流变化对朝代更替和国都迁移的影响

中国具有数千年的农耕文明史。在这数千年的历史长河中，中国的文明中心发生了频繁的地理转移，即从文明的主源头之一的黄河中下游平原的北方地区转移到南方地区。五代十国以前中国的文明中心主要在黄河中下游平原内，此后向东迁移；宋代以后，文明中心完全转移到南方的长江流域，这就是史学上所称的"文明东进南迁"（段昌群等，

1998）。气候是人类生存、繁衍和发展的最重要的环境条件，人类文明发展的历史进程与气候变化息息相关。有利的气候条件会促进古代文明的发展，而气候的恶化和灾变性气候事件则会使文明的进程发生改变，出现退化甚至中断。气候对文明发展的影响是一个重要的科学命题，已经取得了丰富的研究成果。一些科学家提出了气候变化能够改变社会、经济和文化的观点。例如，Cowie（1998）指出人类文明化的过程与气候变化之间的关系是非常重要的，气候的变化能够导致一种人类文化的发展或消灭。许靖华（1998）认为气温变化曾经严重地影响人类文明。一些学者用高分辨率的古气候资料解释了某些史前文化灭绝的原因（Weiss and Bradley，2001；Polyad and Asmerom，2001；de Menoeal，2001）。吴文祥和刘东生（2001）提出距今4000年前后降温事件与中华文明的诞生有密切的关系。通过现代仪器观测取得气温、降水等气候资料的历史仅数十年到百余年，这对于研究百年至千年尺度上气候对文明发展的影响显然是不够的，寻求各种代用资料来定量反映气候变化是解决这一问题的关键。这方面已取得长足的进展，如通过历史文献分析来研究气候冷暖干湿的变化，通过树木年轮以及冰芯、湖泊和深海沉积物、喀斯特洞穴石笋沉积物中各种环境同位素含量的变化来恢复历史上气温与降水的变化。洞穴石笋沉积物对气候变化十分敏感，而且可以精确定年，已经被广泛应用于季风气候和季风降水的研究（Wang et al.，2001；Fleitmanna et al.，2003；Yuan et al.，2004；Wang et al.，2005；Cheng et al.，2006；Henderson，2006；Johnson et al.，2006；Wang et al.，2008），在季风的变迁历史以及季风与太阳辐射变化的关系等方面均取得了重要成果（Asmerom et al.，2007；Neff et al.，2001）。石笋氧同位素组成可以记录历史时期出现的一些严重的饥荒事件（Sinha et al.，2007），这些饥荒事件与季风降水的减弱时期相对应。以洞穴石笋的研究来重建高分辨率的气温和季风变化的记录在中国已取得了很大的进展，如 Tan 等（2003）基于北京石花洞石笋年层的厚度与器测气温的相关关系，重建了 2650 年尺度上的气温变化，得到了 1 年分辨率的气温记录。Zhang 等（2008）在甘肃武都万象洞获取了石笋样品，建立了距今 1810 年以来的 $\delta^{18}O$ 含量的高分辨率记录，据此研究了亚洲季风及降水的变化。

虽然夏季风的变化会导致降水的变化，东亚大陆不同地区的降水对夏季风强度变化的响应是不同的，在给定的季风变化图景下，常有南涝北旱或南旱北涝的差异，即夏季风增强在中国北方黄河流域导致降水增加，而在南方长江中下游导致降水减少；反过来，夏季风减弱在中国北方黄河流域导致降水减少，而在南方长江中下游导致降水增加。前人已经发现，我国东部夏季降水存在着偶极模态，即南涝与北旱对应、南旱与北涝对应（Ding et al.，2008）。当东亚夏季风环流偏弱时，中国东部季风雨带总体上位置偏南，伴随着华北降水偏少、长江降水偏多（即"南涝/北旱"型）的异常分布特征（周秀骥等，2011）。20 世纪 70 年代中期左右，东亚夏季风经历了由强到弱的年代际变化，造成了我国华北地区干旱少雨、长江中下游地区洪涝多雨（吕俊梅，2004）。周秀骥等（2009）发现夏季的亚洲-太平洋涛动指标（I_{APO}）与同期中国气象站降水的相关关系具有明显的区域差异，在黄河流域 110°E 以东为显著正相关区，而长江中下游为显著负相关区。这种相关性与现代观测资料得到的结果一致（Zhao et al.，2007；赵平等，2010）。事实上，通过洞穴石笋记录来恢复古季风，是通过石笋沉积物中 $\delta^{18}O$ 所反映的降水变化来间接表达的，常常假定降水增多反映夏季风增强。显然，这一假定对于中国北方黄河流域来说是成立的，对于中国南方来说则不一定成立。因此，直接用洞穴所在地区石笋沉积物 $\delta^{18}O$ 记录来反演这一地区的降水和径流，可以更准确地揭示 $\delta^{18}O$ 记录的古水文意义。

基于石笋 $\delta^{18}O$ 记录反演的季风变化，常常被用于研究气候变化对人类文明兴衰的影响。Zhang 等（2008）讨论了万象洞石笋 $\delta^{18}O$ 记录反演的季风变化对中国历史进程的影响，认为 9 世纪因亚洲季风减弱而出现的干旱时期对唐王朝的衰落有很大的影响，而元代和明代的终结分别对应于公元 1350～1380 年的弱季风期和公元 1580～1640 年的弱季风期。强夏季风期降水增加，使得北宋社会繁荣和人口剧增。Yancheva 等（2007）基于湖光岩玛珥湖沉积物特征的变化所反演的古季风记录表明，当冬季风与夏季风存在反相关，即强冬季风与弱夏季风同时出现时，朝代的更替可能发生。这一气候因素在中国唐代的灭亡中起到了关键的作用。章典等（2004）和 Zhang 等（2007）运用高分辨率古气候资料研究了前工业时期宏观尺度上的气候变化对战争爆发和人口减少的影响，发现战争频率的长期波动和人口的变化跟随着气温变化的循环。气候变冷影响农业生产并带来一系列严重后果：通货膨胀、战争爆发、饥荒、人口减少。他们利用古代气候记录对中国唐末到清代的战争、社会动乱和社会变迁进行了对比分析，发现气候冷期战争频率显著高于暖期，70%～80% 的战争高峰期、大多数的朝代变迁和全国范围动乱都发生在气候的冷期。

在已有的研究气候变化与人类文明演化的成果中，定量考虑气温变化的较多，定量考虑降水变化的则较少，因为取得可靠的、定量的高分辨率长系列降水资料有一定困难。本研究选择季风变化与降水变化一致的黄河流域，利用 Zhang 等（2008）发表的位于秦岭南坡、距渭河支流不远的万象洞洞穴石笋沉积物 $\delta^{18}O$ 记录，重建距今 1800 年以来的年降水和年天然径流的高分辨率系列，在此基础上研究降水量和径流量的变化对中国文明发展与朝代更替的影响，以期深化对历史上气候变化与人类文明演进关系的认识。

一、方法与资料

本研究利用了 Zhang 等（2008）发表的公元 192～2003 年万象洞石笋 $\delta^{18}O$ 记录，下载自 NOAA/NCDC 网站（https://www.ncdc.noaa.gov/paleo/study/8629）。万象洞是一个喀斯特洞穴，位于甘肃陇南武都，地理坐标为 $33°19'N$、$105°00'E$（图 2-1），海拔为 1200 m，坐落于秦岭南坡嘉陵江上游支流白龙江南岸。万象洞虽然不在黄河流域内，但白龙江流域与渭河流域相邻，武都距渭河干流的最近距离为 150km。

本研究基于 Zhang 等（2008）在 *Science* 发表的万象洞石笋所记录的近 1810 年以来的 $\delta^{18}O$ 含量数据，应用回归分析方法，试图建立万象洞石笋 $\delta^{18}O$ 含量与黄河流域的降水量和径流量之间的关系，然后对距今 1810 年以来黄河流域年降水量和年天然径流量的变化进行反演。在此基础上，研究年降水量和径流量的变化对中华文明发展和朝代更替的影响。

黄河径流量资料来自花园口、三门峡和龙门水文站。以花园口站的径流量代表黄河流域径流量。由于龙门站与三门峡站之间的主要支流为渭河和汾河，以三门峡站与龙门站年径流量之差代表渭河、汾河的年径流量之和。黄河流域人类引水量较大，而且逐年增大，为了更好地体现降水等自然因素对径流的影响，本研究采用了天然径流量。某一水文站的天然径流量定义为实测径流量与人类净引水量之和。计算中涉及的实测径流量、净引水量资料以及降水量资料来自水利部黄河水利委员会。花园口以上流域和龙门至三门峡区间流域的年降水量按其中的各雨量站的资料通过加权平均计算而得到。

二、万象洞石笋 δ^{18}O 含量与黄河流域年降水量和天然径流量的关系

Zhang 等（2008）发现，1951～2003 年万象洞 δ^{18}O 含量（以 δ^{18}O 表示）的变化与洞穴所在的武都的降水量的变化有密切关系。在进行了 5 年滑动平均处理之后，二者的相关系数为−0.64。由于该溶洞接近黄河流域西南边缘，洞穴石笋 δ^{18}O 含量的变化与黄河流域的降水量变化也有较密切的关系，见图 12-22。为了便于比较，对 δ^{18}O 含量的坐标轴的刻度进行了反向处理，即向上减小（以下与此相同）。为了更好地突出变化趋势，图 12-22（a）给出了 5 年滑动趋势线。可以看到，两条曲线有很好的同步变化关系。图 12-22（b）点绘了 5 年滑动平均 δ^{18}O（$\delta^{18}O_{5m}$）与 5 年滑动平均的花园口以上流域面平均年降水量（P_{5m}）的关系，其表现出较密切的负相关。

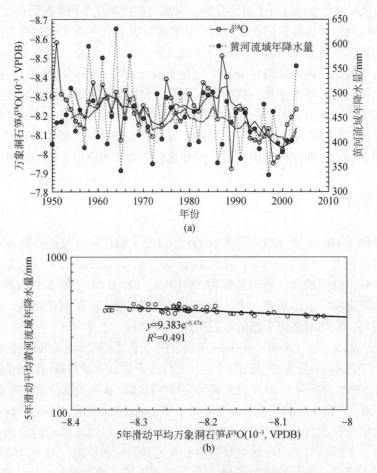

(a)

(b)

图 12-22　万象洞石笋 δ^{18}O 含量与黄河流域年降水量随时间的变化（a）及
5 年滑动平均 δ^{18}O 含量与 5 年滑动平均年降水量的关系（b）

降水量与黄河年径流量有密切的因果关系。由于万象洞石笋 $\delta^{18}O$ 含量与黄河流域年降水量有密切的相关关系，可以进而建立万象洞石笋 $\delta^{18}O$ 含量与黄河流域年径流量的相关关系。图 12-23（a）显示，反向后的万象洞石笋 $\delta^{18}O$ 含量与花园口站天然年径流量具有某种同步变化的关系，进行了 5 年滑动平均处理之后，同步变化特征更为显著。5 年滑动平均 $\delta^{18}O$ 与 5 年滑动平均的花园口站天然年径流量（$Q_{wn,H,5m}$）具有显著的负相关 ［图 12-23（b）］。

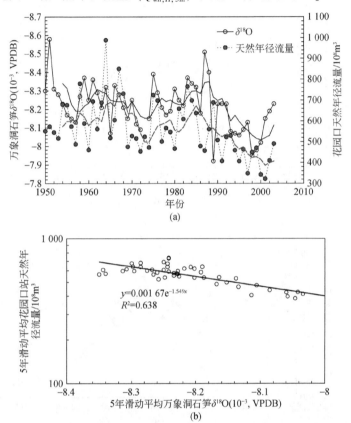

图 12-23 万象洞石笋 $\delta^{18}O$ 含量与黄河花园口站天然年径流量的关系

（a）时间变化；（b）5 年滑动平均 $\delta^{18}O$ 含量与 5 年滑动平均天然年径流量的关系

三、过去 1800 年黄河流域年降水量和天然径流量的重建

由于 P_{5m} 和 $Q_{wn,H,5m}$ 与 $\delta^{18}O$ 存在较密切的相关关系，本研究可以通过后者来计算前者，从而重建过去 1800 年黄河流域年降水量和天然年径流量。重建的步骤分为两步：第一，基于 1950～2003 年资料，建立 P_{5m}、$Q_{wn,H,5m}$ 与 $\delta^{18}O_{5m}$ 的统计关系；第二，将公元 197～2001 年的 $\delta^{18}O_{5m}$ 代入已建立的统计关系，计算出这一时段的 P_{5m}、$Q_{wn,H,5m}$。

基于 1950～2003 年资料，建立了 P_{5m} 和 $Q_{wn,H,5m}$ 与 $\delta^{18}O$ 的指数函数统计关系：

$$P_{5m} = 9.3838 e^{-0.4707\delta^{18}O} \tag{12-12}$$

$$Q_{wn,H,5m} = 0.001\,666 e^{-1.549\,2\delta^{18}O} \tag{12-13}$$

对于 P_{5m}，$R^2 = 0.4919$，$p = 1.41 \times 10^{-8}$；对于 $Q_{wn, H, 5m}$，$R^2 = 0.6379$，$p = 3.67 \times 10^{-12}$。P_{5m} 和 $Q_{wn, H, 5m}$ 与 $\delta^{18}O$ 的回归方程的显著性概率均远小于 0.001。$R^2 = 0.4919$ 和 $R^2 = 0.6379$ 意味着 $\delta^{18}O_{5m}$ 的变化可以分别解释 P_{5m} 和 $Q_{wn, H, 5m}$ 方差的 49.19% 和 63.79%。P_{5m} 和 $Q_{wn, H, 5m}$ 的计算值与实测值的比较见图 12-24。

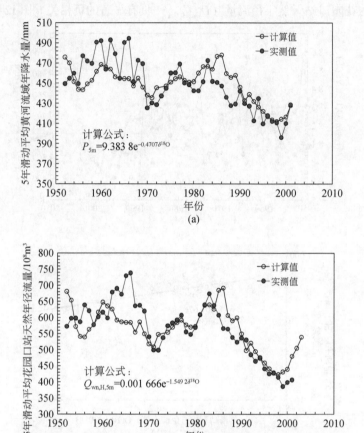

图 12-24　P_{5m}（a）和 $Q_{wn, H, 5m}$（b）计算值与实测值的比较

本研究将公元 197~2003 年的 5 年滑动平均万象洞 $\delta^{18}O$ 含量代入式（12-12）和式（12-13），计算了重建的 P_{5m} 和 $Q_{wn, h, 5m}$ 随时间的变化，见图 12-25。

四、降水与径流的变化对中华文明发展与历史朝代更替的影响

（一）对中华文明中心空间转移的影响

水是人类生存的基本条件，也是影响社会发展和文明兴衰的重要因素，特别是对于历史上的农业文明阶段来说更是如此。世界历史上著名的古代文明如尼罗河、巴比伦、印度和中国文明的兴盛与衰落都与河流密切相关。黄河是中华文明的摇篮，曾经孕育了灿烂的

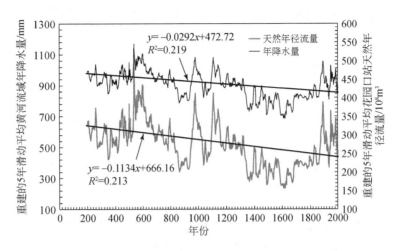

图 12-25　重建的 P_{5m} 和 $Q_{wn,H,5m}$ 随时间的变化

古代历史。然而，历史研究表明，中华文明中心在历史上发生过转移，由西部的黄河流域迁移到东部的长江流域，这一转移与黄河流域自然环境的变化特别是降水和径流的变化有密切的关系。从总体上看，过去 1800 年黄河流域降水和径流都具有减少的趋势。图 12-25 中已经给出了 P_{5m} 和 $Q_{wn,H,5m}$ 自公元 197 年以来的变化，其尽管有较大的波动，但都具有明显的线性减小趋势，可以分别用式（12-14）和式（12-15）来表示：

$$P_{5m} = -0.0292t + 472.72 \tag{12-14}$$

$$Q_{wn,H,5m} = -0.1134t + 666.16 \tag{12-15}$$

对于 P_{5m}，$r = -0.468$，$p = 3.0 \times 10^{-40}$；对于 $Q_{wn,H,5m}$，$r = -0.462$，$p = 4.6 \times 10^{-40}$。可见，P_{5m} 和 $Q_{wn,H,5m}$ 随时间而减小的显著性概率远小于 0.001。

随着农业文明的发展，人口增加，城市规模扩大，国家机构日益庞大。如果降水减少，河流径流减少，则农业生产受到影响，城市供水也会发生短缺。这就会导致文明中心由缺水的流域或地区转移到丰水的流域或地区。黄河流域降水和径流的减少是中华文明中心向东和东南转移的重要背景条件。对于雨养农业而言，降水直接决定粮食产量。河流径流有两方面的作用：一是为灌溉农业提供水源；二是为城市供水提供水源。黄河中游的关中平原（渭河冲积平原）和汾河平原是灌溉农业集中分布的最富庶的地区，也是都城和重要城市所在地区。因此，除黄河干流的径流外，渭河、汾河的径流对黄河流域文明兴衰也起着重要作用。

渭河和汾河是黄河中游最重要的两条支流，在黄河干流龙门水文站和三门峡水文站之间汇入干流（图 1-1）。因此，渭河和汾河的天然径流量可以用龙门至三门峡区间的天然径流增加量来表示，由龙门至三门峡区间天然径流量所包含代表，可以按三门峡站天然径流量减去龙门站天然径流量来计算。作者发现，龙门至三门峡区间天然径流量的 5 年滑动平均值 $Q_{wn,LS,5m}$ 与万象洞石笋 $\delta^{18}O$ 的 5 年滑动平均值之间存在显著的正相关：

$$Q_{wn,LS,5m} = 8.807 \times 10^{-11} \exp(-3.393\delta^{18}O_{5m}) \tag{12-16}$$

式中，$R^2 = 0.6713$；$p < 0.000001$。$R^2 = 0.6713$ 意味着 $\delta^{18}O_{5m}$ 的变化可以解释 $Q_{wn,LS,5m}$ 方差

的 67.13%。将公元 197~2003 年的 5 年滑动平均万象洞 $\delta^{18}O$ 含量代入式（12-16），计算了重建的 $Q_{wn,LS,5m}$，其时间变化见图 12-26。

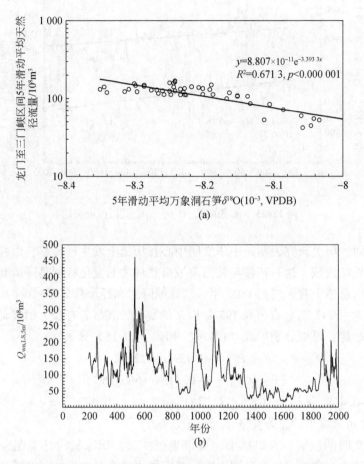

(a)

(b)

图 12-26 龙门至三门峡区间天然径流量的 5 年滑动平均值 $Q_{wn,LS,5m}$ 与万象洞石笋 $\delta^{18}O$ 的 5 年滑动平均值的关系（a）及重建的龙门至三门峡区间天然径流量的 5 年滑动平均值 $Q_{wn,LS,5m}$ 的变化（b）

中华文明中心可以用实现了全国统一的王朝的都城位置来代表，以经纬度表示（图 12-27）。表 12-13 列出了全国统一时期各王朝的都城位置。都城经度值越大，则位置越偏东。图 12-27（a）和（b）中对自秦统一中国之后全国统一时期王朝的都城位置与黄河流域年降水量和天然径流量的时间变化进行了比较。图 12-26（c）中则对于全国统一时期王朝的都城位置与龙门至三门峡区间天然径流量所代表的汾河、渭河的天然径流量的时间变化进行了比较。全国统一时期王朝的都城位置有明显的东移趋势。图 12-27（c）还显示，经历了隋唐两代持续 330 余年的降水量减少趋势之后，自北宋开始，中华文明中心由黄河流域西部转移到中国东部，其主体为长江流域。值得注意的是，隋唐两代长达 330 余年的历史中，随着降水量的减少，渭河、汾河的天然径流量也持续减少，从大约 250 亿 m^3/a 减少至大约 50 亿 m^3/a。隋唐两代中渭河、汾河天然径流量随时间变化的线性拟合方程，其回归系数（斜率）为 -0.58，表明天然径流量减少的平均速率达到每年 5800 万 m^3。渭河、汾河天然径流量的减少会直接影响到关中平原和汾河平原的灌溉农业与粮食产量，同时还可能影响都城长安和其他一些重要城市的供水，从而大大削弱社会稳定发展、文明进一步繁荣的水资源支撑条件。很显然，这也是唐宋之交中华文明中心由黄河中游关中平原

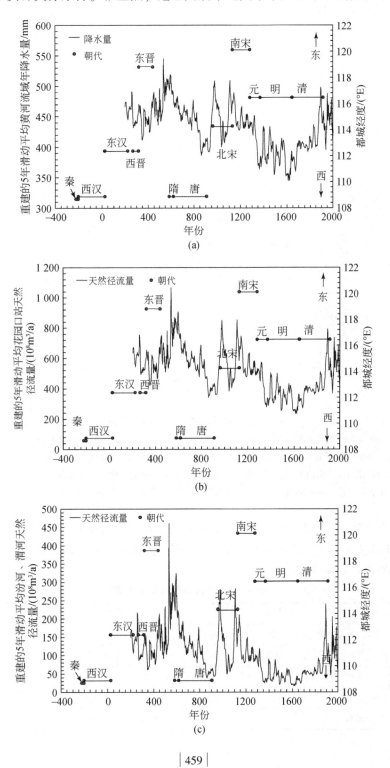

(a)

(b)

(c)

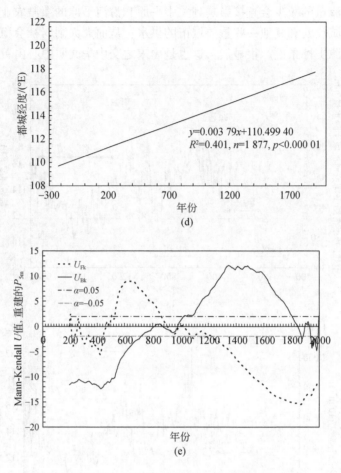

图 12-27　都城经度与若干因素的分析

（a）全国统一时期的王朝的都城经度和重建的 5 年滑动平均黄河流域年降水量随时间的变化；（b）全国统一时期的王朝的都城经度和重建的 5 年滑动平均花园口站天然径流量随时间的变化；（c）全国统一时期的王朝的都城经度和重建的 5 年滑动平均汾河、渭河的天然径流量随时间的变化；（d）都城经度与年份的相关关系，基于历年数据点绘；（e）重建的黄河流域 5 年滑动平均降水量 P_{5m} 的 Mann-Kendall U 值随时间的变化

向东转移的重要环境背景因素。图 12-27（d）点绘了都城经度与年份的相关关系：$y = 0.003\,79x + 110.499\,40$，式中 $R^2 = 0.401$，$n = 1877$，$p < 0.000\,01$。这表明，历代王朝都城位置向东迁移的趋势是显著的。

表 12-13　历代王朝的都城位置

时段	朝代	都城	经度		纬度	
公元前 221 年 ~ 公元前 206 年	秦	咸阳	108°	42′	34°	25′
公元前 206 年 ~ 公元 23 年	西汉	长安	108°	54′	34°	16′
公元 25 ~ 220 年	东汉	洛阳	112°	24′	34°	40′
公元 265 ~ 316 年	西晋	洛阳	112°	24′	34°	40′
公元 317 ~ 420 年	东晋	建康	118°	50′	32°	2′

时段	朝代	都城	经度		纬度	
公元 581~618 年	隋	长安	108°	54′	34°	16′
公元 618~907 年	唐	长安	108°	54′	34°	16′
公元 960~1127 年	北宋	汴京	114°	13′	34°	28′
公元 1127~1279 年	南宋	临安	120°	9′	30°	14′
公元 1279~1368 年	元	大都	116°	28′	39°	54′
公元 1368~1644 年	明	北京	116°	28′	39°	54′
公元 1644~1911 年	清	北京	116°	28′	39°	54′

如果以北宋建都于汴京（开封）为中华文明中心由黄河流域西部转移到东部的标志，则可以认为这一转移实现于公元 900~1000 年。

为了对上述转移的时间进行论证，本研究采用 Mann-Kendall U 值作为统计量，对重建的黄河流域 5 年滑动平均降水量 P_{5m} 的变化进行了分析，计算了 P_{5m} 的正序列 U 值（UF_k）和逆序列 U 值（UB_k），将它们随时间的变化点绘在同一坐标系中 [图 12-26（e）]，并给出置信度为 $\alpha = 0.05$ 和 $\alpha = -0.05$ 的两条临界直线。若 UF_k 值大于 0，则表明序列呈上升趋势，小于 0，则表明呈下降趋势，当它们超过临界直线时，表明上升或下降趋势显著。若正序列曲线和逆序列曲线有一个交点，且交点位于两条临界线之间，该交点即突变点，与之对应的横坐标值即发生突变的时间。图 12-27（e）显示，正序列曲线和逆序列曲线有一个交点，发生于公元 936 年，这说明 1800 年尺度上黄河流域降水量的这一突变可能是中华文明中心由黄河流域西部转移到东部的原因之一。

唐王朝的末期，国家的经济中心已经转移到东南方，但政治文化中心仍然还在黄河中游的长安。经过以后的五代十国一直到宋代，这个中心逐步转移到东南方，特别是长江下游流域。自隋大业五年（公元 609 年）至唐天宝元年（公元 742 年），江南诸道人口总数净增加了 4 倍多，人口重心向江南转移。到北宋时，江南人口数量远远超过了北方。与此同时，政治文化中心也向东南转移。在北宋以前，政治文化中心位于黄河流域的封建王朝的帝都长安和洛阳，北宋则向东转移到黄河下游的国都汴京，至南宋政治文化中心进一步转移到江南的国都临安。从文化背景来看，晚唐以后，我国著名的文人主要来自江南，说明南方文化发展水平超过了北方。中唐时期，全国一半收入来自南方地区；到了晚唐，长江中下游地区的经济情况远好于北方的黄河中下游地区。到了宋代，整个国家的经济基本上依靠江南诸路提供，绝大部分漕运物资来自江南。人口、经济、文化重心向东南移动，为国都的迁移提供了巨大的驱动力。

学者对唐代长安人口总数估算差距很大，从 50 万~60 万人到 170 万~180 万人不等（郑显文，1991；严耕望，1995）。张天虹（2008）对各家的成果进行比较后认为，中唐至唐末大乱以前这段时间，唐长安拥有百万人口是比较可信的事实。从本质上说，唐宋之际国都迁移与漕运能力的变化有直接的关联。漕运向国都输送大量物资，支撑王朝统治的运行，是国脉所系。据黄盛璋（1958）对渭河水运的研究，从唐高宗起粮食供应与政府财政开支来源即成严重问题，为了暂时解决关中转运的问题，皇帝就要经常率领百官"就食"洛阳。据统计，高宗时代巡幸洛阳达7次，玄宗也有5次，以解决粮食问题。当时漕运有两大问题：一是黄河三门阻险，从洛口到陕州须用陆运；二是渭河水量不够，流浅沙多，来水偏少时不能通航，虽然由陕州到潼关可用水运，但潼关到长安却又要用牛车陆运。后来重新疏凿了汉代、隋代的沿秦岭北麓与渭河平行的漕渠，使运输困难有所缓和。自贞元初（公元758年）至唐末黄巢起义前，运送粮食大部分时间是利用渭河，致使泰和初年（公元827年）一度恢复旧日的漕渠。唐末混乱，黄河、渭河运道已失去作用，唐昭宗天复四年（公元904年），唐昭宗被劫持到洛阳，长安宫室及民间庐舍毁，其材浮于渭河和黄河而下，长安都城自此废弃。后经五代的长期混战，关中运道失修，无法利用，至宋太祖统一天下后，终于把国都定于开封，以确保漕运物资的充足和畅通。漕运的粮食绝大部分来自东南，自淮河入汴河至京师，少部分来自陕西的粮食则经陆运之后在三门以东转黄河入汴河至京师（黄盛璋，1958）。在唐代，还需要将山西的粮食经汾河入黄河再入渭河运到长安。唐代的漕运与渭河、汾河的径流量有密切的关系。由图12-27（c）可见，隋唐两代，汾河、渭河的天然径流量急剧减少。汾河、渭河天然径流量在唐代（公元618~907年）呈显著减少趋势：$y = -0.402x + 418.7$（$R^2 = 0.704$，$p < 0.001$），减少速率为0.402亿 m^3/a。黄盛璋（1958）对历史上漕运量的统计表明，漕运的年运输量，汉代为400万石（汉代一石约29.95kg），最高曾达到600万石；隋唐最高达400万石的只有一次记载，一般只有100万~120万石；中唐以后平均只有40万石。减少的趋势是很明显的。这种减少，与唐王朝自贞观、开元盛世之后急剧衰落有关，也与渭河径流减少导致的渭河通航条件恶化有一定的关系。

（二）对社会稳定性的影响

在中国古代封建社会，农业是立国之本，粮食生产的丰歉与社会稳定有十分密切的关系。中国的农业区位于季风气候区，夏季风为降水提供了水汽来源。夏季风的持续减弱会导致降水的持续减少，河川径流减少，水资源紧缺。这将会产生三种后果：一是农业连年歉收，发生大规模饥荒，出现社会动乱，引发农民起义；二是使草原带南扩，游牧民族南迁，游牧民族国家兴起、版图扩大，统一的国家分裂、解体；三是使漕运通道流量减少，向都城运输物资的漕运趋于紧张，使城市供水紧张，社会动荡加剧。前两种后果可能导致朝代更替。上述过程可以概括为图12-28所示的气候变化对社会稳定性影响的冲击-响应模式。作者将以这一模式来解释1800年以来黄河流域降水和径流的变化所导致的中国古代社会的不稳定性。

在1800年的尺度上 P_{5m} 具有某种减小的趋势，但仍存在着明显的次一级升降变化，据此可以划分为8个阶段（图12-29），分别用A、B、C、D、E、F、G、H来表示，8个阶段中 P_{5m} 的减少和增大交替出现。8个阶段中 P_{5m} 可以用线性回归方程来拟合，见表12-14。线性方程的系数表示某一时段 P_{5m} 的平均变化率。

阶段A位于东汉晚期、两晋和南北朝，时长为219年，终点位于西晋十六国之末，P_{5m} 以每年0.13mm的速率减少。阶段B位于南北朝，时长为154年，终点位于南北朝与隋代之交，P_{5m} 以每年0.32mm的速率增大。阶段C位于隋代和唐代，时长为337年，终点位于唐代与五代之交，P_{5m} 以每年0.28mm的速率减少。阶段D位于五代十国，时长为

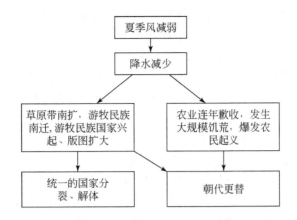

图 12-28　气候变化对社会稳定性影响的冲击–响应模式示意图

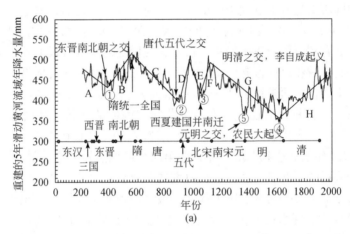

(a)

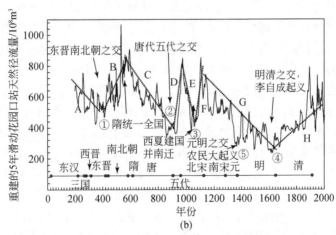

(b)

图 12-29　重建的黄河流域年降水量（a）和花园口站天然径流量（b）随时间的变化与
若干重大历史事件的比较

69 年，终点位于五代十国之末，P_{5m} 以每年 1.68mm 的速率增大。阶段 E 位于北宋，时长为 97 年，终点位于北宋后期，P_{5m} 以每年 0.90mm 的速率减少。阶段 F 位于北宋后期和南宋，时长为 68 年，终点位于南宋后期，P_{5m} 以每年 0.91mm 的速率增大。阶段 G 位于南宋后期、元代和明代，时长为 479 年，终点位于明代与清代之交，P_{5m} 以每年 0.19mm 的速率减少。阶段 H 位于清代，时长为 291 年，终点位于清代之末，P_{5m} 以每年 0.30mm 的速率增大。

从图 12-29 可以看到，降水下降时段所达到的最低点（图中以①、②、③、④标出），均为社会不稳定和动乱达到严重程度的时期，使得国家陷入分裂，甚至导致了王朝的更替。第一个最低点①位于东晋南北朝之交，降水在阶段 A 的下降导致社会不稳定，北方游牧民族南迁，国家分裂，由此进入南北朝的大分裂时期。第二个最低点②位于五代十国时期，经过了阶段 C 中由隋代的峰值到唐末的谷值之间长达 337 年的降水减少，中国社会发展在唐代达到鼎盛后逐渐衰落，社会不稳定加剧，北方游牧民族大举南迁，建立了大量的小国家，使得中国历史进入了五代十国的大分裂时期。五代之后，降水变化经历了急剧增大（阶段 D）、急剧减小（阶段 E）和急剧增大（阶段 F）。阶段 D 中降水迅速增大对北宋统一中国后的发展有利，国力迅速增强。但是，在随之而来的阶段 E 中，降水急剧减少又导致农业歉收，北方游牧民族南迁。E、F 两个阶段之间的转折点是第三个最低点③，从黄河流域以北大举南迁的西夏民族于公元 1038 年建立了西夏王朝。与此同时，契丹民族建立的辽朝在东北兴起并向南迁移，导致了北宋与南宋的交替，社会陷入极不稳定的状态。此后，南宋覆亡，元代建立。在阶段 G 中，降水经历了长达 479 年的持续减少，历经元明两代，在 1620 年前后达到了最低点，即第四个最低点④，这一最低点也是 1800 年尺度上降水量和径流量的最低点。经历了长时期的农业歉收之后，黄河流域又发生了特大旱灾，在这一最低点上引发了明末农民大起义，最终使得明王朝灭亡，出现朝代更替。还可以看到，在阶段 G 中，降水还有次一级的变化，其中最明显的是元明之交的低谷，图 12-29 用⑤表示。连年干旱引发了元末农民起义，导致了元王朝灭亡和明王朝建立。还应指出的是，历史上的盛世几乎都位于降水增加的时段。隋统一中国就发生在阶段 B 之末降水量达到最高点之时；初唐的贞观之治发生在阶段 C 的上段，那时降水量还比较高；清代的康熙、乾隆盛世的出现也与降水量回升到较高的水平有一定的关系（图 12-29）。

降水的变化会引起黄河径流的变化，使得水资源供需紧张，漕运发生困难，这也会加剧社会的不稳定性。由于黄河流域降水和天然径流都是基于万象洞石笋 $\delta^{18}O$ 记录重建的，重建的黄河流域降水和天然径流系列高度相关，其变化趋势是完全同步的。图 12-29（b）中对花园口站天然径流量随时间的变化与若干重大历史事件的发生进行了比较。径流量的变化也可以分为 8 个阶段，各阶段起止时间与黄河流域间降水量变化曲线 [图 12-29（a）] 是一致的。表 12-15 列出各个阶段的拟合方程和依据回归系数估算的各个阶段天然径流量的年平均增大或减小速率。图 12-29（b）中天然径流量的最高值、最低值以及某些极值点与重大历史事件之间的对应关系与图 12-29（a）中年降水量的最高值、最低值以及某些极值点与重大历史事件之间的对应关系是完全一致的，这里不再重复。

表 12-14 过去 1800 年黄河流域降水量变化的阶段

编号	时段	时长/年	拟合方程	决定系数 R^2	降水变化特征
A	公元 197～416 年	219	$y=-0.1326x+491.02$	0.2866	降水减少，速率为 0.13mm/a
B	公元 416～570 年	154	$y=0.3187x+316.06$	0.3257	降水增多，速率为 0.32mm/a
C	公元 570～907 年	337	$y=-0.2845x+662.45$	0.8052	降水减少，速率为 0.28mm/a
D	公元 907～976 年	69	$y=1.6791x-1144.1$	0.8219	降水增多，速率为 1.68mm/a
E	公元 976～1073 年	97	$y=-0.8965x+1365$	0.8292	降水减少，速率为 0.90mm/a
F	公元 1073～1141 年	68	$y=0.9125x-544.93$	0.426	降水增多，速率为 0.91mm/a
G	公元 1141～1620 年	479	$y=-0.1934x+677.16$	0.6391	降水减少，速率为 0.19mm/a
H	公元 1620～1911 年	291	$y=0.3001x-119.80$	0.7166	降水增多，速率为 0.30mm/a

表 12-15 过去 1800 年天然径流量（以龙门至三门峡天然径流量为代表）变化的阶段

编号	时段	时长/年	拟合方程	决定系数 R^2	天然径流变化特征
A	公元 197～416 年	219	$y=-0.551x+739.3$	0.287	天然径流减少，速率为 0.55 亿 m^3/a
B	公元 416～570 年	154	$y=1.535x-82.69$	0.321	天然径流增多，速率为 1.53 亿 m^3/a
C	公元 570～907 年	337	$y=-1.201x+1473$	0.799	天然径流减少，速率为 1.20 亿 m^3/a
D	公元 907～976 年	69	$y=6.888x-5956$	0.818	天然径流增多，速率为 6.89 亿 m^3/a
E	公元 976～1073 年	97	$y=-3.771x+4425$	0.832	天然径流减少，速率为 3.77 亿 m^3/a
F	公元 1073～1141 年	68	$y=3.806x-3573$	0.384	天然径流增多，速率为 3.80 亿 m^3/a
G	公元 1141～1620 年	479	$y=-0.655x+1331$	0.646	天然径流减少，速率为 0.655 亿 m^3/a
H	公元 1620～1911 年	291	$y=1.057x-1440$	0.669	天然径流增多，速率为 1.06 亿 m^3/a

五、对气温影响的讨论

除降水外，气温的变化也会影响社会的稳定性。由于重建历史上气温变化的代用资料较多，将社会稳定性与气温变化相联系的研究也较多，如章典等（2004）和 Zhang 等（2007）的工作。Tan 等（2003）等利用北京石花洞石笋资料重建了距今 1800 年以来的气温变化。本研究以石花洞的气温来反映黄河流域的气温变化，并以气温除以气温均值作为气温指数，以反映气温变化。为了减少波动，进行了 5 年滑动平均处理。石花洞 5 年滑动平均气温指数的变化已经点绘在图 12-30 中，为了与社会稳定性的变化相联系，图 12-30 显示不同朝代的起始与终止的时间。可以看到，即使进行了 5 年滑动平均处理，气温变化也很大，比降水变化的波动要大得多。与降水变化对社会稳定性的影响相比，气温的影响要复杂得多，不能通过简单的概括来解释。值得注意的是，气温变化的一些明显的低值点可以与社会的不稳定性相联系。图 12-30 的低值点①位于三国时代，低值点②位于南北朝，说明气温的降低可能导致社会不稳定，使得统一的国家分裂。低气温时期，农业收成降低，发生社会动乱的可能性增加；游牧民族也会南迁，进而使得国家陷于分裂。低值点③位于唐代晚期、五代之前，这可能是随之而来的五代时期国家分裂的一个原因。低值点

④位于南宋与元代之交，低气温引起北方游牧民族大举迁移，导致了南宋灭亡和元代建立。低值点⑤位于明代中期，未引起明显的社会不稳定。可以认为，气温的变化是中国古代社会不稳定和动乱发生的原因之一，但图 12-30 显示的气温变化与国家分裂、朝代更替的对应关系不如图 12-29 显示的密切。还应指出，处于唐末的降水低值点②与气温低值点③大致重合，处于明清之交的降水低值点④与气温低值点⑤大致重合，导致了社会的大动乱和王朝的灭亡。这说明，低温与低降水的同时出现，对社会的稳定十分不利，更容易导致国家的分裂与朝代的更替。

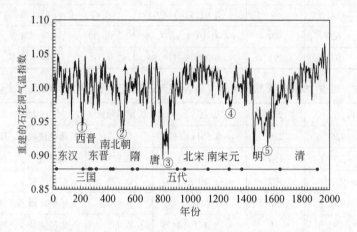

图 12-30　基于石花洞石笋宽度重建的北京气温指数（5 年滑动平均）的变化

据 Tan 等（2003）中的数据计算，①～⑤表示气温指数的 5 个低值点

参 考 文 献

蔡强国, 陆兆熊, 王贵平. 1996. 黄土丘陵沟壑区典型小流域侵蚀产沙过程模拟. 地理学报, 51 (2): 108-116.

蔡强国, 王贵平, 陈永宗. 1998. 黄土高原小流域侵蚀产沙过程与模拟. 北京: 科学出版社.

曹如轩. 1987. 高含沙引水渠道输沙能力的数学模型. 水利学报, (9): 39-46.

常军, 刘高焕, 刘庆生. 2004. 黄河口海岸线遥感动态监测. 地球信息科学, 6 (1): 94-98.

常军, 王永光, 赵宇. 2013. Nino3 区海温的变化对黄河流域夏季降水的影响. 气象, 39 (9): 1133-1138.

陈宝松. 1990. 黄土高原地区人口问题. 北京: 中国经济出版社.

陈东, 曹文洪, 胡春宏. 2002. 河槽枯萎的临界阈值研究. 水利学报, (2): 22-28.

陈浩, 陆中臣, 李忠艳, 等. 2003. 流域产沙中的地理环境要素临界. 中国科学 (D辑), 33 (10): 1005-1012.

陈浩, 蔡强国, 周金星, 等. 2004. 黄河中游侵蚀产沙环境要素临界与交互作用研究进展. 水土保持研究, 11 (4): 54-59.

陈建国, 胡春宏, 戴清. 2002a. 渭河下游近期河道萎缩特点及治理对策. 泥沙研究, (6): 45-52.

陈建国, 周文浩, 袁玉萍. 2002b. 三门峡水库典型运用时段黄河下游粗细泥沙的输移和调整规律. 泥沙研究, (2): 15-22.

陈建国, 邓安军, 戴清, 等. 2003. 黄河下游河槽萎缩的特点及其水文学背景. 泥沙研究, (4): 1-7.

陈建国, 胡春宏, 董占地, 等. 2006. 黄河下游河道平滩流量与造床流量的变化过程研究. 泥沙研究, (5): 10-16.

陈建国, 周文浩, 陈强. 2012. 小浪底水库运用十年黄河下游河道的再造床. 水利学报, 43 (2): 127-135.

陈界仁, 夏爱平. 2002. 黄河下游河床萎缩与水沙条件关系初步分析. 水文, 12 (6): 19-22.

陈隽, 孙淑清. 1999. 东亚冬季风异常与全球大气环流变化 I. 强弱冬季风影响的对比研究. 大气科学, 23 (1): 101-111.

陈沈良, 张国安, 谷国传. 2004. 黄河三角洲海岸强侵蚀机理及治理对策. 水利学报, (7): 1-6.

陈绪坚, 陈清扬. 2013. 黄河下游河型转换及弯曲变化机理. 泥沙研究, (1): 1-6.

陈永宗, 景可, 蔡强国. 1988. 黄土高原现代侵蚀与治理. 北京: 科学出版社.

程国栋. 1997. 气候变化对中国积雪、冰川和冻土的影响评价. 兰州: 甘肃文化出版社.

程国栋, 赵文智. 2006. 绿水及其研究进展. 地球科学进展, 21 (3): 221-227.

程龙渊, 张松林. 2004. 三门峡水库蓄清排浑运用以来库区冲淤演变初步分析. 泥沙研究, (4): 8-14.

崔步礼, 常学礼, 陈雅琳, 等. 2006. 黄河水文特征对河口海岸变化的影响. 自然资源学报, 21 (6): 957-964.

戴明英. 2005. 渭河水沙变化分析. 黄河水利科学研究院研究报告 (编号: 黄科技 ZX-2005-06-07). 郑州: 黄河水利科学研究院.

邓安军, 郭庆超. 2006. 渭河下游河道断面演变特点及其演变机理研究. 泥沙研究, (6): 33-39.

邓辉, 姜卫峰. 2005. 1463~1913年华北地区沙尘天气序列复原及初步分析. 地理研究, 24 (3):

403-411.

董雪娜，熊贵枢．2002．河中游河口镇——龙门区间降雨、径流、泥沙变化分析//汪岗，范昭．黄河水沙变化研究：第一卷（上册）．郑州：黄河水利出版社：327-339．

杜瑜．1993．甘肃、宁夏黄土高原历史时期农牧业发展研究//王守春．黄河流域环境演变与水沙运行规律研究文集．Vol. 5．北京：海洋出版社：102-155．

杜玉海，毕东升，陈海峰．2004．黄河山东段二级悬河的危害及防治措施．人民黄河，（1）：6-8．

段昌群，甘雪春，Jeanny Wang，等．1998．环境因素在中国古代文明中心转移中的作用．AMBIO-人类环境杂志（中文版），27（7）：571-574．

费祥俊．1995．黄河下游节水减淤的高含沙水流输沙方式研究．人民黄河，17（3）：1-8．

符淙斌，王强．1992．气候突变的定义和检测方法．大气科学，16（4）：482-493．

傅伯杰，赵文武，陈利顶．2006．地理—生态过程研究的进展与展望．地理学报，61（11）：1123-1131．

高海东，庞国伟，李占斌，等．2017．黄土高原植被恢复潜力研究．地理学报，72（5）：863-874．

高桥浩一郎．1980．月平均气温、月降水量和月蒸散发量关系的推定．天气，（12）：759-762．

勾晓华，邓洋，陈发虎，等．2010．黄河上游过去1234年流量的树轮重建与变化特征分析．科学通报，55（33）：3236-3243．

郭其蕴．1983．东亚夏季风强度指数及其变化的分析．地理学报，38（3）：207-217．

郭其蕴，蔡静宁，邵雪梅，等．2004．1873～2000年东亚夏季风变化的研究．大气科学，28（2）：206-215．

郭庆超，胡春宏，曹文洪，等．2005．黄河中下游大型水库对下游河道的减淤作用．水利学报，36（5）：511-518．

郭生练，熊立华，杨井，等．2000．基于DEM的分布式流域水文物理模型．武汉水利电力大学学报，33（6）：1-5．

国家统计局国民经济综合统计司．2010．新中国六十年统计资料汇编．北京：中国统计出版社．

韩其为，关见朝．2009．挟沙能力多值性及黄河下游多来多排特性分析．人民黄河，31（3）：1-4．

韩其为，何明民．1984．泥沙运动统计理论．北京：科学出版社．

郝志新，郑景云，葛全胜．2007．黄河中下游地区降水变化的周期分析．地理学报，62（5）：537-544．

昊文祥，刘东生．2001．4000aBP前后降温事件与中华文明的诞生．第四纪研究，21（5）：443-451．

贺圣平，王会军．2012．东亚冬季风综合指数及其表达的东亚冬季风年际变化特征．大气科学，36（3）：523-538．

洪笑天．1987．弯曲河流形成条件的试验研究．地理科学，7（1）：35-43．

侯素珍，王平，常思华．2006．宁蒙河段水沙变化及河床演变分析．黄河水利科学研究院研究报告（编号：黄科技ZX-2006-37-56）．郑州：黄河水利科学研究院．

侯素珍，王平，常温花，等．2007a．黄河内蒙古河段冲淤量评估．人民黄河，29（4）：21-22．

侯素珍，常温花，王平，等．2007b．黄河内蒙古段河道萎缩特征及成因．人民黄河，29（1）：25-26．

侯素珍，王平，郭秀吉，等．2015．黄河内蒙古段河道冲淤对水沙的响应．泥沙研究，（1）：61-66．

胡春宏．2005．黄河水沙过程变异及河道的复杂响应．北京：科学出版社．

胡春宏．2016．黄河水沙变化与治理方略研究．水力发电学报，35（10）：1-11．

胡春宏，郭庆超．2004．黄河下游河道泥沙数学模型机动力平衡临界阈值探讨．中国科学（E辑：技术科学），34（增刊1）：133-143．

胡春宏，陈绪坚，陈建国．2008a．黄河水沙空间分布及其变化过程研究．水利学报，39（5）：518-527．

胡春宏，陈建国，郭庆超．2008b．三门峡水库淤积与潼关高程．北京：科学出版社．

胡一三，张晓华．2006．略论二级悬河．泥沙研究，（5）：1-9．

胡一三，等.1998.黄河下游游荡型河段河道整治.郑州：黄河水利出版社.

黄河水利科学研究院.2007.黄河河情咨询报告（2006）.郑州：黄河水利出版社.

黄河水利科学研究院.2010.黄河河情咨询报告（2009）.郑州：黄河水利出版社.

黄河水利科学研究院，黄河水利委员会防汛办公室.2007.黄河下游滩区实行蓄滞洪区补偿政策的必要性研究——生产堤问题研究.黄河水利科学研究院研究报告（编号：黄科技 ZX-2007-26-49）.郑州：黄河水利科学研究院.

黄河水利科学研究院，水利部黄河泥沙重点实验室.2010.小浪底水库运用以来下游河道冲淤演变特点及发展趋势.黄科院 2009~2010 年度咨询及跟踪研究专题报告之四（编号：黄科技 ZX-2010-57）.郑州：黄河水利科学研究院.

黄河水利委员会.2003.黄河下游二级悬河成因及治理对策.郑州：黄河水利出版社.

黄河水利委员会.2007.黄河水资源公报.郑州：黄河水利出版社.

黄河水利委员会.2009.黄河泥沙公报.郑州：黄河水利出版社.

黄荣辉，张振洲，黄刚，等.1998.夏季东亚季风区水汽输送特征及其与南亚季风区水汽输送的差别.大气科学，22（4）：460-469.

黄盛璋.1958.历史上的渭河水运.西北大学学报（哲学社会科学版），（2）：97-113.

贾媛媛，郑粉莉，杨勤科.2005.黄土高原小流域分布式水蚀预报模型.水利学报，36（3）：328-332.

江忠善，王志强，刘志.1996.黄土丘陵区小流域土壤侵蚀空间变化定量研究.土壤侵蚀与水土保持学报，2（1）：1-9.

姜乃迁，李文学，张翠萍，等.2004.黄河潼关河段清淤关键技术研究.郑州：黄河水利出版社.

焦恩泽.1991.黄甫川高含沙水流与断面冲淤变化.人民黄河，（4）：16-20.

焦恩泽，张翠萍.1994.历史时期潼关高程演变分析.西北水电，（3）：8-11.

焦恩泽，侯素珍，林秀芝，等.2001.潼关高程演变规律及其成因分析.泥沙研究，（2）：8-11.

金德生.1986.边界条件对曲流发育影响的过程响应模型试验研究.地理研究，（9）：12-21.

金会军，王绍令，吕兰芝，等.2010.黄河源区冻土特征及其退化.冰川冻土，32（1）：10-17.

康兴成，程国栋，康尔泗，等.2002.利用树轮资料重建黑河近千年来出山口径流量.中国科学（D 辑：地球科学），32：675-685.

康悦，李振朝，田辉，等.2011.黄河源区植被变化趋势及其对气候变化的响应过程研究.气候与环境研究，16（4）：505-512.

蓝永超，马全杰，康尔泗，等.2002.NSO 循环与黄河上游径流的丰枯.中国沙漠，22（3）：262-266.

郎咸梅，王会军，姜大膀.2003.中国冬季气候可预测性的跨季度集合数值预测研究.科学通报，48（15）：1700-1704.

李凤霞，常国刚，肖建设，等.2009.黄河源区湿地变化与气候变化的关系研究.自然资源学报，24（4）：683-689.

李贺，黄翀，张晨晨，等.2020.1976 年以来黄河三角洲海岸冲淤演变与入海水沙过程的关系.资源科学，42（3）：486-498.

李吉均，方小敏，马小洲，等.1996.晚新生代黄河上游地貌演化与青藏高原隆起.中国科学（D 辑），26（4）：316-322.

李进，李栋梁，张杰.2012.黄河流域水汽的区域分布及演变特征.大气科学学报，35（2）：240-248.

李兰，郭生练，胡建华，等.2000.流域水文分布动态参数反问题模型//朱尔明.中国水利学会优秀论文集.北京：中国三峡出版社：48-54.

李凌云，吴保生.2010.渭河下游平滩流量的预测.清华大学学报（自然科学版），50（6）：852-856.

李凌云，吴保生，侯素珍.2011.滞后响应模型在黄河内蒙古河段的应用.水力发电学报，30（1）：

70-77.

李敏．2014．水土保持对黄河输沙量的影响．中国水土保持科学，12（6）：23-29.

李生辰，李栋梁，赵平．2009．青藏高原"三江源地区"雨季水汽输送特征．气象学报，67（4）：591-598.

李胜男，王根绪，邓伟，等．2009．水沙变化对黄河三角洲湿地景观格局演变的影响．水科学进展，20（3）：325-331.

李婷，吕一河，任艳姣，等．2020．黄土高原植被恢复成效及影响因素．生态学报，40（23）：8593-8605.

李文文，吴保生．2011．渭河下游平滩流量影响因子相关分析．应用基础与工程科学学报，19（增刊）：28-36.

李希宁，刘曙光，李从先．2001．黄河三角洲冲淤平衡的来沙量临界值分析．人民黄河，23（3）：20-21.

李茜，魏凤英，李栋梁．2012．近千年东亚季风演变．古地理学报，（2）：253-260.

李义天．2004．河流水沙灾害及其防治．武汉：武汉大学出版社.

梁四海，万力，李志明．2007．黄河源区冻土对植被的影响．冰川冻土，29（1）：45-52.

林秀芝，田勇，伊晓燕，等．2005．渭河下游平滩流量变化对来水来沙的响应．泥沙研究，（5）：1-4.

刘宝元，谢云，张科利．2001．土壤侵蚀预报模型．北京：中国科学技术出版社.

刘昌明，成立．2000．黄河干流下游断流的径流序列分析．地理学报，55（3）：257-265.

刘昌明，李云成．2006．"绿水"与节水：中国水资源内涵问题讨论．科学对社会的影响，（1）：16-20.

刘昌明，张学成．2004．黄河干流实际来水量不断减少的成因分析．地理学报，59（3）：323-330.

刘国彬，上官周平，姚文艺，等．2017．黄土高原生态工程的生态成效．中国科学院院刊，32（1）：11-19.

刘纪根，蔡强国，樊良新，等．2004．流域侵蚀产沙模拟研究中的尺度转换方法．泥沙研究，（3）：69-74.

刘敬华，张平中，程海，等．2008．黄土高原西缘在 AD 1875～2003 期间石笋氧同位素记录的季风降水变化与海气系统的联系．科学通报，53（22）：2801-2808.

刘善建．2005．调水调沙是黄河不淤的关键措施．人民黄河，27（1）：1-2.

刘时银，鲁安新，丁永建，等．2002．黄河上游阿尼玛卿山区冰川波动与气候变化．冰川冻土，24（6）：701-707.

刘晓燕，侯素珍，常温花．2009．黄河内蒙古河段主槽萎缩原因和对策．水利学报，40（9）：1048-1054.

刘晓燕，刘昌明，杨胜天，等．2014a．基于遥感的黄土高原林草植被变化对河川径流的影响分析．地理学报，69（11）：1595-1603.

刘晓燕，杨胜天，金双彦，等．2014b．黄土丘陵沟壑区大空间尺度林草植被减沙计算方法研究．水利学报，45（2）：135-141.

刘晓燕，杨胜天，李晓宇，等．2015．黄河主要来沙区林草植被变化及对产流产沙的影响机制．中国科学：技术科学，45（10）：1052-1059.

刘禹，杨银科，蔡秋芳，等．2006．以树木年轮宽度资料重建湟水河过去 248 年来 6-7 月份河流径流量．干旱区资源与环境，20：69-73.

鲁安新，姚檀栋，王丽红，等．2005．青藏高原典型冰川和湖泊变化遥感研究．冰川冻土，27（6）：783-792.

陆中臣，等．1991．流域地貌系统．大连：大连出版社.

吕俊梅，任菊章，琚建华．2004．东亚夏季风的年代际变化对中国降水的影响．热带气象学报，20（1）：

73-80.

罗海超.1989.长江中下游分汊河道的演变特点及稳定性.水利学报,(6):10-18.

罗立群,张敏,王卫红,等.2010.黄河下游二级悬河段河势及漫滩模型分析.人民黄河,32(4):15-16.

罗娅,杨胜天,刘晓燕,等.2014.黄河河口镇—潼关区间1998–2010年土地利用变化特征.地理学报,69(1):42-53.

马雪妍.2006.渭河下游平滩流量与水沙条件响应关系研究.水资源与水工程学报,17(3):79-82.

孟猛,倪健,张治国.2004.地理生态学的干燥度指数及其应用评述.植物生态学报,28(6):853-861.

牟金泽,孟庆枚.1982.流域产沙量计算中的流域泥沙输移比.泥沙研究,(1):60-65.

穆兴民.1999.黄土高原沟壑区水土保持对小流域地表径流的影响.水利学报,(2):71-75.

穆兴民,胡春宏,高鹏,等.2017.黄河输沙量研究的几个关键问题与思考.人民黄河,39(8):1-4.

倪晋仁,马蔼乃.1998.河流动力地貌学.北京:北京大学出版社.

倪晋仁,钱征寒.2002.论黄河功能性断流,中国科学(E辑),32(4):496-502.

倪晋仁,张仁.1991.河型成因的各种理论及其间关系.地理学报,(3):366-372.

倪晋仁,王光谦,张红武.1991.固液两相流基本理论及其最新应用.北京:科学出版社.

牛玉国,张学成.2005.黄河源区水文水资源情势变化及成因分析.人民黄河,27(3):31-33.

潘竟虎,王建,王建华.2007.长江、黄河源区高寒湿地动态变化研究.湿地科学,5(4):298-304.

彭轩明,吴青柏,田明中.2003.黄河源区地下水位下降对生态环境的影响.冰川冻土,25(6):667-671.

齐璞.2002.黄河下游小水大灾的成因分析及对策.人民黄河,(7):12-13.

齐璞,刘月兰,李世滢,等.1997.黄河水沙变化与下游河道减淤措施.郑州:黄河水利出版社.

气象科学研究院.1981.中国近五百年旱涝分布图集.北京:地图出版社.

钱宁.1980.推移质公式的比较.水利学报,(4):1-11.

钱宁.1985.关于河流分类及成因问题的探讨.地理学报,40(1):1-10.

钱宁.1989.高含沙水流研究.北京:清华大学出版社.

钱宁,麦乔威.1963.多泥沙河流上修建大型蓄水库后下游游荡性河道的演变趋势及治理.水利学报,(6):1-19.

钱宁,万兆惠.1983.泥沙运动力学.北京:科学出版社.

钱宁,周文浩.1965.黄河下游河床演变.北京:科学出版社.

钱宁,张仁,赵业安,等.1978.从黄河下游的河床演变规律来看河道治理中的调水调沙问题.地理学报,33(1):13-26.

钱宁,万兆惠,钱意颖.1979.黄河的高含沙水流问题.清华大学学报,19(2):1-17.

钱宁,王可钦,府仁寿,等.1980.黄河中游粗泥沙来源区对黄河下游冲淤的影响//中国水利学会.第一次河流泥沙国际学术讨论会论文集.北京:光华出版社:53-62.

钱宁,张仁,周志德.1987.河床演变学.北京:科学出版社.

钱意颖,叶青超,周文浩.1993.黄河干流水沙变化与河床演变.北京:中国建材工业出版社.

钱正安,宋敏红,李万元.2002.近50年来中国北方沙尘暴的分布及变化趋势分析.中国沙漠,22(2):106-111.

秦宁生,靳立亚,时兴合,等.2004.利用树轮资料重建通天河流域518年径流量.地理学报,59:550-556.

冉大川,柳林旺,赵力仪,等.2000.黄河中游河口镇至龙门区间水土保持与水沙变化.郑州:黄河水利出版社.

三江源自然保护区生态环境编辑委员会.2002.三江源自然保护区生态环境.西宁：青海人民出版社.

尚红霞，郑艳爽，张晓华.2008.水库运用对宁蒙河道水沙条件的影响.人民黄河，30（12）：28-30.

尚红霞，李勇，苏运启.2009.黄河下游"二级悬河"成因及发展趋势研究.黄河水利科学研究院研究报告（编号：黄科技 ZX-2009-80-168）.郑州：黄河水利科学研究院.

尚可政，孙黎辉，王式功.1998.甘肃河西走廊沙尘暴与赤道中、东太平洋海温之间的遥相关分析.中国沙漠，18（3）：239-243.

申冠卿，张原锋，侯素珍，等.2007.黄河上游干流水库调节水沙对宁蒙河道的影响.泥沙研究，（1）：67-75.

沈玉昌，龚国元.1986.河流地貌学概论.北京：科学出版社.

师长兴.2020.1976 年以来黄河口泥沙淤积与扩散分析.人民黄河，42（9）：41-45.

施能，鲁建军，朱乾根.1996.东亚冬、夏季风百年强度指数及其气候变化.南京气象学报，19（2）：168-177.

史辅成，慕平，高治定.1989.黄河上游 1922 至 1932 年连续枯水时段的探讨.人民黄河，（4）：15-18.

史念海.1981.历史时期黄河中游的森林.河山集·二集.北京：生活·读书·新知三联书店.

史展，陶和平，刘淑珍，等.2012.基于 GIS 的三江源区冻融侵蚀评价与分析.农业工程学报，28（19）：214-221.

舒安平，费祥俊.2008.高含沙水流挟沙能力.中国科学（G 辑：物理学、力学、天文学），38（6）：653-667.

水利部黄河水利委员会黄河水利史述要编写组.1982.黄河水利史述要.北京：水利出版社.

苏宗正，王汝雕，安卫平，等.1995.临汾盆地的近代地壳运动.山西地震，（3-4）：60-68.

粟晓玲，康绍忠，魏晓妹，等.2007.气候变化和人类活动对渭河流域入黄径流的影响.西北农林科技大学学报（自然科学版），35（2）：153-159.

孙永寿，段水强，李燕，等.2015.近年来青海三江源区河川径流变化特征及趋势分析.水资源与水工学报，26（1）：52-57.

汤立群，陈国祥，蔡名扬.1990.黄土丘陵区小流域产沙数学模型.河海大学学报，18（6）：10-16.

唐国中，封德宏，王富强，等.2020.黄河三角洲海岸线的演变特征及淤进和蚀退临界水沙值研究.华北水利水电大学学报（自然科学版），41（6）：40-46.

唐克丽.1990.黄土高原地区土壤侵蚀区域特征及其防治途径.北京：中国科学技术出版社.

唐克丽.1993.黄河流域的侵蚀与径流泥沙变化.北京：中国科学技术出版社.

唐克丽.2004.中国水土保持.北京：科学出版社.

万兆惠，沈受百，等.1978.黄河干支流的高浓度输沙现象//黄河泥沙研究工作协调小组.黄河泥沙研究报告选编.第一集下册.郑州：黄河泥沙研究工作协调小组：141-158.

汪岗，范昭.2002a.黄河水沙变化研究.第 1 卷.郑州：黄河水利出版社.

汪岗，范昭.2002b.黄河水沙变化研究.第 2 卷.郑州：黄河水利出版社.

王超，鲁文，林树峰，等.2013.黄河下游河道整治工程建设情况与效果分析.水利科技与经济，19（8）：15-16.

王澄海，董文杰，韦志刚.2001.青藏高原季节性冻土年际变化的异常特征.地理学报，56（5）：523-531.

王光谦.2007.河流泥沙研究进展.泥沙研究，（2）：61-81.

王光谦，刘家宏，李铁键.2005.黄河数字流域模型原理.应用基础与工程科学学报，13（1）：1-8.

王海兵，贾晓鹏.2009.大型水库运行下内蒙古河道泥沙侵蚀淤积过程.中国沙漠，29（1）：189-192.

王浩，秦大庸，王建华.2002.多尺度水循环过程模拟进展与二元水循环模式的研究//刘昌明，陈效国黄河流域水资源演化规律与可再生性维持机理. 郑州：黄河水利出版社.

王浩, 王成明, 王建华, 等. 2004. 二元年径流演化模式及其在无定河流域的应用. 中国科学（E辑），34（增刊）：42-48.

王红兵. 2011. 社会经济因素对黄土高原侵蚀产沙的影响. 北京：中国科学院研究生院.

王红兵, 许炯心, 颜明. 2011. 影响土壤侵蚀的社会经济因素研究进展. 地理科学进展, 30（3）：268-274.

王怀柏, 赵淑饶, 张家军, 等. 2011. 1950-2010 年黄河径流情势变化特点. 人民黄河, 33（12）：16-18.

王会军, 郎咸梅, 周广庆, 等. 2003. 我国今冬和明春气候异常与沙尘气候形势的模式预测初步报告. 大气科学, 27（1）：136-140.

王开荣, 李文学, 郑春梅. 2002. 黄河泥沙处理对策的发展、实践与认识. 泥沙研究, (6)：26-30.

王恺忱. 1988. 黄河河口发展影响预估计算方法. 泥沙研究, (3)：39-49.

王平, 张原锋, 侯素珍, 等. 2013. 黄河上游高含沙支流入汇与交汇区淤积形态试验研究. 四川大学学报（工程科学版），45（5）：34-42.

王让会, 张慧芝, 黄青. 2006. 全球变化背景下干旱区山地-绿洲-荒漠系统耦合关系的特征及规律. 科学通报, (S1)：61-65.

王绍令. 1998. 青藏高原冻土退化与冻土环境变化探讨. 地球科学进展, 13（增刊）：65-73.

王绍令, 罗祥瑞. 1991. 青藏高原东部冻土分布特征. 冰川冻土, 13（2）：131-140.

王世平. 1991. 埃尔尼诺事件的判据、分类和特征. 海洋学报, 13（5）：611-620.

王卫红, 李勇. 2008. 黄河下游二级悬河控制阈值探讨. 人民黄河, 30（10）：33-34.

王卫红, 李文学, 常温花. 2006. 萎缩性河道演变规律与若干治理实践. 郑州：黄河水利出版社.

王卫红, 田世民, 孟志华, 等. 2012. 小浪底水库运用前后黄河下游河道河型变化及成因分析. 泥沙研究, (6)：23-31.

王兴奎, 钱宁, 胡维德. 1982. 黄土丘陵沟壑区高含沙水流的形成及汇流过程. 水利学报, (2)：26-35.

王亚军, 陈发虎, 勾晓华. 2004. 黑河 230a 以来 3~6 月径流的变化. 冰川冻土, 26：202-206.

王彦成, 冯学武, 王伦平, 等. 1996. 黄河上游干流水库对内蒙古河段的影响. 人民黄河, (1)：5-10.

王玉娟, 杨胜天, 刘昌明, 等. 2009. 植被生态用水结构及绿水资源消耗效用——以黄河三门峡地区为例. 地理研究, 28（11）：74-84.

王玉明, 张学成, 王玲, 等. 2002. 黄河流域 20 世纪 90 年代天然径流量变化分析. 人民黄河, 24（3）：9-11.

王兆印, 王光谦, 李昌志, 等. 2003. 植被-侵蚀动力学的初步探索和应用. 中国科学（D辑），33（10）：1013-1023.

毋亭, 侯西勇. 2016. 海岸线变化研究综述. 生态学报, 36（4）：1170-1182.

吴保生. 2008a. 冲积河流平滩流量的滞后响应模型. 水利学报, 39（6）：680-687.

吴保生. 2008b. 冲积河流河床演变的滞后响应模型：I 模型建立. 泥沙研究, (6)：1-7.

吴保生. 2008c. 冲积河流河床演变的滞后响应模型：II 模型应用. 泥沙研究, (6)：30-37.

吴保生. 2014. 内蒙古十大孔兑对黄河干流水沙及冲淤的影响. 人民黄河, 36（10）：5-8.

吴保生, 申冠卿. 2008. 来沙系数物理意义的探讨. 人民黄河, 30（4）：15-16.

吴保生, 张仁. 2004. 三门峡水库建库前潼关高程变化研究成果的比较分析. 泥沙研究, (1)：70-78.

吴保生, 张原锋. 2007. 黄河下游输沙量的沿程变化规律和计算方法. 泥沙研究, (1)：30-35.

吴保生, 夏军强, 王兆印. 2006. 三门峡水库淤积及潼关高程的滞后响应. 泥沙研究, (1)：9-16.

吴保生, 夏军强, 张原锋. 2007. 黄河下游平滩流量对来水来沙变化的响应. 水利学报, 38（7）：886-892.

吴洪涛，武春友，郝芳华，等.2008.“绿水”的多角度评估及其管理研究.中国人口·资源与环境，18（6）：60-67.

吴洪涛，武春友，郝芳华，等.2009.绿水的多角度评估及其在碧流河上游地区的应用.资源科学，31（3）：420-428.

吴祥定，钮仲勋，王守春，等.1994.历史时期黄土高原植被与人文要素的变化.北京：海洋出版社.

武汉水利学院水流挟沙力研究组.1959.长江中下游水流挟沙力研究.泥沙研究，(2)：54-73.

夏军，王纲胜，谈戈，等.2004.水文非线性系统与分布式时变增益模型.中国科学（D辑：地球科学），34（11）：1072-1082.

谢宝妮，秦占飞，王洋，等.2014.黄土高原植被净初级生产力时空变化及其影响因素.农业工程学报，30（11）：244-253.

谢树楠，王孟楼，张仁.1990.黄河中游黄土沟壑区暴雨产沙模型的研究.北京：清华大学出版社.

信忠保，许炯心.2007.黄土高原地区植被覆盖时空演变对气候的响应.自然科学进展，17（6）：770-778.

信忠保，许炯心，郑伟.2007.气候变化和人类活动对黄土高原植被覆盖变化的影响.中国科学（D辑：地球科学），37（11）：1504-1514.

邢峰，韩荣青，李维京.2018.夏季黄河流域降水气候特征及其与大气环流的关系.气象，44（10）：1295-1305.

熊怡，汤奇成，程天文，等.1989.中国的河流.北京：人民教育出版社.

徐建华，牛玉国.2000.水利水保工程对黄河中游多沙粗沙区径流泥沙影响研究.郑州：黄河水利出版社.

许靖华.1998.太阳，气候，饥荒与民族大迁移.中国科学（D辑），28（4）：366-384.

许炯心.1989.渭河下游河道调整过程中的复杂响应现象.地理研究，8（2）：82-90.

许炯心.1994.我国流域侵蚀产沙的地带性特征.科学通报，39（11）：1019-1022.

许炯心.1996.中国不同自然带的河流过程.北京：科学出版社.

许炯心.1997a.黄河下游泥沙淤积的经验统计关系.地理研究，16：23-30.

许炯心.1997b.黄河下游排沙比研究.泥沙研究，(1)：49-54.

许炯心.1997c.河型对含沙量空间变异的响应及其临界现象.中国科学（D辑：地球科学），27（6）：548-553.

许炯心.1997d.黄河上中游产水产沙系统与下游河道沉积系统的耦合关系.地理学报，52（5）：421-429.

许炯心.1999a.黄土高原高含沙水流形成的自然地理因素.地理学报，54（4）：319-326.

许炯心.1999b.黄河干支流的产沙模数与流域面积的关系及其地貌学意义//中国地理学会地貌及第四纪专业委员会.地貌、环境、发展.北京：中国环境出版集团：1-5.

许炯心.1999c.黄土高原的高含沙水流侵蚀研究.土壤侵蚀与水土保持学报，5（1）：27-36.

许炯心.1999d.沙质河床与砾石河床水流及能耗特征的比较及其地貌学意义.科学通报，42（1）：74-78.

许炯心.2000.黄河中游多沙粗沙区的风水两相侵蚀产沙过程.中国科学（D辑：地球科学），30（5）：540-548.

许炯心.2001.宽变幅水沙两相流的冲淤双临界现象及其地貌学意义.地理学报，56（4）：486-493.

许炯心.2002.人类活动对黄河中游高含沙水流的影响.地理科学，22（3）：294-299.

许炯心.2003.流域降水和人类活动对黄河入海泥沙通量的影响.海洋学报，25（5）：125-135.

许炯心.2004a.黄河中游多沙粗沙区水土保持减沙的近期趋势及其成因.泥沙研究，(2)：5-10.

许炯心 . 2004b. 黄河流域河口镇至龙门区间的径流可再生性变化及其影响因素 . 自然科学进展, 14（7）：787-791.

许炯心 . 2004c. 人类活动影响下的黄河下游河道泥沙淤积宏观趋势研究 . 水利学报,（2）：8-16.

许炯心 . 2004d. 流域因素与人类活动对黄河下游河道输沙功能的影响 . 中国科学（D 辑）, 34（8）：775-781.

许炯心 . 2004e. 无定河流域侵蚀产沙过程对水土保持措施的响应 . 地理学报, 59（6）：972-981.

许炯心 . 2005. 风水两相作用对黄河流域高含沙水流的影响 . 中国科学（D 辑）, 35（9）：899-906.

许炯心 . 2006a. 农村社会经济因素变化对嘉陵江产沙量的影响 . 山地学报, 24（4）：385-394.

许炯心 . 2006b. 降水–植被耦合关系及其对黄土高原侵蚀的影响 . 地理学报, 61（1）：57-65.

许炯心 . 2007. 中国江河地貌系统对人类活动的响应 . 北京：科学出版社 .

许炯心 . 2009. 黄河干流龙门至三门峡间泥沙沉积汇的研究 . 地理学报, 64（5）：515-530.

许炯心 . 2010. 黄河中游多沙粗沙区 1997-2007 年的水沙变化趋势及其成因 . 水土保持学报, 24（1）：1-7.

许炯心 . 2011. 流域产水产沙耦合对黄河下游河道冲淤和输沙能力的影响 . 泥沙研究,（3）：49-58.

许炯心 . 2012. 黄河河流地貌过程 . 北京：科学出版社 .

许炯心 . 2013. "十大孔兑" 侵蚀产沙与风水两相作用及高含沙水流的关系 . 泥沙研究,（6）：28-37.

许炯心 . 2014. 异源水沙对黄河上游兰州至头道拐河段悬移质泥沙冲淤的影响 . 泥沙研究,（5）：1-10.

许炯心 . 2015a. 黄河中游径流可再生性对于人类活动和气候变化的响应 . 自然资源学报, 30（3）：423-432.

许炯心 . 2015b. 黄河中游绿水系数变化及其生态环境意义 . 生态学报, 35（22）：7298-7307.

许炯心 . 2016a. 黄河上游内蒙古河段平滩流量对人类活动和气候变化的响应 . 地理科学, 36（6）：837-845.

许炯心, 孙季 . 2003. 近 50 年以来降水变化和人类活动对黄河入海径流通量的影响, 水科学进展, 14（6）：690-695.

许炯心, 孙季 . 2004. 水土保持措施对流域泥沙输移比的影响, 水科学进展, 15（1）：29-34.

许炯心, 张欧阳 . 2000. 黄河下游游荡段河床调整对于水沙组合的复杂响应 . 地理学报, 55（3）：274-280.

严耕望 . 1995. 唐代长安人口数量估测 . 第二届唐代文化研讨会论文集 . 台北：台湾学生书局 .

严华生, 胡娟, 范可, 等 . 2007. 近 50 年来夏季西风指数变化与中国夏季降水的关系 . 大气科学, 31（4）：717-726.

燕慧婷, 王飞, 何毅, 等 . 2015. 人类活动对黄河河源区水沙变化影响评价 . 泥沙研究,（2）：40-46.

杨根生 . 2002. 黄河石嘴山~河口镇河道淤积泥沙来源分析及治理对策 . 北京：海洋出版社 .

杨根生, 邸醒民, 黄兆华 . 1991. 黄土高原地区北部风沙区土地沙漠化综合治理 . 北京：科学出版社 .

杨根生, 拓万全, 戴丰年, 等 . 2003. 风沙对黄河内蒙古河段河道泥沙淤积的影响 . 中国沙漠, 23（2）：152-159.

杨吉山, 许炯心, 廖建华 . 2006. 不同水沙条件下黄河下游二级悬河的发展过程 . 地理学报, 61（1）：66-76.

杨建平, 丁永建, 陈仁升, 等 . 2004. 长江黄河源区多年冻土变化及其生态环境效应 . 山地学报, 22（3）：278-285.

杨平林 . 1993. 历史时期黄河中游地区人口地理研究//王守春 . 黄河流域环境演变与水沙运行规律研究文集 . Vol. 5. 北京：海洋出版社：20-30.

杨勤业, 袁宝印 . 1991. 黄土高原地区自然环境及其演变 . 北京：科学出版社 .

杨针娘. 1991. 中国冰川水资源. 兰州：甘肃科学技术出版社.

姚文艺, 汤立群. 2001. 水力侵蚀产沙过程及模拟. 郑州：黄河水利出版社.

姚文艺, 茹玉英, 康玲玲. 2004a. 水土保持措施不同配置体系的滞洪减沙效应. 水土保持学报, 18 (2)：28-31.

姚文艺, 王德昌, 侯志军. 2004b. 黄河下游河槽萎缩模式的研究. 泥沙研究, (5)：8-14.

姚文艺, 李文学, 侯志军, 等. 2005a. 黄河下游河道萎缩致灾机理探讨. 水利学报, 36 (3)：257-264.

姚文艺, 李占斌, 康玲玲. 2005b. 黄土高原土壤侵蚀治理的生态环境效应. 北京：科学出版社.

姚文艺, 等. 2007. 维持黄河下游排洪输沙基本功能的关键技术研究. 北京：科学出版社.

姚文艺, 徐宗学, 王云璋. 2009. 气候变化背景下黄河流域径流变化情势分析. 气象与环境科学, 32 (2)：1-5.

姚文艺, 冉大川, 陈江南. 2013. 黄河流域近期水沙变化及其趋势预测. 水科学进展, 24 (5)：607-616.

叶青超. 1994. 黄河流域环境变迁与水沙运行规律研究. 济南：山东科学技术出版社.

叶青超. 1997. 黄河下游地上河发展趋势与环境后效. 郑州：黄河水利出版社.

叶青超, 师长兴. 1991. 黄河中游龙门至三门峡河道的冲淤特性与环境演化关系//左大康. 黄河流域环境演变与水沙运行规律研究文集 (第一集). 北京：地质出版社：136-147.

叶青超, 陆中臣, 杨毅芬, 等. 1990. 黄河下游河流地貌. 北京：科学出版社.

易浪, 任志远, 张翀, 等. 2014. 黄土高原植被覆盖变化与气候和人类活动的关系. 资源科学, 36 (1)：166-174.

易学发, 师亚芹. 1994. 用考古数据研究渭河断陷现代地壳运动与地震活动的关系. 地震地质, 16 (2)：137-145.

尹国康. 1991. 流域地貌系统. 南京：南京大学出版社.

尹学良. 1999. 河型成因研究及应用. 泥沙研究, (12)：13-19.

尤联元. 1984. 分汊型河床的形成与演变——以长江中下游为例. 地理研究, 3 (4)：12-22.

喻树龙, 袁玉江, 龚原, 等. 2008. 奎屯河近 379 a 9 月径流量的重建与特征分析. 干旱区资源与环境, 22：115-119.

袁建平, 叶芝菌, 张科利, 等. 2001. 水土保持措施及其减水减沙效益分析//刘昌明, 陈效国. 黄河流域水资源演化规律与可再生性维持机理研究和进展. 郑州：黄河水利出版社：178-185.

袁玉江, 喻树龙, 穆桂金, 等. 2005. 天山北坡玛纳斯河 355 a 来年径流量的重建与分析. 冰川冻土, 27 (3)：411-417.

曾庆存. 1996. 自然控制论. 气候与环境研究, 1 (1)：11-20.

曾庆华. 2004. 黄河下游二级悬河治理途径的探讨. 泥沙研究, (2)：1-4.

曾庆华, 张世奇, 胡春宏, 等. 1998. 黄河口演变规律与整治. 济南：黄河水利出版社.

曾永年, 冯兆东. 2007. 黄河源区土地沙漠化时空变化遥感分析. 地理学报, 62 (5)：529-536.

曾永年, 冯兆东. 2009. 黄河源区土地沙漠化成因机制分析. 自然灾害学报, 18 (1)：45-52.

张宝庆, 吴普特, 赵西宁. 2011. 近 30a 黄土高原植被覆盖时空演变监测与分析. 农业工程学报, 27 (4)：287-293.

张德二, 刘传志. 1993. 中国近五百年旱涝分布图集续补 (1980-1992). 气象, 19 (11)：41-45.

张含玉, 方怒放, 史志华. 2016. 黄土高原植被覆盖时空变化及其对气候因子的响应. 生态学报, 36 (13)：3960-3968.

张红武, 张清. 1992. 黄河水流挟沙力的计算公式. 人民黄河, (11)：7-9.

张红武, 赵连军, 曹丰生. 1996. 游荡河型成因及其河型转化问题的研究. 人民黄河, (10)：11-15.

张建兴, 马孝义, 赵文举, 等. 2008. 黄河河龙区间径流多年变化特征及动态预测. 水力发电, 34 (3)：

24-27.

张经济, 冀文慧, 冯晓东. 2002. 黄河流域水沙变化现状、成因和发展趋势研究//汪岗, 范昭. 黄河水沙变化研究. 第 2 卷. 郑州: 黄河水利出版社: 393-429.

张敏. 2017. 黄河下游河道形态自动调整机理研究. 北京: 中国科学院大学.

张敏, 王卫红, 侯志军, 等. 2007. 渭河下游河道横断面调整特点及机理探讨. 人民黄河, 29 (2): 3-34.

张仁. 2003. 关于二级悬河治理对策的几点认识//黄河水利委员会. 黄河下游二级悬河成因及治理对策. 郑州: 黄河水利出版社: 164-170.

张仁, 钱宁, 蔡体录. 1982. 高含沙水流长距离输送稳定条件分析. 泥沙研究, (3): 1-12.

张瑞瑾. 1961. 河流动力学. 北京: 中国工业出版社.

张森琦, 王永贵, 赵永真, 等. 2004. 黄河源区多年冻土退化及其环境反映. 冰川冻土, 26 (1): 1-6.

张善强. 2012. 黄河流域夏季降水与亚洲季风的关系. 干旱区资源与环境, 26 (8): 113-116.

张胜利, 等. 1999. 黄河中游水土保持减水减沙作用分析. 黄河水利科学研究院研究报告 (ZX-9908-18). 郑州: 黄河水利科学研究院.

张世民. 2000. 汾渭地堑系盆地发育进程的差异及其控震作用. 地质力学学报, 6 (2): 30-37.

张天虹. 2008. 再论唐代长安人口的数量问题——兼评近 15 年来有关唐长安人口研究. 唐都学刊, 24 (3): 11-14.

张晓华, 郑艳爽, 尚红霞. 2008a. 宁蒙河道冲淤规律及输沙特性研究. 人民黄河, 30 (11): 42-44.

张晓华, 尚红霞, 郑艳爽, 等. 2008b. 黄河干流大型水库修建后上下游再造床过程. 郑州: 黄河水利出版社.

张晓龙, 李培英, 刘月良, 等. 2007. 黄河三角洲湿地研究进展. 海洋科学, 31 (7): 81-85.

张晓萍, 张橹, 王勇, 等. 2009. 黄河中游地区年径流对土地利用变化时空响应分析. 中国水土保持科学, 7 (1): 19-26.

张学成, 潘启民. 2005. 黄河流域水资源调查评价. 郑州: 黄河水利出版社.

张原锋, 王平, 侯素珍, 等. 2013. 黄河上游干支流交汇区沙坝淤堵形成条件. 水科学进展, 24 (3): 333-339.

章典, 詹志勇, 林初升, 等. 2004. 气候变化与中国的战争、社会动乱和朝代变迁. 科学通报, 49 (23): 2468-2474.

赵安周, 刘宪锋, 朱秀芳, 等. 2016. 2000~2014 年黄土高原植被覆盖时空变化特征及其归因. 中国环境科学, 36 (5): 1568-1578.

赵安周, 张安兵, 刘海新, 等. 2017. 退耕还林（草）工程实施前后黄土高原植被覆盖时空变化分析. 自然资源学报, 32 (3): 449-460.

赵建民, 陈彩虹, 李靖. 2010. 水土保持对黄河流域水资源承载力的影响. 水利学报, 41 (9): 1079-1085.

赵平, 陈军明, 肖栋, 等. 2010. 夏季亚洲-太平洋涛动与大气环流和季风降水. 气象学报, 66 (5): 716-729.

赵文林. 1996. 黄河泥沙. 郑州: 黄河水利出版社.

赵文林, 程秀文, 侯素珍. 1999. 黄河上游宁蒙河段河道冲淤变化分析. 人民黄河, 6: 11-14.

赵文启, 刘宇, 罗明良, 等. 2016. 黄土高原小流域植被恢复的土壤侵蚀效应评估. 水土保持学报, 30 (5): 89-94.

赵业安, 戴明英, 熊贵枢, 等. 2008. 黄河上游兰州至头道拐河段冲淤分析. 黄河水利科学研究院研究报告. 郑州: 黄河水利科学研究院.

赵业安，周文浩，费祥俊，等.1997.黄河下游河床演变基本规律.郑州：黄河水利出版社.

赵勇.2002.黄河濮阳河段二级悬河状况及治理措施.人民黄河，(12)：14-15.

赵振国.1996.厄尔尼诺现象对北半球大气环流和中国降水的影响.大气科学，20(4)：422-428.

郑粉莉，高学田.2000.黄土坡面土壤侵蚀过程与模拟.西安：陕西人民出版社.

郑广芬，牛生杰，赵光平，等.2007.宁夏春季沙尘暴频次异常与北太平洋海温异常的关系研究.中国沙漠，27(5)：870-877.

郑显文.1991.唐代长安城人口百万说质疑.中国社会经济史研究，(2)：94-95.

支俊峰，时明立.2002."89-7-21"十大孔兑区洪水泥沙淤堵黄河分析//汪岗，范昭.黄河水沙变化研究.第1卷.郑州：黄河水利出版社：460-471.

中华人民共和国水利部.2001.中国河流泥沙公报(2000).北京：中国水利出版社.

中华人民共和国水利部水文局.1990.黄河流域水文资料.中华人民共和国水文年鉴1989年第4卷第2册.北京：中华人民共和国水利部水文局.

中央气象局气象科学研究院.1981.中国近500年旱涝分布图集.北京：地图出版社.

周建军，林秉南.2003.从历史看潼关高程变化.水力发电学报，(3)：40-50.

周魁一.1999.大规模人类活动与洪水灾害——从历史到现实.第四纪研究，(5)：423-429.

周秀骥，赵平，刘舸.2009.近千年亚洲–太平洋涛动指数与东亚夏季风变化.科学通报，54：3144-3146.

周秀骥，赵平，刘舸，等.2011.中世纪暖期、小冰期与现代东亚夏季风环流和降水年代——百年尺度变化特征分析.科学通报，56(25)：2060-2067.

周旭，杨胜天，刘晓燕，等.2014.黄河中游多沙粗沙区流域坡面水保措施变化特征.地理学报，69(1)：64-72.

周月鲁.2005.黄河源区生态问题及其防治对策.中国水土保持，(5)：3-5.

朱士光.1991.农牧业发展历程及分布地区变迁//杨勤业，袁宝印.黄土高原地区的自然环境及其演变.北京：科学出版社：25-52.

邹华斌.2010.毛泽东与"以粮为纲"方针的提出及其作用.党史研究与教学，(6)：46-52.

Abbe T B, Montgomery D R. 1996. Large woody debris jams, channel hydraulics and habitat formation in large rivers. Regulated Rivers-Research & Management, 12 (2-3)：201-221.

Andrews E D. 1980. Effective and bankfull discharges of streams in the Yampa River Basin, Colorado and Wyoming. Journal of Hydrology, 46：311-330.

Andrle R. 1996. Complexity and scale in geomorphology: statistical self-similarity vs. characteristic scales. Mathematical Geology, 28 (3)：275-293.

Arnell N W. 1999a. Climate change and global water resources. Global Environmental Change, 9 (1)：31-49.

Arnell N W. 1999b. The effect of climate change on hydrological regimes in Europe: a continental perspective. Global Environmental Change, 9 (1)：5-23.

Askew A J. 1987. Climate Change and Water Resources. IAHS Publications No. 168. Wallingford: IAHS Press：421-430.

Asmerom Y, Polyak V, Burns S J, et al. 2007. Solar forcing of Holocene climate: new insights from a speleothem record, southwestern United States. Geology, 35 (1)：1-4.

Asrar G, Kanemasu E T, Jackson R D, et al. 1985. Estimation of total dry matter accumulation in winter wheat. Remote Sensing of Environment, 17：211-220.

Bagnold R A. 1966. An Approach to the Sediment Transport Problem from General Physics. United States Geological Survey Professional Paper, No. 422-J. Reston: USGS：1-37.

Bagnold R A. 1977. Bedload transport by natural rivers. Water Resources Research, 13 (2)：303-312.

Bard E, Raisbeck G, Yiou F, et al. 2000. Solar irradiance during the last 1200 years based on cosmogenic nuclides. Tellus B, 52 (3): 985-992.

Becker A, Blöschl G, Hall A. 1999. Land surface heterogeneity and scaling in hydrology. Journal of Hydrology, 217 (3-4): 1-174.

Blois J L, Williams J W, Fitzpatrick M C. et al. 2013. Space can substitute for time in predicting climate-change effects on biodiversity. Proceedings of the National Academy of Sciences, 110 (23): 9374-9379.

Blöschl G. 1999. Scaling issues in snow hydrology. Hydrological Processes, 13 (14-15): 2149-2175.

Brierley G J, Fryirs K. 1999. Tributary – trunk stream relations in a cut-and-fill landscape: a case study from Wolumla catchment, N. S. W. , Australia. Geomorphology, 28: 61-73.

Burn B H. 1994. Hydrologic effects of climatic change in west-central Canada. Journal of Hydrology, 160: 53-70.

Burns S J, Fleitmann D, Mudelsee M, et al. 2002. A 780-year annually resolved record of Indian Ocean monsoon precipitation from a speleothem from south Oman. Journal of Geophysical Research, 107 (D20): 4434.

Carlson T N, Ripley D A. 1997. On the relation between NDVI, fractional vegetation cover, and leaf area index. Remote Sensing of Environment, 62 (3): 241-252.

Castro J M, Jackson P L. 2001. Bankfull discharge recurrence intervals and regional hydraulic geometry relationships: patterns in the Pacific Northwest, USA. Journal of the American Water Resources Association, 37 (5): 1249-1262.

Chang H H. 1972. Minimum stream power and river channel patterns. Geological Society of America Bulletin, 83: 1755-1770.

Chang H H. 1979. Minimum stream power and river channel patterns. Journal of Hydrology, 41: 303-327.

Chatterji P C, Singh S, Qureshi H Z. 1978. Hydrogeomorphology of the central Luni basin, Western Rajasthan (India) . Geoforum, 9 (3): 211-224.

Cheng H, Edwards R L, Wang Y J, et al. 2006. A penultimate glacial monsoon record from Hulu Cave and two-phase glacial terminations. Geology, 34: 217-220.

Chiew F H S, McMahon T A. 2002. Global ENSO-streamflow teleconnection, streamflow forecasting and interannual variability. Hydrological Sciences Journal, 47: 505-522.

Chorley R J, Schumm S A, Sugden D E. 1984. Geomorphology. London: Methuen.

Church, M, Slaymaker O. 1989. Disequilibrium of Holocene sediment yield in glaciated British Columbia. Nature, 337: 452-454.

Comez B, Coleman S E, Sy V W K, et al. 2007. Channel change, bankfull and effective discharges on a vertically accreting, meandering, gravel-bed river. Earth Surface Process and Landforms, 32 (5): 770-785.

Cowie J. 1998. Climate and Human Change: Disaster or Opportunity? New York: Parthenon Publishing.

de Menoeal P B. 2001. Cultural responses to climate change during the Late Holocene. Science, 292 (5517): 667-673.

Dean D J, Schmidt J C. 2013. The geomorphic effectiveness of a large flood on the Rio Grande in the Big Bend region: insights on geomorphic controls and post-flood geomorphic response. Geomorphology, 201: 183-198.

Demaree G R, Nicolis C. 1990. Onset of Sahelian drought viewed as fluctuation-induced transition. Quarterly Journal of the Royal Meteorological Society, 116: 221-238.

Ding Y H, Wang Z Y, Sun Y. 2008. Inter-decadal variation of the summer precipitation in East China and its association with decreasing Asian summer monsoon. Part I: observed evidences. International Journal of Climatology: A Journal of the Royal Meteorological Society, 28: 1139-1161.

Douglas I. 1967. Man, vegetation and sediment yield of river. Nature, 215: 925-928.

Douglas I. 1985. Hydrogeomorphology downstream of bridges: one mechanism of channel widening. Applied Geography, 5 (2): 167-170.

Drogue G, Pfister L, Leviandier T, et al. 2004. Simulating the spatio-temporal variability of streamflow response to climate change scenarios in a mesoscale basin. Journal of Hydrology, 293 (1-4): 255-269.

Engelund F J, Fredsoe A. 1976. Sediment transport model for straight alluvial channels. Nordic Hydrology, 7: 293-306.

Falkenmark M. 1995a. Coping with Water Scarcity under Rapid Population Growth. Abstract presented at the Conference of SADC Ministers. Pretoria: SADC.

Falkenmark M. 1995b. Land Water Linkages: A Synopsis. Land and Water Bulletin No. 1. Rome: FAO.

Falkenmark M, Lannerstad M. 2005. Consumptive water use to feed humanity—curing a blind spot. Hydrology and Earth System Sciences, 9: 15-28.

Falkenmark M, Rockstrom J. 2006. The new blue and green water paradigm: breaking new ground for water resources planning and management. Water Resource Planning and Management, ASCE, 132 (3): 129-132.

Ferguson R I. 1987. Hydraulic and sedimentary controls of channel pattern//Richards K S. River Channels: Environment and Process. The Institute of British Geographers special publications series No. 18. Oxford: Blackwell.

Field J. 2001. Channel avulsion on alluvial fans in southern Arizona. Geomorphology, 37 (1): 93-104.

Fleitmanna D, Burns S J, Mudelsee M, et al. 2003. Holocene forcing of the Indian monsoon recorded in a stalagmite high-resolution speleothem δ^{18}O record from southern Oman. Science, 300: 1737-1739.

Fritts H C. 1976. Tree-Rings and Climate. New York: Academic Press.

Fryirs K, Brierley G J. 1999. Slope-channel decoupling in Wolumla catchment, New South Wales, Australia: the changing nature of sediment sources following European settlement. Catena, 35 (1): 41-63.

Fryirs K, Brierley G. 2007. Geomorphic Analysis of River Systems: An Approach to Reading the Landscape. Chichester: Wiley-Blackwell: 362.

Fryirs K A, Brierley G J, Preston N J, et al. 2007. Buffers, barriers and blankets: the (dis) connectivity of catchment-scale sediment cascades. Catena, 70 (1): 49-67.

Gerden D, Hoff H, Bondeau A, et al. 2005. Contemporary "green" water flows: simulations with a dynamic global vegetation and water balance model. Physics and Chemistry of the Earth, 30: 334-338.

Gou X H, Deng Y, Chen F H. et al. 2010. Tree ring based streamflow reconstruction for the upper Yellow River over the past 1234 years. Chinese Science Bulletin, 55: 4179-4186.

Hans S, Sandra B. 2001. Scaling issues in watersheds assessments. Water Policy, 3: 475-489.

Harvey A M. 2001. Coupling between hillslopes and channels in upland fluvial systems: implications for landscape sensitivity illustrated from the Howgill Fells, northwest England. Catena, 42: 225-250.

Harvey A M. 2002. Effective timescales of coupling within fluvial systems. Geomorphology, 44: 175-201.

Hattanji T, Onda Y. 2004. Coupling of runoff processes and sediment transport in mountainous watersheds underlain by different sedimentary rocks. Hydrological Processes, 18 (4): 623-636.

Henderson G M. 2006. Caving in to new chronologies. Science, 313: 620-622.

Herget J, Dikau R, Gregory K J, et al. 2007. The fluvial system—research perspectives of its past and present dynamics and controls. Geomorphology, 92 (3-4): 101-105.

Hjulstrom F. 1935. Study of the morphological activities of rivers as illustrated by the River Fyris. Bulletin of Geological Institute, University of Uppsala, 25: 221-227.

Holigan P M, Boois H. 1993. Land-ocean Interactions in the Coastal Zone (LOICZ) Science Plan. Global Change

Report No. 25. Stockholm: IGBP Secretariat.

Hu C, Henderson G M, Huang J, et al. 2008. Quantification of Holocene Asian monsoon rainfall from spatially separated cave records. Earth and Planetary Science Letters, 266 (3-4): 221-232.

Huang R H, Zhou L T, Chen W. 2003. The progresses on the variabilities of the Eastern Asian Monsoon and their causes. Advances in Atmospheric Sciences, 20 (1): 55-69.

Jewitt G. 2006. Integrating blue and green water flows for water resources management and planning . Physics and Chemistry of the Earth, 31: 753-762.

Jiang N, Zhu W Q, Zheng Z T, et al. 2013. A comparative analysis between GIMSS NDVIg and NDVI3g for monitoring vegetation activity change in the northern hemisphere during 1982-2008. Remote Sensing, 5 (8): 4031-4044.

Jiang Y, Luo L, Zhao Z C, et al. 2010. Changes in wind speed over China during 1956-2004. Theoretical and Applied Climatology, 99: 421-430.

Joanna C. 2010. Mobility of large woody debris (LWD) jams in a low gradient channel. Geomorphology, 116 (3-4): 320-329.

Johnson K R, Ingram B L, Warren D S, et al. 2006. East Asian summer monsoon variability during marine isotope stage 5 based on speleothem δ^{18}O records from Wanxiang Cave, central China. Palaeogeography Palaeoclimatology Palaeoecology, 236: 5-19.

Kendall M G. 1975. Rank-correlation Measures. London: Charles Griffin.

Kirkby M J, Imeson A C, Berkamp G, et al. 1996. Scaling up processes and models from the field plot to the watershed and regional areas. Journal of Soil and Water Conservation, 54 (3): 391-396.

Knighton D. 1998. Fluvial Forms and Processes: A New Perspective. London: Arnold.

Lane E W. 1955. The importance of morphology in hydraulic engineering. Proceedings of American Society of Engineers, 81 (754): 1-17.

Langbein L B, Schumm S A. 1958. Yield of sediment in relation to mean annual precipitation. Transactions, American Geophysical Union, 39: 1076-1084.

Leith H, Whittaker R H. 1975. Primary Productivity of the Biosphere. New York: Springer-Verlag.

Leopold L B, Langbein W B. 1962. The Concept of Entropy in Landscape Evolution. United States Geological Survey Professional Paper No. 500-A, Reston: USGS.

Leopold L B, Wolman M G. 1957. River Channel Patterns: Braided, Meandering and Straight. United States Geological Survey Professional Paper, No. 9. Reston: USGS.

Leopold L B, Wolman M G, Miller J P. 1964. Fluvial Processes in Geomorphology. San Francisco: W. H. Freeman and Company.

Lewin J, Brewer P A. 2001. Predicting channel patterns. Geomorphology, 40: 329-339.

Li J B, Xie S P, Cook E R, et al. 2011. Interdecadal modulation of El Niño amplitude during the past millennium. Nature Climate Change, 1 (2): 114-118.

Li J P, Zeng C Q. 2003. A new monsoon index and the geographical distribution of the global monsoons. Advances in Atmospheric Sciences, 20: 299-302.

Limbrick K J, Whitehead G P, Butterfield D, et al. 2000. Assessing the potential impacts of various climate change scenarios on the hydrological regime of the River Kennet at Theale, Berkshire, south-central England, UK: an application and evaluation of the new semi-distributed model, INCA. Science of The Total Environment, 251: 539-555.

Lin Z D, Lu R Y. 2009. The ENSO's effect on eastern China rainfall in the following early summer. Advances in Atmospheric Sciences, 26 (2), 333-342.

Liu Y, Sun J, Song H, et al. 2010. Tree-ring hydrologic reconstructions for the Heihe River watershed, western China since AD 1430. Water Research, 44: 2781-2792.

Loague K, Heppner C S, Mirus B B, et al. 2006. Physics-based hydrologic-response simulation: foundation for hydroecology and hydrogeomorphology. Hydrological Processes, 20 (5): 1231-1237.

MacDonald G M, Case R A. 2005. Variations in the Pacific Decadal Oscillation over the past millennium. Geophysical Research Letters, 32: L08703. 1-L08703. 4.

Makaske B. 2001. Anastomosing rivers: a review of their classification, origin and sedimentary products. Earth-Science Reviews, 53 (3): 149-196.

Mantua N J, Hare S R, Zhang Y, et al. 1997. Pacific interdecadal climate oscillation with impacts on salmon production. Bulletin of the American Meteorological Society, 78 (6): 1069-1079.

Meko D M, Graybill D A. 1995. Tree-ring reconstruction of Upper Gila River discharge. Water Resources Bulletin, 31 (4): 605-616.

Meko D M, Therrell M D, Baisan C H, et al. 2001. Sacramento River flow reconstructed to A. D. 869 from tree rings. Journal of the American Water Resources Association, 37 (4): 1029-1040.

Meneni R B, Keeling C D, Tucker C J, et al. 1997. Increased plant growth in the northern high latitudes from 1981 to 1991. Nature, 386: 698-702.

Miao C, Ni J, Borthwick A G, et al. 2011. A preliminary estimate of human and natural contributions to the changes in water discharge and sediment load in the Yellow River. Global and Planetary Change, 76 (3): 196-205.

Miller A J. 1990. Flood hydrology and geomorphic effectiveness in the central Appalachians. Earth Surface Processes and Landforms, 15 (2): 119-134.

Milliman J D, Farnsworth K L. 2011. River Discharge to the Coastal Ocean: a Global Synthesis. New York: Cambridge University Press.

Milliman J D, Meade R H. 1983. World-wide delivery of river sediment to the oceans. Journal of Geology, 91 (1): 1-21.

Milliman J D, Syvitski J P M. 1992. Geomorphic/tectonic control of sediment discharge to the ocean. Journal of Geology, 100: 525-544.

Mimikou M A, Kanellopoulou S P, Baltas E. 1999. Human implication of changes in the hydrological regime due to climate change in Northern Greece. Global Environmental Change, 9 (2): 139-156.

Minobe S A. 1997. 50-70 year climate oscillation over the North Pacific and North America. Geophysical Research Letters, 24: 683-686.

Moraes J M, Pellegrino H Q, Ballester M V, et al. 1998. Trends in hydrological parameters of a southern Brazilian watershed and its relation to human induced changes. Water Resources Management, 12: 295-311.

Morche D, Witzsche M, Schmidt K H. 2008. Hydrogeomorphological characteristics and fluvial sediment transport of a high mountain river (Reintal Valley, Bavarian Alps, Germany). Zeitschrift Fur Geomorphologie, 52 (Suppl. 1): 51-77.

Murray A B, Paola C. 1994. A cellular model of braided rivers. Nature, 371 (1): 54-57.

Nanson G C, Knighton A D. 1996. Anabranching rivers: their cause, character and classification. Earth Surface Processes and Landforms, 21: 217-239.

Neff U, Burns S J, Mangini A, et al. 2001. Strong coherence between solar variability and the monsoon in Oman between 9 and 6 kyr ago. Nature, 411: 290-293.

Nemani R, Running S W. 1989. Testing a theoretical soil-leaf hydrologic equilibrium of forests using satellite data and ecosystem simulations. Agricultural Forestry Meteorology, 44: 245-260.

Nolan K M, Lisle T E, Kelsey H M. 1987. Bankfull Discharge and Sediment Transport in Northwestern California. Erosion and Sedimentation in the Pacific Rim. IAHS Publication No. 165. Wallingford: IAHS Press: 439-444.

Petts G E, Large A R, Greenwood M T, et al. 1992. Floodplain assessment for restoration and conservation: linking hydrogeomorphology and ecology//Carling P A, Petts G E. Lowland Floodplain Rivers. Chichester: Wiley: 217-234.

Pickett S T. 1989. Space-for-time substitution as an alternative to long-term studies//Likens G E. Long-term Studies in Ecology. New York: Springer: 110-135.

Pickup G, Warner R F. 1976. Effects of hydrologic regime on magnitude and frequency of dominant discharge. Journal of Hydrology, 29: 51-75.

Polyad V J, Asmerom Y. 2001. Late Holocene climate and cultural changes in the southwestern United States. Science, 294: 148-151.

Postel S L, Daily G C, Ehlich P R. 1996. Human appropriation of renewable fresh water. Science, 271: 785-788.

Quinn W H, Neal V T. 1992. The historical record of El Nino events//Bradley R S, Jones P D. Climate since A. D. 1500. London: Routledge, Chapman and Hall: 623-648.

Rice S, Roy A, Rhoads B. 2008. River Confluences, Tributaries and the Fluvial Network. Chichester: John Wiley: 474.

Ringersma J, Batjes N, Dent D. 2003. Green Water: Definitions and Data for Assessment (ISR IC Report). Wageningen: ISRIC.

Rockstrom J, Gordon L. 2001. Assessment of green water flows to sustain major biomes of the world: implications for future ecohydrological landscape management. Physics and Chemistry of the Earth (B), 26 (11/12): 843-851.

Rowan J S, Duck R W, Werrity A. 2006. Sediment Dynamics and the Hydromormorlogy of Fluvial Systems. IAHS Publication No. 306. Wallingford: IAHS Press: 1-629.

Savenije H H G. 2000. Water scarcity indicators: the deception of numbers. Physics and Chemistry of the Earth (B), 25 (3): 199-204.

Scheidegger A E. 1973. Hydrogeomorphology. Journal of Hydrology, 2 (3): 193-215.

Schumm S A. 1973. Geomorphic thresholds and complex response of drainage systems//Morisawa M. Fluvial Geomorphology. Binghamton: New York State University: 299-309.

Schumm S A. 1977. The Fluvial System. New York: John Wiley and Sons.

Schumm S A, Khan H R, Winkley B R, et al. 1972. Variability of river patterns. Nature, 237: 75-76.

Shen C M, Wang W C, Gong W. 2006. A Pacific Decadal Oscillation record since 1470 AD reconstructed from proxy data of summer rainfall over eastern China. Geophysical Research Letters, 33 (3): L03702.

Sidle R C, Onda Y. 2004. Hydrogeomorphology: overview of an emerging science. Hydrological Processes, 18 (4): 597-602.

Simmons I, Bi D H, Hope P. 1988. Atmospheric water vapor flux and its association with rainfall over China in summer. Journal of Climate, 12: 1353-1367.

Simon A, Dickerson, W, Heins A. 2004. Suspended-sediment transport rates at the 1.5-year recurrence interval for ecoregions of the United States: transport conditions at the bankfull and effective discharge?.

Geomorphology, 58: 243-262.

Sinha A, Cannariato K G, Stott L D, et al. 2007. A 900- year (600 to 1500AD) record of the Indian summer monsoon precipitation from the core monsoon zone of India. Geophysical Research Letters, 34 (16): DOI: 10. 1029/2007GL030431.

Sten B , Graham L P. 1998. On the scale problem in hydrological modeling. Journal of Hydrology, 211: 253-265.

Stolum H H. 1996. River meandering as a self-organization process. Science, 271: 1710-1712.

Sullivan A, Ternan J L, Williams A G. 2004. Land use change and hydrological response in the Camel catchment, Cornwall. Applied Geography, 24 (2): 119-137.

Syvitski J P, Vörösmarty C J, Kettner A J, et al. 2005. Impact of humans on the flux of terrestrial sediment to the global coastal ocean. Science, 308: 376-380.

Tan M, Liu T, Hou J, et al. 2003. Cyclic rapid warming on centennial-scale revealed by a 2650-year stalagmite record of warm season temperature. Geophysical Research Letters, 30 (12): 1617-1620.

Tierney J E, Abram N J, Anchukaitis K J, et al. 2015. Tropical sea surface temperatures for the past four centuries reconstructed from coral archives. Paleoceanography, 30 (3): 226-252.

Tucker C J. 1979. Red and photographic infrared linear combinations for monitoring vegetation. Remote Sensing of Environment, 8 (2): 127-150.

Ullman E L. 1974. Space and/or time: opportunity for substitution and prediction. Transactions of the Institute of British Geographers, 63: 125-139.

van den Berg J H. 1995. Prediction of alluvial channel patterns of perennial rivers. Geomorphology, 12: 259-279.

Vanoni V A. 1975. Sedimentation Engineering. New York: American Society of Civil Engineers: 741-745.

Walling D E, Moorehead P W. 1987. Spatial and temporal variation of the particle-size characteristics of fluvial suspended sediment. Geografiska Annaler Series A Physical Geography, 69A (1): 47-59.

Walling D E, Moorehead P W. 1989. The particle size characteristics of fluvial sediment: an overview. Hydrobiologia, 176/177: 125-149.

Walling D E, Webb B W. 1983. Patterns and sediment yield//Gregory K J. Background to Palaeohydrology. Chichester: Wiley: 69-100.

Wang B, Fan Z. 1999. Choice of South Asian summer monsoon indices. Bulletin of the American Meteorological Society, 80: 629-638.

Wang S, Zhou T, Cai J, et al. 2004. Abrupt climate chang around 4ka BP: role of the thermohaline circulation as indicated by a GCM experiment. Advances in Atmospheric Sciences, 21 (2): 291-295.

Wang W Y. 1987. Surveying of glacier variation in the northeastern part of Qinghai-Xizang Plateau//Vermann J H, Wang W Y. Reports on the Northeastern Part of the Qinghai-Xizang (Tibet) Plateau by Sino-W. German Scientific Expedition. Beijing: Science Press: 22-37.

Wang Y J, Cheng H, Edwards R L, et al. 2001. A high- resolution absolute dated Late Pleistocene monsoon record from Hulu Cave, China. Science, 294: 2345-2348.

Wang Y J, Cheng H, Edwards R L, et al. 2005. The Holocene Asian Monsoon: links to solar changes and North Atlantic climate. Science, 308: 854-857.

Wang Y J, Cheng H, Edwards R L, et al. 2008. Millennial- and orbital-scale changes in the East Asian monsoon over the past 224000 years. Nature, 451: 1090-1093.

Wang Z Y, Cui P, Yu G A. 2012. Stability of landslide dams and development of knickpoints. Environmental Earth Sciences, 65 (4): 1067-1080.

Weiss H, Bradley R. 2001. Archaeology: what drives societal collapse? . Science, 291 (5504): 609-610.

Williams G P. 1978. Bankfull discharge of rivers. Water Resources Research, 23 (8): 1471-1480.

Wilson L. 1961. Variations in mean annual sediment yield as a function of mean annual precipitation. American Journal of Science, 273: 335-349.

Xia J Q, Wu B S, Wang G Q, et al. 2010. Estimation of bankfull discharge in the Lower Yellow River using different approaches. Geomorphology, 117: 66-77.

Xu J X. 1994. Bankfull frequency of the middle and lower Hanjiang River and its implications in river channel processes. Transactions, Japanese Geomorphological Union, 15A: 95-107.

Xu J X. 1996. Complex behaviour of suspended sediment grain size downstream from a reservoir: an example from the Hanjiang River, China. Hydrological Sciences Journal, 41 (6): 837-849.

Xu J X. 1999. Erosion caused by hyperconcentrated flow on the loess plateau of China. Catena, (36): 1-19.

Xu J X. 2000. Grain-size characteristics of suspended sediment in the Yellow River, China. Catena, 37: 243-263.

Xu J X. 2002. Complex behaviour of natural sediment-carrying streamflows and the geomorphological implications. Earth Surface Processes and Landforms, 27: 749-758.

Xu J X. 2005. Temporal variation of river flow renewability in the middle Yellow River and the influencing factors. Hydrological Processes, 19 (9): 1871-1882.

Xu J X. 2007. Trends in grain size of suspended sediment in upper Yangtze River and its tributaries, as influenced by human activities. Hydrological Sciences Journal, 52 (4): 777-791.

Xu J X. 2008. Discrimination of channel patterns for gravel-and sand-bed rivers. Zeitschrift für Geomorphologie, 52 (4): 503-523.

Xu J X. 2011. Variation in annual runoff of the Wudinghe River as influenced by climate change and human activity. Quaternary International, 244: 230-237.

Xu J X. 2012a. A study of sedimentation rate in the lower Yellow River based on cross section measurement data. Zeitschrift für Geomorphologie, 56 (2): 239-254.

Xu J X. 2012b. Effects of climate and land-use change on green-water variations in the Middle Yellow River, China. Hydrological Sciences Journal, 58 (1): 1-12.

Xu J X. 2013a. Complex response of channel fill-scour behavior to reservoir construction: an example of the upper Yellow River, China. River Research and Applications, 29: 593-607.

Xu J X. 2013b. The influence of dilution on downstream channel sedimentation in large rivers: the Yellow River, China. Earth Surface Processes and Landforms, 39 (4): 450-462.

Xu J X. 2013c. Sediment storage in the reach of the middle Yellow River located in the Fenwei Graben, China. Hydrological Processes, 27: 2623-2636.

Xu J X. 2015a. Paleo-hydrologic reconstruction based on stalagmite δ^{18}O and re-assessment of river flow above the Danjiangkou Dam, China. Climatic Change, 130: 619-634.

Xu J X. 2015b. River flow reconstruction using stalagmite oxygen isotope δ^{18}O: an example of the Jialingjiang River, China. Journal of Hydrology, 529: 559-569.

Xu J X. 2015c. A study of the scour-fill threshold based on Lane's equilibrium relation: the lower Yellow River. Geomorphology, 250: 140-146.

Xu J X. 2015d. Complex response of runoff-precipitation ratio to the rising air temperature: the source area of the Yellow River, China. Regional Environmental Change, 15: 35-43.

Xu J X. 2015e. Decreasing trend of sediment transfer function of the Upper Yellow River, China, in response to human activity and climate change. Hydrological Sciences Journal, 60: 2, 311-325.

Xu J X. 2015f. Sediment jamming of a trunk stream by hyperconcentrated floods from small tributaries: Case of the Upper Yellow River, china. Hydrological Sciences Journal, 61: 1926-1940.

Xu J X. 2017. Reconstructing the suspended sediment load of the Yellow River since 1470 CE using the Drought and Flood Index. Geomorphology, 299: 131-141.

Xu J X. 2018. A cave delta O-18 based 1800-year reconstruction of sediment load and streamflow: the Yellow River source area. Catena, 161: 137-147.

Xu J X. 2019. The 1800-year variation of the lower Yellow River bank breachings in relation to the drainage basin vegetation reconstructed using cave stalagmite records. Earth Surface Processes and Landforms, 44 (5): 1050-1063.

Xu J X, Cheng D S. 2002. Relation between the erosion and sedimentation zones in the Yellow River, China. Geomorphology, 48 (4): 365-382.

Xu J X, Yan M. 2010. Discrimination of channel patterns for alluvial rivers based on the sediment concentration to water discharge ratio. Zeitschrift für Geomorphologie, 54 (1): 111-125.

Xu J X, Yan Y X. 2005. Scale effect on specific sediment yield in the Yellow River basin and geomorphological explanations. Journal of Hydrology, 307 (1-4): 219-232.

Xu L, Myneni R B, Chapin III F S, et al. 2013. Temperature and vegetation seasonality diminishment over northern lands. Nature Climate Change, 3 (6): 581-586.

Xu M, Chang C P, Fu C, et al. 2006. Steady decline of east Asian monsoon winds, 1969-2000: evidence from direct ground measurements of wind speed. Journal of Geophysical Research: Atmospheres, 111 (D24): 2156-2202.

Yan Y X, Xu J X. 2007. A study of scale effect on specific sediment yield in the Loess Plateau, China. Science in China D: Earth Science, 50 (1): 102-112.

Yancheva G, Nowaczyk N R, Mingram J, et al. 2007. Influence of the intertropical convergence zone on the East Asian monsoon. Nature, 445: 74-77.

Yang B, Brauning A, Zhang Z, et al. 2007. Dust storm frequency and its relation to climate changes in Northern China during the past 1000 years. Atmospheric Environment, 41: 9288-9299.

Yang C T. 1971. On river meanders. Journal of Hydrology, 13: 231-253.

Yang C T. 1972. Unit stream power and sediment transport. Journal of the Hydraulics Division, ASCE, 98 (10): 1805-1826.

Yang C T. 1976. Minimum unit stream power and fluvial hydraulics. Journal of Hydraulics Division, ASCE, 102 (7): 769-784.

Yang C T. 1996. Sediment Transport: Theory and Practice. New York: McGraw-Hill: 1-396.

Yang C T, Molinos A. 1982. Sediment transport and unit stream power function. Journal of Hydraulic Division, ASCE, 108 (6): 774-793.

Yang C T, Song C S S. 1979. Theory of minimum rate of energy dissipation. Journal of the Hydraulics Division, ASCE, 105 (HY7): 769-784.

Yao W Y, Xu J X. 2013. Impact of human activity and climate change on suspended sediment load: the upper Yellow River, China. Environmental Earth Sciences, 70: 1389-1403.

Yuan D X, Cheng H, Edwards R L. 2004. Timing, duration and transition of the last interglacial Asian Monsoon. Science, 304: 575-578.

Yuan Y J, Shao X M, Wei W S, et al. 2007. The potential to reconstruct Manasi River streamflow in the northern Tien Shan Mountains (NW China). Tree-Ring Research, 63: 81-93.

Zhang D D, Brecke P, Lee H F, et al. 2007. Global climate change, war, and population decline in recent human history. Proceedings of the National Academy of Sciences, 104 (49): 19214-19219.

Zhang D E. 1984. Climatic analysis of the dust storm weather in Chinese history. Science in China B, (3): 278-288.

Zhang O Y, Xu J X. 2000. Zoning of the Yellow River basin//Wang Z Y, Hu S X. Stochastic Hydraulics 2000. Proceedings of the 8th International Symposium on Stochastic Hydraulics. Rotterdam: A. A. Balkama: 727-736.

Zhang P Z, Cheng H, Edwards R L, et al. 2008. A test of climate, sun, and culture relationships from an 1810-year Chinese cave record. Science, 322: 940-942.

Zhang R H. 2001. Relations of water vapor transport from Indian monsoon with that over East Asia and the summer rainfall in China. Advance in Atmospheric Science, 18 (5): 1005-1017.

Zhao P, Zhu Y N, Zhang R H. 2007. An Asian-Pacific teleconnection in summer tropospheric temperature and associated Asian climate variability. Climate Dynamics, 29: 293-303.

Zhou X J, Zhao P, Liu G. 2009. Asian-Pacific Oscillation index and variation of East Asian summer monsoon over the past millennium. Chinese Scientific Bulletin, 54: 3768-3771.

Zhu Z H. 1993. A model for estimating net primary productivity of natural vegetation. Chinese Scientific Bulletin, 38 (22): 1913-1917.